자동차정비

기능사 필기

시대에듀

시험안내

개요

자동차정비는 자동차의 기계상 결함이나 사고 등 여러 가지 이유로 정상적으로 운행되지 못할 때 원인을 찾아내어 정비하는 것을 말한다. 최근 운행 자동차 수의 증가로 정비의 필요성이 증가함에 따라 산업현장에서 자동차정비의 효율성 및 안정성 확보를 위한 제반 환경을 조성하기 위해 정비 분야 기능인력 양성이 필요하게 되었다.

진로 및 전망

❶ 주로 자동차업체의 생산현장이나 판매 및 A/S부서, 외제차수입업체, 자동차정비업체, 자동차운수업체에 취업하며, 일부는 카센터, 카인테리어, 배터리점, 튜닝전문점, 오토매틱전문점에 고용되거나 개업한다. 또한, 자격취득 후 자동차정비 또는 검사 분야에 3년 이상 근무할 경우 자동차운수사업체, 자동차점검 · 정비업체의 정비책임자로 고용될 수 있다.

❷ 자동차정비 분야의 기능인력 수요는 당분간 현재 수준을 유지할 전망이다. 하지만 아직까지 기능인력 중에는 자격증 미취득자가 많아 자격취득 시 취업에 유리할 전망이다.

시험일정

구 분	필기원서접수 (인터넷)	필기시험	필기합격 (예정자)발표	실기원서접수	실기시험	최종 합격자 발표일
제1회	1월 초순	1월 하순	1월 하순	2월 초순	3월 중순	4월 초순
제2회	3월 중순	3월 하순	4월 중순	4월 하순	6월 초순	6월 하순
제3회	5월 하순	6월 중순	6월 하순	7월 중순	8월 중순	9월 중순
제4회	8월 중순	9월 초순	9월 하순	9월 하순	11월 초순	12월 초순

※ 상기 시험일정은 시행처의 사정에 따라 변경될 수 있으니, www.q-net.or.kr에서 확인하시기 바랍니다.

시험요강

❶ 시행처 : 한국산업인력공단
❷ 시험과목
 ㉠ 필기 : 자동차 엔진, 섀시, 전기 · 전자장치 정비 및 안전관리
 ㉡ 실기 : 자동차정비 실무(작업형)
❸ 검정방법
 ㉠ 필기 : 객관식 4지 택일형 60문항(1시간)
 ㉡ 실기 : 작업형(4시간 정도)
❹ 합격기준(필기 · 실기) : 100점을 만점으로 하여 60점 이상

자동차정비 분야의 전문가를 향한 첫 발걸음!

자동차정비는 자동차의 기계상 결함이나 사고 등 여러 가지 이유로 인하여 정상적인 운행이 되지 못할 때 그 원인을 찾아내어 정비하는 것을 말한다. 최근 운행 자동차 수의 증가로 정비의 필요성이 증가함에 따라 산업현장에서 자동차정비의 효율성 및 안정한 제반 환경을 조성하기 위해 정비 분야 기능인력 양성이 요구된다.

이에 따라 저자는 수험생들이 단기간 안에 시험을 효율적으로 대비할 수 있도록 윙크(Win-Q) 자동차정비기능사를 집필하였다.

윙크(Win-Q) 시리즈는 PART 01 핵심이론과 PART 02 과년도 + 최근 기출복원문제로 구성되었다. PART 01은 과거 기출문제의 Keyword를 철저하게 분석하고, 반복 출제되는 문제를 추려낸 뒤 그에 따른 빈출문제를 수록하여 이론의 이해도를 높일 수 있도록 하였다. PART 02에서는 11개년 과년도 기출복원문제와 2024년 최근 기출복원문제를 수록하여 PART 01에서 놓칠 수 있는 새로운 유형의 문제에 대비할 수 있게 하였다.

어찌 보면 본 도서는 이론에 대해 심층적으로 알고자 하는 수험생들에게는 불편한 책이 될 수도 있을 것이다. 하지만 전공자라면 대부분 관련 도서를 구비하고 있을 것이고, 그러한 도서를 참고하여 공부를 해 나간다면 자격증 시험을 좀 더 능률적으로 준비할 수 있을 것이라고 생각한다.

자격증 시험의 목적은 높은 점수를 받아 합격하는 것이라기보다는 합격 그 자체에 있다고 할 것이다. 다시 말해 기능사 시험은 평균 60점만 넘으면 합격이 가능하다. 기존의 부담스러웠던 수험서에서 과감하게 군살을 제거하여 꼭 필요한 공부만 할 수 있도록 한 윙크(Win-Q) 시리즈가 수험생들에게 합격비법노트로서 함께하는 수험서로 자리 잡길 바란다. 수험생 여러분의 건승을 기원한다.

편저자 씀

합격에 윙크[Win-Q]하다

Win-Q

[자동차정비기능사] 필기

Always with you

사람이 길에서 우연하게 만나거나 함께 살아가는 것만이 인연은 아니라고 생각합니다.

책을 펴내는 출판사와 그 책을 읽는 독자의 만남도 소중한 인연입니다.

시대에듀는 항상 독자의 마음을 헤아리기 위해 노력하고 있습니다.

늘 독자와 함께하겠습니다.

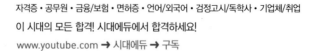

검정현황

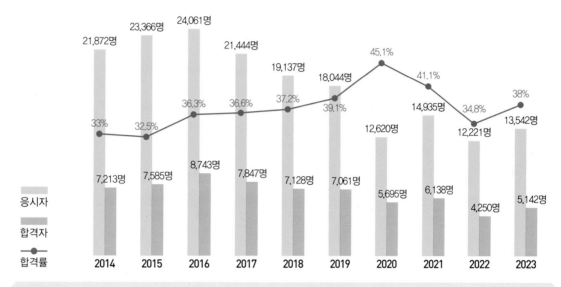

필기시험

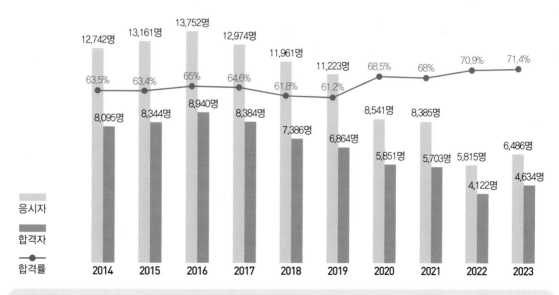

실기시험

시험안내

출제기준

필기과목명	주요항목	세부항목
자동차 엔진, 섀시, 전기 · 전자장치 정비 및 안전관리	충전장치 정비	• 충전장치 점검 · 진단 　　• 충전장치 수리 • 충전장치 교환 　　• 충전장치 검사
	시동장치 정비	• 시동장치 점검 · 진단 　　• 시동장치 수리 • 시동장치 교환 　　• 시동장치 검사
	편의장치 정비	• 편의장치 점검 · 진단 　　• 편의장치 조정 • 편의장치 수리 　　• 편의장치 교환 • 편의장치 검사
	등화장치 정비	• 등화장치 점검 · 진단 　　• 등화장치 수리 • 등화장치 교환 　　• 등화장치 검사
	엔진 본체 정비	• 엔진 본체 점검 · 진단 • 엔진 본체 관련 부품 조정 • 엔진 본체 수리 • 엔진 본체 관련 부품 교환 • 엔진 본체 검사
	윤활장치 정비	• 윤활장치 점검 · 진단 　　• 윤활장치 수리 • 윤활장치 교환 　　• 윤활장치 검사
	연료장치 정비	• 연료장치 점검 · 진단 　　• 연료장치 수리 • 연료장치 교환 　　• 연료장치 검사
	흡 · 배기장치 정비	• 흡 · 배기장치 점검 · 진단 • 흡 · 배기장치 수리 • 흡 · 배기장치 교환 • 흡 · 배기장치 검사
	클러치 · 수동변속기 정비	• 클러치 · 수동변속기 점검 · 진단 • 클러치 · 수동변속기 조정 • 클러치 · 수동변속기 수리 • 클러치 · 수동변속기 교환 • 클러치 · 수동변속기 검사
	드라이브라인 정비	• 드라이브라인 점검 · 진단 • 드라이브라인 조정 • 드라이브라인 수리 • 드라이브라인 교환 • 드라이브라인 검사

필기과목명	주요항목	세부항목	
자동차 엔진, 섀시, 전기 · 전자장치 정비 및 안전관리	휠 · 타이어 · 얼라인먼트 정비	• 휠 · 타이어 · 얼라인먼트 점검 · 진단 • 휠 · 타이어 · 얼라인먼트 조정 • 휠 · 타이어 · 얼라인먼트 수리 • 휠 · 타이어 · 얼라인먼트 교환 • 휠 · 타이어 · 얼라인먼트 검사	
	유압식 제동장치 정비	• 유압식 제동장치 점검 · 진단 • 유압식 제동장치 조정 • 유압식 제동장치 수리 • 유압식 제동장치 교환 • 유압식 제동장치 검사	
	엔진점화장치 정비	• 엔진점화장치 점검 · 진단 • 엔진점화장치 조정 • 엔진점화장치 수리 • 엔진점화장치 교환 • 엔진점화장치 검사	
	유압식 현가장치 정비	• 유압식 현가장치 점검 · 진단 • 유압식 현가장치 교환 • 유압식 현가장치 검사	
	조향장치 정비	• 조향장치 점검 · 진단 • 조향장치 수리 • 조향장치 검사	• 조향장치 조정 • 조향장치 교환
	냉각장치 정비	• 냉각장치 점검 · 진단 • 냉각장치 교환	• 냉각장치 수리 • 냉각장치 검사

출제비율

자동차 엔진	자동차 섀시	자동차 전기전자	안전관리
34%	28%	19%	19%

CBT 응시 요령

기능사 종목 전면 CBT 시행에 따른

CBT 완전 정복!

"CBT 가상 체험 서비스 제공"

한국산업인력공단
(http://www.q-net.or.kr) 참고

수험자 정보 확인

신분확인이 끝나면 시험이 곧 시작됩니다. 잠시만 기다려 주세요.

수험번호	00000000
성명	수험자
생년월일	XX.01.01
응시종목	정보처리기능사
좌석번호	07번

07
좌석번호

01 수험자 정보 확인

시험장 감독위원이 컴퓨터에 나온 수험자 정보와 신분증이 일치하는지 확인하는 단계입니다. 수험번호, 성명, 생년월일, 응시종목, 좌석번호를 확인합니다.

안내사항

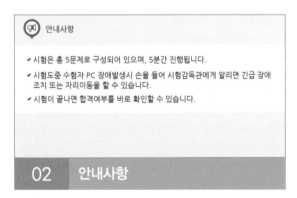

- ✔ 시험은 총 5문제로 구성되어 있으며, 5분간 진행됩니다.
- ✔ 시험도중 수험자 PC 장애발생시 손을 들어 시험감독관에게 알리면 긴급 장애 조치 또는 자리이동을 할 수 있습니다.
- ✔ 시험이 끝나면 합격여부를 바로 확인할 수 있습니다.

02 안내사항

시험에 관한 안내사항을 확인합니다.

유의사항 - [1/4]

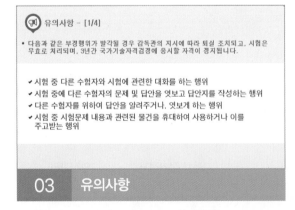

- 다음과 같은 부정행위가 발각될 경우 감독관의 지시에 따라 퇴실 조치되고, 시험은 무효로 처리되며, 3년간 국가기술자격검정에 응시할 자격이 정지됩니다.

  - ✔ 시험 중 다른 수험자와 시험에 관련한 대화를 하는 행위
  - ✔ 시험 중에 다른 수험자의 문제 및 답안을 엿보고 답안지를 작성하는 행위
  - ✔ 다른 수험자를 위하여 답안을 알려주거나, 엿보게 하는 행위
  - ✔ 시험 중 시험문제 내용과 관련된 물건을 휴대하여 사용하거나 이를 주고받는 행위

03 유의사항

부정행위에 관한 유의사항이므로 꼼꼼히 확인합니다.

문제풀이 메뉴 설명

- 아래 문제풀이 기능 설명을 유의해서 읽고 기능을 숙지해 주십시오.

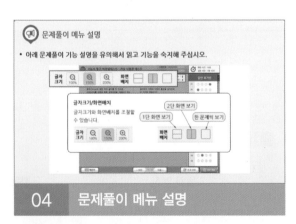

04 문제풀이 메뉴 설명

문제풀이 메뉴의 기능에 관한 설명을 유의해서 읽고 기능을 숙지해 주세요.

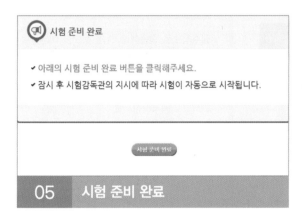

05 시험 준비 완료

시험 안내사항 및 문제풀이 연습까지 모두 마친 수험자는 시험 준비 완료 버튼을 클릭한 후 잠시 대기합니다.

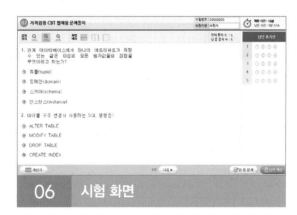

06 시험 화면

시험 화면이 뜨면 수험번호와 수험자명을 확인하고, 글자크기 및 화면배치를 조절한 후 시험을 시작합니다.

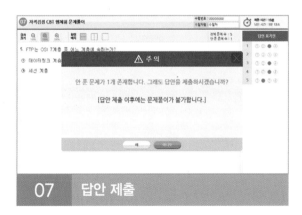

07 답안 제출

[답안 제출] 버튼을 클릭하면 답안 제출 승인 알림창이 나옵니다. 시험을 마치려면 [예] 버튼을 클릭하고 시험을 계속 진행하려면 [아니오] 버튼을 클릭하면 됩니다. 답안 제출은 실수 방지를 위해 두 번의 확인 과정을 거칩니다. [예] 버튼을 누르면 답안 제출이 완료되며 득점 및 합격여부 등을 확인할 수 있습니다.

CBT 완전 정복 Tip

내 시험에만 집중할 것
CBT 시험은 같은 고사장이라도 각기 다른 시험이 진행되고 있으니 자신의 시험에만 집중하면 됩니다.

이상이 있을 경우 조용히 손을 들 것
컴퓨터로 진행되는 시험이기 때문에 프로그램상의 문제가 있을 수 있습니다. 이때 조용히 손을 들어 감독관에게 문제점을 알리며, 큰 소리를 내는 등 다른 사람에게 피해를 주는 일이 없도록 합니다.

연습 용지를 요청할 것
응시자의 요청에 한해 연습 용지를 제공하고 있습니다. 필요시 연습 용지를 요청하며 미리 시험에 관련된 내용을 적어놓지 않도록 합니다. 연습 용지는 시험이 종료되면 회수되므로 들고 나가지 않도록 유의합니다.

답안 제출은 신중하게 할 것
답안은 제한 시간 내에 언제든 제출할 수 있지만 한 번 제출하게 되면 더 이상의 문제풀이가 불가합니다. 안 푼 문제가 있는지 또는 맞게 표기하였는지 다시 한 번 확인합니다.

구성 및 특징

Win-Q [자동차정비기능사] 필기

01 기본사항 및 안전기준

제1절 기초공학

핵심이론 01 │ 단위계 및 환산

(1) 단위계

구 분	길 이	무게(힘)	시 간
MKS 단위계	m	kgf	s
CGS 단위계	cm	gf	s
FPS 단위계(영국단위계)	ft	lb	s
SI 단위계 (국제표준 단위계)	힘의 단위인 kgf, gf를 N, dyne으로 환산하여 나타낸 것		

(2) SI 단위계

$1N \cdot m = 1J$	$1N/m^2 = 1Pa$
$1kJ = 10^3 J$	$1kPa = 10^3 Pa$
$1MJ = 10^6 J$	$1MPa = 10^6 Pa$
$1GJ = 10^9 J$	$1GPa = 10^9 Pa$

(3) 단위의 환산

① 길 이

$1m = 100cm$, $1cm = 0.01m$, $1inch = 2.54cm$,

$1ft = 12inch = 30.48cm$

② 무게(힘)

$1kgf = 1,000gf$, $1gf = 0.001kgf$, $1lb(pound) = 0.4536kgf$

10년간 자주 출제된 문제

단위 환산으로 맞는 것은?

① 1mile = 2km ② 1lb = 1.55kgf
③ 1kgf · m = 1.42ft · lbf ④ 9.81N · m = 9.81J

|해설|
$1N \cdot m = 1J$이므로 $9.81N \cdot m = 9.81J$이다.

정답 ④

2 ■ PART 01 핵심이론

핵심이론 02 │ 힘과 운동

(1) 힘

물체의 모양이나 운동상태를 변화시키는 요인으로 단위는 kgf, N, dyne, lb 등이 사용된다.

여기서 중력공학 단위인 kgf는 N으로 환산할 수 있다.

뉴턴의 운동 제2법칙에 의하여 1kgf = 9.8N의 관계가 성립된다. 즉, 힘의 단위에 대한 관계는 다음과 같이 1kgf = 9.8N = 9.8×10^5dyne이 성립된다.

(2) 일 량

단위 시간 동안 이루어진 일의 크기를 말하며 단위는 kgf · m, N · m

공식은 다음과 같...

일(kgf · m) = 힘...

10년간 자주 출제된 문제

3-1. 자동차로 길이 400m의 비탈길을 왕복하여 올라가는 데 3분, 내려오는 데 1분 걸렸다고 하면 왕복 평균속도는?
① 10km/h ② 11km/h
③ 12km/h ④ 13km/h

3-2. 주행속도가 100km/h인 자동차의 초당 주행속도는?
① 약 16m/s ② 약 23m/s
③ 약 28m/s ④ 약 32m/s

3-3. 20km/h로 주행하는 차가 급가속하여 10초 후에 56km/h가 되었을 때 가속도는?
① 1m/s² ② 2m/s²
③ 5m/s² ④ 8m/s²

|해설|
3-1.
자동차가 움직인 총거리 = 800m, 이동 시 걸린 총시간 = 4min = 240s이므로 속도 $V(m/s) = \frac{800m}{240s}$가 되므로 약 3.3m/s가 된다. m/s의 단위를 km/h로 환산하면 3.3 × 3.6 = 11.88로 약 12km/h가 된다.

3-2
km/h의 단위를 m/s로 환산하면 100km/h ÷ 3.6 ≒ 27.7m/s가 되므로 약 28m/s이다.

3-3
가속도 $a(m/s) = \frac{V_2 - V_1(\text{속도의 변화량})}{t(\text{걸린 시간})} = \frac{\frac{(56-20)}{3.6}}{10} = 1m/s^2$

※ 1시간 = 3,600초, 1,000m = 1km

정답 3-1 ③ 3-2 ③ 3-3 ①

4 ■ PART 01 핵심이론

핵심이론 04 │ 온도와 열량

온도는 일반적으로 섭씨온도(℃)와 화씨온도(°F)로 나뉘며 각 온도에 대한 절대온도가 있다.

(1) 섭씨온도
단위는 ℃를 사용하며 순수한 물을 기준으로 어는점(빙점)은 0℃이고 끓는점(비등점)은 100℃이다.

(2) 화씨온도
단위는 °F를 사용하며 순수한 물을 기준으로 어는점(빙점)은 32°F이고 끓는점(비등점)은 212°F이다.

(3) 켈빈온도
섭씨의 절대온도를 켈빈온도라 하며 단위는 K를 사용하고 섭씨온도에 273을 더한다.
예 0℃ + 273 = 273K

(4) 랭킨온도
화씨의 절대온도를 랭킨온도라 하며 단위는 °R을 사용하고 화씨온도에 460을 더한다.
예 32°F + 460 = 492°R

섭씨온도와 화씨온도의 환산은 물을 기준으로 할 때 섭씨온도는 0~100℃까지 100등분이며 화씨온도는 32~212°F로 180등분이다. 이러한 관계로 다음의 환산식이 도출된다.

$$℃ = \frac{5}{9}(°F - 32), \quad °F = \frac{9}{5}℃ + 32$$

위 관계식에서 섭씨온도와 화씨온도가 같아지는 온도는 $-40℃ = -40°F$이다.

핵심이론

필수적으로 학습해야 하는 중요한 이론들을 각 과목별로 분류하여 수록하였습니다.
시험과 관계없는 두꺼운 기본서의 복잡한 이론은 이제 그만! 시험에 꼭 나오는 이론을 중심으로 효과적으로 공부하십시오.

10년간 자주 출제된 문제

출제기준을 중심으로 출제 빈도가 높은 기출문제와 필수적으로 풀어보아야 할 문제를 핵심이론당 1~2문제씩 선정했습니다. 각 문제마다 핵심을 찌르는 명쾌한 해설이 수록되어 있습니다.

과년도 기출문제

지금까지 출제된 과년도 기출문제를 수록하였습니다. 각 문제에는 자세한 해설이 추가되어 핵심 이론만으로는 아쉬운 내용을 보충 학습하고 출제 경향의 변화를 확인할 수 있습니다.

2013년 제1회 과년도 기출문제

01 CRDI 디젤엔진에서 기계식 저압펌프의 연료공급 경로가 맞는 것은?

① 연료탱크 - 저압펌프 - 연료필터 - 고압펌프 - 커먼레일 - 인젝터
② 연료탱크 - 연료필터 - 저압펌프 - 고압펌프 - 커먼레일 - 인젝터
③ 연료탱크 - 저압펌프 - 연료필터 - 커먼레일 - 고압펌프 - 인젝터
④ 연료탱크 - 연료필터 - 저압펌프 - 커먼레일 - 고압펌프 - 인젝터

해설
커먼레일 엔진의 연료장치
연료탱크의 연료는 연료필터를 거쳐 수분이나 이물질이 제거된 후 저압펌프를 통해 고압펌프로 이동한다. 고압펌프는 높은 압력으로 연료를 커먼레일로 밀어 넣는다. 이 커먼레일에 있던 연료는 각 인젝터에서 ECU의 제어 아래 실린더로 분사되는 것이다. ①은 전기식 연료펌프의 연료공급 경로이다.

02 실린더 헤드를 떼어낼 때 볼트를 바르게 푸는 방법은?

① 풀기 쉬운 곳부터 푼다.
② 중앙에서 바깥을 향하여 대각선으로 푼다.
③ 바깥에서 안쪽으로 향하여 대각선으로 푼다.
④ 실린더 보어를 먼저 제거하고 실린더 헤드를 떼어낸다.

해설
• 실린더 헤드를 풀 때 : 바깥에서 중앙으로 대각선 방향으로
• 실린더 헤드를 조일 때 : 중앙에서 바깥으로 대각선 방향으로

03 기관의 회전력이 71.6kgf · m에서 200PS의 축 출력을 냈다면 이 기관의 회전속도는?

① 1,000rpm
② 1,500rpm
③ 2,000rpm
④ 2,500rpm

해설
회전수와 토크를 이용하여 제동마력을 산출하는 식은
$PS = \dfrac{T \times N}{716}$ 이므로 $\dfrac{71.6 \times N}{716} = 200PS$이다.

따라서 $N = \dfrac{716 \times 200}{71.6}$ 이므로 $N = 2,000rpm$이 된다.

04 EGR(배기...

① CO
③ NOx

해설
배기가스 재순환...
에 재순환시켜...
어 질소산화...

05 디젤기관의...

① 연료공...
② 연료탱...
③ 연료분...
④ 흡입다...

해설
디젤기관에는...
기, 분사 노즐...
있다.

2024년 제1회 최근 기출복원문제

01 다음 내연기관에 대한 내용으로 맞는 것은?

① 실린더의 이론적 발생마력을 제동마력이라 한다.
② 6실린더 엔진의 크랭크축의 위상각은 90°이다.
③ 베어링 스프레드는 피스톤 핀 저널에 베어링을 조립 시 밀착되게 끼울 수 있게 한다.
④ DOHC 엔진의 밸브 수는 16개이다.

해설
베어링 스프레드는 하우징과의 지름 차이로서 피스톤 핀 저널에 베어링을 조립 시 밀착되게 끼울 수 있게 한다(베어링 크러시는 둘레 차이이다).

02 4사이클 가솔린 엔진에서 최대 폭발압력이 발생되는 시기는 언제인가?

① 배기행정의 끝 부근에서
② 압축행정의 끝 부근에서
③ 피스톤의 TDC 전 약 10~15° 부근에서
④ 동력행정에서 TDC 후 약 10~15°에서

해설
엔진에서 최고폭발 압력점은 상사점 후(ATDC) 13~15°이며 이를 맞추기 위해 점화시기를 제어한다.

03 디젤기관에서 과급기를 설치하는 목적이 아닌 것은?

① 엔진의 출력이 증대된다.
② 체적효율이 작아진다.
③ 평균유효압력이 향상된다.
④ 회전력이 증가한다.

해설
과급기(터보차저) 설치 목적
• 엔진출력 증대
• 평균유효압력 향상
• 토크 증대
• 체적효율 증대

04 가솔린기관의 노킹을 방지하는 방법으로 틀린 것은?

① 화염 진행거리를 단축시킨다.
② 자연착화 온도가 높은 연료를 사용한다.
③ 화염전파 속도를 빠르게 하고 와류를 증가시킨다.
④ 냉각수의 온도를 높이고 흡기온도를 높인다.

해설
가솔린기관의 노킹 방지법 중 하나는 냉각수 온도를 낮추고 흡기온도를 낮추는 것이다.

05 실린더 배기량이 376.8cc이고 연소실체적이 47.1cc일 때 기관의 압축비는 얼마인가?

① 7 : 1
② 8 : 1
③ 9 : 1
④ 10 : 1

해설
$\varepsilon = \dfrac{\text{연소실체적} + \text{행정체적}}{\text{연소실체적}}$ 이므로 $\dfrac{47.1 + 376.8}{47.1} = 9$가 된다.
(실린더 배기량 = 행정체적)

1 ③ 2 ④ 3 ② 4 ④ 5 ③ **정답**

최근 기출복원문제

최근에 출제된 기출문제를 복원하여 가장 최신의 출제경향을 파악하고 새롭게 출제된 문제의 유형을 익혀 처음 보는 문제들도 모두 맞힐 수 있도록 하였습니다.

최신 기출문제 출제경향

- 동력 · 도시마력
- 연료계 · 윤활계 압력
- 엔진구조 및 전자제어
- 유해배출가스 제어
- 클러치 및 수동변속기 구조
- 추진축 및 차동장치
- 차체 운동 및 전자제어 현가장치
- 조향장치 및 전자제어 동력조향장치
- 제동장치 및 전자제어 제동장치, 타이어
- 배터리, 기동전동기, 발전기, 점화장치, 편의장치
- 공조장치, 자동차 안전기준, 하이브리드 시스템, 산업안전

- 센서의 장착 위치
- 자동차의 최저지상고 기준
- 4행정 기관의 밸브 열림 · 닫힘각
- TCS 컨트롤 유닛의 입력 신호
- 세미 트레일링 암 방식의 특징
- 저항의 직렬연결
- EPB 포스 센서의 역할
- 지능형 자동차 시스템의 종류 및 기능

2021년 1회

2021년 2회

2022년 1회

2022년 2회

- 속도 · 엔진공학
- 엔진구조 및 정비이론
- 연료장치, LPI, 냉각 및 윤활장치
- 전자제어 엔진시스템, 과급장치
- 변속비 및 드라이브 라인
- 종감속장치, ECS 정비작업
- 전자제어 동력조향시스템, 휠 얼라인먼트
- 섀시정비이론, 전자제어 현가장치
- 타이어 및 수막현상
- 기초전기, 납산축전지, 기동전동기, 점화장치, 발전기
- IMS, 커먼레일, 에어백
- 작업안전, 전기안전

- 크랭크축의 회전각 계산
- 승합자동차 승객 좌석 설치 높이 기준
- 시크니스 게이지의 삽입 부분
- 튜닝승인 후 튜닝검사의 시기
- 블로다운 현상
- 탠덤 마스터 실린더의 사용 목적
- 도어 로크 제어
- 잭 설치 작업 시 주의사항
- EV 자동차 EPCU의 내부 구성품

- 엔진연소 특성 및 공학이론
- 전자제어 엔진
- 자동차 검사 및 안전기준
- 제동 · 조향 · 현가장치 구조이론
- 전자제어 조향 · 제동 장치
- 자동변속기 및 동력전달계통 구조
- 축전지, 기동전동기, 발전시스템
- 공조 및 안전 시스템
- 점화장치 및 전기전자 이론
- 하이브리드 및 고전압 배터리 시스템
- 고전압 전원 차단
- 구동모터 구조 및 특징
- 연료전지 및 가상사운드 시스템
- 작업안전 및 정비수칙

- LPi엔진의 특징
- 기관의 압축압력 측정방법
- 노크센서의 역할
- 공기식 브레이크 장치의 구성 부품
- 하이포이드 기어의 장점
- 점화장치의 점화회로 점검사항
- 하이브리드 전기자동차의 특징

2023년 1회　　**2023년** 2회　　**2024년** 1회　　**2024년** 2회

- 윤활유의 구비조건
- 유압 상승의 원인
- 가솔린 연료의 구비조건
- 전자제어 동력조향장치의 특징
- 하이드로플레이닝 현상 방지법
- HEI 점화코일의 특징
- 사이드슬립 시험기 사용 시 주의사항

- 전자제어 엔진 및 냉각계통
- 자동차 공학 및 배출가스 제어
- 디젤연료
- LPG 기관 구조 및 이론
- 전자제어 현가 · 제동 · 조향 · 자동변속기 구조
- 타이어 및 수동변속기
- 구동계 구조 및 공학
- 전조등, 경음기
- 공조시스템
- 전기전자 이론 및 점화장치 구조
- 전장 편의시스템
- 기동장치 및 계기시스템
- 전기자동차 고전압 배터리 및 구성부품
- 구동모터 및 제어 이론
- 전기자동차 충전시스템
- 정비작업 일반 및 산업안전

D-27 스터디 플래너

27일 완성!

안녕하세요. 자동차정비기능사 합격자입니다.

자동차정비사가 되고 싶어서 기초가 되는 자동차정비기능사 자격증에 도전하게 되었습니다. 그런데 저는 실전은 강한데 필기 공부가 약해서 막상 할려고 하니 어떻게 해야 할지 막막했습니다. 기술 쪽에 계시는 분들 중에 그런 분들이 아마 많으실 것 같습니다. 필기 내용은 아는 것도 있었지만 잘 모르는 부분도 많이 있었습니다. 그렇지만 실제로 일을 할 때는 실전이라 저는 항상 필기는 그리 중요하지 않다고 생각했습니다. 그래서 단기로 준비해서 취득하기로 마음먹었습니다. 책은 윙크를 골랐는데 다 공부하기는 싫고 시험에 나올 만한 부분만 공부하는 저의 성향에 딱 맞았습니다. 근데 생각보다 내용이 적지 않아서 공부하는 데 조금 힘들었습니다. 그래도 중간중간에 이미 아는 부분들이 꽤 나와서 끝까지 마쳤습니다. 이론이 모든 문제를 풀 수 있는 건 아니니까 이론을 보고 나서 문제 풀 때 이론으로 안 풀리는 것들은 체크해 놓고 따로 보면 도움이 될 것 같습니다. 그리고 시험 날에는 빨간키와 중요한 부분들만 보면 좋을 것 같아요. 다들 합격하길 바랍니다.

2020년 자동차정비기능사 합격자

친구와 같이 윙크책으로 공부했는데 솔직히 공부 아예 안 할 뻔했습니다.

친구와 같이 윙크책으로 공부했는데 솔직히 공부 아예 안 할 뻔했습니다. 도서관에서 같이 했는데 친구도, 저도 노는 걸 너무 좋아해서 잠깐 앉으면 다른 걸 하고 싶은 마음이 자꾸 생겼습니다. 그렇게 목표를 세우고도 일주일 정도 시간을 거의 통으로 날리고 나서 다음날도 전날과 같이 친구와 도서관에 갔고 잠깐 놀자고 서로 얘기했는데 주변에 어린 학생들이 공부를 열심히 하는 걸 보고 부끄러웠습니다. 갑자기 부모님께 죄송하기도 해서 더 이상 이러면 안 되겠다 싶어서 친구한테 얘기하고 각자 공부하기로 했습니다. 집에서 했지만 혼자 하니까 오히려 집중이 더 잘됐습니다. 그동안 20페이지 정도 봤었는데 일주일 만에 이론을 다 끝내고 2주 동안 기출문제를 끝냈습니다. 친구도 공부를 더 열심히 하게 되었다고 하니 좋은 선택이었다는 생각이 들었습니다. 시험장에 가서 문제를 푸는데 이론과 기출문제에서 봤던 내용들이 눈에 많이 들어오면서 즐겁게 풀고 나왔습니다. 완료를 누르니까 바로 합격 결과가 떠서 좀 놀랐고 기뻤습니다. 끝나고 나서 친구와 만나 즐겁게 놀았습니다. 다들 공부에 방해되는 것들은 확실히 차단하고 공부하시면 좋을 것 같습니다.

2021년 자동차정비기능사 합격자

빨리보는 간단한 키워드

빨리보는 간단한 키워드 —————

빨간키

#합격비법 핵심 요약집   #최다 빈출키워드   #시험장 필수 아이템

■ **자동차의 주행저항**

구름저항 + 공기저항 + 구배(등판)저항 + 가속저항 = 전주행저항

■ **클러치의 전달 효율**

$$\eta = \frac{수급}{공급} \times \frac{변속기의\ 입력축}{입력축}$$

■ **클러치의 전달 토크**

$$T = \mu \times F \times r$$

- μ : 압력판, 플라이 휠, 디스크 사이의 마찰계수(0.3~0.5)
- F : 압력판이 디스크를 누르는 힘(압력판에는 스프링의 힘이 작용)
- r : 디스크 접촉면 유효반경

■ **변속비**

$$r_t = \frac{피동\ 잇수}{구동\ 잇수} = \frac{구동\ 회전수}{피동\ 회전수}$$

■ **종감속비**

$$r_f = \frac{링기어\ 잇수}{피니언기어\ 잇수} = \frac{피니언의\ 회전수}{링기어의\ 회전수}$$

■ **총감속비**

$$R_t = r_t \times r_f$$

- r_t : 변속기의 변속비
- r_f : 종감속비의 감속비

▌ 최소회전반경

$$R = \frac{L}{\sin\alpha} + r$$

- L : 축거(Wheel Base)
- α : 외측륜조향각
- r : 캠버 오프셋(Scrub Radius)

▌ 조향기어비

조향핸들이 움직인 각과 바퀴, 피트먼 암, 너클 암이 움직인 각도와의 관계이다.

$$조향기어비 = \frac{조향핸들\ 회전각(°)}{피트먼\ 암,\ 너클\ 암,\ 바퀴\ 선회각(°)}$$

▌ 자동차의 정지거리

정지거리 = 공주거리 + 제동거리

- 공주거리 : 장애물을 발견하고 브레이크 페달로 발을 옮겨 힘을 가하기 전까지 자동차의 진행거리를 말한다.
- 제동거리 : 브레이크 페달에 힘을 가하여 제동시켜 자동차가 완전 정지할 때까지의 진행거리를 말한다.

▌ 클러치의 기능

- 엔진 운전 시 동력을 차단하여 엔진의 무부하 운전이 가능하다.
- 변속기의 기어를 변속할 때 엔진의 동력을 차단한다.
- 자동차의 관성 운전이 가능하다.

▌ 유체 클러치

- 오일의 흐름에 의하여 기계적 연결 없이 터빈이 회전하여 동력을 전달한다.
- 구성 : 펌프, 터빈, 가이드링
- 장점 : 조작이 쉽고 클러치 조작기구가 필요 없으며 과부하를 방지하고 충격을 흡수한다.
- 유체 클러치 오일의 구비조건
  - 점도가 낮을 것
  - 착화점이 높을 것
  - 비등점이 높을 것
  - 윤활성이 좋을 것
  - 비중이 클 것
  - 내산성이 클 것
  - 응고점이 낮을 것
  - 유성이 좋을 것

▌ 토크 컨버터

기본구성은 유체 클러치와 동일하나 스테이터가 추가되어 유체 클러치 토크 변환율이 1 : 1인데 비해 토크 컨버터는 2~3 : 1까지 전달토크를 증가시킬 수 있다.

▌ 클러치의 구비조건

- 동력차단 시 신속하고 확실할 것
- 동력전달 시 미끄러지면서 서서히 전달될 것
- 일단 접속되면 미끄럼 없이 동력을 확실히 전달할 것
- 회전부분의 동적, 정적 밸런스가 좋고 회전관성이 좋을 것
- 방열성능이 좋고 내구성이 좋을 것
- 구조가 간단하고 취급이 용이하며 고장이 적을 것

▌ 클러치의 자유간극

- 유격이 클 때 : 동력전달은 되나 클러치의 차단이 불량
- 유격이 작을 때 : 동력차단은 되나 동력전달 시 클러치의 미끄러짐, 마멸증대

▌ 클러치 미끄러짐의 원인

- 페이싱의 심한 마모
- 이물질 및 오일부착
- 압력스프링의 약화
- 클러치 유격이 작을 경우
- 플라이 휠 및 압력판의 손상

▌ 유체 클러치와 토크 컨버터의 비교

구 분	유체 클러치	토크 컨버터
구성 부품	펌프임펠러, 터빈러너, 가이드링	펌프임펠러, 터빈러너, 스테이터
작 용	와류 감소	유체의 흐름 방향을 전환
날 개	방사 선형	곡선으로 설치
토크 변환율	1:1	2~3 : 1
전달 효율	97~98%	92~93%

▌ 댐퍼 클러치

- 댐퍼 클러치의 특징
  - 엔진의 동력을 기계적으로 직결시켜 변속기 입력축에 전달한다.
  - 펌프 임펠러와 터빈러너를 기계적으로 직결시켜 미끄럼이 방지되어 연비가 향상된다.
- 댐퍼 클러치의 미작동 범위
  - 1속 및 후진 시
  - 엔진브레이크 작동 시
  - 유온이 60℃ 이하 시
  - 엔진냉각수 온도가 50℃ 이하 시
  - 3속에서 2속으로 다운 시프트 시
  - 엔진 회전수가 800rpm 이하 시
  - 급가속 및 급감속 시

▌ 변속기의 필요성

- 회전력을 증대시키기 위해
- 기관의 시동 시 무부하 상태로 두기 위해
- 후진하기 위해

▌ 변속기의 구비조건

- 연속적 또는 단계적으로 변속될 것
- 조작이 용이하고 작동이 신속·확실·정확·정숙할 것
- 소형·경량이고 고장이 없으며 정비가 용이할 것
- 전달효율이 좋을 것

▌ 싱크로메시 기구

싱크로메시 기구는 주행 중 기어 변속 시 주축의 회전수와 변속 기어의 회전수 차이를 싱크로나이저 링을 변속 기어의 콘(Cone)에 압착시킬 때 발생되는 마찰력을 이용하여 동기시킴으로써 변속이 원활하게 이루어지도록 하는 장치이다.

▌수동변속기의 점검

- 기어가 잘 물리지 않고 빠지는 원인
  - 각 기어가 지나치게 마멸되었다.
  - 기어 시프트 포크가 마멸되었다.
  - 싱크로나이저 슬리브 스플라인이 마모되었다.
  - 각 축의 베어링 또는 부시가 마모되었다.
  - 싱크로나이저 허브가 마모되었다.
  - 로킹 볼의 스프링 장력이 약하다.
- 변속이 잘되지 않는 원인
  - 클러치 차단이 불량하다.
  - 싱크로메시 기구가 불량하다.
  - 기어오일이 응고되었다.
  - 각 기어가 마모되었다.
  - 싱크로나이저 링이 마모되었다.
  - 컨트롤 케이블 조정이 불량하다.
- 변속기에서 소음이 발생되는 원인
  - 기어오일이 부족하거나 질이 나쁘다.
  - 주축의 스플라인 또는 부싱이 마모되었다.
  - 기어 또는 주축의 베어링이 마모되었다.

▌자동변속기의 밸브 보디 구조

밸브의 기능에 따라 방향제어밸브, 압력제어밸브, 유량제어밸브로 분류된다.
- 방향제어밸브 : 일반적으로 오일 흐름의 방향을 제어하는 밸브
- 압력제어밸브 : 유압 회로 압력의 제한, 감압과 부하 방지, 무부하 작동, 조작의 순서 작동, 외부 부하와의 평형 작동을 하는 밸브
- 유량제어밸브 : 유압계통의 유량을 조절하는 밸브
- 매뉴얼밸브 : 선택레버의 위치(P, R, N, D, 2, L)에 따라 연동되어 작동하여 유로를 변환
- 감압밸브 : 라인 압력을 근원으로 하여 항상 라인 압력보다 낮은 일정 압력을 만들기 위한 밸브
- 어큐뮬레이터 : 브레이크나 클러치가 작동할 때 변속 충격을 흡수하는 역할

▌오버드라이브장치

- 엔진의 회전속도를 30% 정도 낮추어도 자동차의 주행속도는 증가한다.
- 엔진의 회전속도가 동일할 경우 자동차의 속도가 약 30% 정도 더 빠르다.
- 평탄로 주행 시 연비가 약 20% 정도 좋아진다.
- 엔진의 운전이 정숙하고 수명을 연장시킨다.

▌자동변속기의 변속 특성

- 시프트 업 : 저속기어에서 고속기어로 변속되는 것을 말한다.
- 시프트 다운 : 고속기어에서 저속기어로 변속되는 것을 말한다.
- 킥 다운 : 급가속이 필요한 경우 가속페달을 밟으면 다운 시프트되어 요구하는 구동력을 확보하는 것을 말한다.
- 히스테리시스 : 업 시프트와 다운 시프트의 변속점에 대하여 7~15km/h 정도의 차이를 두는 것을 말한다.

❚ 자동변속기 오일의 구비조건

- 점도가 낮을 것
- 착화점이 높을 것
- 유성이 좋을 것
- 기포가 생기지 않을 것
- 점도지수 변화가 적을 것
- 마찰계수가 클 것
- 비중이 클 것
- 내산성이 클 것
- 비점이 높을 것
- 저온 유동성이 우수할 것
- 방청성이 있을 것

❚ 자동변속기 오일의 색깔 상태

- 붉은색 : 정상 상태의 오일이다.
- 갈색 : 자동변속기가 가혹한 상태에서 사용되었음을 의미한다.
- 투명도가 없는 검은색 : 자동변속기 내부의 클러치 디스크의 마멸 분말에 의한 오손, 부싱 및 기어의 마멸을 생각할 수 있다.
- 니스 모양으로 된 경우 : 오일이 매우 고온에 노출되어 바니시화된 상태이다.
- 백색 : 오일에 많은 양의 수분이 유입된 경우이다.

❚ 무단변속기(CVT)의 특징

- 엔진의 출력 활용도가 높다.
- 유단변속기에 비하여 연료 소비율 및 가속 성능을 향상시킬 수 있다.
- 기존의 자동변속기에 비해 구조가 간단하며, 무게가 가볍다.
- 변속할 때 충격(Shock)이 없다.
- 장치의 특성상 높은 출력의 차량, 즉 배기량이 큰 차량에는 적용이 어렵다.

❚ 슬립이음

추진축의 길이 변화를 가능하도록 하기 위해 설치한다.

❚ 자재이음

구동각 변화를 주는 장치이며, 종류에는 십자형 자재이음, 플렉시블 이음, 볼 앤드 트러니언 자재이음, 등속도(CV) 자재이음 등이 있다.

❚ 하이포이드기어

하이포이드기어는 링기어의 중심보다 구동 피니언의 중심이 10~20% 정도 낮게 설치된 스파이럴 베벨기어의 전위(Off-set)기어이다.

- 장 점
  - 구동 피니언의 오프셋에 의해 추진축 높이를 낮출 수 있어 자동차의 중심이 낮아져 안전성이 증대된다.
  - 동일 감속비, 동일 치수의 링기어인 경우에 스파이럴 베벨기어에 비해 구동 피니언을 크게 할 수 있어 강도가 증대된다.
  - 기어 물림률이 크므로 회전이 정숙하다.
- 단 점
  - 기어 이의 폭 방향으로 미끄럼 접촉을 하여 압력이 크므로 극압성 윤활유를 사용하여야 한다.
  - 제작이 조금 어렵다.

▌ 차동장치
래크와 피니언의 원리를 적용하여 구동바퀴의 좌우 회전수 차이를 보상하는 장치이다.

▌ 자동 제한 차동기어(LSD)의 특징
- 미끄러운 노면에서 출발이 용이하다.
- 요철노면을 주행 시 자동차의 후부 흔들림이 방지된다.
- 가속, 커브길 선회 시 바퀴의 공전을 방지한다.
- 타이어의 슬립을 방지하여 수명이 연장된다.
- 급속 직진 주행에 안정성이 양호하다.

▌ 차축의 종류
- 전부동식 : 바퀴를 빼지 않고도 차축을 빼낼 수 있으며, 버스, 대형 트럭에 사용
- 반부동식 : 반부동식은 차량 하중의 1/2을 차축이 지지
- 3/4 부동식 : 3/4 부동식은 차축이 차량 하중의 1/3을 지지

▌ 레이디얼(Radial) 타이어의 특징
- 타이어의 편평률을 크게 할 수 있어 접지 면적이 크다.
- 특수 배합한 고무와 발열에 따른 성장이 작은 레이온(Rayon) 코드로 만든 강력한 브레이커를 사용하므로 타이어 수명이 길다.
- 브레이커가 튼튼해 트레드가 하중에 의한 변형이 작다.
- 선회할 때 사이드슬립이 작아 코너링 포스가 좋다.
- 전동 저항이 작고, 로드 홀딩이 향상되며, 스탠딩 웨이브가 잘 일어나지 않는다.
- 고속으로 주행할 때 안전성이 크다.
- 브레이커가 튼튼해 충격 흡수가 불량하므로 승차감이 나쁘다.
- 저속에서 조향핸들이 다소 무겁다.

▌ 튜브리스 타이어의 특징

- 못 등에 찔려도 공기가 급격히 새지 않는다.
- 펑크 수리가 쉽다.
- 림의 일부분이 타이어 속의 공기와 접속하기 때문에 주행 중 방열이 잘 된다.
- 림이 변형되면 공기가 새기 쉽다.
- 공기압력이 너무 낮으면 공기가 새기 쉽다.

▌ 스탠딩 웨이브 현상 방지법

- 타이어의 편평비가 낮은 타이어를 사용한다.
- 타이어의 공기압을 10~20% 높인다.
- 레이디얼 타이어를 사용한다.
- 접지부의 타이어 두께를 감소시킨다.

▌ 하이드로플레이닝(수막 현상) 방지법

- 트레드의 마모가 적은 타이어를 사용한다.
- 타이어의 공기압을 높인다.
- 배수성이 좋은 타이어를 사용한다.

▌ 바퀴 평형

- 정적 평형 : 타이어가 정지된 상태의 평형이며, 정적 불평형일 경우에는 바퀴가 상하로 진동하는 트램핑현상을 일으킨다.
- 동적 평형 : 회전 중심축을 옆에서 보았을 때의 평형 즉, 회전하고 있는 상태의 평형이다. 동적 불평형이 있으면 바퀴가 좌우로 흔들리는 시미현상이 발생한다.

▌ 스프링 위 질량의 진동(차체의 진동)

- 바운싱 : 차체가 수직축을 중심으로 상하방향으로 운동하는 것
- 롤링 : 자동차 정면의 가운데로 통하는 앞뒤축을 중심으로 하는 회전 작용의 모멘트
- 피칭 : 자동차의 중심을 지나는 좌우축 옆으로의 회전 작용의 모멘트
- 요잉 : 자동차 상부의 가운데로 통하는 상하축을 중심으로 한 회전 작용의 모멘트

▌ 스프링 아래 질량의 진동(차축의 진동)

- 휠 홉 : 차축에 대하여 수직인 축(z축)을 기준으로 상하 평행 운동을 하는 진동
- 휠 트램프 : 차축에 대하여 앞뒤 방향(x축)을 중심으로 회전 운동을 하는 진동

- 와인드 업 : 차축에 대하여 좌우 방향(y축)을 중심으로 회전 운동을 하는 진동
- 스키딩 : 차축에 대하여 수직인 축(z축)을 기준으로 타이어가 슬립하며 동시에 요잉 운동을 하는 것

▌ 토션 바 스프링

토션 바는 스프링 강으로 된 막대를 비틀면 강성에 의해 원래 모양으로 되돌아가는 탄성을 이용한 것으로 단위 중량당 에너지 흡수율이 크므로 경량화할 수 있고, 구조도 간단하므로 설치공간을 적게 차지할 수 있다.

▌ 에어 스프링의 특징

- 스프링 상수를 하중에 관계없이 임의로 정할 수 있으며 적차 시나 공차 시 승차감의 변화가 거의 없다.
- 하중에 관계없이 스프링의 높이를 일정하게 유지시킬 수 있다.
- 서징현상이 없고 고주파진동의 절연성이 우수하다.
- 방음효과와 내구성이 우수하다.
- 유동하는 공기에 교축을 적당하게 줌으로써 감쇠력을 줄 수 있다.

▌ 스태빌라이저

차체가 롤링(좌우 진동)하는 것을 방지하며, 차체의 기울기를 감소시켜 평형을 유지하는 장치이다.

▌ 일체 차축 현가장치의 특징

- 부품 수가 적어 구조가 간단하며 휠 얼라인먼트의 변화가 적다.
- 커브길 선회 시 차체의 기울기가 작다.
- 스프링 아래 질량이 커서 승차감이 불량하다.
- 앞바퀴에 시미발생이 쉽고 반대편 바퀴의 진동에 영향을 받는다.
- 스프링 정수가 너무 작은 것은 사용이 어렵다.

▌ 독립 차축 현가장치의 특징

- 차고를 낮게 할 수 있으므로 주행 안전성이 향상된다.
- 스프링 아래 질량이 가벼워 승차감이 좋아진다.
- 조향바퀴에 옆 방향으로 요동하는 진동(Shimmy) 발생이 적고 타이어의 접지성(Road Holding)이 우수하다.
- 스프링 정수가 작은 스프링을 사용할 수 있다.
- 구조가 복잡하게 되고, 이음부가 많아 각 바퀴의 휠 얼라인먼트가 변하기 쉽다.
- 주행 시 바퀴가 상하로 움직임에 따라 윤거나 얼라인먼트가 변하여 타이어의 마모가 촉진된다.

▌맥퍼슨 형식의 특징

- 위시본형에 비해 구조가 간단하고 부품이 적어 정비가 용이하다.
- 스프링 아래 질량을 가볍게 할 수 있고 로드 홀딩 및 승차감이 좋다.
- 엔진룸의 유효공간을 크게 제작할 수 있다.

▌에어 스프링 현가장치의 특징

- 차체의 하중 증감과 관계없이 차고가 항상 일정하게 유지되며 차량이 전후, 좌우로 기우는 것을 방지한다.
- 공기 압력을 이용하여 하중의 변화에 따라 스프링 상수가 자동으로 변한다.
- 항상 스프링의 고유진동수는 거의 일정하게 유지된다.
- 고주파 진동을 잘 흡수한다(작은 충격도 잘 흡수한다).
- 승차감이 좋고 진동을 완화하기 때문에 자동차의 수명이 길어진다.

▌전자제어 현가장치의 특징

- 선회 시 감쇠력을 조절하여 자동차의 롤링 방지(안티 롤링)
- 불규칙한 노면 주행 시 감쇠력을 조절하여 자동차의 피칭 방지(안티 피칭)
- 급출발 시 감쇠력을 조정하여 자동차의 스쿼트 방지(안티 스쿼트)
- 주행 중 급제동 시 감쇠력을 조절하여 자동차의 다이브 방지(안티 다이브)
- 도로의 조건에 따라 감쇠력을 조절하여 자동차의 바운싱 방지(안티 바운싱)
- 고속 주행 시 감쇠력을 조절하여 자동차의 주행 안정성 향상(주행속도 감응제어)
- 감쇠력을 조절하여 하중변화에 따라 차체가 흔들리는 셰이크 방지(안티 셰이크)
- 적재량 및 노면의 상태에 관계없이 자동차의 자세 안정
- 조향 시 언더 스티어링 및 오버 스티어링 특성에 영향을 주는 롤링 제어 및 강성배분 최적화
- 노면에서 전달되는 진동을 흡수하여 차체의 흔들림 및 차체의 진동 감소

▌조향장치의 구비조건

- 조향 조작 시 주행 중 바퀴의 충격에 영향을 받지 않을 것
- 조작이 쉽고, 방향 변환이 용이할 것
- 회전 반경이 작아서 협소한 도로에서도 방향 변환을 할 수 있을 것
- 진행 방향을 바꿀 때 섀시 및 보디 각부에 무리한 힘이 작용되지 않을 것
- 고속 주행에서도 조향핸들이 안정될 것
- 조향핸들의 회전과 바퀴 선회 차이가 크지 않을 것
- 수명이 길고 다루기가 쉽고 정비가 쉬울 것

▌ 선회 특성

- 언더 스티어 : 일정한 방향으로 선회하여 속도가 상승했을 때 선회 반경이 커지는 것이다.
- 오버 스티어 : 일정한 조향각으로 선회하여 속도를 높였을 때 선회 반경이 작아지는 것이다.
- 뉴트럴 스티어 : 차륜이 원주상의 궤적을 거의 정확하게 선회한다.

▌ 타이로드

타이로드의 길이를 조정하여 토인(Toe-in)을 조정한다.

▌ 동력조향장치

동력조향장치는 동력부, 작동부, 제어부의 3주요부로 구성되며 유량제어밸브 및 유압제어밸브와 안전체크밸브 등으로 구성된다.

장 점	단 점
• 조향 조작력이 경감된다. • 조향 조작력에 관계없이 조향기어비를 선정할 수 있다. • 노면의 충격과 진동을 흡수한다(킥 백 방지). • 앞바퀴의 시미운동이 감소하여 주행안정성이 우수해진다. • 조향 조작이 가볍고 신속하다.	• 유압장치 등의 구조가 복잡하고 고가이다. • 고장이 발생하면 정비가 어렵다. • 엔진출력의 일부가 손실된다.

▌ 전자 제어식 동력조향장치(EPS)의 특징

- 기존의 동력조향장치와 일체형이다.
- 기존의 동력조향장치에는 변경이 없다.
- 컨트롤밸브에서 직접 입력회로 압력과 복귀회로 압력을 By Pass 시킨다.
- 조향회전각 및 횡가속도를 감지하여 고속 시 또는 급조향 시(유량이 적을 때) 조향하는 방향으로 잡아당기려는 현상을 보상한다.

▌ 모터 구동식 동력조향장치(MDPS)의 특징

- 전기모터 구동으로 인해 이산화탄소가 저감된다.
- 핸들의 조향력을 저속에서는 가볍고 고속에서는 무겁게 작동하는 차속 감응형 시스템이다.
- 엔진의 동력을 이용하지 않으므로 연비는 향상되며, 소음과 진동은 감소된다.
- 부품의 단순화 및 전자화로 부품의 중량이 감소되고 조립 위치에 제약이 적다.
- 차량의 유지비 감소 및 조향성이 증가된다.

▌ MDPS의 종류

- C-MDPS
- P-MDPS
- R-MDPS

▌휠 얼라인먼트

- 캐스터 : 직진성과 복원성, 안전성을 준다.
- 캐스터와 킹핀 경사각 : 조향핸들에 복원성을 준다.
- 캠버와 킹핀 경사각 : 앞 차축의 휨 방지 및 조향핸들의 조작력을 가볍게 한다.
- 토인 : 타이어의 마멸을 최소로 하고 로드홀딩 효과가 있다.

▌캠 버

자동차를 앞에서 볼 때 앞바퀴가 지면의 수직선에 대해 어떤 각도를 두고 장착되어 있는데 이 각도를 캠버각이라 한다.

- 수직방향 하중에 의한 앞차축의 휨을 방지한다.
- 조향핸들의 조작을 가볍게 한다.
- 하중을 받을 때 앞바퀴의 아래쪽부의 캠버가 벌어지는 것을 방지한다.

▌캐스터 각

자동차의 앞바퀴를 옆에서 볼 때 너클과 앞 차축을 고정하는 스트럿이 수직선과 어떤 각도를 두고 설치되는데 이를 캐스터 각이라 한다.

▌토 인

자동차 앞바퀴를 위에서 내려다 볼 때 양 바퀴의 중심선 거리가 앞쪽이 뒤쪽보다 약간 작게 되어 있는데 이것을 토인이라고 한다.

- 앞바퀴를 평행하게 회전시킨다.
- 앞바퀴의 사이드슬립과 타이어 마멸을 방지한다.
- 조향링키지 마멸에 따라 토아웃이 되는 것을 방지한다.
- 토인은 타이로드의 길이로 조정한다.

▌킹핀 경사각

자동차를 앞에서 보면 독립차축방식에서는 위, 아래 볼이음 부분의 가상선이, 일체차축방식에서는 킹핀의 중심선이 지면의 수직선에 대하여 어떤 각도를 두고 설치되는데 이를 킹핀 경사각이라고 한다.

- 캠버와 함께 조향핸들의 조작력을 가볍게 한다.
- 캐스터와 함께 앞바퀴에 복원성을 부여한다.
- 앞바퀴가 시미현상을 일으키지 않도록 한다.

▌ 유압 브레이크의 특징

- 제동력이 각 바퀴에 동일하게 작용한다.
- 마찰에 의한 손실이 적다.
- 페달 조작력이 적어도 작동이 확실하다.
- 유압회로에서 오일이 누출되면 제동력을 상실한다.
- 유압회로 내에 공기가 침입(베이퍼로크)하면 제동력이 감소한다.

▌ 체크밸브

유압회로 내 잔압을 유지시켜 다음 브레이크 작동 시 신속한 작동과 회로 내의 공기가 침투하는 것을 방지한다.

▌ 브레이크 라이닝의 구비조건

- 내열성이 크고 열경화(페이드) 현상이 없을 것
- 강도 및 내마멸성이 클 것
- 온도에 따른 마찰계수 변화가 적을 것
- 적당한 마찰계수를 가질 것

▌ 베이퍼로크

베이퍼로크 현상은 브레이크액 내에 기포가 차는 현상으로 패드나 슈의 과열로 인해 브레이크 회로 내에 브레이크 액이 비등하여 기포가 차게 되어 제동력이 전달되지 못하는 상태이며 다음과 같은 경우 발생한다.

- 한여름에 매우 긴 내리막길에서 브레이크를 지속적으로 사용한 경우
- 브레이크 오일을 교환한지 매우 오래된 경우
- 저질 브레이크 오일을 사용한 경우

▌ 브레이크 오일의 구비조건

- 점도가 알맞고 점도 지수가 클 것
- 적당한 윤활성이 있을 것
- 빙점이 낮고 비등점이 높을 것
- 화학적 안정성이 크고 침전물 발생이 적을 것
- 고무 또는 금속제품을 부식시키지 않을 것

▌ 디스크 브레이크의 장단점

- 장 점
  - 디스크가 노출되어 열방출능력이 크고 제동성능이 우수하다.
  - 자기 작동작용이 없어 고속에서 반복적으로 사용하여도 제동력 변화가 적다.
  - 평형성이 좋고 한쪽만 제동되는 일이 없다.
  - 디스크에 이물질이 묻어도 제동력의 회복이 빠르다.
  - 구조가 간단하고 점검 및 정비가 용이하다.
- 단 점
  - 마찰면적이 적어 패드의 압착력이 커야하므로 캘리퍼의 압력을 크게 설계해야 한다.
  - 자기 작동작용이 없기 때문에 페달 조작력이 커야 한다.
  - 패드의 강도가 커야 하며 패드의 마멸이 크다.
  - 디스크가 노출되어 이물질이 쉽게 부착된다.

▌ 공압식 브레이크의 장단점

- 장 점
  - 차량 중량에 제한을 받지 않는다.
  - 공기가 다소 누출되어도 제동성능이 현저하게 저하되지 않는다.
  - 베이퍼로크가 발생할 염려가 없다.
  - 페달을 밟는 양에 따라 제동력이 조절된다.
- 단 점
  - 공기 압축기 구동으로 인해 엔진의 동력이 소모된다.
  - 구조가 복잡하고 값이 비싸다.

▌ ABS의 목적

- 조향안정성 및 조종성을 확보한다.
- 노면과 타이어를 최적의 그립력으로 제어하여 제동거리를 단축시킨다.

▌ ABS 구성 부품

- 휠스피드센서 : 휠스피드센서는 자동차의 각 바퀴에 설치되어 해당 바퀴의 회전상태를 검출하며 ECU는 이러한 휠스피드센서의 주파수를 인식하여 바퀴의 회전 속도를 검출한다.
- ECU : ABS ECU는 휠스피드센서의 신호에 의해 들어온 바퀴의 회전 상황을 인식함과 동시에 급제동 시 바퀴가 고착되지 않도록 하이드롤릭 유닛(유압조절장치) 내의 솔레노이드밸브 및 전동기 등을 제어한다.
- 하이드롤릭 유닛(유압조절장치) : 하이드롤릭 유닛은 내부의 전동기에 의해 작동되며 제어펌프에 의해 공급된다.

▌ 속 도

$$V(\mathrm{m/s}) = \frac{S(\mathrm{m})}{t(\mathrm{s})} = \frac{\text{움직인 거리}}{\text{시간}}$$

▌ 섭씨온도와 화씨온도의 관계식

$$\text{℃} = \frac{5}{9}(\text{℉} - 32), \quad \text{℉} = \frac{9}{5}\text{℃} + 32$$

섭씨온도와 화씨온도가 같아지는 온도는 −40℃ = −40℉

▌ 동 력

$$1\mathrm{PS} = 75\mathrm{kgf} \cdot \mathrm{m/s} = 75 \times 9.81\mathrm{N} \cdot \mathrm{m/s} = 736\mathrm{J/s}$$

$$1\mathrm{kW} = 102\mathrm{kgf} \cdot \mathrm{m/s} = 102 \times 9.81\,\mathrm{N} \cdot \mathrm{m/s} = 1{,}000\mathrm{J/s} = 1\mathrm{kJ/s}$$

$$1\mathrm{PS} = 0.736\mathrm{kW} = 736\mathrm{W}$$

▌ 엔진의 기계효율

$$\eta_m = \frac{\mathrm{BPS}}{\mathrm{IPS}} \text{이고, } \mathrm{BPS} = \eta_m \times \mathrm{IPS} \text{이다.}$$

▌ 열역학적 사이클에 의한 분류

- 오토 사이클(정적 사이클) : 가솔린, LPG엔진
- 디젤 사이클(정압 사이클) : 저속 디젤엔진
- 사바테 사이클(복합 사이클) : 고속 디젤엔진(디젤자동차)

▌ 엔진의 구비조건

- 공기와 화학적에너지를 갖는 연료를 연소시켜 열에너지를 발생시킬 것
- 연소 가스의 폭발동력이 직접 피스톤에 작용하여 열에너지를 기계적 에너지로 변환시킬 것
- 연료소비율이 우수하고 엔진의 소음 및 진동이 적을 것
- 단위 중량당 출력이 크고 출력변화에 대한 엔진성능이 양호할 것
- 경량·소형이며 내구성이 좋을 것

- 사용연료의 공급 및 가격이 저렴하며 정비성이 용이할 것
- 배출가스에 인체 또는 환경에 유해한 성분이 적을 것

▌ 4행정 사이클 기관과 2행정 사이클 기관의 비교

구 분	4행정 사이클 기관	2행정 사이클 기관
행정 및 폭발	크랭크축 2회전(720°)에 1회 폭발행정한다.	크랭크축 1회전(360°)에 1회 폭발행정한다.
기관효율	4개 행정의 구분이 명확하고 작용이 확실하며 효율이 우수하다.	행정의 구분이 명확하지 않고 흡기와 배기 시간이 짧아 효율이 낮다.
밸브기구	밸브기구가 필요하고 구조가 복잡하다.	밸브기구가 없어 구조는 간단하나 실린더 벽에 흡기구가 있어 피스톤 및 피스톤링의 마멸이 크다.
연료소비량	연료소비율이 비교적 좋다(크랭크축 2회전에 1번 폭발).	연료소비율이 나쁘다(크랭크축 1회전에 1번 폭발).
동 력	단위 중량당 출력이 2행정 사이클에 비해 낮다.	단위 중량당 출력이 4행정 사이클에 비해 높다.
엔진중량	무겁다(동일한 배기량 조건).	가볍다(동일한 배기량 조건).

- 4행정 사이클 기관의 장점
  - 각 행정이 명확히 구분되어 있다.
  - 흡입행정 시 혼합기(공기 + 연료)의 냉각효과로 각 부분의 열적 부하가 적다.
  - 저속에서 고속까지 엔진회전속도의 범위가 넓다.
  - 흡입행정의 구간이 비교적 길고 블로다운현상으로 체적효율이 높다.
  - 블로바이현상이 적어 연료 소비율 및 미연소가스의 생성이 적다.
  - 불완전 연소에 의한 실화가 발생되지 않는다.
- 4행정 사이클 기관의 단점
  - 밸브기구가 복잡하고 부품수가 많아 충격이나 기계적 소음이 크다.
  - 가격이 고가이고 마력당 중량이 무겁다(단위 중량당 마력이 적다).
  - 2행정에 비해 폭발횟수가 적어 엔진 회전력의 변동이 크다.
  - 탄화수소(HC)의 배출량은 적으나 질소산화물(NO_X)의 배출량이 많다.

▌ 압축비

$$\varepsilon = \frac{실린더\ 최대체적\ V_{max}}{실린더\ 최소체적\ V_{min}} = \frac{총체적}{연소실체적} = \frac{연소실체적 + 행정체적}{연소실체적}$$

▌ 옥탄가(옥테인값)

가솔린 연료의 내폭성을 수치로 나타낸 것이다.

$$ON = \frac{이소옥탄(아이소옥테인)}{이소옥탄 + 정헵탄} \times 100$$

■ 세탄가(세테인값)

디젤연료의 착화성을 나타내는 수치이다.

$$CN = \frac{세탄(세테인)}{세탄 + \alpha-메틸나프탈렌} \times 100$$

■ 라디에이터 코어 막힘률

신품 용량 대비 20% 이상의 막힘률이 산출되면 라디에이터를 교환한다.

$$라디에이터\ 코어\ 막힘률 = \frac{신품용량 - 구품용량}{신품용량} \times 100$$

■ 유해배출가스

- 일산화탄소(CO) : 공연비가 농후할 때 많이 발생한다.
- 탄화수소(HC) : 공연비가 농후 또는 희박할 때 많이 발생한다.
- 질소산화물(NO_X) : 연소실 온도가 고온일 때(이론공연비) 많이 발생한다.

■ 배출가스 제어장치

- 블로바이가스 제어장치(HC 저감) = PCV
- 연료증발가스 제어장치(HC 저감) = 캐니스터, PCSV
- 배기가스 재순환장치(NO_X 저감) = EGR

■ EGR 작동 금지조건

- 엔진 냉각수 온도가 35℃ 이하 또는 100℃ 이상 시
- 엔진 시동 시
- 공회전 시
- 급가속 시
- 연료분사계통, 흡입공기량센서, EGR밸브 등 고장 시

■ 산소센서

산소센서를 배기 다기관에 설치하여 배기가스 중의 산소 농도를 검출하여 피드백을 통한 연료 분사 보정량의 신호로 사용한다. 종류에는 크게 지르코니아 형식과 티타니아 형식이 있으며 정상작동온도는 400~800℃ 정도이다.
- 지르코니아 산소센서 : 출력 전압은 혼합비가 희박할 때는 약 0.1V, 농후하면 약 0.9V 기전력을 출력한다.
- 티타니아 산소센서 : 출력 전압은 혼합비가 희박할 때는 약 4.3~4.7V, 농후하면 약 0.3~0.8V 기전력을 출력한다.

▌ 촉매컨버터

세라믹 담체에 백금(Pt), 파라듐(Pd), 로듐(Rh)의 혼합물을 코팅하여 산화, 환원작용을 하며 유해 배출가스(CO, HC, NO_X)를 인체에 무해한 배출가스(CO_2, H_2O, N_2)로 변환시킨다. 정상작동온도는 350~600℃ 정도이다.

▌ 촉매컨버터가 부착된 자동차의 사용상 주의사항

- 반드시 무연 가솔린을 사용할 것
- 엔진의 파워 밸런스시험은 실린더당 10초 이내로 할 것
- 자동차를 밀거나 끌어서 시동하지 말 것
- 엔진 공회전 상태로 10분 이상 두지 말 것
- 잔디, 낙엽, 카펫 등 가연성 물질 위에 주차하지 말 것

▌ 연소실의 구비조건

- 화염전파에 소요되는 시간을 짧게 하는 구조일 것
- 이상연소 또는 노킹을 일으키지 않는 형상일 것
- 열효율이 높고 배기가스에 유해한 성분이 적도록 완전 연소하는 구조일 것
- 가열되기 쉬운 돌출부(조기점화원인)를 두지 말 것
- 밸브 통로면적을 크게 하여 흡기 및 배기 작용을 원활하도록 할 것
- 연소실 내의 표면적은 최소가 되도록 할 것
- 압축 행정 말에서 강력한 와류를 형성하는 구조일 것

▌ 실린더 헤드 개스킷

- 보통 개스킷 : 강판으로 석면을 싸서 제조한 것이다.
- 스틸 베스토 개스킷 : 석면으로 강판을 싸서 제조한 것이다.
- 스틸 개스킷 : 금속 강판만으로 제조한 것이다.

▌ 행정과 내경의 비

- 장행정 엔진(Under Square Engine) : 행정이 실린더 내경보다 긴 실린더 형태(행정 > 내경)
  - 피스톤 평균속도(엔진 회전속도)가 느리다.
  - 엔진회전력(토크)이 크고 측압이 작아진다.
  - 내구성 및 유연성이 양호하나 엔진의 높이가 높아진다.
  - 탄화수소(HC)의 배출량이 적어 유해배기가스 배출이 적다.
- 단행정 엔진(Over Square Engine) : 행정이 실린더 내경보다 짧은 실린더 형태(행정 < 내경)
  - 피스톤 평균속도(엔진회전속도)가 빠르다.
  - 엔진회전력(토크)이 작아지고 측압이 커진다.

– 행정구간이 짧아 엔진의 높이는 낮아지나 길이가 길어진다.

– 연소실의 면적이 넓어 탄화수소(HC) 등의 유해 배기가스 배출이 비교적 많다.

– 폭발압력을 받는 부분이 커서 베어링 등의 하중부담이 커진다.

– 피스톤이 과열하기 쉽다.

• 정방형 엔진(Square Engine) : 행정과 실린더 내경이 같은(행정=내경) 형태를 말하며 장행정 엔진과 단행정 엔진의 중간의 특성을 가지고 있다.

▌ 피스톤

재질은 알루미늄합금(Y합금), 저팽창(Lo-EX)합금을 사용하며 구비조건은 다음과 같다.

• 관성력에 의한 피스톤 운동을 방지하기 위해 무게가 가벼울 것

• 고온고압가스에 견딜 수 있는 강도가 있을 것

• 열전도율이 우수하고 열팽창률이 작을 것

• 블로바이현상이 적을 것

• 각 기통의 피스톤 간의 무게 차이가 작을 것

▌ 피스톤 간극(실린더와 피스톤 스커트 부의 간극)

• 피스톤 간극이 클 때

– 압축 행정 시 블로바이현상이 발생하고 압축압력이 떨어진다.

– 폭발 행정 시 엔진출력이 떨어지고 블로바이가스가 희석되어 엔진오일을 오염시킨다.

– 피스톤 링의 기밀작용 및 오일 제어작용 저하로 엔진오일 연소실로 유입되어 연소하여 오일 소비량이 증가하고 유해 배출가스가 많이 배출된다.

– 피스톤의 슬랩현상(피스톤과 실린더 간극이 너무 커 피스톤이 상·하사점에서 운동 방향이 바뀔 때 실린더 벽에 충격을 가하는 현상)이 발생하고 피스톤 링과 링 홈의 마멸을 촉진시킨다.

• 피스톤 간극이 작을 때

– 실린더 벽에 형성된 오일 유막 파괴로 마찰이 증대한다.

– 마찰에 의한 고착(소결) 현상이 발생한다.

▌ 플러터(Flutter) 현상

기관의 회전속도가 증가함에 따라 피스톤이 상사점에서 하사점으로 또는 하사점에서 상사점으로 방향을 바꿀 때 피스톤 링의 떨림 현상으로 블로바이현상이 발생하기 때문에 기관의 출력이 저하, 실린더의 마모 촉진, 피스톤의 온도 상승, 오일 소모량의 증가되는 영향을 초래한다.

▌ 피스톤 핀

고정 방식에 따라 전부동식, 반부동식, 고정식으로 분류한다.

▮ 크랭크축의 구비조건

- 고하중을 받으면서 고속회전운동을 하므로 동적평형성 및 정적평형성을 가져야 한다.
- 강성 및 강도가 크며 내마멸성이 커야 한다.
- 크랭크저널 중심과 핀저널 중심 간의 거리를 짧게 하고 피스톤의 행정을 짧게 하여 엔진 고속운동에 따른 크랭크축의 강성을 증가시키는 구조이어야 한다.

▮ 엔진 점화 순서(나열순) 및 점화시기 결정 시 고려사항

- 각 실린더별 동력 발생 시 동력의 변동이 적도록 동일한 연소간격을 유지해야 한다.
- 연료와 공기의 혼합가스를 각 연소실에 균일하게 분배하도록 흡기다기관에서 혼합기의 원활한 유동성을 확보한다.
- 하나의 메인 베어링에 연속해서 하중이 집중되지 않도록 인접한 실린더에 연이어 폭발되지 않도록 한다.
- 크랭크축의 비틀림 진동을 방지하는 점화시기이어야 한다.

▮ 베어링의 구비조건

- 고온 하중부담 능력이 있을 것
- 지속적인 반복하중에 견딜 수 있는 내피로성이 클 것
- 금속이물질 및 오염물질을 흡수하는 매입성이 좋을 것
- 축의 회전운동에 대응할 수 있는 추종 유동성이 있을 것
- 산화 및 부식에 대해 저항할 수 있는 내식성이 우수할 것
- 열전도성이 우수하고 밀착성이 좋을 것
- 고온에서 내마멸성이 우수할 것

▮ 밸브 오버랩

상사점에서 엔진의 밸브 개폐시기는 흡입밸브는 상사점 전 10~30°에서 열리고 배기밸브는 상사점 후 10~30°에 달하며 상사점 부근에서 배기밸브와 흡기밸브가 동시에 열려 있는 구간을 밸브 오버랩이라 한다. 밸브 오버랩은 배기가스 흐름의 관성을 이용하며 흡입 및 배기 효율을 향상시키기 위함이다.

▮ 밸브의 구비조건

- 고온고압에 충분히 견딜 수 있는 고강도일 것
- 혼합가스에 이상연소가 발생되지 않도록 열전도가 양호할 것
- 혼합가스나 연소가스에 접촉되어도 부식되지 않을 것
- 관성력 증대를 방지하기 위하여 가능한 가벼울 것
- 충격에 잘 견디고 항장력과 내구력이 있을 것

▌ 밸브 스프링의 서징현상

밸브 스프링이 가지고 있는 고유진동수와 캠의 작동에 의한 진동수가 일치할 경우 캠의 운동과 관계없이 스프링의 진동이 발생하는 서징현상이 발생된다. 이러한 서징현상을 방지하기 위하여 원추형 스프링, 2중 스프링, 부등피치 스프링을 사용한다.

▌ 캠축의 구동 방식

- 기어 구동식
- 체인 구동식
- 벨트 구동식

▌ 냉각장치의 엔진온도에 따른 영향

엔진 과열 시	엔진 과랭 시
• 냉각수 순환이 불량해지고, 금속의 부식이 촉진된다. • 작동 부분의 고착 및 변형이 발생하며 내구성이 저하된다. • 윤활이 불량하여 각 부품이 손상된다. • 조기 점화 또는 노크가 발생한다.	• 연료의 응결로 연소가 불량해진다. • 연료가 쉽게 기화하지 못하고 연비가 나빠진다. • 엔진 오일의 점도가 높아져 시동할 때 회전 저항이 커진다.

▌ 라디에이터의 구비조건

- 단위 면적당 방열량이 클 것
- 경량 및 고강도를 가질 것
- 냉각수 및 공기의 유동저항이 적을 것

▌ 라디에이터 캡

라디에이터 캡은 냉각회로의 냉각수 압력을 약 $1.0 \sim 1.2 kgf/cm^2$ 증가시켜 냉각수의 비등점을 약 112℃까지 상승시키는 역할을 한다.

▌ 수온조절기 고장 시의 영향

수온조절기가 열린 채로 고장 시	수온조절기가 닫힌 채로 고장 시
• 엔진의 워밍업 시간이 길어지고 정상작동온도에 도달하는 시간이 길어진다. • 연료소비량이 증가한다. • 엔진 각 부품의 마멸 및 손상을 촉진시킨다. • 냉각수온 게이지가 정상범위보다 낮게 표시된다.	• 엔진이 과열되고 각 부품의 손상이 발생한다. • 냉각수온 게이지가 정상범위보다 높게 출력된다. • 엔진의 성능이 저하되고 냉각 회로가 파손된다. • 엔진의 과열로 조기점화 또는 노킹이 발생한다.

▌냉각수와 부동액

자동차 냉각 시스템의 냉각수는 연수(수돗물)를 사용하며 부동액의 종류에는 에틸렌글리콜, 메탄올, 글리세린 등이 있다.

▌엔진오일의 작용

- 감마작용(마멸방지)
- 밀봉작용
- 냉각작용
- 청정 및 세척작용
- 응력분산 및 완충작용
- 방청 및 부식방지작용

▌엔진오일의 구비조건

- 점도지수가 커서 엔진온도에 따른 점성의 변화가 작을 것
- 인화점 및 자연 발화점이 높을 것
- 강인한 유막을 형성할 것(유성이 좋을 것)
- 응고점이 낮을 것
- 비중과 점도가 적당할 것
- 기포 발생 및 카본 생성에 대한 저항력이 클 것

▌엔진오일 유압이 상승 및 하락하는 원인

유압이 상승하는 원인	유압이 하락하는 원인
• 엔진의 온도가 낮아 오일의 점도가 높다. • 윤활 회로의 일부가 막혔다(오일 여과기). • 유압조절밸브 스프링의 장력이 크다.	• 크랭크축 베어링의 과다 마멸로 오일 간극이 크다. • 오일펌프의 마멸 또는 윤활 회로에서 오일이 누출된다. • 오일팬의 오일양이 부족하다. • 유압조절밸브 스프링 장력이 약하거나 파손되었다. • 오일이 연료 등으로 현저하게 희석되었다. • 오일의 점도가 낮다.

▌엔진오일의 색깔에 따른 현상

- 검은색 : 오염이 심하다.
- 붉은색 : 오일에 가솔린이 유입되었다.
- 회색 : 연소가스의 생성물이 혼입되었다(가솔린 내의 4에틸납).
- 우유색 : 오일에 냉각수가 혼입되었다.

엔진오일의 과다소모 원인	엔진오일의 조기오염 원인
• 저질 오일 사용 • 오일실 및 개스킷의 파손 • 피스톤 링 및 링 홈의 마모 • 피스톤 링의 고착 • 밸브스템의 마모	• 오일여과기 결함 • 연소가스의 누출 • 질이 낮은 오일 사용

가변 흡기 시스템

가변 흡기 시스템은 엔진 회전속도에 맞추어 저속과 고속 시 최적의 흡기 효율을 발휘할 수 있도록 흡기 라인에 액추에이터를 설치하고 엔진의 회전속도에 대응하여 흡기 다기관의 통로를 가변하는 장치이다.

전자제어 시스템의 특징

- 공기흐름에 따른 관성질량이 작아 응답성이 향상된다.
- 엔진출력이 증대하고 연료 소비율이 감소한다.
- 배출가스 감소로 유해물질이 감소한다.
- 각 실린더에 동일한 양의 연료공급이 가능하다.
- 구조가 복잡하고 가격이 비싸다.
- 흡입계통의 공기누설이 엔진에 큰 영향을 준다.

엔진 전자제어 관련 센서

- 스로틀밸브 개도센서(TPS) : TPS는 스로틀밸브 개도, 물리량으로는 각도의 변위를 전기 저항의 변화로 바꾸어 주는 센서이다.
- 맵센서 : 흡기 매니폴드 서지탱크 내에 장착되어 흡입 공기압(진공)을 전압의 형태로 측정한다.
- 열선식(Hot Wire Type) 또는 열막식(Hot Film Type) : 이 방식은 공기 중에 발열체를 놓으면 공기에 의해 열을 빼앗기므로 발열체의 온도가 변화하며, 이 온도의 변화는 공기의 흐름 속도에 비례한다. 이러한 발열체와 공기와의 열전달 현상을 이용한 것이 열선식 또는 열막식이다.
  - 공기 질량을 정확하게 계측할 수 있다.
  - 공기 질량 감지 부분의 응답성이 빠르다.
  - 대기 압력 변화에 따른 오차가 없다.
  - 맥동 오차가 없다.
  - 흡입 공기의 온도가 변화하여도 측정상의 오차가 없다.
- 냉각수온도센서(WTS) : 냉각수온도센서는 온도를 전압으로 변환시키는 센서로서 냉각수가 흐르는 실린더 블록의 냉각수 통로에 부특성 서미스터(NTC) 부분이 냉각수와 접촉할 수 있도록 장착되어 있으며 기관의 냉각수온도를 측정한다.
- 흡기온도센서(ATS) : 실린더에 흡입되는 공기의 온도를 전압으로 변환시키는 센서이며 부특성 서미스터(NTC) 부분이 흡입 공기와 접촉할 수 있도록 장착되어 있다.
- 산소센서(O_2 Sensor) : O_2 센서는 배기가스 중의 산소의 농도를 측정하여 전압값으로 변환시키는 센서로서 흔히 λ센서라고도 하며 공연비 보정량을 위한 신호로 사용되며 피드백 제어의 대표적인 센서이다.
- 크랭크각센서 : 크랭크각센서는 엔진 회전수와 현재 크랭크축의 위치를 감지하는 센서로 기본 분사량을 결정하는 센서이다.

- 노크센서(Knock Sensor) : 노크센서는 엔진노킹이 발생하였는지의 유무를 판단하는 센서로 내부에 장착된 압전 소자와 진동판을 이용하여 압력의 변화를 기전력으로 변화시킨다.

▌ 컴퓨터의 역할

- 이론 혼합비를 14.7 : 1로 정확히 유지시킨다.
- 유해 배출가스의 배출을 제어한다.
- 주행 성능을 신속히 해 준다.
- 연료 소비율 감소 및 엔진의 출력을 향상시킨다.

▌ 전자 제어 요소

- 연료 분사시기 제어
  - 동기분사(독립분사 또는 순차분사) : 이 분사 방식은 1사이클에 1실린더만 1회 점화시기에 동기하여 배기행정 끝 무렵에 분사한다.
  - 그룹(Group)분사 : 이 분사 방식은 각 실린더에 그룹(1번과 3번 실린더, 2번과 4번 실린더)을 지어 1회 분사할 때 2실린더씩 짝을 지어 분사한다.
  - 동시분사(또는 비동기분사) : 이 분사 방식은 1회에 모든 실린더에 분사한다.
- 연료 분사량 제어
  - 기본 분사량 제어 : 인젝터는 크랭크각센서의 출력 신호와 공기 유량센서의 출력 등을 계측한 컴퓨터의 신호에 의해 인젝터가 구동된다.
  - 엔진을 크랭킹할 때 분사량 제어 : 엔진을 크랭킹할 때는 시동 성능을 향상시키기 위해 크랭킹 신호(점화스위치 St, 크랭크각센서, 점화코일 1차전류)와 수온센서의 신호에 의해 연료 분사량을 증량한다.
  - 엔진 시동 후 분사량 제어 : 엔진을 시동한 직후에는 공전속도를 안정시키기 위해 시동 후에도 일정한 시간 동안 연료를 증량한다.
  - 냉각수온도에 따른 제어 : 냉각수온도 80℃(증량비 1)를 기준으로 하여 그 이하의 온도에서는 분사량을 증량하고, 그 이상에서는 기본 분사량으로 분사한다.
  - 흡기온도에 따른 제어 : 흡기온도 20℃(증량비 1)를 기준으로 그 이하의 온도에서는 분사량을 증량하고, 그 이상의 온도에서는 분사량을 감량한다.
  - 축전지 전압에 따른 제어 : 축전지 전압이 낮아질 경우에는 컴퓨터는 분사신호의 시간을 연장하여 실제 분사량이 변화하지 않도록 한다.
  - 가속할 때 분사량 제어 : 엔진이 냉각된 상태에서 가속시키면 일시적으로 공연비가 희박해지는 현상을 방지하기 위해 냉각수 온도에 따라서 분사량을 증량한다.
  - 엔진의 출력을 증가할 때 분사량 제어 : 엔진의 고부하 영역에서 운전 성능을 향상시키기 위하여 스로틀밸브가 규정값 이상 열릴 때 분사량을 증량한다.

- 감속할 때 연료분사차단(대시포트 제어) : 스로틀밸브가 닫혀 공전 스위치가 ON으로 되었을 때 엔진 회전속도가 규정값일 경우에는 연료 분사를 일시 차단한다.
- 피드백 제어(Feed Back Control) : 배기다기관에 설치한 산소센서로 배기가스 중의 산소 농도를 검출하고 이것을 컴퓨터로 피드백 시켜 연료 분사량을 증감하여 항상 이론 혼합비가 되도록 분사량을 제어한다. 피드백 보정은 운전성, 안전성을 확보하기 위해 다음과 같은 경우에는 제어를 정지한다.
  - 냉각수 온도가 낮을 때
  - 엔진을 시동할 때
  - 엔진 시동 후 분사량을 증가할 때
  - 엔진의 출력을 증대할 때
  - 연료 공급을 차단할 때(희박 또는 농후 신호가 길게 지속될 때)
- 점화시기 제어 : 점화시기 제어는 파워 트랜지스터로 컴퓨터에서 공급되는 신호에 의해 점화코일 1차전류를 ON, OFF 시켜 점화시기를 제어한다.
- 연료펌프 제어 : 점화 스위치가 ST위치에 놓이면 축전지 전류는 컨트롤 릴레이를 통하여 연료 펌프로 흐르게 된다. 엔진 작동 중에는 컴퓨터가 연료펌프 구동 트랜지스터 베이스를 ON으로 유지하여 컨트롤 릴레이 코일을 여자시켜 축전지 전원이 연료펌프로 공급된다.
- 공전속도 제어
  - ISC-SERVO : 공전속도 조절 모터, 웜기어(Worm Gear), 웜휠(Worm Wheel) 모터포지션센서(MPS), 공전 스위치 등으로 구성되어 있다. 공전속도 조절 시 스로틀밸브의 열림량을 모터로 제어한다.
  - 스텝모터방식 : 스텝모터방식은 스로틀밸브를 바이패스하는 통로에 설치되어 흡입 공기량을 제어하여 공전속도를 조절하도록 되어 있다.
  - 아이들 스피드 액추에이터 : 아이들 스피드 액추에이터의 솔레노이드 코일에 흐르는 전류를 듀티 제어하여 밸브 내의 솔레노이드밸브에 발생하는 전자력과 스프링 장력이 서로 평형을 이루는 위치까지 밸브를 이동시켜 공기 통로의 단면적을 제어하는 전자밸브이다.

▌ 디젤 엔진의 장단점

- 장 점
  - 가솔린 엔진보다 열효율이 높다(가솔린 엔진 : 25~32%, 디젤 엔진 : 32~38%).
  - 가솔린 엔진보다 연료 소비량이 작다.
  - 넓은 회전속도 범위에서 회전력이 크다(회전력의 변동이 작다).
  - 대출력 엔진이 가능하다.
  - 공기 과잉 상태에서 연소가 진행되어 CO, HC의 유해 성분이 적다.
  - 연료의 인화점이 높아 화재의 위험이 작다.
  - 전기 점화장치와 같은 고장 빈도가 높은 장치가 없어 수명이 길다.

- 단 점
  - 실린더 최대압력이 높아 튼튼하게 제작해야 하므로 중량이 무겁다.
  - 압축 및 폭발 압력이 높아 작동이 거칠고 진동과 소음이 크다.
  - 가솔린 엔진보다 제작비가 비싸다.
  - 공기와 연료를 균일한 혼합기로 만들 수 없어 리터당 출력이 낮다.
  - 시동에 소요되는 동력이 크다. 즉, 기동 전동기의 출력이 커야 한다.
  - 가솔린 엔진보다 회전속도의 범위가 좁다.

▮ 디젤 기관의 연소 특성

디젤 엔진은 압축 행정의 종료부분에서 연소실 내에 분사된 연료는 착화 지연 기간 → 화염 전파 기간 → 직접 연소 기간 → 후기 연소 기간의 순서로 연소된다.

▮ 디젤 엔진의 노크 방지

- 세탄가가 높은 연료를 사용한다.
- 실린더 벽의 온도를 높게 유지한다.
- 연료의 분사시기를 알맞게 조정한다.
- 엔진의 회전 속도를 빠르게 한다.
- 압축비를 높게 한다.
- 흡입 공기의 온도를 높게 유지한다.
- 착화 지연 기간 중에 연료의 분사량을 적게 한다.

▮ 디젤 연료(경유)의 구비조건

- 착화성이 좋을 것
- 점도가 적당할 것
- 세탄가가 높을 것
- 불순물 함유가 없을 것

▮ 착화 촉진제

디젤연료의 발화(착화)촉진제로는 초산에틸($C_2H_5NO_3$), 초산아밀($C_5H_{11}NO_3$), 아초산에틸($C_2H_5NO_2$), 아초산아밀($C_5H_{11}NO_2$), 질산에틸, 아질산아밀 등이 있다.

▮ 감압장치

디젤 엔진이 크랭킹할 때 흡입밸브나 배기밸브를 캠축의 운동과는 관계없이 강제로 열어 실린더 내의 압축 압력을 낮춤으로써 엔진의 시동을 원활하게 도와주며, 또한 디젤 엔진의 가동을 정지시킬 수도 있는 장치이다.

▮ 조속기(Governor)

엔진 부하 및 회전속도 등의 변화에 대하여 연료 분사량을 조절하는 장치이다.

▌ 타이머(Timer)

엔진 회전속도 및 부하에 따라 분사시기를 변화시키는 장치이다.

▌ 앵글라이히 장치

엔진의 모든 회전속도 범위에서 공기와 연료의 비율(공연비)을 알맞게 유지하는 기구이다.

▌ 분사노즐의 구비조건

- 연료를 미세한 안개 모양으로 하여 쉽게 착화하게 할 것(무화)
- 분무를 연소실 구석구석까지 뿌려지게 할 것(분포도)
- 연료의 분사 끝에서 완전히 차단하여 후적이 일어나지 않을 것
- 고온고압의 가혹한 조건에서 장시간 사용할 수 있을 것
- 관통력이 클 것(관통도)

▌ CRDI 엔진의 특징

- 초고압에 의한 연소 효율의 증대
- 연료 분사량의 정밀제어로 디젤 엔진의 출력 향상
- 유해 배기가스의 현저한 감소
- 엔진의 고속 회전 및 소음과 진동이 감소

▌ 레일압력센서

커먼 레일의 중앙부에 설치되어 있으며, 연료 압력을 측정하여 ECU로 입력시키며, ECU는 이 신호를 받아 연료의 분사량, 분사시기를 조정한다.

▌ 연료압력조절밸브(연료압력레귤레이터)

커먼 레일에 설치되어 과도한 압력이 발생될 경우 연료의 리턴 통로를 열어 커먼 레일의 압력을 제한하는 안전밸브의 역할을 한다.

CHAPTER 03 전 기

전류의 3대 작용

- 발열작용 : 도체의 저항에 전류가 흐르면 열이 발생한다. 발열량은 도체에 전류가 많이 흐를수록 또는 도체의 저항이 클수록 많아진다.
- 화학작용 : 전해액에 전류가 흐르면 화학작용이 발생된다.
- 자기작용 : 전선이나 코일에 전류가 흐르면 그 주위에 자기 현상이 일어난다.

저 항

도체의 저항은 길이에 비례하고 단면적에 반비례한다.

$$R = \rho \times \frac{l}{A}$$

- ρ : 고유저항($\mu\Omega \cdot \text{cm}$)
- l : 도체의 길이(cm)
- A : 도체의 단면적

온도와 저항과의 관계

- 정특성(PTC) : 일반적인 도체의 특성으로 온도와 저항과의 관계는 비례 특성을 가진다.
- 부특성(NTC) : 전해액, 탄소, 절연체, 반도체의 특성으로 온도와 저항과의 관계는 반비례 특성을 가진다.

저항의 접속

- 직렬접속 : 각 저항에 흐르는 전류는 일정하고 전압은 축전지 개수의 배가 된다.
  $$R_T = R_1 + R_2 + \cdots + R_n, \ I = \text{일정}$$
- 병렬접속 : 각 저항에 흐르는 전압은 일정하고 용량은 축전지 개수의 배가 된다.
  $$R_T = \frac{1}{\dfrac{1}{R_1} + \dfrac{1}{R_2} + \cdots + \dfrac{1}{R_n}}, \ V = \text{일정}$$

전 력

단위 시간 동안 전기가 한 일의 크기를 전력이라 한다.

$$P = E \cdot I(\text{W}) = I \cdot R \times I = I^2 \cdot R = E \times \frac{E}{R} = \frac{E^2}{R}$$

▌ 줄의 법칙

도체 내에 흐르는 정상전류에 의하여 일정한 시간 내에 발생하는 열량은 전류의 제곱과 저항의 곱에 비례한다는 법칙이다.

▌ 키르히호프의 법칙

- 제1법칙(전하 보존 법칙) : 임의의 한 점에서 유입되는 전류의 총합과 유출되는 전류의 총합은 같다.
- 제2법칙(에너지 보존 법칙) : 임의의 폐회로에서 기전력의 합과 각 저항에 의한 전압 강하량의 합은 같다.

▌ 쿨롱의 법칙

2개의 대전체 또는 2개의 자극 사이에 작용하는 힘은 거리의 제곱에 반비례하고 두 자극의 곱에는 비례한다는 법칙이다.

▌ 전자력

플레밍의 왼손법칙(직류 전동기의 원리)

▌ 전자 유도 작용

플레밍의 오른손법칙(교류 발전기)

▌ 렌츠의 법칙

코일 내에 영구 자석을 넣으면 코일에 발생되는 기전력에 의해서 영구 자석을 밀어내는 반작용이 일어난다.

▌ 유도 작용

- 자기 유도 작용 : 자기 유도 작용은 하나의 코일에 흐르는 전류를 변화시키면 코일과 교차하는 자력선도 변화되기 때문에 코일에는 그 변화를 방해하는 방향으로 기전력이 발생되는 작용을 말한다.
- 상호 유도 작용 : 상호 유도 작용은 2개의 코일이 서로 접근되어 있을 때 임의의 한쪽 코일에 흐르는 전류를 변화시키면 코일에 형성되는 자력선도 변화되어 다른 코일에 전압이 발생된다.

▌ 전압비와 권선비

$$\frac{E_2}{E_1} = \frac{N_2}{N_1} = \frac{I_1}{I_2}$$

▌축전기

- 정전용량 : 두 장의 금속판에 단위 전압을 가하였을 때 저장되는 전하의 크기를 말한다.
  - 금속판 사이의 절연도에 비례한다.
  - 작용하는 전압에 비례한다.
  - 금속판의 면적에 비례하고, 금속판의 거리에 반비례한다.

$$Q = CE, \quad C = \frac{Q}{E}$$

- Q : 전하량(단위 : C, 쿨롬)
- C : 정전용량(단위 : F, 패럿)
- E : 전압(단위 : V, 볼트)

▌축전기의 접속

- 축전기의 직렬접속

$$C_T = \frac{1}{\dfrac{1}{C_1} + \dfrac{1}{C_2} + \cdots + \dfrac{1}{C_n}}$$

- 축전기의 병렬접속

$$C_T = C_1 + C_2 + \cdots + C_n$$

▌반도체의 특징

- 극히 소형이고 가볍다.
- 예열시간이 필요 없다.
- 열에 약하고, 역내압이 낮다.
- 내부의 전력 손실이 적다.
- 기계적으로 강하고 수명이 길다.
- 정격값이 넘으면 파괴되기 쉽다.

▌다이오드의 종류

- 실리콘다이오드 : 교류 전기를 직류 전기로 변환시키는 정류작용과 전기를 한 방향으로만 흐르게 하는 특성을 가진다.
- 제너다이오드 : 제너다이오드는 어떤 전압(브레이크다운 전압, 제너 전압)에 이르면 역방향으로 전류를 흐르게 하는 것으로 주로 발전기 전압조정기에 많이 사용된다.
- 포토다이오드 : 다이오드에 역방향 전압을 가하여도 전류는 흐르지 않으나 PN 접합면에 빛을 대면 에너지에 의해 전류가 흐른다.
- 발광다이오드 : PN 접합면에 정방향으로 전류를 흐르게 하였을 캐리어가 가지고 있는 에너지의 일부를 빛으로 외부에 방사한다.

▌ 서미스터

서미스터는 다른 금속과 다르게 온도 변화에 대하여 저항값이 크게 변화하는 반도체의 성질을 이용하는 소자이다.

- 부특성(NTC) 서미스터 : 온도가 상승하면 저항값이 감소한다.
- 정특성(PTC) 서미스터 : 온도가 상승하면 저항값이 증가한다.
- 자동차에서 온도 측정용으로 주로 부특성 서미스터를 사용한다.

▌ 트랜지스터의 장단점

- 장 점
  - 수명이 길고 내부 전력 손실이 적다.   - 소형이고 경량이다.
  - 기계적으로 강하다.   - 예열하지 않고 작동한다.
  - 내부 전압 강하가 매우 적다.
- 단 점
  - 온도 특성이 나쁘다(적정온도 이상 파괴).   - 과대 전류 전압에 파손되기 쉽다.

▌ 사이리스터

사이리스터는 PNPN 또는 NPNP 접합으로, 스위치 작용을 한다. 일반적으로 단방향 3단자를 사용하는데 (+) 쪽을 애노드, (-)쪽을 캐소드, 제어단자를 게이트라 부른다.

- A(애노드)에서 K(캐소드)로 흐르는 전류가 순방향이다.
- 순방향 특성은 전기가 흐르지 못하는 상태이다.
- G(게이트)에 (+), K(캐소드)에 (-)전류를 공급하면 A(애노드)와 K(캐소드) 사이가 순간적으로 도통(통전) 된다.

▌ 달링턴 트랜지스터

달링턴 트랜지스터는 2개의 트랜지스터를 하나로 결합하여 전류 증폭도가 높다.

▌ 포토 트랜지스터

- 외부로부터 빛을 받으면 전류를 흐를 수 있도록 하는 감광소자이다.
- 빛에 의해 컬렉터 전류가 제어되고, 광량(光量)을 측정하며 광스위치 소자로 사용된다.

▌ 반도체의 효과

- 홀효과 : 자기를 받으면 통전성능이 변화하는 효과
- 제베크효과 : 열을 받으면 전기 저항값이 변화하는 효과
- 피에조효과 : 힘을 받으면 기전력이 발생하는 효과
- 펠티에효과 : 직류전원 공급 시 한쪽 면은 고온이 되고 반대쪽 면은 저온이 되는 효과

▌ 납산 축전지의 특징 및 기능

- 자동차용 배터리로 가장 많이 사용되는 방식(MF 배터리)이다.
- (+)극에는 과산화납, (−)극에는 해면상납, 전해액은 묽은황산을 적용한다.
- 셀당 기전력은 완전 충전 시 약 2.1V(완전 방전 시 1.75V)이다.
- 가격이 저렴하고 유지보수가 쉬우나 에너지밀도가 낮고 용량과 중량이 크다.
- 초기 시동 시 기동전동기에 전력을 공급한다.
- 발전장치 고장 시 전원 부하를 부담한다.
- 발전기 출력과 전장 부하 등의 평형을 조정한다.

▌ 극판(Plate)

양극판은 과산화납(PbO_2), 음극판은 해면상납(Pb)이며, 극판 수는 화학적 평형을 고려하여 음극판을 양극판보다 한 장 더 두고 있다.

▌ 격리판의 구비조건

- 비전도성일 것
- 다공성이어서 전해액의 확산이 잘 될 것
- 기계적 강도가 있고, 전해액에 산화 부식되지 않을 것
- 극판에 좋지 못한 물질을 내뿜지 않을 것

▌ 전해액의 구비조건

- 전해액은 이온 전도성이 높을 것
- 충전 시에 양극이나 음극과 반응하지 않을 것
- 전지 작동범위에서 산화환원을 받지 않을 것
- 열적으로 안정될 것
- 독성이 낮으며 환경 친화적일 것
- 염가일 것

$$S_{20} = S_t + 0.0007 \times (t - 20)$$

- S_{20} : 표준 온도 20℃에서의 비중
- S_t : t℃에서 실제 측정한 비중
- t : 전해액 온도

▌ 납산 축전지의 충·방전 작용

$$PbO_2 + 2H_2SO_4 + Pb \leftrightarrow PbSO_4 + 2H_2O + PbSO_4$$

▌ 축전지 용량의 크기를 결정하는 요소

- 극판의 크기(면적)
- 극판의 수
- 전해액의 양

▌ 축전지 용량 표시방법

- 25암페어율 : 26.6℃(80℉)에서 일정한 방전전류로 방전하여 1셀당 전압이 1.75V에 도달할 때까지 방전하는 것을 측정하는 것이다.
- 20시간율 : 일정한 방전전류를 연속 방전하여 1셀당 방전종지 전압이 1.75V에 도달할 때까지 20시간 방전시킬 수 있는 전류의 총량을 말한다.
- 냉간율 : 0℉(−17.7℃)에서 300A의 전류로 방전하여 셀당 기전력이 1V 전압 강하하는 데 소요되는 시간으로 표시하는 것이다.

▌ 축전지 자기방전 원인

- 음극판의 작용물질이 황산과의 화학작용으로 황산납이 되기 때문이다.
- 전해액에 포함된 불순물이 국부전지를 구성하기 때문이다.
- 탈락한 극판 작용물질(양극판 작용물질)이 축전지 내부에 퇴적되기 때문이다.

▌ 축전지 충전

- 정전류 충전 : 정전류 충전은 충전 시작에서 끝까지 일정한 전류로 충전하는 방법이다.
- 정전압 충전 : 정전압 충전은 충전 시작에서 끝까지 일정한 전압으로 충전하는 방법이다.
- 단별전류 충전 : 단별전류 충전은 충전 중 전류를 단계적으로 감소시키는 방법이다.
- 급속 충전 : 급속 충전은 축전지 용량의 50%를 전류로 충전하는 것이며, 자동차에 축전지가 설치된 상태로 급속 충전을 할 경우에는 발전기 다이오드를 보호하기 위하여 축전지 (+)와 (−)단자의 양쪽 케이블을 분리하여야 한다. 또 충전시간은 가능한 짧게 하여야 한다.

▌ 축전지를 충전할 때 주의사항

- 충전하는 장소는 반드시 환기장치를 한다.
- 각 셀의 전해액 주입구(벤트플러그)를 연다.
- 충전 중 전해액의 온도가 40℃ 이상 되지 않게 한다.
- 과충전을 하지 않는다(양극판 격자의 산화촉진 요인).
- 2개 이상의 축전지를 동시에 충전할 경우에는 반드시 직렬접속을 한다.
- 암모니아수나 탄산소다(탄산나트륨) 등을 준비해 둔다.

MF 축전지의 특징

- 증류수를 점검하거나 보충하지 않아도 된다.
- 자기방전 비율이 매우 낮다.
- 장기간 보관이 가능하다.
- 전해액의 증류수를 보충하지 않아도 되는 방법으로는 전기 분해할 때 발생하는 산소와 수소가스를 다시 증류수로 환원시키는 촉매 마개를 사용하고 있다.

기동모터의 구비조건

- 소형·경량이며 출력이 커야 한다.
- 기동 토크가 커야 한다.
- 가능한 소요되는 전원용량이 작아야 한다.
- 먼지나 물이 들어가지 않는 구조이어야 한다.
- 기계적인 충격에 잘 견디어야 한다.

기동모터의 분류

- 직권전동기 : 직권전동기는 전기자코일과 계자코일이 직렬로 접속된 것이다. 회전력이 크고 회전속도 변화가 커서 차량용 기동전동기에 사용된다.
- 분권전동기 : 분권전동기는 전기자와 계자코일이 병렬로 접속된 것이다. 회전속도가 일정하고 회전력이 비교적 작으며 파워윈도 모터 등에 사용된다.
- 복권전동기 : 복권전동기는 전기자코일과 계자코일이 직병렬로 접속된 것이다. 초기에는 회전력이 크고 후기에는 회전속도가 일정하여 와이퍼 모터 등에 사용된다.

기동모터의 구조

- 회전운동을 하는 부분
  - 전기자
  - 정류자
- 고정된 부분
  - 계철과 계자철심
  - 계자코일
  - 브러시와 브러시 홀더
  - 마그네틱 스위치

교류발전기의 특징

- 소형·경량이고, 저속에서도 충전이 가능하다.
- 출력이 크고, 고속회전에 잘 견딘다.
- 속도변화에 따른 적용 범위가 넓다.
- 다이오드를 사용하기 때문에 정류 특성이 좋다.
- 컷 아웃 릴레이 및 전류제한기를 필요로 하지 않는다. 즉, 전압 조정기만 사용한다.

정류작용

교류를 직류로 변환시키는 것을 정류라 하며, 정류 방법에는 여러 가지 방식이 있으나, 자동차용 교류 발전기에서는 실리콘 다이오드를 이용하여 정류를 한다.

발전기 주요 구성 부품과 역할

- 로터(회전자) : 브러시와 슬립링을 통해 전기가 공급되면 전자석이 되어 스테이터 내부에서 N-S극이 교차되며 회전한다.
- 스테이터(고정자) : 스테이터 코일은 Y결선으로 구성되어 있고, 전자석이 된 로터가 N-S극을 교차하며 회전하면 전자유도작용에 의해 스테이터에서 3상 교류가 발생한다.
- 브러시 : 전압조정기를 통해 나온 전기를 로터에 공급한다.
- 정류기(다이오드) : 스테이터에서 발생한 3상 교류 전기를 3상 전파정류시켜서 직류 전기로 변환하며, 발전기 발생 전압이 축전지 전압보다 낮을 때는 역전류를 차단한다.
- 전압조정기(IC Regulator) : 전압조정기에서 로터에 공급하는 전기의 양을 조절함으로써 항상 일정한 전압을 발생시킬 수 있도록 한다.

교류(AC) 충전장치를 다룰 때 일반적인 주의사항

- 축전지 극성에 특히 주의하여야 하며 절대로 역접속하여서는 안 된다.
- 급속 충전방법으로 축전지를 충전할 때에는 반드시 축전지의 (+) 단자의 케이블(축전지와 기동 전동기를 접속하는 케이블)을 분리한다. 발전기와 축전지가 접속된 상태에서 급속 충전을 하면 실리콘 다이오드가 손상된다.

트랜지스터 방식 점화장치의 특징

- 저속 성능이 안정되고 고속 성능이 향상된다.
- 불꽃 에너지를 증가시켜 점화 성능 및 장치의 신뢰성이 향상된다.
- 엔진 성능 향상을 위한 각종 전자 제어 장치의 부착이 가능해진다.
- 점화코일의 권수비를 적게 할 수 있어 소형·경량화가 가능하다.

■ 전자 배전 점화방식의 특징

- 저속, 고속에서 매우 안정된 점화 불꽃을 얻을 수 있다.
- 노크가 발생할 때 점화시기를 자동으로 늦추어 노크 발생을 억제한다.
- 엔진의 작동 상태를 각종 센서로 감지하여 최적의 점화시기로 제어한다.
- 고출력의 점화코일을 사용하므로 완벽한 연소가 가능하다.

■ 점화플러그의 구비조건

- 내열성이 크고 기계적 강도가 클 것
- 내부식 성능이 크고 기밀 유지 성능이 양호할 것
- 자기 청정 온도를 유지하고 전기적 절연 성능이 양호할 것
- 강력한 불꽃이 발생하고 점화 성능이 좋을 것

■ 점화플러그의 자기 청정 온도

400~600℃를 유지한다.

■ DLI 점화장치의 특징

- 배전기에서 누전이 없다.
- 배전기의 로터와 캡 사이의 고전압 에너지 손실이 없다.
- 배전기 캡에서 발생하는 전파 잡음이 없다.
- 점화 진각 폭에 제한이 없다.
- 고전압의 출력이 감소되어도 방전 유효에너지 감소가 없다.
- 내구성이 크다.
- 전파 방해가 없어 다른 전자 제어장치에도 유리하다.

■ 독립점화방식의 특징

- 중심 고압 케이블과 플러그 고압 케이블이 없기 때문에 점화 에너지의 손실이 거의 없다.
- 각 실린더별로 점화시기의 제어가 가능하기 때문에 연소 조절이 아주 쉽다.
- 탑재성과 자유도가 향상된다.
- 점화 진각 범위에 제한이 없다.
- 보수유지가 용이하고 신뢰성 높다.
- 전파 및 소음이 저감된다.

■ 전조등의 3요소

렌즈, 반사경, 필라멘트

▌조 도

조도는 어떤 면의 단위 면적당에 들어오는 광속 밀도를 말한다. 즉, 피조면의 밝기를 표시하며 단위는 럭스(lx)를 사용한다.

$$E = \frac{I}{r^2}(\text{lx})$$

- E : 광원으로부터 r(m) 떨어진 빛의 방향과 수직인 피조면의 조도
- I : 그 방향의 광원의 광도(cd)
- r : 광원으로부터 거리(m)

▌배선색 표시방법

R : 빨간색, L : 청색, O : 주황색, G : 녹색, Lg : 연두색, Y : 노란색, W : 흰색, Br : 갈색, P : 보라색, B : 검은색, Gr : 회색

이러한 색들은 도면상에 또는 회로상에 표시된다.

▌열 부하

- 인적 부하(승차원의 발열)
- 복사 부하(직사광선)
- 관류 부하(차실 벽, 바닥 또는 창면으로부터의 열 이동)
- 환기 부하(자연 또는 강제의 환기)

▌냉매의 구비조건

- 무색, 무취 및 무미일 것
- 가연성, 폭발성 및 사람이나 동물에 유해성이 없을 것
- 저온과 대기 압력 이상에서 증발하고, 여름철 뜨거운 외부 온도에서도 저압에서 액화가 쉬울 것
- 증발 잠열이 크고, 비체적이 적을 것
- 임계 온도가 높고, 응고점이 낮을 것
- 화학적으로 안정되고, 금속에 대하여 부식성이 없을 것
- 사용 온도 범위가 넓을 것
- 냉매 가스의 누출을 쉽게 발견할 수 있을 것

▌R-134a의 장점

- 오존을 파괴하는 염소(Cl)가 없다.
- 다른 물질과 쉽게 반응하지 않는 안정된 분자 구조로 되어 있다.
- R-12와 비슷한 열역학적 성질을 지니고 있다.
- 불연성이고 독성이 없으며, 오존을 파괴하지 않는 물질이다.

▌ 냉방장치의 구성

자동차용 냉방장치는 일반적으로 압축기(Compressor), 응축기(Condenser), 팽창밸브(Expansion Valve), 증발기(Evaporator), 리시버 드라이어(Receiver Drier) 등으로 구성된다.

▌ 건조기의 기능

냉매 저장 기능, 수분 제거 기능, 압력 조정 기능, 냉매량 점검 기능, 기포 분리 기능

▌ 냉방 회로의 순서

압축기(컴프레서) - 응축기(콘덴서) - 건조기(리시버 드라이어) - 팽창밸브 - 증발기(에바포레이터)

▌ 전자동 에어컨의 제어기능

토출 온도 제어, 센서 보정, 온도 도어의 제어, 송풍기용 전동기속도 제어, 기동 풍량 제어, 일사 보상, 모드 도어 보상, 최대 냉난방 기능, 난방 기동 제어, 냉방 기동 제어, 자동차 실내의 습도 제어

▌ 전자동 에어컨 부품의 구조와 작동

• 컴퓨터(ACU) : 컴퓨터는 각종 센서들로부터 신호를 받아 연산 비교하여 액추에이터 팬 변속 및 압축기 ON, OFF를 종합적으로 제어한다.
• 외기온도센서 : 외기센서는 외부의 온도를 검출하는 작용을 한다.
• 일사센서 : 일사센서는 일사에 의한 실온 변화에 대하여 보정값 적용을 위한 신호를 컴퓨터로 입력시킨다.
• 파워 트랜지스터 : 파워 트랜지스터는 컴퓨터로부터 베이스 전류를 받아서 팬 전동기를 무단 변속시킨다.
• 실내온도센서 : 실내온도센서는 자동차 실내의 온도를 검출하여 컴퓨터로 입력시킨다.
• 핀서모센서(Fin Thermo Sensor) : 핀서모센서는 압축기의 ON, OFF 및 흡기 도어(Intake Door)의 내외기 변환에 의해 발생하는 증발기 출구 쪽의 온도 변화를 검출하는 작용을 한다.
• 냉각수온센서 : 냉각수온센서는 히터 코어의 수온을 검출하며, 수온에 따라 ON, OFF 되는 바이메탈 형식의 스위치이다.

▌ 전기자동차용 모터의 조건

• 시동 시의 토크가 커야 한다.
• 전원은 축전지의 직류전원이다.
• 속도 제어가 용이해야 한다.
• 구조가 간단하고, 기계적인 내구성이 커야 한다.
• 취급 및 보수가 간편하고, 위험성이 없어야 한다.
• 소형이고, 가벼워야 한다.

핵심이론

#출제 포인트 분석   #자주 출제된 문제   #합격 보장 필수이론

CHAPTER 01 기본사항 및 안전기준

제1절 **기초공학**

핵심이론 01 | 단위계 및 환산

(1) 단위계

구 분	길 이	무게(힘)	시 간
MKS 단위계	m	kgf	s
CGS 단위계	cm	gf	s
FPS 단위계(영국단위계)	ft	lb	s
SI 단위계 (국제표준 단위계)	힘의 단위인 kgf, gf를 N, dyne으로 환산하여 나타낸 것		

(2) SI 단위계

$1N \cdot m = 1J$	$1N/m^2 = 1Pa$
$1kJ = 10^3 J$	$1kPa = 10^3 Pa$
$1MJ = 10^6 J$	$1MPa = 10^6 Pa$
$1GJ = 10^9 J$	$1GPa = 10^9 Pa$

(3) 단위의 환산

① 길 이

$1m = 100cm$, $1cm = 0.01m$, $1inch = 2.54cm$,

$1ft = 12inch = 30.48cm$

② 무게(힘)

$1kgf = 1,000gf$, $1gf = 0.001kgf$, $1lb(pound) = 0.4536kgf$

10년간 자주 출제된 문제

단위 환산으로 맞는 것은?

① 1mile = 2km   ② 1lb = 1.55kgf

③ $1kgf \cdot m = 1.42ft \cdot lbf$ ④ $9.81N \cdot m = 9.81J$

|해설|

$1N \cdot m = 1J$이므로 $9.81N \cdot m = 9.81J$이다.

정답 ④

핵심이론 02 | 힘과 운동

(1) 힘

물체의 모양이나 운동상태를 변화시키는 요인으로 단위는 kgf, N, dyne, lb 등이 사용된다.

여기서 중력공학 단위인 kgf는 N으로 환산할 수 있다. 뉴턴의 운동 제2법칙에 의하여 1kgf = 9.8N의 관계가 성립된다. 즉, 힘의 단위에 대한 관계는 다음과 같이 $1kgf = 9.8N = 9.8 \times 10^5 dyne$이 성립된다.

(2) 일 량

단위 시간 동안 이루어진 일의 크기를 말하며 단위는 kgf·m, N·m, J 등의 단위가 사용된다. 일량을 구하는 공식은 다음과 같다.

일(kgf·m) = 힘(kgf) × 거리(m)

2-1. 어떤 자동차의 기관에서 커넥팅로드의 중량이 0.67kgf이었다. 이 커넥팅로드의 무게는 약 몇 N인가?

① 0.6N

② 6.6N

③ 66N

④ 657N

2-2. 그림에서 A점에 작용하는 토크는?

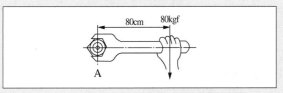

① 64kgf · m

② 640kgf · m

③ 160kgf · m

④ 840kgf · m

2-3. 600kgf의 물체를 20m 움직이는 데 10초가 걸렸다면 얼마의 일(kgf · m)을 한 것인가?

① 10,000

② 12,000

③ 120,000

④ 900,000

|해설|

2-1

1kgf = 9.8N이므로 0.67 × 9.8 = 6.566이 되며, 무게는 약 6.6N이 된다.

2-2

일(kgf · m) = 힘(kgf) × 수직거리(m)이므로
80kgf × 0.8m = 64kgf · m이 된다.

2-3

일(kgf · m) = 힘(kgf) × 수직거리(m)이므로
600kgf × 20m = 12,000kgf · m이 된다.

정답 2-1 ② 2-2 ① 2-3 ②

핵심이론 **03** | 속도와 가속도

(1) 속 도

단위 시간당 움직인 거리를 말하며 m/s, km/h, m/min 등의 단위가 사용된다. 속도를 구하는 공식은 다음과 같다.

$$V\,(\text{m/s}) = \frac{S(\text{m})}{t\,(\text{s})} = \frac{\text{움직인 거리}}{\text{시간}}$$

(2) 가속도

단위 시간당 속도의 변위량을 말하며 단위는 일반적으로 m/s²을 사용하며 구하는 공식은 다음과 같다.

$$a\,(\text{m/s}^2) = \frac{V_2(\text{m/s}) - V_1(\text{m/s})}{t\,(\text{s})} = \frac{\text{속도의 변화량}}{\text{시간}}$$

- V_2 : 나중속도
- V_1 : 처음속도

(3) 감속도의 경우에도 위와 같은 방법으로 산출한다.

3-1. 자동차로 길이 400m의 비탈길을 왕복하여 올라가는 데 3분, 내려오는 데 1분 걸렸다고 하면 왕복 평균속도는?

① 10km/h
② 11km/h
③ 12km/h
④ 13km/h

3-2. 주행속도가 100km/h인 자동차의 초당 주행속도는?

① 약 16m/s
② 약 23m/s
③ 약 28m/s
④ 약 32m/s

3-3. 20km/h로 주행하는 차가 급가속하여 10초 후에 56km/h가 되었을 때 가속도는?

① 1m/s²
② 2m/s²
③ 5m/s²
④ 8m/s²

|해설|

3-1

자동차가 움직인 총거리 = 800m, 이동 시 걸린 총시간 = 4min = 240s이므로 속도 $V(\text{m/s}) = \dfrac{800\text{m}}{240\text{s}}$가 되므로 약 3.3m/s가 된다.

m/s의 단위를 km/h로 환산하면 3.3 × 3.6 = 11.88로 약 12km/h가 된다.

3-2

km/h의 단위를 m/s로 환산하면 100km/h ÷ 3.6 ≒ 27.7m/s가 되므로 약 28m/s이다.

3-3

$$\text{가속도 } a(\text{m/s}^2) = \frac{V_2 - V_1(\text{속도의 변화량})}{t(\text{걸린 시간})} = \frac{\frac{(56-20)}{3.6}}{10} = 1\text{m/s}^2$$

※ 1시간 = 3,600초, 1,000m = 1km

정답 3-1 ③ 3-2 ③ 3-3 ①

핵심이론 04 | 온도와 열량

온도는 일반적으로 섭씨온도(℃)와 화씨온도(℉)로 나뉘며 각 온도에 대한 절대온도가 있다.

(1) 섭씨온도

단위는 ℃를 사용하며 순수한 물을 기준으로 어는점(빙점)은 0℃이고 끓는점(비등점)은 100℃이다.

(2) 화씨온도

단위는 ℉를 사용하며 순수한 물을 기준으로 어는점(빙점)은 32℉이고 끓는점(비등점)은 212℉이다.

(3) 켈빈온도

섭씨의 절대온도를 켈빈온도라 하며 단위는 K를 사용하고 섭씨온도에 273을 더한다.

예 0℃ + 273 = 273K

(4) 랭킨온도

화씨의 절대온도를 랭킨온도라 하며 단위는 ℉R을 사용하고 화씨온도에 460을 더한다.

예 32℉ + 460 = 492°R

섭씨온도와 화씨온도의 환산은 물을 기준으로 할 때 섭씨온도는 0~100℃까지 100등분이며 화씨온도는 32~212℉로 180등분이다. 이러한 관계로 다음의 환산식이 도출된다.

$$℃ = \frac{5}{9}(℉ - 32), \quad ℉ = \frac{9}{5}℃ + 32$$

위 관계식에서 섭씨온도와 화씨온도가 같아지는 온도는 -40℃ = -40℉이다.

(5) 열량과 비열

① 1kcal : 표준 대기압하에서 순수한 물 1kgf의 온도를 14.5~15.5℃까지 1℃ 상승시키는 데 필요한 열량

② 1BTU : 순수한 물 1lb를 1℉ 올리는 데 필요한 열량

③ 비열 : 어떤 물질 1gf의 온도를 1℃ 올리는 데 필요한 열량

10년간 자주 출제된 문제

4-1. 기관 작동 중 냉각수의 온도가 83℃를 나타낼 때 절대온도는?

① 563K   ② 456K

③ 356K   ④ 263K

4-2. 176℉는 몇 ℃인가?

① 76℃   ② 80℃

③ 144℃   ④ 176℃

|해설|

4-1

섭씨 0℃는 절대온도로 273K이므로 83+273 = 356K이다.

4-2

$℃ = \dfrac{5}{9}(℉-32)$이므로 $\dfrac{5}{9}(176-32)=80$이 된다. 따라서 80℃이다.

정답 4-1 ③   4-2 ②

압력의 정의는 단위 면적당 작용하는 힘을 말하며 고체역학에서는 응력이라 표현한다. 압력의 단위는 kgf/cm^2, lb/in^2, N/m^2, Pa, mmHg, mAq, bar 등이 주로 사용되며 주요 압력단위별 관계는 다음과 같다.

$$1atm = 1.0332kgf/cm^2 = 10.332mAq = 1.01325bar$$
$$= 101,325Pa = 760mmHg$$

압력은 위의 정의로부터 다음과 같이 산출한다.

$$P(kgf/cm^2) = \frac{F(kgf)}{A(cm^2)} = \frac{작용하는\ 힘}{면\ 적}$$

(1) 게이지압(정압)

정압부분에 해당하는 게이지압은 대기압보다 높은 영역에서 측정된 게이지압력을 말한다. 정압을 측정하는 게이지는 압력이 게이지에 작용하지 않을 때 지침이 0을 가리키고 있다. 따라서 현재 대기압상태의 기준을 0으로 한다.

(2) 진공 게이지압(부압)

진공상태의 압력을 측정하는 게이지압을 말하여 부압을 측정하는 게이지는 부압(진공)이 게이지에 작용하지 않을 때 지침이 0을 가리키고 있다. 따라서 현재 대기압상태의 기준을 0으로 한다.

(3) 절대압력

완전진공(100%) 상태를 기준으로 하는 압력이다.

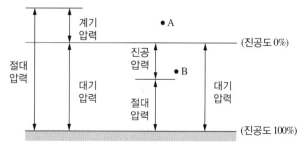

위 그림에서 A 지점의 절대압력과 B 지점의 절대압력은 다음과 같이 구한다.

① A 지점의 절대압력 = 대기압 + 게이지압(정압)

② B 지점의 절대압력 = 대기압 − 진공 게이지압(부압)

5-1. 유압식 제동장치에서 마스터 실린더의 내경이 2cm, 푸시로드에 100kgf의 힘이 작용할 때 브레이크 파이프에 작용하는 압력은?

① 약 32kgf/cm^2 ② 약 25kgf/cm^2

③ 약 10kgf/cm^2 ④ 약 2kgf/cm^2

5-2. 마스터 실린더 푸시로드에 작용하는 힘이 120kgf이고, 피스톤 단면적이 3cm^{2}일 때 발생 유압은?

① 20kgf/cm^2 ② 40kgf/cm^2

③ 50kgf/cm^2 ④ 60kgf/cm^2

|해설|

5-1

압력 $P(\text{kgf/cm}^2) = \dfrac{F(\text{kgf})}{A(\text{cm}^2)} = \dfrac{작용하는\ 힘}{면\ 적}$ 이므로

$\dfrac{F(\text{kgf})}{\dfrac{\pi d^2}{4}(\text{cm}^2)} = \dfrac{100}{\dfrac{3.14 \times 2^2}{4}} = 31.84\text{kgf/cm}^2$로 약 32kgf/cm^{2}가 된다.

5-2

압력 $P(\text{kgf/cm}^2) = \dfrac{F(\text{kgf})}{A(\text{cm}^2)} = \dfrac{작용하는\ 힘}{면\ 적}$ 이므로

$\dfrac{120}{3} = 40\text{kgf/cm}^2$이 된다.

정답 5-1 ① 5-2 ②

핵심이론 06 | 동 력

동력은 단위 시간당 행한 일량을 말하며 힘×속도, 일량/시간으로 표현할 수 있다.

(1) 마 력

① 마력은 일반적으로 75kgf의 물체를 1초(s) 동안 1m 옮기는 마력을 1마력이라 하며 영마력과 불마력이 있다.

② 일반적으로 PS 단위를 쓰고 SI 단위계의 kW와 동일한 개념이며 다음과 같이 정의된다.

　㉠ 1PS = 75kgf · m/s = 75 × 9.81N · m/s
　　　= 736J/s

　㉡ 1kW = 102kgf · m/s = 102 × 9.81N · m/s
　　　　= 1,000J/s = 1kJ/s

위의 정의에서 PS와 kW의 관계는 다음과 같다.

1PS = 0.736kW = 736W

또한 엔진공학에서 지시마력(IPS : 도시마력)은 엔진의 연소가스 자체의 폭발동력을 말하며 엔진에서의 폭발동력이 크랭크축에 전달되는 과정에서 손실되는 마력을 손실마력(FPS)이라 한다. 또한 최종적으로 사용되는 크랭크축 동력을 제동마력(BPS : 축마력, 실마력, 정미마력)이라 한다. 이러한 마력의 개념은 다음과 같다.

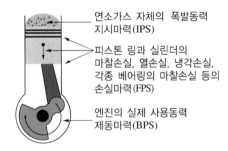

연소가스 자체의 폭발동력
지시마력(IPS)

피스톤 링과 실린더의
마찰손실, 열손실, 냉각손실,
각종 베어링의 마찰손실 등의
손실마력(FPS)

엔진의 실제 사용동력
제동마력(BPS)

따라서 지시마력과 제동마력의 관계는 다음과 같은 식이 성립한다.

IPS = FPS + BPS

BPS = IPS − FPS

엔진의 기계효율은 $\eta_m = \dfrac{\text{BPS}}{\text{IPS}}$ 이고,

$\text{BPS} = \eta_m \times \text{IPS}$ 이다.

(2) 지시마력(IPS : 도시마력)

지시마력(IPS : 도시마력)은 엔진의 연소실에서 연소가스 자체의 폭발동력을 말하며 실제 엔진마력과는 차이가 있다. 그 이유는 연소실에서 폭발한 가스의 동력이 엔진 각부(커넥팅로드, 크랭크축 등)를 지나며 손실이 발생되며 동시에 냉각손실, 마찰손실 등의 이유로 실제 엔진출력과 차이가 발생한다. 산출공식은 다음과 같다.

$$\text{IPS} = \frac{P_{mi} \times \nu}{75} = \frac{P_{mi} \times A \times L \times Z \times N(/2)}{75\,\text{kgf} \cdot \text{m/s}}$$

$$= \frac{P_{mi} \times A \times L \times Z \times N}{75 \times 60 \times 100 \times (2)}$$

- P_{mi} : 지시평균유효압력(kgf/cm^2)
- ν : 분당배기량$(A \times L \times Z \times N)$
- A : 실린더 단면적(cm^2)
- L : 행정(cm)
- Z : 실린더 수
- N : 엔진 회전수(4행정의 경우 $\dfrac{N}{2}$, 2행정의 경우 N)

(3) 마찰손실마력(FPS)

폭발동력이 크랭크축까지 전달되는 과정에서 마찰로 손실되는 마력을 말하며 일반적으로 다음과 같이 구한다.

$$\text{FPS} = \frac{F \times V}{75} = \frac{F_r \times Z \times N \times V_p}{75}$$

$$V_p = \frac{2 \times L \times N}{60} = \frac{L \times N}{30}$$

- F : 실린더 내 피스톤링의 마찰력 총합
- F_r : 링 1개당 마찰력
- V_p : 피스톤 평균속도

(4) 정미마력(BPS ; Brake PS, 제동마력, 실마력, 축마력, 실제 사용마력)

연소된 열에너지를 기계적 에너지로 변화된 에너지 중에서 마찰에 의해 손실된 손실 마력을 제외한 크랭크축에서 실제 활용될 수 있는 마력으로 엔진의 정격속도에서 전달할 수 있는 동력의 양을 말한다. 즉, 크랭크축에서 직접 측정하므로 축력이라고도 한다.

$$\text{BPS} = \frac{P_{mb} \times \nu}{75} = \frac{P_{mb} \times A \times L \times Z \times N}{75 \times 60 \times 100 \times (2)}$$

또한 토크와 엔진 회전수에 대한 식은 $\text{PS} = \dfrac{T \times N}{716}$ 와 같다.

- P_{mb} : 제동평균유효압력(kgf/cm^2)
- ν : 분당 배기량$(A \times L \times Z \times N)$
- A : 실린더 단면적(cm^2)
- L : 행정(cm)
- Z : 실린더 수
- N : 엔진 회전수(4행정의 경우 $\dfrac{N}{2}$, 2행정의 경우 N)

(5) 연료마력(PPS)

엔진의 성능을 시험할 때 소비되는 연료의 연소과정에서 발생된 열에너지를 마력으로 환산한 것으로 시간당 연료소모에 의하여 측정되고 최대출력으로 산출한다.

$$\text{PPS} = \frac{60 \times C \times W}{632.3 \times t} = \frac{C \times W}{10.5 \times t}$$

- C : 저위 발열량(kcal/kg)
- W : 사용연료 중량(kg)
- t : 시험시간(분)

$$1PS = 75kgf \cdot m/s = 75 \times 9.8N \cdot m/s$$

$$= 75 \times 9.8J/s$$

$$= 75 \times 9.8 \times 0.24cal/s$$

$$= 75 \times 9.8 \times 0.24 \times \frac{cal}{s} \times \frac{3,600s}{1h} \times \frac{1kcal}{1,000cal}$$

$$= 75 \times 9.8 \times 0.24 \times 3,600 \times \frac{1}{1,000}kcal/h$$

$$= 635.04kcal/h$$

(6) 과세마력(공칭마력, SAE 마력)

단순하게 실린더 직경과 기통수에 대하여 설정하는 마력으로 인치계와 미터계로 나눈다.

$$SAE \ PS = \frac{D^2 \times N}{2.5}(인치계) = \frac{D^2 \times N}{1,613}(미터계)$$

- D : 직경(실린더)
- N : 기통수

10년간 자주 출제된 문제

6-1. 4행정 디젤기관의 실린더 직경이 100mm, 행정이 120mm인 6기통 기관이 1,200rpm으로 회전할 때 지시마력은?(단, 지시평균 유효압력은 8kgf/cm²)

① 12.2PS ② 60.3PS
③ 72.4PS ④ 124.5PS

6-2. 실린더 1개당 총 마찰력이 6kgf, 피스톤의 평균속도가 15m/s일 때 마찰로 인한 기관의 손실마력은?

① 0.4PS ② 1.2PS
③ 2.5PS ④ 9.0PS

6-3. 피스톤 행정이 84mm, 기관의 회전수가 3,000rpm인 4행정 사이클 기관의 피스톤 평균속도는 얼마인가?

① 7.4m/s ② 8.4m/s
③ 9.4m/s ④ 10.4m/s

6-4. 기관의 회전력이 71.6kgf · m에서 200PS의 축 출력을 냈다면 이 기관의 회전속도는?

① 1,000rpm ② 1,500rpm
③ 2,000rpm ④ 2,500rpm

| 해설 |

6-1

지시마력을 구하는 식은

$$IPS = \frac{P_{mi} \times A \times L \times Z \times N(/2)}{75 \times 60 \times 100}이므로$$

$$\frac{8 \times \frac{3.14 \times 10^2}{4} \times 12 \times 6 \times \frac{1,200}{2}}{75 \times 60 \times 100} = 60.288PS가 된다.$$

6-2

손실마력을 구하는 식은 $FPS = \frac{F \times V}{75} = \frac{F_r \times Z \times N \times V_p}{75}$이

므로 $FPS = \frac{F \times V_s}{75} = \frac{6 \times 15}{75} = 1.2PS$가 된다.

6-3

피스톤 평균속도를 산출하는 식은

$$V_p = \frac{2 \times L \times N}{60} = \frac{L \times N}{30}이므로 \frac{0.084 \times 3,000}{30} = 8.4m/s이다.$$

6-4

회전수와 토크를 이용하여 제동마력을 산출하는 식은 $PS = \frac{T \times N}{716}$이므로 $\frac{71.6 \times N}{716} = 200PS$이다.

따라서 $N = \frac{716 \times 200}{71.6}$이므로 $N = 2,000rpm$이 된다.

정답 6-1 ② 6-2 ② 6-3 ② 6-4 ③

핵심이론 01 | 엔진의 분류

(1) 작동 사이클에 의한 분류

① 4행정 1사이클 엔진 : 흡입 – 압축 – 폭발(동력) – 배기의 4개의 행정이 1번 완료 시 크랭크축이 2회전 (720°)하여 1사이클을 완성하는 엔진이다.

② 2행정 1사이클 엔진 : (소기·압축) – (폭발·배기)의 2개의 행정이 1번 완료 시 크랭크축이 1회전(360°)하여 1사이클을 완성하는 엔진이다.

(2) 열역학적 사이클에 의한 분류

① 오토 사이클(정적 사이클 : Otto Cycle) : 전기 점화 엔진의 기본 사이클이며 급열이 일정한 체적에서 형성되고 2개의 정적변화와 2개의 단열변화로 사이클이 구성된다.

단열압축 → 정적가열 → 단열팽창 → 정적방열의 과정으로 구성되며 대표적으로 가솔린 엔진이 속한다.

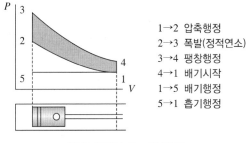

1→2　압축행정
2→3　폭발(정적연소)
3→4　팽창행정
4→1　배기시작
1→5　배기행정
5→1　흡기행정

[오토 사이클 $P - V$ 선도]

② 디젤 사이클(정압 사이클 : Diesel Cycle) : 급열이 일정한 압력하에서 이루어지며 중·저속 디젤엔진에 적용된다.

단열압축 → 정압가열 → 단열팽창 → 정적방열의 과정으로 구성(1사이클)된다.

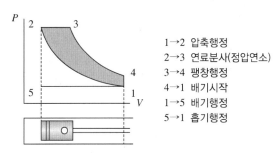

1→2　압축행정
2→3　연료분사(정압연소)
3→4　팽창행정
4→1　배기시작
1→5　배기행정
5→1　흡기행정

[디젤 사이클 $P - V$ 선도]

③ 사바테 사이클(복합 사이클 : Sabathe Cycle) : 급열은 정적과 정압하에서 이루어지며 고속 디젤엔진이 여기에 속한다.

단열압축 → 정적가열 → 정압가열 → 단열팽창 → 정적방열의 과정으로 구성(1사이클)된다.

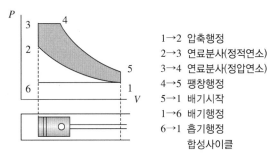

1→2　압축행정
2→3　연료분사(정적연소)
3→4　연료분사(정압연소)
4→5　팽창행정
5→1　배기시작
1→6　배기행정
6→1　흡기행정
　　　합성사이클

[사바테(복합) 사이클 $P - V$ 선도]

(3) 엔진의 구비 조건

① 공기와 화학적 에너지를 갖는 연료를 연소시켜 열에너지를 발생시킬 것

② 연소가스의 폭발동력이 직접 피스톤에 작용하여 열에너지를 기계적 에너지로 변환시킬 것

③ 연료 소비율이 우수하고 엔진의 소음 및 진동이 적을 것

④ 단위 중량당 출력이 크고 출력변화에 대한 엔진성능이 양호할 것

⑤ 경량, 소형이며 내구성이 좋을 것

⑥ 사용연료의 공급 및 가격이 저렴하며 정비성이 용이할 것

⑦ 배출가스에 인체 또는 환경에 유해한 성분이 적을 것

(4) 4행정 사이클 엔진의 작동

① 흡입행정 : 배기밸브는 닫고 흡기밸브는 열어 피스톤이 상사점에서 하사점으로 이동할 때 발생하는 부압을 이용하여 공기 또는 혼합기를 실린더로 흡입하는 행정이다.

② 압축행정 : 흡기와 배기밸브를 모두 닫고 피스톤이 하사점에서 상사점으로 이동하며 혼합기 또는 공기를 압축시키는 행정이다. 압축작용으로 인하여 혼합가스의 체적은 작아지고 압력과 온도는 높아진다.

구 분	가솔린엔진	디젤엔진
압축비	7~12 : 1	15~22 : 1
압축압력	7~13kgf/cm²	30~55kgf/cm²
압축온도	120~140℃	500~550℃

③ 폭발행정(동력행정) : 흡기와 배기밸브가 모두 닫힌 상태에서 혼합기를 점화하여 고온고압의 연소가스가 발생하고 이 작용으로 피스톤은 상사점에서 하사점으로 이동하는 행정이다. 실제 기관의 동력이 발생하기 때문에 동력 행정이라고도 한다.

구 분	가솔린엔진	디젤엔진
폭발압력	35~45kgf/cm²	55~65kgf/cm²

④ 배기행정 : 흡기밸브는 닫고 배기밸브는 열린 상태에서 피스톤이 하사점에서 상사점으로 이동하며 연소된 가스를 배기라인으로 밀어내는 행정이며 배기행정 말단에서 흡기밸브를 동시에 열어 배기가스의 잔류압력으로 배기가스를 배출시켜 충진 효율을 증가시키는 블로다운 현상을 이용하여 효율을 높인다.

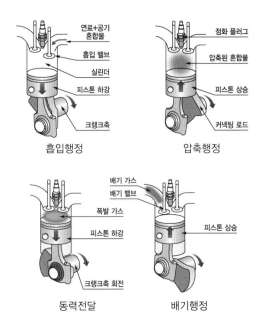

[4행정 엔진의 작동]

(5) 2행정 사이클 엔진의 작동

① 소기, 압축행정(피스톤 상승) : 피스톤이 하사점에 있을 때 기화기에서 형성된 혼합기를 소기펌프(Scavenging Pump)로 압축하여 실린더 내로 보내면서 피스톤이 상사점으로 이동하는 행정이다.

② 폭발, 배기행정(피스톤 하강) : 피스톤이 팽창압력으로 인하여 상사점에서 하사점으로 이동하는 행정으로 연소가스는 체적이 증가하고 압력이 떨어진다.

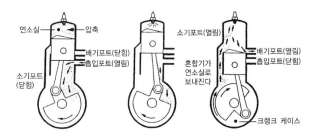

또한 혼합기의 강한 와류형성 및 압축비를 증대시키기 위해 피스톤 헤드부를 돌출시킨 디플렉터를 두어 제작하는 경우도 있다.

(6) 4행정 사이클 기관과 2행정 사이클 기관의 비교

구 분	4행정	2행정
행정 및 폭발	크랭크축 2회전(720°)에 1회 폭발행정	크랭크축 1회전(360°)에 1회 폭발행정
기관 효율	4개의 행정의 구분이 명확하고 작용이 확실하며 효율 우수	행정의 구분이 명확하지 않고 흡기와 배기 시간이 짧아 효율이 낮음
밸브 기구	밸브기구가 필요하고 구조가 복잡	밸브기구가 없어 구조는 간단하나 실린더 벽에 흡기구가 있어 피스톤 및 피스톤 링의 마멸이 큼
연료 소비량	연료소비율이 비교적 좋음(크랭크축 2회전에 1번 폭발)	연료소비율이 나쁨(크랭크축 1회전에 1번 폭발)
동 력	단위 중량당 출력이 2행정 기관에 비해 낮음	단위 중량당 출력이 4행정 사이클에 비해 높음
엔진 중량	무거움(동일한 배기량 조건)	가벼움(동일한 배기량 조건)

① 4행정 사이클 엔진의 장점

 ㉠ 각 행정이 명확히 구분되어 있다.

 ㉡ 흡입행정 시 혼합기(공기 + 연료)의 냉각효과로 각 부분의 열적 부하가 적다.

 ㉢ 저속에서 고속까지 엔진회전속도의 범위가 넓다.

 ㉣ 흡입행정의 구간이 비교적 길고 블로다운 현상으로 체적효율이 높다.

 ㉤ 블로바이 현상이 적어 연료 소비율 및 미연소가스의 생성이 적다.

 ㉥ 불완전 연소에 의한 실화가 발생되지 않는다.

② 4행정 사이클 엔진의 단점

 ㉠ 밸브기구가 복잡하고 부품수가 많아 충격이나 기계적 소음이 크다.

 ㉡ 가격이 고가이고 마력당 중량이 무겁다(단위 중량당 마력이 적다).

 ㉢ 2행정에 비해 폭발횟수가 적어 엔진 회전력의 변동이 크다.

 ㉣ 탄화수소(HC)의 배출량은 적으나 질소산화물(NO_X)의 배출량이 많다.

③ 2행정 사이클 엔진의 장점

 ㉠ 4사이클 엔진에 비하여 이론상 약 2배의 출력이 발생된다.

 ㉡ 크랭크 1회전당 1번의 폭발이 발생되기 때문에 엔진 회전력의 변동이 적다.

 ㉢ 실린더 수가 적어도 엔진구동이 원활하다.

 ㉣ 마력당 중량이 적고 값이 싸며, 취급이 쉽다(단위 중량당 마력이 크다).

④ 2행정 사이클 엔진의 단점

 ㉠ 각 행정의 구분이 명확하지 않고, 유해배기가스의 배출이 많다.

 ㉡ 흡입 시 유효행정이 짧아 흡입효율이 저하된다.

 ㉢ 소기 및 배기 포트의 개방시간이 길어 평균유효압력 및 효율이 저하된다.

 ㉣ 피스톤 및 피스톤 링이 손상되기 쉽다.

 ㉤ 저속 운전이 어려우며, 역화가 발생된다.

 ㉥ 흡·배기가 불완전하여 열손실이 크며, 미연소가스(HC)의 배출량이 많다.

 ㉦ 연료 및 윤활유의 소모율이 많다.

1-1. DOHC 엔진의 장점이라고 할 수 없는 것은?

① 흡입효율이 향상
② 허용최고 회전수의 향상
③ 높은 연소 효율
④ 구조가 간단하고 생산단가 낮음

1-2. 2행정 사이클 기관에서 2회의 폭발행정을 하였다면 크랭크축은 몇 회전하겠는가?

① 1회전
② 2회전
③ 3회전
④ 4회전

1-3. 4행정 기관과 비교한 2행정 기관(2 Stroke Engine)의 장점은?

① 각 행정의 작용이 확실하여 효율이 좋다.
② 배기량이 같을 때 발생동력이 크다.
③ 연료소비율이 적다.
④ 윤활유 소비량이 적다.

|해설|

1-1
밸브기구가 복잡하고 부품수가 많으며 고가이다.

1-2
2행정 엔진은 1회 폭발에 크랭크축이 1회전을 하며 4행정 엔진은 1회 폭발에 크랭크축이 2회전을 한다.

1-3
2행정 기관은 1번 폭발에 크랭크축이 1회전을 하므로 배기량이 같을 경우 4행정 기관보다 발생동력이 크다.

정답 **1-1** ④ **1-2** ② **1-3** ②

핵심이론 02 | 압축비

(1) 압축비

① 압축비는 엔진 실린더의 연소실 체적에 대한 실린더 총 체적(Total Volume)을 말하며 엔진의 출력 성능과 연료소비율, 노킹 등에 영향을 주는 매우 중요한 요소이다. 일반적으로 디젤기관의 압축비(15~22 : 1)가 가솔린 기관(7~12 : 1)보다 높다.

② 엔진의 운동에서 피스톤이 가장 높은 위치에 있을 때를 상사점(TDC ; Top Dead Center)이라 하고 반대로 피스톤이 가장 아래에 위치할 때를 하사점(BDC ; Bottom Dead Center)이라 한다. 또한 상사점과 하사점의 구간을 행정(Stroke)이라 하며 피스톤이 상사점에 위치할 때 피스톤 윗부분의 실린더 헤드의 공간을 연소실이라 하고 그때의 체적을 연소실체적 또는 간극체적(Clearance Volume)이라 한다.

③ 압축비를 구하는 공식은 다음과 같다.

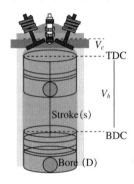

$$\varepsilon = \frac{\text{실린더 최대체적 } V_{max}}{\text{실린더 최소체적 } V_{min}} = \frac{\text{총체적}}{\text{연소실체적}}$$

$$= \frac{\text{연소실체적} + \text{행정체적}}{\text{연소실체적}} = \frac{V_c + V_h}{V_c}$$

$$= 1 + \frac{V_h}{V_c}$$

$$V_h = V_c(\varepsilon - 1), \quad V_c = \frac{V_k}{\varepsilon - 1}$$

2-1. 실린더의 연소실체적이 60cc, 행정체적이 360cc인 기관의 압축비는?

① 5 : 1 ② 6 : 1

③ 7 : 1 ④ 8 : 1

2-2. 연소실체적이 40cc이고 압축비가 9 : 1인 기관의 행정체적은?

① 280cc ② 300cc

③ 320cc ④ 360cc

|해설|

2-1

$\varepsilon = \dfrac{\text{연소실체적} + \text{행정체적}}{\text{연소실체적}}$ 이므로 $\dfrac{60 + 360}{60} = 7$이 된다.

2-2

$\varepsilon = \dfrac{\text{연소실체적} + \text{행정체적}}{\text{연소실체적}}$ 이며, $\dfrac{40 + x}{40} = 1 + \dfrac{x}{40} = 9$가 된다.

따라서 $x = (9 - 1) \times 40$이므로 행정체적은 320cc가 된다.

정답 2-1 ③ 2-2 ③

핵심이론 03 | 배기량

피스톤이 1사이클을 마치고 배기라인을 통하여 배출한 가스의 용적을 말하며 이론상 상사점에서 하사점까지 이동한 실린더 원기둥의 체적이 여기에 해당된다. 단일 실린더의 배기량과 총배기량, 분당 배기량으로 산출한다.

(1) 실린더 1개의 배기량

$$V = A \times L = \frac{\pi d^2}{4} \times L$$

- V : 배기량
- A : 단면적
- L : 행정

(2) 총배기량

$$V = A \times L \times Z = \frac{\pi d^2}{4} \times L \times Z$$

- Z : 실린더 수
- N : 엔진 회전수

(3) 분당 배기량

$$V = A \times L \times Z \times N = \frac{\pi d^2}{4} \times L \times Z \times N$$

(2행정 기관 : N, 4행정 기관 : $N/2$)

- L : 행정
- Z : 실린더 수
- N : 회전수
- d : 실린더 내경

분당 배기량의 산출에서는 실제 배기된 양을 계산하여야 하므로 4행정 기관의 경우 크랭크축 2회전에 1번의 배기를 하고 2행정 기관의 경우는 크랭크축 1회전당 1번의 배기를 하기 때문에 rpm 대입 시 4행정은 $N/2$으로 대입하고 2행정인 경우에는 N으로 대입한다.

10년간 자주 출제된 문제

3-1. 기관의 총배기량을 구하는 식은?

① 총배기량 = 피스톤 단면적 × 행정
② 총배기량 = 피스톤 단면적 × 행정 × 실린더 수
③ 총배기량 = 피스톤의 길이 × 행정
④ 총배기량 = 피스톤의 길이 × 행정 × 실린더 수

3-2. 엔진의 내경 9cm, 행정 10cm인 1기통 배기량은?

① 약 666cc ② 약 656cc
③ 약 646cc ④ 약 636cc

3-3. 실린더 안지름 및 행정이 78mm인 4실린더 기관의 총배기량은 얼마인가?

① $1,298\text{cm}^3$ ② $1,490\text{cm}^3$
③ $1,670\text{cm}^3$ ④ $1,587\text{cm}^3$

|해설|

3-1
총배기량 = 단기통 배기량 × 실린더 수로 산출한다.

3-2
1기통의 배기량은 실린더 행정체적과 같으며 다음과 같이 산출한다.

$$V = A \times L = \frac{\pi d^2}{4} \times L$$

따라서 $V = \dfrac{3.14 \times (9)^2}{4} \times 10$이 되며 배기량은 약 636cc가 된다.

3-3
총배기량의 산출식은 $V = A \times L \times Z = \dfrac{\pi d^2}{4} \times L \times Z$이며

따라서 $V = \dfrac{3.14 \times (7.8)^2}{4} \times 7.8 \times 4$가 되고
총배기량은 약 $1,490\text{cm}^3$이다.
※ 참고 : $1\text{cm}^3 = 1\text{cc}$이다.

정답 3-1 ② **3-2** ④ **3-3** ②

핵심이론 04 | 엔진의 효율

효율은 공급과 수급의 비이며 이론상 발생하는 동력에 대한 실제 얻은 동력과의 비이다. 엔진에서 열효율은 크게 열역학적 사이클에 의한 열효율과 정미 열효율, 기계효율 등에 대하여 산출한다.

(1) 이론 열효율

엔진의 이론 열효율은 열역학적 사이클의 분류별로 산출하는 열효율이며 공식은 다음과 같다.

① 오토사이클(Otto Cycle)의 이론 열효율

$$\eta_o = 1 - \frac{1}{\varepsilon^{k-1}}$$

- ε : 압축비
- k : 공기 비열비

Otto Cycle : 가솔린기관의 기본 사이클이며 열의 공급이 정적하에서 이루어지며, 2개의 정적변화와 2개의 단열변화로 이루어진다.
5 → 1 : 흡입행정
1 → 2 : 압축행정
2 → 3 : 정적연소
3 → 4 : 동력행정
4 → 1 : 배기밸브 열림
5 → 1 : 배기행정

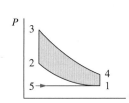

[오토사이클의 $P - V$ 선도]

② 디젤사이클(Diesel Cycle)의 이론 열효율

$$\eta_d = 1 - \frac{1}{\varepsilon^{k-1}} \times \frac{\sigma^{k-1}}{k(\sigma - 1)}$$

- ε : 압축비
- σ : 체절비
- k : 공기 비열비

Diesel Cycle : 정압사이클은 저속 디젤기관의 기본 사이클이며, 열의 공급이 정압하에서 이루어진다.
5 → 1 : 흡입행정
1 → 2 : 압축행정
2 → 3 : 정압연소
3 → 4 : 동력행정
4 → 1 : 배기밸브 열림
1 → 5 : 배기행정

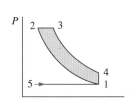

[디젤사이클의 $P - V$ 선도]

③ 복합사이클(Sabathe Cycle)의 이론 열효율

$$\eta_s = 1 - \frac{1}{\varepsilon^{k-1}} \times \frac{\rho\sigma^{k-1}}{(\rho-1) + k\rho(\sigma-1)}$$

- ε : 압축비
- ρ : 폭발비
- σ : 체절비
- k : 공기 비열비

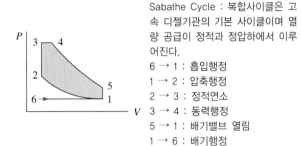

Sabathe Cycle : 복합사이클은 고속 디젤기관의 기본 사이클이며 열량 공급이 정적과 정압하에서 이루어진다.
6 → 1 : 흡입행정
1 → 2 : 압축행정
2 → 3 : 정적연소
3 → 4 : 동력행정
5 → 1 : 배기밸브 열림
1 → 6 : 배기행정

[사바테사이클의 $P-V$ 선도]

④ 열역학적 사이클의 비교

㉠ 기본 사이클은 모두 압축비 증가에 따라 열효율이 증가한다.

㉡ 오토사이클은 압축비의 증가만으로 열효율을 높일 수 있으나, 노킹으로 인하여 제한된다.

㉢ 디젤사이클의 열효율은 공급열량의 증감에 따른다.

㉣ 사바테사이클의 열효율 증가도 역시 디젤사이클과 같이 공급열량의 증감에 따른다.

- 공급열량 및 압축비가 일정할 때의 열효율 비교
  $\eta_o > \eta_s > \eta_d$ (오토 > 사바테 > 디젤)
- 공급열량 및 최대압력이 일정할 때의 열효율 비교
  $\eta_o < \eta_s < \eta_d$ (오토 < 사바테 < 디젤)
- 열량공급과 기관수명 및 최고압력 억제에 의한 열효율 비교
  $\eta_o < \eta_d < \eta_s$ (오토 < 디젤 < 사바테)

(2) 정미 열효율

$$\eta_b = \frac{수급}{공급} = \frac{실제}{이론} = \frac{실제일로 변환된 에너지}{공급된 에너지} \times 100$$

$$= \frac{\text{BPS}}{\text{Fuel}} = \frac{\text{BPS} \times 632.3}{B \times C} \times 100$$

(1PS = 632.3kcal/h)

- BPS : 제동마력
- B : 연료의 저위발열량(kcal/kg)
- C : 연료 소비량(kg/h)

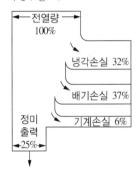

(3) 기계효율

실린더 내에서 발생한 지시마력에서 엔진의 운전 중 각부의 마찰 등에 의하여 손실되어 발생한 제동마력과의 상호 관계이다.

$$\eta_m = \frac{\text{BPS}}{\text{IPS}} = \frac{\dfrac{P_{mb} \times A \times L \times N \times Z}{75 \times 60 \times 100}}{\dfrac{P_{mi} \times A \times L \times N \times Z}{75 \times 60 \times 100}} = \frac{P_{mb}}{P_{mi}}$$

4-1. 압축비가 8인 오토사이클의 이론 열효율은 몇 %인가?(단, 비열비는 1.4이다)

① 약 45.4   ② 약 56.5
③ 약 65.6   ④ 약 72.7

4-2. 연료의 저위발열량 10,500kcal/kgf, 제동마력 93PS, 제동 열효율 31%인 기관의 시간당 연료소비량(kgf/h)은?

① 약 18.07   ② 약 17.07
③ 약 16.07   ④ 약 5.53

|해설|

4-1

오토사이클의 이론 열효율 산출식은 $\eta_o = 1 - \dfrac{1}{\varepsilon^{k-1}}$이므로

$\eta_o = 1 - \dfrac{1}{(8)^{1.4-1}}$이 되며 $\eta_o = 0.565$이므로 56.5%이다.

4-2

정미 열효율을 산출하는 식은 $\eta_b = \dfrac{BPS \times 632.3}{B \times C} \times 100$이므로

$\dfrac{93 \times 632.3}{10,500 \times C} \times 100 = 31$이 된다.

따라서 연료소비량 $C ≒ 18.065$kgf/h이다.

정답 4-1 ② **4-2** ①

핵심이론 05 │ 연소공학

엔진의 혼합비는 완전연소조건으로 볼 때 가솔린의 경우 이론상 14.7~15 : 1 정도의 혼합비를 이뤄야 한다. 연소 촉진에 도움을 주는 공기의 요소는 산소이며 액체연료 1kg을 완전연소 시키기 위해서는 $\dfrac{8}{3}C + 8H + S - O$kg/kg만큼의 산소를 공급해야 한다. 따라서 연소에 필요한 이론 공기량은 공기 중 산소 비율 $L \times 0.232 = \dfrac{8}{3}C + 8H + S - O$이다.

(1) 가솔린의 완전연소식

가솔린(kg) : 산소(kg) = 212 : 736

$$C_{15}H_{32} + 23O_2 \rightarrow 15CO_2 + 16H_2O$$

완전연소, 즉 효율 100%라면 CO_2와 H_2O만 배기가스로서 발생하지만 실제에 있어서는 CO, HC, NO_x라는 유해 배기가스가 발생하며 혼합비를 14.7 : 1(이론 혼합비)에 맞추면 CO, HC는 어느 정도 제어가 되나 NO_x는 다량 발생이 된다. 따라서 NO_x를 저감시키는 장치가 EGR(Exhaust Gas Recirculation)밸브이다.

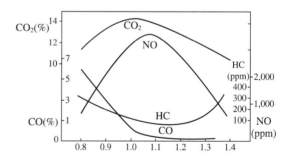

(2) 옥탄가(Octane Number)

가솔린 연료의 내폭성을 수치로 나타낸 것(표준 옥탄가 = 80)으로 가솔린기관에서 이소옥탄의 항노크성을 옥탄가 0으로 하여 제정한 안티 노크성 척도이다.

$$ON = \frac{이소옥탄}{이소옥탄 + 정헵탄} \times 100$$

① 옥탄가를 측정할 수 있는 엔진 : CFR기관(압축비를 조절할 수 있다)

② 내폭성 향상제

• 4에틸납
  (TEL ; Tetra Ethyl Lead)
	• 에틸아이오다이드
	  (Ethyl Iodide)

• 벤 젠	• 티탄테트라클라라이드
• 에틸알코올	• 테트라에틸주석
• 크실렌(Xylene = Xylol)	• 니켈카보닐
• 아날린	• 철카보닐

(3) 세탄가(Cetane Number)

디젤 연료의 착화성을 나타내는 수치로 디젤 연료의 안티 노크성 척도이다.

$$CN = \frac{세탄}{세탄 + \alpha-메틸나프탈렌} \times 100$$

① 착화성 향상제

초산에틸($C_2H_5NO_3$), 초산아밀($C_5H_{11}NO_3$), 아초산에틸($C_2H_5NO_2$), 아초산아밀($C_5H_{11}NO_2$) 등의 NO_3 또는 NO_2기의 화합물

5-1. 가솔린 200cc를 연소시키기 위해 몇 kgf의 공기가 필요한가?(단, 혼합비는 15 : 1이고, 가솔린의 비중은 0.73이다)

① 2.19kgf ② 3.42kgf
③ 4.14kgf ④ 5.63kgf

5-2. 가솔린의 성분 중 이소옥탄이 80%이고, 노멀헵탄이 20%일 때 옥탄가는?

① 80 ② 70
③ 40 ④ 20

5-3. 가솔린 자동차의 배기관에서 배출되는 배기가스와 공연비와의 관계를 잘못 설명한 것은?

① CO는 혼합기가 희박할수록 적게 배출된다.
② HC는 혼합기가 농후할수록 많이 배출된다.
③ NOx는 이론 공연비 부근에서 최소로 배출된다.
④ CO₂는 혼합기가 농후할수록 적게 배출된다.

|해설|

5-1

우선 가솔린의 체적에 대한 무게는 체적 × 비중으로 계산할 수 있다. 즉, 200cc × 0.73 = 146gf로 되며 혼합비율이 15 : 1이므로 공기의 필요중량은 146×15 = 2,190kgf가 된다.

5-2

옥탄가를 산출하는 식은 $ON = \frac{이소옥탄}{이소옥탄 + 정헵탄} \times 100$이므로

$\frac{80}{80 + 20} \times 100 = 80(ON)$이 된다.

5-3

공연비에 따른 배출가스 배출량 그래프 참고

정답 5-1 ① 5-2 ① 5-3 ③

(1) 가솔린 노킹(Knocking)

① 노킹 : 연료가 균일하게 혼합되어 있는 예혼합기의 연소는 화염전파에 의해 이루어진다. 화염전파 도중에 화염면에서 떨어진 미연소 혼합기의 잔류가스가 자발화를 하여 고주파의 압력진동(데토네이션파)과 소음을 발생하는 현상이다.

② 노킹이 발생하면 화염전파 속도는 300~2,500m/s(정상 연소속도는 20~30m/s) 정도이다.

(2) 가솔린 노킹 발생원인

① 엔진에 과부하가 걸렸을 때

② 엔진이 과열 또는 연소실에 열점이 있을 때

③ 점화시기가 너무 빠를 때

④ 혼합비가 희박할 때

⑤ 저옥탄가의 가솔린을 사용할 때

⑥ 엔진 회전속도가 낮아 화염전파 속도가 느릴 때

⑦ 흡기온도 및 압력이 높을 때

⑧ 제동 평균유효압력이 높을 때. 즉, 압축비가 높을 때

(3) 노킹이 엔진에 미치는 영향

① 연소실 내의 온도는 상승하고 배기가스 온도는 낮아진다.

② 최고압력은 상승하고 평균유효압력은 낮아진다.

③ 엔진의 과열 및 출력이 저하된다.

④ 타격 음이 발생하며, 엔진 각부의 응력(Stress)이 증가한다.

⑤ 배기가스 색이 황색에서 흑색으로 변한다.

⑥ 실린더와 피스톤의 손상 및 고착이 발생한다.

(4) 가솔린 노킹 방지법

① 고옥탄가의 가솔린(내폭성이 큰 가솔린)을 사용한다.

② 점화시기를 늦춘다.

③ 혼합비를 농후하게 한다.

④ 압축비, 혼합가스 및 냉각수 온도를 낮춘다.

⑤ 화염전파 속도를 빠르게 한다.

⑥ 혼합가스에 와류를 증대시킨다.

⑦ 연소실에 카본이 퇴적된 경우에는 카본을 제거한다.

⑧ 화염전파 거리를 짧게 한다.

(5) 가솔린과 디젤엔진의 노킹 방지법 비교

구 분	착화점	착화지연	압축비	흡입온도	흡입압력	실린더벽온도	실린더체적	회전수	와 류
가솔린	높게	길게	낮게	낮게	낮게	낮게	작게	높게	많이
디 젤	낮게	짧게	높게	높게	높게	높게	크게	낮게	많이

10년간 자주 출제된 문제

6-1. 가솔린기관의 노킹(Knocking) 방지책이 아닌 것은?

① 고옥탄가의 연료를 사용한다.

② 동일 압축비에서 혼합기의 온도를 낮추는 연소실 형상을 사용한다.

③ 화염전파 속도가 빠른 연료를 사용한다.

④ 화염의 전파거리를 길게 하는 연소실 형상을 사용한다.

6-2. 가솔린기관의 노킹을 방지하는 방법으로 틀린 것은?

① 화염 진행거리를 단축시킨다.

② 자연착화 온도가 높은 연료를 사용한다.

③ 화염전파 속도를 빠르게 하고 와류를 증가시킨다.

④ 냉각수의 온도를 높이고 흡기온도를 높인다.

|해설|

6-1

가솔린기관의 노킹(Knocking) 방지책 중 하나는 화염전파거리를 짧게 하는 것이다.

6-2

가솔린기관의 노킹(Knocking) 방지책 중 하나는 냉각수의 온도를 낮추고 흡기온도를 낮추는 것이다.

정답 6-1 ④ **6-2** ④

연료소비율은 시간 마력당 연료소비율과 주행거리에 대한 연료소모량으로 산출하며 다음과 같다.

(1) 시간 마력당 연료소비율(SFC ; Specific Fuel Consumption)

$$SFC = \frac{B}{PS} \, (kg/PS \cdot h)(g/PS \cdot h)$$

(2) 연료소비율

$$연료소비율(km/L) = \frac{주행거리(km)}{소모연료(L)}$$

(1) 라디에이터 코어

라디에이터 코어는 냉각수가 흐르는 통로이며 엔진의 열을 흡수하여 라디에이터에서 냉각시켜 다시 엔진으로 순환하는 시스템이다. 이러한 라디에이터는 일반적으로 알루미늄으로 제작하며 내부의 냉각수 통로에 스케일 등이 쌓여 라디에이터의 신품 용량 대비 20% 이상의 막힘률이 산출되면 라디에이터를 교환한다. 또한 라디에이터의 입구와 출구의 온도 차이는 5~7℃ 내외이다.

$$라디에이터\ 코어\ 막힘률 = \frac{신품\ 용량 - 구품\ 용량}{신품\ 용량} \times 100$$

10년간 자주 출제된 문제

신품 라디에이터의 냉각수 용량이 원래 30L인데 물을 넣으니 15L밖에 들어가지 않는다면 코어의 막힘률은?

① 10%

② 25%

③ 50%

④ 98%

|해설|

라디에이터 코어 막힘률을 산출하는 식은

$$라디에이터\ 코어\ 막힘률 = \frac{신품\ 용량 - 구품\ 용량}{신품\ 용량} \times 100 이므로$$

$$\frac{30-15}{30} \times 100 = 50\% 이다.$$

정답 ③

---

(1) 밸브 양정

밸브 양정은 캠축의 노즈부에 의해서 밸브 리프터를 통하여 밸브가 작동하는 양을 말하며 다음과 같이 산출한다.

$$h = \frac{\alpha \times l'}{l} - \beta$$

- h : 밸브의 양정
- α : 캠의 양정
- l' : 로커 암의 밸브 쪽 길이
- l : 로커 암의 캠 쪽 길이
- β : 밸브 간극

(2) 밸브 지름

$$d = D\sqrt{\frac{V_p}{V}}$$

- D : 실린더 내경(mm)
- V_p : 피스톤 평균속도(m/s)
- V : 밸브 공을 통과하는 가스속도(m/s)

(3) 피스톤 평균속도

크랭크축이 상하 왕복 운동함에 따라 상사점과 하사점에서는 운동의 방향이 바뀌어 속도가 0인 지점이 생기며 그때 피스톤의 평균속도를 구하는 방법은 다음과 같다.

$$S = \frac{2LN}{60} = \frac{LN}{30}$$

- S : 피스톤 평균속도(m/s)
- L : 행정(m)
- N : 엔진 회전수(rpm)

10년간 자주 출제된 문제

어떤 기관의 크랭크축 회전수가 2,400rpm, 회전반경이 40mm일 때 피스톤의 평균속도는?

① 1.6m/s ② 3.3m/s
③ 6.4m/s ④ 9.6m/s

|해설|

행정의 길이는 크랭크축 회전직경과 같으므로 40mm × 2 = 80mm가 되며 피스톤 평균속도를 산출하는 식은

$S = \dfrac{2LN}{60} = \dfrac{LN}{30}$ 이므로 $\dfrac{0.08 \times 2,400}{30} = 6.4$m/s가 된다.

정답 ③

엔진의 폭발압력에서 발생하는 응력에 대하여 파괴가 발생하지 않는 실린더의 벽 두께를 산출하는 것을 말하며 일반적으로 다음과 같이 구한다.

$$t = \frac{P \times D}{2\sigma}$$

- t : 실린더 벽 두께(cm)
- P : 폭발압력(kg/cm²)
- D : 실린더 내경(cm)
- σ : 실린더 벽 허용응력(kg/cm²)

일반적으로 원형의 물체가 회전하는 속도를 구하는 일반식으로 차륜의 속도, 크랭크축의 회전속도, 공작기계의 회전속도 등을 구할 때 적용된다.

$$V(\text{m/s}) = \pi DN$$

$$(\text{m/s}) = \frac{\pi DN}{1,000 \times 60}$$

$$(\text{m/min}) = \frac{\pi DN}{1,000}$$

- $D(\text{mm})$: 크랭크핀의 회전직경
  = 피스톤 행정
  = 크랭크 암길이 × 2
- $N(\text{rpm})$: 크랭크축 회전수

10년간 자주 출제된 문제

유효 반지름이 0.5m인 바퀴가 600rpm으로 회전할 때 차량의 속도는 약 얼마인가?

① 약 10.98km/h 　　② 약 25km/h
③ 약 50.92km/h 　　④ 약 113.04km/h

|해설|

유효 반지름이 0.5m이면 지름은 1m가 된다. 여기서 바퀴의 원주를 산출하면 1×3.14가 되고 결국 3.14m가 바퀴의 원주가 되며 바퀴가 한 바퀴 굴렀을 때 3.14m를 주행하게 된다. 그런데 rpm이 600rpm이라면 이 바퀴는 분당 600회전을 하는 것이다. 즉, 한 바퀴 회전 시 3.14m 주행하며 1분 동안 600회전을 한다면 600 ×3.14 = 1,884m/min의 속도가 될 것이므로 초속으로 나타내기 위하여 1,884를 60으로 나누면 31.4m/s가 되며, 여기에 3.6을 곱하면 시속이 되므로 31.4 × 3.6 = 113.04km/h가 된다.

정답 ④

(1) 엔진의 점화시기

엔진의 크랭크축의 운동은 연소실의 폭발압력이 전달되는 각도에 의해서 결정된다. 따라서 엔진의 출력성능은 상사점 후(ATDC) 13~15° 지점에서 연소실의 폭발압력이 강력하게 피스톤에 작용하여 크랭크축을 회전시켜야 한다. 이 압력 발생점을 최고폭발압력점이라 하고 엔진 회전속도와 관계없이 항상 ATDC 13~15°를 유지해야 하므로 엔진의 스파크 플러그에서 불꽃이 발생하는 점화시점을 변경하여 최고폭발압력점에 근접하도록 하는 것이 점화시기이다. 따라서 엔진의 회전수가 빨라지면 피스톤의 운동속도도 증가하게 되어 점화시기를 빠르게(진각) 하여야 하고 엔진의 회전속도가 늦을 경우에는 점화시기를 늦추어(지각) 항상 최고폭발압력점에서 연소가 일어나도록 제어한다.

① 크랭크 각도(Crank Angle) : 점화되어 실린더 내 최대 연소압에 도달하기까지 소요된 각도

$$CA = 360° \times \frac{R}{60} \times T = 6RT$$

- R : 회전속도(rpm)
- T : 화염전파 시간(초)

② 점화시기(Ignition Timing) : 점화를 해 주는 시기(각도)

$$IT = 360° \times \frac{R}{60} \times T - F = CA - F$$

- F : 최대폭발압이 가해지는 때의 크랭크 각도

12-1. 기관의 회전속도가 4,500rpm이고 연소지연시간이 1/500초라고 하면 연소지연시간 동안에 크랭크축의 회전각은?

① 45°
② 50°
③ 52°
④ 54°

12-2. 4사이클 가솔린엔진에서 최대압력이 발생되는 시기는 언제인가?

① 배기행정의 끝 부근에서
② 압축행정 끝 부근에서
③ 피스톤의 TDC 전 약 10~15° 부근에서
④ 동력행정에서 TDC 후 약 10~15° 지점에서

|해설|

12-1

$CA = 360° \times \frac{R}{60} \times T = 6RT$이므로 $6 \times 4,500 \times \frac{1}{500} = 54°$이다.

12-2

엔진의 출력성능은 상사점 후(ATDC) 13~15° 지점에서 연소실의 폭발 압력이 강력하게 피스톤에 작용하여 크랭크축을 회전시켜야 한다.

정답 **12-1** ④ **12-2** ④

가솔린엔진에서 배출되는 가스는 크게 배기 파이프에서 배출되는 배기가스, 엔진 크랭크 실의 블로바이 가스(Blow-By Gas), 연료탱크와 연료공급 계통에서 발생하는 증발가스 등의 3가지가 있으며 이외에도 디젤엔진에서 주로 발생하는 입자상 물질과 황 성분 등이 있다.

(1) 유해 배출가스

① **일산화탄소(CO)** : 배기가스 중에 포함되어 있는 유해 성분의 일종으로 인체에 치명적인 장애를 일으킨다. 일산화탄소는 석탄과 석유의 주성분인 탄화수소가 산소가 부족한 상태에서 연소할 때 발생하는 가스이다.

② **탄화수소(HC)** : 미연소 가스라고도 하며 탄소와 수소가 화학적으로 결합한 것을 총칭한 것이다. 이 가스는 연료탱크에서 자연 증발하거나 배기가스 중에도 포함되어 나온다. 이 가스를 접촉하면 호흡기에 강한 자극을 주고 눈과 점막에 자극을 일으키며 광학 스모그를 일으킨다.

③ **질소산화물(NO$_X$)** : 산소와 질소가 화학적으로 결합한 NO, NO$_2$, NO$_3$ 등을 말하며, 이것을 총칭하여 NO$_X$라고 한다. 이 질소산화물은 내연기관처럼 고온고압에서 연료를 연소시킬 때 공기 중의 질소와 산소가 화학적으로 결합하여 생긴 것이다. 공기의 성분은 대부분 질소와 산소가 혼합되어 있는데, 이 공기가 고온고압에서 NO로 되어, 공기 자체를 촉매로 하여 NO$_2$가 된다. 이 가스는 인체에 매우 큰 장애를 일으키며 HC와 같이 광학 스모그의 원인이 된다.

④ **블로바이 가스** : 실린더와 피스톤 간극에서 미연소 가스가 크랭크 실(Crank Case)로 빠져 나오는 가스를 말하며, 주로 탄화수소이고 나머지가 연소가스 및 부분 산화된 혼합 가스이다. 블로바이 가스가 크랭크 실 내에 체류하면 엔진의 부식, 오일 슬러지 발생 등을 촉진한다.

⑤ **연료 증발가스** : 연료탱크나 연료 계통 등에서 가솔린이 증발하여 대기 중으로 방출되는 가스이며, 미연소 가스이다. 주성분은 탄화수소(HC)이다.

⑥ **황 산화물(SO$_X$)** : 연료 중 황의 연소 시 아황산가스(SO$_2$)와 황 복합 화합물이 배출되며 주로 석탄이나 오일이 연소하면서 많이 배출된다.

⑦ **입자상의 물질(PM)** : 디젤엔진에서 배출된다. 성분은 무기탄소, 유기탄소, 황산입자, 회분(윤활유 연소 시 발생) 등이 포함된다. 입자상 물질은 $10\mu\mathrm{m}(0.1{\sim}0.3\mu\mathrm{m})$로 호흡기에 침투하여 기관지염, 천식, 심장질환, 독감에 걸린 사람들의 질병을 악화시킨다.

⑧ **이산화탄소(CO$_2$)** : 석유계 연료와 유기화합물질이 연소할 때에 생성되며 탄산가스라고도 부른다. 공기 중에 이산화탄소량이 증가됨에 따라 지구 온난화 현상이 일어나 평균기온이 상승되고 이로 인한 남극과 북극의 빙하가 녹아 해면이 높아지는 등 우리의 생존마저 위협받고 있는 실정이다.

⑨ **납 산화물(Pb$_X$)** : 유연가솔린에서 옥탄가를 높이기 위해 4에틸납(Pb(C$_2$H$_4$)$_4$)이나 4메틸납(Pb(CH)$_4$)이 첨가되어 사용하면 연소과정에서 산화납이 배출된다. 인체에 침입하면 근육신경계의 장애와 소화기 장애를 일으키므로 대부분의 국가에서는 납 성분이 없는 무연가솔린을 사용하고 있다.

(2) 배기가스 생성 과정

가솔린은 탄소와 수소의 화합물인 탄화수소이므로 완전 연소하였을 때 탄소는 무해성 가스인 이산화탄소로, 수소는 수증기로 변화한다.

$C + O_2 = CO_2$

$2H_2 + O_2 = 2H_2O$

그러나 실린더 내에 산소의 공급이 부족한 상태로 연소하면 불완전 연소를 일으켜 일산화탄소가 발생한다.

$2C + O_2 = 2CO$

$2CO + O_2 = 2CO_2$

따라서 배출되는 일산화탄소의 양은 공급되는 공연비의 비율에 좌우되므로 일산화탄소 발생을 감소시키려면 희박한 혼합 가스를 공급하여야 한다. 그러나 혼합가스가 희박하면 엔진의 출력 저하 및 실화의 원인이 된다.

(3) 탄화수소의 생성 과정

탄화수소가 생성하는 원인은 다음과 같다.

① 연소실 내에서 혼합가스가 연소할 때 연소실 안쪽 벽은 저온이므로 이 부분은 연소온도에 이르지 못하며, 불꽃이 도달하기 전에 꺼지므로 이 미연소 가스가 탄화수소로 배출된다.

② 밸브 오버랩(Valve Over Lap)으로 인하여 혼합가스가 누출된다.

③ 엔진을 감속할 때 스로틀밸브가 닫히면 흡기다기관의 진공이 갑자기 높아져서 혼합가스가 농후해진다. 그렇게 되면 실린더 내의 잔류가스가 되어 실화를 일으키기 쉬워지므로 탄화수소 배출량이 증가한다.

④ 혼합가스가 희박하여 실화할 경우 연소되지 못한 탄화수소가 배출된다. 탄화수소의 배출량을 감소시키려면 연소실의 형상, 밸브 개폐시기 등을 적절히 설정하여 엔진을 감속시킬 때 혼합 가스가 농후해지는 것을 방지하여야 한다.

(4) 질소산화물 생성 과정

질소는 잘 산화하지 않으나 고온고압의 연소조건에서는 산화하여 질소산화물을 발생시키며 연소 온도가 2,000℃ 이상인 고온 연소에서는 급증한다. 또한 질소산화물은 이론혼합비 부근에서 최댓값을 나타내며, 이론혼합비보다 농후해지거나 희박해지면 발생률이 낮아져서 배기가스를 적당히 혼합 가스에 혼합하여 연소온도를 낮추는 등의 대책이 필요하다.

(5) 배기가스의 배출 특성

① 혼합비와의 관계

　㉠ 이론공연비(14.7 : 1)보다 농후한 혼합비에서는 NO_X 발생량은 감소하고, CO와 HC의 발생량은 증가한다.

　㉡ 이론공연비보다 약간 희박한 혼합비를 공급하면 NO_X 발생량은 증가하고, CO와 HC의 발생량은 감소한다.

　㉢ 이론공연비보다 매우 희박한 혼합비를 공급하면 NO_X와 CO의 발생량은 감소하고, HC의 발생량은 증가한다.

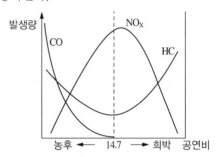

[공연비에 따른 유해 배출가스 발생량]

② 엔진의 온도와의 관계

　㉠ 엔진이 저온일 경우에는 농후한 혼합비를 공급하므로 CO와 HC는 증가하고, 연소온도가 낮아 NO_X의 발생량은 감소한다.

　㉡ 엔진이 고온일 경우에는 NO_X의 발생량이 증가한다.

③ 엔진을 감속 또는 가속하였을 때

　㉠ 엔진을 감속하였을 때 NO_X의 발생량은 감소하지만, CO와 HC의 발생량은 증가한다.

　㉡ 엔진을 가속할 때는 일산화탄소, 탄화수소, NO_X 모두 발생량이 증가한다.

10년간 자주 출제된 문제

가솔린 자동차에서 배출되는 유해배출가스 중 규제 대상이 아닌 것은?

① CO　　　　　　　　② SO_2
③ HC　　　　　　　　④ NO_X

|해설|

연료 중 황의 연소 시 황산화물인 아황산가스(SO_2)와 황복합화합물이 배출되며 주로 경유 사용 자동차에서 발생된다.

정답 ②

---

(1) 블로바이 가스 제어장치

① 경부하 및 중부하 영역에서 블로바이 가스는 PCV(Positive Crank Case Ventilation) 밸브의 열림 정도에 따라서 유량이 조절되어 서지 탱크(흡기다기관)로 들어간다.

② 급가속을 하거나 엔진의 고부하 영역에서는 흡기다기관 진공이 감소하여 PCV 밸브의 열림 정도가 작아지므로 블로바이 가스는 서지탱크(흡기다기관)로 들어가지 못한다.

(2) 연료증발가스 제어장치

연료탱크 및 연료계통 등에서 발생한 증발가스(HC)를 캐니스터(활성탄 저장)에 포집한 후 퍼지컨트롤 솔레노이드밸브(PCSV)의 조절에 의해 흡기다기관을 통하여 연소실로 보내어 연소시킨다.

① 캐니스터(Canister) : 연료계통에서 발생한 연료증발가스를 캐니스터 내에 흡수 저장(포집)하였다가 엔진이 작동되면 PCSV를 통하여 서지탱크로 유입한다.

② 퍼지컨트롤 솔레노이드밸브(Purge Control Solenoid Valve) : 캐니스터에 포집된 연료증발가스를 조절하는 장치이며, ECU에 의해 작동된다.

(3) 배기가스 재순환장치(EGR ; Exhaust Gas Recirculation)

배기가스 재순환장치는 흡기다기관의 진공에 의하여 배기가스 중의 일부를 배기다기관에서 빼내어 흡기다기관으로 순환시켜 연소실로 다시 유입시킨다. 배기가스를 재순환시키면 새로운 혼합가스의 충진율은 낮아지고 흡기에 다시 공급된 배기가스는 더 이상 연소 작용을 할 수 없기 때문에 동력행정에서 연소 온도가 낮아져 높은 연소온도에서 발생하는 질소산화물의 발생량이 감소한다.

① EGR 밸브 : 스로틀밸브의 열림 정도에 따른 흡기다기관의 진공에 의하여 서모밸브와 진공조절밸브에 의해 조절된다.

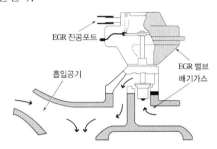

[EGR 밸브와 EGR 솔레노이드밸브의 구조 및 작동]

② 서모밸브(Thermo Valve) : 엔진 냉각수 온도에 따라 작동하며, 일정 온도(65℃ 이하)에서는 EGR 밸브의 작동을 정지시킨다.

③ 진공조절밸브 : 엔진의 작동 상태에 따라 EGR 밸브를 조절하여 배기가스의 재순환되는 양을 조절한다.

(4) EGR 차단 조건

① 엔진 냉각수 온도가 35℃ 이하 또는 100℃ 이상일 때
② 엔진 시동 시 차단
③ 공회전 시
④ 급가속 시
⑤ 연료 분사계통, 흡입 공기량 센서, EGR 밸브 등 고장 시 차단한다.

(5) EGR 제어 영역

EGR 제어 영역은 냉각수 온도가 약 65℃ 이상, 저속, 중부하 영역이다.

10년간 자주 출제된 문제

14-1. 다음 중 EGR(Exhaust Gas Recirculation) 밸브의 구성 및 기능 설명으로 틀린 것은?

① 배기가스 재순환장치
② EGR 파이프, EGR 밸브 및 서모밸브로 구성
③ 질소화합물(NO_X) 발생을 감소시키는 장치
④ 연료증발가스(HC) 발생을 억제시키는 장치

14-2. 배기가스 재순환 장치는 주로 어떤 물질의 생성을 억제하기 위한 것인가?

① 탄 소
② 이산화탄소
③ 일산화탄소
④ 질소산화물

|해설|

14-1
연료증발가스는 캐니스터와 PCSV 밸브에 의해서 재연소된다.

14-2
배기가스 재순환장치(EGR)는 연소실 온도를 낮추어 질소산화물 생성을 억제한다.

정답 14-1 ④ 14-2 ④

핵심이론 15 │ 산소센서

(1) 산소센서

① 산소센서의 종류 : 촉매 컨버터를 사용할 경우 촉매의 정화율은 이론공연비(14.7 : 1) 부근일 때가 가장 높다. 공연비를 이론공연비로 조절하기 위하여 산소센서를 배기다기관에 설치하여 배기가스 중의 산소농도를 검출하여 피드백을 통한 연료분사 보정량의 신호로 사용되며 종류에는 크게 지르코니아 형식과 티타니아 형식이 있다.

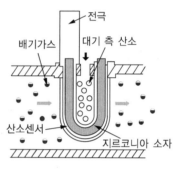

[산소센서의 원리]

㉠ 지르코니아 형식은 지르코니아 소자(ZrO_2) 양면에 백금 전극이 있고, 이 전극을 보호하기 위해 전극의 바깥쪽에 세라믹으로 코팅하며 센서의 안쪽에는 산소농도가 높은 대기가, 바깥쪽에는 산소농도가 낮은 배기가스가 접촉한다. 지르코니아 소자는 정상작동온도(약 350℃ 이상)에서 양쪽의 산소농도 차이가 커지면 기전력을 발생하는 성질이 있다. 즉, 대기 쪽 산소농도와 배기가스 쪽의 산소농도가 큰 차이를 나타내므로 산소이론은 분압이 높은 대기 쪽에서 분압이 낮은 배기가스 쪽으로 이동하며, 이때 기전력을 발생하고 이 기전력은 산소분압에 비례한다.

ⓛ 티타니아 형식은 세라믹 절연체의 끝에 티타니아 소자(TiO_2)가 설치되어 있어 전자 전도체인 티타니아가 주위의 산소분압에 대응하여 산화 또는 환원되어 그 결과 전기저항이 변화하는 성질을 이용한 것이다. 이 형식은 온도에 대한 저항 변화가 커 온도 보상회로를 추가하거나 가열장치를 내장시켜야 한다.

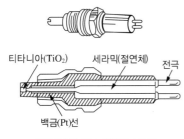

티타니아(TiO_2)　세라믹(절연체)　전극

백금(Pt)선

[티타니아 산소센서의 구조]

② 산소센서의 작동 : 산소센서는 배기가스 중의 산소농도와 대기 중 산소농도 차이에 따라 출력전압이 급격히 변화하는 성질을 이용하여 피드백 기준 신호를 ECU로 공급해준다. 이때 출력전압은 혼합비가 희박할 때는 지르코니아의 경우 약 0.1V, 티타니아의 경우 약 4.3~4.7V, 혼합비가 농후하면 지르코니아의 경우 약 0.9V, 티타니아의 경우 약 0.3~0.8V의 전압을 발생시킨다.

③ 산소센서의 특성 : 산소센서의 바깥쪽은 배기가스와 접촉하고, 안쪽은 대기 중 산소와 접촉하게 되어 있어 이론 혼합비를 중심으로 혼합비가 농후해지거나 희박해짐에 따라 출력전압이 즉각 변화하는 반응을 이용하여 인젝터 분사시간을 ECU가 조절할 수 있도록 한다. 산소센서가 정상적으로 작동할 때 센서 부분의 온도는 400~800℃ 정도이며, 엔진이 냉각될 때와 공전운전을 할 때는 ECU 자체의 보상회로에 의해 개방회로(Open Loop)가 되어 임의 보정된다.

핵심이론 01 | 자동차 및 자동차부품의 성능과 기준에 관한 규칙(약칭 : 자동차규칙)

(1) 용어의 정의(제2조)

① **공차상태** : 자동차에 사람이 승차하지 않고, 물품(예비 부분품 및 공구, 그 밖의 휴대물품을 포함)을 적재하지 않은 상태로서 연료·냉각수 및 윤활유를 가득 채우고, 예비타이어(예비타이어를 장착한 자동차만 해당한다)를 설치하여 운행할 수 있는 상태를 말한다.

② **적차상태** : 공차상태의 자동차에 승차정원의 인원이 승차하고 최대적재량의 물품이 적재된 상태를 말한다. 이 경우 승차정원 1인(13세 미만의 자는 1.5인을 승차정원 1인으로 본다)의 중량은 65kg으로 계산하고, 좌석정원의 인원은 정위치에, 입석정원의 인원은 입석에 균등하게 승차시키며, 물품은 물품적재장치에 균등하게 적재시킨 상태이어야 한다.

③ **축하중(축중)** : 자동차가 수평상태에 있을 때에 1개의 차축에 연결된 모든 바퀴의 윤중을 합한 것을 말한다.

④ **윤중** : 자동차가 수평상태에 있을 때에 1개의 바퀴가 수직으로 지면을 누르는 중량을 말한다.

⑤ **차량중량(차량총중량)**
  ⊙ 차량중량 : 공차상태의 자동차의 중량을 말한다.
  ⓛ 차량총중량 : 적차상태의 자동차의 중량을 말한다. 자동차의 차량총중량은 20ton(승합자동차의 경우에는 30ton, 화물자동차 및 특수자동차의 경우에는 40ton), 축하중은 10ton, 윤중은 5ton을 초과하여서는 아니 된다(제6조).

⑥ **승차정원** : 자동차에 승차할 수 있도록 허용된 최대인원(운전자를 포함한다)을 말한다.

(2) 길이·너비 및 높이(제4조)

① 자동차의 길이·너비 및 높이는 다음의 기준을 초과하여서는 아니 된다.

  ⊙ 길이 : 13m(연결자동차의 경우에는 16.7m를 말한다)
  ⓛ 높이 : 4m
  ⓒ 너비 : 2.5m(간접시계장치·환기장치 또는 밖으로 열리는 창의 경우 이들 장치의 너비는 승용자동차에 있어서는 25cm, 기타의 자동차에 있어서는 30cm로 한다. 다만, 피견인자동차의 너비가 견인자동차의 너비보다 넓은 경우 그 견인자동차의 간접시계장치에 한하여 피견인자동차의 가장 바깥쪽으로 10cm를 초과할 수 없다)

(3) 최저지상고(제5조)

공차상태의 자동차에 있어서 접지부분 외의 부분은 지면과의 사이에 10cm 이상의 간격이 있어야 한다.

(4) 중량분포(제7조)

자동차 조향바퀴 윤중의 합은 차량중량 및 차량총중량의 각각에 대하여 20% 이상이어야 한다.

(5) 최대안전경사각도(제8조)

① 자동차(연결자동차 포함)는 다음에 따라 좌우로 기울인 상태에서 전복되지 아니하여야 한다.

  ⊙ 승용자동차, 화물자동차, 특수자동차 및 승차정원 10명 이하인 승합자동차 : 공차상태에서 35°(차량총중량이 차량중량의 1.2배 이하인 경우에는 30°)
  ⓛ 승차정원 11명 이상인 승합자동차 : 적차상태에서 28°

② 다음의 자동차에 대해서는 ①에 따른 최대안전경사각도 기준을 적용하지 않는다.

  ⊙ 진공흡입청소를 위한 구조·장치를 갖춘 특수용도형 화물자동차
  ⓛ 고소작업·방송중계·교량점검·이삿짐운반을 위한 구조·장치를 갖춘 특수용도형 특수자동차 및 구난형 특수자동차

(6) 최소회전반경(제9조)

바깥쪽 앞바퀴자국의 중심선을 따라 측정할 때에 12m를 초과하여서는 아니 된다.

(7) 접지부분 및 접지압력(제10조)

적차상태의 자동차의 접지부분 및 접지압력은 다음의 기준에 적합하여야 한다.

① 접지부분은 소음의 발생이 적고 도로를 파손할 위험이 없는 구조일 것
② 무한궤도를 장착한 자동차의 접지압력은 무한궤도 $1cm^2$당 3kg을 초과하지 아니할 것

(8) 원동기 출력(제106조)

① 자동차(초소형자동차는 제외한다)의 내연기관 출력 및 해당 회전수에 대한 제원의 허용차가 다음의 기준을 초과하지 아니할 것. 다만, 양산자동차의 경우에는 각각 ±5%를 초과하지 아니하여야 한다.
　㉠ 최고출력의 경우 : ±2%
　㉡ 그 밖의 부분출력의 경우 : ±4%
　㉢ 회전수의 경우 : ±1.5%
② 자동차의 구동전동기 출력 및 해당 회전수에 대한 제원의 허용차가 다음의 기준을 초과하지 아니할 것. 다만, 양산자동차의 경우에는 각각 -5%를 초과하지 아니하여야 한다.
　㉠ 최고출력의 경우 : ±5%
　㉡ 그 밖의 부분출력(최고 30분 출력은 제외한다)의 경우 : ±5%
　㉢ 회전수의 경우 : ±2%
　㉣ 최고 30분 출력의 경우 : ±5%
③ 자동차용 연료전지의 최고출력에 대한 제원의 허용차는 -5%를 초과하지 아니할 것

(9) 타이어 트레드 깊이

승용차는 1.6mm 이상, 중형차는 2.4mm 이상, 대형차는 3.2mm 이상

(10) 조향장치(제14조)

조향핸들의 유격(조향바퀴가 움직이기 직전까지 조향핸들이 움직인 거리를 말한다)은 당해 자동차의 조향핸들지름의 12.5% 이내이어야 한다.

(11) 사이드 슬립

규정값 ±5m/km(±5mm/m) 이내, + : 인(In), - : 아웃(Out)

(12) 주제동장치의 급제동 정지거리 및 조작력 기준 (별표 3)

구 분	최고속도가 매시 80km 이상의 자동차	최고속도가 매시 35km 이상 80km 미만의 자동차	최고속도가 매시 35km 미만의 자동차
제동초속도 (km/h)	50	35	해당 자동차의 최고속도
급제동 정지거리(m)	22 이하	14 이하	5 이하
측정 시 조작력(kg)	발 조작식의 경우 : 90 이하		
	손 조작식의 경우 : 30 이하		
측정자동차의 상태	공차상태의 자동차에 운전자가 1인의 승차한 상태		

(13) 주제동장치의 제동능력 및 조작력 기준(별표 4)

① 최고속도가 매시 80km 이상이고, 차량총중량이 차량중량의 1.2배 이하인 자동차의 각축의 제동력의 합 : 차량총중량의 50% 이상
② 최고속도가 매시 80km 미만이고, 차량총중량이 차량중량의 1.5배 이하인 자동차의 각축의 제동력의 합 : 차량총중량의 40% 이상
③ 기타의 자동차 각축의 제동력의 합 : 차량중량의 50% 이상
④ 기타의 자동차 각축의 제동력 : 각 축하중의 50% 이상 (다만, 뒤축의 경우에는 해당 축하중의 20%) 이상
⑤ 좌·우바퀴의 제동력의 차이 : 해당 축하중의 8% 이하
⑥ 제동력의 복원 : 브레이크 페달을 놓을 때에 제동력이 3초 이내에 해당 축하중의 20% 이하로 감소될 것

(14) 주차제동장치의 제동능력 및 조작력 기준(별표 4의2)

① 제동능력 : 경사각 11도30분 이상의 경사면에서 정지 상태를 유지할 수 있거나 제동능력이 차량중량의 20% 이상일 것

측정 시 조작력	승용자동차	그 밖의 자동차
발	60kg 이하	70kg 이하
손	40kg 이하	50kg 이하

(15) 연료장치(제17조)

① 자동차의 연료탱크·주입구 및 가스배출구는 다음의 기준에 적합하여야 한다.

  ㉠ 연료장치는 자동차의 움직임에 의하여 연료가 새지 아니하는 구조일 것

  ㉡ 배기관의 끝으로부터 30cm 이상 떨어져 있을 것 (연료탱크를 제외한다)

  ㉢ 노출된 전기단자 및 전기개폐기로부터 20cm 이상 떨어져 있을 것(연료탱크를 제외한다)

  ㉣ 차실 안에 설치하지 아니하여야 하며, 연료탱크는 차실과 벽 또는 보호판 등으로 격리되는 구조일 것

② 수소가스를 연료로 사용하는 자동차는 다음의 기준에 적합하여야 한다.

  ㉠ 자동차의 배기구에서 배출되는 가스의 수소농도는 평균 4%, 순간 최대 8%를 초과하지 아니할 것

  ㉡ 차단밸브(내압용기의 연료공급 자동 차단장치를 말한다. 이하 이 조에서 같다) 이후의 연료장치에서 수소가스 누출 시 승객거주 공간의 공기 중 수소농도는 1% 이하일 것

  ㉢ 차단밸브 이후의 연료장치에서 수소가스 누출 시 승객거주 공간, 수하물 공간, 후드 하부 등 밀폐 또는 반밀폐 공간의 공기 중 수소농도가 2±1% 초과 시 적색경고등이 점등되고, 3±1% 초과 시 차단밸브가 작동할 것

(16) 오버행의 기준(축거 : L, 오버행 : C)

① 일반 자동차의 오버행 : $\dfrac{C}{L} \leq \dfrac{1}{2}$

② 경형 및 소형 자동차의 오버행 : $\dfrac{C}{L} \leq \dfrac{11}{20}$

③ 승합·화물·특수 자동차의 오버행 : $\dfrac{C}{L} \leq \dfrac{2}{3}$

(17) 차대 및 차체(제19조)

① 차량총중량이 8ton 이상이거나 최대적재량이 5ton 이상인 화물자동차·특수자동차 및 연결자동차는 포장노면 위의 공차상태에서 다음의 기준에 적합한 측면보호대를 설치하여야 한다.

  ㉠ 측면보호대의 양쪽 끝과 앞·뒷바퀴와의 간격은 각각 400mm 이내일 것

  ㉡ 측면보호대의 가장 아랫부분과 지상과의 간격은 550mm 이하일 것

  ㉢ 측면보호대의 가장 윗부분과 지상과의 간격은 950mm 이상일 것

② 차량총중량이 3.5ton 이상인 화물자동차 및 특수자동차는 포장노면 위에서 공차상태로 측정하였을 때에 다음의 기준에 적합한 후부안전판을 설치하여야 한다.

  ㉠ 후부안전판의 양끝 부분은 뒤 차축 중 가장 넓은 차축의 좌우 최외측 타이어 바깥면(지면과 접지되어 발생되는 타이어 부풀림양은 제외한다) 지점을 초과하여서는 아니 되며, 좌우 최외측 타이어 바깥면 지점부터의 간격은 각각 100mm 이내일 것

  ㉡ 가장 아랫부분과 지상과의 간격은 550mm 이내일 것

③ 고압가스를 운반하는 자동차의 고압가스운송용기는 그 용기의 뒤쪽 끝이 차체의 뒤 범퍼 안쪽으로 300mm 이상의 간격이 되어야 하며, 차대에 견고하게 고정시켜야 한다.

(18) 자동차등록번호판의 부착방법(자동차관리법 시행규칙 제3조)

뒤쪽 등록번호판의 부착위치는 차체의 뒤쪽 끝으로부터 65cm 이내일 것. 다만, 자동차의 구조 및 성능상 차체의 뒷쪽 끝으로부터 65cm 이내로 부착하는 것이 곤란한 경우에는 그러하지 아니하다.

(19) 견인장치 및 연결장치(제20조)

자동차(피견인자동차를 제외한다)의 앞면 또는 뒷면에는 자동차의 길이방향으로 견인할 때에 해당 자동차 중량의 2분의 1 이상의 힘에 견딜 수 있고, 진동 및 충격 등에 의하여 분리되지 아니하는 구조의 견인장치를 갖추어야 한다.

(20) 운전자의 좌석(제24조)

① 운전자의 좌석은 다음의 기준에 적합하여야 한다.
　㉠ 운전에 필요한 시야가 확보되고 승객 또는 화물 등에 의하여 운전조작에 방해가 되지 아니하는 구조일 것
　㉡ 운전자가 조종장치의 원활한 조작을 할 수 있는 공간이 확보될 것
　㉢ 운전자의 좌석과 조향핸들의 중심과의 과도한 편차로 인하여 운전조작에 불편이 없을 것
② 운전자의 좌석 규격은 다음의 기준에 적합하여야 한다.
　㉠ 승용자동차의 경우에는 50% 성인남자 인체모형이 착석 가능할 것
　㉡ 승합·화물·특수자동차의 경우에는 가로·세로 각각 40cm(23인승 이하의 승합자동차와 좌석의 수보다 입석의 수가 많은 23인승을 초과하는 승합자동차의 좌석의 세로는 35cm) 이상일 것

(21) 승객좌석의 규격 등(제25조)

① 자동차(어린이운송용 승합자동차는 제외한다)의 승객좌석 규격은 다음의 기준에 적합하여야 한다. 다만, 구급자동차·소방자동차 및 특수구조의 자동차 등 국토교통부장관이 해당 자동차의 제작목적상 좌석의 설치가 곤란하다고 인정하는 자동차의 경우에는 그러하지 아니하다.
　㉠ 승용자동차의 경우에는 5% 성인여자 인체모형이 착석 가능할 것
　㉡ 승합·화물·특수자동차의 경우에는 가로·세로 각각 40cm(23인승 이하의 승합자동차와 좌석의 수보다 입석의 수가 많은 23인승을 초과하는 승합자동차의 좌석의 세로는 35cm) 이상일 것
　㉢ 승합·화물·특수자동차의 경우에는 앞좌석등받이의 뒷면과 뒷좌석등받이의 앞면 간의 거리는 65cm(승합자동차에 설치되는 마주보는 좌석등받이의 앞면 간의 거리는 130cm) 이상일 것
② 어린이운송용 승합자동차의 좌석 규격 및 좌석 간 거리는 다음의 기준에 적합해야 한다.
　㉠ 좌석 규격 : 5% 성인여자 인체모형이 착석할 수 있도록 하되, 좌석 등받이(머리지지대를 포함한다)의 높이는 71cm 이상일 것
　㉡ 좌석 간 거리 : 앞좌석등받이의 뒷면으로부터 뒷좌석등받이의 앞면까지의 거리는 5% 성인여자 인체모형이 착석할 수 있는 거리 이상일 것

(22) 좌석안전띠장치 등(제27조)

① 자동차의 좌석에는 안전띠를 설치하여야 한다. 다만, 다음의 어느 하나에 해당하는 좌석에는 이를 설치하지 아니할 수 있다.
　㉠ 환자수송용 좌석 또는 특수구조자동차의 좌석 등 국토교통부장관이 안전띠의 설치가 필요하지 아니하다고 인정하는 좌석

ⓛ 노선여객자동차운송사업에 사용되는 자동차로서 자동차전용도로 또는 고속국도를 운행하지 아니하는 시내버스·농어촌버스 및 마을버스의 승객용 좌석

(23) 입 석

① 승합자동차의 입석 공간은 통로 측정장치가 통과할 수 있어야 한다.
② 1인의 입석 면적은 기준에 적합하여야 한다.
③ 입석을 할 수 있는 자동차에는 기준에 적합한 손잡이대 또는 손잡이를 설치하여야 한다.
④ 2층대형승합자동차의 위층에는 입석을 할 수 없다.
⑤ 1인의 입석 면적(별표 5의27)

구 분	1인당 입석면적
승차정원 23인승 이하 승합자동차	0.125m² 이상
좌석 승객의 수보다 입석 승객의 수가 많은 승차정원 23인승을 초과하는 승합자동차	0.125m² 이상
입석 승객의 수보다 좌석 승객의 수가 많은 승차정원 23인승을 초과하는 승합자동차	0.15m² 이상

(24) 승강구(제29조)

① 승차정원 16인 이상의 승합자동차에는 기준에 적합한 승강구(승강구를 열고 바로 탑승하도록 좌석이 설치된 구조의 승강구는 제외한다)를 설치할 것
② 어린이운송용 승합자동차의 어린이 승하차를 위한 승강구에 대한 규정
  ㉠ 제1단의 발판 높이는 30cm 이하이고, 발판 윗면은 가로의 경우 승강구 유효너비(여닫이식 승강구에 보조발판을 설치하는 경우 해당 보조발판 바로 위 발판 윗면의 유효너비)의 80% 이상, 세로의 경우 20cm 이상일 것
  ㉡ 제2단 이상 발판의 높이는 20cm 이하일 것. 다만, 15인승 이하의 자동차는 25cm 이하로 할 수 있으며, 각 단(제1단을 포함한다. 이하 같다)의 발판 높이를 만족시키기 위하여 견고하게 설치된 구조의 보조발판 등을 사용할 수 있다.

  ㉢ 승하차 시에만 돌출되도록 작동하는 보조발판은 위에서 보아 두 모서리가 만나는 꼭짓점 부분의 곡률반경이 20mm 이상이고, 나머지 각 모서리 부분은 곡률반경이 2.5mm 이상이 되도록 둥글게 처리하고 고무 등의 부드러운 재료로 마감할 것
  ㉣ 보조발판은 자동 돌출 등 작동 시 어린이 등의 신체에 상해를 주지 아니하도록 작동되는 구조일 것
  ㉤ 각 단의 발판은 표면을 거친 면으로 하거나 미끄러지지 아니하도록 마감할 것

(25) 비상탈출장치(제30조)

승차정원 16인 이상의 승합자동차에는 규정에 적합한 비상탈출장치를 설치해야 한다.

(26) 통로(제31조)

승차정원 16인승 이상의 승합자동차에는 규정에 따른 통로 측정장치가 통과할 수 있는 통로를 갖추어야 한다. 다만, 승강구를 열고 바로 탑승하도록 좌석이 설치된 구조의 자동차는 제외한다.

(27) 창유리 등(제34조)

자동차의 앞면창유리는 접합유리 또는 유리·플라스틱 조합유리로, 그 밖의 창유리는 강화유리, 접합유리, 복층유리, 플라스틱유리 또는 유리·플라스틱 조합유리 중 하나로 하여야 한다. 다만, 컨버터블자동차 및 캠핑용자동차 등 특수한 구조의 자동차의 앞면 외의 창유리와 피견인자동차의 창유리는 그러하지 아니하다.

(28) 배기관(제37조)

자동차 배기관의 열림방향은 자동차의 길이방향에 대해 왼쪽 또는 오른쪽으로 45°를 초과해 열려 있어서는 안 되며, 배기관의 끝은 차체 외측으로 돌출되지 않도록 설치해야 한다.

(29) 전조등(제38조)

① 자동차(피견인자동차를 제외한다)의 앞면에는 전방을 비출 수 있는 주행빔 전조등을 다음의 기준에 적합하게 설치하여야 한다.
- ㉠ 좌우에 각각 1개 또는 2개를 설치할 것. 다만, 너비가 130cm 이하인 초소형자동차에는 1개를 설치할 수 있다.
- ㉡ 등광색은 백색일 것

② 자동차(피견인자동차는 제외한다)의 앞면에는 마주오는 자동차 운전자의 눈부심을 감소시킬 수 있는 변환빔 전조등을 다음의 기준에 적합하게 설치하여야 한다.
- ㉠ 좌우에 각각 1개를 설치할 것. 다만, 너비가 130cm 이하인 초소형자동차에는 1개를 설치할 수 있다.
- ㉡ 등광색은 백색일 것

③ 자동차(피견인자동차는 제외한다)의 앞면에 전조등의 주행빔과 변환빔이 다양한 환경조건에 따라 자동으로 변환되는 적응형 전조등을 설치하는 경우에는 다음의 기준에 적합하게 설치하여야 한다.
- ㉠ 좌우에 각각 1개를 설치할 것
- ㉡ 등광색은 백색일 것

④ 주변환빔 전조등의 광속(光束)이 2,000lm을 초과하는 전조등에는 다음의 기준에 적합한 전조등 닦이기를 설치하여야 한다.
- ㉠ 매시 130km 이하의 속도에서 작동될 것
- ㉡ 전조등 닦이기 작동 후 광도는 최초 광도값의 70% 이상일 것

(30) 안개등(제38조의2)

① 자동차(피견인자동차는 제외한다)의 앞면에 안개등을 설치할 경우에는 다음의 기준에 적합하게 설치하여야 한다.
- ㉠ 좌우에 각각 1개를 설치할 것. 다만, 너비가 130cm 이하인 초소형자동차에는 1개를 설치할 수 있다.
- ㉡ 등광색은 백색 또는 황색일 것

② 자동차의 뒷면에 안개등을 설치할 경우에는 다음의 기준에 적합하게 설치하여야 한다.
- ㉠ 2개 이하로 설치할 것
- ㉡ 등광색은 적색일 것

(31) 후퇴등(제39조)

자동차(차량총중량 0.75ton 이하인 피견인자동차는 제외한다)에는 다음의 기준에 적합한 후퇴등을 설치해야 한다.

① 자동차의 뒷면에는 다음의 구분에 따른 개수를 설치할 것. 다만, ㉡의 경우에는 뒷면 후방에 2개 또는 양쪽 측면 후방에 각각 1개를 추가로 설치할 수 있다.
- ㉠ 길이 6m 이하 자동차 : 1개 또는 2개
- ㉡ 길이 6m 초과 자동차 : 2개

② 등광색은 백색일 것

(32) 번호등(제41조)

자동차의 뒷면에는 다음의 기준에 적합한 번호등(番號燈)을 설치하여야 한다.

① 등광색은 백색일 것
② 번호등은 등록번호판을 잘 비추는 구조일 것

(33) 후미등(제42조)

자동차의 뒷면에는 다음의 기준에 적합한 후미등을 설치하여야 한다.

① 좌우에 각각 1개를 설치할 것. 다만, 다음의 자동차에는 다음의 구분에 따른 기준에 따라 후미등을 설치할 수 있다.
- ㉠ 끝단표시등이 설치되지 않은 다음의 어느 하나에 해당하는 자동차 : 좌우에 각각 1개의 후미등 추가 설치 가능
  - 승합자동차
  - 차량 총중량 3.5ton 초과 화물자동차 및 특수자동차(구난형 특수자동차는 제외한다)
- ㉡ 구난형 특수자동차 : 좌우에 각각 1개의 후미등 추가 설치 가능

ⓒ 너비가 130cm 이하인 초소형자동차 : 1개의 후미
등 설치 가능
② 등광색은 적색일 것

(34) 제동등(제43조)

① 자동차의 뒷면에는 다음의 기준에 적합한 제동등을
설치하여야 한다.
ⓐ 좌우에 각각 1개를 설치할 것. 다만, 다음의 자동차
는 다음의 구분에 따른 기준에 따라 제동등을 설치
할 수 있다.
• 너비가 130cm 이하인 초소형자동차 : 1개의 제
동등 설치 가능
• 구난형 특수자동차 : 좌우에 각각 1개의 제동등
추가 설치 가능
ⓑ 등광색은 적색일 것
② 승용자동차와 차량총중량 3.5ton 이하 화물자동차 및
특수자동차의 뒷면에는 다음의 기준에 적합한 보조제
동등을 설치하여야 한다. 다만, 초소형자동차와 차체
구조상 설치가 불가능하거나 개방형 적재함이 설치된
화물자동차는 제외한다.
ⓐ 자동차의 뒷면 수직중심선 상에 1개를 설치할 것.
다만, 차체 중심에 설치가 불가능한 경우에는 자동
차의 양쪽에 대칭으로 2개를 설치할 수 있다.
ⓑ 등광색은 적색일 것

(35) 방향지시등(제44조)

자동차의 앞·뒷·옆면(피견인자동차의 경우에는 앞면
을 제외한다)에는 다음의 기준에 적합한 방향지시등을
설치하여야 한다.
① 자동차 앞·뒷·옆면 좌우에 각각 1개를 설치할 것.
다만, 승용자동차와 차량총중량 3.5ton 이하 화물자
동차 및 특수자동차(구난형 특수자동차는 제외한다)
를 제외한 자동차에는 2개의 뒷면 방향지시등을 추가
로 설치할 수 있다.
② 등광색은 호박색일 것

(36) 후부반사기(제49조)

자동차의 뒷면에는 다음의 기준에 적합한 후부반사기를
설치하여야 한다.
① 좌우에 각각 1개를 설치할 것. 다만, 너비가 130cm
이하인 초소형자동차에는 1개를 설치할 수 있다.
② 반사광은 적색일 것

(37) 경음기(제53조)

자동차의 경음기는 다음의 기준에 적합해야 한다.
① 일정한 크기의 경적음을 동일한 음색으로 연속하여
낼 것
② 자동차 전방으로 2m 떨어진 지점으로서 지상 높이가
1.2±0.05m인 지점에서 측정한 경적음의 최소크기가
최소 90dB(C) 이상일 것

(38) 속도계 및 주행거리계(제54조)

자동차에는 규정에 따른 속도계와 통산 운행거리를 표시
할 수 있는 구조의 주행거리계를 설치하여야 하고 다음의
자동차에는 최고속도제한장치를 설치하여야 한다.
① 승합자동차(어린이운송용 승합자동차를 포함한다)
② 차량총중량이 3.5ton을 초과하는 화물자동차·특수
자동차(피견인자동차를 연결하는 견인자동차를 포함
한다)
③ 규정에 의한 고압가스를 운송하기 위하여 필요한 탱크
를 설치한 화물자동차(피견인자동차를 연결한 경우에
는 이를 연결한 견인자동차를 포함한다)
④ 저속전기자동차

위의 규정에 의한 최고속도제한장치는 자동차의 최고속
도가 다음의 기준을 초과하지 아니하는 구조이어야 한다.
※ • ①에 의한 자동차 : 매시 110km
  • ②, ③에 의한 자동차 : 매시 90km
  • ④에 따른 저속전기자동차 : 매시 60km

(39) 운행기록장치(제56조)

운행기록장치를 장착하여야 하는 운송사업용 자동차의 범위와 운행기록장치의 장착기준은 교통안전법에 따른다.

(40) 소화설비(제57조)

승차정원 7인 이상의 승용자동차 및 경형승합자동차에는 규정에 의한 능력단위 1 이상의 소화기 1개 이상 설치하여야 한다.

(41) 경광등(제58조)

긴급자동차에는 다음의 기준에 적합한 경광등을 설치할 수 있다.

① 경광등은 다음의 기준에 적합할 것

   ㉠ 1등당 광도는 135cd 이상 2,500cd 이하일 것

   ㉡ 등광색은 다음 기준에 적합할 것

구 분	등광색
• 경찰용 자동차 중 범죄수사, 교통단속 그 밖의 긴급한 경찰임무 수행에 사용되는 자동차 • 국군 및 주한국제연합군용 자동차 중 군내부의 질서유지 및 부대의 질서 있는 이동을 유도하는 데 사용되는 자동차 • 수사기관의 자동차 중 범죄수사를 위하여 사용되는 자동차 • 교도소 또는 교도기관의 자동차 중 도주자의 체포 또는 피수용자의 호송·경비를 위하여 사용되는 자동차 • 소방용 자동차	적색 또는 청색
• 전신·전화의 수리공사 등 응급작업에 사용되는 자동차와 우편물의 운송에 사용되는 자동차 중 긴급배달우편물의 운송에 사용되는 자동차 • 전기사업·가스사업 그 밖의 공익사업 기관에서 위해방지를 위한 응급작업에 사용되는 자동차 • 민방위 업무를 수행하는 기관에서 긴급예방 또는 복구를 위한 출동에 사용되는 자동차 • 도로의 관리를 위하여 사용되는 자동차 중 도로상의 위험을 방지하기 위하여 응급작업에 사용되는 자동차 • 전파감시업무에 사용되는 자동차 • 기타 자동차	황 색
• 구급차·혈액 공급 차량	녹 색

(42) 등화에 대한 그 밖의 기준(제48조)

어린이운송용 승합자동차에는 다음의 기준에 적합한 표시등을 설치하여야 한다.

① 앞면과 뒷면에는 분당 60회 이상 120회 이하로 점멸되는 각각 2개의 적색표시등과 2개의 황색표시등 또는 호박색표시등을 설치할 것

② 적색표시등은 바깥쪽에, 황색표시등은 안쪽에 설치하되, 차량중심선으로부터 좌우대칭이 되도록 설치할 것

③ 앞면표시등은 앞면창유리 위로 앞에서 가능한 한 높게 하고, 뒷면표시등의 렌즈 하단부는 뒷면 옆창문 개구부의 상단선보다 높게 하되, 좌우의 높이가 같게 설치할 것

④ 각 표시등의 발광면적은 120cm² 이상일 것

⑤ 도로에 정지하려고 하거나 출발하려고 하는 때에는 다음의 기준에 적합할 것

   ㉠ 도로에 정지하려는 때에는 황색표시등 또는 호박색표시등이 점멸되도록 운전자가 조작할 수 있어야 할 것

   ㉡ ㉠의 점멸 이후 어린이의 승하차를 위한 승강구가 열릴 때에는 자동으로 적색표시등이 점멸될 것

   ㉢ 출발하기 위하여 승강구가 닫혔을 때에는 다시 자동으로 황색표시등 또는 호박색표시등이 점멸될 것

   ㉣ ㉢의 점멸 시 적색표시등과 황색표시등 또는 호박색표시등이 동시에 점멸되지 아니할 것

1-1. 자동차 높이의 최대허용기준으로 맞는 것은?

① 3.5m

② 3.8m

③ 4.0m

④ 4.5m

1-2. 적색 또는 청색 경광등을 설치하여야 하는 자동차가 아닌 것은?

① 교통단속에 사용되는 경찰용 자동차

② 범죄수사를 위하여 사용되는 수사기관용 자동차

③ 소방용 자동차

④ 구급자동차

|해설|

1-2

경광등에 관한 규정

• 적색 또는 청색 : 범죄수사, 교통단속, 죄수호송, 소방용

• 황색 : 전신, 전화업무, 전기, 가스사업, 민방위 업무

• 녹색 : 구급자동차(앰뷸런스)

정답 1-1 ③ 1-2 ④

핵심이론 02 | 안전기준(자동차관리법)

(1) 자동차검사의 분류

① 신규검사 : 신규등록을 하려는 경우 실시하는 검사

② 정기검사 : 신규등록 후 일정기간마다 정기적으로 실시하는 검사

※ 최초검사 유효기간

• 비사업용 승용차 : 4년 그 후 2년마다 정기검사 실시

• 사업용 승용차 : 2년 그 후 1년마다 정기검사 실시

• 경형·소형 사업용 화물자동차 : 2년 그 후 1년마다 정기검사 실시

• 사업용 대형 화물자동차는 차령이 2년 이하이면 1년마다 정기검사 실시하고, 차령이 2년을 초과하면 6개월마다 정기검사를 실시하여야 한다.

③ 튜닝검사 : 자동차를 튜닝한 경우에 실시하는 검사로서 자동차의 튜닝승인을 받은 자는 자동차정비업자 또는 자동차제작자 등으로부터 튜닝과 그에 따른 정비를 받고 승인받은 날부터 45일 이내에 튜닝검사를 받아야 한다.

④ 임시검사 : 자동차관리법에 따른 명령이나 자동차 소유자의 신청을 받아 비정기적으로 실시하는 검사

(2) 시험기의 정밀도 기준

① 제동시험기 오차 범위

㉠ 제동력 지시 및 중량설정 지시의 정밀도는 설정하중에 대하여 다음의 허용오차 범위 이내일 것

• 좌우 제동력 지시 : ±5% 이내(차륜 구동형은 ±2% 이내)

• 좌우 합계 제동력 지시 : ±5% 이내

• 좌우 차이 제동력 지시 : ±5% 이내

• 중량설정 지시 : ±5% 이내

㉡ 판정정밀도는 축하중에 대하여 다음의 허용오차 범위 이내일 것

• 좌우 제동력 합계 판정 : ±2% 이내

• 좌우 제동력 차이 판정 : ±2% 이내

② 전조등 시험기 오차 범위

　㉠ 광도 지시 : ±15% 이내

　㉡ 광축 편차 : ±1/6° 이내

③ 사이드 슬립 측정기 오차 범위

　㉠ 0점 지시 : ±0.2mm/m(m/km) 이내

　㉡ 5mm 지시 : ±0.2mm/m(m/km) 이내

　㉢ 판정정밀도 : ±0.2mm/m(m/km) 이내

④ 속도계 시험기 오차 범위

　㉠ 지시 : 설정속도(매시 35km 이상)의 ±3% 이내

(3) 적차 시 전축중

$$W_f = w_f + \frac{a_1 p_1 + a_2 p_2 + \cdots\cdots}{L}$$

- W_f : 적차 시 전축중
- w_f : 공차 시 전축중
- a_1, a_2, $\cdots\cdots$: 후차축에서 하중작용점까지의 거리
- p_1, p_2, $\cdots\cdots$: 적재물의 하중
- L : 축거

(4) 적차 시 후축중

$$W_r = W - W_f$$

- W : 차량 총중량

(5) 연속좌석의 승차정원 = $\dfrac{\text{좌석의 너비}}{40\text{cm}}$명

※ 어린이좌석의 승차정원 = $\dfrac{\text{좌석의 너비}}{27\text{cm}}$명

(6) 입석정원 = $\dfrac{\text{입석면적}(\text{m}^2)}{0.14\text{m}^2}$명

(7) 덤프형 화물차의 최대적재량

① 소형 자동차 : $\dfrac{\text{최대적재량}}{\text{하대내용적}} \geq 1.3\text{ton/m}^3$

② 기타 자동차 : $\dfrac{\text{최대적재량}}{\text{하대내용적}} \geq 1.5\text{ton/m}^3$

(8) 공주거리

$$\frac{V}{3.6} \times t$$

- V : 제동초속도(km/h)
- t : 공주시간(s)

(9) 정지거리

$$\frac{V^2}{2\mu g}$$

- V : 제동초속도(m/s)
- μ : 마찰계수
- g : 중력가속도(m/s^2)

(10) 제동거리

$$\frac{V^2}{254} \times \frac{W + W'}{F}$$

- V : 제동초속도(km/h)
- W : 차량중량
- W' : 회전부분 상당중량
- F : 각 바퀴의 제동력의 합

(11) 휘발유 가스사용 자동차

차 종	제작일자	일산화탄소	탄화수소	공기과잉률
경자동차	1997년 12월 31일 이전	4.5% 이하	1,200ppm 이하	1±0.1 이내. 다만, 기화기식 연료공급장치 부착자동차는 1±0.15 이내, 촉매 미부착자동차는 1±0.20 이내
	1998년 1월 1일부터 2000년 12월 31일까지	2.5% 이하	400ppm 이하	
	2001년 1월 1일부터 2003년 12월 31일까지	1.2% 이하	220ppm 이하	
	2004년 1월 1일 이후	1.0% 이하	150ppm 이하	
승용자동차	1987년 12월 31일 이전	4.5% 이하	1,200ppm 이하	
	1988년 1월 1일부터 2000년 12월 31일까지	1.2% 이하	220ppm 이하 (휘발유·알코올 사용 자동차) 400ppm 이하 (가스 사용 자동차)	
	2001년 1월 1일부터 2005년 12월 31일까지	1.2% 이하	220ppm 이하	
	2006년 1월 1일 이후	1.0% 이하	120ppm 이하	

차 종		제작일자	일산화탄소	탄화수소	공기과잉률
승합·화물·특수자동차	소 형	1989년 12월 31일 이전	4.5% 이하	1,200ppm 이하	1±0.1 이내. 다만, 기화기식 연료공급장치 부착자동차는 1±0.15 이내, 촉매 미부착 자동차는 1±0.20 이내
		1990년 1월 1일부터 2003년 12월 31일까지	2.5% 이하	400ppm 이하	
		2004년 1월 1일 이후	1.2% 이하	220ppm 이하	
	중형·대형	2003년 12월 31일 이전	4.5% 이하	1,200ppm 이하	
		2004년 1월 1일 이후	2.5% 이하	400ppm 이하	

(12) 경유사용 자동차

차 종		제작일자		매 연
경자동차 및 승용자동차		1995년 12월 31일 이전		60% 이하
		1996년 1월 1일부터 2000년 12월 31일까지		55% 이하
		2001년 1월 1일부터 2003년 12월 31일까지		45% 이하
		2004년 1월 1일부터 2007년 12월 31일까지		40% 이하
		2008년 1월 1일부터 2016년 8월 31일까지		20% 이하
		2016년 9월 1일 이후		10% 이하
승합·화물·특수자동차	소 형	1995년 12월 31일까지		60% 이하
		1996년 1월 1일부터 2000년 12월 31일까지		55% 이하
		2001년 1월 1일부터 2003년 12월 31일까지		45% 이하
		2004년 1월 1일부터 2007년 12월 31일까지		40% 이하
		2008년 1월 1일부터 2016년 8월 31일까지		20% 이하
		2016년 9월 1일 이후		10% 이하
	중형·대형	1992년 12월 31일 이전		60% 이하
		1993년 1월 1일부터 1995년 12월 31일까지		55% 이하
		1996년 1월 1일부터 1997년 12월 31일까지		45% 이하
		1998년 1월 1일부터 2000년 12월 31일까지	시내버스	40% 이하
			시내버스 외	45% 이하
		2001년 1월 1일부터 2004년 9월 30일까지		45% 이하
		2004년 10월 1일부터 2007년 12월 31일까지		40% 이하
		2008년 1월 1일부터 2016년 8월 31일까지		20% 이하
		2016년 9월 1일 이후		10% 이하

CHAPTER 02 자동차 엔진

제1절 엔진 본체

핵심이론 01 | 실린더 헤드(Cylinder Head)

(1) 개 요

실린더 헤드의 하부에는 연소실이 형성되어 연소 시 발생하는 높은 열부하와 충격에 견딜 수 있도록 내열성, 고강성, 냉각효율 등이 요구되며 재질은 보통 주철과 알루미늄 합금이 많이 사용된다. 또한 실린더 블록과 실린더 헤드 사이에 실린더 헤드 개스킷을 조립하여 실린더 헤드와 실린더 블록 사이의 연소가스 누설 및 오일, 냉각수 누출을 방지하고 있다.

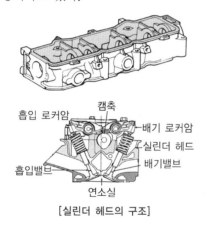

[실린더 헤드의 구조]

(2) 연소실의 구비조건

① 화염전파에 소요되는 시간을 짧게 하는 구조일 것
② 이상연소 또는 노킹을 일으키지 않는 형상일 것
③ 열효율이 높고 배기가스에 유해한 성분이 적도록 완전연소하는 구조일 것
④ 가열되기 쉬운 돌출부(조기점화원인)를 두지 말 것
⑤ 밸브 통로면적을 크게 하여 흡기 및 배기 작용을 원활히 되도록 할 것
⑥ 연소실 내의 표면적은 최소가 되도록 할 것
⑦ 압축 행정 말에서 강력한 와류를 형성하는 구조일 것

(3) 실린더 헤드 개스킷(Cylinder Head Gasket)

실린더 헤드 개스킷은 연소가스 및 엔진오일, 냉각수 등의 누설을 방지하는 기밀작용을 해야 하며 고온과 폭발압력에 견딜 수 있는 내열성, 내압성, 내마멸성을 가져야 한다. 이에 따른 실린더 헤드 개스킷의 종류는 다음과 같다.

[개스킷의 구조 및 조립]

① 보통 개스킷(Common Gasket) : 석면을 중심으로 강판 또는 동판으로 석면을 싸서 만든 것으로 고압축비, 고출력용 엔진에 적합하지 못한 개스킷으로 현재 사용되지 않고 있다.
② 스틸 베스토 개스킷(Steel Bestos Gasket) : 강판을 중심으로 흑연을 혼합한 석면을 강판의 양쪽면에 압착한 다음 표면에 흑연을 발라 만든 것으로 고열, 고부하, 고압축, 고출력 엔진에 많이 사용된다.
③ 스틸 개스킷(Steel Gasket) : 금속의 탄성을 이용하여 강판만으로 만든 것으로 복원성이 우수하고 내열성, 내압성, 고출력엔진에 적합하여 현재 많이 사용되고 있다.

1-1. 기관의 실린더 헤드 볼트를 규정 토크로 조이지 않을 경우에 발생되는 현상과 거리가 먼 것은?

① 냉각수가 실린더에 유입된다.
② 압축압력이 낮아질 수 있다.
③ 엔진오일이 냉각수와 섞인다.
④ 압력저하로 인한 피스톤이 과열한다.

1-2. 소형 승용차 기관의 실린더 헤드를 알루미늄 합금으로 제작하는 이유는?

① 가볍고 열전달이 좋기 때문에
② 부식성이 좋기 때문에
③ 주철에 비해 열팽창 계수가 작기 때문에
④ 연소실온도를 높여 체적효율을 낮출 수 있기 때문에

|해설|

1-1
실린더 헤드 볼트를 규정 토크로 조이지 않을 경우 폭발압력 저하 및 실화가 발생하며 냉각수가 실린더 내로 유입되거나 엔진오일이 냉각수와 섞일 수 있다.

1-2
실린더 헤드를 알루미늄으로 제작하는 이유는 가볍고 열전달이 좋기 때문이다.

정답 1-1 ④ 1-2 ①

핵심이론 02 | 실린더 블록(Cylinder Block)

(1) 개 요

실린더 블록은 피스톤이 왕복운동을 하는 실린더와 각종 부속장치가 설치될 수 있도록 만들어진 기관 본체를 말한다. 실린더 블록의 상부에는 실린더 헤드가 조립되고 하부에는 크랭크축과 윤활유실(Lubrication Chamber)이 조립된다. 실린더 블록의 실린더는 피스톤이 왕복운동을 하는 부분으로 정밀가공을 해야 하고 압축가스가 누설되지 않도록 기밀성을 유지해야 한다. 따라서 실린더 블록의 재질은 내마멸성, 내식성이 우수하고 주조와 기계가공이 쉬운 주철을 사용하나 Si, Mn, Ni, Cr 등을 포함하는 특수주철 또는 알루미늄합금으로 된 것도 있다.

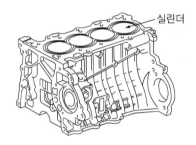
실린더

[실린더 블록]

(2) 실린더 블록의 재료

① 보통주철
  ㉠ FC25가 많이 사용된다.
  ㉡ 내마모성, 절삭성, 강도, 주조성이 양호하다.
  ㉢ 인장강도가 $10{\sim}20\text{kg/cm}^2$ 정도이고, 비중이 7.2 정도로 경량화에 알맞지 않다.

② 특수주철
  ㉠ 보통주철에 몰리브덴(Mo), 니켈(Ni), 크롬(Cr), 망간(Mn) 등을 첨가한 것이다.
  ㉡ 강도, 내열성, 내식성, 내마멸성 등이 우수하다.

③ 알루미늄합금
  ㉠ 알루미늄(Al) : 규소(Si)계 합금으로 소량의 망간(Mn), 마그네슘(Mg), 구리(Cu), 철(Fe), 아연(Zn) 등을 첨가한 실루민(Silumin)을 사용한다.

ⓛ 기계적 성질이 우수하고 비중이 적으며, 가볍다.

ⓒ 수축이 비교적 적고 절삭성과 주조성이 우수하여 주물에 적합하다.

ⓡ 열팽창이 크고 내마모성, 강도, 부식성이 저하된다.

④ **포러스크롬 도금** : 다공질 크롬 도금으로 오일을 유지함이 좋고, 윤활성, 내마모성, 내부식성이 좋다. 길들이기 운전의 시간이 길고, 초기에 오일의 소비량이 많다.

⑤ **질화** : 주철 실린더 내면에 질소를 투입, 내마모성이 좋고, 길들이기 운전 시간이 단축된다.

(3) 실린더의 기능

① 피스톤의 상하 왕복운동의 통로역할과 피스톤과의 기밀유지를 하면서 열에너지를 기계적 에너지로 바꾸어 동력을 발생시키는 것이다.

② 실린더와 피스톤 사이에 블로바이 현상이 발생되지 않도록 한다.

③ 물재킷에 의한 수랭식과 냉각핀에 의한 공랭식이 있다.

④ 마찰 및 마멸을 적게 하기 위해서 실린더 벽에 크롬 도금한 것도 사용한다.

10년간 자주 출제된 문제

실린더 블록에 균열이 생길 때 가장 안전한 검사 방법은?

① 자기탐상법이나 염색법으로 확인한다.
② 공전상태에서 소리를 듣는다.
③ 공전상태에서 해머로 두들겨 본다.
④ 정지상태로 놓고 해머로 가볍게 두들겨 확인한다.

|해설|

실린더 블록의 검사는 비파괴검사를 하며 자기탐상법, 염색탐상법, 초음파탐상법 등이 적용된다.

정답 ①

피스톤은 실린더 내를 왕복운동하며 연소가스의 압력과 열을 일로 바꾸는 역할을 한다.

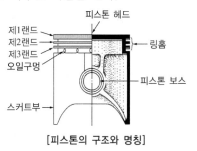

[피스톤의 구조와 명칭]

(1) 피스톤의 구비조건

① 관성력에 의한 피스톤 운동을 방지하기 위해 무게가 가벼울 것

② 고온고압가스에 견딜 수 있는 강도가 있을 것

③ 열전도율이 우수하고 열팽창률이 적을 것

④ 블로바이 현상이 적을 것

⑤ 각 기통의 피스톤 간의 무게 차이가 적을 것

(2) 피스톤 간극(Piston Clearance)

피스톤 간극은 실린더 내경과 피스톤 최대외경과의 차이를 말한다.

① **피스톤 간극이 클 때의 영향**

ⓞ 압축행정 시 블로바이 현상이 발생하고 압축압력이 떨어진다.

ⓛ 폭발행정 시 엔진출력이 떨어지고 블로바이 가스가 희석되어 엔진오일을 오염시킨다.

ⓒ 피스톤 링의 기밀작용 및 오일제어작용 저하로 엔진오일 연소실로 유입되어 연소하여 오일소비량이 증가하고 유해 배출가스가 많이 배출된다.

ⓡ 피스톤의 슬랩(피스톤과 실린더 간극이 너무 커 피스톤이 상·하사점에서 운동 방향 바뀔 때 실린더 벽에 충격을 가하는 현상) 현상이 발생하고 피스톤 링과 링 홈의 마멸을 촉진시킨다.

② 피스톤 간극이 작을 때 영향

　　㉠ 실린더 벽에 형성된 오일 유막 파괴로 마찰 증대

　　㉡ 마찰에 의한 고착(소결) 현상 발생

(3) 피스톤 링(Piston Ring)

피스톤 링은 기밀작용과 오일제어작용 및 냉각작용을 한다.

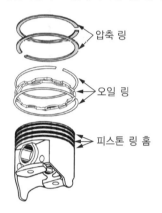

[피스톤 링의 종류와 구조]

(4) 피스톤 링의 구비조건

① 높은 온도와 폭발압력에 견딜 수 있는 내열성, 내압성, 내마모성이 우수할 것

② 제작이 쉬우며 적당한 장력이 있을 것

③ 실린더 면에 가하는 압력이 일정할 것

④ 열전도율이 우수하고 고온에서 장력의 변화가 적을 것

(5) 피스톤 핀(Piston Pin)

피스톤 핀은 커넥팅 로드 소단부와 피스톤을 연결하는 부품이다. 고정방식에 따라 고정식(Stationary Type), 반부동식(Semi-floating Type), 전부동식(Full-floating Type)으로 구분한다.

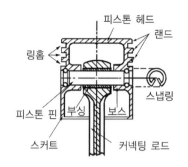

[피스톤 핀의 구성]

① 피스톤 핀의 구비조건

　　㉠ 피스톤이 고속 운동을 하기 때문에 관성력 증가억제를 위하여 경량화 설계

　　㉡ 강한 폭발압력과 피스톤의 운동에 따라 압축력과 인장력을 받기 때문에 충분한 강성이 요구

　　㉢ 피스톤 핀과 커넥팅 로드의 소단부에서 미끄럼 마찰운동을 하기 때문에 내마모성 우수

② 피스톤 핀의 재질

　　㉠ 니켈-크롬강 : 내식성 및 경도가 크고 내마멸성이 우수하다.

　　㉡ 니켈-몰리브덴강 : 내식성 및 내마멸성과 내열성이 우수하다.

③ 피스톤 핀의 설치 방법

　　㉠ 고정식(Stationary Type) : 피스톤 핀이 피스톤 보스부에 볼트로 고정되고 커넥팅 로드는 자유롭게 움직여 작동하는 방식이다.

　　㉡ 반부동식(Semi-floating Type) : 피스톤 핀을 커넥팅 로드 소단부에 클램프 볼트로 고정 또는 압입하여 조립한 방식이다. 피스톤 보스부에 고정 부분이 없기 때문에 자유롭게 움직일 수 있다.

　　㉢ 전부동식(Full-floating Type) : 피스톤 핀이 피스톤 보스부 또는 커넥팅 로드 소단부에 고정되지 않는 방식이다.

고정 볼트

ⓐ 고정식

피스톤 핀

ⓑ 반부동식

클램프

스냅링

스냅링 홀

ⓒ 전부동식

[피스톤 핀의 고정형식]

3-1. 피스톤 핀의 고정방법에 해당하지 않는 것은?

① 전부동식
② 반부동식
③ 4분의 3 부동식
④ 고정식

3-2. 피스톤 링의 3대 작용으로 틀린 것은?

① 와류작용
② 기밀작용
③ 오일제어작용
④ 열전도작용

|해설|

3-1
피스톤 핀의 고정방식은 고정식, 반부동식, 전부동식의 3종류가
있다.

3-2
피스톤 링의 3대 작용은 오일제어작용, 기밀유지작용, 열전도작
용이다.

정답 3-1 ③ 3-2 ①

핵심이론 **04** | 커넥팅 로드(Connecting Rod)

커넥팅 로드는 팽창행정에서 피스톤이 받은 동력을 크랭
크축으로 전달하고 다른 행정일 때는 역으로 크랭크축의
운동을 피스톤에 전달하는 역할을 한다.

부싱

커넥팅 로드 볼트   커넥팅 로드   커넥팅 로드 베어링
오일 분출 구멍   베어링 캡

[커넥팅 로드의 구조]

(1) 커넥팅 로드의 길이

① 커넥팅 로드의 길이가 길면 측압이 감소되어 실린더의
마멸을 감소시키고 정숙한 구동을 구현할 수 있으나,
커넥팅 로드의 길이 증가로 엔진의 높이가 높아질 수
있고 무게가 무거워지며 커넥팅 로드의 강도가 저하될
수 있다.
② 커넥팅 로드의 길이가 짧을 경우 엔진의 높이가 낮아
지고, 커넥팅 로드의 강성이 확보되며 가볍게 제작할
수 있어 고속회전 엔진에 적합하나 측압이 증가하여
실린더의 마멸을 촉진할 수 있다.
③ 커넥팅 로드는 콘 로드(Con Rod)라고도 하며 일반적
으로 행정의 1.5~2.5배로 제작하여 조립한다.

**커넥팅 로드의 길이가 150mm, 피스톤의 행정이 100mm라면,
커넥팅 로드의 길이는 크랭크 회전 반지름의 몇 배가 되는가?**

① 1.5배   ② 3.0배
③ 3.5배   ④ 6배

|해설|

행정이 100mm이면 크랭크축의 회전 반지름은 50mm가 되므로
커넥팅 로드(150mm)는 크랭크 회전 반지름(50mm)의 3배가
된다.

정답 ②

크랭크축은 피스톤의 직선 왕복운동을 회전운동으로 변화시키는 장치이며 회전동력이 발생하는 부품이다.

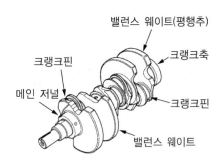

[크랭크축의 구조]

(1) 크랭크축의 구비조건

① 고하중을 받으면서 고속 회전운동을 함으로 동적평형성 및 정적평형성을 가져야 한다.
② 강성 및 강도가 크며 내마멸성이 커야 한다.
③ 크랭크 저널 중심과 핀 저널 중심 간의 거리를 짧게 하여 피스톤의 행정을 짧게 하여 엔진 고속운동에 따른 크랭크축의 강성을 증가시키는 구조여야 한다.

(2) 크랭크축의 재질

① 단조용 재료 : 고탄소강(S45C~S55C), 크롬-몰리브덴강, 니켈-크롬강 등
② 주조용 재료 : 미하나이트 주철, 펄라이트 가단주철, 구상 흑연주철 등

(3) 크랭크축의 점화 순서

① 각 실린더별 동력 발생 시 동력의 변동이 적도록 동일한 연소간격을 유지해야 한다.
② 크랭크축의 비틀림 진동을 방지하는 점화시기일 것
③ 연료와 공기의 혼합가스를 각 연소실에 균일하게 분배하도록 흡기다기관에서 혼합기의 원활한 유동성을 확보

④ 하나의 메인 베어링에 연속해서 하중이 집중되지 않도록 인접한 실린더에 연이어 폭발되지 않도록 한다 (1-3-4-2).

(4) 토셔널 댐퍼(Torsional Damper : 비틀림 진동 흡수)

크랭크축 풀리와 일체로 제작되어 크랭크축 앞부분에 설치되며 크랭크축의 비틀림 진동을 흡수하는 장치로 마찰판과 댐퍼 고무로 되어 있다. 엔진 작동 중 크랭크축에 비틀림 진동이 발생하면 댐퍼 플라이 휠이나 댐퍼 매스는 일정 속도로 회전하려 하기 때문에 마찰판에서 미끄러짐이 발생하고 댐퍼 고무가 변형되어 진동이 감쇠되어 비틀림 진동을 감소시켜 준다.

10년간 자주 출제된 문제

크랭크축이 회전 중 받는 힘의 종류가 아닌 것은?

① 휨(Bending)
② 비틀림(Torsion)
③ 관통(Penetration)
④ 전단(Shearing)

|해설|

크랭크축은 회전 중 휨, 비틀림, 전단에 대한 힘을 받는다.

정답 ③

핵심이론 06 | 플라이 휠(Fly Wheel)

플라이 휠은 크랭크축 끝단에 설치되어 클러치로 엔진의 동력을 전달하는 부품이며 초기 시동 시 기동전동기의 피니언 기어와 맞물리기 위한 링 기어가 열 박음으로 조립되어 있다. 플라이 휠은 기관의 기통수가 많을수록 작아지며 간헐적인 피스톤의 힘에 대해 회전관성을 이용하여 기관 회전의 균일성을 이루도록 설계되어 있다.

핵심이론 07 | 밸브기구(Valve Train)

밸브기구는 엔진의 4행정에 따른 흡기계와 배기계의 가스(혼합기)흐름 통로를 각 행정에 알맞게 열고 닫는 제어 역할을 수행하는 일련의 장치이다.

(1) 오버헤드 밸브(OHV ; Over Head Valve)

캠축이 실린더 블록에 설치되고 흡·배기밸브는 실린더 헤드에 설치되는 형식으로 캠축의 회전운동을 밸브 리프터, 푸시로드 및 로커 암을 통하여 밸브를 개폐시키는 방식의 밸브기구이다.

(2) 오버헤드 캠축(OHC ; Over Head Cam shaft)

캠축과 밸브기구가 실린더 헤드에 설치되는 형식으로 밸브 개폐 기구의 운동 부분의 관성력이 작아 밸브의 가속도를 크게 할 수 있고 고속에서도 밸브 개폐가 안정되어 엔진성능을 향상시킬 수 있다.

① SOHC(Single Over Head Cam shaft) : 하나의 캠축으로 흡기와 배기밸브를 작동시키는 구조로 로커 암축을 설치하여 구조가 복잡해진다.

② DOHC(Double Over Head Cam shaft) : 흡기와 배기 밸브의 캠축이 각각 설치되어 밸브의 경사각도, 흡배기 포트형상, 점화 플러그 설치 등이 양호하여 엔진의 출력 및 흡입효율이 향상되는 장점이 있다.

(3) 밸브 오버랩(Valve Over Lap)

일반적으로 상사점에서 엔진의 밸브 개폐시기는 흡입밸브는 상사점 전 10~30°에서 열리고 배기밸브는 상사점 후 10~30°에 닫히기 때문에 흡입밸브와 배기밸브가 동시에 열려 있는 구간이 형성된다. 이 구간을 밸브 오버랩이라 한다.

보기의 조건에서 밸브 오버랩 각도는 몇 도인가?

|보기|
- 흡입밸브 : 열림 BTDC 18°, 닫힘 ABDC 46°
- 배기밸브 : 열림 BBDC 54°, 닫힘 ATDC 10°

① 8°   ② 28°
③ 44°   ④ 64°

|해설|

밸브 오버랩 각도 계산
배기밸브 닫힘각 + 흡기밸브 열림각 = 10° + 18° = 28°

```
                    TDC
              밸브 오버랩 구간 28°
   흡기밸브 열림
    BTDC 18°           배기밸브 닫힘
                        ATDC 10°

   흡기밸브 닫힘        배기밸브 열림
    ABDC 46°            BBDC 54°
                    BDC
```

정답 ②

핵심이론 08 | 밸브(Valve)

엔진의 밸브는 공기 또는 혼합가스를 실린더에 유입하고 연소 후 배기가스를 대기 중에 배출하는 역할을 수행하며 압축 및 동력 행정에서는 밸브 시트에 밀착되어 가스 누출을 방지하는 기능을 가지고 있다.

(1) 밸브의 구비조건
① 고온고압에 충분히 견딜 수 있는 고강도일 것
② 혼합가스에 이상연소가 발생되지 않도록 열전도가 양호할 것
③ 혼합가스나 연소가스에 접촉되어도 부식되지 않을 것
④ 관성력 증대를 방지하기 위하여 가능한 가벼울 것
⑤ 충격에 잘 견디고 항장력과 내구력이 있을 것

(2) 밸브의 주요부

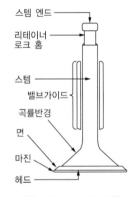

[밸브의 구조 및 조립]

① 밸브 헤드(Valve Head) : 고온고압가스의 환경에서 작동하므로 흡기밸브는 400~500℃, 배기밸브는 600~800℃의 온도를 유지하고 있기 때문에 반복하중과 고온에 견디고 변형을 일으키지 않으며, 흡입 또는 배기가스의 통과에 대해서 유동 저항이 적은 통로를 형성한다.
② 밸브 마진(Valve Margin) : 밸브 헤드와 페이스 사이에 형성된 부분으로 기밀 유지를 위하여 고온과 충격에 대한 지지력을 가져야 하므로 두께가 보통 1.2mm 정도로 설계된다.

③ 밸브 페이스(Valve Face) : 밸브 시트에 밀착되어 혼합가스 누출을 방지하는 기밀작용과 밸브 헤드의 열을 시트에 전달하는 냉각작용을 한다. 그리고 밸브 페이스의 각도가 중요하며 일반적으로 45°의 밸브 페이스 각도를 적용한다.

④ 밸브 스템(Valve Stem) : 밸브 가이드에 장착되고 밸브의 상하 운동을 유지하고 냉각기능을 갖는다. 밸브 스템의 열방출 능력을 향상시키기 위해 스템부에 나트륨을 봉입한 구조도 적용되고 있다. 이러한 밸브 스템은 다음과 같은 구비조건이 요구된다.

　　㉠ 왕복운동에 대한 관성력이 발생하지 않도록 가벼울 것

　　㉡ 냉각효과 향상을 위해 스템의 지름을 크게 할 것

　　㉢ 밸브 스템부의 운동에 대한 마멸을 고려하여 표면경도가 클 것

　　㉣ 스템과 헤드의 연결부분은 가스흐름에 대한 저항이 적고 응력집중이 발생하지 않도록 곡률반경을 크게 할 것

⑤ 밸브 시트(Valve Seat) : 밸브 페이스와 접촉하여 연소실의 기밀 작용과 밸브 헤드의 열을 실린더 헤드에 전달하는 작용을 한다. 밸브 시트의 각은 30°, 45°의 것이 있으며, 작동 중에 열팽창을 고려하여 밸브 페이스와 밸브 시트 사이에 1/4~1° 정도의 간섭각을 두고 있다.

⑥ 밸브 가이드(Valve Guide) : 밸브 스템의 운동에 대한 안내 역할을 수행하며 실린더 헤드부의 윤활을 위한 윤활유의 연소실 침입을 방지한다.

⑦ 밸브 스프링(Valve Spring) : 엔진 작동 중에 밸브의 닫힘과 밸브가 닫혀 있는 동안 밸브 시트와 밸브 페이스를 밀착시켜 기밀을 유지하는 역할을 수행한다. 이러한 밸브 스프링은 캠축의 운동에 따라 작동되는데 밸브 스프링이 가지고 있는 고유진동수와 캠의 작동에 의한 진동수가 일치할 경우 캠의 운동과 관계없이 스프링의 진동이 발생하는 서징현상이 발생된다. 이러한 서징현상의 방지책은 다음과 같다.

　　㉠ 원추형 스프링의 사용

　　㉡ 2중 스프링의 적용

　　㉢ 부등피치 스프링 사용

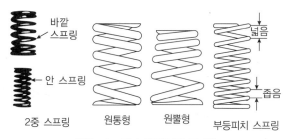

[밸브 스프링의 종류(서징 방지)]

⑧ 유압식 밸브 리프터(Hydraulic Valve Lifter) : 유압식 밸브 리프터는 밸브 개폐시기가 정확하게 작동하도록 엔진의 윤활장치에서 공급되는 엔진오일의 유압을 이용하여 작동되는 시스템이다.

　　㉠ 장 점

　　　• 유압식 밸브 리프터는 밸브 간극을 조정할 필요가 없다.

　　　• 밸브의 온도 변화에 따른 팽창과 관계없이 항상 밸브 간극을 0으로 유지시키는 역할을 한다.

　　　• 엔진의 성능 향상과 작동소음의 감소, 엔진오일의 충격흡수 기능 등으로 내구성이 증가된다.

　　㉡ 단점 : 구조가 복잡하고 윤활회로의 고장 시 작동이 불량하다.

⑨ 밸브 간극(Valve Clearance) : 밸브 간극은 기계적인 밸브 구동 장치에서 밸브가 연소실의 고온에 의하여 열팽창 되는 양만큼 냉간 시에 밸브 스템과 로커 암 사이의 간극을 주는 것을 말한다.

　　㉠ 밸브 간극이 크면 밸브의 개도가 확보되지 않아 흡배기 효율이 저하되고 로커 암과 밸브 스템부의 충격이 발생되어 소음 및 마멸이 발생된다.

　　㉡ 밸브 간극이 너무 작으면 밸브의 열팽창으로 인하여 밸브 페이스와 시트의 접촉 불량으로 압축압력의 저하 및 블로백(Blow Back) 현상이 발생하고 엔진출력이 저하되는 문제가 발생한다.

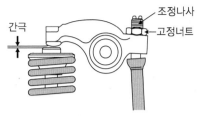

[밸브 간극]

10년간 자주 출제된 문제

8-1. 밸브 스프링의 서징현상에 대한 설명으로 옳은 것은?

① 밸브가 열릴 때 천천히 열리는 현상
② 흡·배기밸브가 동시에 열리는 현상
③ 밸브가 고속 회전에서 저속으로 변화할 때 스프링 장력의 차가 생기는 현상
④ 밸브 스프링의 고유 진동수와 캠 회전수가 공명에 의해 밸브 스프링이 공진하는 현상

8-2. 내연기관 밸브장치에서 밸브 스프링의 점검과 관계없는 것은?

① 스프링 장력
② 자유높이
③ 직각도
④ 코일 수

|해설|

8-1
밸브 서징현상은 밸브 스프링의 고유 진동수와 캠 회전수가 공명하여 밸브 스프링이 공진하는 현상을 말한다.

8-2
밸브 스프링은 장력, 자유고, 직각도를 점검한다.

정답 8-1 ④ 8-2 ④

캠축은 크랭크축 풀리에서 전달되는 동력을 타이밍 벨트 또는 타이밍 체인을 이용하여 밸브의 개폐 및 고압 연료펌프 등을 작동시키는 역할을 한다.

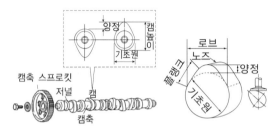

[캠의 작동과 원리]

(1) 캠축의 재질 및 구성

캠축의 캠은 캠축과 일체형으로 제작되며 캠의 표면곡선에 따라 밸브 개폐시기 및 밸브 양정이 변화되어 엔진의 성능을 크게 좌우하므로 엔진 성능에 따른 양정의 설계와 내구성이 중요한 요소로 작용된다.

(2) 캠축의 구동방식

① 기어 구동식(Gear Drive Type) : 크랭크축에서 캠축까지의 구동력을 기어를 통하여 전달하는 방식으로 기어비를 이용하여 회전비와 밸브 개폐시기가 정확하고, 동력전달 효율이 높으나 기어의 무게가 무겁고 설치가 복잡하다.

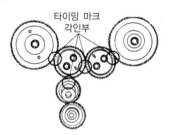

[캠축 기어 구동방식]

② 체인 구동식(Chain Drive Type) : 크랭크축에서 캠축까지의 구동력을 체인을 통하여 전달하는 방식으로 설치가 자유로우며 미끄럼이 없어 동력전달 효율이 우수하다. 또한 내구성이 뛰어나고 내열성, 내유성, 내습성이 크며, 유지 및 수리가 용이한 특징이 있으나 진동 및 소음을 저감하는 구조를 적용해야 한다.

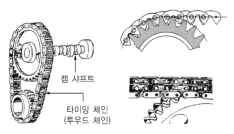

[캠축 체인 구동방식]

③ 벨트 구동식(Belt Drive Type) : 크랭크축에서 캠축까지의 구동력을 고무 벨트(타이밍 벨트)를 통하여 전달하는 방식으로 설치가 자유롭고 무게가 가벼우며 소음과 진동이 매우 적은 장점이 있으나 내열성, 내유성이 떨어지고 내구성이 약하며 주행거리에 따라 정기적으로 교체해야 하는 유지보수가 필요하다.

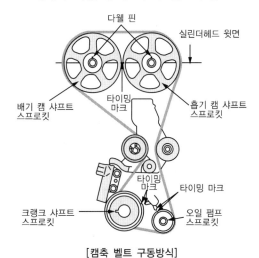

[캠축 벨트 구동방식]

핵심이론 01 | 냉각장치

냉각장치는 엔진의 전 속도 범위에 걸쳐 엔진의 온도를 정상 작동온도(80~95℃)로 유지시키는 역할을 하여 엔진의 효율 향상과 열에 의한 손상을 방지한다. 냉각방식에는 크게 공랭식(Air Cooling Type)과 수랭식(Water Cooling Type)으로 분류하며 현재 자동차에는 일반적으로 수랭식 냉각시스템을 적용하고 있다. 냉각장치는 방열기(라디에이터), 냉각팬, 수온조절기, 물재킷, 물펌프 등으로 구성된다. 다음은 엔진 온도에 따른 영향을 나타낸다.

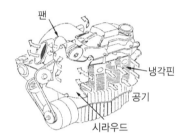

[공랭식 냉각시스템의 구조]

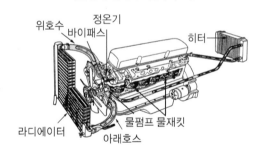

[공랭식과 수랭식 냉각시스템의 구조]

엔진 과열 시	엔진 과랭 시
• 냉각수 순환이 불량해지고, 금속의 부식이 촉진된다. • 작동 부분의 고착 및 변형이 발생하며 내구성이 저하된다. • 윤활이 불량하여 각 부품이 손상된다. • 조기 점화 또는 노크가 발생한다.	• 연료의 응결로 연소가 불량해진다. • 연료가 쉽게 기화하지 못하고 연비가 나빠진다. • 엔진 오일의 점도가 높아져 시동할 때 회전 저항이 커진다.

(1) 공랭식 엔진(Air Cooling Type)

① 자연 통풍식 : 실린더 헤드와 블록과 같은 부분에 냉각 핀(Cooling Fin)을 설치하여 주행에 따른 공기의 유동에 의하여 냉각하는 방식이다.

② 강제 통풍식 : 자연 통풍식에 냉각 팬(Cooling Fan)을 추가로 사용하여 냉각 팬의 구동을 통하여 강제로 많은 양의 공기를 엔진으로 보내어 냉각하는 방식이다. 이때 냉각 팬의 효율 및 엔진의 균일한 냉각을 위한 시라우드가 장착되어 있다.

(2) 수랭식 엔진(Water Cooling Type)

① 자연 순환식 : 냉각수의 온도 차이를 이용하여 자연 대류에 의해 순환시켜 냉각하는 방식으로 고부하, 고출력 엔진에는 적합하지 못한 방식이다.

② 강제 순환식 : 냉각계통에 물펌프를 설치하여 엔진 또는 관련 부품의 물재킷 내에 냉각수를 순환시켜 냉각시키는 방식으로 고부하, 고출력 엔진에 적합한 방식이다.

③ 압력 순환식 : 냉각계통을 밀폐시키고 냉각수가 가열되어 팽창할 때의 압력으로 냉각수를 가압하여 냉각수의 비등점을 높여 비등에 의한 냉각손실을 줄일 수 있는 형식이다.

④ 밀봉 압력식 : 압력 순환식과 같이 냉각수를 가압하여 비등온도를 상승시키는 방식이다. 이와 같은 형식은 냉각수 유출손실이 적어 장시간 냉각수의 보충을 하지 않아도 되며 최근 자동차용 냉각장치는 대부분 이 방식을 채택하고 있다.

(3) 수랭식 냉각장치의 구조 및 기능

① 물재킷(Water Jacket) : 실린더 블록과 실린더 헤드에 설치된 냉각수 순환 통로이다.

② 물펌프(Water Pump) : 엔진의 크랭크축을 통하여 구동되며 실린더 헤드 및 블록의 물재킷 내로 냉각수를 순환시키는 펌프이다.

③ 냉각팬(Cooling Fan) : 라디에이터의 뒷면에 장착되는 팬으로서 팬의 회전으로 라디에이터의 냉각수를 강제 통풍, 냉각시키는 장치이다. 전동식 팬은 배터리 전압으로 작동되며 수온센서로 냉각수의 온도를 감지하고 일정 온도(85℃/ON, 75℃/OFF)에서 작동시킨다.

④ 라디에이터(Radiator) : 엔진으로부터 발생한 열을 흡수한 냉각수를 냉각시키는 방열기이다. 라디에이터의 재질은 가볍고 강도가 우수한 알루미늄을 적용하여 제작하며, 구비조건은 다음과 같다.

ⓐ 단위 면적당 방열량이 클 것

ⓑ 경량 및 고강도를 가질 것

ⓒ 냉각수 및 공기의 유동저항이 적을 것

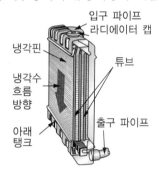

[라디에이터의 구조]

⑤ 냉각핀의 종류 : 라디에이터의 냉각핀은 냉각 효율을 증대시키는 역할을 하며 단위 면적당 방열량을 크게 하는 기능을 갖는다.

⑥ 라디에이터 캡(Radiator Cap) : 냉각장치 내의 냉각수의 비등점(비점)을 높이고 냉각 범위를 넓히기 위해 압력식 캡을 사용한다. 압력식 캡은 냉각회로의 냉각수 압력을 약 $1.0 \sim 1.2 kgf/cm^2$을 증가하여 냉각수의 비등점을 약 112℃까지 상승시키는 역할을 한다.

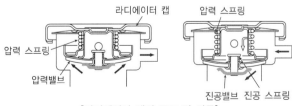

[라디에이터 캡의 구조 및 작동]

⑦ 수온조절기(Thermostat) 고장 시 발생 현상

수온조절기가 열린 채로 고장 시	수온조절기가 닫힌 채로 고장 시
• 엔진의 워밍업 시간이 길어지고 정상작동온도에 도달하는 시간이 길어진다. • 연료소비량이 증가한다. • 엔진 각 부품의 마멸 및 손상을 촉진시킨다. • 냉각수온 게이지가 정상범위보다 낮게 표시된다.	• 엔진이 과열되고 각 부품의 손상이 발생한다. • 냉각수온 게이지가 정상범위보다 높게 출력된다. • 엔진의 성능이 저하되고 냉각회로가 파손된다. • 엔진의 과열로 조기점화 또는 노킹이 발생한다.

⑧ 수온조절기의 종류

ⓐ 팰릿형 : 수온조절기 내에 왁스를 넣어 냉각수 온도에 따른 왁스의 팽창 및 수축에 의해 통로를 개폐하는 작용을 하며 내구성이 우수하여 현재 많이 적용되고 있다.

ⓑ 벨로스형 : 수온조절기 내에 에테르, 알코올(고휘발성) 등의 비등점이 낮은 물질을 넣어 냉각수 온도에 따라 팽창 및 수축을 통하여 냉각수 통로를 개폐한다.

ⓒ 바이메탈형 : 열팽창률이 다른 두 금속을 접합하여 냉각수 온도에 따른 통로의 개폐역할을 한다.

벨로스형

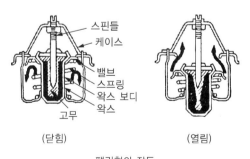

(닫힘)　　　　　　(열림)

팰릿형의 작동

[수온조절기의 종류 및 구조]

⑨ 냉각수와 부동액

　㉠ 냉각수 : 자동차 냉각시스템의 냉각수는 연수(수돗물)를 사용하며 지하수나 빗물 등은 사용하지 않는다.

　㉡ 부동액 : 냉각수는 0℃에서 얼고 100℃에서 끓는 일반적인 물이다. 부동액의 종류에는 에틸렌글리콜, 메탄올, 글리세린 등이 있으며 각각의 종류별 특징은 다음과 같다.

에틸렌글리콜	메탄올	글리세린
• 향이 없고 비휘발성, 불연성이다. • 비등점은 197℃, 빙점은 −50℃이다. • 엔진 내부에서 누설 시 침전물이 생성된다. • 금속을 부식하며 팽창계수가 크다.	• 알코올이 주성분으로 비등점은 80℃, 빙점은 −30℃이다. • 가연성이며 도장막을 부식시킨다.	• 비중이 커 냉각수와 혼합이 잘 안 된다. • 금속 부식성이 있다.

1-1. 수랭식 냉각장치의 장단점에 대한 설명으로 틀린 것은?

① 공랭식보다 구조가 간단하다.
② 공랭식보다 보수 및 취급이 복잡하다.
③ 실린더 주위를 균일하게 냉각시켜 공랭식보다 냉각효과가 좋다.
④ 실린더 주위를 저온으로 유지시키므로 공랭식보다 체적효율이 좋다.

1-2. 다음 중 냉각장치에서 과열의 원인이 아닌 것은?

① 벨트 장력 과대　　　② 냉각수의 부족
③ 팬 벨트 장력 헐거움　④ 냉각수 통로의 막힘

|해설|

1-1
수랭식 냉각시스템은 전동팬 및 라디에이터 등의 부품의 증가로 공랭식보다 구조가 복잡하다.

1-2
팬 벨트 장력이 과대할 경우 냉각효율은 좋아지나 베어링 등의 소손이 일어난다.

정답 1-1 ① 1-2 ①

---

(1) 엔진오일의 역할

① **감마작용(마멸감소)** : 엔진의 운동부에 유막을 형성하여 마찰부분의 마멸 및 베어링의 마모 등을 방지하는 작용

② **밀봉작용** : 실린더와 피스톤 사이에 유막을 형성하여 압축, 폭발 시에 연소실의 기밀을 유지하는 작용(블로바이 가스 발생 억제)

③ **냉각작용** : 엔진의 각부에서 발생한 열을 흡수하여 냉각하는 작용

④ **청정 및 세척작용** : 엔진에서 발생하는 이물질, 카본 및 금속 분말 등의 불순물을 흡수하여 오일팬 및 필터에서 여과하는 작용

⑤ **응력분산 및 완충작용** : 엔진의 각 운동부분과 동력행정 또는 노크 등에 의해 발생하는 큰 충격압력을 분산시키고 엔진오일이 갖는 유체의 특성으로 인한 충격완화작용

⑥ **방청 및 부식방지작용** : 엔진의 각부에 유막을 형성하여 공기와의 접촉을 억제하고 수분 침투를 막아 금속의 산화 방지 및 부식방지작용

(2) 엔진오일의 구비조건

① 점도지수가 커 엔진온도에 따른 점성의 변화가 적을 것
② 인화점 및 자연 발화점이 높을 것
③ 강인한 유막을 형성할 것(유성이 좋을 것)
④ 응고점이 낮을 것
⑤ 비중과 점도가 적당할 것
⑥ 기포 발생 및 카본 생성에 대한 저항력이 클 것

(3) 엔진오일의 윤활방식

① 비산식 : 윤활유실에 일정량의 윤활유를 넣고 크랭크 축의 회전운동에 따라 오일디퍼의 회전운동에 의하여 윤활유실의 윤활유를 비산시켜 기관의 하부를 윤활시키는 방식

② 압송식 : 윤활유 펌프를 설치하여 펌프의 압송에 따라 윤활유를 강제 급유 및 윤활하는 방식

③ 비산압송식 : 비산식과 압송식을 동시에 적용하는 윤활방식을 말하며 자동차 기관의 윤활방식은 대부분 여기에 속한다.

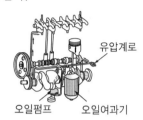

오일펌프 오일여과기

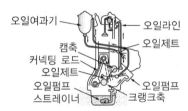

[비산압송식의 구조]

④ 혼기식 : 혼기 주유식이라고도 하며 연료에 윤활유를 15~20 : 1의 비율로 혼합하여 연료와 함께 연소실로 보내는 방법

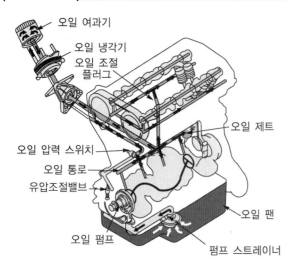

[자동차의 윤활회로]

(1) 오일 팬(Oil Pan)

오일 팬의 구조는 급제동 및 급출발 또는 경사로 운행 시 등에서 발생할 수 있는 오일의 쏠림현상을 방지하는 배플과 섬프를 적용한 구조로 만들어지며 자석형 드레인 플러그를 적용하여 엔진오일 내의 금속분말 등을 흡착하는 기능을 한다.

(2) 펌프 스트레이너(Pump Strainer)

오일 팬 내부에는 오일 스트레이너가 있어 엔진오일 내의 비교적 큰 불순물을 여과하여 펌프로 보낸다.

(3) 오일 펌프(Oil Pump)

오일 펌프는 엔진 크랭크축의 회전동력을 이용하여 윤활 회로의 오일을 압송하는 역할을 한다. 오일 펌프의 종류에는 기어 펌프, 로터리 펌프, 플런저 펌프, 베인 펌프 등의 종류가 있으며 현재 내접형 기어 펌프를 많이 사용하고 있다.

(4) 오일 여과기(Oil Filter)

오일 필터는 엔진오일 내의 수분, 카본, 금속분말 등의 이물질을 걸러주는 역할을 하며 여과방식에 따라 다음과 같이 분류한다.

① 전류식(Full-flow Filter) : 오일 펌프에서 나온 오일이 모두 여과기를 거쳐서 여과된 후 엔진의 윤활부로 보내는 방식이다.

② 분류식(By-pass Filter) : 오일 펌프에서 나온 오일의 일부만 여과하여 오일 팬으로 보내고, 나머지는 그대로 엔진 윤활부로 보내는 방식이다.

③ 션트식(Shunt Flow Filter) : 오일 펌프에서 나온 오일의 일부만 여과하는 방식으로 여과된 오일이 오일 팬으로 되돌아오지 않고, 나머지 여과되지 않은 오일과 함께 엔진 윤활부에 공급되는 방식이다.

(5) 유압조절밸브(Oil Pressure Relief Valve)

엔진 윤활회로 내의 유압을 일정하게 유지시키는 역할을 하며 릴리프밸브라 한다.

유압이 상승하는 원인	유압이 낮아지는 원인
• 엔진의 온도가 낮아 오일의 점도가 높다. • 윤활회로의 일부가 막혔다(오일 여과기). • 유압조절밸브 스프링의 장력이 크다.	• 크랭크축 베어링의 과다 마멸로 오일 간극이 크다. • 오일 펌프의 마멸 또는 윤활회로에서 오일이 누출된다. • 오일 팬의 오일양이 부족하다. • 유압조절밸브 스프링 장력이 약하거나 파손되었다. • 오일이 연료 등으로 현저하게 희석되었다. • 오일의 점도가 낮다.

(6) 오일의 색깔에 따른 현상

① 검은색 : 심한 오염
② 붉은색 : 오일에 가솔린이 유입된 상태
③ 회색 : 연소가스의 생성물 혼입(가솔린 내의 4에틸납)
④ 우유색 : 오일에 냉각수 혼입

엔진오일의 과다소모 원인	엔진오일의 조기오염 원인
• 저질 오일 사용 • 오일실 및 개스킷의 파손 • 피스톤 링 및 링홈의 마모 • 피스톤 링의 고착 • 밸브 스템의 마모	• 오일여과기 결함 • 연소가스의 누출 • 질이 낮은 오일 사용

3-1. 윤활장치에서 유압이 높아지는 이유로 맞는 것은?

① 릴리프밸브 스프링의 장력이 클 때
② 엔진오일과 가솔린의 희석
③ 베어링의 마멸
④ 오일 펌프의 마멸

3-2. 윤활장치 내의 압력이 지나치게 올라가는 것을 방지하여 회로 내의 유압을 일정하게 유지하는 기능을 하는 것은?

① 오일 펌프
② 유압조절기
③ 오일 여과기
④ 오일 냉각기

|해설|

3-1
윤활장치에서 유압이 높아지는 원인
• 엔진의 온도가 낮아 오일의 점도가 높다.
• 윤활 회로의 일부가 막혔다(오일 여과기).
• 유압조절밸브 스프링의 장력이 크다.

3-2
윤활장치 내의 압력이 지나치게 올라가는 것을 방지하는 밸브는 릴리프밸브이며 이를 유압조절밸브라 한다.

정답 3-1 ① 3-2 ②

제3절 **흡배기장치**

핵심이론 01 흡배기시스템

(1) 공기청정기(에어 클리너)

공기청정기는 흡입 공기의 먼지 등을 여과하는 작용을 하며 이외에도 공기 유입속도 등을 저하시켜 흡기 소음을 감소시키는 기능도 함께하고 있다. 이러한 공기청정기의 종류에는 엔진으로 흡입되는 공기 중의 이물질을 천 등의 물질로 만들어진 엘리먼트를 통하여 여과하는 건식과 오일이 묻어 있는 엘리먼트를 통과시켜 여과하는 습식이 있으며 일반적으로 건식 공기청정기가 많이 사용되고 있다.

(2) 흡기다기관

엔진의 각 실린더로 유입되는 혼합기 또는 공기의 통로이며 스로틀 보디로부터 균일한 혼합기가 유입될 수 있도록 설계하여 적용하고 있으며, 연소가 촉진되도록 혼합기에 와류를 일으켜야 한다.

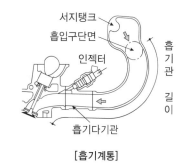

[흡기계통]

(3) 가변흡기시스템

엔진은 가변적인 회전수를 구현하며 동력을 발생시킨다. 이러한 엔진에서 흡입효율은 고속 시와 저속 시 각기 다른 특성을 나타내며 각각의 조건에 맞는 최적의 흡입효율을 적용하도록 개발된 시스템이 가변흡기시스템이다.

(4) 배기다기관

배기다기관은 연소된 고온고압의 가스가 배출되는 통로로 내열성과 강도가 큰 재질로 제조한다.

(5) 소음기

엔진에서 연소된 후 배출되는 배기가스는 고온(약 600~900℃)이고 가스의 속도가 거의 음속에 가깝게 배기된다. 이때 발생하는 소음을 감소시키는 장치가 소음기이다.

핵심이론 01 | **엔진 전자제어 개요**

(1) 전자제어시스템의 특징

① 공기흐름에 따른 관성질량이 작아 응답성이 향상된다.
② 엔진출력이 증대하고 연료 소비율이 감소한다.
③ 배출가스가 감소함에 따라 유해물질도 감소한다.
④ 각 실린더에 동일한 양의 연료공급이 가능하다.
⑤ 구조가 복잡하고 가격이 비싸다.
⑥ 흡입계통의 공기누설이 엔진에 큰 영향을 준다.

(2) 전자제어시스템의 분류

① K-제트로닉 : 기계식으로 엔진 내 흡입되는 공기량을 감지한 후 흡입공기량에 따른 연료 분사량을 연료분배기에 의해 인젝터를 통하여 연료를 연속적으로 분사하는 장치이다.
② D-제트로닉 : 엔진 내 흡입되는 공기량을 흡기다기관의 압력을 측정할 수 있는 MAP센서를 통하여 진공도를 전기적 신호로 변환하여 ECU로 입력함으로써 그 신호를 근거로 ECU는 엔진 내 흡입되는 공기량을 계측하여 엔진에서 분사할 연료량을 결정한다.
③ L-제트로닉 : L-제트로닉은 D-제트로닉과 같이 흡기다기관의 진공도로 흡입되는 공기량을 간접적으로 측정하는 것이 아니라 흡입공기 통로상에 특정 장치를 설치하여 엔진 내 흡입되는 모든 공기가 이 장치를 통과하도록 한다. 이때 통과한 공기량을 검출하여 전기적 신호로 변환한 후 ECU로 입력하여 이 신호를 근거로 엔진 내 분사할 연료분사량을 결정하는 방식을 L-제트로닉이라 한다.

(3) 전자제어시스템의 구성

전자제어시스템은 흡기계, 배기계, ECU(Electronic Control Unit) 내의 마이크로컴퓨터를 내장하여 직접적으로 엔진을 제어하는 부분이다.

전자제어시스템의 구성은 마이크로컴퓨터, 전원부, 입력처리회로, 출력처리회로 등으로 구성된다.

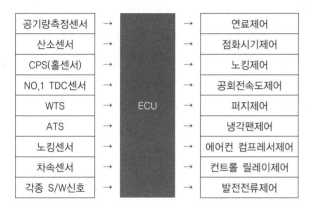

입력		출력
공기량측정센서	→ ┐	연료제어
산소센서	→	점화시기제어
CPS(홀센서)	→	노킹제어
NO.1 TDC센서	→	공회전속도제어
WTS	→ ECU →	퍼지제어
ATS	→	냉각팬제어
노킹센서	→	에어컨 컴프레서제어
차속센서	→	컨트롤 릴레이제어
각종 S/W신호	→ ┘	발전전류제어

센서는 압력, 온도, 변위 등 측정된 물리량을 마이크로컴퓨터나 전기·전자회로에서 다루기 쉬운 형태의 전기신호로 변환시키는 역할을 한다.

(1) 스로틀밸브 개도센서(TPS ; Throttle Position Sensor)

TPS는 스로틀밸브 개도, 물리량으로는 각도의 변위를 전기 저항의 변화로 바꾸어 주는 센서이다. 즉 운전자가 액셀러레이터 페달을 밟았는지 또는 밟지 않았는지와 밟았다면 얼마만큼 밟았는지를 감지하는 센서이다.

(2) 맵센서(MAP Sensor ; Manifold Absolute Pressure Sensor)

흡입공기량을 측정하는 센서로 보통 MAP센서라도 부르며 흡기 매니폴드 서지탱크 내에 장착되어 흡입공기압을 전압의 형태로 측정한다. 그러나 실제 측정하려고 하는 물리량은 흡입공기량인 데 비해 공기압을 측정하여 사용하므로 간접측정방식이 된다.

(3) 열선식(Hot Wire Type) 또는 열막식(Hot Film Type)

공기 중에 발열체를 놓으면 공기에 의해 열을 빼앗기므로 발열체의 온도가 변화하며, 이 온도의 변화는 공기의 흐름 속도에 비례한다. 이러한 발열체와 공기와의 열전달 현상을 이용한 것이 열선 또는 열막식이다. 이러한 열선식 또는 열막식의 장점은 다음과 같다.
① 공기 질량을 정확하게 계측할 수 있다.
② 공기 질량 감지 부분의 응답성이 빠르다.
③ 대기 압력 변화에 따른 오차가 없다.
④ 맥동 오차가 없다.
⑤ 흡입공기의 온도가 변화하여도 측정상의 오차가 없다.

(4) 냉각수온도센서(WTS ; Water Temperature Sensor)

냉각수온도센서(WTS)는 온도를 전압으로 변환시키는 센서로서 냉각수가 흐르는 실린더 블록의 냉각수 통로에 부특성 서미스터(NTC) 부분이 냉각수와 접촉할 수 있도록 장착되어 있으며 기관의 냉각수 온도를 측정한다.

(5) 흡기온도센서(ATS ; Air Temperature Sensor)

흡기온도센서(ATS)는 냉각수온도센서(WTS)처럼 실린더에 흡입되는 공기의 온도를 전압으로 변환시키는 센서로서 MAP센서와 동일한 위치인 서지탱크 내에 ATS의 부특성 서미스터(NTC) 부분이 흡입공기와 접촉할 수 있도록 장착되어 있다.

(6) 산소센서(O$_2$ Sensor)

O$_2$센서는 배기가스 중의 산소의 농도를 측정하여 전압값으로 변환시키는 센서로서 흔히 λ센서라고도 하며 공연비 보정량을 위한 신호로 사용되며 피드백제어의 대표적인 센서이다.

(7) 크랭크각센서(Crank Angle Sensor)

크랭크각센서는 엔진 회전수와 현재 크랭크축의 위치를 감지하는 센서로 기본 분사량을 결정하는 센서이다. 이러한 크랭크각센서의 형식으로는 광전식(옵티컬) 크랭크센서, 홀 타입 크랭크센서, 마그네틱 인덕티브방식의 크랭크각센서가 있다.
① 홀센서 : Hall Effect IC가 내장되어 있으며 이 IC에 전류가 흐르는 상태에서 자계를 인가하면 전압이 변하는 원리로 작동된다.
② 마그네틱 인덕티브 : 마그네틱 픽업(Magnetic Pickup) 방식으로 엔진 회전 시 크랭크축의 기어와 센서 사이에 발생하는 Magnetic Flux Field에 의해 AC 전압을 발생시켜 크랭크축의 위치를 판별한다.
③ 광전식센서 : 배전기 안에 수광(포토)다이오드와 발광다이오드를 이용하여 크랭크축의 위치를 판별한다.

(8) 차속센서(Vehicle Speed Sensor)

차속센서는 말 그대로 차속을 측정하는 센서로 클러스터 패널에 장착된 리드 스위치로부터 신호를 측정한다.

(9) 노크센서(Knock Sensor)

노크센서는 엔진노킹이 발생하였는지의 유무를 판단하는 센서로 내부에 장착된 압전 소자와 진동판을 이용하여 압력의 변화를 기전력으로 변화시킨다.

EMS(Engine Management System)는 ECU와 센서 및 액추에이터들로 구성된다. 이 중 센서는 입력, 액추에이터는 출력장치이며 이것을 통합하는 것이 ECU이다.

(1) 컴퓨터의 기능

컴퓨터는 각종 센서 신호를 기초로 하여 엔진 가동 상태에 따른 연료분사량을 결정하고, 이 분사량에 따라 인젝터 분사 시간(분사량)을 조절한다. 컴퓨터의 구체적인 역할은 다음과 같다.

① 이론 혼합비를 14.7 : 1로 정확히 유지시킨다.
② 유해배출가스의 배출을 제어한다.
③ 주행 성능을 신속히 해 준다.
④ 연료소비율 감소 및 엔진의 출력을 향상시킨다.

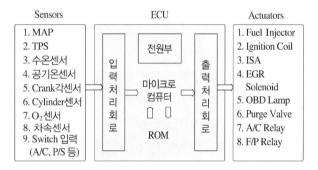

(2) 컴퓨터의 구조

① RAM(Random Access Memory : 일시기억장치) : RAM은 임의의 기억저장장치에 기억되어 있는 데이터를 읽고 기억시킬 수 있다.
② ROM(Read Only Memory : 영구기억장치) : ROM은 읽어내기 전문의 메모리이며, 한번 기억시키면 내용을 변경시킬 수 없다.
③ I/O(In Put/Out Put : 입출력장치) : I/O는 입력과 출력을 조절하는 장치이며, 입출력포트라고도 한다.

④ CPU(Central Processing Unit : 중앙처리장치) : CPU 는 데이터의 산술연산이나 논리연산을 처리하는 연산부, 기억을 일시 저장해 놓는 장소인 일시 기억부, 프로그램 명령, 해독 등을 하는 제어부로 구성되어 있다.

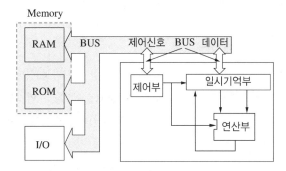

(3) 컴퓨터에 의한 제어

① 연료분사시기 제어

㉠ 동기분사(독립분사 또는 순차분사) : 1사이클에 1실린더만 1회 점화시기에 동기하여 배기행정 끝무렵에 분사한다.

㉡ 그룹(Group)분사 : 각 실린더에 그룹(1번과 3번 실린더, 2번과 4번 실린더)을 지어 1회 분사할 때 2실린더씩 짝을 지어 분사한다.

㉢ 동시분사(또는 비동기분사) : 1회에 모든 실린더에 분사한다.

② 연료분사량 제어

㉠ 기본 분사량 제어 : 크랭크각센서의 출력신호와 공기유량센서의 출력 등을 계측한 컴퓨터의 신호에 의해 인젝터가 구동된다.

㉡ 엔진을 크랭킹할 때 분사량 제어 : 엔진을 크랭킹할 때는 시동 성능을 향상시키기 위해 크랭킹 신호(점화 스위치 St, 크랭크각센서, 점화코일 1차전류)와 수온센서의 신호에 의해 연료분사량을 증량한다.

㉢ 엔진 시동 후 분사량 제어 : 엔진을 시동한 직후에는 공전속도를 안정시키기 위해 시동 후에도 일정한 시간 동안 연료를 증량한다.

㉣ 냉각수 온도에 따른 제어 : 냉각수 온도 80℃를 기준(증량비 1)으로 하여 그 이하의 온도에서는 분사량을 증량하고, 그 이상에서는 기본 분사량으로 분사한다.

㉤ 흡기온도에 따른 제어 : 흡기온도 20℃(증량비 1)를 기준으로 그 이하의 온도에서는 분사량을 증량하고, 그 이상의 온도에서는 분사량을 감량한다.

㉥ 축전지 전압에 따른 제어 : 축전지 전압이 낮아질 경우 컴퓨터는 분사신호의 시간을 연장하여 실제 분사량이 변화하지 않도록 한다.

㉦ 가속할 때 분사량 제어 : 엔진이 냉각된 상태에서 가속시키면 일시적으로 공연비가 희박해지는 현상을 방지하기 위해 냉각수 온도에 따라서 분사량을 증량한다.

㉧ 엔진의 출력을 증가할 때 분사량 제어 : 엔진의 고부하 영역에서 운전 성능을 향상시키기 위하여 스로틀밸브가 규정값 이상 열릴 때 분사량을 증량한다.

㉨ 감속할 때 연료분사차단(대시포트 제어) : 스로틀밸브가 닫혀 공전 스위치가 ON으로 될 때 엔진 회전속도가 규정값일 경우에는 연료 분사를 일시 차단한다.

③ 피드백 제어(Feed Back Control) : 배기다기관에 설치한 산소센서로 배기가스 중 산소 농도를 검출하고 이것을 컴퓨터로 피드백 시켜 연료 분사량을 증감하여 항상 이론 혼합비가 되도록 분사량을 제어한다.

피드백 보정은 운전성, 안전성을 확보하기 위해 다음과 같은 경우에는 제어를 정지한다.

㉠ 냉각수 온도가 낮을 때

㉡ 엔진을 시동할 때

㉢ 엔진 시동 후 분사량을 증가할 때

㉣ 엔진의 출력 증대할 때

㉤ 연료공급을 차단할 때(희박 또는 농후 신호가 길게 지속될 때)

④ 점화시기 제어 : 파워 트랜지스터로 컴퓨터에서 공급되는 신호에 의해 점화코일 1차전류를 ON, OFF 시켜 점화시기를 제어한다.

⑤ 연료펌프 제어 : 점화 스위치가 ST위치에 놓이면 축전지 전류는 컨트롤 릴레이를 통하여 연료펌프로 흐르게 된다. 엔진 작동 중에는 컴퓨터가 연료펌프 구동 트랜지스터 베이스를 ON으로 유지하여 컨트롤 릴레이 코일을 여자시켜 축전지 전원이 연료펌프로 공급된다.

⑥ 공전속도 제어

10년간 자주 출제된 문제

3-1. 전자제어 연료분사 가솔린기관에서 ECU로 입력되지 않는 것은?

① 흡기온도
② 외기온도
③ 냉각수온도
④ 흡입 공기유량

3-2. 전자제어 기관에서 연료펌프가 작동되지 않을 때는?

① 점화 스위치가 ST 위치에 있을 때
② 점화 스위치가 ON 위치에 있고 엔진이 정지되어 있을 때
③ 점화 스위치가 ON 위치에 있고 엔진이 규정 이상으로 회전할 때
④ 점화 스위치가 ON 위치에 있고 공기흡입이 감지될 때

3-3. 전자제어식 기관의 공회전 상태 제어용 입력정보에 해당하지 않는 것은?

① 기관 회전속도
② 수온센서
③ 자동변속기의 부하신호
④ 차속센서

|해설|

3-1
외기온도센서는 냉난방장치의 구성 부품이다.

3-2
전자제어 기관에서 연료펌프가 작동되지 않을 때는 점화 스위치가 ON 위치에 있고 엔진이 정지되어 있을 때이다.

3-3
차속센서는 차량의 속도를 검출하는 센서로 엔진의 공전 제어용 신호로 사용되지 않는다.

정답 3-1 ② 3-2 ② 3-3 ④

핵심이론 04 | 액추에이터(Actuator)

액추에이터는 센서와 반대로 유량, 구동 전류, 전기에너지 등 물리량을 마이크로컴퓨터의 출력인 전기신호를 이용하여 발생시키는 것이다.

(1) 연료 인젝터(Fuel Injector)

연료 인젝터는 전기적 신호(Injection Pulse Width) 만큼의 연료량을 공급하는 역할을 한다.

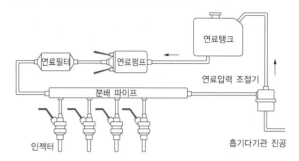

(2) 점화장치(Ignition System)

① 점화계의 역할은 두 가지로 분류되는데 첫째는 엔진 상태에 따른 최적의 점화시기에 혼합기의 연소가 이루어지도록 하여 최고의 출력을 얻는 것(점화시기제어)이고, 둘째는 정상적인 연소가 가능한 전기에너지를 확보하는 것이다(드웰(Dwell) 시간 제어).

② 점화계통은 배터리, 파워 트랜지스터(ECU로부터 점화시기 및 드웰 제어 신호를 받는 부분), 점화코일, 배전기, 점화플러그 등으로 구성된다.

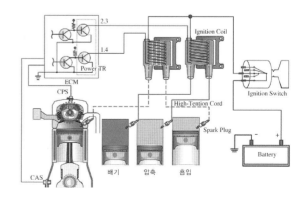

(3) 공전속도 조절기(Idle Speed Controller)

공전속도 조절기는 엔진이 공전 상태일 때 부하에 따라 안정된 공전속도를 유지하게 하는 장치이며, 그 종류에는 ISC-서보방식, 스텝모터방식, 아이들 스피드 액추에이터(ISA) 등이 있다.

① ISC-서보 방식 : 공전속도 조절 모터, 웜기어(Worm Gear), 웜휠(Worm Wheel), 모터포지션센서(MPS), 공전 스위치 등으로 구성되어 있다. 공전속도 조절 시 스로틀밸브의 열림량을 모터로 제어한다.

② 스텝모터방식 : 스텝모터방식은 스로틀밸브를 바이 패스 하는 통로에 설치되어 흡입 공기량을 제어하여 공전속도를 조절하도록 되어 있다.

③ 아이들 스피드 액추에이터(ISA) : 아이들 스피드 액추에이터의 솔레노이드 코일에 흐르는 전류를 듀티 제어하여 밸브 내의 솔레노이드밸브에 발생하는 전자력과 스프링 장력이 서로 평형을 이루는 위치까지 밸브를 이동시켜 공기 통로의 단면적을 제어하는 전자밸브이다.

4-1. ISC(Idle Speed Control) 서보기구에서 컴퓨터 신호에 따른 기능으로 가장 타당한 것은?

① 공전연료량을 증가
② 공전속도를 제어
③ 가속속도를 증가
④ 가속공기량을 조절

4-2. 전자제어 점화장치의 파워TR에서 ECU에 의해 제어되는 단자는?

① 베이스 단자
② 컬렉터 단자
③ 이미터 단자
④ 접지 단자

4-3. 전자제어 가솔린기관 인젝터에서 연료가 분사되지 않는 이유 중 틀린 것은?

① 크랭크각센서 불량
② ECU 불량
③ 인젝터 불량
④ 파워TR 불량

|해설|

4-1
ISC 서보기구는 엔진의 공회전 속도 조절장치이다.

4-2
전자제어 점화장치의 파워TR은 NPN형을 적용하며 ECU에 의해 제어되는 단자는 베이스 단자이다.

4-3
파워TR은 점화장치 제어용 트랜지스터이다.

정답 4-1 ② **4-2** ① **4-3** ④

(1) 디젤엔진의 장점

① 가솔린엔진보다 열효율이 높다(가솔린엔진 : 25~32%,
   디젤엔진 : 32~38%).

② 가솔린엔진보다 연료소비량이 적다.

③ 넓은 회전속도 범위에서 회전력이 크다(회전력의 변
   동이 적다).

④ 대출력 엔진이 가능하다.

⑤ 공기 과잉 상태에서 연소가 진행되어 CO, HC의 유해
   성분이 적다.

⑥ 연료의 인화점이 높아 화재의 위험이 적다.

⑦ 전기 점화장치와 같은 고장 빈도가 높은 장치가 없어
   수명이 길다.

(2) 디젤엔진의 단점

① 실린더 최대압력이 높아 튼튼하게 제작해야 하므로
   중량이 무겁다.

② 압축 및 폭발압력이 높아 작동이 거칠고 진동과 소음
   이 크다.

③ 가솔린엔진보다 제작비가 비싸다.

④ 공기와 연료를 균일한 혼합기로 만들 수 없어 리터당
   출력이 낮다.

⑤ 시동에 소요되는 동력이 크다. 즉, 기동 전동기의 출력
   이 커야 한다.

⑥ 가솔린엔진보다 회전속도의 범위가 좁다.

10년간 자주 출제된 문제

디젤엔진이 가솔린엔진에 비해 좋은 점은?

① 가속성이 좋다.

② 제작비가 적게 든다.

③ 열효율이 좋다.

④ 운전이 정숙하다.

|해설|

디젤엔진의 장점

- 열효율이 높다.
- 연료소비량이 적다.
- 넓은 회전속도 범위에서 회전력이 크다.
- 대출력 엔진이 가능하다.
- 공기 과잉 상태에서 연소가 진행되어 CO, HC의 유해 성분이
  적다.
- 연료의 인화점이 높아 화재의 위험이 적다.
- 전기 점화장치와 같은 고장 빈도가 높은 장치가 없어 수명이
  길다.

정답 ③

(1) 디젤 엔진은 압축 행정의 종료부분에서 연소실 내에 분사된 연료는 착화지연기간 → 화염전파기간 → 직접연소기간 → 후기연소기간의 순서로 연소된다.

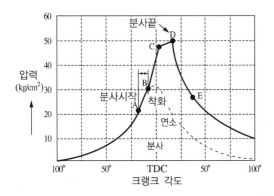

① 착화지연기간(연소준비기간 : A~B기간)
② 화염전파기간(정적·폭발연소기간 : B~C기간)
③ 직접연소기간(정압·제어연소기간 : C~D기간)
④ 후기연소기간(후연소기간 : D~E기간)

10년간 자주 출제된 문제

6-1. 다음 중 디젤기관의 착화지연기간에 대한 설명으로 맞는 것은?
① 착화지연기간은 제어연소기간과 같은 뜻이다.
② 착화지연기간은 길어지면 디젤 노크가 발생한다.
③ 착화지연기간이 길어지면 후기연소기간이 없어진다.
④ 착화지연기간은 연료의 성분과 관계가 없다.

6-2. 다음 중 디젤기관의 연소과정에 속하지 않는 것은?
① 전기연소기간   ② 화염전파기간
③ 직접연소기간   ④ 착화지연기간

|해설|

6-1
디젤기관은 착화지연기간을 짧게 하여 노크를 방지한다.

6-2
디젤기관의 연소과정은 착화지연기간, 화염전파기간, 직접연소기간, 후기연소기간으로 나눈다.

정답 6-1 ② 6-2 ①

| 핵심이론 07 | 디젤엔진의 연소 |

(1) 디젤노크

디젤엔진의 노크는 착화지연기간이 길 때 착화지연기간 중에 분사된 많은 양의 연료가 화염전파기간 중 동시에 폭발적으로 연소되기 때문에 실린더 내의 압력이 급격하게 상승되므로 피스톤이 실린더 벽을 타격하여 소음을 발생하는 현상이다.

(2) 디젤엔진의 노크 방지대책

① 세탄가가 높은 연료를 사용한다.
② 압축비를 높게 한다.
③ 실린더 벽의 온도를 높게 유지한다.
④ 흡입 공기의 온도를 높게 유지한다.
⑤ 연료의 분사시기를 알맞게 조정한다.
⑥ 착화지연기간 중에 연료의 분사량을 적게 한다.
⑦ 엔진의 회전 속도를 빠르게 한다.

(3) 디젤연료(경유)의 구비조건

① 착화성이 좋을 것
② 세탄가가 높을 것
③ 점도가 적당할 것
④ 불순물 함유가 없을 것

(4) 착화성

착화 늦음의 크기를 표시하는 방법으로 착화성이란 말을 사용하며, 착화성의 양부를 결정하는 척도로서 세탄가, 아닐린 점 및 디젤지수 등이 있다.

$$세탄가(CN) = \frac{세탄}{세탄 + \alpha - 메틸나프탈린} \times 100$$

디젤연료의 발화(착화)촉진제로는 초산에틸($C_2H_5NO_3$), 초산아밀($C_5H_{11}NO_3$), 아초산에틸($C_2H_5NO_2$), 아초산아밀($C_5H_{11}NO_2$), 질산에틸($C_2H_5NO_3$), 아질산아밀($C_5H_{11}NO_2$) 등이 있다.

7-1. 디젤노크의 방지대책으로 가장 거리가 먼 것은?

① 세탄가가 높은 연료를 사용한다.
② 실린더 벽의 온도를 높게 한다.
③ 흡입 공기의 온도를 낮게 유지한다.
④ 압축비를 높게 한다.

7-2. 디젤연료의 발화촉진제로 적당하지 않은 것은?

① 아황산에틸($C_2H_5SO_3$)
② 아질산아밀($C_5H_{11}NO_2$)
③ 질산에틸($C_2H_5NO_3$)
④ 질산아밀($C_5H_{11}NO_3$)

|해설|

7-1
디젤기관의 노킹 방지대책
• 세탄가가 높은 연료를 사용한다.
• 압축비를 높게 한다.
• 실린더 벽의 온도를 높게 유지한다.
• 흡입 공기의 온도를 높게 유지한다.
• 연료의 분사시기를 알맞게 조정한다.
• 착화지연기간 중에 연료의 분사량을 적게 한다.
• 엔진의 회전속도를 빠르게 한다.

7-2
디젤연료의 발화(착화)촉진제로는 초산에틸, 초산아밀, 아초산에틸, 아초산아밀, 질산에틸, 아질산아밀 등이 있다.

정답 7-1 ③ 7-2 ①

핵심이론 08 | **디젤엔진의 연소실**

(1) 직접분사실식

① 장 점

　㉠ 실린더 헤드의 구조가 간단하기 때문에 열효율이 높고, 연료소비율이 작다.

　㉡ 연소실체적에 대한 표면적의 비율이 작아 냉각 손실이 작다.

　㉢ 엔진 시동이 쉽다.

　㉣ 실린더 헤드의 구조가 간단하기 때문에 열변형이 적다.

② 단 점

　㉠ 연료와 공기의 혼합을 위하여 분사압력이 가장 높아 분사 펌프와 노즐의 수명이 짧다.

　㉡ 사용 연료 변화에 매우 민감하다.

　㉢ 노크의 발생이 쉽다.

　㉣ 엔진의 회전속도 및 부하의 변화에 대하여 민감하다.

　㉤ 다공형 노즐을 사용하므로 값이 비싸다.

　㉥ 분사상태가 조금만 달라져도 엔진의 성능이 크게 변화한다.

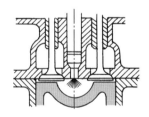

[직접분사실식]

(2) 예연소실식

① 장 점

　㉠ 분사압력이 낮아 연료장치의 고장이 적고, 수명이 길다.

　㉡ 사용 연료 변화에 둔감하므로 연료의 선택 범위가 넓다.

　㉢ 운전 상태가 조용하고, 노크 발생이 적다.

ㄹ 제작하기가 쉽다.

ㅁ 다른 형식의 엔진에 비해 유연성이 있다.

② 단 점

ㄱ 연소실 표면적에 대한 체적 비율이 크므로 냉각 손실이 크다.

ㄴ 실린더 헤드의 구조가 복잡하다.

ㄷ 시동보조장치인 예열 플러그가 필요하다.

ㄹ 압축비가 높아 큰 출력의 기동 전동기가 필요하다.

ㅁ 연료소비율이 직접 분사실식보다 크다.

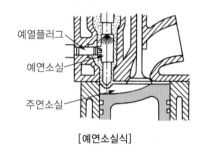

[예연소실식]

(3) 와류실식

① 장 점

ㄱ 압축행정에서 발생하는 강한 와류를 이용하므로 회전속도 및 평균유효압력이 높다.

ㄴ 분사압력이 낮아도 된다.

ㄷ 엔진의 사용 회전속도 범위가 넓고, 운전이 원활하다.

ㄹ 연료소비율이 예연소실보다 적다.

② 단 점

ㄱ 실린더 헤드의 구조가 복잡하다.

ㄴ 분출 구멍의 교축작용, 연소실 표면적에 대한 체적 비율이 커 열효율이 낮다.

ㄷ 저속에서 디젤엔진의 노크가 발생되기 쉽다.

ㄹ 엔진을 시동할 때 예열플러그가 필요하며 기동성이 약간 좋지 않다.

(4) 공기실식

① 장 점

ㄱ 연소의 진행이 완만하여 압력 상승이 낮고, 작동이 조용하다.

ㄴ 연료가 주연소실로 분사되므로 기동이 쉽다.

ㄷ 폭발압력이 가장 낮다.

ㄹ 시동보조장치인 예열플러그가 필요 없다.

② 단 점

ㄱ 분사시기가 엔진 작동에 영향을 준다.

ㄴ 후적연소의 발생이 쉬워 배기가스 온도가 높다.

ㄷ 연료소비율이 비교적 크다.

ㄹ 엔진의 회전속도 및 부하 변화에 대한 적응성이 낮다.

(1) 감압장치

디젤엔진이 크랭킹할 때 흡입밸브나 배기밸브를 캠축의 운동과는 관계없이 강제로 열어 실린더 내의 압축 압력을 낮춤으로써 엔진의 시동을 원활하게 도와주며 디젤엔진의 가동을 정지시킬 수도 있다.

(2) 예열장치

디젤엔진은 압축착화방식으로 외부공기가 차가운 경우에는 압축열이 착화온도까지 상승하지 못하여 경유가 잘 착화하지 못해 시동이 어렵다. 예열장치는 흡기다기관이나 연소실 내의 공기를 미리 가열하여 시동이 쉽도록 하는 장치로, 그 종류에는 흡기가열방식과 예열플러그방식이 있다.

① 흡기가열방식 : 흡기가열방식은 실린더 내로 흡입되는 공기를 흡기다기관에서 가열하는 방식이며, 흡기 히터방식과 히트레인지방식이 있다.

② 예열플러그방식 : 예열플러그방식은 연소실 내 압축공기를 직접 예열하는 형식이며 주로 예연소실식과 와류실식에서 사용한다. 이러한 예열플러그는 코일형과 실드형이 있다.

ⓒ 코일형(Coil Type)의 특징

• 히트 코일이 노출되어 있어 적열시간이 짧다.

• 저항값이 작아 직렬로 결선되며, 예열플러그 저항기를 두어야 한다.

• 히트 코일이 연소가스에 노출되므로 기계적 강도 및 내부식성이 적다.

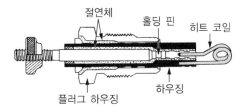

ⓛ 실드형(Shield Type)의 특징

• 히트 코일을 보호 금속 튜브 속에 넣은 형식이다.

• 병렬로 결선되어 있으며, 전류가 흐르면 금속 보호 튜브 전체가 가열된다.

• 가열까지의 시간이 코일형에 비해 조금 길지만 1개의 발열량과 열용량이 크다.

• 히트 코일이 연소열의 영향을 적게 받으며, 병렬 결선이므로 어느 1개가 단선 되어도 다른 것들은 계속 작동한다.

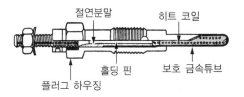

10년간 자주 출제된 문제

디젤기관의 예열장치에서 연소실 내의 압축공기를 직접 예열하는 형식은?

① 흡기가열식
② 흡기히터식
③ 예열플러그식
④ 히트레인지식

|해설|

예열플러그방식은 연소실 내 압축공기를 직접 예열하는 형식이며 주로 예연소실식과 와류실식에서 사용한다.

정답 ③

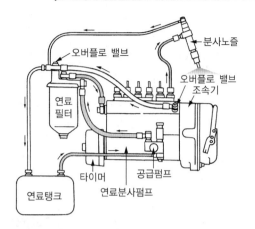

(1) 공급펌프

공급펌프는 연료탱크 내의 연료를 일정한 압력(2~3kgf/ cm²)으로 분사펌프에 공급하는 장치이며, 분사펌프 측면에 설치되어 분사펌프 캠축에 의하여 구동된다.

(2) 연료 여과기

연료 여과기는 연료 속에 포함되어 있는 먼지와 수분을 제거·분리한다.

(3) 분사펌프

분사펌프는 공급펌프에서 보내 준 연료를 분사펌프 내 플런저의 왕복운동을 통하여 분사 순서에 맞추어 고압으로 펌핑하여 노즐로 압송하는 장치이다. 이러한 분사펌프는 독립형, 분배형, 공동형 등이 있다.

① 독립형 분사펌프 : 엔진의 각 실린더마다 분사펌프(플런저)를 한 개씩 갖는 방식이며, 구조가 복잡하고 조정이 어렵다.

② 분배형 분사펌프 : 실린더 수에 관계없이 한 개의 분사펌프를 사용하여 각 실린더에 연료를 공급하는 것이며, 구조가 간단하고 조정이 쉬우나 다기통의 경우에는 적용이 어렵다.

③ 공동형 분사펌프 : 분사펌프는 한 개이고 어큐뮬레이터(Accumulator ; 축압기)에 고압의 연료를 저장하였다가 분배기로 각 실린더에 공급하는 형식이다.

(4) 조속기(Governor)

엔진 부하 및 회전속도 등의 변화에 대하여 연료 분사량을 조절하는 장치이다.

(5) 타이머(Timer)

엔진 회전속도 및 부하에 따라 분사시기를 변화시키는 장치이다.

(6) 앵글라이히 장치

엔진의 모든 회전속도 범위에서 공기와 연료의 비율(공연비)을 알맞게 유지하는 기구이다.

(7) 분사노즐

분사펌프에서 고압의 연료가 노즐의 압력실에 공급되면 니들밸브가 연료의 압력에 의해서 분사 구멍이 열려 고압의 연료를 미세한 안개 모양으로 연소실에 분사시키는 역할을 한다. 구비조건은 다음과 같다.

① 연료를 미세한 안개 모양으로 하여 쉽게 착화하게 할 것(무화)

② 연소실 구석구석까지 분무할 것(분포도)

③ 연료의 분사 끝에서 완전히 차단하여 후적이 일어나지 않을 것

④ 고온고압의 가혹한 조건에서 장시간 사용할 수 있을 것

⑤ 관통력이 클 것(관통도)

핵심이론 11 │ 전자제어 디젤엔진(CRDI)

전자제어 디젤엔진은 초고압 직접분사방식의 디젤 엔진으로 기계식 연료 분사펌프방식이 아닌 연료를 연소실에 초고압으로 직접분사한다. 엔진의 ECU가 각종 차량의 입력센서 신호를 바탕으로 연료분사량을 결정하여 인젝터를 통하여 연소실에 분사하는 방식으로, 커먼레일 엔진(CRDI ; Common Rail Direct Injection engine)이라고도 한다.

(1) CRDI의 특징

① 초고압에 의한 연소효율의 증대
② 연료분사량의 정밀제어로 디젤엔진의 출력 향상
③ 유해배기가스의 현저한 감소
④ 엔진의 고속 회전 및 소음과 진동이 감소

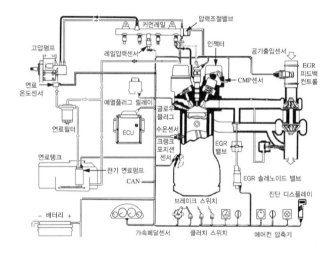

(1) 저압 연료 계통

커먼레일 연료 분사장치의 저압 연료 계통은 연료탱크, 1차 연료펌프(기어펌프), 공급과 리턴을 위한 저압 연료 라인, 연료필터 등으로 구성되어 있다.

① **연료탱크** : 스트레이너, 연료 센더, 연료 저장실로 사용되는 스월 포트로 구성된다.

② **저압 연료펌프(1차 연료 공급펌프)** : 기어 펌프 형식으로 연료 탱크로부터 연속적으로 요구되는 연료량을 고압 연료펌프 쪽으로 전달한다.

③ **연료필터** : 연료에 이물질을 걸러주며 고압 연료펌프의 마모 및 손상을 방지한다.

(2) 고압 연료 계통

고압의 연료 계통은 고압 연료펌프, 연료압력조절밸브, 고압 연료 라인, 커먼레일(압력제한밸브, 레일압력센서), 연료 리턴 라인, 인젝터로 구성되어 있다.

① **고압 연료펌프** : 고압 연료펌프는 연료를 높은 압력으로 가압시키며, 가압된 연료는 고압 라인을 통하여 고압 연료 커먼레일(어큐뮬레이터)로 이송한다.

② **커먼레일(Common Rail)** : 커먼레일은 고압 펌프로부터 공급된 연료를 저장하는 부분이며, 고압의 연료압력을 지닌 부분이다.

③ **인젝터(Injector)** : 인젝터는 연료 분사장치로서 솔레노이드밸브와 니들밸브 및 노즐로 구성되어 있으며, 엔진 ECU에 의해 제어된다.

④ **고압 파이프** : 연료라인은 고압의 연료를 이송하므로 계통 내 최대압력과 분사를 정지할 때 간헐적으로 일어나는 높은 압력 변화에 견딜 수 있어야 하므로 연료 라인의 파이프는 강철(Steel)을 사용한다.

(3) 인렛미터링밸브(IMV)

저압 연료펌프와 고압 연료펌프의 연료 통로 사이에 설치되어 있으며, PWM 방식으로 전류를 제어하여 고압 펌프에 송출되는 연료를 조절한다.

(4) 연료압력조절밸브(연료압력레귤레이터)

커먼레일에 설치되어 과도한 압력이 발생될 경우 연료의 리턴 통로를 열어 커먼레일의 압력을 제한하는 안전밸브의 역할을 한다.

12-1. CRDI 디젤엔진에서 기계식 저압 펌프의 연료공급 경로가 맞는 것은?

① 연료탱크 – 저압 펌프 – 연료필터 – 고압 펌프 – 커먼레일 – 인젝터
② 연료탱크 – 연료필터 – 저압 펌프 – 고압 펌프 – 커먼레일 – 인젝터
③ 연료탱크 – 저압 펌프 – 연료필터 – 커먼레일 – 고압 펌프 – 인젝터
④ 연료탱크 – 연료필터 – 저압 펌프 – 커먼레일 – 고압 펌프 – 인젝터

12-2. 직접고압 분사방식(CRDI) 디젤엔진에서 예비분사를 실시하지 않는 경우로 틀린 것은?

① 엔진 회전수가 고속인 경우
② 분사량의 보정제어 중인 경우
③ 연료압력이 너무 낮은 경우
④ 예비분사가 주 분사를 너무 앞지르는 경우

|해설|

12-1
CRDI에서 기계식 저압 펌프의 연료공급 경로는 연료탱크 – 연료필터 – 저압 펌프 – 고압 펌프 – 커먼레일 – 인젝터의 순이다.

12-2
분사량을 보정제어 중인 경우는 예비분사를 실시하지 않는 조건으로 볼 수 없다.
※ 예비분사를 하지 않는 조건
 • 예비분사가 주 분사를 너무 앞지르는 경우, 회전수가 규정 이상(3,200rpm)인 경우
 • 분사량이 너무 작은 경우
 • 주 분사 연료량이 충분하지 않은 경우, 엔진에 오류가 발생한 경우
 • 연료압력이 100bar 이하인 경우

정답 12-1 ② 12-2 ②

핵심이론 13 | CRDI 전자제어장치

(1) CRDI 전자제어 입력신호

① 공기유량센서 : 공기유량센서는 열막방식(Hot Film Type)으로 공기의 질량을 직접 감지한다.
② 흡기온도센서 : 흡기온도센서는 부특성 서미스터로서 공기유량센서에 내장되어 흡입공기온도를 감지하고 공기의 밀도에 따라서 연료량, 분사시기를 보정신호로 사용한다.
③ 냉각수온센서 : 수온센서는 실린더 헤드의 물 재킷에 설치되어 엔진의 온도를 검출하여 냉각수 온도의 변화를 전압으로 변화시켜 ECU로 입력시킨다.

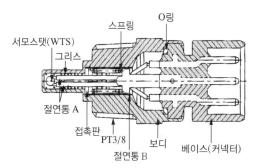

④ 가속페달 위치센서 : 가속페달 위치센서는 페달의 밟힌 양을 감지하는 센서로 가속페달과 일체로 설치되어 있으며, 운전자가 요구하는 가속의 입력은 가속페달 위치센서에 의해 기록되어 ECU에 입력된다.
⑤ 크랭크축 위치센서 : 크랭크축 위치센서는 마그네틱 인덕티브 방식으로 플라이 휠에 설치된 센서 휠의 돌기를 감지하는 형태이며, 크랭크축의 각도 및 피스톤의 위치, 엔진의 회전속도 등을 감지하여 연산한다.

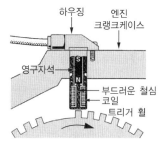

⑥ 캠축 위치센서 : 캠축 위치센서는 홀센서방식(Hall Sensor Type)으로 캠축에 설치되어 캠축 1회전(크랭크축 2회전)당 1개의 펄스 신호를 발생시켜 ECU로 입력시킨다.

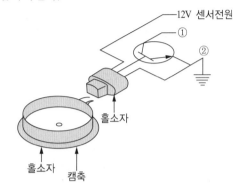

⑦ 레일압력센서 : 레일압력센서는 커먼레일의 중앙부에 설치되어 있으며, 연료 압력을 측정하여 ECU로 입력시킨다. ECU는 이 신호를 받아 연료의 분사량, 분사시기를 조정하는 신호로 사용한다.

⑧ 차속센서 : 차속센서는 변속기 하우징에 설치되어 센서 1회전 당 4개의 펄스 신호로 출력하여 ECU에 입력한다. 엔진의 ECU는 차량센서의 신호를 이용하여 연료 분사량 및 분사시기를 보정한다.

⑨ 대기압센서 : 대기압센서는 ECU에 내장되어 있으며, 대기 압력에 따라서 연료의 분사시기를 설정 및 연료 분사량을 보정한다.

⑩ 브레이크 스위치 : 브레이크 스위치는 브레이크 페달의 작동 여부를 감지하여 엔진 ECU로 입력되며, 엔진 ECU는 이 2개의 신호가 입력되어야 정상적인 브레이크 신호로 인식하여 제동 시 연료량의 제어에 이용된다.

(2) CRDI 전자제어 출력신호

① 인젝터 : 인젝터의 제어는 ECU 내부에서 전류제어에 의해 결정된다. 흡입 공기량과 엔진 회전수 등을 기반으로 연료 분사량을 결정하며 다른 센서 및 스위치신호 등을 통하여 분사 보정량을 적용한다.

② 예열장치 : 예열장치는 실린더 헤드에 예열 플러그가 설치되는 형식으로 냉간 시동성 향상 및 냉간 시 발생되는 유해배기가스를 감소하는 역할을 한다.

③ EGR 제어 : EGR 솔레노이드밸브는 ECU에서 계산된 값을 PWM 방식으로 제어하며, 제어값에 따라 EGR 밸브의 작동량이 결정되고 EGR 밸브는 엔진에서 배출되는 가스 중 질소산화물의 배출을 억제하기 위한 것이다.

④ 프리 히터 : 프리 히터는 냉각수 라인 내에 설치되어 있으며, 외기 온도가 낮을 경우 일정한 시간 동안 작동시켜 엔진에서 히터로 유입되는 냉각수 온도를 높여 히터의 난방 성능을 향상시키는 장치다.

10년간 자주 출제된 문제

13-1. 전자제어 연료분사장치에서 인젝터의 상태를 점검하는 방법에 속하지 않는 것은?
① 분해하여 점검한다.
② 인젝터의 작동음을 듣는다.
③ 인젝터의 작동시간을 측정한다.
④ 인젝터의 분사량을 측정한다.

13-2. 전자제어 연료분사장치에서 각종 센서가 사용되는데 엔진의 온도를 감지하여 컴퓨터에 보내주는 센서는 무엇인가?
① 포토센서   ② 사이리스터
③ 서모센서   ④ 다이오드

|해설|

13-1
전자제어 연료분사장치에서 인젝터의 상태를 점검하는 방법은 작동음, 작동시간, 연료분사량 또는 백 리크 양 등을 점검하는 것이다.

13-2
엔진의 온도를 측정하는 센서는 냉각수온센서이고 서모센서라고도 한다.

정답 13-1 ① 13-2 ③

---

03 자동차 섀시

제1절 동력전달장치

핵심이론 01 | 자동차의 주행저항

자동차의 주행 시 노면과의 마찰, 경사로의 등판, 공기에 의한 저항 및 가속 시 발생하는 저항 등을 자동차의 주행저항이라 하며 각각의 모든 저항의 합을 전 주행저항(총 주행저항)이라 한다.

(1) 각 저항의 산출

$$R_t (전체주행저항) = R_1 + R_2 + R_3 + R_4$$

① 구름저항

$$R_1 (구름저항) = f_1 \times W \times \cos\theta$$

- f_1 : 구름저항계수(kg/t)
- W : 차량중량(kg)
- θ : 도로경사각(°)

② 공기저항

$$R_2 (공기저항) = f_2 \times A \times V$$

- f_2 : 공기저항계수
- A : 자동차 전면 투영 면적(m^2)
- V : 속도(m/s)

③ 구배저항

$$R_3 (구배저항) = W \times \sin\theta = W \times \tan\theta = W \times \frac{G}{100}$$

- W : 차량중량(kg)
- θ : 도로경사각(°)
- G : 도로구배율(%)

④ 가속저항

$$R_4 (가속저항) = ma = \frac{w}{g}a = \frac{w + w'}{g}a$$

- w : 차량중량(kg)
- w' : 회전부분 관성상당중량
- a : 가속도

10년간 자주 출제된 문제

1-1. 자동차가 도로를 달릴 때 발생하는 저항 중에서 자동차의 중량과 관계없는 것은?

① 공기저항
② 구름저항
③ 구배저항
④ 가속저항

1-2. 차량 총중량 5,000kgf의 자동차가 20%의 구배길을 올라 갈 때 구배저항(R_3)은?

① 2,500kgf
② 2,000kgf
③ 1,710kgf
④ 1,000kgf

|해설|

1-1
자동차의 주행저항 중 공기저항은 자동차의 전투영면적과 속도, 공기저항 계수의 영향을 받는다.

1-2
자동차의 구배저항을 산출하는 공식은

$$R_3 (구배저항) = W \times \sin\theta = W \times \tan\theta = W \times \frac{G}{100} \text{이므로}$$

$$5,000 \times \frac{20}{100} = 1,000\text{kgf이다.}$$

정답 1-1 ① 1-2 ④

단위 시간당 움직인 거리를 말하며 다음과 같이 산출한다.

$$V(\mathrm{km/h}) = \pi D N_w$$

$$\frac{V(\mathrm{km/h})}{3.6} = V(\mathrm{m/s})$$

- D : 바퀴의 직경(m)
- πD : 바퀴가 1회전했을 때 진행거리
- N_w : 바퀴의 회전수 $\dfrac{r}{\min} = \dfrac{N_e}{r_t \times r_f} = \dfrac{N_e}{r_f}$

10년간 자주 출제된 문제

2-1. 주행거리 1.6km를 주행하는 데 40초가 걸렸다. 이 자동차의 주행속도를 초속과 시속으로 표시하면?

① 25m/s, 14.4km/h
② 40m/s, 11.1km/h
③ 40m/s, 144km/h
④ 64m/s, 230.4km/h

2-2. 기관 회전수 2,000rpm, 변속기의 변속비가 2 : 1(감속), 종감속비 3 : 1, 타이어 지름 50cm일 때 자동차의 속도는?

① 약 31km/h
② 약 41km/h
③ 약 51km/h
④ 약 61km/h

|해설|

2-1

속도 = $\dfrac{움직인 거리}{시간}$ 이므로 $\dfrac{1,600\mathrm{m}}{40\mathrm{s}} = 40\mathrm{m/s}$이며
40m/s×3.6 = 144km/h이다.

2-2

추진축의 회전수 = 엔진rpm/변속비이므로
2,000/2 = 1,000rpm

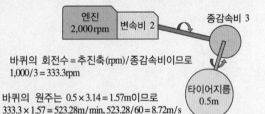

엔진
2,000rpm   변속비 2   종감속비 3

타이어지름
0.5m

바퀴의 회전수 = 추진축(rpm)/종감속비이므로
1,000/3 = 333.3rpm

바퀴의 원주는 0.5×3.14 = 1.57m이므로
333.3 × 1.57 = 523.28m/min, 523.28/60 = 8.72m/s
8.72 × 3.6 = 31.39km/h이다.

정답 2-1 ③   2-2 ①

엔진의 회전력을 주행조건에 맞도록 적절하게 감속 또는 증속하는 장치를 변속장치라 하며 변속비(감속비)란 변속장치에 기어 또는 풀리를 이용하여 감속·증속비를 얻는 것을 말한다. 또한 자동차에서는 변속장치를 통하여 나온 출력을 종감속 기어 장치를 통하여 최종감속하여 더욱 증대된 감속비를 얻어 구동능력을 향상시킨다.

(1) 변속비(r_t)

$$r_t = \frac{Z_2}{Z_1} \times \frac{Z_4}{Z_3}$$

$$= \frac{입력축 카운터 기어 잇수}{변속 시 입력축 잇수} \times \frac{출력축 기어 잇수}{출력축 카운터 기어 잇수}$$

(2) 종감속비(r_f)

$$r_f = \frac{링 기어 잇수}{피니언 기어 잇수} = \frac{피니언 기어의 회전수}{링기어의 회전수}$$

(3) 총감속비(R_t)

$$R_t = r_t \times r_f$$

- r_t : 변속비
- r_f : 종감속비

10년간 자주 출제된 문제

변속기의 제1감속비가 4.5 : 1이고 종감속비는 6 : 1일 때 총감속비는?

① 27 : 1
② 10.5 : 1
③ 1.33 : 1
④ 0.75 : 1

|해설|

총감속비 = 변속비 × 종감속비이므로 4.5 × 6 = 27이다.

정답 ①

핵심이론 04 | 차동장치

차동기어는 자동차가 선회할 때 동력은 전달되면서 양쪽 바퀴의 회전수 차이를 보상하여 원활하게 회전할 수 있도록 좌우 바퀴의 회전수의 차이를 자동으로 조정하는 장치이다.

$$N_w = \frac{L+R}{2}$$

- N_w : 직진 시 바퀴의 회전수
- L : 왼쪽바퀴 회전수
- R : 오른쪽바퀴 회전수

$$N_w = \frac{N_3}{r_f} = \frac{N_e}{r_t + r_f}$$

- N_w : 추진축 회전수
- N_e : 기관(엔진)의 회전수

차동장치가 달린 자동차의 한쪽 바퀴를 들어 올리면 땅에 지지되어 있는 바퀴는 회전수가 0이 되고 들어 올린 바퀴는 N_w의 2배로 회전한다.

10년간 자주 출제된 문제

종감속 및 차동장치에서 구동피니언의 잇수가 6, 링 기어의 잇수가 60, 추진축이 1,000rpm일 때 왼쪽 바퀴가 150rpm이었다. 이때 오른쪽 바퀴는 몇 rpm인가?

① 25
② 50
③ 75
④ 100

|해설|

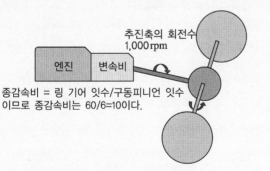

종감속비 = 링 기어 잇수/구동피니언 잇수
이므로 종감속비는 60/6=10이다.

양쪽 바퀴의 직진 시 회전수는 1,000/10이므로 100rpm이다.
차동장치의 특성상 한쪽 바퀴의 회전수가 증가하면
반대쪽 바퀴의 회전수가 증가한 양만큼 감소된다.
따라서 왼쪽 바퀴가 150rpm이면 오른쪽 바퀴는 50rpm이다.

정답 ②

핵심이론 05 | 최소회전반경

조향각도를 최대로 하고 선회하였을 때 바퀴에 의해 그려지는 동심원 가운데 가장 바깥쪽 원의 반경을 자동차의 최소회전반경이라 한다.

$$R = \frac{L}{\sin\alpha} + r$$

- L : 축거(Wheel Base)
- α : 바깥쪽 바퀴의 조향각
- r : 캠버 오프셋(Scrub Radius)

10년간 자주 출제된 문제

축거가 1.2m인 자동차를 왼쪽으로 완전히 꺾을 때 오른쪽 바퀴의 조향각이 30°이고, 왼쪽 바퀴의 조향각도가 45°일 때 차의 최소회전반경은?(단, r값은 무시)

① 1.7m
② 2.4m
③ 3.0m
④ 3.6m

|해설|

최소회전반경 $R = \frac{L}{\sin\alpha} + r$이므로 $\frac{1.2}{\sin30°} + 0 = 2.4$m이다(좌회전이므로 오른쪽 바퀴의 최대조향각 30°를 삽입한다).

정답 ②

조향핸들이 움직인 각과 바퀴, 피트먼 암, 너클 암이 움직인 각도와의 관계이다.

$$조향기어비 = \frac{조향핸들\ 회전각(°)}{피트먼\ 암,\ 너클\ 암,\ 바퀴\ 선회각(°)}$$

10년간 자주 출제된 문제

조향휠을 두 바퀴 돌릴 때 바퀴가 36° 회전한다면 조향기어비는 얼마인가?

① 15 : 1
② 20 : 1
③ 25 : 1
④ 23 : 1

|해설|

조향기어비의 산출식은

$$조향기어비 = \frac{조향핸들\ 회전각(°)}{피트먼\ 암,\ 너클\ 암,\ 바퀴\ 선회각(°)}$$이므로

$$= \frac{720°}{36°} = 20이다.$$

정답 ②

(1) 마스터 실린더에 작용하는 힘(F')

$$F' = \frac{A+B}{A} \times F$$

F : 브레이크를 밟는 힘

(2) 작동압

$$P_1 = \frac{F'}{A} = \frac{F'}{\frac{\pi d^2}{4}}$$

d : 마스터 실린더의 직경

(3) 제동압

$$P_2 = \frac{W}{A} = \frac{W}{S \times t}$$

- W : 슈를 드럼에 미는 힘
- S : 라이닝의 길이
- t : 라이닝의 폭

(4) 제동토크

$$T = \mu \times F \times r$$

10년간 자주 출제된 문제

마스터 실린더의 푸시로드에 작용하는 힘이 120kgf이고, 피스톤의 면적이 4cm²일 때 유압은?

① 20kgf/cm²
② 30kgf/cm²
③ 40kgf/cm²
④ 50kgf/cm²

|해설|

유압을 산출하는 공식은

$$압력(kgf/cm^2) = \frac{힘(kgf)}{면적(cm^2)}이므로 \frac{120kgf}{4cm^2} = 30kgf/cm^2이다.$$

정답 ②

핵심이론 08 | 자동차의 정지거리

정지거리 = 공주거리 + 제동거리

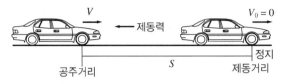

(1) 공주거리
장애물을 발견하고 브레이크 페달로 발을 옮겨 힘을 가하기 전까지의 자동차 진행거리를 말한다.

※ 보통사람의 공주시간은 $\frac{1}{10}$ 초

$$S_L = \frac{V(\text{km/h})}{3.6} \times \frac{1}{10}(\text{s}) = \frac{V}{36}(\text{m})$$

(2) 제동거리
브레이크 페달에 힘을 가하여 제동시켜 자동차가 완전 정지할 때까지의 진행거리를 말한다.

$$S_b = \frac{V^2}{254\mu}$$

(3) 정지거리
정지거리 = 공주거리 + 제동거리

$$S = \frac{V}{36} + \frac{V^2}{254\mu}$$

핵심이론 09 | 클러치

엔진의 동력을 변속기로 전달 또는 차단하는 역할을 한다.

(1) 전달효율
$$\eta = \frac{수\ 급}{공\ 급} \times \frac{변속기의\ 입력축}{입력축}$$

(2) 전달토크
$$T = \mu \times F \times r$$
- μ : 압력판, 플라이 휠, 디스크 사이의 마찰계수(0.3~0.5)
- F : 압력판이 디스크를 누르는 힘(압력판에는 스프링의 힘이 작용)
- r : 디스크 접촉면 유효반경

(3) 압력판의 압력
$$P = \frac{F}{A} = \frac{F}{\dfrac{\pi(D^2 - d^2)}{4}}(\text{kg/cm}^2)$$
- A : 클러치 디스크 유효면적
- F : 디스크에 작용하는 작용력

(4) 구동력
$$T = Fr \rightarrow F = \frac{T}{r}$$
- T : 구동토크
- F : 구동력
- r : 반경

클러치 마찰면에 작용하는 압력이 300N, 클러치판의 지름이 80cm, 마찰계수 0.3일 때 기관의 전달회전력은 약 몇 N·m 인가?

① 36   ② 56
③ 62   ④ 72

|해설|

전달토크를 구하는 산출식은 $T = \mu \times F \times r$ 이므로

$0.3 \times 300 \times 0.4 = 36N \cdot m$ 이다.

정답 ①

핵심이론 10 | 클러치의 종류 및 기능

(1) 클러치의 종류

① 마찰클러치 : 건식클러치, 습식클러치, 원추클러치, 단판클러치, 다판클러치

② 자동클러치

　㉠ 유체클러치 : 힘의 전달매체를 오일을 사용하여 엔진으로 펌프를 회전시키면 그 속에 들어 있는 오일의 흐름에 의하여 기계적 연결 없이 터빈이 회전하여 동력을 전달한다.

　　• 구성 : 펌프, 터빈, 가이드링

　　• 장점 : 조작이 쉽고 클러치 조작기구가 필요 없으며 과부하를 방지하고 충격을 흡수한다.

　　• 유체클러치 오일의 구비조건

　　　– 점도가 낮을 것

　　　– 비중이 클 것

　　　– 착화점이 높을 것

　　　– 내산성이 클 것

　　　– 비등점이 높을 것

　　　– 응고점이 낮을 것

　　　– 윤활성이 좋을 것

　　　– 유성이 좋을 것

　㉡ 토크 컨버터(Torque Converter) : 기본구성은 유체클러치와 동일하나 스테이터가 추가되어 유체클러치 토크변환율이 1 : 1인데 비해 토크 컨버터는 2~3 : 1까지 전달토크를 증가시킬 수 있다.

③ 전자식 클러치 : 자성을 띠기 쉬운 자성입자를 구동축과 피동축 사이에 넣고 자화시켰을 때의 결합력을 이용한 클러치이다.

(2) 클러치의 기능

클러치는 엔진과 변속기 사이에 장착되며 변속기에 전달되는 엔진의 동력을 연결 또는 차단하는 장치이다.
① 엔진 운전 시 동력을 차단하여 엔진의 무부하 운전 가능
② 변속기의 기어를 변속할 때 엔진의 동력 차단
③ 자동차의 관성 운전 가능

(3) 클러치의 구비조건

① 동력차단 시 신속하고 확실할 것
② 동력전달 시 미끄러지면서 서서히 전달될 것
③ 일단 접속되면 미끄럼 없이 동력을 확실히 전달할 것
④ 회전부분의 동적, 정적 밸런스가 좋고 회전관성이 좋을 것
⑤ 방열성능이 좋고 내구성이 좋을 것
⑥ 구조가 간단하고 취급이 용이하며 고장이 적을 것

(1) 개 요

클러치 본체는 직접 동력을 단속하는 부분으로, 그 구조는 클러치 디스크, 압력판, 클러치 스프링, 릴리스 커버 등이 있으며, 이러한 부품은 플라이 휠과 클러치 하우징에 부착되어 있다.

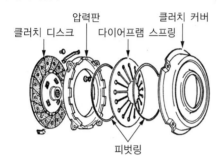

클러치 디스크 압력판 다이어프램 스프링 클러치 커버

피벗링

[다이어프램식 클러치 구조]

① 클러치판

ㄱ 라이닝 마찰계수 : 0.3~0.5(μ)

ㄴ 비틀림 코일 스프링(토션 스프링) : 회전방향의 충격을 흡수한다.

ㄷ 쿠션 스프링 : 파도 모양의 스프링으로 클러치를 급격히 접속하여도 스프링이 변형되어 동력의 전달을 원활히 하며, 편마멸 파손을 방지한다.

② 클러치축(변속기 입력축) : 스플라인이 가공되어 클러치판 보스부에 연결한다.

③ 압력판 : 스프링의 힘으로 클러치 판을 플라이 휠에 밀착시키는 역할(변형 : 0.5mm 이내)을 한다.

④ 릴리스 레버 : 압력판을 디스크로부터 들어올린다.

⑤ 클러치 스프링

ㄱ 코일 스프링

• 자유고 : 3% 이내

• 직각도 : 100mm당 3mm 이내(3% 이내)

• 장력 : 15% 이내

ㄴ 막(다이어프램) 스프링

ㄷ 크라운 프레서 스프링

⑥ 다이어프램 스프링의 장점

ㄱ 부품이 원형판이기 때문에 압력판에 작용하는 압력이 균일하다.

ㄴ 스프링이 원판이기 때문에 평형을 잘 이룬다.

ㄷ 클러치 페달을 밟는 힘이 적게 들며 구조가 간단하다.

ㄹ 클러치 디스크가 어느 정도 마멸되어도 압력판에 가해지는 압력의 변화가 작다.

ㅁ 원심력에 의한 스프링의 장력변화가 없다.

⑦ 릴리스 베어링

ㄱ 릴리스 레버를 누름

ㄴ 영구 주유식으로 제작되었기 때문에 솔벤트 세척 금지

ㄷ 앵귤러접촉형, 볼베어링형, 카본형

⑧ 동력 전달 경로

ㄱ 동력 전달 시 : 다이어프램 스프링의 장력에 의해 압력판을 디스크에 압착시켜 플라이 휠의 동력을 변속기로 전달한다.

ㄴ 동력 차단 시 : 페달력이 작용하여 릴리스 레버를 누르고 릴리스 베어링이 전진하여 압력판을 디스크에서 분리시키며 디스크와 플라이 휠의 접촉을 해제하여 동력을 차단시킨다.

⑨ 클러치 스프링의 영향

ㄱ 장력이 클 때 : 용량증대, 수직충격증대, 조작력증대

ㄴ 장력이 작을 때 : 용량저하, 라이닝마모, 미끄럼 발생

⑩ 자유 유격(자유 간극)

ㄱ 릴리스 베어링이 릴리스 레버에 닿을 때까지 움직인 거리

ㄴ 규정값 : 0.3~0.5mm

ㄷ 조정 : 푸시로드의 길이, 링게이지의 조정나사

ㄹ 유격이 클 때 : 동력 전달은 되나 클러치의 차단이 불량

ⓜ 유격이 작을 때 : 동력 차단은 되나 동력 전달 시 클러치의 미끄러짐, 마멸증대

  ※ 클러치 라이닝이 마모되면 유격은 작아진다.

⑪ 클러치의 성능

  ㉠ 클러치의 조건

  $T \times f \times r \geq C$

  • T : 스프링의 장력
  • f : 클러치판의 마찰계수
  • r : 클러치판의 유효반경
  • C : 엔진의 회전력

  ㉡ 클러치 용량 : 기관 회전력의 1.5~2.3배

⑫ 클러치 미끄러짐의 원인

  ㉠ 페이싱의 심한 마모
  ㉡ 이물질 및 오일 부착
  ㉢ 압력스프링의 약화
  ㉣ 클러치 유격이 작을 경우
  ㉤ 플라이 휠 및 압력판의 손상

11-1. 클러치 페달을 밟아 동력이 차단될 때 소음이 나타나는 원인으로 가장 적합한 것은?

① 클러치 디스크가 마모되었다.
② 변속기어의 백래시가 작다.
③ 클러치 스프링 장력이 부족하다.
④ 릴리스 베어링이 마모되었다.

11-2. 클러치가 미끄러지는 원인 중 틀린 것은?

① 마찰면의 경화, 오일부착
② 페달 자유 간극 과대
③ 클러치 압력스프링 쇠약, 절손
④ 압력판 및 플라이 휠 손상

11-3. 클러치 페달을 밟을 때 무겁고 자유 간극이 없다면 나타나는 현상으로 거리가 먼 것은?

① 연료 소비량이 증대된다.
② 기관이 과랭된다.
③ 주행 중 가속 페달을 밟아도 차가 가속되지 않는다.
④ 등판 성능이 저하된다.

|해설|

11-1
동력차단 시 릴리스 베어링의 마모가 심할 경우 소음과 진동이 발생한다.

11-2
페달의 자유 간극이 작을 경우 동력전달 시 미끄러짐이 발생하고 연비가 나빠진다. 페달의 자유 간극이 크면 동력전달은 원활하나 동력차단이 어렵다.

11-3
클러치 페달을 밟을 때 무겁고 자유 간극이 없다면 동력 전달 시 미끄러짐이 발생하고 연비가 나빠지며 기관이 과열할 수 있고 동력성능이 저하된다.

정답 11-1 ④ 11-2 ② 11-3 ②

(1) 개 요

① 유체 클러치와 토크 컨버터의 비교

구 분	유체 클러치	토크 컨버터
구성 부품	펌프 임펠러, 터빈러너, 가이드 링	펌프 임펠러, 터빈러너, 스테이터
작 용	와류감소	유체의 흐름 방향을 전환
날 개	방사선형	곡선으로 설치
토크 변환율	1 : 1	2~3 : 1
전달 효율	97~98%	92~93%

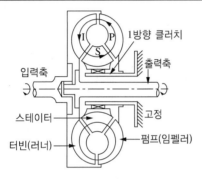

[토크 컨버터의 구성]

② **작동** : 엔진에 의해 펌프가 회전을 시작하면 펌프 속에 가득 찬 오일은 원심력에 의해 밖으로 튀어 나간다. 그런데 펌프와 터빈은 서로 마주보고 있으므로 펌프에서 나온 오일은 그 운동에너지를 터빈의 날개 차에 주고 다시 펌프 쪽으로 되돌아오며, 이에 따라서 터빈도 회전하게 된다.

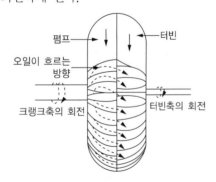

[토크 컨버터의 작동]

㉠ 클러치 포인트 : 펌프와 터빈의 속도가 같아지는 지점

㉡ 스톨 포인트 : 펌프와 터빈의 속도비가 최대인 지점으로 자동차가 정지되어 있는 상태

12-1. 유체 클러치에서 오일의 와류를 감소시키는 장치는?

① 펌 프
② 가이드 링
③ 원웨이 클러치
④ 베 인

12-2. 토크 컨버터의 토크 변환율은?

① 0.1~1배
② 2~3배
③ 4~5배
④ 6~7배

|해설|

12-1
유체 클러치 내부에는 유체의 흐름을 원활하게 하기 위하여 가이드 링을 설치한다.

12-2
유체 클러치의 토크 변환율은 1 : 1이고 토크 컨버터의 토크 변환율은 2~3 : 1이다.

정답 **12-1** ② **12-2** ②

(1) 개 요

① **토크 컨버터의 특징** : 토크 컨버터는 그 내부에 오일을 가득 채우고 자동차의 주행 저항에 따라 자동적이고 연속적으로 구동력을 변환시킬 수 있다.

　㉠ 토크를 변환, 증대시키는 기능을 한다(2~3 : 1).

　㉡ 엔진의 토크를 변속기에 원활하게 전달하는 기능을 한다.

　㉢ 토크를 전달할 때 충격 및 크랭크축의 비틀림을 완화하는 기능을 한다. 자동차에서 사용되는 토크 컨버터는 대부분 3요소 1단 2상형을 사용한다. 여기서 3요소란 펌프, 터빈 및 스테이터이며, 1단은 터빈수를, 2상형은 토크 증대 기능과 유체 커플링 기능을 말한다.

② **토크 컨버터의 구조** : 펌프 임펠러(Pump Impeller), 스테이터(Stator), 터빈러너(Turbine Runner)로 구성되어 있으며 내부에는 오일이 가득 차 있는 비분해 방식이다.

③ **토크 컨버터의 작동**

　㉠ 엔진의 동력을 오일을 통해 변속기로 원활하게 전달하는 유체 커플링의 기능(클러치 포인트 이후, 즉 고속회전 시 스테이터가 프리 휠링하면서 유체 커플링으로 전환)

　㉡ 엔진으로부터 출력된 토크를 증가시키는 기능(클러치 포인트 이전, 즉 저 · 중속영역에서 스테이터가 일방향 클러치에 의해 멈춰 오일의 흐름방향을 전환)

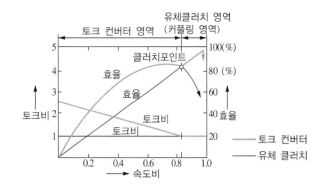

④ **토크 컨버터의 장단점**

　㉠ 장 점

　　• 자동차가 정지하였을 때 오일의 미끄럼에 의해 엔진이 정지되지 않는다. 따라서 수동 변속기와 같이 클러치와 같은 별도의 동력 차단 장치가 필요 없다.

　　• 엔진의 동력을 차단하지 않고도 변속이 가능하므로 변속 중에 발생하는 급격한 토크의 변동과 구동축에서의 급격한 하중 변화도 부드럽게 흡수할 수 있다.

　　• 토크 컨버터의 고유 기능인 토크 증대 작용에 있어 저속에서의 출발 성능을 향상시켜 언덕 출발에서와 같은 경우 운전을 매우 용이하게 한다.

　　• 펌프로 입력되는 엔진의 동력이 오일을 매개로 변속기에 전달되므로 엔진으로부터 비틀림 진동을 흡수하기 때문에 비틀림 댐퍼(Torsional Damper)를 설치하지 않아도 된다.

　㉡ 단 점

　　• 펌프와 터빈 사이에 항상 오일의 미끄럼이 발생하므로 효율이 매우 저하된다.

　　• 비틀림 댐퍼를 설치하는 대신 댐퍼 클러치를 이용하여 진동을 흡수하게 되면 댐퍼 클러치가 작동하고 있는 상태에서는 토크 증대 작용은 없어진다.

　　• 구조가 복잡하고 무게와 가격이 상승한다.

13-1. 자동변속기의 토크 컨버터에서 작동유체의 방향을 변환시키며 토크 증대를 위한 것은?

① 스테이터 　　② 터 빈
③ 오일펌프 　　④ 유성기어

13-2. 자동변속기 차량에서 토크 컨버터 내에 있는 스테이터의 기능은?

① 터빈의 회전력을 증대시킨다.
② 바퀴의 회전력을 감소시킨다.
③ 펌프의 회전력을 증대시킨다.
④ 터빈의 회전력을 감소시킨다.

13-3. 토크 컨버터 내에 있는 스테이터가 회전하기 시작하여 펌프 및 터빈과 함께 회전할 때 설명으로 맞는 것은?

① 오일 흐름의 방향을 바꾼다.
② 터빈의 회전속도가 펌프보다 증가한다.
③ 토크변환이 증가한다.
④ 유체 클러치의 기능이 된다.

|해설|

13-1
엔진으로부터 출력된 토크를 증가시키는 기능은 클러치 포인트 이전, 즉 저·중속영역에서 스테이터가 일방향 클러치에 의해 멈춰 오일의 흐름방향을 전환하여 토크를 증대시킨다.

13-2
스테이터는 저·중속영역에서 유체의 흐름방향을 전환하여 토크를 증대시키는 역할을 한다.

13-3
스테이터가 회전하기 시작하는 시점은 클러치 포인트 이후, 즉 고속회전 시 스테이터가 프리 휠링하면서 유체 커플링으로 전환되는 영역이다.

정답 13-1 ① 13-2 ① 13-3 ④

핵심이론 14 | 댐퍼 클러치

(1) 개 요

댐퍼 클러치는 자동차의 주행속도가 일정값에 도달하면 토크 컨버터의 펌프와 터빈을 기계적으로 직결시켜 미끄러짐에 의한 손실을 최소화하여 정숙성을 도모하는 장치이다.

① 댐퍼 클러치의 특징
　㉠ 엔진의 동력을 기계적으로 직결시켜 변속기 입력축에 전달한다.
　㉡ 펌프 임펠러와 터빈러너를 기계적으로 직결시켜 미끄럼이 방지되어 연비가 향상된다.

② 댐퍼 클러치의 미작동 범위
　㉠ 1속 및 후진 시
　㉡ 엔진브레이크 작동 시
　㉢ 유온이 60℃ 이하 시
　㉣ 엔진냉각수 온도가 50℃ 이하 시
　㉤ 3속에서 2속으로 다운시프트 시
　㉥ 엔진 회전수가 800rpm 이하 시
　㉦ 급가속 및 급감속 시

자동변속기에서 토크 컨버터 내의 로크업 클러치(댐퍼 클러치)의 작동조건으로 거리가 먼 것은?

① D 레인지에서 일정 차속(약 70km/h 정도) 이상일 때
② 냉각수 온도가 충분히(약 75℃ 정도) 올랐을 때
③ 브레이크 페달을 밟지 않을 때
④ 발진 및 후진 시

|해설|

댐퍼 클러치는 자동차의 주행속도가 일정값에 도달하면 토크 컨버터의 펌프와 터빈을 기계적으로 직결시켜 미끄러짐에 의한 손실을 최소화하여 정숙성을 도모하는 장치로 발진(1속) 및 후진 시에는 작동하지 않는다.

정답 ④

핵심이론 15 | 전자 클러치

(1) 구 조

입력축, 출력축, 여자코일로 구성되어 있으며 출력축은 입력축에 베어링으로 지지되어 있다. 입력축과 출력축 사이에는 철, 알루미늄, 크롬합금의 구상분말 파우더가 들어 있어 내열성, 내산화성, 내식성, 내마모성이 우수하다.

(2) 작동원리

여자전류를 무여자로 입력축 드럼이 회전하고 있으면, 파우더는 원심력에 의해 입력측 드럼 작동면에 달라붙어 입력드럼과 출력드럼은 떨어져서 연결되지 않는다. 이때 코일에 전류를 가하면 발생된 자속에 의해 파우더의 결속 및 파우더와 동작면과의 마찰력에 의해 토크가 전달되게 된다.

핵심이론 16 | 수동변속기

기관과 추진축 사이에 위치 기관의 회전력을 자동차 주행상태에 알맞도록 회전력과 속도를 바꾸어 구동바퀴에 전달하는 장치이다.

(1) 변속기의 필요성

① 회전력을 증대시키기 위해
② 기관의 시동 시 무부하 상태로 두기 위해
③ 후진하기 위해

(2) 구비조건

① 연속적 또는 단계적으로 변속될 것
② 조작이 용이하고 작동이 신속, 확실, 정확, 정숙하게 행해질 것
③ 소형, 경량이고 고장이 없으며 정비가 용이할 것
④ 전달효율이 좋을 것

(3) 수동변속기의 종류

① 점진기어식 변속기 : 운전 중 제1속에서 직접 톱 기어 (Top Gear)로 또는 톱 기어에서 제1속으로 변속이 불가능한 형식으로 주로 바이크에서 채택한다.
② 선택기어식
  ㉠ 섭동기어식 : 주축상의 스플라인에 슬라이딩기어가 설치되어 있으므로 변속레버로 부축 위의 기어에 자유로이 물리게 되어 있다. 구조가 간단하고 다루기 쉽다. 변속 시 소음이 발생한다.
  ㉡ 상시물림식(상시치합식) : 출력축 기어는 축 위에서 자유롭게 회전하게 되어 있다. 따로 고출력축에 스플라인이 결합된 도그 클러치가 결합하여 동력을 전달한다.
  ㉢ 동기물림식 : 상시물림식과 비슷하며 출력축과 도그 클러치 사이에 일종의 클러치(싱크로메시기구)를 사용하여 더 부드러운 변속을 할 수 있게 만든

것이다. 기어가 물리기 전에 먼저 동기기구(싱크로메시기구)를 접촉시켜 출력기어의 속도를 동기화한 후 접속(현재 대부분의 수동변속기에 적용)한다.

(4) 동기물림식 변속기의 구조

① **변속기 입력축** : 트랜스 액슬의 경우 엔진의 동력이 입력축의 스플라인에 설치된 클러치판에 의해서 전달되어 회전하며, 출력축에 동력을 전달하는 역할을 한다.

② **변속기 출력축** : 변속기 출력축은 변속기 입력축에서 동력을 받아 회전하며(고속 기어의 변속에 의한 동력 포함), 입력축 및 출력축에서 변속이 이루어진 회전력을 종감속 기어장치에 전달하는 역할을 한다.

③ **싱크로메시기구** : 싱크로메시기구는 주행 중 기어 변속 시 주축의 회전수와 변속기어의 회전수 차이를 싱크로나이저 링을 변속기어의 콘(Cone)에 압착시킬 때 발생되는 마찰력을 이용하여 동기시킴으로써 변속이 원활하게 이루어지도록 하는 장치이다.

싱크로나이저 링 슬리브
클러치 기어 | 클러치 허브
스프링
싱크로나이저 키

[싱크로메시기구]

(5) 변속기 조작기구

① 직접조작식

② 간접조작식

③ **고정장치(로킹 볼)** : 접속된 기어의 이탈방지, 기어의 자리잡음을 위해 설치된다.

④ **2중물림 방지장치(인터로크 기구)** : 하나의 기어가 접속될 때 다른 기어는 중립의 위치에서 움직이지 못하도록 한 장치이다.

(6) 수동변속기의 점검

① **기어가 잘 물리지 않고 빠지는 원인**
  ㉠ 각 기어가 지나치게 마멸되었다.
  ㉡ 각 축의 베어링 또는 부시가 마모되었다.
  ㉢ 기어 시프트 포크가 마멸되었다.
  ㉣ 싱크로나이저 허브가 마모되었다.
  ㉤ 싱크로나이저 슬리브 스플라인이 마모되었다.
  ㉥ 로킹 볼의 스프링 장력이 약하다.

② **변속이 잘 되지 않는 원인**
  ㉠ 클러치 차단이 불량하다.
  ㉡ 각 기어가 마모되었다.
  ㉢ 싱크로메시기구가 불량하다.
  ㉣ 싱크로나이저링이 마모되었다.
  ㉤ 기어오일이 응고되었다.
  ㉥ 컨트롤 케이블 조정이 불량하다.

③ **변속기에서 소음이 발생하는 원인**
  ㉠ 기어오일이 부족하거나 질이 나쁘다.
  ㉡ 기어 또는 주축의 베어링이 마모되었다.
  ㉢ 주축의 스플라인 또는 부싱이 마모되었다.

16-1. 수동 변속기에서 싱크로메시(Synchro Mesh)기구의 기능이 적용되는 시기는?

① 변속기어가 물려 있을 때
② 클러치 페달을 놓을 때
③ 변속기어가 물릴 때
④ 클러치 페달을 밟을 때

16-2. 다음 중 수동 변속기 기어의 2중 결합을 방지하기 위해 설치한 기구는?

① 앵커 블록
② 시프트 포크
③ 인터로크 기구
④ 싱크로나이저링

16-3. 수동변속기의 필요성으로 틀린 것은?

① 무부하 상태로 공전 운전할 수 있게 하기 위해
② 회전 방향을 역으로 하기 위해
③ 발진 시 각부에 응력의 완화와 마멸을 최대화하기 위해
④ 차량 발진 시 중량에 의한 관성으로 인해 큰 구동력이 필요하기 때문에

|해설|

16-1

싱크로메시기구는 주행 중 기어 변속 시 싱크로나이저링을 변속기어의 콘(Cone)에 압착시킬 때 발생되는 마찰력을 이용하여 주축의 회전수와 변속기어의 회전수 차이를 동기시킴으로써 변속이 원활하게 이루어지도록 하는 장치이다.

16-2

2중물림 방지장치(인터로크 기구) : 하나의 기어가 접속될 때 다른 기어가 중립의 위치에서 움직이지 못하도록 하는 장치이다.

16-3

변속기는 회전력을 증대시키고, 기관의 시동 시 무부하 상태로 하며 후진하기 위해 장착된다.

정답 16-1 ③ 16-2 ③ 16-3 ③

핵심이론 17 | 자동변속기

자동변속기는 클러치와 변속기의 작동이 자동차의 주행 속도나 부하에 따라 자동으로 이루어지는 장치이다.

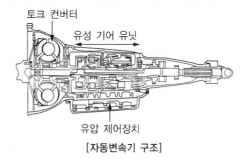

[자동변속기 구조]

(1) 자동변속기의 개요

① 토크 컨버터, 유성기어, 유압제어장치 등으로 구성된다.
② 각 요소의 제어에 의해 변속시기 및 조작이 자동으로 이루어진다.
③ 토크 컨버터 내에 댐퍼 클러치가 설치되고 유체 클러치와 토크 컨버터의 2개의 영역을 모두 적용한다.

(2) 자동변속기의 특징

① 기어 변속 중 엔진 스톨(Engine Stall)이 줄어들어 안전 운전이 가능하다.
② 저속 쪽의 구동력이 크기 때문에 등판 발진(登板發進)이 쉽고 최대등판 능력도 크다.
③ 오일이 댐퍼(Damper)로 작동하므로 충격이 적고, 엔진 보호에 의한 수명이 길어진다.
④ 클러치 조작이 필요 없이 자동 출발이 된다.
⑤ 조작 미숙으로 인한 엔진 가동 정지가 없다.
⑥ 엔진의 토크(Torque)를 오일을 통하여 전달하므로 연료 소비율이 증대하므로 비경제적이다.

(3) 자동변속기의 장단점

① 장 점

　　㉠ 운전조작이 간단하고 피로가 경감된다.

　　㉡ 엔진과 변속장치 사이에 기계적인 연결이 없어 출발, 감속, 가속이 원활하여 승차감이 향상되고 안전운전에 도움이 된다.

　　㉢ 엔진과 변속장치의 진동이나 충격을 유체가 흡수하여 엔진보호 및 각부의 수명을 연장할 수 있다.

② 단 점

　　㉠ 구조가 복잡하고 고가이다.

　　㉡ 자동차를 밀거나 끌어서 시동할 수 없다.

　　㉢ 10% 가량 연료소비가 증가한다.

(4) 자동변속기의 구조

① 오일 펌프 : 자동변속기 오일을 흡입하여 변속기 내의 각 요소에서 필요한 유량과 유압을 생성하여 공급하는 역할을 한다.

② 밸브보디 : 밸브보디에는 솔레노이드밸브가 조립되어 유압 계통에 오일 흐름의 정지, 유량의 조정, 압력 조정, 방향 변환 등의 기능을 하는 밸브를 보호함과 동시에 유로가 설치되어 있다. 밸브의 기능에 따라 방향제어밸브, 유량제어밸브, 압력제어밸브로 분류된다.

③ 유성기어 : 토크 컨버터를 통하여 엔진에서 출력되는 동력을 변속하여 구동축에 전달하는 과정에서 자동변속기의 유성기어는 가장 중요한 역할을 하며, 단순 유성기어식과 복합 유성기어식(심프슨형, 라비뇨형)으로 분류된다.

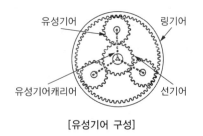

[유성기어 구성]

(5) 전자제어장치 구성부품의 기능 및 특징

① 입력축속도센서(펄스제너레이터-A) : 변속할 때 유압제어를 위해 입력축 회전수(터빈 회전수)를 킥다운 드럼부 쪽에서 검출한다.

② 출력축속도센서(펄스제너레이터-B) : 출력축 회전수(트랜스 액슬 구동 기어 회전수)를 트랜스 드리븐 기어 쪽에서 검출한다.

③ 인히비터 스위치 : 변속 레버의 위치를 접점 스위치로 검출하여 P와 N 레인지에서만 엔진 시동이 가능하도록 한다.

④ 오일온도센서 : 오일온도센서는 자동 변속기 오일(ATF)의 온도를 부특성 서미스터로 검출하여 댐퍼 클러치 작동 및 비작용 영역 및 오일온도의 가변제어, 변속할 때 유압제어 정보 등으로 사용한다.

⑤ 모드선택 스위치 : 운전자 요구에 알맞은 변속 패턴을 설정하기 위하여 변속시점 및 차량속도에 대한 변속단 등을 결정한다.

⑥ 스로틀포지션센서 : 운전자의 가속 페달의 밟은 양을 검출하여 차속센서와 연동되어 변속시점을 결정한다.

⑦ 점화코일 신호(이그니션 펄스) : 엔진의 회전수를 검출하여 스로틀밸브의 개도량을 보정한다.

⑧ 차속센서 : 차량의 속도를 검출하여 변속시점을 결정한다.

⑨ 수온센서 : 엔진의 냉각수온도를 측정하여 변속시기를 보정한다.

⑩ 킥다운 서보 스위치 : 킥다운 브레이크의 작동 여부를 TCU에 전달한다.

⑪ 오버드라이브 OFF 스위치 : 오버드라이브 기능을 OFF하여 구동력을 증대시킨다.

⑫ 가속 스위치 : 가속페달의 작동 상태를 파악하기 위하여 장착되어 스로틀밸브가 닫히고 차량의 주행속도가 7km/h 이하에서 크리프량이 적은 2단으로 이어주기 위한 신호이다.

⑬ 에어컨 릴레이 : 에어컨 작동신호를 감지하여 엔진 회전수 보상에 따른 변속시기를 보정한다.

(6) 자동변속기의 변속 특성

① 시프트 업 : 저속기어에서 고속기어로 변속되는 것을 말한다.

② 시프트 다운 : 고속기어에서 저속기어로 변속되는 것을 말한다.

③ 킥 다운 : 급가속이 필요한 경우 가속페달을 밟으면 다운 시프트 되어 요구하는 구동력을 확보하는 것을 말한다.

④ 히스테리시스 : 업시프트와 다운시프트의 변속점에 대하여 7~15km/h 정도의 차이를 두는 것을 말한다.

(7) 자동변속기 오일의 구비조건

① 점도가 낮을 것

② 비중이 클 것

③ 착화점이 높을 것

④ 내산성이 클 것

⑤ 유성이 좋을 것

⑥ 비점이 높을 것

⑦ 기포가 생기지 않을 것

⑧ 저온 유동성이 우수할 것

⑨ 점도지수 변화가 적을 것

⑩ 방청성이 있을 것

⑪ 마찰계수가 클 것

(8) 자동변속기 스톨 테스트

스톨 테스트란 시프트 레버 D와 R 레인지에서 엔진의 최대 회전속도를 측정하여 자동 변속기와 엔진의 종합적인 성능을 점검하는 시험이며 시험 시간은 5초 이내여야 한다. 또한 시험 시 정상적인 엔진 회전수는 대략 2,200~2,500rpm이다.

(9) 자동변속기의 오일양 점검 방법

① 자동차를 평탄한 지면에 주차시킨다.

② 오일 레벨 게이지를 빼내기 전에 게이지 주위를 깨끗이 청소한다.

③ 시프트 레버를 P 레인지로 선택한 후 주차 브레이크를 걸고 엔진을 기동시킨다.

④ 변속기 내의 유온이 70~80℃에 이를 때까지 엔진을 공전 상태로 한다.

⑤ 시프트 레버를 차례로 각 레인지로 이동시켜 토크 컨버터와 유압 회로에 오일을 채운 후 시프트 레버를 N 레인지로 선택한다. 이 작업은 오일양을 정확히 판단하기 위해 필히 하여야 한다.

⑥ 게이지를 빼내어 오일양이 "MAX" 범위에 있는가를 확인하고, 오일이 부족하면 "MAX" 범위까지 채운다. 자동변속기용 오일을 ATF라고 부르기도 한다.

(10) 자동변속기의 오일 색깔 상태

① 투명도가 높은 붉은색 : 정상 상태의 오일이다.

② 갈색 : 자동 변속기가 가혹한 상태에서 사용되었음을 의미한다.

③ 투명도가 없어진 검은색 : 자동변속기 내부의 클러치 디스크의 마멸 분말에 의한 오손, 부싱 및 기어의 마멸을 생각할 수 있다.

④ 백색 : 오일에 많은 양의 수분이 유입된 경우이다.

※ 니스 모양으로 된 경우 : 오일이 매우 고온에 노출되어 바니시화된 상태이다.

17-1. 전자제어 자동변속기 차량에서 컨트롤 유닛(TCU)의 입력 신호 중 기본 변속기제어 요소는?

① 스로틀포지션센서와 차속센서
② 공기유량센서와 차속센서
③ 인히비터 스위치와 시프트 솔레노이드밸브
④ 유온센서와 펄스제너레이터

17-2. 자동변속기에서 유성기어장치의 구성요소가 아닌 것은?

① 유성기어 캐리어　　　　② 링기어
③ 변속기어　　　　　　　④ 선기어

17-3. 자동변속기에서 기관속도가 상승하면 오일펌프에서 발생되는 유압도 상승한다. 이때 유압을 적절한 압력으로 조절하는 밸브는?

① 매뉴얼밸브　　　　　　② 스로틀밸브
③ 압력조절밸브　　　　　④ 거버너밸브

17-4. 자동변속기의 제어시스템을 입력과 제어, 출력으로 나누었을 때 출력신호는?

① 차속센서
② 유온센서
③ 펄스제너레이터
④ 변속제어 솔레노이드

17-5. 자동변속기 오일의 주요 기능이 아닌 것은?

① 동력전달작용　　　　　② 냉각작용
③ 충격전달작용　　　　　④ 윤활작용

17-6. 전자제어식 자동변속기에서 컨트롤 유닛(TCU)의 제어기능으로 거리가 먼 것은?

① 변속점 제어기능
② 엔진노크 감소기능
③ 댐퍼 클러치 제어기능
④ 자기진단기능

|해설|

17-1
자동변속기는 스로틀포지션센서와 차속센서를 기반으로 변속시점을 결정한다.

17-2
유성기어장치는 캐리어, 링기어, 선기어로 구성된다.

17-3
압력조절밸브는 유압 회로 압력의 제한, 감압과 부하 방지, 무부하 작동, 조작의 순서 작동, 외부 부하와의 평형 작동을 하는 밸브로 일의 크기를 제어하는 역할을 한다.

17-4
자동변속기의 전자제어 구성 중 센서 및 스위치신호는 입력신호, 솔레노이드 등은 출력신호로 제어된다.

17-5
자동변속기의 오일은 동력전달, 냉각작용, 윤활작용을 한다.

17-6
엔진노크제어는 엔진ECU에서 제어한다.

정답 17-1 ①　17-2 ③　17-3 ③　17-4 ④　17-5 ③　17-6 ②

연료소비율 및 가속 성능 향상을 위해서는 변속이 연속적으로 이루어져야 하며 이를 위해 최대·최소 변속비의 사이를 무한대로 변속시킬 수 있는 것이 무단변속기(Continuously Variable Transmission)이다.

(1) 무단변속기의 특성

① 엔진의 출력 활용도가 높다.

② 유단변속기에 비하여 연료소비율 및 가속 성능을 향상시킬 수 있다.

③ 기존의 자동변속기에 비해 구조가 간단하며, 무게가 가볍다.

④ 변속할 때 충격(Shock)이 없다.

⑤ 장치의 특성상 높은 출력의 차량, 즉 배기량이 큰 차량에는 적용이 어렵다.

(2) 무단변속기의 종류

① 트랙션구동방식

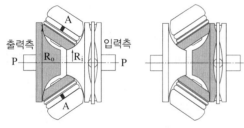

[트로이덜형 CVT]

㉠ 변속 범위가 넓으며, 높은 효율을 낼 수 있고, 작동 상태가 정숙하다.

㉡ 큰 추력 및 회전면의 높은 정밀도와 강성이 필요하다.

㉢ 무게가 무겁고, 전용 오일을 사용하여야 한다.

㉣ 마멸에 따른 출력 부족(Power Failure) 가능성이 크다.

② 벨트구동방식(Belt Drive Type) : 이 방식은 축에 고정된 풀리(Pulley)와 축을 따라 이동할 수 있는 이동 풀리가 입력축과 출력축에 조합되어 풀리의 유효 피치를 변화시켜 동력전달 매체(체인 또는 벨트)가 풀리 면을 따라 이동하여 변속하는 것이다.

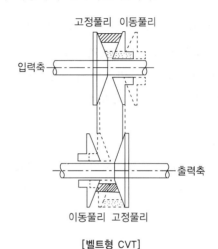

[벨트형 CVT]

드라이브 라인은 변속기의 출력을 종감속 기어로 전달하는 부분이다.

(1) 슬립이음

슬립이음은 변속기 주축 뒤끝에 스플라인을 통하여 설치되며, 뒤차축의 상하 운동에 따라 변속기와 종감속 기어 사이에서 길이 변화를 수반하게 되는데, 이때 추진축의 길이 변화를 가능하도록 하기 위해 설치되어 있다.

(2) 자재이음

① 십자형 자재이음(훅 조인트) : 중심부의 십자축과 2개의 요크(Yoke)로 구성되어 있으며, 십자축과 요크는 니들 롤러 베어링을 사이에 두고 연결되어 있다. 그리고 십자형 자재이음은 변속기 주축이 1회전하면 추진축도 1회전하지만 그 요크의 각속도는 변속기 주축이 등속도 회전하여도 추진축은 90°마다 변동하여 진동을 일으킨다. 이 진동을 감소시키려면 각도를 12~18°이하로 하여야 하며 추진축의 앞뒤에 자재이음을 두어 회전속도 변화를 상쇄시켜야 한다.

[십자형 자재이음]

② 등속도(CV) 자재이음 : 일반적인 자재이음에서는 동력전달 각도 때문에 추진축의 회전 각속도가 일정하지 않아 진동을 수반하는데 이 진동을 방지하기 위해 개발된 것이 등속도 자재이음이다. 드라이브 라인의 각도 변화가 큰 경우에는 동력전달 효율이 높으나 구조가 복잡하다. 이 형식은 주로 앞바퀴 구동방식(FF)

차량의 차축에서 이용된다. 종류에는 트랙터형, 벤딕스 와이스형, 제파형, 파르빌레형, 이중 십자이음이 있다.

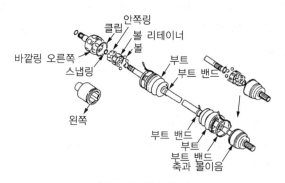

[더블 오프셋 조인트]

(3) 추진축

강한 비틀림을 받으면서 고속 회전하므로 이에 견딜 수 있도록 속이 빈 강관을 사용한다. 회전 평형을 유지하기 위해 평형추가 부착되어 있으며, 그 양쪽에는 자재이음의 요크가 있다. 축간거리가 긴 차량에서는 추진축을 2~3개로 분할하고, 각 축의 뒷부분을 센터 베어링으로 프레임에 지지하며, 대형 차량의 추진축에는 비틀림 진동을 방지하기 위한 토션 댐퍼를 두고 있다.

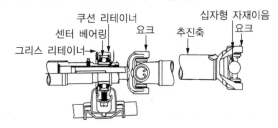

[추진축의 구조]

10년간 자주 출제된 문제

19-1. 드라이브 라인에서 전륜 구동차의 종감속장치로 연결된 구동 차축에 설치되어 바퀴에 동력을 주로 전달하는 것은?

① CV형 자재이음
② 플랙시블 이음
③ 십자형 자재이음
④ 트러니언 자재이음

19-2. 추진축 스플라인 부의 마모가 심할 때의 현상으로 가장 적절한 것은?

① 차동기의 드라이브 피니언과 링기어의 치합이 불량하게 된다.
② 차동기의 드라이브 피니언 베어링의 조임이 헐겁게 된다.
③ 동력을 전달할 때 충격 흡수가 잘 된다.
④ 주행 중 소음을 내고 추진축이 진동한다.

|해설|

19-1
등속도(CV) 자재이음은 각도변화에 따른 회전속도의 변화가 없는 자재이음방식으로 전륜 구동차량에 적합하다.

19-2
추진축 스플라인 부의 마모가 심할 때의 현상은 소음 및 진동이 발생한다.

정답 19-1 ① **19-2** ④

핵심이론 20 | 종감속 및 차동장치

(1) 종감속기어

종감속기어는 추진축의 회전력을 직각으로 전달하며, 엔진의 회전력을 최종적으로 감속시켜 구동력을 증가시킨다. 구조는 구동 피니언과 링기어로 되어 있으며, 종류에는 웜과 웜기어, 베벨기어, 하이포이드기어가 있다.

① 하이포이드기어 : 링기어의 중심보다 구동 피니언의 중심이 10~20% 정도 낮게 설치된 스파이럴베벨기어의 전위(Off-set)기어이다.

　㉠ 장 점

　　• 구동 피니언의 오프셋에 의해 추진축 높이를 낮출 수 있어 자동차의 중심이 낮아져 안전성이 증대된다.

　　• 동일 감속비, 동일 치수의 링기어인 경우에 스파이럴베벨기어에 비해 구동 피니언을 크게 할 수 있어 강도가 증대된다.

　　• 기어 물림률이 커서 회전이 정숙하다.

　㉡ 단 점

　　• 기어 이의 폭 방향으로 미끄럼 접촉을 하므로 압력이 커서 극압성 윤활유를 사용하여야 한다.

　　• 제작이 조금 어렵다.

[하이포이드 종감속기어]

(2) 종감속비

종감속비는 링기어의 잇수와 구동 피니언 잇수의 비로 나타낸다. 종감속비는 엔진의 출력, 차량 중량, 가속 성능, 등판 능력 등에 따라 정해지며, 종감속비를 크게 하면 가속 성능과 등판 능력은 향상되나 고속 성능이 저하한다. 그리고 변속비×종감속비를 총 감속비라 한다.

(3) 차동장치

자동차가 선회할 때 양쪽 바퀴가 미끄러지지 않고 원활하게 선회하려면 바깥쪽 바퀴가 안쪽 바퀴보다 더 많이 회전하여야 하며, 또 요철 노면을 주행할 때에도 양쪽 바퀴의 회전속도가 달라져야 한다. 차동장치는 이러한 구동륜 양 바퀴의 회전수 보상을 위하여 장착된다(래크와 피니언의 원리).

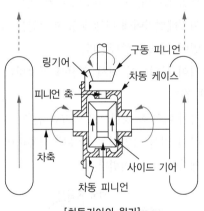

[차동기어의 원리]

주행 중 한쪽 바퀴가 진흙에 빠지거나 저항이 매우 적을 경우 차동기어에 의하여 반대쪽 바퀴는 회전하지 않고 저항이 적은 바퀴에 회전력이 집중되어 탈출하기 어렵다. 이러한 차동기어의 문제점을 해결하기 위해 차동기어 내부에서 적당한 저항을 발생시켜 빠지지 않은 반대쪽 구동륜에도 회전력을 부여하는 장치가 자동제한 차동기어이다.

(1) 특 징

① 미끄러운 노면에서 출발이 용이하다.

② 요철노면을 주행 시 자동차의 후부 흔들림이 방지된다.

③ 가속, 커브길 선회 시 바퀴의 공전을 방지한다.

④ 타이어의 슬립을 방지하여 수명이 연장된다.

⑤ 급속직진 주행에 안정성이 양호하다.

차축은 바퀴를 통하여 차량의 중량을 지지하는 축이며, 구동축은 종감속 기어에서 전달된 동력을 바퀴로 전달하고 노면에서 받는 힘을 지지하는 일을 한다.

(1) 앞바퀴 구동방식(FF)의 앞차축

앞바퀴 구동방식 승용차나 4WD의 구동축으로 사용되며, 등속도(CV)자재이음을 설치한 구동축과 조향 너클, 차축 허브, 허브 베어링 등으로 구성되어 있다.

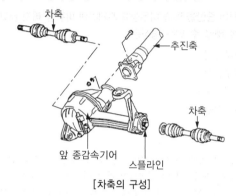

[차축의 구성]

(2) 뒷바퀴 구동방식(FR)의 뒤차축과 차축 하우징

① **차축의 종류** : 차동 장치를 거쳐 전달된 동력을 뒷바퀴로 전달하며, 차축의 끝부분은 스플라인을 통하여 차동 사이드기어에 끼워지고, 바깥쪽 끝에는 구동바퀴가 설치된다. 뒤차축의 지지방식에는 전부동식, 반부동식, 3/4 부동식 등 3가지가 있다.

　ㄱ 전부동식 : 안쪽은 차동 사이드기어와 스플라인으로 결합되고, 바깥쪽은 차축 허브와 결합되어 차축 허브에 브레이크 드럼과 바퀴가 설치된다. 이에 따라 바퀴를 빼지 않고도 차축을 빼낼 수 있으며, 버스, 대형 트럭에 사용된다.

　ㄴ 반부동식 : 구동바퀴가 직접 차축 바깥에 설치되며, 차축의 안쪽은 차동 사이드기어와 스플라인으로 결합되고 바깥쪽은 리테이너(Retainer)로 고정시킨 허브 베어링(Hub Bearing)과 결합된다. 반부동식은 차량 하중의 1/2을 차축이 지지한다.

ⓒ 3/4 부동식 : 차축 바깥 끝에 차축 허브를 두고, 차축 하우징에 1개의 베어링을 두어 허브를 지지하는 방식이다. 3/4 부동식은 차축이 차량 하중의 1/3을 지지한다.

[전부동식, 반부동식, 3/4 부동식]

| 핵심이론 01 | 현가장치

현가장치는 자동차가 주행 중 노면으로부터 바퀴를 통하여 받게 되는 충격이나 진동을 흡수하여 차체나 화물의 손상을 방지하고 승차감을 좋게 하며, 차축을 차체 또는 프레임에 연결하는 장치이다.

(1) 스프링 위 질량의 진동(차체의 진동)

일반적으로 현가장치의 스프링을 기준으로 스프링 위의 질량이 아래 질량보다 클 경우 노면의 진동을 완충하는 능력이 향상되어 승차감이 우수해지는 특성이 있고 현재의 승용차에 많이 적용되는 방식이다.

① 바운싱 : 차체가 수직축(z축)을 중심으로 상하방향으로 운동하는 것을 말하고 타이어의 접지력을 변화시키며 자동차의 주행 안정성과 관련이 있다.

② 롤링 : 자동차 정면의 가운데로 통하는 앞뒤축을 중심으로 한 회전 작용의 모멘트를 말하며 항력 방향축(x축)을 중심으로 회전하려는 움직임이다.

③ 피칭 : 자동차의 중심을 지나는 좌우축 옆으로의 회전 작용의 모멘트를 말하며 횡력(측면) 방향축(y축)을 중심으로 회전하려는 움직임이다.

④ 요잉 : 자동차 상부의 가운데로 통하는 상하축을 중심으로 한 회전작용의 모멘트로서 양력(수직) 방향축(z축)을 중심으로 회전하려는 움직임이다.

(2) 스프링 아래 질량의 진동(차축의 진동)

① 휠 홉 : 차축에 대하여 수직인 축(z축)을 기준으로 상하평행운동을 하는 진동을 말한다.

② 휠 트램프 : 차축에 대하여 앞뒤 방향(x축)을 중심으로 회전운동을 하는 진동을 말한다.

③ 와인드 업 : 차축에 대하여 좌우 방향(y축)을 중심으로 회전운동을 하는 진동을 말한다.

④ 스키딩 : 차축에 대하여 수직인 축(z축)을 기준으로 타이어가 슬립하며 동시에 요잉운동을 하는 것을 말한다.

(3) 현가장치의 구성

① 스프링 : 스프링은 노면에서 발생하는 충격 및 진동을 완충시키는 역할을 한다.

  ㉠ 판 스프링 : 판 스프링은 스프링 강을 적당히 구부린 뒤 여러 장을 적층하여 탄성효과에 의한 스프링 역할을 할 수 있도록 만든 것으로 강성이 강하고 구조가 간단하다. 미세한 진동을 흡수하기가 곤란하고 내구성이 커서 대부분 화물 및 대형차에 적용하고 있다.

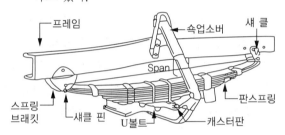

[판 스프링의 구성]

  ㉡ 코일 스프링 : 코일 스프링은 스프링 강선을 코일 형으로 감아 비틀림 탄성을 이용한 것이다. 판 스프링보다 탄성도 좋고, 미세한 진동흡수가 좋지만 강도가 약하여 주로 승용차의 앞뒤 차축에 사용된다. 코일 스프링의 특징은 단위 중량당 에너지 흡수율이 크고, 제작비가 저렴하고 스프링의 작용이 효과적이며 다른 스프링에 비하여 손상률이 적은 장점이 있다.

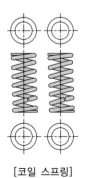

[코일 스프링]

  ㉢ 토션 바 스프링 : 토션 바는 스프링 강으로 된 막대를 비틀면 강성에 의해 원래 모양으로 되돌아가는 탄성을 이용한 것으로, 다른 형식의 스프링보다 단위 중량당 에너지 흡수율이 크므로 경량화할 수 있고, 구조도 간단하므로 설치공간을 적게 차지할 수 있다.

  ㉣ 공기 스프링 : 공기 스프링은 압축성 유체인 공기의 탄성을 이용하여 스프링 효과를 얻는 것으로 금속 스프링과 비교하면 다음과 같은 특징이 있다.
  • 스프링 상수를 하중에 관계없이 임의로 정할 수 있으며 적차 시나 공차 시 승차감의 변화가 거의 없다.
  • 하중에 관계없이 스프링의 높이를 일정하게 유지시킬 수 있다.
  • 서징현상이 없고 고주파진동의 절연성이 우수하다.
  • 방음효과와 내구성이 우수하다.
  • 유동하는 공기에 교축을 적당하게 줌으로써 감쇠력을 줄 수 있다.

  ㉤ 스태빌라이저 : 스태빌라이저는 토션 바 스프링의 일종으로서 양끝이 좌우의 컨트롤 암에 연결되며, 중앙부는 차체에 설치되어 커브길을 선회할 때 차체가 롤링(좌우 진동)하는 것을 방지하며, 차체의 기울기를 감소시켜 평형을 유지하는 장치이다.

② 쇽업소버 : 쇽업소버는 완충기 또는 댐퍼(Damper)라고도 하며 자동차가 주행 중 노면으로부터의 충격에 의한 스프링의 진동을 억제, 감쇠시켜 승차감 향상, 스프링의 수명을 연장시킴과 동시에 주행 및 제동할 때 안정성을 높이는 장치로서 차체와 바퀴 사이에 장착된다.

  ㉠ 유압식 쇽업소버 : 피스톤부의 오일 통로(오리피스)를 통과하는 오일의 작용으로 감쇠력을 조절하며 한쪽 방향으로만 압력이 가해지는 단동식과 피스톤의 상승과 하강에 따라 압력이 가해지는 복동식으로 나눌 수 있다.

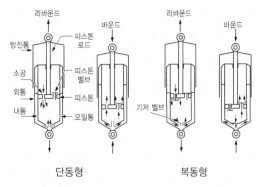

[유압식 쇽업소버의 작동]

ⓒ 가스봉입 쇽업소버(드가르봉식) : 유압식의 일종이며 프리 피스톤을 장착하여 프리 피스톤의 위쪽에는 오일이, 아래쪽에는 고압(30kgf/cm²)의 불활성 가스(질소 가스)가 봉입되어 내부에 압력이 형성되어 있는 타입으로 작동 중 오일에 기포가 생기지 않으며, 부식이나 오일유동에 의한 문제(에이레이션 및 캐비테이션)가 발생하지 않으며 진동흡수성능 및 냉각성능이 우수하다.

(4) 현가장치의 분류

① 일체 차축식 현가장치 : 좌우 바퀴가 1개의 차축에 연결되며 그 차축을 스프링을 거쳐 차체에 장착하는 형식으로 구조가 간단하고 강도가 크므로 대형 트럭이나 버스 등에 많이 적용되고 있다.

② 독립 차축식 현가장치 : 차축이 연결된 일체 차축식 현가장치와는 달리 차축을 각각 분할하여 양쪽 휠이 서로 관계없이 운동하도록 설계한 것이며, 승차감과 주행 안정성이 향상되게 한 것이다.

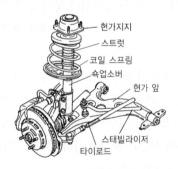

[독립현가장치(맥퍼슨)의 구조]

ⓐ 위시본 형식 : 위아래 컨트롤 암이 설치되고 암의 길이에 따라 평행사변형 형식과 SLA 형식으로 구분되며 평행사변형 형식은 위아래 컨트롤 암의 길이가 같고 SLA 형식은 아래 컨트롤 암이 위 컨트롤 암보다 길다. SLA 형식은 바퀴의 상하 진동 시 위 컨트롤 암보다 아래 컨트롤 암의 길이가 길어 캠버의 변화가 발생한다.

ⓑ 맥퍼슨 형식 : 위시본 형식으로부터 개발된 것으로, 위시본 형식에서 위 컨트롤 암은 없으며 그 대신 쇽업소버를 내장한 스트럿의 하단을 조향 너클의 상단부에 결합시킨 형식으로 현재 승용차에 가장 많이 적용되고 있는 형식이다.

③ 공기 스프링 현가장치 : 공기 스프링 현가장치는 공기 스프링, 서지탱크, 레벨링밸브 등으로 구성되어 있으며, 하중에 따라 스프링상수를 변화시킬 수 있고, 차고 조정이 가능하므로 승차감과 차체 안정성을 향상시킬 수 있어 대형 버스 등에 많이 사용된다.

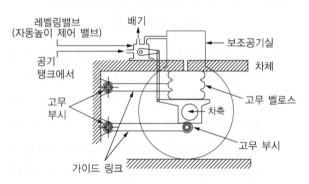

[공기 스프링 현가장치의 구조]

ⓐ 공기 스프링 현가장치의 구성

• 공기 압축기 : 엔진에 의해 벨트로 구동되며 압축공기를 생산하여 저장 탱크로 보낸다.

• 서지 탱크 : 공기 스프링 내부의 압력변화를 완화하여 스프링 작용을 유연하게 해 주는 장치이며, 각 공기 스프링마다 설치되어 있다.

• 공기 스프링 : 공기 스프링에는 벨로스형과 다이어프램형이 있으며, 공기 저장 탱크와 스프링 사

이의 공기 통로를 조정하여 도로 상태와 주행속도에 가장 적합한 스프링 효과를 얻도록 한다.

- 레벨링밸브 : 공기 저장 탱크와 서지 탱크를 연결하는 파이프 도중에 설치된 것이며, 자동차의 높이가 변화하면 압축공기를 스프링으로 공급하여 차고를 일정하게 유지시킨다.

10년간 자주 출제된 문제

1-1. 자동차의 진동현상 중 스프링 위 y축을 중심으로 하는 앞뒤 흔들림 회전 고유진동은?

① 롤링(Rolling) ② 요잉(Yawing)
③ 피칭(Pitching) ④ 바운싱(Bouncing)

1-2. 현가장치에서 스프링 강으로 만든 가늘고 긴 막대 모양으로 비틀림 탄성을 이용하여 완충 작용을 하는 부품은?

① 공기 스프링 ② 토션 바 스프링
③ 판스프링 ④ 코일 스프링

1-3. 현가장치가 갖추어야 할 기능이 아닌 것은?

① 승차감의 향상을 위해 상하 움직임에 적당한 유연성이 있어야 한다.
② 원심력이 발생되어야 한다.
③ 주행 안정성이 있어야 한다.
④ 구동력 및 제동력 발생 시 적당한 강성이 있어야 한다.

|해설|

1-1
피칭 : 자동차의 중심을 지나는 좌우축 옆으로의 회전작용 모멘트를 말하며 횡력(측면) 방향축(y축)을 중심으로 회전하려는 움직임이다.

1-2
토션 바는 스프링 강으로 된 막대를 비틀면 강성에 의해 원래 모양으로 되돌아가는 탄성을 이용한 것으로, 다른 형식의 스프링보다 단위 중량당 에너지 흡수율이 크므로 경량화할 수 있고, 구조도 간단하므로 설치공간을 적게 차지할 수 있다.

1-3
현가장치는 원심력이 발생되면 차체의 운동상태가 불안정해지므로 원심력이 발생되면 안 된다.

정답 1-1 ③ 1-2 ② 1-3 ②

핵심이론 02 | 전자제어 현가장치

(1) 전자제어 현가장치

ECS(Electronic Control Suspension system)는 ECU, 각종 센서, 액추에이터 등을 설치하고 노면의 상태, 주행 조건 및 운전자의 조작 등과 같은 요소에 따라서 차고와 현가특성(감쇠력 조절)이 자동으로 조절되는 장치이다.

① 전자제어 현가장치 특징

  ㉠ 선회 시 감쇠력을 조절하여 자동차의 롤링 방지 (안티롤링)

  ㉡ 불규칙한 노면 주행 시 감쇠력을 조절하여 자동차의 피칭 방지(안티피칭)

  ㉢ 급출발 시 감쇠력을 조정하여 자동차의 스쿼트 방지(안티스쿼트)

  ㉣ 주행 중 급제동 시 감쇠력을 조절하여 자동차의 다이브 방지(안티다이브)

  ㉤ 도로의 조건에 따라 감쇠력을 조절하여 자동차의 바운싱 방지(안티바운싱)

  ㉥ 고속 주행 시 감쇠력을 조절하여 자동차의 주행 안정성 향상(주행속도 감응제어)

  ㉦ 감쇠력을 조절하여 하중변화에 따라 차체가 흔들리는 셰이크 방지(안티셰이크)

  ㉧ 적재량 및 노면의 상태에 관계없이 자동차의 자세 안정

  ㉨ 조향 시 언더 스티어링 및 오버 스티어링 특성에 영향을 주는 롤링제어 및 강성배분 최적화

  ㉩ 노면에서 전달되는 진동을 흡수하여 차체의 흔들림 및 차체의 진동 감소

② 전자제어 현가장치의 구성

  ㉠ 차속센서 : 스피드미터 내에 설치되어 변속기 출력축의 회전수를 전기적인 펄스 신호로 변환하여 ECS ECU에 입력한다.

ⓛ G센서(중력센서) : 엔진 룸 내에 설치되어 있고 바운싱 및 롤(Roll) 제어용 센서이며, 자동차가 선회할 때 G센서 내부의 철심이 자동차가 기울어진 쪽으로 이동하면서 유도되는 전압이 변화한다.

ⓒ 차고센서 : 차량의 전방과 후방에 설치되어 있고 차축과 차체에 연결되어 차체의 높이를 감지하며 차체의 상하 움직임에 따라 센서의 레버가 회전하므로 레버의 회전량을 센서를 통하여 감지한다.

ⓔ 조향핸들 각속도센서 : 핸들이 설치되는 조향 칼럼과 조향축 상부에 설치되며 센서는 핸들 조작 시 홀이 있는 디스크가 회전하게 되고 센서는 홀을 통하여 조향방향, 조향각도, 조향속도를 검출한다.

ⓜ 자동변속기 인히비터 스위치 : 운전자가 변속 레버를 P, R, N, D 중 어느 위치로 선택 이동하는지를 ECS ECU로 입력시키는 스위치이다.

ⓗ 스로틀위치센서 : 가속 페달에 의해 개폐되는 엔진 스로틀 개도 검출센서로서 운전자의 가ㆍ감속의 지를 판단하기 위한 신호로 사용된다. 운전자가 가속 페달을 밟는 양을 검출하여 ECS ECU로 입력시킨다.

ⓢ 전조등 릴레이 : 전조등 스위치를 작동하면 전조등을 점등하는 역할을 한다.

ⓞ 발전기 L 단자 : 엔진의 작동여부를 검출하여 차고를 조절하는 신호로 사용된다.

ⓩ 모드 선택 스위치 : ECS 모드 선택 스위치는 운전자가 주행 조건이나 노면 상태에 따라 쇽업소버의 감쇠력 특성과 차고를 선택할 때 사용한다.

ⓧ 도어스위치 : 자동차의 도어가 열리고 닫히는 것을 감지하는 스위치다.

ⓚ 스텝모터(모터 드라이브 방식) : 각각의 쇽업소버 상단에 설치되어 있으며, 쇽업소버 내의 오리피스 통로면적을 ECS ECU에 의해 자동 조절하여 감쇠력을 변화시키는 역할을 한다.

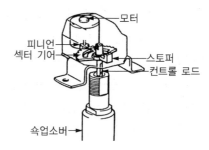

[모터 드라이브의 구조]

ⓔ 제동등 스위치 : 운전자의 브레이크 페달 조작 여부를 판단하며 ECS ECU는 이 신호를 기준으로 안티다이브제어를 실행한다.

ⓟ 급ㆍ배기밸브 : 차고조절을 위해 현가시스템에 설치된 공기주머니에 공기를 급기 또는 배기하는 역할을 수행하는 밸브이다.

③ ECS 제어

ⓐ 안티롤제어 : 선회할 때 자동차의 좌우 방향으로 작용하는 가로 방향 가속도를 G센서로 감지하여 제어하는 것이다.

ⓑ 안티스쿼트제어 : 급출발 또는 급가속할 때에 차체의 앞쪽은 들리고, 뒤쪽이 낮아지는 노스 업(Nose Up) 현상을 제어하는 것이다.

ⓒ 안티다이브제어 : 주행 중에 급제동을 하면 차체의 앞쪽은 낮아지고, 뒤쪽이 높아지는 노스 다운(Nose Down) 현상을 제어하는 것이다.

ⓓ 안티피칭제어 : 자동차가 요철 노면을 주행할 때 차고의 변화와 주행속도를 고려하여 쇽업소버의 감쇠력을 증가시킨다.

ⓔ 안티바운싱제어 : 차체의 바운싱은 G센서가 검출하며, 바운싱이 발생하면 쇽업소버의 감쇠력은 Soft에서 Medium이나 Hard로 변환된다.

ⓕ 주행속도감응제어 : 자동차가 고속으로 주행할 때에는 차체의 안정성이 결여되기 쉬운 상태이므로 쇽업소버의 감쇠력은 Soft에서 Medium이나 Hard로 변환된다.

ⓧ 안티셰이크제어 : 사람이 자동차에 승하차할 때 하중의 변화에 따라 차체가 흔들리는 것을 셰이크라고 하며 이러한 셰이크를 방지하기 위해 규정속도 미만 시는 감쇠력을 하드하게 제어한다.

10년간 자주 출제된 문제

2-1. 전자제어 현가장치(ECS)의 주요 기능이 아닌 것은?

① 스프링 상수와 감쇠력 제어 기능
② 자세제어 기능
③ 정속주행 제어 기능
④ 차고조정 기능

2-2. 전자제어 현가장치(ECS)에서 다음의 설명으로 맞는 것은?

> 조향휠 각도센서와 차속정보에 의해 ROLL 상태를 조기에 검출해서 일정시간 감쇠력을 높여 차량이 선회 주행 시 ROLL을 억제하도록 한다.

① 안티스쿼트제어
② 안티다이브제어
③ 안티롤제어
④ 안티시프트스쿼트제어

2-3. 전자제어 현가장치의 관련 내용으로 틀린 것은?

① 급제동 시 노즈 다운 현상방지
② 고속 주행 시 차량의 높이를 낮추어 안정성 확보
③ 제동 시 휠의 로킹 현상을 방지하여 안정성 증대
④ 주행조건에 따라 현가장치의 감쇠력을 조절

|해설|

2-1
정속주행 제어 기능(크루즈 컨트롤)은 차량의 속도를 일정하게 하여 주행하는 전자제어 시스템으로 엔진 전자제어 시스템이다.

2-2
안티롤제어는 선회할 때 자동차의 좌우 방향으로 작용하는 가로 방향 가속도를 G센서로 감지하여 제어하는 것이다.

2-3
제동 시 휠의 로킹 현상을 방지하여 안정성을 증대시키는 것은 전자제어 제동장치(ABS)의 역할이다.

정답 2-1 ③ 2-2 ③ 2-3 ③

핵심이론 03 | 조향장치

조향장치는 운전자의 의도에 따라 자동차의 진행 방향을 바꾸기 위한 장치다.

(1) 구비조건

① 조향장치 조작 시 주행 중 바퀴의 충격에 영향을 받지 않을 것
② 조작이 쉽고, 방향 변환이 용이할 것
③ 회전 반경이 작아서 협소한 도로에서도 방향 변환을 할 수 있을 것
④ 진행 방향을 바꿀 때 섀시 및 보디 각부에 무리한 힘이 작용되지 않을 것
⑤ 고속 주행에서도 조향핸들이 안정될 것
⑥ 조향핸들의 회전과 바퀴 선회 차이가 크지 않을 것
⑦ 수명이 길고 다루기가 쉽고 정비가 쉬울 것

(2) 선회 특성

조향핸들을 어느 각도까지 돌리고 일정한 속도로 선회하면, 일정의 원주상을 지나게 되며 다음과 같은 특성이 나타난다.

① 언더 스티어 : 일정한 방향으로 선회하여 속도가 상승할 때, 선회반경이 커지는 것으로 원운동의 궤적으로부터 벗어나 서서히 바깥쪽으로 커지는 주행상태가 나타난다.
② 오버 스티어 : 일정한 조향각으로 선회하여 속도를 높일 때 선회반경이 작아지는 것으로 언더 스티어의 반대의 경우로서 안쪽으로 서서히 작아지는 궤적을 나타낸다.
③ 뉴트럴 스티어 : 차륜이 원주상의 궤적을 거의 정확하게 선회한다.

④ 리버스 스티어 : 코너링 때 처음엔 언더 스티어였던 조향 특성이 어느 순간 오버 스티어로 변하는 특성을 말한다.

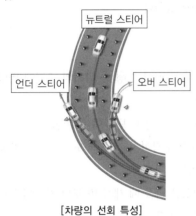

[차량의 선회 특성]

(3) 애커먼 장토식 조향원리

조향 각도를 최대로 하고 선회할 때 선회하는 안쪽 바퀴의 조향각이 바깥쪽 바퀴의 조향각보다 크게 되며, 뒤 차축 연장선상의 한 점을 중심으로 동심원을 그리면서 선회하여 사이드슬립 방지와 조향핸들 조작에 따른 저항을 감소시킬 수 있는 방식이다.

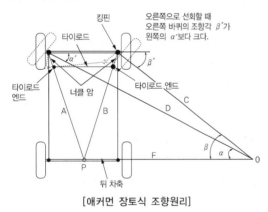

[애커먼 장토식 조향원리]

(4) 조향기구

① 조향휠(조향핸들) : 조향핸들은 림, 스포크 및 허브로 구성되어 있으며, 조향핸들은 조향축에 테이퍼나 세레이션홈에 끼우고 너트로 고정시킨다.

② 조향축 : 조향핸들의 회전을 조향기어의 웜으로 전달하는 축이며 웜과 스플라인을 통하여 자재이음으로 연결되어 있다.

③ 조향기어박스 : 조향 조작력을 증대시켜 앞바퀴로 전달하는 장치이며, 종류에는 웜 섹터형, 볼 너트형, 래크와 피니언형 등이 있다.

④ 피트먼 암 : 조향핸들의 움직임을 일체차축방식 조향기구에서는 드래그 링크로, 독립차축방식 조향기구에서는 센터 링크로 전달하는 것이며, 한쪽 끝에는 테이퍼의 세레이션을 통하여 센터 축에 설치되고, 다른 한쪽 끝은 드래그 링크나 센터 링크에 연결하기 위한 볼 이음으로 되어 있다.

⑤ 타이로드 : 독립차축방식 조향기구에서는 래크와 피니언 형식의 조향기어에서 직접 연결되며, 볼트너트형식 조향기어 상자에서는 센터 링크의 운동을 양쪽 너클 암으로 전달하며, 2개로 나누어져 볼 이음으로 각각 연결되어 있다.

⑥ 너클 암 : 일체차축방식 조향기구에서 드래그 링크의 운동을 조향 너클에 전달하는 기구이다.

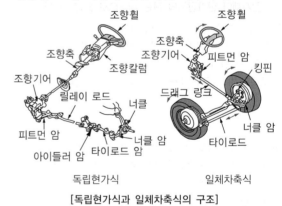

독립현가식   일체차축식

[독립현가식과 일체차축식의 구조]

(5) 조향장치의 종류

① 웜 섹터형 : 조향 축과 연결된 웜, 웜에 의해 회전운동을 하는 섹터 기어로 구성되어 있다.

② 볼 너트형 : 웜과 볼 너트 사이에 여러 개의 강구를 넣어 웜과 볼 너트 사이의 접촉이 볼에 의한 구름접촉이 되도록 한 것이다.

③ 래크와 피니언형 : 조향 축 끝에 피니언을 장착하여 래크와 서로 물리도록 한 것이다. 조향 축이 회전되면 피니언 기어가 회전하면서 래크를 좌우로 이동한다.

(6) 유압식 동력 조향장치

① 유압식 동력 조향장치의 장단점

장 점	단 점
• 조향 조작력이 경감된다. • 조향 조작력에 관계없이 조향 기어비를 선정할 수 있다. • 노면의 충격과 진동을 흡수한다(킥 백 방지). • 앞바퀴의 시미운동이 감소하여 주행안정성이 우수해진다. • 조향 조작이 가볍고 신속하다.	• 유압장치 등의 구조가 복잡하고 고가이다. • 고장이 생기면 정비가 어렵다. • 엔진출력의 일부가 손실된다.

② 동력 조향장치의 구조

㉠ 동력부 : 오일펌프는 엔진의 크랭크축에 의해 벨트를 통하여 유압을 발생시키며 오일펌프의 형식은 주로 베인 펌프를 사용한다.

㉡ 작동부 : 동력 실린더는 오일펌프에서 발생한 유압을 피스톤에 작용시켜서 조향 방향 쪽으로 힘을 가해 주는 장치이다.

㉢ 제어부 : 제어밸브는 조향핸들의 조작에 대한 유압 통로를 조절하는 기구이며, 조향핸들을 회전시킬 때 오일펌프에서 보낸 유압유를 해당 조향 방향으로 보내 동력 실린더의 피스톤이 작동하도록 유로를 변환시킨다.

㉣ 안전체크밸브 : 제어밸브 내에 들어 있으며 엔진이 정지되거나 오일 펌프의 고장 또는 회로에서의 오일 누설 등의 원인으로 유압이 발생하지 못할 때 조향핸들의 조작을 수동으로 전환할 수 있도록 작동하는 밸브이다.

㉤ 유량조절밸브 : 오일펌프의 로터 회전은 엔진 회전수와 비례하므로 주행 상황에 따라 회전수가 변화하며 오일의 유량이 다르게 토출된다.

㉥ 유압조절밸브 : 조향핸들을 최대로 돌린 상태를 오랫동안 유지하고 있을 때 회로의 유압이 일정 이상이 되면 오일을 저장 탱크로 되돌려 최고유압을 조정하여 회로를 보호하는 역할을 한다.

10년간 자주 출제된 문제

3-1. 동력 조향장치의 장점으로 틀린 것은?
① 조향 조작력을 작게 할 수 있다.
② 조향기어비를 자유로이 선정할 수 있다.
③ 조향 조작이 경쾌하고 신속하다.
④ 고속에서 조향력이 가볍다.

3-2. 조향장치가 갖추어야 할 구비조건으로 틀린 것은?
① 조향 조작이 주행 중의 충격에 영향을 받지 않을 것
② 조작하기 쉽고 방향 전환이 원활하게 행하여 질 것
③ 선회 시 저항이 적고 선회 후 복원성이 좋을 것
④ 조향핸들의 회전과 바퀴 선회의 차가 클 것

3-3. 선회 주행 시 뒷바퀴 원심력이 작용하여 일정한 조향 각도로 회전해도 자동차의 선회 반지름이 작아지는 현상을 무엇이라고 하는가?
① 코너링 포스 현상
② 언더 스티어 현상
③ 캐스터 현상
④ 오버 스티어 현상

|해설|

3-1
고속주행 시에는 조향휠의 조향력을 무겁도록 제어하여 안전성을 확보한다.

3-2
조향핸들의 회전과 바퀴 선회 차이가 크지 않을 것

3-3
일정한 조향각으로 선회하여 속도를 높일 때 선회 반경이 작아지는 것으로 언더 스티어의 반대의 경우로서 안쪽으로 서서히 작아지는 궤적을 나타낸다.

정답 3-1 ④ 3-2 ④ 3-3 ④

(1) EPS 개요

EPS(Electronic Power Steering)는 기존의 유압식 조향장치시스템에 차속감응 조타력 조절 등의 기능을 추가하여 조향 안전성 및 고속 안전성 등을 구현하는 시스템이다.

(2) EPS의 특징

① 기존의 동력 조향장치와 일체형이다.
② 기존의 동력 조향장치에는 변경이 없다.
③ 컨트롤밸브에서 직접 입력회로 압력과 복귀회로 압력을 바이패스(By Pass) 시킨다.
④ 조향회전각 및 횡가속도를 감지하여 고속 시 또는 급조향 시(유량이 적을 때) 조향하는 방향으로 잡아당기려는 현상을 보상한다.

(3) EPS 구성요소

① 입력요소
　㉠ 차속센서 : 계기판 내의 속도계에 리드 스위치식으로 장착되어 차량속도를 검출하여 ECU로 입력하기 위한 센서이다.
　㉡ TPS(Throttle Position Sensor) : 스로틀 보디에 장착되어 있고 운전자가 가속페달을 밟는 양을 감지하여 ECU에 입력시켜 줌으로서 차속센서 고장시 조향력을 적절하게 유지하도록 한다.
　㉢ 조향각센서 : 조향핸들의 다기능 스위치 내에 설치되어 조향속도를 측정하며 기존의 동력 조향장치의 Catch Up 현상을 보상하기 위한 센서이다.
② 제어부
　㉠ 컴퓨터(ECU) : ECU는 입력부의 조향각센서 및 차속센서의 신호를 기초로 하여 출력요소인 유량제어밸브의 전류를 적절히 제어한다. 저속 시는 많은 전류를 보내고 고속 시는 적은 전류를 보내어 유량제어밸브의 상승 및 하강을 제어한다.

③ 출력요소
　㉠ 유량제어밸브 : 차속과 조향각 신호를 기초값으로 하여 최적상태의 유량을 제어하는 밸브이다. 정차 또는 저속 시는 유량제어밸브의 플런저에 가장 큰 축력이 작용하여 밸브가 상승하고 고속 시는 밸브가 하강하여 입력 및 바이패스 통로의 개폐를 조절한다. 유량제어밸브에서 유량을 제어함으로써 조향휠의 답력을 변화시킨다.
　㉡ 고장진단 신호 : 전자제어 계통의 고장발생 시 고장진단장비로 차량의 컴퓨터와 통신할 수 있는 신호이다.

10년간 자주 출제된 문제

4-1. 전자제어 조향장치의 ECU 입력 요소로 틀린 것은?
① 스로틀위치센서
② 차속센서
③ 조향각센서
④ 전류센서

4-2. 전자제어 동력 조향장치의 특징으로 틀린 것은?
① 앞바퀴의 시미현상을 감소시킨다.
② 저속 주행 시 조향휠의 조작력을 적게 한다.
③ 험한 길 주행 시 핸들을 놓치지 않도록 해 준다.
④ 험한 길을 주행할 때나 타이어가 펑크난 경우 펌프 토출압을 보통 때보다 하강시킨다.

|해설|

4-1
전자제어 조향장치의 ECU 입력 요소는 스로틀위치센서, 차속센서, 조향각센서이다.

4-2
험한 길을 주행할 때나 타이어가 펑크난 경우 펌프 토출압을 증가시켜 조향력을 감소하여 안전성을 확보한다.

정답 4-1 ④　4-2 ④

(1) 개 요

엔진의 구동력을 이용하지 않고 전기 모터의 힘을 이용해서 조향핸들의 작동 시에만 조향 보조력을 발생시키는 구조로 더욱 효율적이고 능동적인 시스템이다. 이 장치는 전기모터로 유압을 발생시켜 조향력을 보조하는 EHPS 장치와 순수 전기 모터의 구동력으로 조향력을 보조하는 MDPS 형식이 있다.

① **전동유압식 동력 조향장치(EHPS)** : 엔진의 동력으로 유압펌프를 작동시켜 조타력을 보조하는 기존의 유압식 파워 스티어링과 달리 전동모터로 필요시에만 유압펌프를 작동시켜 차속 및 조향 각속도에 따라 조타력을 보조하는 전동 유압식 파워 스티어링이다.

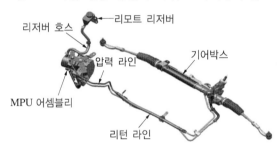

[전동 유압식 동력 조향장치의 구성]

② **모터구동식 동력 조향장치(MDPS)** : 전기 모터를 구동시켜 조향핸들의 조향력을 보조하는 장치로서 기존의 전자제어식 동력 조향장치보다 연비 및 응답성이 향상되어 조종 안전성을 확보할 수 있으며 전기에너지를 이용하므로 친환경적이고 구동소음과 진동 및 설치위치에 대한 설계의 제약이 감소되었다. 이러한 MDPS의 특징은 다음과 같다.

　㉠ 전기 모터 구동으로 인해 이산화탄소가 저감된다.

　㉡ 핸들의 조향력을 저속에서는 가볍고 고속에서는 무겁게 작동하는 차속 감응형 시스템이다.

　㉢ 엔진의 동력을 이용하지 않으므로 연비 향상과 소음, 진동이 감소된다.

　㉣ 부품의 단순화 및 전자화로 부품의 중량이 감소되고 조립 위치에 제약이 적다.

　㉤ 차량의 유지비가 감소되고 조향성이 증가한다.

(2) MDPS의 종류

MDPS는 컴퓨터에 의해 차속과 조향핸들의 조향력에 따라 전동모터에 흐르는 전류를 제어하여 운전자의 조향 방향에 대해서 적절한 동력을 발생시켜 조향력을 경감시키는 장치다.

① **C-MDPS** : 전기 구동모터가 조향 칼럼에 장착되며 조향 축의 회전에 대해 보조동력을 발생시킨다. 모터의 초기 구동 시 및 정지 시 조향 칼럼을 통해 진동과 소음이 조향핸들로 전달되나 경량화가 가능하여 소형 자동차에 적용하고 있다.

② **P-MDPS** : 전기 구동모터가 조향 기어 박스에 장착되며 피니언의 회전에 대해서 보조 동력을 발생시킨다. 엔진룸에 설치되며 공간상 제약이 있어 설계 시 설치 공간에 대한 것을 고려해야 한다.

③ **R-MDPS** : 전기 구동모터가 래크 기어부에 장착되어 래크의 좌우 움직임에 대해서 보조 동력을 발생시킨다. 엔진룸에 설치되며 공간상 제약이 있어 설계 시 설치 공간에 대한 것을 고려해야 한다.

5-1. 전동식 전자제어 조향장치 구성품으로 틀린 것은?

① 오일펌프　　　　　② 모 터
③ 컨트롤 유닛　　　　④ 조향각센서

5-2. 유압식 동력 조향장치와 비교하여 전동식 동력 조향장치 특징으로 틀린 것은?

① 유압제어방식의 전자제어 조향장치보다 부품수가 적다.
② 유압제어를 하지 않으므로 오일이 필요 없다.
③ 유압제어방식에 비해 연비를 향상시킬 수 없다.
④ 유압제어를 하지 않으므로 오일펌프가 필요 없다.

|해설|

5-1
전동식(모터구동식) 전자제어 동력 조향장치는 유압회로 및 구성부가 없이 전기 모터의 조타력 도움을 받아 작동하는 장치이다.

5-2
모터구동식 동력 조향장치(MDPS ; Motor Driven Power Steering)는 전기 모터를 구동시켜 조향핸들의 조향력을 보조하는 장치로서 기존의 전자제어식 동력 조향장치보다 연비 및 응답성이 향상되어 조종 안전성을 확보할 수 있으며 전기에너지를 이용하므로 친환경적이고 구동소음과 진동 및 설치위치에 대한 설계의 제약이 감소되었다.

정답 5-1 ① 5-2 ③

핵심이론 06 │ 전차륜 정렬

(1) 휠 얼라인먼트

자동차를 지지하는 바퀴는 기하학적인 관계를 두고 설치되어 있는데 휠 얼라인먼트는 바퀴의 기하학적인 각도 관계를 말하며 일반적으로 캠버, 캐스터, 토인, 킹핀 경사각 등이 있다. 휠 얼라인먼트의 효과는 연료 절감, 타이어 수명 연장, 안정성 및 안락성, 현가장치 관련 부품 수명 연장, 조향장치 관련 부품 수명 연장 등이 있으며 자동차의 주행에 대하여 노면과 타이어의 저항을 감소시키는 중요한 요소이다.

① 캐스터 : 직진성과 복원성, 안전성을 준다.
② 캐스터와 킹핀 경사각 : 조향핸들에 복원성을 준다.
③ 캠버와 킹핀 경사각 : 앞차축의 휨 방지 및 조향핸들의 조작력을 가볍게 한다.
④ 토인 : 타이어의 마멸을 최소로 하고 로드홀딩 효과가 있다.

(2) 휠 얼라인먼트의 구성요소

① 캠버(Camber)의 역할 : 자동차를 앞에서 볼 때 앞바퀴가 지면의 수직선에 대해 어떤 각도를 두고 장착되어 있는데 이 각도를 캠버각이라 한다. 캠버각은 일반적으로 +0.5~+1.5° 정도를 준다.
　㉠ 수직방향 하중에 의한 앞차축의 휨을 방지한다.
　㉡ 조향핸들의 조작을 가볍게 한다.
　㉢ 하중을 받았을 때 앞바퀴의 아래쪽부의 캠버가 벌어지는 것을 방지한다.
② 캠버의 종류
　㉠ 정(+) 캠버 : 정 캠버는 바퀴의 위쪽이 바깥쪽으로 기울어진 상태를 말하며 정 캠버가 클수록 선회할 때 코너링 포스가 감소하고 방향 안전성 및 노면의 충격을 감소시킨다.
　㉡ 부(−) 캠버 : 부 캠버는 바퀴의 위쪽이 안쪽으로 기울어진 상태를 말한다.

③ 캐스터(Caster) : 자동차의 앞바퀴를 옆에서 볼 때 너클과 앞차축을 고정하는 스트럿이 수직선과 어떤 각도를 두고 설치되는데 이를 캐스터 각이라 한다. 캐스터 각은 일반적으로 1~3° 정도이다.
　㉠ 정(+) 캐스터 : 정 캐스터는 자동차를 옆에서 볼 때 스트럿이 자동차의 뒤쪽으로 기울어져 있는 상태이다.
　㉡ 부(-) 캐스터 : 부의 캐스터는 자동차를 옆에서 볼 때 스트럿이 자동차의 앞쪽으로 기울어져 있는 상태이다.

④ 토인(Toe-in) : 자동차 앞바퀴를 위에서 내려다 볼 때 양 바퀴의 중심선 거리가 앞쪽이 뒤쪽보다 약간 작게 되어 있는데 이것을 토인이라고 하며 일반적으로 2~5mm 정도이다. 토인은 타이로드의 길이로 조정한다. 토인의 역할은 다음과 같다.
　㉠ 앞바퀴를 평행하게 회전시킨다.
　㉡ 앞바퀴의 사이드슬립과 타이어 마멸을 방지한다.
　㉢ 조향 링키지 마멸에 따라 토아웃이 되는 것을 방지한다.

⑤ 킹핀 경사각 : 자동차를 앞에서 보면 독립차축방식에서는 위, 아래 볼이음 부분의 가상선이, 일체차축방식에서는 킹핀의 중심선이 지면의 수직에 대하여 어떤 각도를 두고 설치되는데 이를 킹핀 경사각이라고 한다. 킹핀 경사각은 일반적으로 7~9° 정도 주며, 그 역할은 다음과 같다.
　㉠ 캠버와 함께 조향핸들의 조작력을 가볍게 한다.
　㉡ 캐스터와 함께 앞바퀴에 복원성을 부여한다.
　㉢ 앞바퀴가 시미 현상을 일으키지 않도록 한다.

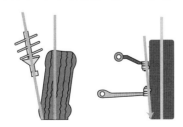

[킹핀 경사각]

핵심이론 01 | 제동장치

(1) 제동장치의 구비조건
① 작동이 명확하고 제동효과가 클 것
② 신뢰성과 내구성이 우수할 것
③ 점검 및 정비가 용이할 것

(2) 제동장치의 분류
제동장치는 기계식과 유압식으로 분류되며 기계식은 핸드 브레이크에, 유압식은 풋 브레이크에 주로 적용된다. 또한 제동력을 높이기 위한 배력장치는 흡기다기관의 진공을 이용하는 하이드로 백(진공서보식)과 압축공기 압력을 이용하는 공기 브레이크 등이 있으며 감속 및 제동장치의 과열방지를 위하여 사용하는 배기 브레이크, 엔진 브레이크, 와전류 리타더, 하이드롤릭 리타더 등의 감속 브레이크가 있다.

(3) 작동 방식에 따른 분류
① 내부 확장식 : 브레이크 페달을 밟아 마스터 실린더의 유압이 휠 실린더에 전달되면 브레이크 슈가 드럼을 밖으로 밀면서 압착되어 제동작용을 하는 방식이다.
② 외부 수축식 : 레버를 당길 때 브레이크 밴드를 브레이크 드럼에 강하게 조여서 제동하는 형식이다.
③ 디스크식 : 마스터 실린더에서 발생한 유압을 캘리퍼로 보내어 바퀴와 같이 회전하는 디스크를 패드로 압착시켜 제동하는 방식이다.

(4) 기구에 따른 분류
① 기계식 : 브레이크 페달이나 브레이크 레버의 조작력을 케이블 또는 로드를 통하여 브레이크 슈를 브레이크 드럼에 압착시켜 제동작용을 한다.

② 유압식 : 파스칼의 원리를 이용하여 브레이크 페달에 가해진 힘이 마스터 실린더에 전달되면 유압을 발생시켜 제동 작용을 하는 형식이다.
③ 공기식 : 압축공기의 압력을 이용하여 브레이크 슈를 드럼에 압착시켜 제동작용을 하는 방식이다.
④ 진공배력식 : 유압브레이크에서 제동력을 증가시키기 위하여 엔진의 흡기다기관(서지탱크)에서 발생하는 진공압과 대기압의 차이를 이용하여 제동력을 증대시키는 브레이크 장치이다.
⑤ 공기배력식 : 엔진의 동력으로 구동되는 공기 압축기를 이용하여 발생되는 압축공기와 대기와의 압력차를 이용하여 제동력을 발생하는 장치이다.

10년간 자주 출제된 문제

1-1. 승용자동차에서 주제동 브레이크에 해당되는 것은?
① 디스크브레이크
② 배기브레이크
③ 엔진브레이크
④ 와전류 리타더

1-2. 제3의 브레이크(감속 제동장치)로 틀린 것은?
① 엔진브레이크
② 배기브레이크
③ 와전류브레이크
④ 주차브레이크

|해설|

1-1
승용자동차의 주제동장치는 디스크브레이크와 드럼브레이크이다.

1-2
자동차의 감속브레이크 장치는 배기브레이크, 엔진브레이크, 와전류 리타더, 하이드롤릭 리타더 등의 감속브레이크가 있다.

정답 1-1 ① 1-2 ④

핵심이론 02 | 유압식 브레이크

(1) 유압식 브레이크의 특징

① 제동력이 각 바퀴에 동일하게 작용한다.
② 마찰에 의한 손실이 적다.
③ 페달 조작력이 적어도 작동이 확실하다.
④ 유압회로에서 오일이 누출되면 제동력을 상실한다.
⑤ 유압회로 내에 공기가 침입(베이퍼로크)하면 제동력
　이 감소한다.

(2) 마스터 실린더(Master Cylinder)

마스터 실린더는 브레이크 페달을 밟는 힘에 의하여 유압
을 발생시킨다.

① 실린더 보디 : 실린더 보디의 재질은 주철이나 알루미
　늄 합금을 사용하며 위쪽에는 리저버 탱크가 설치되어
　있다.
② 피스톤 : 피스톤은 실린더 내에 장착되며 페달을 밟으
　면 푸시 로드가 피스톤을 운동시켜 유압을 발생시킨다.
③ 피스톤 컵 : 피스톤 컵에는 1차 컵과 2차 컵이 있으며
　1차 컵은 유압 발생이고 2차 컵은 마스터 실린더 내의
　오일이 밖으로 누출되는 것을 방지한다.
④ 체크밸브 : 브레이크 페달을 밟으면 오일이 마스터 실
　린더에서 휠 실린더로 나가게 하고 페달을 놓으면 파
　이프 내 유압과 피스톤 리턴 스프링을 장력에 의해
　일정량만을 마스터 실린더 내로 복귀하도록 하여 회로
　내에 잔압을 유지시킨다.
⑤ 피스톤 리턴 스프링 : 페달을 놓을 때 피스톤이 제자리
　로 복귀하도록 하고 체크밸브와 함께 잔압을 형성하는
　작용을 한다.
⑥ 파이프 : 브레이크 파이프는 강철 파이프와 유압용 플
　렉시블 호스를 사용한다. 파이프는 진동에 견디도록
　클립으로 고정되어 있으며 연결부에는 금속제 피팅이
　설치되어 있다.

(3) 휠 실린더(Wheel Cylinder)

휠 실린더는 마스터 실린더에서 압송된 유압에 의하여
브레이크 슈를 드럼에 압착시키는 일을 하며 구조는 실린
더 보디, 피스톤 스프링, 피스톤 컵, 공기빼기 작업을 하
기 위한 에어 블리더가 있다.

(4) 브레이크 슈(Brake Shoe)

휠 실린더의 피스톤에 의해 드럼과 브레이크 슈의 마찰재
(브레이크 라이닝)가 마찰을 일으켜 제동력이 발생되는
부분으로 리턴 스프링을 두어 제동력 해제 시 슈가 제자리
로 복귀하도록 하며 홀드다운 스프링에 의해 슈와 드럼의
간극을 유지시킨다. 라이닝은 다음과 같은 구비조건을
갖추어야 한다.

① 내열성이 크고 열 경화(페이드) 현상이 없을 것
② 강도 및 내마멸성이 클 것
③ 온도에 따른 마찰계수 변화가 적을 것
④ 적당한 마찰계수를 가질 것

(5) 브레이크 드럼(Brake Drum)

드럼은 휠 허브에 볼트로 장착되어 바퀴와 함께 회전하며
슈와의 마찰로 제동을 발생시키는 부분이다. 드럼의 구비
조건은 다음과 같다.

① 가볍고 강도와 강성이 클 것
② 정적·동적 평형이 잡혀 있을 것
③ 냉각이 잘 되어 과열하지 않을 것
④ 내마멸성이 클 것

[드럼식 브레이크의 구조]

(6) 베이퍼로크

브레이크 액 내에 기포가 차는 현상으로 패드나 슈의 과열로 인해 브레이크 회로 내에 브레이크 액이 비등하여 기포가 차게 되어 제동력이 전달되지 못하는 상태를 말하며 다음과 같은 경우에 발생한다.

① 한여름에 매우 긴 내리막길에서 브레이크를 지속적으로 사용한 경우
② 브레이크 오일을 교환한 지 매우 오래된 경우
③ 저질 브레이크 오일을 사용한 경우

(7) 슈의 자기 작동

자기 작동이란 회전 중인 브레이크 드럼에 제동력이 작용하면 회전 방향 쪽의 슈는 마찰력에 의해 드럼과 함께 회전하려는 힘이 발생하여 확장력이 스스로 커져 마찰력이 증대되는 작용이다.

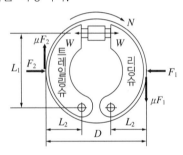

[내부 확장 드럼식 브레이크]

(8) 자동 간극조정

브레이크 라이닝이 마멸되면 라이닝과 드럼의 간극이 커지게 된다. 이러한 현상으로 인해 브레이크 슈와 드럼의 간극조정이 필요하며 후진 시 브레이크 페달을 밟으면 자동으로 조정되는 장치이다.

(9) 브레이크 오일의 구비조건

① 점도가 알맞고 점도 지수가 클 것
② 적당한 윤활성이 있을 것
③ 빙점이 낮고 비등점이 높을 것
④ 화학적 안정성이 크고 침전물 발생이 적을 것

⑤ 고무 또는 금속제품을 부식시키지 않을 것

(10) 디스크 브레이크의 장단점

① 디스크가 노출되어 열 방출 능력이 크고 제동 성능이 우수하다.
② 자기 작동작용이 없어 고속에서 반복적으로 사용하여도 제동력 변화가 적다.
③ 평형성이 좋고 한쪽만 제동되는 일이 없다.
④ 디스크에 이물질이 묻어도 제동력의 회복이 빠르다.
⑤ 구조가 간단하고 점검 및 정비가 용이하다.
⑥ 마찰면이 작아 패드의 압착력이 커야 하므로 캘리퍼의 압력을 크게 설계해야 한다.
⑦ 자기 작동작용이 없기 때문에 페달 조작력이 커야 한다.
⑧ 패드의 강도가 커야 하며 패드의 마멸이 크다.
⑨ 디스크가 노출되어 이물질이 쉽게 부착된다.

(11) 디스크 브레이크의 구조

① 디스크 : 디스크는 휠 허브에 설치되어 바퀴와 함께 회전하는 원판으로 제동 시에 발생되는 마찰열을 발산시키기 위하여 내부에 냉각용의 통기구멍이 설치되어 있는 벤틸레이티드 디스크로 제작되어 있다.
② 캘리퍼 : 캘리퍼는 내부에 피스톤과 실린더가 조립되어 있으며 제동력의 반력을 받기 때문에 너클이나 스트럿에 견고하게 고정되어 있다.
③ 실린더 및 피스톤 : 실린더 및 피스톤은 디스크에 끼워지는 캘리퍼 내부에 설치되어 있고 실린더의 끝부분에는 이물질이 유입되는 것을 방지하기 위하여 유연한 고무의 부츠가 설치되어 있으며 안쪽에는 피스톤실이 실린더 내벽의 홈에 설치되어 실린더 내 유압을 유지함과 동시에 디스크와 패드 사이 간극을 조절하는 자동조정장치의 역할도 가지고 있다.
④ 패드 : 패드는 두께가 약 10mm 정도의 마찰제로 피스톤과 디스크 사이에 조립되어 있다. 패드의 측면에는 사용한계를 나타내는 인디케이터가 있으며 캘리퍼에

설치된 점검홈에 의해서 패드가 설치된 상태에서 마모 상태를 점검할 수 있도록 되어 있다.

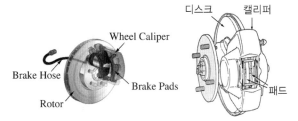

[디스크 브레이크의 구조]

(12) 배력식 브레이크

① 진공배력식 브레이크 : 진공배력식은 흡기다기관의 진공과 대기압력과의 차이를 이용한 것으로 페달 조작력을 약 8배 정도 증가시켜 제동성능을 향상시키는 장치이다.

② 진공배력식 브레이크의 종류

　㉠ 일체형 진공배력식 : 일체형은 진공배력장치가 브레이크 페달과 마스터 실린더 사이에 장착되며, 기관의 흡기다기관 내에서 발생하는 부압과 대기압의 압력차를 이용하여 배력작용을 발생하는 것으로 브레이크 부스터(Brake Booster) 또는 마스터 백이라고도 하며, 주로 승용차와 소형 트럭에 사용된다.

　　• 구조가 간단하고 무게가 가볍다.

　　• 배력장치 고장 시 페달 조작력은 로드와 푸시로드를 거쳐 마스터 실린더에 작용하므로 유압식 브레이크로 작동할 수 있다.

　　• 페달과 마스터 실린더 사이에 배력장치를 설치하므로 설치 위치에 제한이 있다.

　㉡ 분리형 진공배력식 : 분리형은 마스터 실린더와 배력장치가 서로 분리된 형태로, 이때의 배력장치를 하이드로 마스터(Hydro Master)라고도 한다. 구조와 작동원리는 일체형 진공배력장치와 비슷하다.

• 배력장치가 마스터 실린더와 휠 실린더 사이를 파이프로 연결하므로 설치 위치가 자유롭다.
• 구조가 복잡하다.
• 회로 내 잔압이 너무 크면 배력장치가 항상 작동하므로 잔압의 관계에 주의하여야 한다.

10년간 자주 출제된 문제

2-1. 브레이크장치에서 디스크 브레이크의 특징이 아닌 것은?

① 제동 시 한쪽으로 쏠리는 현상이 적다.
② 패드 면적이 크기 때문에 높은 유압이 필요하다.
③ 브레이크 페달의 행정이 일정하다.
④ 수분에 대한 건조성이 빠르다.

2-2. 제동장치에서 디스크 브레이크의 장점으로 옳은 것은?

① 방열성이 좋아 제동력이 안정된다.
② 자기작동으로 제동력이 증대된다.
③ 큰 중량의 자동차에 주로 사용한다.
④ 마찰 면적이 적어 압착하는 힘을 작게 할 수 있다.

|해설|

2-1
디스크 브레이크장치는 접촉되는 패드의 면적이 적기 때문에 높은 유압이 필요하다.

2-2
디스크 브레이크의 장단점
• 디스크가 노출되어 열 방출 능력이 크고 제동 성능이 우수하다.
• 자기 작동작용이 없어 고속에서 반복적으로 사용하여도 제동력 변화가 적다.
• 평형성이 좋고 한쪽만 제동되는 일이 없다.
• 디스크에 이물질이 묻어도 제동력의 회복이 빠르다.
• 구조가 간단하고 점검 및 정비가 용이하다.
• 마찰면적이 작아 패드의 압착력이 커야 하므로 캘리퍼의 압력을 크게 설계해야 한다.
• 자기 작동작용이 없기 때문에 페달 조작력이 커야 한다.
• 패드의 강도가 커야 하며 패드의 마멸이 크다.
• 디스크가 노출되어 이물질이 쉽게 부착된다.

정답 2-1 ② 2-2 ①

(1) 공압식 브레이크의 특징

① 차량 중량에 제한을 받지 않는다.
② 공기가 다소 누출되어도 제동성능이 현저하게 저하되지 않는다.
③ 베이퍼로크가 발생할 염려가 없다.
④ 페달을 밟는 양에 따라 제동력이 조절된다.
⑤ 공기 압축기 구동으로 인해 엔진의 동력이 소모된다.
⑥ 구조가 복잡하고 값이 비싸다.

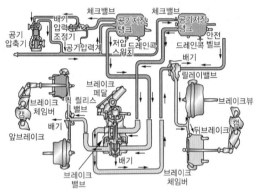

[공압식 브레이크 회로]

(2) 공압식 브레이크의 구조

① 공기 압축기 : 공기 압축기는 엔진의 크랭크축에 의해 구동되며 압축공기를 생산하는 역할을 한다.
② 압력조정기와 언로더밸브(Air Pressure Regulator & Unloader Valve) : 압력 조정기는 공기 저장 탱크 내의 압력이 약 7kgf/cm^2 이상 되면 공기탱크에서 공기 입구로 유입된 압축공기가 압력조정밸브를 밀어 올린다. 이에 따라 언로더밸브를 열어 압축기의 압축작용이 정지된다.
③ 공기 탱크와 안전밸브 : 공기 저장 탱크는 공기 압축기에서 보내온 압축공기를 저장하며 탱크 내 공기 압력이 규정값 이상이 되면 공기를 배출시키는 안전밸브와 공기 압축기로 공기가 역류하는 것을 방지하는 체크밸브 및 탱크 내 수분 등을 제거하기 위한 드레인콕이 있다.

(3) 공압식 브레이크 계통

① 브레이크밸브(Brake Valve) : 브레이크밸브는 페달에 의해 개폐되며 페달을 밟는 양에 따라 공기 탱크 내 압축공기량을 제어하여 제동력을 조절한다.
② 퀵릴리스밸브(Quick Release Valve) : 퀵릴리스밸브는 페달을 밟아 브레이크밸브로부터 압축공기가 입구를 통하여 공급되면 밸브가 열려 브레이크 체임버에 압축공기가 작동하여 제동된다.
③ 릴레이밸브(Relay Valve) : 릴레이밸브는 페달을 밟아 브레이크밸브로부터 공기 압력이 들어오면 다이어프램이 아래쪽으로 내려가 배출밸브를 닫고 공급밸브를 열어 공기 저장 탱크 내 공기를 직접 브레이크 체임버로 보내 제동시킨다.
④ 브레이크 체임버(Brake Chamber) : 페달을 밟아 브레이크밸브에서 조절된 압축공기가 체임버 내로 유입되면 다이어프램은 스프링을 누르고 이동하며 푸시로드가 슬래그 조정기를 거쳐 캠을 회전시킴으로써 브레이크 슈가 확장되고 드럼에 압착되어 제동 작용을 한다.

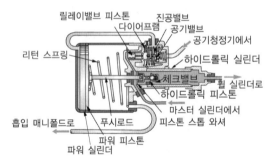

[브레이크 체임버의 구조]

⑤ 슬래그 조정기 : 캠축을 회전시키는 역할과 브레이크 드럼 내부의 브레이크 슈와 드럼 사이의 간극을 조정하는 역할을 한다.
⑥ 저압 표시기 : 브레이크용 공기 탱크 압력이 규정보다 낮은 경우 적색 경고등을 점등하고, 동시에 경고음을 울려 브레이크용 공기 압력이 규정보다 낮은 것을 운전자에게 알려주는 역할을 한다.

3-1. 공기식 브레이크 장치의 구조와 거리가 먼 것은?

① 하이드로 에어 팩
② 릴레이밸브
③ 브레이크 체임버
④ 브레이크밸브

3-2. 공기식 브레이크 장치에서 공기의 압력을 기계적 운동으로 바꾸어 주는 장치는?

① 릴레이밸브
② 브레이크 체임버
③ 브레이크밸브
④ 브레이크 슈

|해설|

3-1
하이드로 에어 팩은 진공배력장치의 구성 부품이다.

3-2
브레이크 체임버는 페달을 밟아 브레이크밸브에서 조절된 압축공기가 체임버 내로 유입되면 다이어프램은 스프링을 누르고 이동하며 푸시로드가 슬래그 조정기를 거쳐 캠을 회전시킴으로써 브레이크 슈가 확장되고 드럼에 압착되어 제동작용을 한다.

정답 3-1 ① 3-2 ②

핵심이론 04 | 주차 브레이크 및 보조 감속 브레이크

(1) 주차 브레이크

① 센터 브레이크

    ㉠ 외부 수축식 : 브레이크 드럼을 변속기 출력축이나 추진축에 설치하여 레버를 당기면 로드가 당겨지며 작동 캠의 작용으로 밴드가 수축하여 드럼을 강하게 조여서 제동이 된다.

    ㉡ 내부 확장식 : 레버를 당기면 와이어가 당겨지며 이때 브레이크 슈가 확장되어 제동작용을 한다.

(2) 보조 감속 브레이크

버스나 트럭의 대형화 및 고속화에 따라 상용 브레이크 및 엔진 브레이크만으로는 요구하는 제동력을 얻을 수 없으므로 보조 감속 브레이크를 장착시킨다. 즉, 감속 브레이크는 긴 언덕길을 내려갈 때 풋 브레이크와 병용되며 풋 브레이크 혹사에 따른 페이드 현상이나 베이퍼로크를 방지하여 제동장치의 수명을 연장한다. 보조 감속 브레이크의 종류는 다음과 같다.

① 엔진 브레이크 : 변속기 기어단수를 저단으로 놓고 엔진회전에 대한 저항을 증가시켜 감속하는 보조 감속 브레이크이다.

② 배기 브레이크 : 배기라인에 밸브 형태로 설치되어 작동 시 배기 파이프의 통로 면적을 감소시켜 배기압력을 증가시키고 엔진 출력을 감소시키는 보조 감속 브레이크이다.

③ 와전류 리타더 : 변속기 출력축 또는 추진축에 설치되며 스테이터, 로터, 계자 코일로 구성된다. 계자 코일에 전류가 흐르면 자력선이 발생하고 이 자력선 속에서 로터를 회전시키면 맴돌이 전류가 발생하여 자력선과의 상호작용으로 로터에 제동력이 발생하는 형태의 보조 감속 브레이크 장치이다.

④ 유체식 감속 브레이크(하이드롤릭 리타더) : 물이나 오일을 사용하여 자동차 운동에너지를 액체마찰에 의해 열에너지로 변환시켜 방열기에서 감속시키는 방식의 보조 감속 브레이크이다.

10년간 자주 출제된 문제

빈번한 브레이크 조작으로 인해 온도가 상승하여 마찰계수 저하로 제동력이 떨어지는 현상은?
① 베이퍼로크 현상
② 페이드 현상
③ 피칭 현상
④ 시미 현상

|해설|

마찰식 브레이크는 연속적인 제동을 하게 되면 마찰에 의한 온도 상승으로 페이드 현상이 일어날 수 있다.

정답 ②

핵심이론 05 | 전자제어 제동장치

(1) ABS의 개요

ABS(Air-lock Brake System)는 바퀴의 고착현상을 방지하여 노면과 타이어의 최적의 마찰을 유지하고 제동하여 제동성능 및 조향 안전성을 확보하는 전자제어식 브레이크 장치이다.

(2) ABS의 목적

① 조향안정성 및 조종성을 확보한다.
② 노면과 타이어를 최적의 그립력으로 제어하여 제동거리를 단축시킨다.

(3) ABS 구성부품

① 휠스피드센서 : 자동차의 각 바퀴에 설치되어 해당 바퀴의 회전상태를 검출하며 ECU는 이러한 휠스피드센서의 주파수를 인식하여 바퀴의 회전 속도를 검출한다.
② ECU : ABS ECU는 휠스피드센서의 신호에 의해 들어온 바퀴의 회전 상황을 인식함과 동시에 급제동 시 바퀴가 고착되지 않도록 하이드롤릭 유닛(유압조절장치)내 솔레노이드밸브 및 전동기 등을 제어한다.

(4) 하이드롤릭 유닛(유압조절장치)

하이드롤릭 유닛은 내부 전동기에 의해 작동되는 제어 펌프를 통해 유압이 공급된다. 또한 밸브 블록에는 각 바퀴의 유압을 제어하기 위해 각 채널에 대한 2개의 솔레노이드밸브가 들어 있다. ABS 작동 시 ECU의 신호에 따라 리턴 펌프를 작동시켜 휠 실린더에 가해지는 유압을 증압, 유지, 감압 등으로 제어한다.
① 솔레노이드밸브 : ABS 작동 시 ECU에 의해 ON, OFF되어 휠 실린더로의 유압을 증압, 유지, 감압시키는 기능을 한다.

② 리턴 펌프 : 하이드롤릭 유닛의 중심부에 설치되어 있으며 전기신호로 구동되는 전동기가 편심으로 된 풀리를 회전시켜 증압 시 추가로 유압을 공급하는 기능과 감압할 때 휠 실린더의 유압을 복귀시켜 어큐뮬레이터 및 댐핑체임버에 보내어 저장하도록 하는 기능을 한다.

③ 어큐뮬레이터 : 어큐뮬레이터 및 댐핑체임버는 하이드롤릭 유닛의 아랫부분에 설치되어 있으며 ABS 작동 중 감압작동할 때 휠 실린더로부터 복귀된 오일을 일시적으로 저장하는 장치이며 증압 사이클에서는 신속한 오일 공급으로 리턴 펌프가 작동되어 ABS가 신속하게 작동하도록 한다.

10년간 자주 출제된 문제

전자제어 제동장치(ABS)에서 바퀴가 고정(잠김)되는 것을 검출하는 것은?

① 브레이크 드럼
② 하이드롤릭 유닛
③ 휠스피드센서
④ ABS-ECU

|해설|

휠스피드센서는 자동차의 각 바퀴에 설치되어 해당 바퀴의 회전 상태를 검출하며 ECU는 이러한 휠스피드센서의 주파수를 인식하여 바퀴의 회전 속도를 검출한다.

정답 ③

핵심이론 01 휠 및 타이어

(1) 휠의 종류와 구조

휠의 종류에는 연강판으로 프레스 성형한 디스크를 림과 리벳이나 용접으로 접합한 디스크 휠(Disc Wheel), 림과 허브를 강철선의 스포크로 연결한 스포크 휠(Spoke Wheel) 및 방사선 상의 림 지지대를 둔 스파이더 휠(Spider Wheel)이 있다.

(2) 타이어(Tire)

① 보통(바이어스) 타이어 : 카커스 코드(Carcass Cord)를 빗금(Bias) 방향으로 하고, 브레이커(Breaker)를 원둘레 방향으로 넣어서 만든 것이다.

② 레이디얼(Radial) 타이어
　㉠ 타이어의 편평률을 크게 할 수 있어 접지 면적이 크다.
　㉡ 특수 배합한 고무와 발열에 따른 성장이 작은 레이온(Rayon)코드로 만든 강력한 브레이커를 사용하므로 타이어 수명이 길다.
　㉢ 브레이커가 튼튼해 하중에 의한 트레드의 변형이 적다.
　㉣ 선회할 때 사이드 슬립이 적어 코너링 포스가 좋다.
　㉤ 전동 저항이 적고, 로드 홀딩이 향상되며, 스탠딩 웨이브가 잘 일어나지 않는다.
　㉥ 고속으로 주행할 때 안전성이 크다.
　㉦ 브레이커가 튼튼해 충격 흡수가 불량하므로 승차감이 나쁘다.
　㉧ 저속에서 조향핸들이 다소 무겁다.

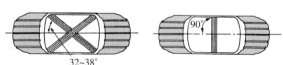

[바이어스(보통) 타이어와 레이디얼 타이어]

③ 튜브리스 타이어(Tubeless Tire)

　　㉠ 못 등에 찔려도 공기가 급격히 새지 않는다.

　　㉡ 펑크 수리가 쉽다.

　　㉢ 림의 일부분이 타이어 속의 공기와 접속하기 때문에 주행 중 방열이 잘 된다.

　　㉣ 림이 변형되면 공기가 새기 쉽다.

　　㉤ 공기압력이 너무 낮으면 공기가 새기 쉽다.

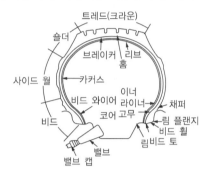

튜브리스 타이어(승용차용)

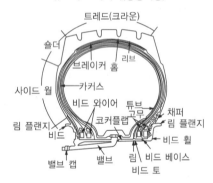

튜브 타이어(상용차용)

[튜브리스 타이어와 튜브 타이어]

④ 스노(Snow) 타이어

　　㉠ 접지 면적을 크게 하기 위해 트레드 폭이 보통 타이어보다 10~20% 정도 넓다.

　　㉡ 홈이 보통 타이어보다 승용차용은 50~70% 정도 깊고, 트럭 및 버스용은 10~40% 정도 깊다.

　　㉢ 내마멸성, 조향성, 타이어 소음 및 돌 등이 끼워지는 것에 대해 고려되어 있다.

⑤ 편평 타이어

　　㉠ 보통 타이어보다 코너링 포스가 15% 정도 향상된다.

　　㉡ 제동 성능과 승차감이 향상된다.

　　㉢ 펑크가 났을 때 공기가 급격히 빠지지 않는다.

　　㉣ 타이어 폭이 넓어 타이어 수명이 길다.

(3) 타이어의 호칭 치수

타이어의 호칭 치수는 바깥지름과 폭은 표준 공기 압력과 무부하 상태에서 측정하며, 정하중 반지름은 타이어를 수직으로 하여 규정의 하중을 가하였을 때 타이어의 축 중심에서 접지면까지의 가장 짧은 거리를 측정하며 타이어의 호칭 치수는 다음과 같이 표시한다.

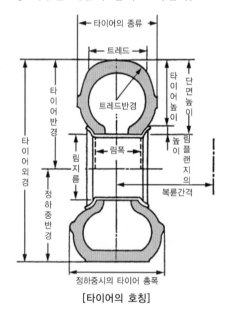

[타이어의 호칭]

(4) 타이어에서 발생하는 이상 현상

① 스탠딩 웨이브 현상 방지 조건

　　㉠ 타이어의 편평비가 작은 타이어를 사용한다.

　　㉡ 타이어의 공기압을 10~20% 높인다.

　　㉢ 레이디얼 타이어를 사용한다.

　　㉣ 접지부의 타이어 두께를 감소시킨다.

② 하이드로플레이닝(수막 현상) 방지 조건

　　㉠ 트레드의 마모가 적은 타이어를 사용한다.

　　㉡ 타이어의 공기압을 높인다.

　　㉢ 배수성이 좋은 타이어를 사용한다.

(5) 바퀴 평형(Wheel Balance)

① 정적 평형 : 이것은 타이어가 정지된 상태의 평형이며, 정적 불평형일 경우에는 바퀴가 상하로 진동하는 트램핑 현상을 일으킨다.

② 동적 평형 : 이것은 회전 중심축을 옆에서 보았을 때의 평형으로 회전하고 있는 상태의 평형이다. 동적 불평형이 있으면 바퀴가 좌우로 흔들리는 시미현상이 발생한다.

10년간 자주 출제된 문제

1-1. 타이어 종류 중 튜브리스 타이어의 장점이 아닌 것은?

① 못 등이 박혀도 공기누출이 적다.
② 림이 변형되어도 공기누출의 가능성이 적다.
③ 고속 주행 시에도 발열이 적다.
④ 펑크 수리가 간단하다.

1-2. 하이드로플레이닝 현상을 방지하는 방법이 아닌 것은?

① 트레드의 마모가 적은 타이어를 사용한다.
② 타이어의 공기압을 높인다.
③ 카프형으로 셰이빙 가공한 것을 사용한다.
④ 러그 패턴의 타이어를 사용한다.

|해설|

1-1

튜브리스 타이어의 특징

• 못 등에 찔려도 공기가 급격히 새지 않는다.
• 펑크 수리가 쉽다.
• 림의 일부분이 타이어 속의 공기와 접속하기 때문에 주행 중 방열이 잘 된다.
• 림이 변형되면 공기가 새기 쉽다.
• 공기압력이 너무 낮으면 공기가 새기 쉽다.

1-2

하이드로플레이닝 방지 조건

• 트레드의 마모가 적은 타이어를 사용한다.
• 타이어의 공기압을 높인다.
• 배수성이 좋은 타이어(카프형으로 셰이빙 가공한 것)를 사용한다.

정답 1-1 ② 1-2 ④

핵심이론 02 | 전자제어 구동력 제어장치(TCS)

(1) TCS 개요

① TCS의 역할 : TCS는 가속 및 구동 시 부분적 제동력을 발생하여 구동 바퀴의 슬립을 방지하고 엔진 토크를 감소시켜 노면과 타이어의 마찰력을 항상 일정 한계 내에 있도록 자동으로 제어한다.

② TCS의 종류

　㉠ FTCS : 최적의 구동을 위해 엔진 토크의 감소 및 브레이크제어를 동시에 구현하는 시스템이다. 브레이크 제어는 ABS ECU가 제어하며 TCS 제어를 함께 수행한다.

　㉡ BTCS : TCS를 제어할 때 브레이크 제어만을 수행하며 ABS 하이드롤릭 유닛 내부의 모터 펌프에서 발생하는 유압으로 구동 바퀴의 제동을 제어한다.

③ TCS 작동 원리

　㉠ 슬립제어 : 뒷바퀴 휠스피드센서의 신호와 앞바퀴 휠스피드센서의 신호를 비교하여 구동바퀴의 슬립률을 계산하여 구동바퀴의 유압을 제어한다.

　㉡ 트레이스제어 : 운전자의 조향핸들 조작량과 가속 페달 밟는 양 및 비구동 바퀴의 좌측과 우측의 속도 차이를 검출하여 구동력을 제어하여 안정된 선회가 가능하도록 한다.

10년간 자주 출제된 문제

전자제어 구동력 조절장치(TCS)에서 컨트롤 유닛에 입력되는 신호가 아닌 것은?

① 스로틀포지션센서
② 브레이크 스위치
③ 휠속도센서
④ TCS 구동 모터

|해설|

전자제어 구동력 조절장치(TCS)에서 컨트롤 유닛에 입력되는 신호는 센서 및 스위치 신호이다.

정답 ④

핵심이론 03 | 전자제어 제동력 배분장치(EBD)

(1) EBD 개요

제동 시 전륜측과 후륜측의 발생유압 시점을 뒷바퀴가 앞바퀴와 같거나 또는 늦게 고착되도록 ABS ECU가 제동배분을 제어하는 것을 EBD라 한다.

① EBD의 제어원리 : EBD는 ABS ECU에서 뒷바퀴의 제동유압을 이상적인 제동배분 곡선에 근접 제어하는 원리이다. 제동할 때 각각의 휠스피드센서로부터 슬립률을 연산하여 뒷바퀴 슬립률이 앞바퀴보다 항상 작거나 동일하게 유압을 제어한다.

② EBD 제어의 효과
  ㉠ 후륜의 제동기능 및 제동력을 향상시키므로 제동거리가 단축된다.
  ㉡ 뒷바퀴 좌우의 유압을 각각 독립적으로 제어하므로 선회 시 안전성이 확보된다.
  ㉢ 브레이크 페달의 작동력이 감소된다.
  ㉣ 제동 시 후륜의 제동효과가 커지므로 전륜측 브레이크 패드의 온도 및 마멸 등이 감소되어 안정된 제동효과를 얻을 수 있다.

핵심이론 04 | 차량 자세 제어시스템(VDC)

(1) VDC의 개요

VDC(Vehicle Dynamic Control System)은 스핀(Spin) 또는 오버 스티어(Over Steer), 언더 스티어(Under Steer) 등의 발생을 억제하여 이로 인한 사고를 미연에 방지할 수 있는 시스템이다.

① 요 모멘트 : 요 모멘트란 차체의 앞뒤가 좌·우측 또는 선회할 때 안쪽, 바깥쪽 바퀴쪽으로 이동하려는 힘을 말한다. 요 모멘트로 인하여 언더 스티어, 오버 스티어, 횡력 등이 발생한다.

② VDC 제어의 개요 : 조향각속도센서, 마스터 실린더 압력센서, 차속센서, G센서 등의 입력값을 연산하여 자세제어의 기준이 되는 요 모멘트와 자동감속제어의 기준이 되는 목표 감속도를 산출하여 이를 기초로 4바퀴의 독립적인 제동압, 자동감속제어, 요 모멘트 제어, 구동력 제어, 제동력 제어와 엔진 출력을 제어한다.

③ 제어의 종류
  ㉠ ABS/EBD 제어 : 4개의 휠 스피드의 가·감속을 산출하고 ABS/EBD 작동여부를 판단하여 제동제어를 한다.
  ㉡ TCS 제어 : 브레이크 압력제어 및 CAN 통신을 통해 엔진 토크를 저감시켜 구동 방향의 휠 슬립을 방지한다.
  ㉢ 요(AYC) 제어 : 요레이트센서, 횡가속도센서, 마스터 실린더 압력센서, 조향휠 각속도센서, 휠스피드센서 등의 신호를 연산하여 차량 자세를 제어한다.

④ VDC 제어조건
  ㉠ 주행속도가 15km/h 이상이어야 한다.
  ㉡ 점화 스위치 ON 후 2초가 지나야 한다.
  ㉢ 요 모멘트가 일정값 이상 발생하면 제어한다.
  ㉣ 제동이나 출발할 때 언더 스티어나 오버 스티어가 발생하면 제어한다.

ⓜ 주행속도가 10km/h 이하로 떨어지면 제어를 중지한다.

ⓗ 후진할 때에는 제어를 하지 않는다.

ⓢ 자기 진단기기 등에 의해 강제 구동 중일 때에는 제어를 하지 않는다.

⑤ 제동압력제어

ⓖ 요 모멘트를 기초로 제어 여부를 결정한다.

ⓛ 슬립률에 의한 자세제어에 따라 제어 여부를 결정한다.

ⓒ 제동압력제어는 기본적으로 슬립률 증가측에는 증압하고 감소측에는 감압제어를 한다.

⑥ ABS 관련 제어 : 뒷바퀴를 제어할 경우 셀렉터제어에서 독립제어로 변경되며 요 모멘트에 따라서 각 바퀴의 슬립률을 판단하여 제어한다.

⑦ 자동감속제어(제동제어) : 선회할 때 횡 G값에 대하여 엔진의 가속을 제한하는 제어를 실행함으로써 과속의 경우에는 제동제어를 포함하여 선회 안정성을 향상시킨다. 목표 감속도와 실제 감속도의 차이가 발생하면 뒤 바깥쪽 바퀴를 제외한 3바퀴에 제동압력을 가하여 감속제어를 실행한다.

⑧ TCS 관련 제어 : 슬립제어는 제동제어에 의해 LSD (Limited Slip Differential) 기능으로 미끄러운 도로에서의 가속성능을 향상시키며 트레이스제어는 운전의 운전 상황에 대하여 엔진의 출력을 감소시킨다.

⑨ 선회 시 제어

ⓖ 오버 스티어 발생 : 오버 스티어는 전륜 대비 후륜의 횡 슬립이 커져 과다 조향현상이 발생하며 시계 방향의 요 컨트롤이 필요하게 된다.

ⓛ 언더 스티어 발생 : 언더 스티어는 후륜 대비 전륜의 횡 슬립이 커져 조향 부족현상이 발생하며 반시계 방향의 요 컨트롤이 필요하게 된다.

⑩ 요 모멘트 제어(Yaw Moment Control) : 요 모멘트 제어는 차체의 자세제어이며 선회할 때 또는 주행 중 차체의 옆 방향 미끄러짐 요잉 또는 횡력에 대하여 안쪽 바퀴 또는 바깥쪽 바퀴에 브레이크를 작동시켜 차체제어를 실시한다.

ⓖ 오버 스티어 제어(Over Steer Control) : 선회할 때 VDC ECU에서는 조향각과 주행속도 등을 연산하여 안정된 선회 곡선을 설정한다. 설정된 선회 곡선과 비교하여 언더 스티어가 발생되면 오버 스티어 제어를 실행한다.

ⓛ 언더 스티어 제어(Under Steer Control) : 설정된 선회 곡선과 비교하여 오버 스티어가 발생하면 언더 스티어 제어를 실행한다.

ⓒ 자동감속제어(트레이스제어) : 자동차의 운동 중 요잉은 요 모멘트를 변화시키며 운전자의 의도에 따라 주행하는 데 있어서 타이어와 노면과 마찰 한계에 따라 제약이 있다. 즉, 자세제어만으로는 선회 안정성에 맞지 않는 경우가 있다. 자동감속제어는 선회 안정성을 향상시키는 데 그 목적이 있다.

(2) VDC의 구성

① 휠스피드센서 : 각 바퀴 별로 1개씩 설치되어 있으며 바퀴 회전 속도 및 바퀴의 가속도 슬립률 계산 등은 ABS, TCS에서와 같다.

② 조향휠 각속도센서 : 조향핸들의 조작 속도를 검출하는 것이며 3개의 포토 트랜지스터로 구성되어 있다.

③ 요 레이트센서 : 센터콘솔 아래쪽에 횡 G센서와 함께 설치되어 있다.

④ 횡 가속도(G)센서 : 센터콘솔 아래쪽에 요 레이트 센서와 함께 설치되어 있다.

⑤ 하이드롤릭 유닛(Hydraulic Unit) : 엔진룸 오른쪽에 부착되어 있으며 그 내부에는 12개의 솔레노이드밸브가 들어 있다.

⑥ 유압 부스터(Hydraulic Booster) : 흡기다기관의 부압을 이용한 기존의 진공배력식 부스터 대신 유압 모터를 이용한 것이며 유압 부스터는 액추에이터와 어큐뮬레이터에서 전동기에 의하여 형성된 중압 유압을 이용한다.

⑦ 마스터 실린더 압력센서 : 유압 부스터에 설치되어 있으며 스틸 다이어프램으로 구성되어 있다.

⑧ 제동등 스위치 : 브레이크 작동 여부를 ECU에 전달하여 VDC, ABS 제어의 판단여부를 결정하는 역할을 하며, ABS 및 VDC 제어의 기본적인 신호로 사용된다.

⑨ 가속페달위치센서 : 가속페달의 조작 상태를 검출하는 것이며 VDC 및 TCS의 제어 기본 신호로 사용된다.

⑩ 컴퓨터(ECU ; Electronic Control Unit) : 승객석 오른쪽 아래에 설치되어 있으며 2개의 CPU로 상호 점검하여 오작동을 감지한다. 그리고 시리얼 통신에 의해 ECU 및 TCU와 통신을 한다.

CHAPTER 04

자동차 전기전자

핵심이론 01 | 기초전기

(1) 전류(전자의 이동)

전자는 ⊖쪽에서 ⊕쪽으로 이동하지만 전류의 흐름은 ⊕에서 ⊖쪽으로 흐른다고 정하고 있기 때문에 전자의 이동방향과 전류의 이동방향은 서로 반대가 된다.

① 전류의 단위는 A(Ampere : 암페어)이며 기호는 I이다. 전류의 크기는 도체의 단면에서 임의의 한 점을 전하가 1초 동안에 이동할 때의 양으로 나타낸다.

② 전류의 3대 작용
  ㉠ 발열작용 : 도체의 저항에 전류가 흐르면 열이 발생한다. 발열량은 도체에 전류가 많이 흐를수록 또는 도체의 저항이 클수록 많아진다.
  ㉡ 화학작용 : 전해액에 전류가 흐르면 화학작용이 발생된다.
  ㉢ 자기작용 : 전선이나 코일에 전류가 흐르면 그 주위에 자기 현상이 일어난다.

(2) 전 압

① 전압의 단위는 V(Volt : 볼트)이며 기호는 V이다. 전위의 차이 또는 도체에 전류를 흐르게 하는 전기적인 압력을 말한다.

② 기전력의 단위는 V(Volt : 볼트)이며 기호는 E이다. 전하를 이동시켜 끊임없이 발생되는 전기적인 압력이라 하며, 기전력을 발생시켜 전류원이 되는 것을 전원이라 한다.

(3) 저 항

전류의 흐름을 방해하는 성질을 저항이라 한다.

① 저항의 단위는 Ω(Ohm : 옴)이며 기호는 R이다.

② 저항의 종류
  ㉠ 절연저항 : 절연체의 저항
  ㉡ 접촉저항 : 접촉면에서 발생하는 저항

$$R = \rho \times \frac{l}{A}$$

  • ρ : 고유저항($\mu\Omega \cdot$cm)
  • l : 도체의 길이(cm)
  • A : 도체의 단면적
  ㉢ 위 식에서 도체의 저항은 길이에 비례하고 단면적에 반비례한다.

도체의 종류	고유저항 ($\mu\Omega \cdot$cm)	도체의 종류	고유저항 ($\mu\Omega \cdot$cm)
은	1.62	니 켈	6.90
구 리	1.69	철	10.00
금	2.40	강	20.60
알루미늄	2.62	주 철	57~114
황 동	5.70	니켈-크롬	100~110

③ 온도와 저항과의 관계
  ㉠ 정특성(PTC) : 일반적인 도체의 특성으로 온도와 저항과의 관계는 비례특성을 가진다.
  ㉡ 부특성(NTC) : 전해액, 탄소, 절연체, 반도체의 특성으로 온도와 저항과의 관계는 반비례특성을 가진다.

(4) 옴의 법칙

$$E = I \times R, \quad I = \frac{E}{R}, \quad R = \frac{E}{I}$$

- 전압(E) : 전위차, 전자가 이동하는 압력(V)
- 저항(R) : 전류의 흐름을 방해하는 성질(Ω)
- 전류(I) : 전자의 이동(A)

(5) 저항의 접속

① 직렬접속 : 각 저항에 흐르는 전류는 일정하고 전압은 축전지 개수의 배가 된다.

$$R_T = R_1 + R_2 + \cdots + R_n, \quad I = 일정$$

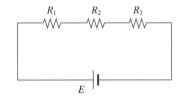

[저항의 직렬연결]

② 병렬접속 : 각 저항에 흐르는 전압은 일정하고 용량은 축전지 개수의 배가 된다.

$$R_T = \frac{1}{\frac{1}{R_1} + \frac{1}{R_2} + \cdots + \frac{1}{R_n}}, \quad V = 일정$$

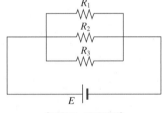

[저항의 병렬연결]

③ 직·병렬접속

$$R_T = R_1 + R_2 + \cdots + R_n + \frac{1}{\frac{1}{R_1} + \frac{1}{R_2} + \cdots + \frac{1}{R_n}}$$

(6) 전 력

전기가 단위 시간 1초 동안에 하는 일의 양으로 어떤 부하에 전압을 가하여 전류를 흐르게 하면 기계적 에너지를 발생시켜 여러 가지 일을 하는데 이것을 전력이라 한다.

① 전력 : 단위 시간 동안 전기가 한 일의 크기를 전력이라 한다.

$$P = E \cdot I (\text{W})$$
$$= I \cdot R \times I = I^2 \cdot R$$
$$= E \times \frac{E}{R} = \frac{E^2}{R}$$

② 전력량 : 전력이 어떤 시간 동안 한 일의 총량을 말하며, 전기가 하는 일의 크기에 사용할 때의 시간을 곱한 것이다.

$$W = P \cdot t (\text{W} \cdot \text{S} = \text{J}) = I^2 Rt$$
$$= E \cdot I \cdot t (t : 시간(초))$$

(7) 줄의 법칙

1840년 영국의 물리학자 줄(James Prescott Joule)에 의해서 전류가 도체에 흐를 때 발생되는 열량에 관한 법칙을 밝힌 것으로 도체 내에 흐르는 정상전류에 의하여 일정한 시간 내에 발생하는 열량은 전류의 제곱과 저항의 곱에 비례한다는 법칙이다.

$$H = 0.24 Pt (\text{cal})$$

(8) 키르히호프의 법칙

키르히호프 법칙은 옴의 법칙을 발전시켜 복잡한 회로에서 전류의 분포, 합성전력, 저항 등을 다룰 때 사용한다.

① 제1법칙 : 전하의 보존 법칙

임의의 한 점에서 유입되는 전류의 총합과 유출되는 전류의 총합은 같다.

$$\sum I_{in} = \sum I_{out}$$

$$I_1 + I_3 = I_2 + I_4$$

② 제2법칙 : 에너지의 보존 법칙

임의의 폐회로에서 기전력의 합과 각 저항에 의한 전압 강하량의 합은 같다.

$$\sum E = \sum (E_1 + E_2 + E_3)$$

$$\sum E = \sum (I_1 R_1 + I_2 R_2 + I_3 R_3)$$

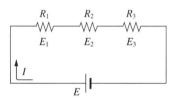

1-1. 다음 그림의 회로에서 전류계에 흐르는 전류(A)는 얼마인가?

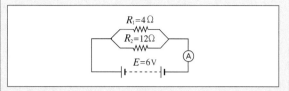

① 1A   ② 2A

③ 3A   ④ 4A

1-2. 자동차 전기장치에서 "임의 한 점으로 유입된 전류의 총합은 유출한 전류의 총합과 같다"는 현상을 설명한 것은?

① 앙페르의 법칙

② 키르히호프의 제1법칙

③ 뉴턴의 제1법칙

④ 렌츠의 법칙

1-3. 자동차 등화장치에서 12V 축전지에서 30W의 전구를 사용하였다면 저항은?

① 4.8Ω   ② 5.4Ω

③ 6.3Ω   ④ 7.6Ω

|해설|

1-1

병렬합성 저항은 $R_T = \dfrac{1}{\dfrac{1}{R_1} + \dfrac{1}{R_2} + \cdots + \dfrac{1}{R_n}}$ 이므로

$R_T = \dfrac{1}{\dfrac{1}{12} + \dfrac{1}{4}} = 3\Omega$ 이 된다.

여기서, $I = \dfrac{E}{R}$ 이므로 $\dfrac{6V}{3\Omega} = 2A$ 이다.

1-2

키르히호프의 제1법칙은 '임의의 한 점에서 유입되는 전류의 총합과 유출되는 전류의 총합은 같다' 라는 법칙이다.

1-3

전력을 구하는 공식은

$$P(\text{W}) = E \cdot I = I^2 \cdot R = \dfrac{E^2}{R} \text{ 이므로}$$

$\dfrac{(12)^2}{R} = 30$ 이므로 $R = 4.8\Omega$ 이 된다.

정답 1-1 ②   1-2 ②   1-3 ①

(1) 개 요

① 자기 : 자기는 자석과 자석 공간 또는 자석과 전류 사이에서 작용하는 힘의 근원이 되는 것으로 철편을 잡아당기는 작용을 자기라고 한다. 또한 자철광이 철편 등을 잡아당기는 성질을 자성이라 한다.

② 쿨롱의 법칙 : 1785년 프랑스의 쿨롱에 의해서 발견된 전기력 및 자기력에 관한 법칙으로 2개의 대전체 또는 2개의 자극 사이에 작용하는 힘은 거리의 제곱에 반비례하고 두 자극의 곱에는 비례한다는 법칙이다. 즉, 두 자극의 거리가 가까우면 자극의 세기는 강해지고 거리가 멀수록 자극의 세기는 약해진다.

(2) 전류가 만드는 자계

① 앙페르의 오른나사의 법칙 : 도선에서 전류가 흐르면 언제나 오른나사가 회전하는 방향으로 자력선이 형성된다.

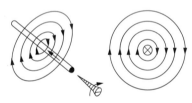

전류가 들어가는 방향

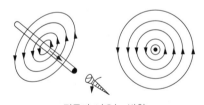

전류가 나오는 방향

[앙페르의 오른나사의 법칙]

② 오른손 엄지손가락의 법칙

[오른손 엄지손가락의 법칙]

(3) 전자력

전자력은 자계와 전류 사이에서 작용하는 힘이다.

① 플레밍의 왼손법칙(직류전동기의 원리)

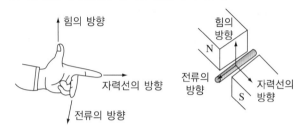

[플레밍의 왼손법칙]

(4) 전자 유도 작용

① 플레밍의 오른손법칙(교류발전기)

[플레밍의 오른손법칙]

② 렌츠의 법칙

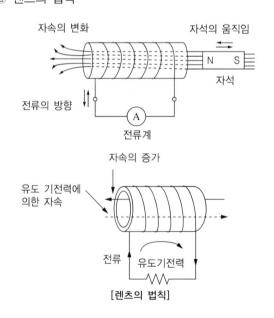

[렌츠의 법칙]

코일 내에 영구자석을 넣으면 코일에 발생되는 기전력에 의해서 영구자석을 밀어내는 반작용이 일어난다. 코일에 영구자석의 N극을 넣으면 코일에 N극이 형성되도록 기전력이 발생하고, 코일에 영구자석의 S극을 넣으면 코일에 S극이 형성되도록 기전력이 발생되어 영구자석의 운동을 방해한다. 또한 코일에 영구자석의 N극을 빼낼 때에는 코일은 S극이 형성되도록 기전력이 발생되고 코일에 영구자석의 S극을 빼낼 때에는 코일은 N극이 형성되도록 기전력이 발생되기 때문에 코일에는 영구자석의 운동을 방해하는 기전력으로 변화된다.

(5) 유도작용

① 자기유도작용 : 하나의 코일에 흐르는 전류를 변화시키면 코일과 교차하는 자력선도 변화되기 때문에 코일에는 그 변화를 방해하는 방향으로 기전력이 발생되는 작용을 말한다.

② 상호유도작용 : 2개의 코일이 서로 접근되어 있을 때 임의의 한쪽 코일에 흐르는 전류를 변화시키면 코일에 형성되는 자력선도 변화되어 다른 코일에 전압이 발생된다.

③ 전압비와 권선비

$$\frac{E_2}{E_1} = \frac{N_2}{N_1} = \frac{I_1}{I_2}$$

(6) 축전기(Condenser)

정전유도작용을 통하여 전하를 저장하는 역할을 한다.

① 정전용량 : 2장의 금속판에 단위 전압을 가할 때 저장되는 전하의 크기를 말한다.

　㉠ 금속판 사이의 절연도에 비례한다.

　㉡ 작용하는 전압에 비례한다.

　㉢ 금속판의 면적에 비례한다.

　㉣ 금속판의 거리에는 반비례한다.

$$Q = CE, \quad C = \frac{Q}{E}$$

- Q : 전하량(단위 : C, 쿨롬)
- C : 정전용량(단위 : F, 패럿)
- E : 전압(단위 : V, 볼트)

② 축전기의 직렬접속

$$C_T = \frac{1}{\dfrac{1}{C_1} + \dfrac{1}{C_2} + \cdots + \dfrac{1}{C_n}}$$

③ 축전기의 병렬접속

$$C_T = C_1 + C_2 + \cdots + C_n$$

10년간 자주 출제된 문제

2-1. 쿨롱의 법칙에서 자극의 강도에 대한 내용으로 틀린 것은?

① 자석의 양끝을 자극이라 한다.
② 두 자극 세기의 곱에 비례한다.
③ 자극의 세기는 자기량의 크기에 따라 다르다.
④ 거리에 반비례한다.

2-2. 기동전동기의 작동원리는 무엇인가?

① 렌츠 법칙　　　　　　② 앙페르 법칙
③ 플레밍의 왼손법칙　　④ 플레밍의 오른손법칙

2-3. 자동차 전기장치에서 "유도기전력은 코일 내의 자속의 변화를 방해하는 방향으로 생긴다."는 현상을 설명한 것은?

① 앙페르의 법칙　　　　② 키르히호프의 제1법칙
③ 뉴턴의 제1법칙　　　 ④ 렌츠의 법칙

|해설|

2-1
두 자극의 거리가 가까우면 자극의 세기는 강해지고 거리가 멀수록 자극의 세기는 약해진다.

2-2
플레밍의 왼손법칙은 직류전동기(기동전동기), 플레밍의 오른손법칙은 교류발전기에 적용되는 법칙이다.

2-3
"유도기전력은 코일 내의 자속의 변화를 방해하는 방향으로 생긴다."라는 법칙은 렌츠의 법칙이다.

정답 2-1 ④　2-2 ③　2-3 ④

(1) 반도체의 종류

① 진성 반도체 : 게르마늄(Ge)과 실리콘(Si) 등 결정이 같은 수의 정공(Hole)과 전자가 있는 반도체를 말한다.

② 불순물 반도체

   ⊙ N형 반도체 : 실리콘의 결정(4가)에 5가의 원소(비소(As), 안티몬(Sb), 인(P))를 혼합한 것으로 전자 과잉 상태인 반도체를 말한다.

   ⓒ P형 반도체 : 실리콘의 결정(4가)에 3가의 원소(알루미늄(Al), 인듐(In))를 혼합한 것으로 정공(홀) 과잉 상태인 반도체를 말한다.

(2) 반도체의 특징

① 극히 소형이고 가볍다.

② 내부의 전력 손실이 적다.

③ 예열시간이 필요 없다.

④ 기계적으로 강하고 수명이 길다.

⑤ 열에 약하다.

⑥ 역내압이 낮다.

⑦ 정격값이 넘으면 파괴되기 쉽다.

(3) 반도체 접합의 종류

① 종 류

접합의 종류	접합도(P. N)	적용 반도체
무 접합	P 또는 N	서미스터, 광전도, 셀
단 접합	P N	다이오드, 제너 다이오드
이중 접합	P N P N P N	트랜지스터, 가변 용량 다이오드, 발광 다이오드, 전계효과 트랜지스터
다중 접합	P N P N	사이리스터, 포토 트랜지스터

② 다이오드 : P형 반도체와 N형 반도체를 결합하여 양끝에 단자를 부착한 것이다.

   ⊙ 다이오드의 종류

     • 실리콘 다이오드 : 교류 전기를 직류 전기로 변환시키는 정류작용과 전기를 한 방향으로만 흐르게 하는 특성을 가진다.

     • 제너 다이오드 : 제너 다이오드는 어떤 전압(브레이크다운 전압, 제너 전압)에 이르면 역방향으로 전류를 흐르게 하는 것으로 주로 발전기 전압 조정기에 많이 사용된다.

     • 포토 다이오드 : 다이오드에 역방향 전압을 가하여도 전류는 흐르지 않으나 PN 접합면에 빛을 대면 에너지에 의해 전류가 흐른다. 포토 다이오드는 이 현상을 이용한 것으로 주로 점화장치, 크랭크각센서에 많이 사용된다.

     • 발광 다이오드 : PN 접합면에 정방향으로 전류를 흐르게 하였을 캐리어가 가지고 있는 에너지의 일부가 빛으로 외부에 방사한다. 발광 다이오드의 이점은 수명이 백열전구의 10배 이상이고 발열이 거의 없으며 소비 전력이 적다.

③ 다이오드 정류회로

   ⊙ 단상 반파정류 : 전류 이용률의 1/2 정도만 사용하므로 전류의 흐름이 단속되는 맥류가 되어 자동차에 사용하는 직류로는 알맞지 않다.

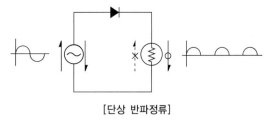

[단상 반파정류]

ⓛ 단상 전파정류 : 4개의 실리콘 다이오드를 브리지 접속하여 사용한다.

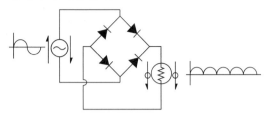

[단상 전파정류]

ⓒ 삼상 전파정류 : 6개의 실리콘 다이오드를 브리지 접속하여 사용한다.

④ **서미스터** : 다른 금속과 다르게 온도 변화에 대하여 저항값이 크게 변화하는 반도체의 성질을 이용하는 소자이다. 자동차에서 온도 측정용은 주로 부특성 서미스터를 사용한다.

ⓐ 부특성(NTC) 서미스터 : 온도가 상승하면 저항값이 감소한다.

ⓑ 정특성(PTC) 서미스터 : 온도가 상승하면 저항값이 증가한다.

⑤ **트랜지스터** : 다이오드의 PN 접합을 변형시킨 것으로 다이오드의 N형 반도체 쪽에 P형 반도체를 접합시킨 구조의 PNP형 트랜지스터와 다이오드의 P형 반도체 쪽에 N형 반도체를 접합시킨 구조의 NPN형 트랜지스터가 있다. 트랜지스터는 각각 3개의 단자가 있는데 한쪽을 이미터(E), 중앙을 베이스(B), 다른 한쪽을 컬렉터(C)라 부른다.

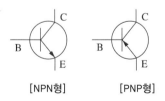

[NPN형]   [PNP형]

ⓐ 트랜지스터 장점
  • 수명이 길고 내부 전력손실이 적다.
  • 소형이고 경량이다.
  • 기계적으로 강하다.
  • 예열을 하지 않아도 작동한다.

• 내부 전압 강하가 매우 적다.

ⓑ 트랜지스터 단점
  • 온도 특성이 나쁘다(적정온도 이상 파괴).
  • 과대 전류전압에 파손되기 쉽다.

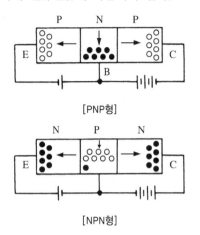

[PNP형]

[NPN형]

ⓒ 트랜지스터의 작용
  • 스위칭 작용 : PNP형 트랜지스터나 NPN형 트랜지스터 모두 베이스의 전류를 단속하여 이미터와 컬렉터 사이에 흐르는 전류를 단속하기 때문에 스위칭 작용이라 한다.
  • 증폭 작용 : 이미터에서 흐르는 전류를 100%라고 할 때 이미터에서 베이스로 흐르는 전류는 중화되어 2% 정도가 흐르고, 이미터에서 컬렉터로 흐르는 전류는 98%이다. 이와 같이 적은 베이스 전류에 의해서 큰 컬렉터 전류를 제어하는 작용을 증폭 작용이라 하며, 그 비율을 증폭률이라 한다.

⑥ **사이리스터(SCR ; Silicon Controlled Rectifier)** : 사이리스터는 PNPN 또는 NPNP 접합으로, 스위치 작용을 한다. 일반적으로 단방향 3단자를 사용하는데 (+)쪽을 애노드, (–)쪽을 캐소드, 제어단자를 게이트라 부른다.

ⓐ A(애노드)에서 K(캐소드)로 흐르는 전류가 순방향이다.

ⓑ 순방향 특성은 전기가 흐르지 못하는 상태이다.

ⓒ G(게이트)에 (+), K(캐소드)에 (−)전류를 공급하면 A(애노드)와 K(캐소드) 사이가 순간적으로 도통(통전)된다.

ⓓ A(애노드)와 K(캐소드) 사이가 도통된 것은 G(게이트)전류를 제거해도 계속 도통이 유지되며, A(애노드)전위를 0으로 만들어야 해제된다.

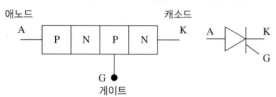

⑦ 달링턴 트랜지스터(Darlington Transistor) : 달링턴 트랜지스터는 2개의 트랜지스터를 하나로 결합하여 전류 증폭도가 높다.

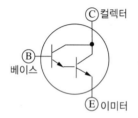

⑧ 포토 트랜지스터(Photo Transistor)

ⓐ 외부로부터 빛을 받으면 전류를 흐를 수 있도록 하는 감광소자이다.

ⓑ 빛에 의해 컬렉터 전류가 제어되며, 광량(光量) 측정, 광스위치 소자로 사용된다.

⑨ 컴퓨터의 논리회로

ⓐ 기본회로

입력 신호		출력 신호(Q)		
		OR 게이트	AND 게이트	NOT 게이트
A	B			
0	0	0	0	1
0	1	1	0	1
1	0	1	0	0
1	1	1	1	0

ⓑ 복합회로

입력 신호		출력 신호(Q)	
		NOR 게이트	NAND 게이트
A	B		
0	0	1	1
0	1	0	1
1	0	0	1
1	1	0	0

(4) 반도체의 효과

① 홀 효과 : 자기를 받으면 통전성능이 변화하는 효과

② 제베크 효과 : 열을 받으면 전기 저항값이 변화하는 효과

③ 피에조 효과 : 힘을 받으면 기전력이 발생하는 효과

④ 펠티에 효과 : 직류전원 공급 시 한쪽 면은 고온이 되고 반대쪽 면은 저온이 되는 반도체 소자의 열전 효과

3-1. 달링턴 트랜지스터를 설명한 것으로 옳은 것은?

① 트랜지스터보다 컬렉터 전류가 작다.
② 2개의 트랜지스터를 하나로 결합하여 전류 증폭도가 높다.
③ 전류 증폭도가 낮다.
④ 2개의 트랜지스터처럼 취급해야 한다.

3-2. AND 게이트 회로의 입력 A, B, C, D에 각각 입력으로 A = 1, B = 1, C = 1, D = 0이 들어갔을 때 출력 X는?

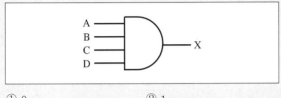

① 0   ② 1
③ 2   ④ 3

3-3. 반도체 소자 중 사이리스터(SCR)의 단자에 해당하지 않는 것은?

① 애노드(Anode)   ② 게이트(Gate)
③ 캐소드(Cathode)   ④ 컬렉터(Collector)

|해설|

3-1
달링턴 트랜지스터는 2개의 트랜지스터를 하나로 결합하여 전류 증폭도가 높다.

3-2
논리곱(AND)회로이며 입력 A, B, C, D가 동시에 1이 되어야 출력 X도 1이 되며 하나라도 0이면 출력 X도 0이 되는 회로이다.

3-3
사이리스터는 일반적으로 단방향 3단자를 사용하는데 (+)쪽을 애노드, (−)쪽을 캐소드, 제어단자를 게이트라 부른다. 컬렉터는 트랜지스터 단자이다.

정답 3-1 ②   **3-2** ①   **3-3** ④

제2절 **기초공학시동장치와 점화 및 충전장치**

핵심이론 01 **축전지(Battery)**

축전지(Battery)는 내부에 들어 있는 화학물질의 화학에 너지를 전기화학적 산화−환원반응에 의해 전기에너지로 변환하는 장치이다.

(1) 전지의 분류

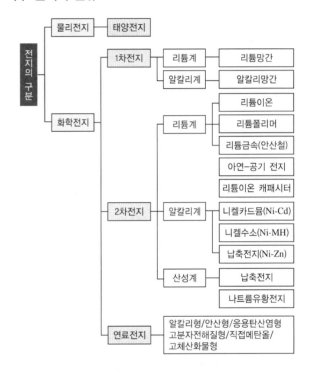

(2) 2차전지 구성 및 조건

전지에는 산화제인 양극 활물질과 환원제인 음극 활물질과 이온 전도에 의해 산화반응과 환원반응을 발생시키는 전해액, 양극과 음극이 직접 접촉하는 것을 방지하는 격리판이 필요하다. 또한 이것들을 넣는 용기, 전지를 안전하게 작동시키기 위한 안전밸브나 안전장치 등이 필요하다.

① 고전압, 고출력, 대용량일 것
② 긴 사이클 수명과 적은 자기 방전율을 가질 것
③ 넓은 사용온도와 안전 및 신뢰성이 높을 것
④ 사용이 쉽고 가격이 저가일 것

(3) 납산 축전지

현재 내연기관 자동차에 사용되고 있는 전지에는 납산 축전지와 알칼리 축전지의 두 종류가 있으나, 대부분 납산 축전지를 사용하고 있다. 납산 축전지의 특징 및 기능은 다음과 같다.

① 자동차용 배터리로 가장 많이 사용되는 방식(MF 배터리)이다.
② (+)극에는 과산화납, (−)극에는 해면상납, 전해액은 묽은 황산을 적용한다.
③ 셀당 기전력은 완전 충전 시 약 2.1V(완전 방전 시 1.75V) 정도이다.
④ 가격이 저렴하고 유지보수가 쉬우나 에너지밀도가 낮고 용량과 중량이 크다.
⑤ 초기 시동 시 기동전동기에 전력을 공급한다.
⑥ 발전장치 고장 시 전원 부하를 부담한다.
⑦ 발전기 출력과 전장 부하 등의 평형을 조정한다.

(4) 납산 축전지의 구조 및 작용

축전지는 6개의 셀(Cell)로 구성되어 있다. 각 셀은 묽은 황산의 전해액과 과산화납의 양극판, 해면상납의 음극판 그리고 양극판과 음극판의 단락을 방지하는 격리판으로 구성되어 있으며, 6개의 셀은 직렬로 연결되어 있다.

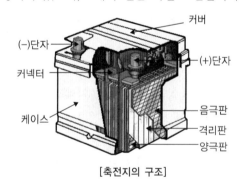

[축전지의 구조]

(5) 극판(Plate)

양극판은 과산화납(PbO_2), 음극판은 해면상납(Pb)이며, 극판 수는 화학적 평형을 고려하여 음극판을 양극판보다 1장 더 두고 있다.

(6) 격리판(Separator)

양극판과 음극판의 단락을 방지하기 위해 두며, 구비조건은 다음과 같다.
① 비전도성일 것
② 다공성이어서 전해액의 확산이 잘 될 것
③ 기계적 강도가 있고, 전해액에 산화 부식되지 않을 것
④ 극판에 좋지 못한 물질을 내뿜지 않을 것

(7) 극판군(Plate Group)

① 극판군은 1셀(Cell)이며, 1셀당 기전력은 2.1V이므로 12V 축전지의 경우 6개의 셀이 직렬로 연결되어 있다.
② 극판 수를 늘리면 축전지 용량이 증대되어 이용전류가 많아진다.

(8) 단자(Terminal Post)

① 케이블과 접속하기 위한 단자이며, 잘못 접속되는 것을 방지하기 위해 문자(POS, NEG), 색깔(적색, 흑색), 크기((+)단자가 굵고, (−)단자가 가늘다), 부호(+, −) 등으로 표시한다.
② 단자에서 케이블을 분리할 때에는 접지(−) 쪽을 먼저 분리하고 설치할 때에는 나중에 설치하여야 한다.
③ 단자가 부식되었으면 깨끗이 청소를 한 다음 그리스를 얇게 바른다.

(9) 전해액(Electrolyte)

① 묽은 황산을 사용하며, 20℃에서의 표준비중은 1.280이다.
② 전해액을 만들 때에는 반드시 물(증류수)에 황산을 부어야 한다.
③ 전해액 온도가 상승하면 비중이 낮아지고, 온도가 낮아지면 비중은 커지는데, 온도 1℃ 변화에 비중은 0.0007이 변화한다.

$$S_{20} = S_t + 0.0007 \times (t-20)$$

- S_{20} : 표준온도 20℃에서의 비중
- S_t : t℃에서 실제 측정한 비중
- t : 전해액 온도

④ 전해액의 구비조건

　㉠ 전해액은 이온 전도성이 높을 것

　㉡ 충전 시에 양극이나 음극과 반응하지 않을 것

　㉢ 전지 작동 범위에서 산화환원을 받지 않을 것

　㉣ 열적으로 안정될 것

　㉤ 독성이 낮으며 환경 친화적일 것

　㉥ 염가일 것

(10) 전해액 비중 측정

① 비중계로 측정하며, 축전지의 충전여부를 알 수 있다.

② 축전지를 방전 상태로 오랫동안 방치해 두면 극판이 영구황산납이 된다.

(11) 납산 축전지의 충·방전 작용

$$PbO_2 + 2H_2SO_4 + Pb \Leftrightarrow PbSO_4 + 2H_2O + PbSO_4$$

① 방전될 때 화학작용

　㉠ 양극판 : 과산화납(PbO_2) → 황산납($PbSO_4$)

　㉡ 음극판 : 해면상납(Pb) → 황산납($PbSO_4$)

　㉢ 전해액 : 묽은 황산(H_2SO_4) → 물(H_2O)

② 충전될 때 화학작용

　㉠ 양극판 : 황산납($PbSO_4$) → 과산화납(PbO_2)

　㉡ 음극판 : 황산납($PbSO_4$) → 해면상납(Pb)

　㉢ 전해액 : 물(H_2O) → 묽은 황산(H_2SO_4)

(12) 납산 축전지의 특징

① 방전종지 전압 : 방전종지 전압은 어떤 전압 이하로 방전해서는 안 되는 것을 말하며, 납산 축전지에서 1셀당 1.75V이다.

② 축전지 용량 : 축전지 용량이란 완전 충전된 축전지를 일정한 전류로 연속 방전하여 단자 전압이 규정의 방전종지 전압이 될 때까지 사용할 수 있는 전기적 용량을 말한다.

암페어시 용량(Ah) = 일정 방전전류(A) × 방전종지 전압까지의 연속 방전시간(h)

③ 축전지 용량의 크기를 결정하는 요소

　㉠ 극판의 크기(면적)

　㉡ 극판의 수

　㉢ 전해액의 양

④ 축전지 용량 표시방법

　㉠ 25암페어율 : 26.6℃(80°F)에서 일정한 방전전류로 방전하여 1셀당 전압이 1.75V에 도달할 때까지 방전하는 것을 측정하는 것이다.

　㉡ 20시간율 : 일정한 방전전류를 연속 방전하여 1셀당 방전종지 전압이 1.75V가 될 때까지 20시간 방전시킬 수 있는 전류의 총량을 말한다.

　㉢ 냉간율 : 0°F(−17.7℃)에서 300A의 전류로 방전하여 셀당 기전력이 1V 전압 강하하는 데 소요되는 시간으로 표시하는 것이다.

⑤ 축전지 연결에 따른 전압과 용량의 변화

　㉠ 직렬연결 : 같은 용량, 같은 전압의 축전지 2개를 직렬로 접속((+)단자와 (−)단자의 연결)하면 전압은 2배가되고, 용량은 1개일 때와 같다.

　㉡ 병렬연결 : 같은 용량, 같은 전압의 축전지 2개를 병렬로 연결((+)단자는 (+)단자에, (−)단자는 (−)단자에 연결)하면 용량은 2배이고 전압은 1개일 때와 같다.

(13) 축전지 자기방전

① 자기방전의 원인

    ⊙ 음극판의 작용물질이 황산과의 화학작용으로 황산납이 되기 때문이다.

    ⓒ 전해액에 포함된 불순물이 국부전지를 구성하기 때문이다.

    ⓒ 탈락한 극판 작용물질(양극판 작용물질)이 축전지 내부에 퇴적되기 때문이다.

② 자기방전량

    ⊙ 24시간 동안 실제용량의 0.3~1.5% 정도이다.

    ⓒ 자기방전량은 전해액의 온도가 높을수록, 비중이 클수록 크다.

(14) 축전지 충전

① **정전류 충전** : 정전류 충전은 충전 시작에서 끝까지 일정한 전류로 충전하는 방법이다.

② **정전압 충전** : 정전압 충전은 충전 시작에서 끝까지 일정한 전압으로 충전하는 방법이다.

③ **단별전류 충전** : 단별전류 충전은 충전 중 전류를 단계적으로 감소시키는 방법이다.

④ **급속충전** : 급속충전은 축전지 용량의 50% 전류로 충전하는 것이며, 자동차에 축전지가 설치된 상태로 급속충전을 할 경우에는 발전기 다이오드를 보호하기 위하여 축전지 (+)와 (−)단자의 양쪽 케이블을 분리하여야 한다. 또 충전시간은 가능한 짧게 하여야 한다.

(15) 충전할 때 주의사항

① 충전하는 장소는 반드시 환기장치를 한다.

② 각 셀의 전해액 주입구(벤트 플러그)를 연다.

③ 충전 중 전해액의 온도가 40℃ 이상 되지 않게 한다.

④ 과충전을 하지 않는다(양극판 격자의 산화촉진 요인).

⑤ 2개 이상의 축전지를 동시에 충전할 경우에는 반드시 직렬접속을 한다.

⑥ 암모니아수나 탄산소다(탄산나트륨) 등을 준비해 둔다.

(16) MF 축전지(무정비 축전지)

격자를 저안티몬 합금이나 납-칼슘 합금을 사용하여 전해액의 감소나 자기방전량을 줄일 수 있는 축전지이다. 특징은 다음과 같다.

① 증류수를 점검하거나 보충하지 않아도 된다.

② 자기방전 비율이 매우 낮다.

③ 장기간 보관이 가능하다.

④ 전해액의 증류수를 보충하지 않아도 되는 방법으로 전기 분해할 때 발생하는 산소와 수소가스를 다시 증류수로 환원시키는 촉매 마개를 사용하고 있다.

1-1. 자동차용 납산 배터리의 기능으로 틀린 것은?

① 기관시동에 필요한 전기에너지를 공급한다.
② 발전기 고장 시에 자동차 전기장치에 전기에너지를 공급한다.
③ 발전기의 출력과 부하 사이의 시간적 불균형을 조절한다.
④ 시동 후에도 자동차 전기장치에 전기에너지를 공급한다.

1-2. 다음 중 축전지(배터리) 격리판으로서의 구비조건이 아닌 것은?

① 전해액의 확산이 잘 될 것
② 기계적 강도가 있을 것
③ 전도성일 것
④ 다공성일 것

1-3. 20℃에서 양호한 상태인 100Ah의 축전지는 200A의 전기를 얼마 동안 발생시킬 수 있는가?

① 20분
② 30분
③ 1시간
④ 2시간

1-4. 자동차용 축전지의 비중이 30℃에서 1.276이었다. 기준온도 20℃에서의 비중은?

① 1.269
② 1.275
③ 1.283
④ 1.290

|해설|

1-1
시동 후에는 발전기가 자동차 전기장치에 전기에너지를 공급한다.

1-2
격리판의 구비조건
• 비전도성일 것
• 다공성이어서 전해액의 확산이 잘 될 것
• 기계적 강도가 있고, 전해액에 산화 부식되지 않을 것
• 극판에 좋지 못한 물질을 내뿜지 않을 것

1-3
용량 100Ah의 축전지는 100A로 1시간을 방전할 수 있으며 200A로는 0.5시간 방전할 수 있다. 200A × 0.5h = 100Ah이다.

1-4
축전지의 비중 환산식은
$S_{20} = S_t + 0.0007 \times (t - 20)$이므로
$S_{20} = 1.276 + 0.0007 \times (30 - 20)$이 되며 $S_{20} = 1.283$이다.

정답 1-1 ④   1-2 ③   1-3 ②   1-4 ③

핵심이론 02 │ 기동전동기

기동 모터는 엔진의 크기와 기동 모터의 위치 등의 이유로 엔진과 기동 모터의 기어비가 어느 일정 범위로 제한되어 가솔린 엔진에는 기어비가 10 : 1 정도이고 디젤 엔진에는 12~15 : 1 정도이며, 회전원리는 플레밍의 왼손법칙에 기인한다.

(1) 기동 모터의 구비조건

기동 모터는 시동 토크가 큰 직류직권 모터를 사용한다.
① 소형·경량이며 출력이 커야 한다.
② 기동 토크가 커야 한다.
③ 가능한 소요되는 전원용량이 작아야 한다.
④ 먼지나 물이 들어가지 않는 구조이어야 한다.
⑤ 기계적인 충격에 잘 견디어야 한다.

(2) 기동 모터의 분류

① 직권전동기 : 전기자코일과 계자코일이 직렬로 접속된 것이며, 회전력이 크고 회전속도의 변화가 커서 차량용 기동전동기에 사용된다.
② 분권전동기 : 전기자와 계자코일이 병렬로 접속된 것이다. 회전속도가 일정하고 회전력이 비교적 작으며 파워원도 모터 등에 사용된다.
③ 복권전동기 : 전기자코일과 계자코일이 직병렬로 접속된 것이다. 초기에는 회전력이 크고 후기에는 회전속도가 일정하여 와이퍼 모터 등에 사용된다.

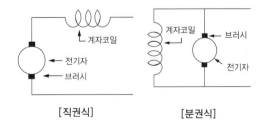

[직권식]　　　　[분권식]

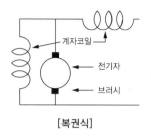

[복권식]

(3) 기동 모터의 구조

일반적으로 자동차에서 사용하고 있는 기동모터는 전자 피니언 섭동식이다.

① 회전운동을 하는 부분

　㉠ 전기자(Armature) : 축, 철심, 전기자코일 등으로 구성되어 있다. 전기자코일의 전기적 점검은 그롤러 테스터로 하며, 전기자코일의 단선, 단락 및 접지 등에 대하여 시험한다.

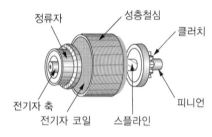

　㉡ 정류자(Commutator) : 기동전동기의 전기자코일에 항상 일정한 방향으로 전류가 흐르도록 하기 위해 설치한 것이다.

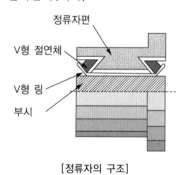

[정류자의 구조]

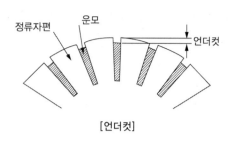

[언더컷]

② 고정된 부분

　㉠ 계철과 계자 철심(Yoke & Pole Core) : 계철은 자력선의 통로와 기동 전동기의 틀이 되는 부분이다. 계자 철심은 계자코일에 전기가 흐르면 전자석이 되며, 자속을 잘 통하게 하고, 계자코일을 유지한다.

　㉡ 계자코일(Field Coil) : 계자 철심에 감겨져 자력(磁力)을 발생시키는 것이며, 계자코일에 흐르는 전류와 정류자 코일에 흐르는 전류의 크기는 같다.

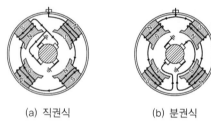

(a) 직권식　　　　(b) 분권식

　㉢ 브러시와 브러시 홀더(Brush & Brush Holder) : 브러시는 정류자를 통하여 전기자코일에 전류를 출입시키는 일을 하며, 4개가 설치된다. 스프링 장력은 스프링 저울로 측정하며 0.5~1.0kg/cm^{2}이고 브러시는 본래 길이에서 1/3 이상 마모되면 교환하여야 한다.

　㉣ 마그네틱 스위치 : 솔레노이드 스위치라고도 하며 축전지에서 기동모터까지 흐르는 대전류를 단속하는 스위치 작용과 피니언을 링 기어에 물리는 일을 한다. 마그네틱 스위치는 시동 스위치를 넣으면 내부의 코일에 의해 자력이 발생하여 플런저를 끌어당긴다.

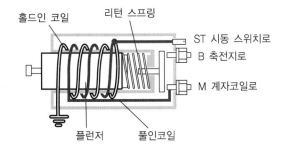

홀드인 코일　리턴 스프링
ST 시동 스위치로
B 축전지로
M 계자코일로
플런저　풀인코일

(4) 기동 모터 주요장치의 역할

① **기동 모터** : 엔진을 시동하기 위해 최초로 흡입과 압축행정에 필요한 에너지를 외부로부터 공급받아 엔진을 회전시키는 장치로 일반적으로 축전지 전원을 이용하는 직류직권 모터를 이용한다.

② **솔레노이드 스위치** : 전자석 스위치라는 뜻으로 풀인코일과 홀드인 코일에 전류가 흘러 플런저를 잡아당기고 플런저는 시프트레버를 잡아당겨 피니언 기어를 링 기어에 물린다.

③ **풀인 코일(Pull-in Coil)** : 플런저와 접촉판을 닫힘 위치로 당기는 전자력을 형성하여 기동 모터 솔레노이드 B단자와 M단자에 접촉이 이루어진다.

④ **홀드인 코일(Hold-in Coil)** : 솔레노이드 ST단자를 통하여 에너지를 받아 기동모터로 흐르고 시스템 전압이 떨어질 때 접촉판을 맞물린 채로 있도록 추가 전자력을 공급한다.

⑤ **계자코일(Field Coil)** : 계자 철심에 감겨져 전류가 흐르면 자력을 일으켜 철심을 자화한다. 계자코일과 전기자코일은 직류직권식이기 때문에 전기자 전류와 같은 크기의 큰 전류가 계자코일에도 흐른다.

⑥ **전기자코일(Armature Coil)** : 전기자코일은 큰 전류가 흐를 수 있도록 평각동선을 운모, 종이, 파이버, 합성수지 등으로 절연하여 코일의 한쪽은 자극 쪽에, 다른 한쪽 끝은 S극이 되도록 철심의 홈에 끼워져 있다.

⑦ **정류자** : 브러시에서의 전류를 일정한 방향으로만 흐르게 하는 것으로 경동판을 절연체로 싸서 원형으로 한 것이다.

⑧ **브러시** : 브러시는 정류자에 미끄럼 접촉을 하면서 전기자 코일에 흐르는 전류의 방향을 바꾸어 준다. 브러시는 브러시 홀더에 조립되어 끼워진다.

⑨ **오버 러닝 클러치** : 오버 러닝 클러치는 피니언 기어가 링 기어에 의해 회전하면 전기자를 보호하는 역할을 한다.

10년간 자주 출제된 문제

2-1. 기동전동기를 주요 부분으로 구분한 것이 아닌 것은?

① 회전력을 발생하는 부분
② 무부하 전력을 측정하는 부분
③ 회전력을 기관에 전달하는 부분
④ 피니언을 링 기어에 물리게 하는 부분

2-2. 기동전동기에서 회전하는 부분이 아닌 것은?

① 오버 러닝 클러치　　② 정류자
③ 계자코일　　　　　　④ 전기자 철심

2-3. 모터(기동전동기)의 형식을 맞게 나열한 것은?

① 직렬형, 병렬형, 복합형
② 직렬형, 복렬형, 병렬형
③ 직권형, 복렬형, 복합형
④ 직권형, 분권형, 복권형

|해설|

2-1
기동전동기의 주요 부분으로는 회전력을 발생하는 부분, 회전력을 기관에 전달하는 부분, 피니언을 링 기어에 물리게 하는 부분으로 나눈다.

2-2
기동전동기의 계자코일은 고정부분에 속한다.

2-3
직류전동기의 형식은 직권식, 분권식, 복권식으로 나눈다.

정답 2-1 ②　2-2 ③　2-3 ④

(1) 충전장치의 개요

① 전자유도작용 : 전자유도작용은 다음 그림처럼 자력선이 작용하고 있는 두 자석 사이에 있는 전선이 회전력에 의해 움직이게 되어 자석 사이에 작용하고 있는 자력선을 자르면 전선에 전류가 발생하게 되는 현상을 말한다. 그리고 전기가 발생하는 방향은 플레밍의 오른손법칙에 따른다.

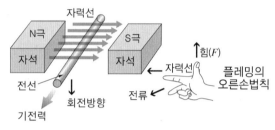

[전자유도작용]

② 교류발전기의 특징

㉠ 소형·경량이고, 저속에서도 충전이 가능하다.

㉡ 출력이 크고, 고속회전에 잘 견딘다.

㉢ 속도변화에 따른 적용 범위가 넓다.

㉣ 다이오드를 사용하기 때문에 정류 특성이 좋다.

㉤ 컷 아웃 릴레이 및 전류제한기를 필요로 하지 않는다. 즉, 전압조정기만 사용한다.

(2) 단상교류

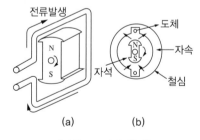

[단상교류 발생 원리]

고정된 코일 가운데에서 자석을 회전시키면 코일에는 플레밍의 오른손법칙에 따른 방향으로 기전력이 발생한다.

자석이 1회전 하는 사이에 코일에는 단상교류 파형과 같은 1사이클의 정현파 교류전압이 발생하고, 이와 같은 교류를 단상교류라 한다.

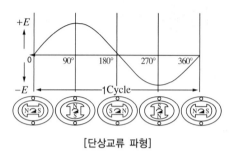

[단상교류 파형]

(3) 3상교류

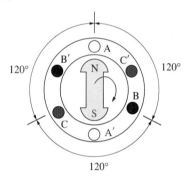

위 그림과 같이 원통형 철심의 내면에 A-A', B-B', C-C' 3조의 코일을 120° 간격으로 배치하고 그 안에서 자석을 회전시키면 코일에는 각각 같은 모양의 단상교류전압이 발생된다. 그러나 B 코일에는 A 코일보다 120° 늦은 전압변화가 생긴다. 이와 같이 A, B, C 3조의 코일에 생기는 교류 파형을 3상교류라 한다.

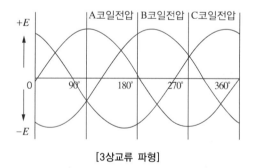

[3상교류 파형]

(4) 전자석 로터의 원리

실용되는 발전기는 소형인 특수한 발전기 이외에는 로터를 영구자석으로 사용하지 않고 철심에 코일을 감아서 자속의 크기를 제어하는 전자석이 쓰인다. 즉, 회전하는 전자석에 전류를 흘려주기 위해서는 그림과 같이 회전축에 조립된 2개의 슬립 링에 코일의 단자를 접속시키고, 슬립 링에 접촉된 브러시를 통하여 코일에 전류를 흘려준다. 그림과 같은 회전체를 로터라 한다.

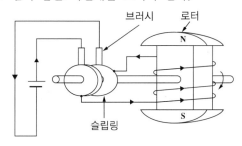

[전자석 로터의 구조]

(5) 정류작용

교류를 직류로 변환시키는 것을 정류라 하며, 정류 방법에는 여러 가지 방식이 있으나, 자동차용 교류발전기에서는 실리콘 다이오드를 이용하여 정류를 한다.

① 단상교류의 정류 : 단상교류 정류작용은 그림 (a)와 같이 단상 교류발전기와 부하 사이에 다이오드를 직렬로 접속하면 다이오드에 정방향 전압이 가해질 때만 전류가 흐르고, 역방향의 경우에는 전류가 흐르지 않는다. 이와 같이 정방향의 반파만을 이용하는 방식을 단상 반파정류라 한다. 그림 (b)는 다이오드 4개를 브리지 모양으로 접속한 회로인데, 이 경우에는 정방향, 역방향의 교류전압을 모두 정류하기 때문에 효율이 높은 정류를 할 수 있다. 축전지용 충전기 등은 기본적으로 이 방식의 정류기를 사용하고 있으며, 이것을 단상 전파정류라 한다.

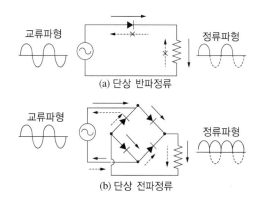

[단상교류 정류작용]

② 3상교류의 정류 : 3상교류 정류작용은 6개의 다이오드를 브리지 모양으로 연결하여 3상교류발전기의 출력단자에 접속한 것인데, 교류발전기는 이 방식으로 3상교류를 정류하고 있으며, 이것을 3상 전파정류회로라 한다. 이와 같은 원리에 의해 3상교류 전기를 직류전기로 전환시킬 수 있다.

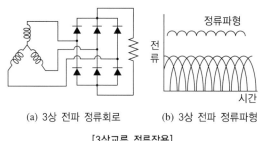

(a) 3상 전파 정류회로   (b) 3상 전파 정류파형

[3상교류 정류작용]

(6) 발전기의 구성과 작용

① 교류발전기의 구성 : 교류발전기는 로터(회전자), 스테이터(고정자), 정류기(다이오드), IC전압조정기(브러시 부착), 벨트풀리 등으로 구성되어 있다.

[발전기]

② **교류발전기의 작용** : 교류발전기에 부착된 벨트풀리를 통해서 엔진의 회전동력을 얻게 되면 회전하는 로터 코일과 스테이터 코일 사이에 전자유도현상이 발생하고, 3상교류 전기가 발생하게 된다. 이렇게 발생된 3상교류 전기는 정류기(6-다이오드)와 전압조정기를 통과하면서 정전압 직류 전기로 변환되고 B단자, L단자, R단자를 통해서 출력된다.

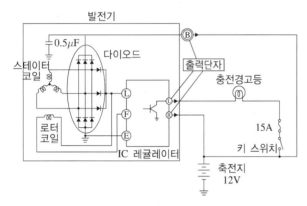

[교류발전기의 발전원리 회로도]

③ **발전기 주요 구성 부품과 역할**

ㄱ 로터(회전자) : 브러시와 슬립링을 통해 전기가 공급되면 전자석이 되어 스테이터 내부에서 N-S극이 교차되며 회전한다.

ㄴ 스테이터(고정자) : 스테이터 코일은 Y결선으로 구성되어 있고, 전자석이 된 로터가 N-S극을 교차하며 회전하면 전자유도작용에 의해 스테이터에서 3상교류가 발생한다.

ㄷ 브러시 : 전압조정기를 통해 나온 전기를 로터에 공급한다.

ㄹ 정류기(6-다이오드) : 스테이터에서 발생한 3상 교류 전기를 3상 전파정류시켜서 직류 전기로 변환하며, 발전기 발생전압이 축전지 전압보다 낮을 때는 역전류를 차단한다.

ㅁ 전압조정기(IC Regulator) : 회전하는 로터와 스테이터의 전자유도작용에 의해서 발생하는 전기는 로터의 회전속도(차속)에 따라 발생하는 전기

의 크기가 달라진다. 그래서 전압조정기에서 로터에 공급하는 전기의 양을 조절함으로써 항상 일정한 전압을 발생시킬 수 있도록 한다.

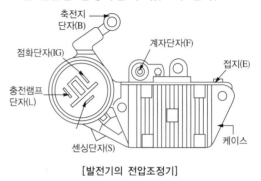

[발전기의 전압조정기]

(7) 교류(AC) 충전장치를 다룰 때 일반적인 주의사항

① 교류발전기의 B(출력)단자에는 항상 축전지의 (+)단자가 연결되어 있고, 또 점화 스위치를 ON으로 하였을 경우에는 F(계자)단자에도 축전지 전압이 가해져 있으므로 주의하여야 한다.

② 축전지 극성에 특히 주의하여야 하며 절대로 역접속하여서는 안 된다. 역접속을 하면 축전지에서 발전기로 대전류가 흘러 실리콘 다이오드가 파손된다.

③ 급속 충전방법으로 축전지를 충전할 때에는 반드시 축전지의 (+)단자의 케이블(축전지와 기동전동기를 접속하는 케이블)을 분리한다. 발전기와 축전지가 접속된 상태에서 급속 충전을 하면 실리콘 다이오드가 손상된다.

④ 발전기 B단자에서의 전선을 떼어내고 기관을 가동시켜서는 안 된다. N(중성점)단자의 전압이 이상 상승되어 발전기 조정기의 전압 릴레이 코일이 소손되는 경우가 있다. 만약 B단자를 풀어야 할 경우에는 F단자의 결선도 풀도록 한다.

⑤ 발전기조정기를 조정할 경우에는 반드시 소켓의 결합을 풀어야 한다. 만일 접속한 상태로 조정하면 접점이 단락되어 융착되는 일이 있다.

⑥ F 단자에 축전기(Condenser)를 접속하여서는 안 된다. 발전기조정기의 접점에 돌기가 생기기 쉽다.

3-1. 발전기의 3상교류에 대한 설명으로 틀린 것은?

① 3조의 코일에서 생기는 교류파형이다.
② Y결선을 스타결선, 결선을 델타결선이라 한다.
③ 각 코일에 발생하는 전압을 선간전압이라고 하며, 스테이터 발생전류는 직류전류가 발생된다.
④ 결선은 코일의 각 끝과 시작점을 서로 묶어서 각각의 접속점을 외부 단자로 한 결선 방식이다.

3-2. 교류발전기에서 다이오드가 하는 역할은?

① 교류를 정류하고 역류를 방지한다.
② 교류를 정류하고 전류를 조정한다.
③ 전압을 조정하고 교류를 정류한다.
④ 여자전류를 조정하고 교류를 정류한다.

3-3. 일반적으로 발전기를 구동하는 축은?

① 캠 축
② 크랭크축
③ 앞차축
④ 컨트롤로드

|해설|

3-1
스테이터 코일에서는 교류전기가 발생되며 이를 다이오드가 정류하여 직류로 변환한다.

3-2
교류발전기에서 다이오드는 교류를 정류하고 역류를 방지한다.

3-3
발전기는 크랭크축 풀리에 의해 벨트 구동된다.

정답 3-1 ③ 3-2 ① 3-3 ②

핵심이론 04 | 점화장치

(1) 점화장치 개요

자동차에는 주로 축전지 점화방식을 사용하며 최근에는 반도체의 발달로 전트랜지스터 점화방식, 고강력 점화방식(HEI ; High Energy Ignition), 전자배전 점화방식(DLI ; Distributor Less Ignition) 등이 사용되고 있다. 트랜지스터 점화방식은 점화코일의 1차코일에 흐르는 전류를 트랜지스터의 스위칭 작용으로 차단하여 2차코일에 고전압을 유도시키는 방식이다. 트랜지스터 방식 점화장치의 특징은 다음과 같다.

① 저속 성능이 안정되고 고속 성능이 향상된다.
② 불꽃에너지를 증가시켜 점화 성능 및 장치의 신뢰성이 향상된다.
③ 엔진 성능 향상을 위한 각종 전자 제어장치의 부착이 가능해진다.
④ 점화코일의 권수비를 적게 할 수 있어 소형 경량화가 가능하다.

(2) 컴퓨터 제어방식 점화장치

엔진의 작동 상태를 각종 센서로 검출하여 컴퓨터(ECU)에 입력시키면 컴퓨터는 점화시기를 연산하며 1차전류의 차단 신호를 파워 트랜지스터로 보내어 점화 2차코일에서 고전압을 유기하는 방식이다. 여기에는 고강력 점화방식(HEI)과 전자 배전 점화방식(DLI, DIS)이 있으며 다음과 같은 장점이 있다.

① 저속, 고속에서 매우 안정된 점화 불꽃을 얻을 수 있다.
② 노크가 발생할 때 점화시기를 자동으로 늦추어 노크 발생을 억제한다.
③ 엔진의 작동 상태를 각종 센서로 감지하여 최적의 점화시기로 제어한다.
④ 고출력의 점화코일을 사용하므로 완벽한 연소가 가능하다.

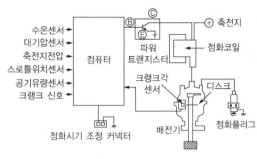

[HEI의 구성도]

(3) 점화장치의 구성

① **점화코일** : 원리는 자기유도 작용과 상호유도 작용을 이용한 것이다. 철심에 감겨져 있는 2개의 코일에서 입력 쪽을 1차코일, 출력 쪽을 2차코일이라 부른다. 파워 트랜지스터로 저압 전류를 차단하면 자기유도 작용으로 1차코일에 축전지 전압보다 높은 전압이 순간전압(300~400V)이 발생된다. 1차 쪽에 발생한 전압은 1차코일의 권수, 전류의 크기, 전류의 변화 속도 및 철심의 재질에 따라 달라진다. 또한 2차코일에는 상호유도 작용으로 거의 권수비에 비례하는 전압(약 20,000~25,000V)이 발생한다.

② **점화코일의 구조** : 점화코일은 몰드형을 철심을 이용하여 자기 유도 작용에 의하여 생성되는 자속이 외부로 방출되는 것을 방지하기 위해 철심을 통하며 자속이 흐르도록 하였으며, 1차코일의 지름을 굵게 하여 저항을 감소시켜 큰 자속이 형성될 수 있도록 하여 고전압을 발생시킬 수 있다. 몰드형은 구조가 간단하고 내열성이 우수하므로 성능 저하가 없다.

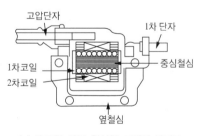

(a) 몰드형 저압 철심형 코일의 단면도

(b) 몰드형 코일의 구조

[몰드형 점화코일의 구조]

③ **파워 트랜지스터(Power TR)** : 파워 트랜지스터는 ECU로부터 제어신호를 받아 점화코일에 흐르는 1차전류를 단속하는 역할을 하며 구조는 컴퓨터에 의해 제어되는 베이스, 점화코일 1차코일의 (−)단자와 연결되는 컬렉터, 그리고 접지되는 이미터로 구성된 NPN형이다.

④ **점화플러그(Spark Plug)** : 점화플러그는 실린더 헤드의 연소실에 설치되어 점화코일의 2차코일에서 발생한 고전압에 의해 중심 전극과 접지 전극 사이에서 전기 불꽃을 발생시켜 실린더 내의 혼합 가스를 점화하는 역할을 한다. 점화플러그는 다음 그림에 나타낸 것과 같이 전극 부분(Electrode), 절연체(Insulator) 및 셸(Shell)의 3주요부로 구성되어 있다.

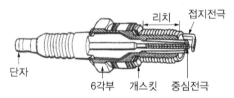

[점화플러그의 구조]

⑤ **점화플러그의 구비조건**
  ㉠ 내열성이 크고 기계적 강도가 클 것
  ㉡ 내부식 성능이 크고 기밀 유지 성능이 양호할 것
  ㉢ 자기 청정 온도를 유지하고 전기적 절연 성능이 양호할 것
  ㉣ 강력한 불꽃이 발생하고 점화 성능이 좋을 것

⑥ **점화플러그의 자기 청정 온도와 열값** : 엔진작동 중 점화플러그는 혼합가스의 연소에 의해 고온에 노출되므로 전극부분은 항상 적정온도를 유지하는 것이 필요하다. 점화플러그 전극 부분의 작동 온도가 400℃ 이

하로 되면 연소에서 생성되는 카본이 부착되어 절연 성능을 저하시켜 불꽃 방전이 약해져 실화를 일으키게 되며, 전극 부분의 온도가 800~950℃ 이상되면 조기 점화를 일으켜 노킹이 발생하고 엔진의 출력이 저하된다. 이에 따라 엔진이 작동되는 동안 전극 부분의 온도는 400~600℃를 유지하여야 한다. 이 온도를 점화플러그의 자기 청정 온도(Self Cleaning Temperature)라고 한다.

(4) DLI 점화장치의 종류 및 특징

DLI를 전자제어 방법에 따라 분류하면 점화코일 분배방식과 다이오드 분배방식이 있다. 점화코일 분배방식은 고전압을 점화코일에서 점화플러그로 직접 배전하는 방식이며, 그 종류에는 동시점화방식과 독립점화방식이 있다.

① 배전기에서 누전이 없다.
② 배전기의 로터와 캡 사이의 고전압 에너지 손실이 없다.
③ 배전기 캡에서 발생하는 전파 잡음이 없다.
④ 점화 진각 폭에 제한이 없다.
⑤ 고전압의 출력이 감소되어도 방전 유효에너지 감소가 없다.
⑥ 내구성이 크다.
⑦ 전파 방해가 없어 다른 전자 제어장치에도 유리하다.

(5) 동시점화방식의 특징

DLI 동시점화방식은 2개의 실린더에 1개의 점화코일을 이용하여 압축 상사점과 배기 상사점에서 동시에 점화시키는 장치이다.

① 배전기에 의한 배전 누전이 없다.
② 배전기가 없기 때문에 로터와 접지전극 사이의 고전압 에너지 손실이 없다.
③ 배전기 캡에서 발생하는 전파잡음이 없다.
④ 배전기식은 로터와 접지전극 사이로부터 진각 폭의 제한을 받지만 DLI는 진각 폭에 따른 제한이 없다.

(6) 독립점화방식의 특징

이 방식은 각 실린더마다 하나의 코일과 하나의 스파크 플러그 방식에 의해 직접 점화하는 장치이며, 이 점화방식도 동시점화의 특징과 같고, 다음 사항의 특징이 추가된다.

① 중심 고압 케이블과 플러그 고압 케이블이 없기 때문에 점화에너지의 손실이 거의 없다.
② 각 실린더별로 점화시기의 제어가 가능하기 때문에 연소 조절이 아주 쉽다.
③ 탑재성 자유도가 향상된다.
④ 점화 진각 범위에 제한이 없다.
⑤ 보수유지가 용이하고 신뢰성이 높다.
⑥ 전파 및 소음이 저감된다.

10년간 자주 출제된 문제

4-1. 코일에 흐르는 전류를 단속하면 코일에 유도전압이 발생한다. 이러한 작용을 무엇이라고 하는가?

① 자력선 작용   ② 전류 작용
③ 관성 작용   ④ 자기유도 작용

4-2. 점화장치에서 파워 트랜지스터에 대한 설명으로 틀린 것은?

① 베이스 신호는 ECU에서 받는다.
② 점화코일 1차전류를 단속한다.
③ 이미터 단자는 접지되어 있다.
④ 컬렉터 단자는 점화 2차코일과 연결되어 있다.

4-3. 점화장치에서 DLI(Distributor Less Ignition) 시스템의 장점으로 틀린 것은?

① 점화 진각 폭의 제한이 크다.
② 고전압 에너지 손실이 적다.
③ 점화에너지를 크게 할 수 있다.
④ 내구성이 크고 전파방해가 적다.

4-4. 전자제어 점화장치에서 점화시기를 제어하는 순서는?

① 각종 센서 – ECU – 파워 트랜지스터 – 점화코일
② 각종 센서 – ECU – 점화코일 – 파워 트랜지스터
③ 파워 트랜지스터 – 점화코일 – ECU – 각종 센서
④ 파워 트랜지스터 – ECU – 각종 센서 – 점화코일

|해설|

4-1
점화 1차코일에서는 자기유도 작용이 발생되고 2차코일에서는 상호유도작용이 발생한다.

4-2
점화장치에서 컬렉터 단자는 점화 1차코일과 연결되어 있다.

4-3
DLI 점화장치의 장점
• 배전기에서 누전이 없다.
• 배전기의 로터와 캡 사이의 고전압 에너지 손실이 없다.
• 배전기 캡에서 발생하는 전파 잡음이 없다.
• 점화 진각 폭에 제한이 없다.
• 고전압의 출력이 감소되어도 방전 유효에너지 감소가 없다.
• 내구성이 크다.
• 전파 방해가 없어 다른 전자 제어장치에도 유리하다.

4-4
전자제어 점화장치에서 점화시기를 제어하는 순서는 각종 센서 - ECU - 파워 트랜지스터 - 점화코일의 순이다.

정답 4-1 ④ 4-2 ④ 4-3 ① 4-4 ①

핵심이론 **05** | 등화장치

등화장치에는 야간에 전방을 확인하는 전조등과 보안등으로서의 안개등, 방향지시등, 제동등, 미등, 번호판등 등이 있고, 경고용으로는 유압등, 충전등, 연료등 등이 있다.

(1) 배선색 표시방법

R : 빨간색, L : 청색, O : 오렌지색, G : 녹색, Lg : 연두색, Y : 노란색, W : 흰색, Br : 갈색, P : 보라색, B : 검정색, Gr : 회색 등이며 이러한 색들은 도면상에 또는 회로상에 표시된다.

(2) 회로 구성방식

① 단선식 : 단선식 배선방식은 부하의 한끝을 자동차 차체에 접지하는 방식이며, 접지 쪽에서 접촉 불량이 생기거나 큰 전류가 흐르면 전압 강하가 발생하므로 작은 전류가 흐르는 부분에 사용한다.

② 복선식 : 복선식 배선방식은 접지 쪽에서도 전선을 사용하는 방식으로 주로 전조등과 같이 큰 전류가 흐르는 회로에서 사용된다.

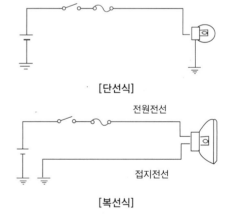

[단선식]

[복선식]

(3) 조명 관련 용어

① 광도 : 광도는 빛의 강도를 나타내는 정도이다. 즉, 어떤 방향의 빛의 세기를 말하며 단위는 칸델라(cd)이다. 1cd는 광원에서 1m 떨어진 1m² 면에 1lm의 광속이 통과할 때 빛의 세기이다.

② 조도 : 조도는 어떤 면의 단위 면적당에 들어오는 광속 밀도이다. 즉, 피조면의 밝기를 표시하며 단위는 럭스(lx)를 사용한다.

$$E = \frac{I}{r^2} (\text{lx})$$

- E : 광원으로부터 r(m) 떨어진 빛의 방향과 수직인 피조면의 조도
- I : 그 방향의 광원의 광도(cd)
- r : 광원으로부터 거리(m)

따라서 피조면의 조도는 광원의 광도에 비례하고 광원으로부터 거리의 제곱에 반비례한다.

(4) 전조등(Head Light)

전조등은 야간 운행에 안전하게 주행하기 위해 전방을 조명하는 램프로서 램프 안에는 두 개의 필라멘트가 있고 먼 곳을 조명하는 하이 빔과 광도를 약하게 하고 빔을 낮추는 로 빔이 있으며, 하이 빔과 로 빔은 병렬로 연결되어 접속한다.

① 전조등의 3요소 : 렌즈, 반사경, 필라멘트

② 전조등의 종류

 ㉠ 실드 빔형(Sealed Beam Type) : 렌즈, 반사경, 전구가 일체로 된 형식으로 대기조건에 따라 반사경이 흐려지지 않고, 광도 변화가 작은 장점이 있으나 필라멘트가 끊어지면 전조등 전체를 교환해야 한다.

 ㉡ 세미 실드 빔형(Semi Sealed Beam Type) : 렌즈와 반사경은 일체로 하고, 전구만 분리 가능하도록 한 형식이다. 그러나 전구 설치 부분은 공기의 유통이 있어 반사경이 흐려지기 쉽다.

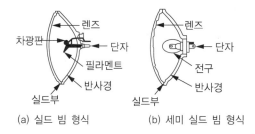

(a) 실드 빔 형식 (b) 세미 실드 빔 형식

[전조등의 종류]

③ 할로겐 램프의 특징

 ㉠ 할로겐 사이클로 인하여 흑화현상(필라멘트로 사용되는 텅스텐이 증발하여 전구 내부에 부착되는 것)이 없어 수명을 다할 때까지 밝기의 변화가 없다.

 ㉡ 색의 온도가 높아 밝은 배광색을 얻을 수 있다.

 ㉢ 교행용 필라멘트 아래에 차광판이 있어 자동차 쪽 방향으로 반사하는 빛을 없애는 구조로 되어 있어 눈부심이 적다.

 ㉣ 전구의 효율이 높아 밝기가 크다.

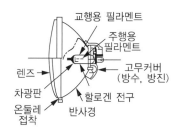

[할로겐 램프]

10년간 자주 출제된 문제

5-1. 배선에 있어서 기호와 색의 연결이 틀린 것은?

① Gr : 보라   ② G : 녹색

③ R : 적색   ④ Y : 노랑

5-2. 전조등 광원의 광도가 20,000cd이며 거리가 20m일 때 조도는?

① 50lx   ② 100lx

③ 150lx   ④ 200lx

|해설|

5-1

Gr은 회색이고 보라색은 P이다.

5-2

조도 산출식은 $E = \dfrac{I}{r^2}$ (lx)이므로 $\dfrac{20,000}{20^2} = 50$lx이다.

정답 5-1 ①   5-2 ①

제3절   **계기 · 냉난방 · 편의 시스템**

핵심이론 01 | 계기장치

자동차를 쾌적하게 운전할 수 있고, 또 교통의 안전을 도모하기 위해 운전 중 자동차의 상황을 쉽게 알 수 있도록 각종 계기류를 운전석의 계기판에 부착하고 있다. 속도계, 전류계(충전 경고등), 유압계(유압 경고등), 연료계, 수온계 등이었으며 이 밖에 차종에 따라서는 엔진 회전 속도계, 운행 기록계 등이 있다.

(1) 유압계 및 유압 경고등

유압계는 엔진의 윤활회로 내의 유압을 측정하기 위한 계기이다.

① 밸런싱 코일식 : 유압이 낮을 때에는 유닛부의 다이어프램의 변형이 적기 때문에 저항 유닛의 이동 암이 오른쪽에 있어 저항이 크므로 코일 L_2에 적은 전류가 흐른다. 반대로 유압이 높을 때에는 다이어프램의 변형이 크게 되며, 이에 따라 이동 암이 왼쪽으로 움직여 저항이 작아진다.

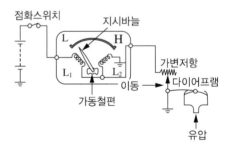

[밸런싱 코일식]

② 유압 경고등식 : 유압 경고등은 엔진이 작동되는 도중 유압이 규정값 이하로 떨어지면 경고등이 점등되는 방식이다.

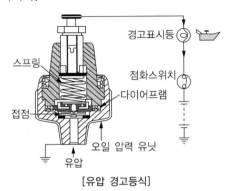

[유압 경고등식]

(2) 연료계

연료계는 연료 탱크 내의 연료 보유량을 표시하는 계기이며 밸런싱 코일식, 서모스탯 바이메탈식, 연료면 표시기식 등이 있다.

① 서모스탯 바이메탈식(Bimetal Thermostat Type)

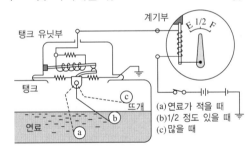

[서모스탯 바이메탈식]

㉠ 연료 보유량이 적을 때는 뜨개가 그림의 ⓐ 위치까지 내려간다. 이에 따라 접점이 가볍게 접촉되어 매우 짧은 시간의 전류로 바이메탈이 구부러져 접점이 열린다. 따라서 계기부의 바이메탈은 거의 구부러지지 않아 바늘은 E를 지시한다. 또 뜨개가 맨 밑바닥까지 내려간 상태에서는 접점이 조금 열린다.

㉡ 연료 보유량이 많을 때는 뜨개가 그림의 (b), (c) 위치까지 연료가 들어 있으면 접점이 강력하게 밀어 올려진다. 따라서 바이메탈이 구부러져 접점이

열릴 때까지 오랫동안 전류가 흘러 바이메탈도 유닛부에 비례하여 구부러져 바늘을 F쪽으로 이동시킨다.

② 연료면 표시기식(표시등식)

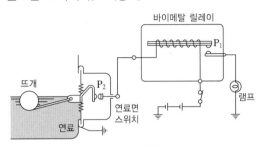

[연료면 표시기식]

연료면 표시기식은 연료 탱크 내의 연료 보유량이 일정 이하가 되면 램프를 점등하여 운전자에게 경고하는 경보기 형식이다. 작동은 연료가 조금 남아 접점 P_2가 닫히면 바이메탈 릴레이의 열선에 전류가 흐르며, 발열로 바이메탈이 구부러져 10~30초 사이에 접점 P_1을 닫아 램프를 점등시킨다. 또 바이메탈 열선에 10~30초간 전류가 흐르지 않으면 접점 P_1이 닫히지 않기 때문에 자동차의 진동으로 순간적으로 접점이 닫혀도 램프가 점등되지 않는다.

(3) 속도계

속도계는 자동차의 속도를 1시간당의 주행거리(km/h)로 나타내는 속도 지시계와 전 주행거리를 표시하는 적산계, 구간거리계로 표시한다.

10년간 자주 출제된 문제

1-1. 다음 중 커먼레일 디젤엔진 차량의 계기판에서 경고등 및 지시등의 종류가 아닌 것은?

① 예열플러그 작동 지시등
② DPF 경고등
③ 연료 수분 감지 경고등
④ 연료 차단 지시등

1-2. 계기판의 주차 브레이크등이 점등되는 조건이 아닌 것은?

① 주차 브레이크가 당겨져 있을 때
② 브레이크액이 부족할 때
③ 브레이크 페이드 현상이 발생할 때
④ EBD 시스템에 결함이 발생할 때

1-3. 계기판의 속도계가 작동하지 않을 때 고장부품으로 옳은 것은?

① 차속센서
② 크랭크각센서
③ 흡기 매니폴드 압력센서
④ 냉각수온센서

|해설|

1-1
연료 차단 지시등은 커먼레일 엔진의 경고 및 지시등 항목이 아니다.

1-2
주차 브레이크등은 브레이크액이 부족하거나 주차 브레이크 작동 시, EBD 시스템에 이상 발생 시 점등된다.

1-3
계기판의 속도계는 차속센서의 신호로 작동된다.

정답 1-1 ④ 1-2 ③ 1-3 ①

핵심이론 02 | 냉난방장치

자동차용 공기조화(Car Air Conditioning)란 운전자가 쾌적한 환경에서 운전하고 승차원도 보다 안락한 상태에서 여행할 수 있도록 차실 내 환경을 만드는 것이다.

(1) 열 부하

① 인적 부하(승차원의 발열) : 인체의 피부 표면에서 발생되는 열로서 실내에 수분을 공급하기도 한다.

② 복사 부하(직사광선) : 태양으로부터 복사되는 열 부하로서 자동차의 외부 표면에 직접 받게 된다.

③ 관류 부하(차실 벽, 바닥 또는 창면으로부터의 열 이동) : 자동차의 패널(Panel)과 트림(Trim)부, 엔진룸 등에서 대류에 의해 발생하는 열 부하이다.

④ 환기 부하(자연 또는 강제 환기) : 주행 중 도어(Door)나 유리의 틈새로 외기가 들어오거나 실내의 공기가 빠져나가는 자연 환기가 이루어진다. 이러한 환기 시 발생하는 열 부하로서 최근 대부분의 자동차에는 강제 환기장치가 부착되어 있다.

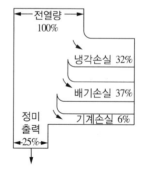

(2) 냉 매

냉매는 냉동효과를 얻기 위해 사용되는 물질이며 저온부의 열을 고온부로 옮기는 역할을 하는 매체이다.

① 냉매의 구비조건

　㉠ 무색, 무취 및 무미일 것

　㉡ 가연성, 폭발성 및 사람이나 동물에 유해성이 없을 것

　㉢ 저온과 대기 압력 이상에서 증발하고, 여름철 뜨거운 외부 온도에서도 저압에서 액화가 쉬울 것

ㄹ 증발 잠열이 크고, 비체적이 적을 것

ㅁ 임계 온도가 높고, 응고점이 낮을 것

ㅂ 화학적으로 안정되고, 금속에 대하여 부식성이 없을 것

ㅅ 사용 온도 범위가 넓을 것

ㅇ 냉매가스의 누출을 쉽게 발견할 수 있을 것

② R-134a의 장점

ㄱ 오존을 파괴하는 염소(Cl)가 없다.

ㄴ 다른 물질과 쉽게 반응하지 않는 안정된 분자 구조로 되어 있다.

ㄷ R-12와 비슷한 열역학적 성질을 지니고 있다.

ㄹ 불연성이고 독성이 없으며, 오존을 파괴하지 않는 물질이다.

(3) 냉방장치의 구성

① 압축기(Compressor) : 증발기 출구의 냉매는 거의 증발이 완료된 저압의 기체상태이므로 이를 상온에서도 쉽게 액화시킬 수 있도록 냉매를 압축기로 고온고압(약 70℃, 15MPa)의 기체상태로 만들어 응축기로 보낸다.

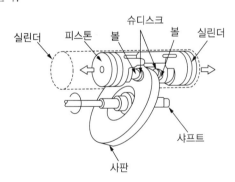

② 응축기(Condenser) : 응축기는 라디에이터 앞쪽에 설치되며, 압축기로부터 공급된 고온고압의 기체 상태인 냉매의 열을 대기 중으로 방출시켜 액체 상태의 냉매로 변화시킨다.

③ 건조기(Receiver Drier) : 건조기는 용기, 여과기, 튜브, 건조제, 사이드 글라스 등으로 구성되어 있다. 건조제는 용기 내부에 내장되어 있고, 이물질이 냉매회로에 유입되는 것을 방지하기 위해 여과기가 설치되어 있다. 건조기의 기능은 다음과 같다.

ㄱ 저장 기능

ㄴ 수분 제거 기능

ㄷ 압력 조정 기능

ㄹ 냉매량 점검 기능

ㅁ 기포 분리 기능

④ 팽창밸브(Expansion Valve) : 팽창밸브는 증발기 입구에 설치된다. 냉방장치가 정상적으로 작동하는 동안 냉매는 중간 정도의 온도와 고압의 액체 상태에서 팽창밸브로 유입되어 오리피스밸브를 통과함으로써 저온, 저압의 냉매가 된다.

⑤ 증발기(Evaporator) : 팽창밸브를 통과한 냉매가 증발하기 쉬운 저압으로 되어 안개 상태의 냉매가 증발기 튜브를 통과할 때 송풍기에 의해서 불어지는 공기에 의해 증발하여 기체상태의 냉매로 된다.

⑥ 냉매 압력 스위치 : 압력 스위치는 리시버 드라이어에 설치되어 에어컨 라인 압력을 측정하며 에어컨 시스템의 냉매 압력을 검출하여 시스템의 작동 및 미작동 신호로서 사용된다.

ㄱ 듀얼 압력 스위치 : 일반적으로 고압측의 리시버 드라이어에 설치되며 두 개의 압력 설정치(저압 및 고압)를 가지고 한 개의 스위치로 두 가지 기능을 수행한다.

ㄴ 트리플 스위치 : 세 개의 압력 설정값을 가지고 있으며, 듀얼 스위치 기능에 팬 스피드 스위치를 고압 스위치 기능에 접목시킨 것이다.

⑦ 핀서모센서(Fin Thermo Sensor) : 핀서모센서는 증발기의 빙결로 인한 냉방능력의 저하를 막기 위해 증발기 표면의 평균온도를 측정하여 압축기의 작동을 제어하는 신호로 사용된다.

⑧ 블로어 유닛(Blower Unit) : 블로어 유닛은 공기를 증발기의 핀 사이로 통과시켜 차 실내로 공기를 불어 넣는 기능을 수행하며 난방장치 회로에서도 동일한 송풍역할을 수행한다.

※ 레지스터(Resister) : 자동차용 히터 또는 블로어 유닛에 장착되어, 블로어 모터의 회전수를 조절하는 데 사용한다.

(4) 전자동 에어컨(Full Auto Temperature Control)

탑승객이 희망하는 설정 온도 및 각종 센서(내기 온도센서, 외기온도센서, 일사센서, 수온센서, 덕트센서, 차속센서 등)의 상태가 컴퓨터로 입력되면 컴퓨터(ACU)에서 필요한 토출량과 온도를 산출하여 이를 각 액추에이터에 신호를 보내어 제어하는 방식이다.

① 토출온도제어
② 센서 보정
③ 온도도어(Door)의 제어
④ 송풍기용 전동기(Blower Motor) 속도제어
⑤ 기동 풍량제어
⑥ 일사 보상
⑦ 모드 도어 보상
⑧ 최대 냉난방 기능
⑨ 난방 기동제어
⑩ 냉방 기동제어
⑪ 자동차 실내의 습도제어

(5) 전자동 에어컨 부품의 구조와 작동

① 컴퓨터(ACU) : 각종 센서들로부터 신호를 받아 연산 비교하여 액추에이터 팬 변속 및 압축기 ON, OFF를 종합적으로 제어한다.
② 외기온도센서 : 외부의 온도를 검출하는 작용을 한다.
③ 일사센서 : 일사에 의한 실온 변화에 대하여 보정값 적용을 위한 신호를 컴퓨터로 입력시킨다.

④ 파워 트랜지스터 : 컴퓨터로부터 베이스 전류를 받아서 팬 전동기를 무단 변속시킨다.
⑤ 실내온도센서 : 자동차 실내의 온도를 검출하여 컴퓨터로 입력시킨다.
⑥ 핀서모센서 : 압축기의 ON, OFF 및 흡기 도어(Intake Door)의 내외기 변환에 의해 발생하는 증발기 출구 쪽의 온도 변화를 검출하는 작용을 한다.
⑦ 냉각수온센서 : 히터 코어의 수온을 검출하며, 수온에 따라 ON, OFF되는 바이메탈 형식의 스위치이다.

10년간 자주 출제된 문제

2-1. 에어컨(Air Conditioner) 시스템에서 냉매라인을 고압라인과 저압라인으로 나눌 때 저압라인의 부품으로 알맞은 것은?

① 응축기(Condenser)
② 리시버 드라이어(Receiver Drier)
③ 어큐뮬레이터(Accumulator)
④ 송풍기(Blower Motor)

2-2. 에어컨 냉방사이클의 작동 순서로 맞는 것은?

① 압축기 → 증발기 → 응축기 → 팽창밸브
② 팽창밸브 → 증발기 → 압축기 → 응축기
③ 응축기 → 증발기 → 압축기 → 팽창밸브
④ 증발기 → 팽창밸브 → 압축기 → 응축기

2-3. 자동차 냉방장치의 응축기(Condenser)가 하는 역할로 맞는 것은?

① 액체 상태의 냉매를 기화시키는 것이다.
② 액상의 냉매를 일시 저장한다.
③ 고온고압의 기체 냉매를 액체 냉매로 변환시킨다.
④ 냉매를 항상 건조하게 유지시킨다.

2-4. 자동차 에어컨에서 고압의 액체 냉매를 저압의 냉매로 바꾸어 주는 부품은?

① 압축기　　　　　　② 팽창밸브
③ 컴프레서　　　　　④ 리퀴드 탱크

2-1

어큐뮬레이터는 증발기를 거쳐 나온 저압 기체의 불순물을 제거하는 기능을 가지고 있다.

2-2

냉방사이클의 작동 순서는 팽창밸브 → 증발기 → 압축기 → 응축기의 순이다.

2-3

응축기는 라디에이터 앞쪽에 설치되며, 압축기로부터 공급된 고온·고압의 기체 냉매의 열을 대기 중으로 방출시켜 액체 상태의 냉매로 변화시킨다.

2-4

팽창밸브는 증발기 입구에 설치되며, 냉방장치가 정상적으로 작동하는 동안 냉매는 중간 정도의 온도와 고압의 액체 상태에서 팽창밸브로 유입되어 오리피스밸브를 통과함으로써 저온·저압의 냉매가 된다.

정답 2-1 ③   2-2 ②   2-3 ③   2-4 ②

핵심이론 03 | 편의장치

에탁스(ETACS ; Electronic Time & Alarm Control System)는 과거 각종 타이머 기능과 알람 기능을 집중 제어하는 시스템을 말하였다. 그러나 현재는 운전편의상 관계되는 모든 영역의 제어를 하고 있으며 계속적으로 발전되고 있다.

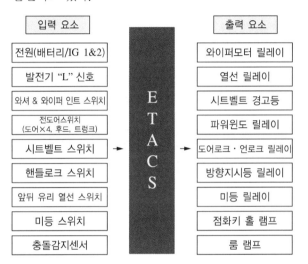

입력 요소		출력 요소
전원(배터리/IG 1&2)		와이퍼모터 릴레이
발전기 "L" 신호		열선 릴레이
와셔 & 와이퍼 인트 스위치		시트벨트 경고등
전도어스위치 (도어×4, 후드, 트렁크)	E T A C S	파워윈도 릴레이
시트벨트 스위치		도어로크·언로크 릴레이
핸들로크 스위치		방향지시등 릴레이
앞뒤 유리 열선 스위치		미등 릴레이
미등 스위치		점화키 홀 램프
충돌감지센서		룸 램프

(1) ETACS의 주요기능

① **키 뽑기 잊음 경고** : 키 스위치가 로크 위치(ACC → LOCK)또는 ACC에서 운전석 도어를 열면 경고음이 울린다.

② **라이트 미소등 경고** : 운전자가 라이트를 끄지 않은 상태에서 주차 시 배터리 방전을 막기 위한 기능으로 라이트 스위치 ON 상태에서 운전석 도어를 열 때 버저를 울려 운전자에게 라이트 끄는 것을 잊었다는 것을 경고하는 시스템이다.

③ **시트벨트 미착용 경고** : 키 스위치가 ON 상태에서 운전석 시트벨트를 착용하지 않으면 6초 동안 경고음이 울린다.

④ **와이퍼 컨트롤** : 키 스위치가 ON일 때 와이퍼 노브를 I, II단으로 하면 와이퍼가 LO, HI 스피드로 작동되고, 와이퍼 노브를 INT로 하면 와이퍼가 간헐 작동된다.

⑤ 도어로크 컨트롤 : 운전석 도어의 키로 외부 및 암레스트 파워 스위치에서 로크·언로크할 때 모든 도어가 로크·언로크되며 차속이 20km/h 이상일 때도 하나의 도어라도 언로크되어 있으면 로크시키며 모든 도어가 로크되어 있으면 로크 신호를 출력하지 않는다.

⑥ 원터치 & 타임래그 파워 윈도 : 키 스위치를 ON한 후에 다시 키를 OFF하여도 30초 동안 파워 윈도를 작동시킬 수 있다.

⑦ 뒤 유리 열선 타이머 : 뒷 유리 열선 타이머는 에탁스 내에 약 20분의 타이머를 내장하여 리어 디포그 스위치를 자동으로 OFF 시키는 것으로 스위치를 OFF 시키는 것을 잊는 것을 방지하는 시스템이다.

⑧ 키 홀 조명 : 키가 꽂혀 있지 않은 상태에서 운전석 도어의 바깥쪽 손잡이를 당기거나 운전석 도어를 열면 도어 및 IG 키의 홀 조명이 30초 동안 점등된다.

⑨ 룸 램프 컨트롤 : 이 기능은 도어를 닫은 후에 룸 램프 및 커티시 램프가 시간이 흐름에 따라 서서히 감광되면서 소등하는 룸 램프 컨트롤 시스템이다.

10년간 자주 출제된 문제

편의장치 중 중앙집중식 제어장치(ETACS 또는 ISU)의 입출력 요소의 역할에 대한 설명 중 틀린 것은?

① 모든 도어스위치 : 각 도어 잠김 여부 감지
② INT 스위치 : 와셔 작동 여부 감지
③ 핸들 로크 스위치 : 키 삽입 여부 감지
④ 열선 스위치 : 열선 작동 여부 감지

|해설|

INT 스위치는 간헐와이퍼 작동 신호이다.

정답 ②

---

(1) 가스성분에 따른 분류

자동차에서 가스성분을 연료로 적용하는 방법에 따라 압축천연가스(CNG), 액화천연가스(LNG), 흡착천연가스(ANG) 자동차 등으로 구분된다.

① 가스연료 엔진의 장점
  ㉠ 디젤기관과 비교 시 매연(Smoke)이 100% 감소한다.
  ㉡ 가솔린엔진에 비해 이산화탄소는 20~30%, 일산화탄소는 30~50% 감소한다.
  ㉢ 저온 시동성이 우수하고 옥탄가가 130으로 가솔린보다 높다.
  ㉣ 질소산화물 등 오존 영향물질을 70% 이상 감소시킬 수 있다.
  ㉤ 엔진 소음이 저감된다.

② 가스연료 기관 주요구성 부품
  ㉠ 연료계측밸브 : 8개의 작은 인젝터로 구성되며 ECU의 구동신호를 받아 요구 연료량을 흡기라인에 분사한다.
  ㉡ 가스압력센서 : 압력변환기구로서 연료계측밸브에 장착되어 분사직전의 가스압력을 검출한다.
  ㉢ 가스온도센서 : 부특성 온도측정센서로 연료계측밸브에 장착되며 가스온도를 측정하여 연료농도를 계산한다.
  ㉣ 고압 차단밸브 : 탱크와 압력조절기구 사이에 장착되며 엔진 정지 시 고압 연료 라인을 차단한다.
  ㉤ 탱크압력센서 : 탱크 내부의 연료밀도 계산을 위해 측정되며 탱크온도센서와 함께 사용된다.
  ㉥ 탱크온도센서 : 탱크 속의 연료온도를 측정하기 위하여 사용되며 부특성 서미스터이다.
  ㉦ 열 교환기구 : 열 교환기구는 압력조절기와 연료계측 밸브 사이에 설치되며 가스의 난기온도를 조절하기 위해 냉각수 흐름을 ON/OFF한다.
  ㉧ 압력조절기구 : 탱크 내의 높은 압력을 엔진에 필요한 저압으로 감압하여 조절한다.

(1) 액티브 에코 드라이빙 시스템

액티브 에코 드라이빙 시스템은 엔진, 변속기, 에어컨 제어 등을 통하여 연료소비율을 향상시키는 운전 시스템을 말한다.

① 운전자의 스위치 조작으로 작동이 가능하다.

② 액티브 에코 모드 주행 시 엔진과 변속기를 우선적으로 제어하며 추가적인 연비 향상 효과를 제공한다.

③ 기관의 난기운전(위밍업) 이전, 등판 및 가속 시 액티브 에코모드가 작동하지 않는다.

(2) 액티브 에코 드라이빙 시스템 구성

① 공회전 방지(ISG) 시스템 : ISG 시스템은 연료 및 배기가스의 저감을 위하여 자동차 정차 시 엔진의 작동을 정지하고 출발 시 기동전동기를 통하여 다시 시동하는 시스템이다.

② 에너지 회생 제동장치 : 하이브리드 및 전기자동차에서 감속 시 구동모터를 발전기로 작동하여 감속효과를 얻는 동시에 운동에너지를 전기에너지로 전환하여 배터리에 저장하는 제동시스템이다.

③ 언덕길 밀림방지장치(HAC) : 경사로에서 브레이크를 밟지 않아도 차량이 뒤로 밀리지 않도록 브레이크 압력을 자동으로 제공하는 시스템이다.

하이브리드 시스템은 차량의 성능 및 연비를 향상시키고 배출가스 오염을 줄이기 위한 방법으로 동작원리가 다른 두 종류 이상의 동력원을 효율적으로 조합해서 동작시키는 시스템을 말한다.

(1) 하이브리드 시스템의 특징

① 에너지 손실 저감(Idle Stop)

② 모터의 기관 보조(Power Assist)

③ 고효율 제어

④ 회생제동(Regenerative Braking)

(2) 하이브리드 시스템의 장점

① 연료소비율을 약 50% 정도 절감할 수 있고 친환경적이다.

② 탄화수소, 일산화탄소, 질소산화물 등의 유해배출가스가 90% 정도 감소한다.

③ 이산화탄소 배출량이 50% 정도 감소한다.

(3) 하이브리드 시스템의 단점

① 구조 및 제어 시스템이 복잡하다.

② 정비가 어렵고 수리비가 고가이다.

③ 동력전달계통이 일반 내연기관 자동차와 차이가 있어 복잡하다.

(4) 하이브리드 자동차의 분류

① 직렬형 타입 : 엔진의 동력은 발전용으로 이용하고 자동차의 구동력은 배터리의 전원으로 회전하는 모터만으로 얻는 하이브리드 방식이다.

② 병렬형 타입 : 구동력을 엔진과 모터가 각각 발생을 시키거나 양쪽에서 동시에 얻을 수 있는 하이브리드 방식이다.

③ 복합형 타입 : 직렬 방식과 병렬 방식의 양쪽 기구를 배치하고 운전조건에 따라 최적인 운전모드를 선택하여 구동하는 방식이다.

(1) 모 터

① 전기자동차용으로 직류(브러시)모터를 많이 사용하였으나, 최근에는 교류모터나 브러시리스 모터 등을 사용하고 있다.

② 전기자동차용 모터의 조건

ㄱ 시동 시 토크가 커야 한다.

ㄴ 전원은 축전지의 직류전원이다.

ㄷ 속도제어가 용이해야 한다.

ㄹ 구조가 간단하고 기계적인 내구성이 커야 한다.

ㅁ 취급 및 보수가 간편하고 위험성이 없어야 한다.

ㅂ 소형이고 가벼워야 한다.

(2) 전 지

리튬금속을 음극으로 사용하는 리튬-이온전지의 경우는 충·방전이 진행됨에 따라 리튬금속의 부피 변화가 일어나고 리튬금속 표면에서 국부적으로 침상리튬의 석출이 일어나며 이는 전지 단락의 원인이 된다. 그러나 카본을 음극으로 사용하는 전지에서는 충·방전 시 리튬이온의 이동만 생길 뿐 전극 활물질은 원형을 유지함으로써 전지 수명 및 안전성이 향상된다.

(3) 인버터 및 컨버터

인버터(Inverter)는 직류전력을 교류전력으로 변환하는 장치를 말하며 전류의 역변환장치이다. 전지에서 얻은 직류전압을 조정하는 장치는 컨버터(Converter)라고 한다.

(4) 인버터의 특성 및 작동원리

PWM이란 Pulse Width Modulation의 약칭으로 평활된 직류전압의 크기는 변화시키지 않고 펄스상 전압의 출력시간을 변화시켜 등가인 전압을 변화시켜 펄스폭을 변조시킨다.

(5) 모터제어기

액셀 페달 조작량 및 속도를 검출해서 의도한 구동 토크 변화를 가져올 수 있도록 차속이나 부하 등의 조건에 따라 모터의 토크 및 회전속도를 제어한다.

핵심이론 08 | 연료전지 자동차

연료전지란 화학에너지가 전기에너지로 직접 변환되어 전기를 생산하는 능력을 갖는 전지(Cell)이다. 기존의 전지와는 달리 외부에서 연료와 공기를 공급하여 연속적으로 전기를 생산한다.

(1) 연료전지의 전기 발생원리
연료전지는 중간 과정 없이 화학에너지에서 바로 전기에너지로 직접 변환된다.

(2) 연료전지의 구성
연료전지는 공기극과 연료극의 전극, 두 극 사이에 위치하는 전해질로 구성되어 있다.

(3) 연료전지의 화학반응
연료전지(Fuel Cell)는 수소, 즉 연료와 산화제를 전기화학적으로 반응시켜 전기에너지를 발생시킨다.

(4) 연료전지의 특징
① 장 점
  ㉠ 천연가스, 메탄올, 석탄가스 등 다양한 연료의 사용이 가능하다.
  ㉡ 발전효율이 40~60%이며, 열병합 발전 시 80% 이상까지 가능하다.
  ㉢ 도심 부근에 설치가 가능하기 때문에 송배전 시설비 및 전력손실이 적다.
  ㉣ 회전부위가 없어 소음이 없고 기존 화력발전과 같은 다량의 냉각수가 불필요하다.
  ㉤ 배기가스 중 NO_x, SO_x 및 분진이 거의 없으며, CO_2 발생에 있어서도 미분탄 화력발전에 비하여 20~40% 감소되기 때문에 환경공해가 감소된다.
  ㉥ 부하변동에 따라 신속히 반응하고 설치형태에 따라서 현지 설치용, 중앙 집중형, 분산 배치형과 같은 다양한 용도로 사용이 가능하다.

② 단 점
  ㉠ 초기 설치비용에 따른 부담이 크다.
  ㉡ 수소공급 및 저장 등과 같은 인프라 구축에 어려움이 따른다.

(1) 차선이탈 경보장치(LDWS)

전방의 카메라를 통하여 차선을 인식하고 일정속도 이상에서 차선을 밟거나 이탈할 경우 클러스터 및 경보음을 통하여 운전자에게 알려주는 주행 안전장치이다.

(2) 차선유지 보조장치(LKAS)

차선이탈 경보장치의 기능보다 더욱 성능이 향상된 장치로서 차선을 유지할 수 있도록 전자식 동력 조향장치와 연동되어 작동되며 스스로 차선을 유지할 수 있는 시스템이다.

(3) 자동 긴급 제동장치(AEB)

저속 주행 시 운전자가 전방을 주시하지 못하는 경우 등에 순간적으로 발생할 수 있는 사고를 대비하여 자동으로 전자제어 제동장치를 구동하여 긴급 제동기능을 수반하는 시스템을 말한다.

(4) 선택적 환원 촉매장치(SCR)

디젤자동차의 배기가스에 요소수(UREA) 등을 분사하여 선택적 환원 촉매장치에서 유해한 NO_x를 정화하는 시스템을 말한다.

(5) 입자상 물질 포집 필터(DPF)

디젤엔진에서 발생되는 입자상 물질(PM) 등을 정화시키는 필터로서 탄소성분 및 입자상 물질을 정화하여 배출시키는 역할을 한다.

(6) NO_x 흡장 촉매(LNT)

디젤엔진의 배기가스 성분 중 NO_x를 흡장 촉매기술을 적용하여 정화하는 시스템이다.

05 안전관리

제1절 산업안전일반

핵심이론 01 안전기준

(1) 사고예방 5단계

① 제1단계 : 안전관리조직(조직)

② 제2단계 : 현상 파악(사실의 발견)

③ 제3단계 : 원인 규명(분석 평가)

④ 제4단계 : 대책 선정(시정방법의 선정)

⑤ 제5단계 : 목표 달성(시정책의 적용)

(2) 재해예방의 4원칙

① 예방가능의 원칙

② 손실우연의 원칙

③ 원인연계의 원칙

④ 대책선정의 원칙

(3) 안전점검

① 인적인 면 : 건강상태, 보호구 착용, 기능상태, 자격 적정배치 등

② 물리적인 면 : 기계기구의 설비, 공구, 재료 적치 보관 상태, 준비상태, 전기시설, 작업발판

③ 관리적인 면 : 작업 내용, 작업 순서 기준, 직종 간 조정, 긴급 시 조치, 작업방법, 안전수칙, 작업 중임을 알리는 표시

④ 환경적인 면 : 작업장소, 환기, 조명, 온도, 습도, 분진, 청결상태

⑤ 불안전한 행위

   ㉠ 불안전한 자세 및 행동, 잡담, 장난을 하는 경우

   ㉡ 안전장치의 제거 및 불안전하게 속도를 조절하는

     경우

   ㉢ 작동 중인 기계에 주유, 수리, 점검, 청소 등을 하는 경우

   ㉣ 불안전한 기계의 사용 및 공구 대신 손을 사용하는 경우

   ㉤ 안전복장을 착용하지 않았거나 보호구를 착용하지 않은 경우

   ㉥ 위험한 장소에 출입하는 경우

10년간 자주 출제된 문제

사고예방 원리의 5단계 중 그 대상이 아닌 것은?

① 사실의 발견

② 평가 분석

③ 시정책의 선정

④ 엄격한 규율의 정책

|해설|

사고예방 원리의 5단계는 안전관리조직(조직), 현상 파악(사실의 발견), 원인 규명(분석 평가), 대책 선정(시정방법의 선정), 목표 달성(시정책의 적용)이 있다.

정답 ④

---

(1) 재해조사의 목적

재해의 원인과 자체의 결함 등을 규명함으로써 동종의 재해 및 유사 재해의 발생을 방지하기 위한 예방대책을 강구하기 위해서 실시한다.

(2) 재해율의 정의

① 연천인율 : 1,000명의 근로자가 1년을 작업하는 동안에 발생한 재해 빈도를 나타내는 것이다.

$$연천인율 = \frac{재해자\ 수}{연평균\ 근로자\ 수} \times 1,000$$

② 강도율 : 근로시간 1,000시간당 재해로 인하여 근무하지 않는 근로 손실일수로서 산업재해의 경·중의 정도를 알기 위한 재해율로 이용된다.

$$강도율 = \frac{근로\ 손실일수}{연\ 근로시간} \times 1,000$$

③ 도수율 : 연 근로시간 100만 시간 동안에 발생한 재해 빈도를 나타내는 것이다.

$$도수율 = \frac{재해\ 발생\ 건수}{연\ 근로시간} \times 1,000,000$$

④ 천인율 : 평균 재적근로자 1,000명에 대하여 발생한 재해자 수를 나타낸 것이다.

$$천인율 = \frac{재해자\ 수}{평균\ 근로자\ 수} \times 1,000$$

(3) 안전점검을 실시할 때 유의사항

① 점검한 내용은 상호 이해하고 협조하여 시정책을 강구할 것

② 안전점검이 끝나면 강평을 실시하고 사소한 사항이라도 묵인하지 말 것

③ 과거에 재해가 발생한 곳에는 그 요인이 없어졌는지 확인할 것

④ 점검자의 능력에 적응하는 점검내용을 활용할 것

(4) 사고 발생 원인

① 기계 및 기계장치가 너무 좁은 장소에 설치되어 있을 때

② 안전장치 및 보호장치가 잘 되어 있지 않을 때

③ 적합한 공구를 사용하지 않을 때

④ 정리정돈 및 조명장치가 잘 되어 있지 않을 때

(5) 화 재

① 화재의 분류

　㉠ A급 화재 : 고체 연료성 화재로서 목재, 종이, 섬유 등의 재를 남기는 일반 가연물 화재, 물로 소화가능

　㉡ B급 화재 : 액체 또는 기체상의 연료관련 화재로서 가솔린, 알코올, 석유 등의 유류 화재, 모래로 소화가능

　㉢ C급 화재 : 전기기계, 전기기구 등의 전기 화재

　㉣ D급 화재 : 마그네슘 등의 금속 화재

② 소화기의 종류

　㉠ 분말소화기 : A, B, C급

　㉡ 포소화기 : A, B급

　㉢ 이산화탄소(CO_2)소화기 : B, C급, 전기 화재에 가장 적합

③ 소화 작업

　㉠ 화재가 일어나면 화재 경보를 한다.

　㉡ 배선의 부근에 물을 공급할 때에는 전기가 통하는지의 여부를 알아본 후에 한다.

　㉢ 가스밸브를 잠그고 전기 스위치를 끈다.

　㉣ 카바이드 및 유류(기름)에는 물을 끼얹어서는 안된다.

　㉤ 물 분무 소화 설비에서 화재의 진화 및 연소를 억제시키는 요인

　　• 연소물의 온도를 인화점 이하로 냉각시키는 효과

　　• 수증기에 의한 질식 효과

　　• 연소물의 물에 의한 희석 효과

10년간 자주 출제된 문제

2-1. 연 100만 근로시간당 몇 건의 재해가 발생했는가의 재해율 산출을 무엇이라 하는가?

① 연천인율　　　　② 도수율
③ 강도율　　　　　④ 천인율

2-2. 소화 작업의 기본요소가 아닌 것은?

① 가연 물질을 제거한다.
② 산소를 차단한다.
③ 점화원을 냉각시킨다.
④ 연료를 기화시킨다.

|해설|

2-1
도수율은 연 근로시간 100만 시간 동안에 발생한 재해 빈도를 나타내는 것이다.

2-2
소화 작업의 기본요소는 가연 물질 제거, 산소 차단, 점화원 냉각이 있다.

정답 2-1 ② 　2-2 ④

핵심이론 03 │ 안전 · 보건

(1) 안전 · 보건표지의 종류(산업안전보건법 시행규칙 [별표 6])

안전 · 보건표지의 종류에는 금지표지, 경고표지, 지시표지, 안내표지, 유해물질표지, 소방표지가 있다.

① 금지표지

| 출입금지 | 보행금지 | 차량통행금지 | 사용금지 |
| 탑승금지 | 금 연 | 화기금지 | 물체이동금지 |

② 경고표지

인화성 물질 경고	산화성 물질 경고	폭발성 물질 경고	급성 독극물질 경고
부식성 물질 경고	방사성 물질 경고	고압전기 경고	매달린 물체 경고
낙하물 경고	저온 경고	고온 경고	몸균형 상실 경고
레이저광선 경고	위험장소 경고		

③ 지시표지

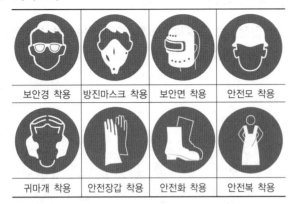

| 보안경 착용 | 방진마스크 착용 | 보안면 착용 | 안전모 착용 |
| 귀마개 착용 | 안전장갑 착용 | 안전화 착용 | 안전복 착용 |

④ 안내표지

| 녹십자 표지 | 응급구호 표지 | 들 것 | 세안장치 |
| 비상용기구 | 비상구 | 좌측비상구 | 우측비상구 |

(2) 작업복

① 작업에 따라 보호구 및 기타 물건을 착용할 수 있어야 한다.

② 소매나 바지자락이 조여질 수 있어야 한다.

③ 화기사용 직장에서는 방염성, 불연성의 것을 사용하도록 한다.

④ 작업복은 몸에 맞고 동작이 편하도록 제작한다.

⑤ 상의의 끝이나 바지자락 등이 기계에 말려 들어갈 위험이 없도록 한다.

⑥ 옷소매는 폭이 좁게 된 것으로, 단추가 달린 것은 되도록 피한다.

(3) 작업장의 조명(산업안전보건기준에 관한 규칙 제8조)

① 초정밀 작업 : 750lx 이상

② 정밀작업 : 300lx 이상

③ 보통작업 : 150lx 이상

④ 그 밖의 작업 : 75lx 이상

10년간 자주 출제된 문제

3-1. 안전보건표지의 종류와 형태에서 다음 그림이 나타내는 것은?

① 인화성 물질 경고
② 폭발성 물질 경고
③ 금 연
④ 화기금지

3-2. 산업안전보건표지의 종류와 형태에서 다음 그림이 나타내는 표시는?

① 접촉금지
② 출입금지
③ 탑승금지
④ 보행금지

|해설|

3-1
위의 경고표지는 인화성 물질 경고표지이다.

3-2
위의 금지표지는 보행금지표지이다.

정답 3-1 ① 3-2 ④

핵심이론 01 | 엔진 취급 시 주의사항

(1) 실린더 블록과 실린더

① 보링 : 마모된 실린더를 절삭하는 작업으로 보링머신을 이용한다.

② 호닝 : 엔진을 보링한 후에는 바이트 자국을 없애기 위한 작업으로 호닝머신을 이용한다.

③ 리 머
  ㉠ 드릴 구멍보다 정밀도가 더 높은 구멍을 가공하는 데 사용한다.
  ㉡ 칩을 제거할 때는 절삭유를 충분히 써서 유출시키는 것이 안전하다.

(2) 실린더 헤드

① 실린더 헤드 볼트를 풀 때는 바깥쪽에서 안쪽을 향하여 대각선 방향으로 푼다.

② 실린더 헤드를 조일 때는 2~3회에 나누어 토크 렌치를 사용하여 규정값으로 조인다.

③ 실린더 헤드가 고착되었을 경우 떼어 낼 때에 안전한 작업 방법
  ㉠ 나무 해머나 플라스틱 해머 등의 연질 해머로 가볍게 두드린다.
  ㉡ 압축 공기를 사용한다.
  ㉢ 헤드를 호이스트로 들어서 블록 자중으로 떼어낸다.

(3) 크랭크축

① 기관의 크랭크축 분해 정비 시 주의사항
  ㉠ 축받이 캡을 탈거 후 조립 시에는 제자리 방향으로 끼워야 한다.
  ㉡ 뒤 축받이 캡에는 오일 실이 있으므로 주의를 요한다.

㉢ 스러스트 판이 있을 때에는 변형이나 손상이 없도록 한다.

② 크랭크축의 휨 측정
  ㉠ V블록에 크랭크축을 올려놓고 중앙의 저널에 다이얼 게이지를 설치한다.
  ㉡ 크랭크축을 서서히 1회전시켰을 때 나타난 값이 1/2 휨값이다.

(4) 밸브장치

① 밸브장치 정비 시 작업 방법
  ㉠ 밸브 탈착 시 스프링이 튀어 나가지 않도록 한다.
  ㉡ 분해된 밸브에 표시를 하여 바뀌지 않도록 한다.
  ㉢ 분해 조립 시 밸브 스프링 전용 공구를 이용한다.
  ㉣ 밸브 래핑 작업을 할 때는 래퍼를 양손에 끼고 좌우로 돌리면서 가끔 가볍게 충격을 준다.

10년간 자주 출제된 문제

1-1. 기관의 크랭크축 분해 정비 시 주의사항으로 부적합한 것은?

① 축받이 캡을 탈거 후 조립 시에는 제자리 방향으로 끼워야 한다.
② 뒤 축받이 캡에는 오일 실이 있으므로 주의를 요한다.
③ 스러스트 판이 있을 때에는 변형이나 손상이 없도록 한다.
④ 분해 시에는 반드시 규정된 토크 렌치를 사용해야 한다.

1-2. 리머가공에 관한 설명으로 옳은 것은?

① 액슬축 외경 가공 작업 시 사용된다.
② 드릴 구멍보다 먼저 작업한다.
③ 드릴 구멍보다 정밀도가 더 높은 구멍을 가공하는 데 필요하다.
④ 드릴 구멍보다 더 작게 하는 데 사용한다.

|해설|

1-1
조립 시에는 반드시 규정된 토크 렌치를 사용해야 한다.

1-2
리머가공은 드릴 구멍보다 정밀도가 더 높은 구멍을 가공하는 데 필요하다.

정답 1-1 ④ 1-2 ③

(1) 윤활장치 취급 시 주의사항

① 기관오일의 점검

   ㉠ 계절 및 기관에 알맞은 오일을 사용한다.

   ㉡ 기관을 수평으로 한 상태에서 한다.

   ㉢ 오일은 정기적으로 점검, 교환한다.

   ㉣ 오일의 보충 또는 교환 시에는 점도가 다른 것은 서로 섞어서 사용하지 않는다.

(2) 냉각장치 점검

① 방열기는 상부온도가 하부온도보다 높다.

② 팬벨트의 장력이 약하면 과열의 원인이 된다.

③ 물 펌프 부싱이 마모되면 누수 원인이 된다.

④ 실린더 블록에 물때(Scale)가 끼면 엔진과열의 원인이 된다.

⑤ 과열된 기관에 냉각수를 보충할 때는 기관 시동을 끄고 완전히 냉각시킨 후 물을 보충한다.

(3) 연료장치 취급 시 주의사항

① 연료를 공급할 때의 주의사항

   ㉠ 차량의 모든 전원을 OFF하고 주유한다.

   ㉡ 소화기를 비치한 후 주유한다.

   ㉢ 엔진 시동을 끈 후 주유한다.

② 연료장치 점검 시 주의사항

   ㉠ 깨끗하고 먼지가 없는 곳에서 실시한다.

   ㉡ 작업장 가까이에 소화기를 준비한다.

   ㉢ 기관의 회전부분에 손이나 옷이 닿지 않도록 한다.

(4) LPG 연료 취급 시 주의사항

① LPG 충전 사업의 시설에서 저장 탱크와 가스 충전 장소의 사이에는 방호벽을 설치해야 한다.

② LPG 자동차 관리에 대한 주의사항

   ㉠ LPG는 고압이고, 누설이 쉬우며 공기보다 무겁다.

   ㉡ LPG는 온도상승에 의한 압력상승이 있다.

   ㉢ 가스 충전 시에는 합격 용기 여부를 확인하고, 과충전 되지 않도록 해야 한다.

   ㉣ 용기는 직사광선 등을 피하는 곳에 설치하고 과열되지 않아야 한다.

   ㉤ 엔진 룸이나 트렁크 실 내부 등을 점검할 때는 가스 누출 탐지기를 이용하여야 한다.

(5) 내연기관의 가동

① 기관을 시동하기 전 윤활유, 냉각수, 축전지 등을 점검한다.

② 기관 운전상태에서 점검사항

   ㉠ 배기가스의 색을 관찰하는 일

   ㉡ 윤활유는 규정 양을 보충할 것

   ㉢ 벨트 장력 조정 시는 기관을 정지시키고 할 것

10년간 자주 출제된 문제

기관오일의 보충 또는 교환 시 가장 주의할 점으로 옳은 것은?

① 점도가 다른 것은 서로 섞어서 사용하지 않는다.
② 될 수 있는 한 많이 주유한다.
③ 소량의 물이 섞여도 무방하다.
④ 제조회사에 관계없이 보충한다.

|해설|

기관오일의 보충 또는 교환 시 점도가 다른 것은 서로 섞어서 사용하지 않는다.

정답 ①

(1) 동력 전달장치 취급 시 주의사항

① 기어가 회전하고 있는 곳은 뚜껑으로 잘 덮어 위험을 방지한다.

② 천천히 움직이는 벨트라도 손으로 잡지 않는다.

③ 회전하고 있는 벨트나 기어에 필요 없는 접근을 금한다.

(2) 유압 라인 내 공기빼기 작업

① 마스터 실린더의 오일 저장 탱크에 오일을 채우고 공기빼기 작업을 해야 한다.

② 작동오일이 차체의 도장 부분에 묻지 않도록 주의해야 한다.

③ 블리더 스크루 주변을 청결히 하여 이물질이 유입되지 않도록 해야 한다.

(3) 변속기 작업 시 자동차 밑에서 작업할 때에는 보안경을 써야 한다.

(4) 자동변속기 취급 시 주의사항

① 자동차는 평지에 완전하게 세우고 바퀴는 고임목으로 고여야 한다.

② 변속기를 탈착하기 위해서는 차량을 승강기(리프트)로 들어 올린 후 변속기 스탠드를 지지한 후 작업한다.

③ 자동변속기 분해 조립 시 주의사항

    ㉠ 작업 시 청결을 유지하고 작업한다.

    ㉡ 클러치판, 브레이크 디스크는 자동변속기 오일로 세척한다.

    ㉢ 조립 시 개스킷, 오일 실 등은 새 것으로 교환한다.

    ㉣ 해머가 필요할 경우 나무 또는 플라스틱 등의 연질 해머를 사용한다.

자동변속기와 같이 무거운 물건을 운반할 때의 안전사항 중 틀린 것은?

① 인력으로 운반 시 다른 사람과 협조하여 조심성 있게 운반한다.

② 체인 블록이나 리프트를 이용한다.

③ 작업장에 내려놓을 때에는 충격을 주지 않도록 주의한다.

④ 반드시 혼자 힘으로 운반한다.

| 해설 |

변속기와 같은 무거운 부품의 이동 시 다른 사람과 협조하거나 체인 블록 및 리프트 등을 사용한다.

정답 ④

(1) 브레이크 정비 시 주의사항

① 라이닝의 교환은 반드시 세트(조)로 한다.
② 패드를 지지하는 록 핀에는 그리스를 도포한다.
③ 마스터 실린더의 분해조립은 바이스에 물려 지지한다.

(2) 공기 브레이크 장치 취급 시 주의사항

① 라이닝의 교환은 반드시 세트(조)로 한다.
② 매일 공기 압축기의 물을 빼낸다.
③ 규정 공기압을 확인한 다음 출발해야 한다.

(1) 축전지 취급 시 주의사항

① 전해액이 옷이나 피부에 닿지 않도록 한다.
② 중탄산소다수와 같은 중화제를 항상 준비한다.
③ 황산액이 담긴 병을 옮길 때는 보호 상자에 넣어 운반한다.
④ 축전지 전해액량은 정기적으로 점검한다.
⑤ 축전지 육안검사는 벤트 플러그의 공기구멍 막힘 상태, 케이스의 균열점검, 단자의 부식상태 등을 검사한다.
⑥ 축전지 케이스의 균열에 대하여 점검하고 정도에 따라 수리 또는 교환한다.
⑦ 전해액을 혼합할 때에는 증류수에 황산을 천천히 붓는다.

(2) 축전지 충전 시 주의사항

① 전해액 비중 점검 결과 방전되었으면 보충전한다.
② 충전기로 충전할 때에는 극성에 주의한다.
③ 축전지의 충전실은 항상 환기장치가 잘되어 있어야 한다.
④ 충전 중 전해액의 온도는 45℃를 넘지 않도록 한다.
⑤ 충전 중인 배터리에 화기를 가까이 해서는 안 된다.
⑥ 축전지를 과충전 하여서는 안 된다.

(3) 충전장치 취급 시 주의사항

① 발전기 출력전압 점검 시 배터리(−)케이블을 분리하지 않는다.
② 배터리를 단락시키지 않는다.
③ 회로를 단락시키거나 극성을 바꾸어 연결하지 않는다.

(4) 회로시험기 사용 시 주의사항

① 고온, 다습, 직사광선을 피한다.
② 0점 위치를 확인하고 측정한다.
③ 선택 스위치는 확인하고 측정한다.

④ 지침은 정면 위에서 읽는다.
⑤ 테스터 리드의 적색은 (+)단자에, 흑색은 (−)단자에
꽂는다.
⑥ 전류 측정 시 회로를 연결하고 그 회로에 직렬로 테스
터를 연결하여야 한다.
⑦ 각 측정 범위의 변경은 큰 쪽부터 작은 쪽으로 하고
역으로는 하지 않는다.
⑧ 중앙 손잡이 위치를 측정 단자에 합치시켜야 한다.
⑨ 회로시험기의 0점 조절은 측정 범위가 변경될 때마다
실시하여야 한다.

**5-1. 축전지의 용량을 시험할 때 안전 및 주의사항으로 틀린
것은?**

① 축전지 전해액이 옷에 묻지 않게 한다.
② 기름이 묻은 손으로 시험기를 조작하지 않는다.
③ 부하시험에서 부하시간을 15초 이상으로 하지 않는다.
④ 부하시험에서 부하전류는 축전지의 용량에 관계없이 일정하
게 한다.

**5-2. 납산 축전지의 전해액이 흘렀을 때 중화용액으로 가장 알
맞은 것은?**

① 중탄산소다   ② 황 산
③ 증류수   ④ 수돗물

**5-3. 회로 시험기로 전기회로의 측정 점검 시 주의사항으로 틀
린 것은?**

① 테스터 리드의 적색은 (+)단자에, 흑색은 (−)단자에 연결
한다.
② 전류 측정 시 테스터를 병렬로 연결해야 한다.
③ 각 측정 범위의 변경은 큰 쪽에서 작은 쪽으로 한다.
④ 저항 측정 시에는 회로 전원을 끄고 단품은 탈거한 후 측정
한다.

|해설|

5-1
축전지 부하시험 시 부하전류는 축전지의 용량에 따라 다르게
한다.

5-2
납산 축전지의 전해액이 흘렀을 경우 중탄산소다 등의 중화제를
사용한다.

5-3
전류 측정 시 테스터를 직렬로 연결해야 한다.

정답 5-1 ④ 5-2 ① 5-3 ②

(1) 측정공구 사용 시 안전사항

① 다이얼 게이지를 취급할 때 주의사항
- ㉠ 다이얼 게이지로 측정할 때 측정부분의 위치는 공작물에 수직으로 놓는다.
- ㉡ 분해 소제나 조정은 하지 않는다.
- ㉢ 다이얼 인디케이터에 어떤 충격이라도 가해서는 안 된다.
- ㉣ 측정할 때에는 측정물에 스핀들을 직각으로 설치하고 무리한 접촉은 피한다.

② 마이크로미터를 보관할 때 주의사항
- ㉠ 깨끗하게 하여 보관함에 넣어 보관한다.
- ㉡ 앤빌과 스핀들을 접촉시키지 않는다.
- ㉢ 습기가 없는 곳에 보관한다.
- ㉣ 사용 중 떨어뜨리거나 큰 충격을 주지 않도록 한다.
- ㉤ 래칫 스톱을 1~2회전 정도 돌려 측정력을 가한다.
- ㉥ 기름, 쇳가루, 먼지 등에 의한 오차 발생을 주의한다.

③ 버니어캘리퍼스 : 부품의 바깥지름, 안지름, 길이, 깊이 등을 측정한다.

(2) 정비작업 시 주의사항

① 작업에 맞는 공구를 사용한다.
② 부품을 분해할 때에는 앞에서부터 순서대로 푼다.
③ 전기장치는 기름기 없이 작업을 한다.
④ 잭(Jack)을 사용할 때 손잡이를 빼놓는다.
⑤ 사용 목적에 적합한 공구를 사용한다.
⑥ 연료를 공급할 때는 소화기를 비치한다.
⑦ 차축을 정비할 때는 잭과 스탠드로 고정하고 작업한다.
⑧ 전기장치의 시험기를 사용할 때 정전이 되면 즉시 스위치는 OFF에 놓는다.

(3) 리프트 작업 시 주의사항

① 차축, 차륜을 정비할 때는 잭과 안전스탠드로 고정하고 작업한다.

② 잭으로 차체를 들어 올리는 방법
- ㉠ 차체를 올리고 난 후 잭 손잡이를 뺀다.
- ㉡ 잭을 올리고 나서 받침대(스탠드)로 받친다.
- ㉢ 잭은 물체의 중심위치에 설치한다.
- ㉣ 잭은 중앙 밑 부분에 놓아야 한다.
- ㉤ 잭만 받쳐진 중앙 밑 부분에는 들어가지 않는 것이 좋다.
- ㉥ 잭은 밑바닥이 견고하면서 수평이 되는 곳에 놓고 작업하여야 한다.

(4) 자동차 정비 공장에서 지켜야 할 안전수칙

① 지정된 흡연 장소 외에서는 흡연을 하지 않는다.
② 작업자 및 정비책임자는 작업안전수칙을 지켜 안전사고가 발생되지 않도록 한다.
③ 차량 밑에서 리프트 작업을 할 때에는 반드시 안전장치를 사용하여야 한다.
④ 도장작업 중에는 분진방지에 신경 써서 작업한다.

6-1. 다이얼 게이지 취급 시 안전사항으로 틀린 것은?

① 작동이 불량하면 스핀들에 주유 혹은 그리스를 발라서 사용한다.

② 분해 청소나 조정은 하지 않는다.

③ 다이얼 인디케이터에 충격을 가해서는 안 된다.

④ 측정 시는 측정물에 스핀들을 직각으로 설치하고 무리한 접촉을 피한다.

6-2. 자동차 하체를 들어올리기 위해 잭을 설치할 때 작업 주의사항으로 틀린 것은?

① 잭은 중앙 밑부분에 놓아야 한다.

② 잭은 자동차를 작업할 수 있게 올린 다음에도 잭 손잡이는 그대로 둔다.

③ 잭은 받쳐진 중앙 밑부분에는 들어가지 않는 것이 좋다.

④ 잭은 밑바닥이 견고하면서 수평이 되는 곳에 놓고 작업하여야 한다.

|해설|

6-1

다이얼 게이지는 정밀측정공구로서 스핀들에 주유 혹은 그리스 삽입을 하지 않는다.

6-2

차체를 올리고 난 후 잭 손잡이를 뺀다.

정답 6-1 ① 6-2 ②

핵심이론 07 | 기기 취급

(1) 차량 시험기기의 취급

① 시험기기 전원의 종류와 용량을 확인한 후 전원 플러그를 연결한다.

② 눈금의 정확도는 수시로 점검해서 0점을 조정해 준다.

③ 시험기기의 누전 여부를 확인한다.

(2) 전조등 시험

① 차량을 수평인 지면에 세운다.

② 적절히 예비운전이 된 공차 상태의 자동차에 운전자 1인이 승차한 상태로 한다.

③ 시험기에 차량을 마주 보고 한다.

④ 타이어 공기압은 표준 공기압으로 한다.

⑤ 자동차의 축전지는 충전한 상태로 한다.

⑥ 4등식 전조등의 경우 측정하지 아니하는 등화에서 발신하는 빛을 차단한 상태로 한다.

(3) 속도계 시험

① 롤러에 묻은 기름, 흙을 닦아낸다.

② 시험차량의 타이어 공기압이 정상인가를 확인한다.

③ 시험차량은 공차상태로 하고 운전자 1인이 탑승한다.

(4) 휠 밸런스 시험

① 시험기 사용 순서를 숙지한 후 사용한다.

② 휠 탈부착 시에는 무리한 힘을 가하지 않는다.

③ 시험하고자 하는 바퀴 규격에 맞는 테이퍼콘을 선택한다.

④ 타이어를 과속으로 돌리거나 진동이 일어나게 해서는 안 된다.

⑤ 타이어의 회전 방향에 서지 말아야 한다.

⑥ 회전하는 휠에 손을 대지 않는다.

⑦ 점검 후 테스터 스위치를 끈 다음 자연히 정지하도록 한다.

⑧ 균형추를 정확히 부착한다.

(5) 사이드슬립 시험

① 시험기의 운동부분은 항상 청결하여야 한다.

② 시험기의 답판 및 타이어에 부착된 수분, 오일, 흙 등을 제거한다.

③ 시험기에 대하여 직각으로 서서히 진입시켜야 한다.

④ 답판상에서는 브레이크 페달을 밟지 않는다.

⑤ 답판상에서는 조향핸들을 좌우로 틀지 않는다.

⑥ 답판은 직진 상태에서 5km/h의 속도로 통과하여야 한다.

(6) 측정공구 사용 시 안전사항

① 타이어 트레드의 표면에 습기를 제거한다.

② 브레이크 페달을 확실히 밟은 상태에서 측정한다.

③ 시험 중 타이어와 가이드 롤러와의 접촉이 없도록 한다.

④ 주 제동장치와 주차제동장치의 제동력의 크기를 시험한다.

제3절 공구에 대한 안전

핵심이론 01 전동 및 기계 공구

(1) 선반 작업

① 선반의 베드 위나 공구대 위에 직접 측정기나 공구를 올려놓지 않는다.

② 돌리개는 적당한 크기의 것을 사용한다.

③ 공작물을 고정한 후 렌치 종류는 제거해야 한다.

④ 치수를 측정할 때는 기계를 정지시키고 측정을 한다.

⑤ 내경 작업 중에는 구멍 속에 손가락을 넣어 청소하거나 점검하려고 하면 안 된다.

(2) 드릴 작업

① 드릴 작업 때 칩은 회전을 중지시킨 후 솔로 제거한다.

② 드릴은 사용 전에 균열이 있는가를 점검한다.

③ 드릴의 탈부착은 회전이 멈춘 다음 행한다.

④ 가공물이 관통될 즈음에는 알맞게 힘을 가하여야 한다.

⑤ 드릴 끝이 가공물을 관통하였는지를 손으로 확인해서는 안 된다.

⑥ 공작물은 단단히 고정시켜 따라 돌지 않게 한다.

⑦ 작업복을 입고 작업한다.

⑧ 테이블 위에 고정시켜서 작업한다.

⑨ 드릴 작업은 장갑을 끼고 작업해서는 안 된다.

⑩ 머리가 긴 사람은 안전모를 쓴다.

⑪ 작업 중 쇳가루를 입으로 불어서는 안 된다.

⑫ 드릴 작업에서 둥근 공작물에 구멍을 뚫을 때는 공작물을 V블록과 클램프로 잡는다.

⑬ 드릴 작업을 하고자 할 때 재료 밑의 받침은 나무판이 적당하다.

(3) 그라인더(연삭숫돌) 작업

① 숫돌의 교체 및 시험운전은 담당자만이 하여야 한다.
② 그라인더 작업에는 반드시 보호안경을 착용하여야 한다.
③ 숫돌의 받침대는 3mm 이상 열렸을 때에는 사용하지 않는다.
④ 숫돌 작업은 측면에 서서 숫돌의 정면을 이용하여 연삭한다.
⑤ 안전커버를 떼고서 작업해서는 안 된다.
⑥ 숫돌 차를 고정하기 전에 균열이 있는지 확인한다.
⑦ 숫돌 차의 회전은 규정 이상 빠르게 회전시켜서는 안 된다.
⑧ 플랜지가 숫돌 차에 일정하게 밀착하도록 고정시킨다.
⑨ 그라인더 작업에서 숫돌 차와 받침대 사이의 표준간격은 2~3mm 정도가 가장 적당하다.
⑩ 탁상용 연삭기의 덮개 노출각도는 90°이거나 전체 원주의 1/4을 초과해서는 안 된다.

(4) 기계 작업 시 주의사항

① 구멍 깎기 작업을 할 때에는 운전 도중 구멍 속을 청소해서는 안 된다.
② 치수측정은 운전을 멈춘 후 측정하도록 한다.
③ 운전 중에는 다듬면 검사를 절대로 금한다.
④ 베드 및 테이블의 면을 공구대 대용으로 쓰지 않는다.
⑤ 주유를 할 때에는 지정된 기름 외에 다른 것은 사용하지 말고 기계는 운전을 정지시킨다.
⑥ 고장의 수리, 청소 및 조정을 할 때에는 동력을 끊고 다른 사람이 작동시키지 않도록 표시해 둔다.
⑦ 운전 중 기계로부터 이탈할 때는 운전을 정지시킨다.
⑧ 기계 운전 중 정전이 발생되었을 때는 각종 모터의 스위치를 꺼(OFF) 둔다.

(5) 안전장치 선정 시 고려사항

① 안전장치의 사용에 따라 방호가 완전할 것
② 안전장치의 기능면에서 신뢰도가 클 것
③ 정기 점검 이외에는 사람의 손으로 조정할 필요가 없을 것

10년간 자주 출제된 문제

1-1. 연삭 작업 시 안전사항이 아닌 것은?
① 연삭숫돌 설치 전 해머로 가볍게 두들겨 균열 여부를 확인해 본다.
② 연삭숫돌의 측면에 서서 연삭한다.
③ 연삭기의 커버를 벗긴 채 사용하지 않는다.
④ 연삭숫돌의 주위와 연삭 지지대 간격은 5mm 이상으로 한다.

1-2. 드릴링 머신 가공작업을 할 때 주의사항으로 틀린 것은?
① 일감은 정확히 고정한다.
② 작은 일감은 손으로 잡고 작업한다.
③ 작업복을 입고 작업한다.
④ 드릴 작업 때 칩은 회전을 중지시킨 후 솔로 제거한다.

|해설|

1-1
숫돌 차와 받침대 사이의 표준간격은 2~3mm 정도가 적당하다.

1-2
드릴링 머신 가공작업은 테이블 위에 고정시켜서 작업한다.

정답 1-1 ④ 1-2 ②

(1) 공기압축기

① 각부의 조임 상태를 확인한다.

② 윤활유의 상태를 수시로 점검한다.

③ 압력계 및 안전밸브의 이상 유무를 확인한다.

④ 규정 공기압력을 유지한다.

⑤ 압축공기 중의 수분을 제거한다.

(2) 공기압축기 운전 시 점검사항

① 압력계, 안전밸브 등의 이상 유무

② 이상 소음 및 진동

③ 이상 온도 상승

(3) 공기공구 사용 방법

① 공구의 교체 시에는 반드시 밸브를 꼭 잠그고 하여야 한다.

② 활동 부분은 항상 윤활유 또는 그리스로 급유한다.

③ 사용 시에는 반드시 보호구를 착용해야 한다.

④ 공기공구를 사용하는 경우에는 밸브를 서서히 열고 닫아야 한다.

⑤ 공기기구를 사용할 때는 보호안경을 사용한다.

⑥ 고무 호스가 꺾여 공기가 새는 일이 없도록 한다.

⑦ 공기기구의 반동으로 생길 수 있는 사고를 미연에 방지한다.

⑧ 에어 그라인더는 회전수를 점검한 후 사용한다.

2-1. 공기공구 사용에 대한 설명 중 틀린 것은?

① 공구 교체 시에는 반드시 밸브를 꼭 잠그고 해야 한다.

② 활동 부분은 항상 윤활유 또는 그리스를 급유한다.

③ 사용 시에는 반드시 보호구를 착용해야 한다.

④ 공기공구를 사용할 때에는 밸브를 빠르게 열고 닫는다.

2-2. 공기를 사용한 동력 공구 사용 시 주의사항으로 적합하지 않은 것은?

① 간편한 사용을 위하여 보호구는 사용하지 않는다.

② 에어 그라인더는 회전 시 소음과 진동의 상태를 점검한 후 사용한다.

③ 규정 공기압력을 유지한다.

④ 압축공기 중의 수분을 제거한다.

|해설|

2-1

공기공구를 사용하는 경우에는 밸브를 서서히 열고 닫아야 한다.

2-2

사용 시에는 반드시 보호구를 착용해야 한다.

정답 2-1 ④ 2-2 ①

(1) 수공구 사용에서 안전사고 원인

① 사용법이 미숙하다.
② 수공구의 성능을 잘 알지 못하고 선택하였다.
③ 힘에 맞지 않는 공구를 사용하였다.
④ 사용공구의 점검·정비를 잘하지 않았다.

(2) 수공구를 사용할 때 일반적 주의사항

① 수공구를 사용하기 전에 이상 유무를 확인 후 사용한다.
② 작업자는 필요한 보호구를 착용한 후 작업한다.
③ 공구는 규정대로 사용해야 한다.
④ 용도 이외의 수공구는 사용하지 않는다.
⑤ 수공구 사용 후에는 정해진 장소에 보관한다.
⑥ 작업대 위에서 떨어지지 않게 안전한 곳에 둔다.
⑦ 공구를 사용한 후 제자리에 정리하여 둔다.
⑧ 예리한 공구 등을 주머니에 넣고 작업을 하여서는 안 된다.
⑨ 사용 전 손잡이에 묻은 기름 등은 닦아내어야 한다.
⑩ 공구를 던져서 전달해서는 안 된다.

(3) 펀치 및 정 작업할 때 주의사항

① 펀치 작업을 할 경우에는 타격하는 지점에 시선을 둘 것
② 정 작업을 할 때에는 서로 마주 보고 작업하지 말 것
③ 열처리한(담금질 한) 재료에는 사용하지 말 것
④ 정 작업의 시작과 끝은 조심할 것
⑤ 정 작업에서 버섯머리는 그라인더로 갈아서 사용할 것
⑥ 쪼아내기 작업은 방진안경을 쓰고 작업할 것
⑦ 정의 머리 부분은 기름이 묻지 않도록 할 것
⑧ 금속 깎기를 할 때는 보안경을 착용할 것
⑨ 정의 날을 몸 바깥쪽으로 하고 해머로 타격할 것
⑩ 정의 생크나 해머에 오일이 묻지 않도록 할 것
⑪ 보관을 할 때에는 날이 부딪쳐서 무디어지지 않도록 할 것

(4) 렌치를 사용할 때 주의사항

① 너트에 맞는 것을 사용한다(볼트 및 너트 머리 크기와 같은 조(Jaw)의 오픈렌치를 사용한다).
② 렌치를 몸 안으로 잡아 당겨 움직이게 한다.
③ 해머 대용으로 사용하지 않는다.
④ 파이프 렌치를 사용할 때는 정지상태를 확실히 한다.
⑤ 너트에 렌치를 깊이 물린다.
⑥ 높거나 좁은 장소에서는 몸을 안전하게 한 다음 작업한다.
⑦ 힘의 전달을 크게 하기 위하여 한쪽 렌치 조에 파이프 등을 끼워서 사용해서는 안 된다.
⑧ 복스 렌치를 오픈엔드 렌치보다 더 많이 사용하는 이유는 볼트·너트 주위를 완전히 싸게 되어 있어 사용 중에 미끄러지지 않기 때문이다.

(5) 조정 렌치를 취급할 때 주의사항

① 고정 조 부분에 렌치의 힘이 가해지도록 할 것(조정 렌치를 사용할 때에는 고정 조에 힘이 걸리도록 하여야만 렌치의 파손을 방지할 수 있고 안전함)
② 렌치에 파이프 등을 끼워서 사용하지 말 것
③ 작업할 때 몸 쪽으로 당기면서 작업할 것
④ 볼트 또는 너트의 치수에 밀착되도록 크기를 조절할 것

(6) 토크 렌치를 사용할 때 주의사항

① 핸들을 잡고 몸 안쪽으로 잡아당긴다.
② 조임력은 규정값에 정확히 맞도록 한다.
③ 볼트나 너트를 조일 때 조임력을 측정한다.
④ 손잡이에 파이프를 끼우고 돌리지 않도록 한다.

(7) 해머 작업을 할 때 주의사항

① 녹슨 것을 칠 때는 주의할 것(해머로 녹슨 것을 때릴 때에는 반드시 보안경을 쓸 것)
② 기름이 묻은 손이나 장갑을 끼고 작업하지 말 것

③ 해머는 처음부터 힘을 주어 치지 말 것

④ 해머 대용으로 다른 것을 사용하지 말 것

⑤ 타격면이 평탄한 것을 사용하지 말 것

⑥ 손잡이는 튼튼한 것을 사용할 것

⑦ 타격 가공하려는 것을 보면서 작업할 것

⑧ 해머를 휘두르기 전에 반드시 주위를 살필 것

⑨ 사용 중에 자루 등을 자주 조사할 것

⑩ 좁은 곳에서는 작업을 금할 것

(8) 줄 작업을 할 때 주의사항

① 사용 전 줄의 균열 유무를 점검한다.

② 줄 작업은 전신을 이용할 수 있게 하여야 한다.

③ 줄에 오일 등을 칠해서는 안 된다.

④ 작업대 높이는 작업자의 허리 높이로 한다.

⑤ 허리는 펴고 몸의 안정을 유지한다.

⑥ 목은 수직으로 하고 눈은 일감을 주시한다.

⑦ 줄 작업 높이는 팔꿈치 높이로 한다.

10년간 자주 출제된 문제

3-1. 수공구의 사용 방법 중 잘못된 것은?

① 공구를 청결한 상태에서 보관할 것

② 공구를 취급할 때에 올바른 방법으로 사용할 것

③ 공구는 지정된 장소에 보관할 것

④ 공구는 사용 전후 오일을 발라 둘 것

3-2. 수공구 종류 중 "정" 작업 시 유의사항으로 틀린 것은?

① 처음에는 약하게 타격하고 차차 강하게 때린다.

② 정 머리에 기름을 묻혀 사용한다.

③ 머리가 찌그러진 것은 수정하여 사용하여야 한다.

④ 공작물 재질에 따라 날 끝의 각도를 바꾼다.

|해설|

3-1
손잡이에 묻은 기름 등은 닦아내어야 한다.

3-2
정의 머리 부분은 기름이 묻지 않도록 한다.

정답 3-1 ④ 3-2 ②

제4절 **작업상 안전**

핵심이론 01 | 일반 및 운반 기계

(1) 운반 차량을 이용한 운반 작업

① 차량의 동요로 안정이 파괴되기 쉬울 때는 비교적 무거운 물건을 아래에 쌓는다.

② 여러 가지 물건을 쌓을 때는 가벼운 물건을 위에 올린다.

③ 화물 위나 운반 차량에 사람의 탑승은 절대 금한다.

④ 긴 물건을 실을 때는 맨 끝부분에 위험 표시를 해야 한다.

(2) 운반 기계에 대한 안전수칙

① 무거운 물건을 운반할 경우에는 반드시 경종을 울린다.

② 흔들리는 화물은 로프 등으로 고정한다.

③ 기중기는 규정 용량을 초과하지 않는다.

④ 무거운 물건을 상승시킨 채 오랫동안 방치하지 않는다.

⑤ 무거운 것은 밑에, 가벼운 것은 위에 쌓는다.

⑥ 긴 물건을 쌓을 때는 끝에 위험 표시를 한다(적재물이 차량의 적재함 밖으로 나올 때는 적색으로 위험표시를 한다).

⑦ 구르기 쉬운 짐은 로프로 반드시 묶는다.

(3) 중량물 운반 수레를 취급할 때 주의사항

① 적재는 가능한 한 중심이 아래로 오도록 한다.

② 화물은 자체에 앞뒤 또는 측면에 편중되지 않도록 한다.

③ 사용 전에 운반 수레의 각부를 점검한다.

④ 앞이 보이지 않을 정도로 화물을 적재하지 않는다.

(4) 운반 작업을 할 때 주의사항

① 드럼통, 봄베 등을 굴려서 운반해서는 안 된다.

② 공동운반에서는 서로 협조를 하여 작업한다.

③ 긴 물건은 앞쪽을 위로 올린다.

④ 무리한 몸가짐으로 물건을 들지 않는다.

(5) 기중기 작업

① 기중기로 물건을 운반할 때 주의사항

  ㉠ 규정 무게보다 초과해서는 안 된다.

  ㉡ 적재물이 떨어지지 않도록 한다.

  ㉢ 로프 등의 안전여부를 항상 점검한다.

  ㉣ 선회 작업을 할 때 사람이 다치지 않도록 한다.

② 기중기로 중량물을 운반할 때 안전한 작업 방법

  ㉠ 운전자는 반드시 신호인의 지시에 따라 운전한다.

  ㉡ 제한 하중 이상을 기중해서는 안 된다.

  ㉢ 달아 올리기는 반드시 수직으로 하고, 옆 방향으로 힘이 가해지지 않도록 한다.

  ㉣ 급격한 가속이나 정비를 피하고, 추락 방지를 위해 노력한다.

  ㉤ 와이어로프로 동일 중량의 물건을 매달아 올릴 때 로프에 걸리는 인장력이 가장 작은 로프의 각도는 30°, 인장력이 가장 큰 각도는 75°이다.

(1) 산소 아세틸렌 가스 용접 시 유의사항

산소 아세틸렌 가스 용접을 할 때에는 용접안경, 모자 및 장갑을 착용하여야 한다.

(2) 용해 아세틸렌 사용 시 주의사항

① 아세틸렌은 $1.0kg/cm^2$ 이하로 사용한다.
② 용기에 충격을 주지 않는다.
③ 화기에 주의한다.
④ 누설 점검은 비눗물로 한다.

(3) 산소용접 작업 시 주의사항

① 반드시 소화기를 준비한다.
② 아세틸렌밸브를 열어 점화한 후 산소밸브를 연다.
③ 점화는 성냥불로 직접 하지 않는다.
④ 역화가 발생하면 곧 토치의 산소밸브를 먼저 닫고 아세틸렌밸브를 닫는다.
⑤ 산소통의 메인밸브가 얼었을 때 40℃ 이하의 물로 녹인다.
⑥ 산소는 산소병에 35℃에서 150기압으로 압축 충전한다.
⑦ 아세틸렌 용기 내의 아세틸렌은 게이지 압력이 1.5 kgf/cm^2 이상 되면 폭발할 위험이 있다.

(4) 산소용기 취급 시 주의사항

① 산소를 사용한 후 용기가 비었을 때는 반드시 밸브를 잠가 둔다.
② 조정기에는 기름을 칠하지 않는다.
③ 밸브의 개폐는 조용히 한다.
④ 산소 봄베를 운반할 때에는 충격을 주지 않도록 한다.
⑤ 산소 봄베는 40℃ 이하의 그늘진 곳에 보관한다.
⑥ 토치 점화는 마찰식 라이터를 사용한다.

(5) 카바이드 취급 시 주의사항

① 카바이드는 수분과 접촉하면 아세틸렌 가스를 발생하므로 카바이드 저장소에는 전등 스위치가 옥내에 있으면 안 된다.
② 밀봉해서 보관한다.
③ 건조한 곳에 보관한다.
④ 인화성이 없는 곳에 보관한다.
⑤ 저장소에 전등을 설치할 경우 방폭 구조로 한다.

(6) 아크(Arc) 용접기 취급 시 주의사항

① 아크 용접기의 감전방지를 위해 자동 전격 방지기를 부착한다.
② 전기 용접기에서 누전이 일어나면 스위치를 끄고 누전된 부분을 찾아 절연시킨다.
③ 슬래그(Slag)를 제거할 때에는 보안경을 착용한다.
④ 우천(雨天)에서는 옥외 작업을 금한다.
⑤ 가열된 용접봉 홀더를 물에 넣어 냉각시켜서는 안 된다.
⑥ 피부가 노출되지 않도록 한다.

(7) 폭발의 우려가 있는 장소에서 금지사항

① 화기의 사용금지
② 과열로 인해 점화의 원인이 될 우려가 있는 기계의 사용금지
③ 사용 중 불꽃이 발생하는 공구의 사용금지
④ 가연성 재료의 사용금지

(8) 작업장에서 태도

① 작업장 환경 조성을 위해 노력한다.
② 자신의 안전과 동료의 안전을 고려한다.

(9) 정비 공장에서 지켜야 할 안전수칙

① 작업 중 입은 부상은 응급치료를 받고 즉시 보고한다.
② 밀폐된 실내에서는 시동을 걸지 않는다.
③ 통로나 마룻바닥에 공구나 부품을 방치하지 않는다.
④ 기름걸레나 인화물질은 철제상자에 보관한다.
⑤ 정비공장에서 작업자가 작업할 때 반드시 알아두어야
　할 사항은 안전수칙이다.
⑥ 전동공구 사용 중 정전이 되면 스위치를 OFF에 놓아야
　한다.

(10) 기계시설 배치 시 주의사항

① 회전부분(기어, 벨트, 체인) 등은 위험하므로 반드시
　커버를 씌워둔다.
② 발전기, 아크 용접기, 엔진 등 소음이 나는 기계는 분
　산시켜 배치한다.
③ 작업장의 통로는 근로자가 안전하게 다닐 수 있도록
　정리정돈을 한다.
④ 작업장의 바닥이 미끄러워 보행에 지장을 주지 않도록
　한다.

(11) 감전사고 방지 대책

① 고압의 전류가 흐르는 부분은 표시하여 주의를 둔다.
② 전기작업을 할 때는 절연용 보호구를 착용한다.
③ 스위치의 개폐는 오른손으로 하고 물기가 있는 손으로
　전기장치나 기구에 손을 대지 않는다.

과년도+최근
기출복원문제

#기출유형 확인   #상세한 해설   #최종점검 테스트

01 CRDI 디젤엔진에서 기계식 저압펌프의 연료공급 경로가 맞는 것은?

① 연료탱크 – 저압펌프 – 연료필터 – 고압펌프 – 커먼레일 – 인젝터
② 연료탱크 – 연료필터 – 저압펌프 – 고압펌프 – 커먼레일 – 인젝터
③ 연료탱크 – 저압펌프 – 연료필터 – 커먼레일 – 고압펌프 – 인젝터
④ 연료탱크 – 연료필터 – 저압펌프 – 커먼레일 – 고압펌프 – 인젝터

해설
커먼레일 엔진의 연료장치
연료탱크의 연료는 연료필터를 거쳐 수분이나 이물질이 제거된 후 저압펌프를 통해 고압펌프로 이동한다. 고압펌프는 높은 압력으로 연료를 커먼레일로 밀어 넣는다. 이 커먼레일에 있던 연료는 각 인젝터에서 ECU의 제어 아래 실린더로 분사되는 것이다. ①은 전기식 연료펌프의 연료공급 경로이다.

02 실린더 헤드를 떼어낼 때 볼트를 바르게 푸는 방법은?

① 풀기 쉬운 곳부터 푼다.
② 중앙에서 바깥을 향하여 대각선으로 푼다.
③ 바깥에서 안쪽으로 향하여 대각선으로 푼다.
④ 실린더 보어를 먼저 제거하고 실린더 헤드를 떼어낸다.

해설
• 실린더 헤드를 풀 때 : 바깥에서 중앙으로 대각선 방향으로
• 실린더 헤드를 조일 때 : 중앙에서 바깥으로 대각선 방향으로

03 기관의 회전력이 71.6kgf·m에서 200PS의 축 출력을 냈다면 이 기관의 회전속도는?

① 1,000rpm ② 1,500rpm
③ 2,000rpm ④ 2,500rpm

해설
회전수와 토크를 이용하여 제동마력을 산출하는 식은
$PS = \dfrac{T \times N}{716}$ 이므로 $\dfrac{71.6 \times N}{716} = 200PS$이다.

따라서 $N = \dfrac{716 \times 200}{71.6}$ 이므로 $N = 2,000rpm$이 된다.

04 EGR(배기가스 재순환장치)과 관계있는 배기가스는?

① CO ② HC
③ NO_X ④ H_2O

해설
배기가스 재순환장치(EGR)는 배기가스의 일부를 엔진의 혼합가스에 재순환시켜 가능한 출력감소를 최소로 하면서 연소온도를 낮추어 질소산화물(NO_X)의 배출량을 감소시킨다.

05 디젤기관의 연료 여과장치 설치개소로 적절하지 않은 것은?

① 연료공급펌프 입구
② 연료탱크와 연료공급펌프 사이
③ 연료분사펌프 입구
④ 흡입다기관 입구

해설
디젤기관에는 연료탱크 주입구, 연료공급펌프의 입구 쪽, 연료여과기, 분사 노즐의 입구 커넥터 등 4개소에 여과장치가 설치되어 있다.

06 엔진 조립 시 피스톤링 절개구 방향은?

① 피스톤 사이드 스러스트 방향을 피하는 것이 좋다.
② 피스톤 사이드 스러스트 방향으로 두는 것이 좋다.
③ 크랭크축 방향으로 두는 것이 좋다.
④ 절개구의 방향은 관계없다.

해설

피스톤링 절개구 방향(조립 시)
• 각 링의 절개부를 같은 방향으로 설치하지 말 것
• 절개부를 측압 방향으로 설치하지 말 것
• 절개부를 피스톤핀 보스 방향으로 설치하지 말 것

07 LPG기관 피드백 믹서 장치에서 ECU의 출력 신호에 해당하는 것은?

① 산소센서
② 파워스티어링 스위치
③ 맵센서
④ 메인 듀티 솔레노이드

해설

메인 듀티 솔레노이드밸브(피드백 솔레노이드밸브)는 20Hz(ON /OFF, 50m/s)로 작동을 하며, 산소센서의 시그널을 받아 작동한다.

08 크랭크 케이스 내의 배출가스 제어장치는 어떤 유해가스를 저감시키는가?

① HC
② CO
③ NO_x
④ CO_2

해설

배출가스 제어장치의 종류
• 크랭크 케이스 배출가스 제어장치 : PCV – HC 감소
• 증발가스 제어장치 : 캐니스터, 퍼지 컨트롤 솔레노이드밸브 – HC 감소
• 배기가스 제어장치
 – MPI 장치(공기/연료 혼합비 조절) : CO/HC/NO_x 감소
 – 삼원촉매 : CO/HC/NO_x 감소
 – 배기가스 재순환장치(EGR 밸브, 서모밸브) : NO_x 감소

09 실린더 블록이나 헤드의 평면도 측정에 알맞은 게이지는?

① 마이크로미터
② 다이얼 게이지
③ 버니어 캘리퍼스
④ 직각자와 필러 게이지

해설

실린더 헤드나 블록의 평면도는 직각자(또는 곧은 자)와 필러(틈새) 게이지를 사용하여 측정한다.

10 각종 센서의 내부 구조 및 원리에 대한 설명으로 거리가 먼 것은?

① 냉각수온도센서 : NTC를 이용한 서미스터 전압 값의 변화
② 맵센서 : 진공으로 저항(피에조)값을 변화
③ 지르코니아 산소센서 : 온도에 의한 전류값을 변화
④ 스로틀(밸브)위치센서 : 가변저항을 이용한 전압 값 변화

해설

지르코니아(ZrO_2) 산소센서는 고온에서 산소이온에 의한 전기전도가 일어나는 고체전해질로서 공기 중 산소 분압에 따라서 전하 평형이 달라지는 성질을 이용하여 만들었다.

11 윤활유의 역할이 아닌 것은?

① 밀봉 작용 ② 냉각 작용

③ 팽창 작용 ④ 방청 작용

해설
윤활유의 역할
- 시동(Start)의 원활성
- 윤활성 유지 및 마모 방지
- 엔진 냉각 작용
- 기포생성 방지
- 마찰 방지 기능
- 엔진 세정 기능
- 밀봉 작용
- 부식ㆍ산화 방지(방청 작용)

12 디젤연료의 발화촉진제로 적당하지 않은 것은?

① 아황산에틸($C_2H_5SO_3$)

② 아질산아밀($C_5H_{11}NO_2$)

③ 질산에틸($C_2H_5NO_3$)

④ 질산아밀($C_5H_{11}NO_3$)

해설
디젤연료의 발화촉진제 : 질산에틸, 초산에틸, 아초산에틸, 초산아밀, 아초산아밀 등의 NO_2 또는 NO_3기의 화합물을 사용한다.

13 냉각수 온도센서 고장 시 엔진에 미치는 영향으로 틀린 것은?

① 공회전상태가 불안정하게 된다.

② 워밍업 시기에 검은 연기가 배출될 수 있다.

③ 배기가스 중에 CO 및 HC가 증가된다.

④ 냉간 시동성이 양호하다.

해설
④는 냉각수 온도센서가 고장나지 않은 경우이다.

14 자동차의 연료탱크ㆍ주입구 및 가스배출구는 노출된 전기 단자로부터 (㉠)cm 이상, 배기관의 끝으로부터 (㉡)cm 이상 떨어져 있어야 한다. ( ) 안에 알맞은 것은?

① ㉠ 30, ㉡ 20

② ㉠ 20, ㉡ 30

③ ㉠ 25, ㉡ 20

④ ㉠ 20, ㉡ 25

해설
연료장치(자동차규칙 제17조)
- 연료장치는 자동차의 움직임에 의하여 연료가 새지 아니하는 구조일 것
- 배기관의 끝으로부터 30cm 이상 떨어져 있을 것(연료탱크를 제외한다)
- 노출된 전기단자 및 전기개폐기로부터 20cm 이상 떨어져 있을 것(연료탱크를 제외한다)
- 연료탱크의 주입구 및 가스배출구는 차실의 내부에 설치하지 아니하여야 하며, 연료탱크는 차실과 벽 또는 보호판 등으로 격리되는 구조일 것
※ 자동차 및 자동차부품의 성능과 기준에 관한 규칙(약칭 : 자동차규칙)

15 연료의 저위발열량이 10,250kcal/kgf일 경우 제동 연료소비율은?(단, 제동 열효율은 26.2%)

① 약 220gf/PSh ② 약 235gf/PSh

③ 약 250gf/PSh ④ 약 275gf/PSh

해설

$$\eta_e = \frac{PS \times 632.3}{be \times H_l} \times 100$$

η_e : 열효율(%)
PS : 마력(kgfㆍm/s)
be : 연료소비율(kgf/PSh)
H_l : 연료의 저위발열량(kcal/kgf)

$$26.2\% = \frac{632.3}{x \times 10,250} \times 100$$

$\therefore\ x = $ 약 235gf/PSh

16 디젤기관에서 실린더 내의 연소압력이 최대가 되는 기간은?

① 직접 연소기간 ② 화염 전파기간

③ 착화 늦음기간 ④ 후기 연소기간

해설
디젤기관의 연소과정
착화 지연기간 → 화염 전파기간(폭발 연소기간) → 직접 연소기간 (제어 연소기간) → 후기 연소기간

17 전자제어 점화장치에서 전자제어모듈(ECM)에 입력되는 정보로 거리가 먼 것은?

① 엔진회전수 신호

② 흡기 매니폴드 압력센서

③ 엔진오일 압력센서

④ 수온센서

해설
오일압력센서는 압력검출형 센서로 축압기 오일압력을 검출하여 펌프의 ON/OFF 또는 이상 저압을 스위치 신호로 출력한다.

18 내연기관의 일반적인 내용으로 다음 중 맞는 것은?

① 2행정 사이클 엔진의 인젝션 펌프 회전속도는 크랭크축 회전속도의 2배이다.

② 엔진오일은 일반적으로 계절마다 교환한다.

③ 크롬 도금한 라이너에는 크롬 도금된 피스톤 링을 사용하지 않는다.

④ 가압식 라디에이터 부압밸브가 밀착불량이면 라디에이터를 손상하는 원인이 된다.

해설
③ 크롬 도금한 실린더에는 크롬 도금한 피스톤 링을 사용하면 안 된다.

19 밸브스프링의 점검항목 및 점검기준으로 틀린 것은?

① 장력 : 스프링 장력의 감소는 표준값의 10% 이내일 것

② 자유고 : 자유고의 낮아짐 변화량은 3% 이내일 것

③ 직각도 : 직각도는 자유높이 100mm당 3mm 이내일 것

④ 접촉면의 상태 : 2/3 이상 수평일 것

해설
장력 : 스프링 장력의 감소는 기준값의 15% 이내일 것

20 소음기(Muffler)의 소음 방법으로 틀린 것은?

① 흡음재를 사용하는 방법

② 튜브의 단면적을 어느 길이만큼 작게 하는 방법

③ 음파를 간섭시키는 방법과 공명에 의한 방법

④ 압력의 감소와 배기가스를 냉각시키는 방법

해설
소음기의 소음 방법
• 흡음재를 사용하는 방법
• 음파를 간섭시키는 방법
• 튜브 단면적을 어느 길이만큼 크게 하는 방법
• 공명에 의한 방법
• 배기가스를 냉각시키는 방법

21 라디에이터(Radiator)의 코어 튜브가 파열되었다면 그 원인은?

① 물 펌프에서 냉각수 누수일 때
② 팬 벨트가 헐거울 때
③ 수온 조절기가 제 기능을 발휘하지 못할 때
④ 오버플로 파이프가 막혔을 때

해설
방열기의 코어튜브가 간혹 파열되기도 하는데 이유는 오버플로 파이프가 막혔을 때다. 코어 안쪽이 막혀서 오버플로 파이프로 냉각수가 흐르게 되는데 이 오버플로 파이프가 막히면 라디에이터 내의 압력이 상승하기 때문이다.

22 실린더 1개당 총 마찰력이 6kgf, 피스톤의 평균 속도가 15m/s일 때 마찰로 인한 기관의 손실 마력은?

① 0.4PS
② 1.2PS
③ 2.5PS
④ 9.0PS

해설

$$\text{FPS} = \frac{F \times V_S}{75} = \frac{6 \times 15}{75} = 1.2\text{PS}$$

F : 총 마찰력(kgf)
V_S : 피스톤 평균 속도(m/s)

23 전자제어 가솔린기관 인젝터에서 연료가 분사되지 않는 이유 중 틀린 것은?

① 크랭크각센서 불량
② ECU 불량
③ 인젝터 불량
④ 파워 TR 불량

해설
파워 TR은 점화 1차코일 전류를 단속하기 위한 구성품으로 파워 TR 구동을 통해서 점화를 위한 신호를 보낸다.

24 ABS(Anti-lock Brake System)의 주요 구성품이 아닌 것은?

① 휠속도센서
② ECU
③ 하이드롤릭 유닛
④ 차고센서

해설
ABS 구성요소 : 전자컨트롤시스템(ECU), 휠속도센서, 유압 모듈레이터(하이드롤릭 유닛, 유압조정기)

25 20km/h로 주행하는 차가 급가속하여 10초 후에 56km/h가 되었을 때 가속도는?

① 1m/s^2
② 2m/s^2
③ 5m/s^2
④ 8m/s^2

해설

$$\text{가속도 } a(\text{m/s}^2) = \frac{V_2 - V_1 \text{(변화된 속력)}}{t \text{(걸린 시간)}}$$

$$= \frac{\frac{(56-20)}{3.6}}{10} = 1\text{m/s}^2$$

※ 1시간 = 3,600초, 1,000m = 1km

26 변속 보조 장치 중 도로조건이 불량한 곳에서 운행되는 차량에 더 많은 견인력을 공급해 주기 위해 앞 차축에도 구동력을 전달해 주는 장치는?

① 동력 변속 증강장치(P.O.V.S)

② 트랜스퍼 케이스(Transfer Case)

③ 주차 도움장치

④ 동력 인출장치(Power Take Off System)

해설
트랜스퍼 케이스(Transfer Case) : 주 변속기 뒤에 설치되는 보조 변속기이며, 엔진 동력을 나누어 앞뒤 구동 액슬에 전달한다.

27 동력 조향장치의 스티어링 휠 조작이 무겁다. 의심되는 고장부위 중 가장 거리가 먼 것은?

① 랙 피스톤 손상으로 인한 내부 유압 작동 불량

② 스티어링 기어박스의 과다한 백래시

③ 오일탱크 오일 부족

④ 오일펌프 결함

해설
스티어링 기어박스의 과다한 백래시로 인하여 바퀴가 좌우로 흔들리게 되면 핸들이 떨게 된다.
핸들(스티어링 휠)이 무거운 경우
• 타이어 공기압이 너무 적거나 규격에 맞지 않는 광폭타이어를 장착한 경우
• 파워핸들 오일이 부족한 경우
• 파워핸들 기어박스 불량으로 오일순환이 제대로 되지 않을 경우
• 현가장치나 조향장치의 관련부품이 충격을 받아 휠 얼라인먼트에 변형이 생길 경우
• 조향장치의 전자제어가 불량한 경우
• 스티어링 내에 공기가 유입된 경우

28 주행 중인 차량에서 트램핑 현상이 발생하는 원인으로 적당하지 않은 것은?

① 앞 브레이크 디스크의 불량

② 타이어의 불량

③ 휠 허브의 불량

④ 파워펌프의 불량

해설
파워펌프의 불량 시 차량의 핸들이 무거워진다.

29 브레이크 페달의 유격이 과다한 이유로 틀린 것은?

① 드럼브레이크 형식에서 브레이크 슈의 조정불량

② 브레이크 페달의 조정불량

③ 타이어 공기압의 불균형

④ 마스터 실린더 피스톤과 브레이크 부스터 푸시로드의 간극 불량

해설
타이어 공기압이 불균형한 경우 타이어 공기압이 낮은 쪽이 지면과의 마찰면적이 넓기 때문에 제동력이 커져 차체가 그쪽으로 쏠리게된다.

30 자동변속기에서 스로틀 개도의 일정한 차속으로 주행 중 스로틀 개도를 갑자기 증가시키면(약 85% 이상) 감속 변속되어 큰 구동력을 얻을 수 있는 변속형태는?

① 킥 다운   ② 다운 시프트

③ 리프트 풋 업   ④ 업 시프트

해설
② 다운 시프트 : 주행 중 차량의 속도가 하락하면 3속에서 2속으로 또는 2속에서 1속으로 감속비가 작은 기어에서 큰 기어로 변속이 되는 것
③ 리프트 풋 업(Lift Foot Up) : 스로틀 개도를 많이 열어 놓고 주행하고 있는 상태에서 갑자기 스로틀 개도를 낮추면(액셀러레이터 페달을 놓으면) 업 시프트를 지나 증속되는 것
④ 업 시프트 : 주행 중 차량의 속도가 상승하면 1속에서 2속으로 또는 2속에서 3속으로 감속비가 큰 기어에서 작은 기어로 변속이 되는 것

31 공기식 제동장치의 구성요소로 틀린 것은?

① 언로더밸브
② 릴레이밸브
③ 브레이크 체임버
④ EGR밸브

EGR밸브는 배기가스 재순환장치이다.

32 클러치의 역할을 만족시키기 위한 조건으로 틀린 것은?

① 동력을 끊을 때 차단이 신속할 것
② 회전부분의 밸런스가 좋을 것
③ 회전관성이 클 것
④ 방열이 잘되고 과열되지 않을 것

클러치의 구비조건
• 동력단속이 확실하며 쉬울 것
• 회전부분의 평형이 좋을 것
• 회전관성이 작을 것
• 발진 시 방열이 잘되고 과열을 방지할 것

33 디스크 브레이크에서 패드 접촉면에 오일이 묻었을 때 나타나는 현상은?

① 패드가 과랭되어 제동력이 증가된다.
② 브레이크가 잘 듣지 않는다.
③ 브레이크 작동이 원활하게 되어 제동이 잘 된다.
④ 디스크 표면의 마찰이 증대된다.

패드 및 라이닝의 접촉 불량, 패드 및 라이닝에 오일이 묻었을 때 제동력이 불충분한 원인이 된다.

34 주행 중 조향휠의 떨림 현상 발생 원인으로 틀린 것은?

① 휠 얼라인먼트 불량
② 허브 너트의 풀림
③ 타이로드 엔드의 손상
④ 브레이크 패드 또는 라이닝 간격 과다

④의 경우 제동력이 부족한 원인이다.

35 주행거리 1.6km를 주행하는 데 40초가 걸렸다. 이 자동차의 주행속도를 초속과 시속으로 표시하면?

① 25m/s, 14.4km/h
② 40m/s, 11.1km/h
③ 40m/s, 144km/h
④ 64m/s, 230.4km/h

$$초속 = \frac{1.6 \times 1,000}{40} = 40m/s$$

시속 = 40m/s × 60초 × 60분 = 144,000m/h = 144km/h

36 전자제어 현가장치의 출력부가 아닌 것은?

① TPS
② 지시등, 경고등
③ 액추에이터
④ 고장코드

해설

스로틀포지션센서(TPS) : 스로틀 개도를 검출하여 공회전 영역을
파악하고, 가·감속 상태 파악 및 연료분사량 보정제어 등에 사용되
며 전자제어 동력조향장치(EPS)에 속한다.

37 전동식 동력 조향장치(EPS)의 구성에서 비접촉 광
학식센서를 주로 사용하여 운전자의 조향휠 조작
력을 검출하는 센서는?

① 스로틀포지션센서
② 전동기 회전각도센서
③ 차속센서
④ 토크센서

38 현가장치가 갖추어야 할 기능이 아닌 것은?

① 승차감의 향상을 위해 상하 움직임에 적당한 유
연성이 있어야 한다.
② 원심력이 발생되어야 한다.
③ 주행 안정성이 있어야 한다.
④ 구동력 및 제동력 발생 시 적당한 강성이 있어야
한다.

해설

바퀴에 생기는 구동력, 제동력, 원심력에 잘 견딜 수 있도록 수평
방향의 연결이 견고하여야 한다.

39 자동변속기 유압시험을 하는 방법으로 거리가 먼
것은?

① 오일온도가 약 70~80℃가 되도록 워밍업시킨다.
② 잭으로 들고 앞바퀴쪽을 들어 올려 차량 고정용
스탠드를 설치한다.
③ 엔진 태코미터를 설치하여 엔진 회전수를 선택한다.
④ 선택 레버를 'D' 위치에 놓고 가속페달을 완전히
밟은 상태에서 엔진의 최대 회전수를 측정한다.

해설

④ 스톨테스트 방법이다.

자동변속기 유압 시험 방법
• 자동변속기 온도가 70~80℃가 될 때까지 충분히 워밍업한다.
• 타이어가 회전하도록 리프트를 상승시킨다.
• 특수공구 오일압력 게이지(30kg/cm²) 및 어댑터(RED 및 DIR용
압력)를 각 유압 측정구에 장착한다. 이때 측정구로부터 오일의
누유가 없도록 한다.
• 기준 유압표에 있는 조건으로 각부의 유압을 측정하고 기준값에
있는가를 확인한다.
• 기준값을 초과할 경우에는 유압 진단표를 기초로 하여 조치를
취한다.

40 후륜구동 차량에서 바퀴를 빼지 않고 차축을 탈거
할 수 있는 방식은?

① 반부동식　　　② 3/4부동식
③ 전부동식　　　④ 배부동식

해설

액슬 샤프트 지지 형식에 따른 분류
• 반부동식 : 차축에서 1/2, 하우징이 1/2 정도의 하중을 지지하는
형식
• 전부동식 : 자동차의 모든 중량을 액슬 하우징에서 지지하고
차축은 동력만을 전달하는 방식
• 분리식 차축 : 승용차량의 후륜 구동차나 전륜 구동차에 사용되며
동력을 전달하는 차축과 자동차 중량을 지지하는 액슬 하우징을
별도로 조립한 방식
• 3/4부동식 : 차축은 동력을 전달하면서 하중은 1/4 정도만 지지하
는 형식

41 자동차문이 닫히자마자 실내가 어두워지는 것을 방지해 주는 램프는?

① 도어 램프 ② 테일 램프
③ 패널 램프 ④ 감광식 룸 램프

해설
감광식 룸 램프는 차량주행 전후 정차나 주차 시 도어를 개폐할 때 필요한 안전과 시야 확보에 필요한 편의 장치 중의 하나이다.

42 자동차 에어컨장치의 순환과정으로 맞는 것은?

① 압축기 → 응축기 → 건조기 → 팽창밸브 → 증발기
② 압축기 → 응축기 → 팽창밸브 → 건조기 → 증발기
③ 압축기 → 팽창밸브 → 건조기 → 응축기 → 증발기
④ 압축기 → 건조기 → 팽창밸브 → 응축기 → 증발기

해설
자동차 에어컨의 순환과정
압축기(컴프레서) → 응축기(콘덴서) → 건조기 → 팽창밸브 → 증발기

43 기동전동기를 기관에서 떼어내고 분해하여 결함 부분을 점검하는 그림이다. 옳은 것은?

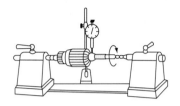

① 전기자 축의 휨 상태점검
② 전기자 축의 마멸 점검
③ 전기자코일 단락 점검
④ 전기자코일 단선 점검

해설
전기자 축의 휨 상태점검은 다이얼게이지로 점검한다.
③ 전기자코일 단락 점검은 시험기의 여자기에 올려 놓고 시험 철편을 전기자에 가까이 댄 상태에서 전기자를 천천히 돌리면서 점검한다.
④ 전기자코일 단선 점검은 계자코일과 브러시가 접속된 단자에 회로 시험기의 리드선을 접속하였을 때에 통전되었으면 양호한 것이고, 통전되지 않으면 단선된 것이므로 교환하여야 한다.

44 전조등 회로의 구성부품이 아닌 것은?

① 라이트 스위치 ② 전조등 릴레이
③ 스테이터 ④ 디머 스위치

해설
스테이터는 토크 변환기에서 오일의 흐름 방향을 바꾸어 토크를 증가시키는 역할을 한다.

45 힘을 받으면 기전력이 발생하는 반도체의 성질은?

① 펠티에 효과 ② 피에조 효과
③ 제베크 효과 ④ 홀 효과

해설
② 피에조 효과 : 힘을 받으면 기전력이 발생한다.
① 펠티에 효과 : 전류가 흐르면 열의 흡수가 일어난다.
③ 제베크 효과 : 열을 받으면 기전력이 발생한다.
④ 홀 효과 : 자력을 받으면 도전도가 변화한다.

46 전자 배전 점화장치(DLI)의 내용으로 틀린 것은?

① 코일 분배방식과 다이오드 분배방식이 있다.
② 독립점화방식과 동시점화방식이 있다.
③ 배전기 내부 전극의 에어 갭 조정이 불량하면 에너지 손실이 생긴다.
④ 기통 판별센서가 필요하다.

해설
③ 배전기가 없기 때문에 로터와 접지 간극 사이의 고압 에너지 손실이 적다.

47 저항이 병렬로 연결된 회로의 설명으로 맞는 것은?

① 총저항은 각 저항의 합과 같다.
② 각 회로에 동일한 저항이 가해지므로 전압은 다르다.
③ 각 회로에 동일한 전압이 가해지므로 입력전압은 일정하다.
④ 전압은 1개일 때와 같으며 전류도 같다.

해설
저항의 병렬연결 시 각 저항에 흐르는 전압은 같고, 전류는 저항에 반비례한다.

48 교류발전기에서 축전지의 역류를 방지하는 컷아웃 릴레이가 없는 이유는?

① 트랜지스터가 있기 때문이다.
② 점화스위치가 있기 때문이다.
③ 실리콘 다이오드가 있기 때문이다.
④ 전압릴레이가 있기 때문이다.

해설
실리콘 다이오드는 교류발전기에서 직류발전기 컷아웃릴레이와 같은 일을 한다.

49 축전지를 구성하는 요소가 아닌 것은?

① 양극판
② 음극판
③ 정류자
④ 전해액

해설
축전지의 구성요소
• 극판군 : 양극판, 음극판
• 전해액
• 격리판(세퍼레이터)
• 벤트 플러그(Cap)

50 저항에 12V를 가했더니 전류계에 3A로 나타났다. 이 저항의 값은?

① 2Ω
② 4Ω
③ 6Ω
④ 8Ω

해설
옴의 법칙 : 전류의 세기는 두 점 사이의 전위차(電位差)에 비례하고, 전기저항에 반비례한다는 법칙

$$I(전류) = \frac{V(전압)}{R(저항)}$$

$$3 = \frac{12}{x} \rightarrow x = 4Ω$$

51 안전장치 선정 시 고려사항 중 맞지 않는 것은?

① 안전장치의 사용에 따라 방호가 완전할 것
② 안전장치의 기능면에서 신뢰도가 클 것
③ 정기점검 시 이외에는 사람의 손으로 조정할 필요가 없을 것
④ 안전장치를 제거하거나 또는 기능의 정지를 쉽게 할 수 있을 것

해설
④ 안전장치는 어떤 경우에도 제거하거나 기능을 정지시키면 안 된다.

52 기관을 점검 시 운전상태로 점검해야 할 것이 아닌 것은?

① 클러치의 상태　　② 매연 상태
③ 기어의 소음 상태　④ 급유 상태

해설
급유 상태는 운전 전 점검사항이다.

53 자동차 적재함 밖으로 물건이 나온 상태로 운반할 경우 위험표시 색깔은 무엇으로 하는가?

① 청 색　　　　　② 흰 색
③ 적 색　　　　　④ 흑 색

해설
운반차를 이용하여 긴 물건을 이동할 때는 적재함 뒤로 나오는 긴 물건이 뒷 운전자의 시선에 바로 들어오도록 긴 물건 뒷부분에 적색으로 표시하고 운반한다.

54 드릴작업의 안전사항 중 틀린 것은?

① 장갑을 끼고 작업하였다.
② 머리가 긴 경우, 단정하게 하여 작업모를 착용하였다.
③ 작업 중 쇳가루를 입으로 불어서는 안 된다.
④ 공작물은 단단히 고정시켜 따라 돌지 않게 한다.

해설
① 드릴작업 시에는 장갑이 낄 염려가 있으니 사용하지 않도록 한다.

55 오픈렌치 사용 시 바르지 못한 것은?

① 오픈렌치와 너트의 크기가 맞지 않으면 쐐기를 넣어 사용한다.
② 오픈렌치를 해머 대신에 써서는 안 된다.
③ 오픈렌치에 파이프를 끼우든가 해머로 두들겨서 사용하지 않는다.
④ 오픈렌치는 올바르게 끼우고 작업자 앞으로 잡아당겨 사용한다.

해설
오픈렌치는 너트에 잘 맞는 것을 사용한다.

56 전기장치의 배선 커넥터 분리 및 연결 시 잘못된 작업은?

① 배선을 분리할 때는 잠금장치를 누른 상태에서 커넥터를 분리한다.

② 배선 커넥터 접속은 커넥터 부위를 잡고 커넥터를 끼운다.

③ 배선 커넥터는 딸깍 소리가 날 때까지 확실히 접속시킨다.

④ 배선을 분리할 때는 배선을 이용하여 흔들면서 잡아당긴다.

57 다음 작업 중 보안경을 반드시 착용해야 하는 작업은?

① 인젝터 파형 점검 작업

② 전조등 점검 작업

③ 클러치 탈착 작업

④ 스로틀포지션센서 점검 작업

해설
③ 차량 밑에서 작업하는 경우. 즉, 클러치나 변속기 등을 떼어낼 때에는 반드시 보안경을 착용한다.

58 부품을 분해 정비 시 반드시 새것으로 교환하여야 할 부품이 아닌 것은?

① 오일 실   ② 볼트 및 너트

③ 개스킷   ④ 오링(O-ring)

59 화학세척제를 사용하여 방열기(라디에이터)를 세척하는 방법으로 틀린 것은?

① 방열기의 냉각수를 완전히 뺀다.

② 세척제 용액을 냉각장치 내에 가득히 넣는다.

③ 기관을 기동하고, 냉각수 온도를 80℃ 이상으로 한다.

④ 기관을 정지하고 바로 방열기 캡을 연다.

60 자동차 배터리 충전 시 주의사항으로 틀린 것은?

① 배터리 단자에서 터미널을 분리시킨 후 충전한다.

② 충전을 할 때는 환기가 잘 되는 장소에서 실시한다.

③ 충전 시 배터리 주위에 화기를 가까이 해서는 안 된다.

④ 배터리 벤트플러그가 잘 닫혀 있는지 확인 후 충전한다.

해설
④ 벤트플러그를 열고 작업한다.

01 디젤 연소실의 구비조건 중 틀린 것은?

① 연소시간이 짧을 것
② 열효율이 높을 것
③ 평균 유효 압력이 낮을 것
④ 디젤노크가 적을 것

해설

연소실의 구비조건
- 분사된 연료를 가능한 짧은 시간에 완전 연소시킬 것
- 평균 유효 압력이 높으며 연료 소비율이 적을 것
- 고속 회전에서의 연소 상태가 좋을 것
- 기동이 쉬우며 디젤 노크가 적을 것
- 진동이나 소음이 적을 것

02 배기장치에 관한 설명이다. 맞는 것은?

① 배기 소음기는 온도는 낮추고 압력을 높여 배기 소음을 감쇠한다.
② 배기다기관에서 배출되는 가스는 저온·저압으로 급격한 팽창으로 폭발음이 발생한다.
③ 단 실린더에도 배기다기관을 설치하여 배기가스를 모아 방출해야 한다.
④ 소음효과를 높이기 위해 소음기의 저항을 크게 하면 배압이 커 기관출력이 줄어든다.

해설

① 소음기는 기관에서 배출되는 배기가스의 온도와 압력을 낮추어 배기 소음을 감쇠하는 장치이다.
② 배기다기관에서 배출되는 가스는 고온고압으로 급격한 팽창으로 폭발음이 발생한다.
③ 배기다기관은 엔진의 각 실린더에서 배출되는 가스를 한 곳으로 모으는 통로이다.

03 실린더가 정상적인 마모를 할 때 마모량이 가장 큰 부분은?

① 실린더 윗부분
② 실린더 중간 부분
③ 실린더 밑 부분
④ 실린더 헤드

해설

피스톤 헤드가 받는 압력이 가장 크므로 피스톤 링과 실린더 벽과의 밀착력이 최대가 되기 때문에 실린더 상부의 마모가 가장 크다.

04 전자제어 가솔린 연료분사방식의 특징이 아닌 것은?

① 기관의 응답 및 주행성 향상
② 기관 출력의 향상
③ CO, HC 등의 배출가스 감소
④ 간단한 구조

해설

전자제어 가솔린 연료분사방식은 온, 냉간 상태에서 최적의 성능을 나타내며, 구조가 복잡하고 비싸다.

05 다음의 조건에서 밸브 오버랩 각도는 몇 °인가?

> 흡입밸브 : 열림 BTDC 18°, 닫힘 ABDC 46°
> 배기밸브 : 열림 BBDC 54°, 닫힘 ATDC 10°

① 8°   ② 28°

③ 44°   ④ 64°

해설
밸브 오버랩 각도 계산
배기밸브 닫힘각 + 흡기밸브 열림각 = 10° + 18° = 28°

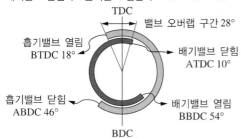

06 가솔린기관의 유해가스 저감장치 중 질소산화물 (NOx) 발생을 감소시키는 장치는?

① EGR시스템(배기가스 재순환장치)
② 퍼지컨트롤 시스템
③ 블로바이가스 환원장치
④ 감속 시 연료차단 장치

해설
배기가스 재순환장치(EGR)는 배기가스의 일부를 엔진의 혼합가스에 재순환시켜 가능한 출력감소를 최소로 하면서 연소온도를 낮추어 질소산화물(NOx)의 배출량을 감소시킨다.

07 자동차 연료로 사용하는 휘발유는 주로 어떤 원소들로 구성되어 있는가?

① 탄소와 황
② 산소와 수소
③ 탄소와 수소
④ 탄소와 4–에틸납

해설
휘발유의 화학식 : C_8H_{18}

08 디젤기관에서 전자제어식 고압펌프의 특징이 아닌 것은?(단, 기존 디젤엔진의 분사펌프 대비)

① 동력 성능의 향상
② 쾌적성 향상
③ 부가장치가 필요
④ 가속 시 스모그 저감

09 배출가스 중에서 유해가스에 해당하지 않는 것은?

① 질 소
② 일산화탄소
③ 탄화수소
④ 질소산화물

해설
배출가스 저감장치 중 삼원촉매(Catalytic Converter)장치를 사용하여 저감시킬 수 있는 유해가스의 종류 : CO, HC, NOx

10 기관의 회전수를 계산하는 데 사용하는 센서는?

① 스로틀포지션센서

② 맵센서

③ 크랭크포지션센서

④ 노크센서

해설

① 스로틀포지션센서(TPS) : 스로틀 개도를 검출하여 공회전 영역을 파악하고, 가·감속 상태 파악 및 연료분사량 보정제어 등에 사용된다.

② 맵센서 : 배기 공기량을 측정하는 센서이다.

④ 노크센서 : 실린더 블록에 장착이 되어 엔진에서 발생되는 노킹을 감지하여 엔진 ECU로 신호를 보낸다.

11 냉각장치에서 냉각수의 비등점을 올리기 위한 방식으로 맞는 것은?

① 압력 캡식

② 진공 캡식

③ 밀봉 캡식

④ 순환 캡식

해설

냉각장치의 압력식 캡은 냉각회로에 압력을 주어 비점을 약 112℃까지 상승시키는 역할을 한다.

12 스로틀포지션센서(TPS)의 설명 중 틀린 것은?

① 공기유량센서(AFS) 고장 시 TPS 신호에 의해 분사량을 결정한다.

② 자동변속기에서는 변속시기를 결정해 주는 역할도 한다.

③ 검출하는 전압의 범위는 약 0~12V까지이다.

④ 가변저항기이고 스로틀밸브의 개도량을 검출한다.

해설

스로틀포지션센서(TPS)의 검출하는 전압의 범위는 약 0.5~5V이다.

13 차량용 엔진의 엔진성능에 영향을 미치는 여러 인자에 대한 설명으로 옳은 것은?

① 흡입효율, 체적효율, 충전효율이 있다.

② 압축비는 기관의 성능에 영향을 미치지 못한다.

③ 점화 시기는 기관의 특성에 영향을 미치지 못한다.

④ 냉각수온도, 마찰은 제외한다.

해설

차량용 엔진의 엔진성능에 영향을 미치는 여러 인자로는 흡입효율, 체적효율, 충전효율, 냉각효율, 마찰손실, 점화식, 압축비 등이 있다.

14 연료 1kg을 연소시키는 데 드는 이론적 공기량과 실제로 드는 공기량과의 비를 무엇이라고 하는가?

① 중량비   ② 공기율

③ 중량도   ④ 공기과잉률

해설

연료 1kg을 연소시키는 데 드는 이론적 공기량과 실제로 드는 공기량과의 비를 공기과잉률(λ)이라 한다.

15 피스톤 핀의 고정방법에 해당하지 않는 것은?

① 전부동식　　　② 반부동식

③ 4분의 3 부동식　　④ 고정식

> **해설**
> ③ 4분의 3 부동식은 차축의 고정방식이다.
> **피스톤 핀 설치방법** : 고정식, 반부동식, 전부동식

16 크랭크축 메인 저널 베어링 마모를 점검하는 방법은?

① 필러 게이지 방법

② 심(Seam) 방법

③ 직각자 방법

④ 플라스틱 게이지 방법

> **해설**
> 플라스틱 게이지는 저널 베어링 같은 곳의 마모, 오일 간극 등을 측정할 때 쓰는 게이지이다.

17 자동차 전조등 주광축의 진폭 측정 시 10m 위치에서 우측 우향진폭 기준은 몇 cm 이내이어야 하는가?

① 10　　　　② 20

③ 30　　　　④ 39

> **해설**
> **전조등시험기 기준값**
> • 주광축 진폭 상하 : 상 10cm, 하 30cm
> • 주광축 진폭 우측 : 좌 30cm, 우 30cm
> • 주광축 진폭 좌측 : 우 30cm, 좌 15cm
> ※ 관련 법령(자동차관리법 시행규칙 [별표 15]) 개정으로 전조등의 진폭은 설치 높이에 따라 % 단위로 측정

18 윤활장치에서 유압이 높아지는 이유로 맞는 것은?

① 릴리프밸브 스프링의 장력이 클 때

② 엔진오일과 가솔린의 희석

③ 베어링의 마멸

④ 오일펌프의 마멸

> **해설**
> **윤활장치의 유압이 높아지는 원인**
> • 엔진의 온도가 낮아 오일의 점도가 높다.
> • 윤활 회로의 일부가 막혔다.
> • 유압조절밸브 스프링의 장력이 과다하다.

19 디젤엔진에서 플런저의 유효행정을 크게 하였을 때 일어나는 것은?

① 송출 압력이 커진다.

② 송출 압력이 작아진다.

③ 연료 송출량이 많아진다.

④ 연료 송출량이 적어진다.

> **해설**
> **플런저 유효행정(Plunger Available Stroke)**
> 플런저가 연료를 압송하는 기간이며, 연료의 분사량(토출량 또는 송출량)은 플런저의 유효행정으로 결정된다. 따라서 유효행정을 크게 하면 분사량이 증가한다.

20 전자제어 가솔린기관에서 워밍업 후 공회전 부조가 발생했다. 그 원인이 아닌 것은?

① 스로틀밸브의 걸림 현상
② ISC(아이들 스피드 컨트롤) 장치 고장
③ 수온센서 배선 단선
④ 액셀러레이터 케이블 유격이 과다

해설
액셀러레이터 페달의 유격이 과다하면 가속 시 응답성이 느려진다.

21 어떤 기관의 열효율을 측정하는 데 열정산에서 냉각에 의한 손실이 29%, 배기와 복사에 의한 손실이 31%이고, 기계효율이 80%라면 정미열효율은?

① 40%
② 36%
③ 34%
④ 32%

해설
제동열효율 = 기계효율 × 지시열효율
지시열효율 = 100 − (배기손실 + 냉각손실)
= 100 − (31 + 29) = 40%

정미열효율(제동열효율) $= \dfrac{\text{기계효율} \times \text{지시열효율}}{100}$

$= \dfrac{80 \times 40}{100}$

$= 32\%$

22 LPG 기관에서 믹서의 스로틀밸브 개도량을 감지하여 ECU에 신호를 보내는 것은?

① 아이들 업 솔레노이드
② 대시포트
③ 공전속도 조절밸브
④ 스로틀위치센서

해설
전자제어 기관에서 스로틀위치센서 신호는 ECU 입력신호로 사용된다.

23 고속 디젤기관의 열역학적 사이클은 어느 것에 해당하는가?

① 오토 사이클
② 디젤 사이클
③ 정적 사이클
④ 복합 사이클

해설
열역학적 사이클에 의한 분류
• 정적 사이클(오토 사이클)
 − 작동 유체가 일정한 체적하에서 연소하는 사이클로 가솔린엔진 및 가스 엔진에 사용
 − 고속용 엔진으로 피스톤 움직임이 빠름
 − 토크는 약함
• 정압 사이클(디젤 사이클)
 − 작동 유체가 일정한 압력하에서 연소하는 사이클로 유기분사식 저속 디젤엔진에 사용
 − 현재 자동차에 사용되거나 많은 힘을 낼 수 있는 경운기에 사용
• 복합 사이클(사바테 사이클) : 작동 유체가 일정한 압력 및 체적하에서 연소하는 사이클로 무기 분사식 고속 디젤엔진에 사용

24 싱크로나이저 슬리브 및 허브 검사에 대한 설명이다. 가장 거리가 먼 것은?

① 싱크로나이저와 슬리브를 끼우고 부드럽게 돌아가는지 점검한다.
② 슬리브의 안쪽 앞부분과 뒤쪽 끝이 손상되지 않았는지 점검한다.
③ 허브 앞쪽 끝부분이 마모되지 않았는지를 점검한다.
④ 싱크로나이저 허브와 슬리브는 이상 있는 부위만 교환한다.

해설
싱크로나이저 허브와 슬리브는 이상이 있을 시 모두 교환해야 한다.

25 단순 유성기어 장치에서 선기어, 캐리어, 링기어의 3요소 중 2요소를 입력요소로 하면 동력전달은?

① 증 속 ② 감 속
③ 직 결 ④ 역 전

해설
유성기어에서 선기어, 캐리어, 링기어 3요소 중 2요소를 고정하면 동력전달은 직결이 된다.

26 전자제어 현가장치(Electronic Control Suspension)의 구성품이 아닌 것은?

① 가속도센서
② 차고센서
③ 맵센서
④ 전자제어 현가장치 지시등

해설
전자제어 현가장치(ECS) : 운전자의 선택, 주행조건, 노면상태에 따라 자동차의 높이와 현가특성(스프링 상수 및 감쇠력)이 컴퓨터에서 자동으로 제어되는 장치이다.
※ MAP센서는 흡기다기관의 압력으로 흡입되는 공기량을 계측하는 센서이다.

27 마스터 실린더에서 피스톤 1차 컵이 하는 일은?

① 오일 누출 방지
② 유압 발생
③ 잔압 형성
④ 베이퍼록 방지

해설
피스톤 컵(Piston Cup)
피스톤 컵에는 1차 컵과 2차 컵이 있으며 1차 컵의 기능은 유압 발생이고, 2차 컵의 기능은 마스터 실린더 내의 오일이 밖으로 누출되는 것을 방지하는 것이다.

28 전자제어 제동장치(ABS)에서 휠스피드센서의 역할은?

① 휠의 회전속도 감지
② 휠의 감속 상태 감지
③ 휠의 속도 비교 평가
④ 휠의 제동압력 감지

해설
ABS가 장착된 차량에서 휠스피드센서는 휠의 회전속도를 감지하여 이를 전기적 신호로 바꾸어 ABS 컨트롤 유닛으로 보낸다.

29 공기식 브레이크 장치에서 공기압을 기계적 운동으로 바꾸어 주는 장치는?

① 릴레이밸브
② 브레이크슈
③ 브레이크밸브
④ 브레이크 체임버

해설
① 릴레이밸브 : 뒷브레이크 체임버로 공기를 보내는 역할
③ 브레이크밸브 : 페달을 밟는 양에 따라 공기를 릴레이나 체임버에 공급

30 차동장치에서 차동 피니언과 사이드 기어의 백래시조정은?

① 축받이 차축의 왼쪽 조정심을 가감하여 조정한다.
② 축받이 차축의 오른쪽 조정심을 가감하여 조정한다.
③ 차동장치의 링기어 조정장치를 조정한다.
④ 스러스트 와셔의 두께를 가감하여 조정한다.

해설
차동 피니언과 사이드 기어의 백래시 조정은 스러스트 와셔의 두께를 가감하여 조정한다.

31 조향장치에서 조향기어비를 나타낸 것으로 맞는 것은?

① 조향기어비 = 조향휠 회전각도/피트먼 암 선회각도

② 조향기어비 = 조향휠 회전각도 + 피트먼 암 선회각도

③ 조향기어비 = 피트먼 암 선회각도 – 조향휠 회전각도

④ 조향기어비 = 피트먼 암 선회각도 × 조향휠 회전각도

해설

$$조향기어비 = \frac{조향핸들이\ 움직인\ 각}{피트먼\ 암의\ 작동각}$$

32 고속 주행할 때 바퀴가 상하로 진동하는 현상을 무엇이라 하는가?

① 요 잉   ② 트램핑

③ 롤 링   ④ 킥다운

해설

② 트램핑 : 타이어 편마모로 인한 바퀴의 상하 진동이 생기는 현상

① 요잉 : z축을 중심으로 한 회전운동(차체의 뒤폭이 좌우 회전하는 진동)

③ 롤링 : x축을 중심으로 한 회전운동(차체가 좌우로 흔들리는 회전운동)

④ 킥다운 : 자동변속기에서 스로틀 개도의 일정한 차속으로 주행 중 스로틀 개도를 갑자기 증가시키면(약 85% 이상) 감속 변속되어 큰 구동력을 얻을 수 있는 변속형태

33 변속기의 전진 기어 중 가장 큰 토크를 발생하는 변속단은?

① 오버드라이브   ② 1단

③ 2단   ④ 직결단

해설

수동변속기의 종류
- 점진 기어식
  - 이륜 자동차에 많이 사용한다.
  - 1단, 2단, 3단 차례대로 변속되며 1단에서 바로 3단에는 들어가지 않는다(오토바이, 트랙터 등).
- 선택 기어식 변속기
  - 선택 섭동 기어식 : 기어가 주축 스플라인에서 직접 슬라이딩 이동하여 물리게 되는 형식이다.
  - 선택 상시 물림식 : 기어는 항상 물려 있고 도그 클러치가 출력축 스플라인과 물려 있어 주축 위를 섭동하며 동력을 전달한다.
  - 선택 동기 물림식 : 서로 물리는 기어 회전속도를 일치시켜(동기) 이의 물림을 쉽게 하기 위한 형식으로 주로 키 형식 싱크로메시기구와 핀 형식 싱크로메시기구를 많이 사용한다.

34 동력 조향장치가 고장 시 핸들을 수동으로 조작할 수 있도록 하는 것은?

① 오일 펌프   ② 파워 실린더

③ 안전 체크밸브   ④ 시프트 레버

해설

③ 안전 체크밸브 : 동력 조향장치가 고장 시 수동으로 원활한 조향이 가능하도록 한다.

35 유압제어장치와 관계없는 것은?

① 오일펌프

② 유압조정밸브보디

③ 어큐뮬레이터

④ 유성장치

해설
유성기어장치는 선기어, 유성기어 캐리어, 링기어로 구성되어 엔진에서 나오는 동력을 변속하여 추진축에 전달하는 장치이다.

36 정(+)의 캠버란 다음 중 어떤 것을 말하는가?

① 바퀴의 아래쪽이 위쪽보다 좁은 것을 말한다.

② 앞바퀴의 앞쪽이 뒤쪽보다 좁은 것을 말한다.

③ 앞바퀴의 킹핀이 뒤쪽으로 기울어진 각을 말한다.

④ 앞바퀴의 위쪽이 아래쪽보다 좁은 것을 말한다.

해설
포지티브캠버((+)캠버, 정 캠버) : (+)캠버는 앞바퀴 아래쪽이 위쪽보다 좁은 것을 말한다.

37 자동차의 축간거리가 2.3m, 바퀴접지면의 중심과 킹핀과의 거리가 20cm인 자동차를 좌회전할 때 우측바퀴의 조향각은 30°, 좌측바퀴의 조향각은 32°이었을 때 최소회전반경은?

① 3.3m ② 4.8m

③ 5.6m ④ 6.5m

해설
최소회전반경 = $\dfrac{L(축거)}{\sin\alpha}$ + R(바퀴접지면 중심과 킹핀과의 거리)

$R = \dfrac{L(m)}{\sin\alpha} + r$

sin30° = 0.5이므로

$R = \dfrac{2.3m}{0.5} + 0.2 = 4.8m$

38 자동변속기에서 작동유의 흐름으로 옳은 것은?

① 오일펌프 → 토크컨버터 → 밸브보디

② 토크컨버터 → 오일펌프 → 밸브보디

③ 오일펌프 → 밸브보디 → 토크컨버터

④ 토크컨버터 → 밸브보디 → 오일펌프

39 구동 피니언의 잇수 6, 링기어의 잇수 30, 추진축의 회전수 1,000rpm일 때 왼쪽 바퀴가 150rpm으로 회전한다면 오른쪽 바퀴의 회전수는?

① 250rpm ② 300rpm

③ 350rpm ④ 400rpm

해설

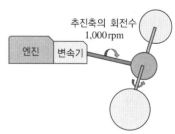

종감속비 = 링기어 잇수/구동 피니언 잇수이므로

종감속비는 $\dfrac{30}{6}$ = 5이다.

양 바퀴의 직진 시 회전수는 $\dfrac{1,000}{5}$ 이므로 200rpm이다.

차동장치의 특성상 한쪽 바퀴의 회전수가 증가하면 반대쪽 바퀴의 회전수가 증가한 양만큼 감소된다. 따라서 왼쪽 바퀴가 150rpm이면 오른쪽 바퀴는 250rpm이다.

40 타이어의 뼈대가 되는 부분으로, 튜브의 공기압에 견디면서 일정한 체적을 유지하고 하중이나 충격에 변형되면서 완충작용을 하며 내열성 고무로 밀착시킨 구조로 되어 있는 것은?

① 비드(Bead)
② 브레이커(Breaker)
③ 트레드(Tread)
④ 카커스(Carcass)

해설
타이어의 구조
- 트레드(Tread) : 지면과 직접 접촉하는 부위로서 타이어의 골격이 되는 카커스와 브레이커 벨트층의 외측에 강력한 고무층으로 되어 있다. 접지면의 문양에 따라 리브(Rib), 러그(Rug), 블록형 등이 있다.
- 브레이커(Breaker) : 트레드와 카커스의 중간 코드(벨트)층으로 외부로부터 오는 충격이나 내부코드의 손상을 방지한다.
- 카커스(Carcass) : 타이어의 골격을 이루는 강도가 큰 코드층으로 타이어의 하중, 충격 및 타이어의 공기압을 유지하는 역할을 한다.
- 비드(Bead) : 카커스 코드의 끝부분으로 타이어를 휠 림(Wheel Rim)에 고정하는 역할을 한다.
- 사이드월(Side Wall) : 타이어의 옆 부분으로 승차감을 유지하는 역할을 한다.
- 튜브(Tube) : 타이어 내부의 공기압을 유지하는 역할을 한다. 오늘날 대부분의 승용차용 타이어는 특수 설계하여 튜브없는 타이어(Tubeless)를 사용한다.

41 배선에 있어서 기호와 색의 연결이 틀린 것은?

① Gr : 보라
② G : 녹색
③ R : 적색
④ Y : 노랑

해설
배선색의 약자

기 호	와이어 색상	기 호	와이어 색상
B	검정색(Black)	O	오렌지색(Orange)
Br	갈색(Brown)	P	분홍색(Pink)
G	초록색(Green)	Pp	자주색(Purple)
Gr	회색(Gray)	R	빨간색(Red)
L	파란색(Blue)	Y	노란색(Yellow)
Lg	연두색(Light Green)	W	흰색(White)
Lb(s)	하늘색(Light Blue)		

42 다음 중 교류발전기의 구성 요소와 거리가 먼 것은?

① 자계를 발생시키는 로터
② 전압을 유도하는 스테이터
③ 정류기
④ 컷아웃 릴레이

해설
교류발전기와 직류발전기의 비교

기능(역할)	교류(AC)발전기	직류(DC)발전기
전류발생	스테이터	전기자(아마추어)
정류작용 (AC → DC)	실리콘 다이오드	정류자, 러시
역류방지	실리콘 다이오드	컷아웃 릴레이
여자형성	로 터	계자코일, 계자철심
여자방식	타여자식(외부전원)	자여자식(잔류자기)

43 옴의 법칙으로 맞는 것은?(단, I : 전류, E : 전압, R : 저항)

① $I = RE$
② $E = IR$
③ $I = R/E$
④ $E = 2R/I$

해설
옴의 법칙 : 전류의 세기는 두 점 사이의 전위차(電位差)에 비례하고, 전기저항에 반비례한다는 법칙

$$I(전류) = \frac{E(전압)}{R(저항)}$$

44 축전지의 충전상태를 측정하는 계기는?

① 온도계
② 기압계
③ 저항계
④ 비중계

해설
비중계는 축전지의 충전상태(부동액의 세기)를 측정한다.

45 어떤 기준 전압 이상이 되면 역방향으로 큰 전류가 흐르게 되는 반도체는?

① PNP형 트랜지스터
② NPN형 트랜지스터
③ 포토다이오드
④ 제너다이오드

해설
제너다이오드는 역방향에 가해지는 전압이 어떤 값에 이르면 정방향 특성과 같이 급격히 전류가 흐르게 되는 다이오드로서 정전압 회로에 사용된다.

46 점화코일의 2차 쪽에서 발생되는 불꽃전압의 크기에 영향을 미치는 요소가 아닌 것은?

① 점화플러그의 전극형상
② 전극의 간극
③ 오일 압력
④ 혼합기 압력

해설
오일의 압력은 점화장치에서 2차 불꽃 방전 특성에 영향을 미치는 요소가 아니다.

47 기동전동기를 주요 부분으로 구분한 것이 아닌 것은?

① 회전력을 발생하는 부분
② 무부하 전력을 측정하는 부분
③ 회전력을 기관에 전달하는 부분
④ 피니언을 링기어에 물리게 하는 부분

해설
기동전동기는 전동기 자체 부분과 솔레노이드 스위치(마그네틱 스위치), 피니언 기어 및 오버러닝 클러치 등 3개 부분으로 구성되어 있다.

48 AQS(Air Quality System)의 기능에 대한 설명 중 틀린 것은?

① 차실 내에 유해가스의 유입을 차단한다.
② 차실 내로 청정 공기만을 유입시킨다.
③ 승차 공간 내의 공기청정도와 환기 상태를 최적으로 유지시킨다.
④ 차실 내의 온도와 습도를 조절한다.

해설
AQS(Air Quality System, 유해가스 유입 차단장치) : 공기 오염도가 높은 지역을 지나갈 때, 운전자가 별도의 스위치 조작을 하지 않더라도 외부 공기의 유입을 자동으로 차단하는 장치

49 자동차 에어컨 냉매가스 순환과정으로 맞는 것은?

① 압축기 → 건조기 → 응축기 → 팽창밸브 → 증발기
② 압축기 → 팽창밸브 → 건조기 → 응축기 → 증발기
③ 압축기 → 응축기 → 건조기 → 팽창밸브 → 증발기
④ 압축기 → 건조기 → 팽창밸브 → 응축기 → 증발기

해설
자동차 에어컨의 순환과정 : 압축기(컴프레서) → 응축기(콘덴서) → 건조기 → 팽창밸브 → 증발기

50 회로에서 12V 배터리에 저항 3개를 직렬로 연결하였을 때 전류계 "A"에 흐르는 전류는?

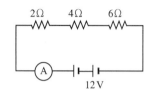

① 1A   ② 2A

③ 3A   ④ 4A

해설

저항의 직렬연결 시 각 저항에 흐르는 전류는 같고, 전압은 저항에 비례한다.

직렬연결 시 합성저항(R) = 2 + 4 + 6 = 12

옴(Ohm)의 법칙 : 도체에 흐르는 전류의 크기는 그 도체의 저항에 반비례하고 도체에 가해진 전압에 비례한다.

$$I(전류) = \frac{전압(V)}{저항(R)} = \frac{12}{12} = 1A$$

51 화재의 분류 중 B급 화재물질로 옳은 것은?

① 종 이   ② 휘발유

③ 목 재   ④ 석 탄

해설

화재의 등급과 종류

• A급 화재 : 종이, 나무 등과 같이 타고 나서 재가 남는 일반 화재

• B급 화재 : 타고 나서 재가 남지 않는 유류나 인화성 가스 화재

• C급 화재 : 전기설비에서 일어나는 전기 화재

• D급 화재 : 금속물질에 의한 화재

52 기관 분해조립 시 스패너 사용 자세 중 옳지 않은 것은?

① 몸의 중심을 유지하게 한 손은 작업물을 지지한다.

② 스패너 자루에 파이프를 끼우고 발로 민다.

③ 너트에 스패너를 깊이 물리고 조금씩 앞으로 당기는 식으로 풀고, 조인다.

④ 몸은 항상 균형을 잡아 넘어지는 것을 방지한다.

해설

② 스패너 손잡이에 파이프를 이어서 사용하는 것은 하지 말아야 한다.

53 이동식 및 휴대용 전동기기의 안전한 작업방법으로 틀린 것은?

① 전동기의 코드선은 접지선이 설치된 것을 사용한다.

② 회로시험기로 절연상태를 점검한다.

③ 감전방지용 누전차단기를 접속하고 동작 상태를 점검한다.

④ 감전사고 위험이 높은 곳에서는 1중 절연구조의 전기기기를 사용한다.

해설

감전사고 위험이 높은 곳에서는 2중 절연구조의 전기기기를 사용한다.

54 산업재해는 생산 활동을 행하는 중에 에너지와 충돌하여 생명의 기능이나 (   )을 상실하는 현상을 말한다. (   )에 알맞은 말은?

① 작업상 업무
② 작업조건
③ 노동 능력
④ 노동 환경

55 연삭작업 시 안전사항 중 틀린 것은?

① 나무 해머로 연삭 숫돌을 가볍게 두들겨 맑은 음이 나면 정상이다.
② 연삭 숫돌의 표면이 심하게 변형된 것은 반드시 수정한다.
③ 받침대는 숫돌 차의 중심선보다 낮게 한다.
④ 연삭 숫돌과 받침대와의 간격은 3mm 이내로 유지한다.

해설
③ 받침대는 숫돌 차의 중심선보다 낮게 하지 않는다. 작업 중 일감이 딸려 들어갈 위험이 있기 때문이다.

56 에어백 장치를 점검, 정비할 때 안전하지 못한 행동은?

① 조향휠을 탈거할 때 에어백 모듈 인플레이터 단자는 반드시 분리한다.
② 조향휠을 장착할 때 클럭 스프링의 중립 위치를 확인한다.
③ 에어백 장치는 축전지 전원을 차단하고 일정 시간 지난 후 정비한다.
④ 인플레이터의 저항은 절대 측정하지 않는다.

해설
조향휠을 탈거할 때 에어백 모듈 인플레이터 단자는 분리하지 않아도 된다.

57 감전 위험이 있는 곳에 전기를 차단하여 수선점검을 할 때의 조치와 관계없는 것은?

① 스위치 박스에 통전장치를 한다.
② 위험에 대한 방지장치를 한다.
③ 스위치에 안전장치를 한다.
④ 필요한 곳에 통전금지 기간에 관한 사항을 게시한다.

해설
① 스위치 박스에 통전장치를 하여서는 안 된다.

58 타이어의 공기압에 대한 설명으로 틀린 것은?

① 공기압이 낮으면 일반 포장도로에서 미끄러지기 쉽다.

② 좌우 공기압에 편차가 발생하면 브레이크 작동 시 위험을 초래한다.

③ 공기압이 낮으면 트레드 양단의 마모가 많다.

④ 좌우 공기압에 편차가 발생하면 차동 사이드 기어의 마모가 촉진된다.

해설

타이어 공기압이 낮으면 타이어가 노면에 닿는 면적이 많아 차가 미끄러짐이 적으나, 파열(펑크)될 염려가 있다. 겨울철에는 미끄러운 노면 상태로 인해 타이어의 공기압을 낮게 한다.

59 자동차에 사용하는 부동액의 사용에서 주의할 점으로 틀린 것은?

① 부동액은 원액으로 사용하지 않는다.

② 품질 불량한 부동액은 사용하지 않는다.

③ 부동액을 도료부분에 떨어지지 않도록 주의해야 한다.

④ 부동액은 입으로 맛을 보아 품질을 구별할 수 있다.

해설

부동액은 에틸렌글리콜 성분으로 인체에 해가 없으나 자동차나 건설장비에 사용되는 냉각장치가 녹슬게 되어 부식하게 되는 것을 막기 위해서 아질산염과 트리에탄올아민 등 다양한 화합물을 혼합하여 인체에 해롭다.

60 감전사고를 방지하는 방법이 아닌 것은?

① 차광용 안경을 착용한다.

② 반드시 절연 장갑을 착용한다.

③ 물기가 있는 손으로 작업하지 않는다.

④ 고압이 흐르는 부품에는 표시를 한다.

해설

차광용 안경은 눈 보호구로 광선을 막아준다.

01 자동차 기관에서 과급을 하는 주된 목적은?

① 기관의 윤활유 소비를 줄인다.
② 기관의 회전수를 빠르게 한다.
③ 기관의 회전수를 일정하게 한다.
④ 기관의 출력을 증대시킨다.

해설
과급장치의 설치 목적은 충진율을 높여 기관의 회전력(출력)을 증가시킨다.

02 커넥팅 로드의 비틀림이 엔진에 미치는 영향에 대한 설명이다. 옳지 않은 것은?

① 압축압력의 저하
② 타이밍 기어의 백래시 촉진
③ 회전에 무리를 초래
④ 저널 베어링의 마멸

해설
커넥팅 로드의 비틀림 발생 시 압축압력 저하, 원활한 회전 불능, 베어링 및 저널의 마모 등을 들 수 있다.

03 최적의 공연비를 바르게 나타낸 것은?

① 공전 시 연소 가능범위의 연비
② 이론적으로 완전연소 가능한 공연비
③ 희박한 공연비
④ 농후한 공연비

해설
최적의 공연비란 이론적으로 공기와 연료의 비율(14.7 : 1)을 말한다.

04 피스톤의 평균속도를 올리지 않고 회전수를 높일 수 있으며 단위 체적당 출력을 크게 할 수 있는 기관은?

① 장행정 기관
② 정방형 기관
③ 단행정 기관
④ 고속형 기관

해설
단행정 기관은 행정의 길이가 짧아 피스톤의 평균속도를 올리지 않고 회전수를 높일 수 있으며 단위 체적당 출력을 크게 할 수 있다.

05 어떤 기관의 크랭크 축 회전수가 2,400rpm, 회전반경이 40mm일 때 피스톤의 평균속도는?

① 1.6m/s
② 3.3m/s
③ 6.4m/s
④ 9.6m/s

해설
피스톤 평균속도를 산출하는 식은 $V_p = \dfrac{2LN}{60} = \dfrac{LN}{30}$ 이 된다.

그런데 회전반경이 40mm이므로 회전직경 80mm가 행정이 된다.

따라서 $\dfrac{0.08 \times 2,400}{30} = 6.4$m/s가 된다.

06 4행정 사이클 6실린더 기관의 지름이 100mm, 행정이 100mm, 기관 회전수 2,500rpm, 지시평균유효압력이 8kgf/cm²이라면 지시마력은 약 몇 PS인가?

① 80　　　　　　　② 93

③ 105　　　　　　　④ 150

해설

지시마력을 구하는 식은 IPS = $\dfrac{P_{mi} \times A \times L \times Z \times \dfrac{N}{2}}{75 \times 60 \times 100}$

(2행정 사이클 엔진 : N, 4행정 사이클 엔진 : $\dfrac{N}{2}$)이므로

$\dfrac{8 \times \dfrac{3.14 \times 10^2}{4} \times 10 \times 6 \times \dfrac{2,500}{2}}{75 \times 60 \times 100}$ ≒ 104.66PS가 된다.

07 배기량이 785cc, 연소실체적이 157cc인 자동차 기관의 압축비는?

① 3 : 1　　　　　　② 4 : 1

③ 5 : 1　　　　　　④ 6 : 1

해설

실린더의 배기량 = 행정체적이 된다.

$\varepsilon = \dfrac{\text{연소실체적} + \text{행정체적}}{\text{연소실체적}}$ 이므로 $\dfrac{157 + 785}{157}$ = 6이 된다.

08 기관이 1,500rpm에서 20m·kgf의 회전력을 낼 때 기관의 출력은 41.87PS이다. 기관의 출력을 일정하게 하고 회전수를 2,500rpm으로 하였을 때 얼마의 회전력을 내는가?

① 약 12m·kgf　　　② 약 25m·kgf

③ 약 35m·kgf　　　④ 약 45m·kgf

해설

회전수와 토크를 이용하여 제동마력을 산출하는 식은

PS = $\dfrac{T \times N}{716}$ 이므로 $\dfrac{20 \times 1,500}{716}$ = 41.89PS이다.

여기서 기관의 출력 41.89PS를 일정하게 하고 회전수를 2,500rpm으로 상승시키면 회전력은 다음과 같이 산출한다.

따라서 41.89 = $\dfrac{T \times 2,500}{716}$ 이므로 $T = \dfrac{716 \times 41.89}{2,500}$ 이 되며,

T ≒ 11.99m·kgf이 된다.

09 고속 디젤기관의 기본 사이클에 해당되는 것은?

① 복합 사이클　　　② 디젤 사이클

③ 정적 사이클　　　④ 정압 사이클

해설

고속 디젤기관은 사바테(복합) 사이클에 해당된다.

10 디젤기관에서 냉각장치로 흡수되는 열은 연료 전체 발열량의 약 몇 % 정도인가?

① 30~35　　　　　　② 45~55

③ 55~65　　　　　　④ 70~80

해설

디젤기관에서 냉각장치로 흡수되는 열은 연료 전체 발열량의 약 30~35%이다.

11 디젤기관의 예열장치에서 연소실 내의 압축공기를 직접 예열하는 형식은?

① 히터레인지식

② 예열플러그식

③ 흡기가열식

④ 흡기히터식

해설
디젤기관의 예열장치에서 연소실 내의 압축공기를 직접 예열하는 형식은 예열플러그식이며 흡기 통로에 설치되어 흡기공기 전체를 가열하는 방식은 흡기가열식, 히트레인지식 등이 있다.

12 가솔린 엔진의 배기가스 중 인체에 유해 성분이 가장 적은 것은?

① 탄화수소

② 일산화탄소

③ 질소산화물

④ 이산화탄소

해설
이산화탄소는 인체에 직접적인 해는 없으나 지구 온난화를 유발하는 물질로 구분되고 있다.

13 가솔린의 안티 노크성을 표시하는 것은?

① 세탄가   ② 헵탄가

③ 옥탄가   ④ 프로판가

해설
가솔린의 안티 노크성(내폭성)을 나타내는 수치를 옥탄가, 경유의 착화성을 나타내는 수치를 세탄가라 한다.

14 LPG기관 중 피드백 믹서 방식의 특징이 아닌 것은?

① 경제성이 좋다.

② 연료 분사펌프가 있다.

③ 대기오염이 적다.

④ 엔진오일의 수명이 길다.

해설
LPG기관의 특징은 연료 펌프가 없이 봄베 내의 가스 압력으로 LPG가 공급된다(LPI는 연료공급펌프로부터 액체상태의 LPG를 공급받는다).

15 I.S.C(Idle Speed Control)서보기구에서 컴퓨터 신호에 따른 기능으로 가장 타당한 것은?

① 공전속도를 제어

② 공전 연료량을 증가

③ 가속 속도를 증가

④ 가속 공기량을 조절

해설
I.S.C(Idle Speed Control)서보기구는 공전속도 조절장치로서 ECU의 제어를 받는다.

16 전자제어 가솔린기관의 진공식 연료압력 조절기에 대한 설명으로 옳은 것은?

① 급가속 순간 흡기다기관의 진공은 대기압에 가까워 연료압력은 낮아진다.

② 흡기관의 절대압력과 연료 분배관의 압력차를 항상 일정하게 유지시킨다.

③ 대기압이 변화하면 흡기관의 절대압력과 연료 분배관의 압력차도 같이 변화한다.

④ 공전 시 진공호스를 빼면 연료압력은 낮아지고 다시 호스를 꽂으면 높아진다.

> **해설**
> 전자제어 가솔린기관의 진공식 연료압력 조절기는 흡기다기관의 진공도에 따라 연료 리턴량을 변경하여 연료라인의 압력과 흡기다기관의 압력차를 일정하게 유지시킨다.

17 전자제어 엔진에서 냉간 시 점화시기 제어 및 연료 분사량 제어를 하는 센서는?

① 대기압센서 ② 흡기온센서
③ 수온센서 ④ 공기량센서

> **해설**
> **수온센서** : 냉간 시 냉각수 온도 센서를 이용하여 엔진의 온도를 측정하고 점화시기 제어 및 연료분사량을 제어한다.

18 컴퓨터 제어계통 중 입력계통과 가장 거리가 먼 것은?

① 산소센서 ② 차속센서
③ 공전속도제어 ④ 대기압센서

> **해설**
> 전자제어 시스템에서 센서와 스위치 신호는 입력신호이며 액추에이터 제어는 출력 신호이다.

19 밸브 스프링 자유 높이의 감소는 표준 치수에 대하여 몇 % 이내이어야 하는가?

① 3 ② 8
③ 10 ④ 12

> **해설**
> • 장력 : 15% 이내
> • 자유고 : 3% 이내
> • 직각도 : 3% 이내

20 윤활유의 주요기능으로 틀린 것은?

① 마찰작용, 방수작용
② 기밀유지작용, 부식방지작용
③ 윤활작용, 냉각작용
④ 소음감소작용, 세척작용

> **해설**
> 윤활유의 주요기능으로는 감마(마찰감소)작용, 방청작용, 청정작용, 응력분산작용, 기밀유지작용, 냉각작용, 소음 감소작용이 있다.

21 유압식 동력조향장치와 비교하여 전동식 동력조향 장치 특징으로 틀린 것은?

① 유압제어를 하지 않으므로 오일이 필요 없다.
② 유압제어 방식에 비해 연비를 향상시킬 수 없다.
③ 유압제어 방식 전자제어 조향장치보다 부품 수가 적다.
④ 유압제어를 하지 않으므로 오일펌프가 필요 없다.

해설
전동식 동력조향장치 특징
• 유압제어를 하지 않으므로 오일이 필요 없다.
• 엔진동력손실이 적어져 연비가 향상된다.
• 전자제어식 유압제어 장치보다 부품 수가 적다.
• 오일펌프가 필요 없다.

22 추진축의 자재이음은 어떤 변화를 가능하게 하는가?

① 축의 길이
② 회전 속도
③ 회전축의 각도
④ 회전 토크

해설
• 자재이음 : 각도 변화
• 슬립이음 : 길이 변화

23 공기 현가장치의 특징에 속하지 않는 것은?

① 스프링 정수가 자동적으로 조정되므로 하중의 증감에 관계없이 고유 진동수를 거의 일정하게 유지할 수 있다.
② 고유 진동수를 높일 수 있으므로 스프링 효과를 유연하게 할 수 있다.
③ 공기 스프링 자체에 감쇠성이 있으므로 작은 진동을 흡수하는 효과가 있다.
④ 하중 증감에 관계없이 차체 높이를 일정하게 유지하며 앞뒤, 좌우의 기울기를 방지할 수 있다.

해설
공기 현가장치는 스프링 정수가 자동적으로 조정되므로 하중의 증감에 관계없이 고유 진동수를 거의 일정하게 유지할 수 있으며 차고조절 및 작은 진동 흡수 효과가 우수하다.

24 디젤기관의 연소실 형식 중 연소실 표면적이 작아 냉각손실이 작은 특징이 있고, 시동성이 양호한 형식은?

① 와류실식
② 공기실식
③ 직접분사실식
④ 예연소실식

해설
디젤기관의 연소실 형식 중 연소실 표면적이 작아 냉각손실이 작은 특징이 있고, 시동성이 양호한 형식은 직접분사실식이며 직접분사실식은 분사압력이 높아야 한다.

25 압력식 라디에이터 캡을 사용함으로써 얻어지는 장점과 거리가 먼 것은?

① 라디에이터를 소형화할 수 있다.
② 비등점을 올려 냉각 효율을 높일 수 있다.
③ 냉각장치 내의 압력을 0.3~0.7kgf/cm² 정도 올릴 수 있다.
④ 라디에이터의 무게를 크게 할 수 있다.

해설
압력식 캡은 냉각장치 내의 압력을 높여 냉각수의 비등점을 올릴 수 있으며 냉각 효율이 좋아지고 라디에이터를 소형으로 제작할 수 있다.

26 클러치가 미끄러지는 원인 중 틀린 것은?

① 페달 자유간극 과대
② 마찰면의 경화, 오일 부착
③ 클러치 압력스프링 쇠약, 절손
④ 압력판 및 플라이휠 손상

해설
클러치 페달의 자유간극이 과대하면 동력의 접속은 잘 되지만 차단이 잘 안 되어 변속이 어려워진다.

27 변속기의 변속비가 1.5, 링기어의 잇수 36, 구동피니언의 잇수 6인 자동차를 오른쪽 바퀴만을 들어서 회전하도록 하였을 때 오른쪽 바퀴의 회전수는? (단, 추진축의 회전수는 2,100rpm)

① 350rpm   ② 450rpm
③ 600rpm   ④ 700rpm

해설

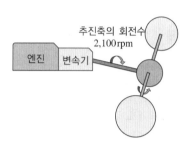

종감속비 = 링기어 잇수/구동피니언 잇수이므로

종감속비는 $\frac{36}{6} = 6$이다.

양쪽 바퀴의 직진 시 회전수는 $\frac{2,100}{6}$이므로 350rpm이다.

차동장치의 특성상 한쪽 바퀴의 회전수가 증가하면 반대쪽 바퀴의 회전수가 증가한 양만큼 감소된다.
따라서 오른쪽 바퀴만을 들어서 회전시키면 왼쪽 바퀴의 회전수까지 오른쪽 바퀴로 전달되므로 왼쪽 바퀴가 0rpm이면 오른쪽 바퀴는 700rpm이다.

28 수동변속기에서 싱크로메시(Synchromesh)기구의 기능이 작용하는 시기는?

① 클러치 페달을 놓을 때
② 클러치 페달을 밟을 때
③ 변속기어가 물릴 때
④ 변속기어가 물려 있을 때

해설
수동변속기에서 싱크로메시(Synchromesh)기구의 기능이 작용하여 동기 물림 작용이 적용되는 시점은 변속기어가 물리는 시점이다.

29 자동변속기에서 밸브보디에 있는 매뉴얼밸브의 역할은?

① 변속단수의 위치를 컴퓨터로 전달한다.
② 오일 압력을 부하에 알맞은 압력으로 조정한다.
③ 차속이나 엔진부하에 따라 변속단수를 결정한다.
④ 변속레버의 위치에 따라 유로를 변경한다.

해설
매뉴얼밸브는 변속레버의 위치에 따라 유로를 변경한다.

30 자동변속기차량에서 토크컨버터 내에 있는 스테이터의 기능은?

① 터빈의 회전력을 감소시킨다.
② 터빈의 회전력을 증대시킨다.
③ 바퀴의 회전력을 감소시킨다.
④ 펌프의 회전력을 증대시킨다.

해설
스테이터는 토크컨버터 내에 장착되어 저속 및 중속 회전 시 고정되어 토크컨버터 내의 오일 유동 방향을 바꾸고 고속 시에는 프리휠링하여 동력손실을 방지한다. 따라서 터빈의 회전력을 증대시키는 역할을 한다.

31 다음 중 브레이크 드럼이 갖추어야 할 조건과 관계가 없는 것은?

① 방열이 잘되어야 한다.
② 강성과 내마모성이 있어야 한다.
③ 동적, 정적평형이 되어야 한다.
④ 무거워야 한다.

해설
브레이크 드럼이 무거우면 제동 시 회전관성에 의해 제동력이 저하되며 발생열이 증가한다.

32 브레이크액의 특성으로서 장점이 아닌 것은?

① 높은 비등점   ② 낮은 응고점
③ 강한 흡습성   ④ 큰 점도지수

해설
흡습성이 우수하면 수분함유량이 증가되어 비등점이 낮아져 베이퍼로크 현상이 발생할 수 있다.

33 조향장치가 갖추어야 할 조건 중 적당하지 않는 사항은?

① 적당한 회전감각이 있을 것
② 고속주행에서도 조향핸들이 안정될 것
③ 조향휠의 회전과 구동휠의 선회차가 클 것
④ 선회 시 저항이 적고 선회 후 복원성이 좋을 것

해설
조향장치는 조향휠의 회전과 구동휠의 선회차가 크면 조향이 어렵다.

34 킹핀 경사각과 함께 앞바퀴에 복원성을 주어 직진 위치로 쉽게 돌아오게 하는 앞바퀴 정렬과 관련이 가장 큰 것은?

① 캠 버　　　　② 캐스터
③ 토　　　　　④ 세트 백

해설
캐스터는 주행 시 직진성을 부여하고 핸들의 복원력을 증대시킨다.

35 다음에서 스프링의 진동 중 스프링 위 질량의 진동과 관계없는 것은?

① 바운싱(Bouncing)
② 피칭(Pitching)
③ 휠 트램프(Wheel Tramp)
④ 롤링(Rolling)

해설
휠 트램프는 휠의 정적밸런스와 관계되며 주행 시 상하로 진동을 유발시키는 현상이다.

36 요철이 있는 노면을 주행할 경우, 스티어링 휠에 전달되는 충격을 무엇이라 하는가?

① 시미 현상
② 웨이브 현상
③ 스카이 훅 현상
④ 킥백 현상

해설
요철이 있는 노면을 주행할 경우, 스티어링 휠에 전달되는 충격을 킥백이라 한다.

37 타이어의 뼈대가 되는 부분으로서 공기 압력을 견디어 일정한 체적을 유지하고 또 하중이나 충격에 따라 변형하여 완충작용을 하는 것은?

① 트레드　　　　② 비드부
③ 브레이커　　　④ 카커스

해설
카커스는 타이어의 뼈대가 되는 부분으로서 설치 각도에 따라 바이어스 타이어와 레이디얼 타이어로 구분한다.

38 흡기관로에 설치되어 카르만 와류 현상을 이용하여 흡입공기량을 측정하는 것은?

① 대기압센서
② 스로틀포지션센서
③ 공기유량센서
④ 흡기온도센서

해설
공기유량센서 중 삼각기둥을 설치하고 흡입되는 공기량에 대해 와류의 발생 정도를 초음파로 검출하여 ECU로 전송하는 방식을 카르만 와류식 에어플로센서라 한다.

39 전자제어 제동장치(ABS)의 구성요소로 틀린 것은?

① 하이드롤릭 유닛(Hydraulic Unit)

② 크랭크앵글센서(Crank Angle Sensor)

③ 휠스피드센서(Wheel Speed Sensor)

④ 컨트롤 유닛(Control Unit)

해설
크랭크앵글센서는 엔진 전자제어 요소이다.

41 반도체의 장점으로 틀린 것은?

① 고온에서도 안정적으로 동작한다.

② 예열을 요구하지 않고 곧바로 작동을 한다.

③ 내부 전력 손실이 매우 적다.

④ 극히 소형이고 경량이다.

해설
반도체는 온도에 취약한 단점이 있다.

42 P형 반도체와 N형 반도체를 마주대고 결합한 것은?

① 캐리어   ② 홀

③ 다이오드   ④ 스위칭

해설
P형과 N형을 단 접합하면 다이오드이고 이중접합, 즉 PNP, NPN는 트랜지스터이다.

40 그림과 같은 마스터 실린더의 푸시로드에는 몇 kgf의 힘이 작용하는가?

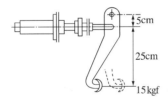

① 75kgf

② 90kgf

③ 120kgf

④ 140kgf

해설
지렛대비를 이용하면 전체 암의 길이를 푸시로드에서 고정지점까지의 거리로 나눈만큼 전달력이 증가한다.

$\dfrac{(25+5)}{5} = 6$배 증가하여 15kgf × 6 = 90kgf의 힘이 푸시로드로

전달된다.

43 자동차용 AC발전기에서 자속을 만드는 부분은?

① 로터(Rotor)

② 스테이터(Stator)

③ 브러시(Brush)

④ 다이오드(Diode)

해설
교류발전기는 로터 내의 코일에 전류가 흘러 로터철심을 자화시키고 스테이터를 회전하면서 스테이터에서 교류 전류가 발생하는 원리이다.

44 기동전동기에서 회전하는 부분이 아닌 것은?

① 오버러닝클러치

② 정류자

③ 계자코일

④ 전기자 철심

해설

계자코일은 전동기 하우징 내부에 장착되는 부분으로 고정되어 있는 부분이다.

46 자동차의 IMS(Integrated Memory System)에 대한 설명으로 옳은 것은?

① 배터리 교환주기를 알려 주는 시스템이다.

② 스위치 조작으로 설정해 둔 시트위치로 재생시킨다.

③ 편의장치로서 장거리 운행 시 자동운행 시스템이다.

④ 도난을 예방하기 위한 시스템이다.

해설

운전 자세 기억 장치(IMS)는 간단한 버튼 조작으로 시트는 물론, 사이드 미러, 조향핸들을 운전자에게 맞도록 자동으로 조정하는 장치이다.

45 축전지 전해액의 비중을 측정하였더니 1.180이었다. 이 축전지의 방전율은?(단, 비중값이 완전 충전 시 1.280이고 완전 방전 시의 비중값이 1.080이다)

① 20%   ② 30%

③ 50%   ④ 70%

해설

비중을 이용한 방전율 계산식

(완전 충전 시 비중 − 측정 비중) ÷ (완전 충전 시 비중 − 완전 방전 시 비중) × 100

따라서 $\dfrac{(1.280-1.180)}{(1.280-1.080)} \times 100 = 50\%$ 이다.

47 편의장치에서 중앙집중식 제어장치(ETACS 또는 ISU)의 입출력 요소 역할에 대한 설명으로 틀린 것은?

① 모든 도어스위치 : 각 도어 잠김 여부 감지

② INT 스위치 : 와셔 작동 여부 감지

③ 핸들 로크 스위치 : 키 삽입 여부 감지

④ 열선스위치 : 열선 작동 여부 감지

해설

INT 스위치 : INT의 작동은 간헐적인 비 또는 눈에 대하여 와이퍼 제어를 운전자가 의도하는 작동 속도로 설정하기 위한 기능이며, INT 스위치는 INT 볼륨에 설정된 속도에 따라 와이퍼를 작동한다 (INT 볼륨 위치에 따른 와이퍼 속도 검출).

48 점화코일에서 고전압을 얻도록 유도하는 공식으로 옳은 것은?(단, E_1 : 1차코일에 유도된 전압, E_2 : 2차코일에 유도된 전압, N_1 : 1차코일의 유효권수, N_2 : 2차코일의 유효권수)

① $E_2 = \dfrac{N_1}{N_2} E_1$

② $E_2 = N_1 \times N_2 \times E_1$

③ $E_2 = \dfrac{N_2}{N_1} E_1$

④ $E_2 = N_2 + (N_1 \times E_1)$

해설
점화코일의 전압비와 권선비
$$\frac{E_2}{E_1} = \frac{N_2}{N_1} = \frac{I_1}{I_2}$$

49 축전지 극판의 작용물질이 동일한 조건에서 비중이 감소되면 용량은?

① 증가한다.
② 변화 없다.
③ 비례하여 증가한다.
④ 감소한다.

해설
축전지 전해액의 비중이 감소하면 용량도 같이 감소된다.

50 그림과 같이 테스트 램프를 사용하여 릴레이 회로의 각 단자(B, L, S1, S2)를 점검하였을 때 테스트 램프의 작동이 틀린 것은?(단, 테스트 램프 전구는 LED전구이며, 테스트 램프의 접지는 차체 접지)

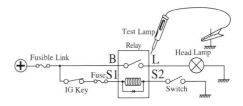

① B단자는 점등된다.
② L단자는 점등되지 않는다.
③ S1단자는 점등된다.
④ S2단자는 점등되지 않는다.

해설
S2단자는 스위치부까지 전원전압인 인가된 상태로 S2단자에서 테스트 램프는 점등된다.

51 구급처치 중에서 환자의 상태를 확인하는 사항과 관련이 없는 것은?

① 의 식
② 상 처
③ 출 혈
④ 안 정

52 제동력시험기 사용 시 주의할 사항으로 틀린 것은?

① 타이어 트레드의 표면에 습기를 제거한다.
② 롤러 표면은 항상 그리스로 충분히 윤활시킨다.
③ 브레이크 페달을 확실히 밟은 상태에서 측정한다.
④ 시험 중 타이어와 가이드롤러와의 접촉이 없도록 한다.

해설
롤러 표면은 항상 깨끗한 상태로 유지한다.

53 기동전동기의 분해조립 시 주의할 사항이 아닌 것은?

① 관통볼트 조립 시 브러시 선과의 접촉에 주의할 것

② 브러시 배선과 하우징과의 배선을 확실히 연결할 것

③ 레버의 방향과 스프링, 홀더의 순서를 혼동하지 말 것

④ 마그네틱 스위치의 B단자와 M(또는 F)단자의 구분에 주의할 것

해설
(+)브러시는 하우징과 절연되어야 하고 (−)브러시는 브러시 홀더에 고정되어 있다.

54 기관을 운전상태에서 점검하는 부분이 아닌 것은?

① 배기가스의 색을 관찰하는 일

② 오일압력 경고등을 관찰하는 일

③ 오일 팬의 오일양을 측정하는 일

④ 엔진의 이상음을 관찰하는 일

해설
기관의 운전상태에서는 오일 팬의 오일양을 측정하면 안 된다.

55 다이얼 게이지 사용 시 유의사항으로 틀린 것은?

① 분해 청소나 조정을 함부로 하지 않는다.

② 게이지에 어떤 충격도 가해서는 안 된다.

③ 게이지를 설치할 때에는 지지대의 암을 될 수 있는 대로 짧게 하고 확실하게 고정해야 한다.

④ 스핀들에 주유하거나 그리스를 발라서 보관한다.

해설
다이얼 게이지는 정밀 측정장비로 스핀들에 주유하거나 그리스를 바르면 안 된다.

56 일반공구 사용에서 안전한 사용법이 아닌 것은?

① 렌치에 파이프 등의 연장대를 끼워서 사용해서는 안 된다.

② 녹이 생긴 볼트나 너트에는 오일을 넣어 스며들게 한 다음 돌린다.

③ 조정 조에 잡아당기는 힘이 가해져야 한다.

④ 언제나 깨끗한 상태로 보관한다.

해설
일반공구 사용 시 고정 조에 힘이 가해져야 한다.

57 드릴로 큰 구멍을 뚫으려고 할 때에 먼저 할 일은?

① 작은 구멍을 뚫는다.

② 금속을 무르게 한다.

③ 드릴 커팅 앵글을 증가시킨다.

④ 스핀들의 속도를 빠르게 한다.

해설
드릴로 큰 구멍을 뚫으려고 할 경우 먼저 작은 구멍을 뚫은 후 큰 구멍을 가공한다.

58 산업안전보건표지의 종류와 형태에서 다음 그림이 나타내는 표시는?

① 탑승금지
② 보행금지
③ 접촉금지
④ 출입금지

59 귀마개를 착용하여야 하는 작업과 가장 거리가 먼 것은?

① 단조작업
② 제관작업
③ 공기압축기가 가동되는 기계실 내에서 작업
④ 디젤엔진 정비작업

해설
엔진정비 시에는 귀마개를 착용하면 안 된다.

60 전자제어 시스템을 정비할 때 점검 방법 중 올바른 것을 모두 고른 것은?

ㄱ 배터리 전압이 낮으면 고장진단이 발견되지 않을 수도 있으므로 점검하기 전에 배터리 전압상태를 점검한다.
ㄴ 배터리 또는 ECU커넥터를 분리하면 고장항목이 지워질 수 있으므로 고장진단 결과를 완전히 읽기 전에는 배터리를 분리시키지 않는다.
ㄷ 점검 및 정비를 완료한 후에는 배터리 (−)단자를 15초 이상 분리시킨 후 다시 연결하고 고장 코드가 지워졌는지를 확인한다.

① ㄴ, ㄷ
② ㄱ, ㄴ
③ ㄱ, ㄷ
④ ㄱ, ㄴ, ㄷ

01 다음 중 EGR(Exhaust Gas Recirculation)밸브의 구성 및 기능 설명으로 틀린 것은?

① 배기가스 재순환장치
② 연료 증발가스(HC) 발생을 억제시키는 장치
③ 질소화합물(NOx) 발생을 감소시키는 장치
④ EGR파이프, EGR밸브 및 서모밸브로 구성

해설
EGR(Exhaust Gas Recirculation)밸브는 연소 후 배기가스 중 일부를 다시 흡기로 유입시켜 연소 시 연소실의 온도를 낮추어 질소산화물(NOx)의 생성을 억제하는 배기가스 재순환장치이다.

02 전자제어 차량의 인젝터가 갖추어야 될 기본 요건이 아닌 것은?

① 정확한 분사량
② 내부식성
③ 기밀 유지
④ 저항값은 무한대(∞)일 것

해설
저항값이 무한대이면 인젝터 내부 솔레노이드 코일이 단선된 상태이다.

03 과급기가 설치된 엔진에 장착된 센서로서 급속 및 증속에서 ECU로 신호를 보내주는 센서는?

① 부스터센서
② 노크센서
③ 산소센서
④ 수온센서

해설
부스터 압력센서는 과급기에 설치되어 급속 및 증속에서 ECU로 신호를 보내주는 센서이다.

04 화물자동차 및 특수자동차의 차량 총중량은 몇 ton을 초과해서는 안 되는가?

① 20
② 30
③ 40
④ 50

해설
화물자동차 및 특수자동차의 차량 총중량은 40ton을 초과해서는 안 된다.

05 자동차가 24km/h의 속도에서 가속하여 60km/h의 속도를 내는 데 5초 걸렸다. 평균 가속도는?

① 10m/s^2
② 5m/s^2
③ 2m/s^2
④ 1.5m/s^2

해설
km/h를 m/s로 환산하려면 3.6으로 나누면 된다.
즉, 24km/h ≒ 6.6m/s, 60km/h ≒ 16.6m/s가 되며
가속도를 산출하는 식은

$$a(\text{m/s}^2) = \frac{V_2(\text{m/s}) - V_1(\text{m/s})}{t(\text{s})} = \frac{\text{속도의 변화량}}{\text{시 간}}$$

$V_2 =$ 나중 속도, $V_1 =$ 처음 속도이므로,

$$\frac{16.6\text{m/s} - 6.6\text{m/s}}{5\text{s}} = 2\text{m/s}^2\text{이 된다.}$$

06 어떤 물체가 초속도 10m/s로 마루면을 미끄러진다면 몇 m를 진행하고 멈추는가?(단, 물체와 마루면 사이의 마찰계수는 0.5이다)

① 0.51　　　　② 5.1

③ 10.2　　　　④ 20.4

해설

제동거리 산출식은 $S_b = \dfrac{v^2}{254\mu}$ 이므로 $\dfrac{36^2}{254 \times 0.5} \fallingdotseq 10.2$m가

된다(속도(m/s)를 3.6을 곱하여 km/h로 환산 후 대입).

07 탄소 1kg을 완전연소시키기 위한 순수 산소의 양은?

① 약 1.67kg　　　② 약 2.67kg

③ 약 2.89kg　　　④ 약 5.56kg

해설

탄소(C)의 질량은 12g/mol, 산소(O)의 질량은 16g/mol이므로 C(12) + O_2(32) = CO_2(44)이므로 탄소 1kg을 완전연소시키는 산소량은 32/12이므로 약 2.67kg이 된다.

08 제동마력(BHP)을 지시마력(IHP)으로 나눈 값은?

① 기계효율　　　② 열효율

③ 체적효율　　　④ 전달효율

해설

IPS = FPS + BPS, BPS = IPS − FPS이며, 엔진의 기계효율은

$\eta_m = \dfrac{BPS}{IPS}$ 이고 BPS = $\eta_m \times$ IPS이다.

09 규정값이 내경 78mm인 실린더를 실린더 보어 게이지로 측정한 결과 0.35mm가 마모되었다. 실린더 내경을 얼마로 수정해야 하는가?

① 실린더 내경을 78.35mm로 수정한다.

② 실린더 내경을 78.50mm로 수정한다.

③ 실린더 내경을 78.75mm로 수정한다.

④ 실린더 내경을 79.00mm로 수정한다.

해설

최대마모량(측정값)

78.35mm + 진원절삭량(0.2mm) = 78.55mm이므로 실린더 내경 수정값은 78.75mm이다.

10 PCV(Positive Crankcase Ventilation)에 대한 설명으로 옳은 것은?

① 블로바이(Blow By) 가스를 대기 중으로 방출하는 시스템이다.

② 고부하일 때에는 블로바이 가스가 공기청정기에서 헤드커버 내로 공기가 도입된다.

③ 흡기다기관이 부압일 때는 크랭크케이스에서 헤드커버를 통해 공기 청정기로 유입된다.

④ 헤드커버 안의 블로바이 가스는 부하와 관계없이 서지탱크로 흡입되어 연소된다.

해설

PCV는 크랭크케이스 환기장치로서 블로바이 가스 제어 시스템이다. PCV는 헤드커버에 있는 블로바이 가스를 서지탱크부로 다시 유입하여 재연소시키는 역할을 한다.

11 분사펌프에서 딜리버리밸브의 작용 중 틀린 것은?

① 연료의 역류 방지

② 노즐에서의 후적 방지

③ 분사시기 조정

④ 연료라인의 잔압 유지

해설

딜리버리밸브는 연료의 역류를 방지하고 노즐의 후적을 방지하며 분사파이프 내 잔압을 유지시킨다.

12 흡기관 내 압력의 변화를 측정하여 흡입공기량을 간접으로 검출하는 방식은?

① K – Jetronic

② D – Jetronic

③ L – Jetronic

④ LH – Jetronic

해설

직접계측 방식은 L-Jetronic이며, 간접계측 방식은 D-Jetronic 이다.

13 디젤노크와 관련이 없는 것은?

① 연료 분사량

② 연료 분사시기

③ 흡기 온도

④ 엔진오일양

해설

디젤노크 방지방법

• 엔진의 온도, 압축비, 압축온도, 압축압력 및 회전속도를 높인다.

• 착화성이 우수한 연료를 사용한다.

• 분사개시에 분사시간을 짧게 하여 착화지연시간을 단축시킨다.

• 분사시기를 알맞게 조정한다.

14 디젤기관에서 연료 분사펌프의 거버너는 어떤 작용을 하는가?

① 분사량을 조정한다.

② 분사시기를 조정한다.

③ 분사압력을 조정한다.

④ 착화시기를 조정한다.

해설

거버너(조속기)는 연료의 양을 조절한다.

15 피스톤 평균속도를 높이지 않고 엔진 회전속도를 높이려면?

① 행정을 작게 한다.

② 실린더 지름을 작게 한다.

③ 행정을 크게 한다.

④ 실린더 지름을 크게 한다.

해설

행정이 짧으면 피스톤의 평균속도를 올리지 않고 엔진 회전수를 높일 수 있으며 이것은 단행정 엔진의 장점이다.

16 윤활유의 성질에서 요구되는 사항이 아닌 것은?

① 비중이 적당할 것

② 인화점 및 발화점이 낮을 것

③ 점성과 온도와의 관계가 양호할 것

④ 카본의 생성이 적으며, 강인한 유막을 형성할 것

해설
윤활유의 발화점 및 인화점이 낮으면 쉽게 연소할 수 있다. 따라서 윤활유는 인화점 및 발화점이 높아야 한다.

17 캠축과 크랭크축의 타이밍 전동방식이 아닌 것은?

① 유압 전동방식

② 기어 전동방식

③ 벨트 전동방식

④ 체인 전동방식

해설
타이밍 전동방식은 기어 전동방식, 벨트 전동방식, 체인 전동방식이 있다.

18 기동 전동기가 정상 회전하지만 엔진이 시동되지 않는 원인과 관련이 있는 사항은?

① 밸브 타이밍이 맞지 않을 때

② 조향핸들 유격이 맞지 않을 때

③ 현가장치에 문제가 있을 때

④ 산소센서의 작동이 불량일 때

해설
엔진은 적정 혼합비, 점화 불꽃, 규정의 압축압력의 조건이 맞아야 시동작업이 원활하다.

19 실린더 벽이 마멸되었을 때 나타나는 현상 중 틀린 것은?

① 연료소모 저하 및 엔진 출력저하

② 피스톤 슬랩 현상 발생

③ 압축압력 저하 및 블로바이 가스 발생

④ 엔진오일의 희석 및 소모

해설
실린더 마멸 시 현상
• 압축압력 저하
• 피스톤 슬랩 발생
• 블로바이 가스 발생
• 오일 희석 및 연소
• 연료 소모량 증대

20 인젝터 회로의 정상적인 파형이 그림과 같을 때 본선의 접속 불량 시 나올 수 있는 파형 중 맞는 것은?

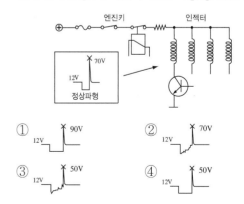

해설
본선 불량 시 공급전압의 불충분으로 서지전압이 적게 출력될 수 있다.

21 다음 중 기관 과열의 원인이 아닌 것은?

① 수온조절기 불량

② 냉각수량 과다

③ 라디에이터 캡 불량

④ 냉각팬 모터 고장

해설

기관의 과열 원인
- 수온조절기 불량
- 냉각수량 부족
- 라디에이터 캡 불량
- 냉각팬 모터 고장
- 팬벨트 장력 부족

22 변속기의 변속비(기어비)를 구하는 식은?

① 엔진의 회전수를 추진축의 회전수로 나눈다.

② 부축의 회전수를 엔진의 회전수로 나눈다.

③ 입력축의 회전수를 변속단 카운터축의 회전수에 곱한다.

④ 카운터 기어 잇수를 변속단 카운터 기어 잇수에 곱한다.

해설

변속기는 엔진과 추진축의 사이에 장착되므로 엔진의 회전수를 추진축의 회전수로 나누면 변속비를 산출할 수 있다.

23 자동변속기에서 유성기어 캐리어를 한 방향으로만 회전하게 하는 것은?

① 원웨이 클러치

② 프런트 클러치

③ 리어 클러치

④ 엔드 클러치

해설

원웨이 클러치는 한 방향으로는 잠기고 다른 한 방향으로는 자유로운 회전이 가능한 클러치 시스템이다.

24 클러치 디스크의 런아웃이 클 때 나타날 수 있는 현상으로 가장 적합한 것은?

① 클러치의 단속이 불량해진다.

② 클러치 페달의 유격에 변화가 생긴다.

③ 주행 중 소리가 난다.

④ 클러치 스프링이 파손된다.

해설

런아웃은 회전에 대하여 발생하는 축방향 움직임으로 클러치의 단속에서 회전 불평형으로 진동 및 소음이 발생할 수 있다.

25 동력조향장치 정비 시 안전 및 유의 사항으로 틀린 것은?

① 자동차 하부에서 작업할 때는 시야확보를 위해 보안경을 벗는다.

② 공간이 좁으므로 다치지 않게 주의한다.

③ 제작사의 정비지침서를 참고하여 점검 정비한다.

④ 각종 볼트 너트는 규정 토크로 조인다.

해설

자동차 하부 작업 시 이물질 등이 눈으로 들어갈 수 있으므로 보안경을 꼭 착용하고 작업한다.

21 ② 22 ① 23 ① 24 ① 25 ① **정답**

26 실린더와 피스톤 사이의 틈새로 가스가 누출되어 크랭크실로 유입된 가스를 연소실로 유도하여 재연소시키는 배출가스 정화장치는?

① 촉매변환기
② 연료 증발가스 배출억제장치
③ 배기가스 재순환장치
④ 블로바이 가스 환원장치

해설
실린더와 피스톤 사이의 틈새로 누설되는 가스는 블로바이 가스로 이 가스를 다시 연소실로 유입시켜 재연소시키는 시스템은 블로바이 가스 환원 장치이다.

27 전동식 전자제어 동력조향장치에서 토크센서의 역할은?

① 차속에 따라 최적의 조향력을 실현하기 위한 기준 신호로 사용된다.
② 조향휠을 돌릴 때 조향력을 연산할 수 있도록 기본 신호를 컨트롤 유닛에 보낸다.
③ 모터 작동 시 발생되는 부하를 보상하기 위한 보상 신호로 사용된다.
④ 모터 내의 로터 위치를 검출하여 모터 출력의 위상을 결정하기 위해 사용된다.

해설
전동식 동력조향시스템의 토크센서는 운전자의 조향 조작력을 검출하여 조향력을 연산할 수 있도록 기본 신호를 컨트롤 유닛에 보내는 역할을 한다.

28 전자제어 동력조향장치의 특성으로 틀린 것은?

① 공전과 저속에서 핸들 조작력이 작다.
② 중속 이상에서는 차량 속도에 감응하여 핸들 조작력을 변화시킨다.
③ 차량속도가 고속이 될수록 큰 조작력을 필요로 한다.
④ 동력조향장치이므로 조향기어는 필요 없다.

해설
전자제어 동력조향장치는 유압제어를 위해 유압제어장치도 있으며 조향기어장치에 의해 조향장치가 작동되는 구조이다.

29 자동차 앞 차륜 독립현가장치에 속하지 않는 것은?

① 트레일링 암 형식(Trailling Arm Type)
② 위시본 형식(Wishbone Type)
③ 맥퍼슨 형식(Macpherson Type)
④ SLA 형식(Short Long Arm Type)

해설
트레일링 암 형식은 뒤 차축 독립현가방식이다.

30 전차륜 정렬에 관계되는 요소가 아닌 것은?

① 타이어의 이상마모를 방지한다.
② 정지상태에서 조향력을 가볍게 한다.
③ 조향핸들의 복원성을 준다.
④ 조향방향의 안정성을 준다.

해설
전차륜 정렬에서 요소별 기능
• 캐스터와 킹핀 : 핸들의 조작력을 확실하게 하고 직진성과 복원성을 부여한다.
• 토인 : 사이드 슬립을 방지하여 타이어의 마멸을 최소화한다.
• 캠버와 킹핀 : 조향 조작력을 가볍게 하고 앞차축 하중에 대한 휨을 방지한다.

31 추진축 스플라인 부의 마모가 심할 때의 현상으로 가장 적절한 것은?

① 차동기의 드라이브 피니언과 링기어의 치합이 불량하게 된다.
② 차동기의 드라이브 피니언 베어링의 조임이 헐겁게 된다.
③ 동력을 전달할 때 충격 흡수가 잘 된다.
④ 주행 중 소음을 내고 추진축이 진동한다.

해설
스플라인 부의 마모가 심할 경우 스플라인 치합의 간극이 커져 주행 중 소음을 내고 추진축이 진동한다.

32 앞차축 현가장치에서 맥퍼슨형의 특징이 아닌 것은?

① 위시본형에 비하여 구조가 간단하다.
② 로드 홀딩이 좋다.
③ 엔진 룸의 유효공간을 넓게 할 수 있다.
④ 스프링 아래 중량을 크게 할 수 있다.

해설
맥퍼슨형식의 특징
위시본형에 비하여 구조가 간단하고 스프링 아래 질량이 작아 승차감이 우수하며 로드홀딩 효과가 우수하고 엔진실의 유효면적을 넓게 할 수 있다.

33 드럼식 브레이크에서 브레이크 슈의 작동형식에 의한 분류에 해당하지 않는 것은?

① 3리딩 슈 형식
② 리딩 트레일링 슈 형식
③ 서보 형식
④ 듀오 서보식

해설
드럼브레이크의 작동형식으로는 리딩 트레일링 슈 형식, 서보 형식, 듀오 서보식이 있다.

34 브레이크 장치에서 슈 리턴스프링의 작용에 해당되지 않는 것은?

① 오일이 휠 실린더에서 마스터 실린더로 되돌아가게 한다.
② 슈와 드럼 간의 간극을 유지해 준다.
③ 페달력을 보강해 준다.
④ 슈의 위치를 확보한다.

해설
브레이크 슈 리턴스프링은 제동장치가 작동 후 브레이크력을 해제하였을 때 압착력이 작용하던 슈를 드럼에서 분리시키는 역할을 한다.

35 자동차의 전자제어 제동장치(ABS) 특징으로 올바른 것은?

① 바퀴가 로크되는 것을 방지하여 조향 안정성 유지
② 스핀 현상을 발생시켜 안정성 유지
③ 제동 시 한쪽 쏠림 현상을 발생시켜 안정성 유지
④ 제동거리를 증가시켜 안정성 유지

해설
전자제어 제동장치는 차량의 스핀을 방지한다.

36 공기 브레이크 장치에서 앞바퀴로 압축공기가 공급되는 순서는?

① 공기탱크 – 퀵 릴리스밸브 – 브레이크밸브 – 브레이크 체임버

② 공기탱크 – 브레이크 체임버 – 브레이크밸브 – 브레이크 슈

③ 공기탱크 – 브레이크밸브 – 퀵 릴리스밸브 – 브레이크 체임버

④ 브레이크밸브 – 공기탱크 – 퀵 릴리스밸브 – 브레이크 체임버

해설
공기브레이크 계통은 공기탱크 – 브레이크밸브 – 퀵 릴리스밸브 – 브레이크 체임버의 순이다.

37 LPG의 특징 중 틀린 것은?

① 공기보다 가볍다.
② 기체상태의 비중은 1.5~2.0이다.
③ 무색, 무취이다.
④ 액체 상태의 비중은 0.5이다.

해설
LPG는 공기보다 무거워 누설 시 아래로 깔리는 특징이 있다.

38 토크컨버터의 토크 변환율은?

① 0.1~1배   ② 2~3배
③ 4~5배   ④ 6~7배

해설
토크컨버터의 토크 변환율은 2~3배이며, 유체클러치의 토크 변환율은 1:1이다.

39 마스터 실린더 푸시로드에 작용하는 힘이 120kgf이고, 피스톤 단면적이 3cm²일 때 발생 유압은?

① $30kgf/cm^2$ ② $40kgf/cm^2$
③ $50kgf/cm^2$ ④ $60kgf/cm^2$

해설
압력을 산출하는 식

압력$(P) = \dfrac{\text{작용하는 힘}(F)}{\text{단면적}(A)}$이므로 $\dfrac{120}{3} = 40kgf/cm^2$이 된다.

40 기관 rpm이 3,570이고, 변속비가 3.5, 종감속비가 3일 때 오른쪽 바퀴가 420rpm이면 왼쪽 바퀴의 회전수는?

① 130rpm   ② 260rpm
③ 340rpm   ④ 1,480rpm

해설

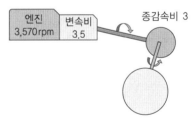

추진축의 회전수 = 엔진(rpm)/변속비이므로 $\dfrac{3,570}{3.5} = 1,020rpm$

바퀴의 회전수 = 추진축(rpm)/종감속비이므로 $\dfrac{1,020}{3} = 340rpm$

양 바퀴의 직진 시 회전수는 $\dfrac{1,020}{3} = 340rpm$이다.

차동장치의 특성상 한쪽 바퀴의 회전수가 증가하면 반대쪽 바퀴의 회전수가 증가한 양만큼 감소된다.
따라서 오른쪽 바퀴가 420rpm이면 왼쪽 바퀴는 260rpm이다.

41 큰 구멍을 가공할 때 가장 먼저 하여야 할 작업은?

① 스핀들의 속도를 증가시킨다.

② 금속을 연하게 한다.

③ 강한 힘으로 작업한다.

④ 작은 치수의 구멍으로 먼저 작업한다.

해설
드릴 작업 시 큰 구멍을 가공할 때 가장 먼저 하여야 할 작업은 작은 치수의 구멍으로 먼저 작업한 후 큰 구멍을 가공한다.

42 드릴링 머신 작업을 할 때 주의사항으로 틀린 것은?

① 드릴의 날이 무디어 이상한 소리가 날 때는 회전을 멈추고 드릴을 교환하거나 연마한다.

② 공작물을 제거할 때는 회전을 완전히 멈추고 한다.

③ 가공 중에 드릴이 관통했는지를 손으로 확인한 후 기계를 멈춘다.

④ 드릴은 주축에 튼튼하게 장치하여 사용한다.

해설
드릴 작업 시 손으로 확인하는 것은 매우 위험하다.

43 스패너 작업 시 유의할 점이다. 틀린 것은?

① 스패너의 입이 너트의 치수에 맞는 것을 사용해야 한다.

② 스패너의 자루에 파이프를 이어서 사용해서는 안 된다.

③ 스패너와 너트 사이에는 쐐기를 넣고 사용하는 것이 편리하다.

④ 너트에 스패너를 깊이 물리고 조금씩 앞으로 당기는 식으로 풀고 조인다.

44 변속기를 탈착할 때 가장 안전하지 않은 작업 방법은?

① 자동차 밑에서 작업 시 보안경을 착용한다.

② 잭으로 올릴 때 물체를 흔들어 중심을 확인한다.

③ 잭으로 올린 후 스탠드로 고정한다.

④ 사용 목적에 적합한 공구를 사용한다.

해설
잭으로 올릴 때는 물체가 흔들리지 않도록 작업한다.

45 축전지의 점검 시 육안점검 사항이 아닌 것은?

① 전해액의 비중측정

② 케이스 외부 전해액 누출상태

③ 케이스의 균열점검

④ 단자의 부식상태

해설
전해액의 비중측정은 비중계를 사용하여 측정하므로 육안점검 항목이 아니다.

41 ④ 42 ③ 43 ③ 44 ② 45 ① **정답**

46 축전지를 급속 충전할 때 주의사항이 아닌 것은?

① 통풍이 잘 되는 곳에서 충전한다.

② 축전지의 (+), (−) 케이블을 자동차에 연결한 상태로 충전한다.

③ 전해액의 온도가 45℃가 넘지 않도록 한다.

④ 충전 중인 축전지에 충격을 가하지 않도록 한다.

해설

배터리 급속 충전 시 축전지의 (+), (−) 케이블을 탈거한 후 충전한다 (발전기 내부 다이오드가 소손될 수 있다).

47 모터(기동전동기)의 형식을 맞게 나열한 것은?

① 직렬형, 병렬형, 복합형

② 직렬형, 복렬형, 병렬형

③ 직권형, 복권형, 복합형

④ 직권형, 분권형, 복권형

해설

전동기 형식은 직권식, 복권식, 분권식으로 나눈다.

48 파워 윈도 타이머 제어에 관한 설명으로 틀린 것은?

① IG 'ON'에서 파워 윈도 릴레이를 ON한다.

② IG 'OFF'에서 파워 윈도 릴레이를 일정시간 동안 ON한다.

③ 키를 뺐을 때 윈도가 열려 있다면 다시 키를 꽂지 않아도 일정시간 이내 윈도를 닫을 수 있는 기능이다.

④ 파워 윈도 타이머 제어 중 전조등을 작동시키면 출력을 즉시 OFF한다.

해설

파워 윈도 타이머 제어와 전조등은 관련이 없다.

49 자동차 타이어 공기압에 대한 설명으로 적합한 것은?

① 비오는 날 빗길 주행 시 공기압을 15% 정도 낮춘다.

② 좌우 바퀴의 공기압이 차이가 날 경우 제동력 편차가 발생할 수 있다.

③ 모래길 등 자동차 바퀴가 빠질 우려가 있을 때는 공기압을 15% 정도 높인다.

④ 공기압이 높으면 트레드 양단이 마모된다.

해설

좌우 바퀴 공기압에 현저한 차이가 있을 경우 노면과 접촉되는 트레드 면적의 차이로 인하여 제동 시 공기압이 적은 바퀴 쪽으로 쏠려 제동력의 편차가 발생할 수 있다.

50 자동차 소모품에 대한 설명이 잘못된 것은?

① 부동액은 차체의 도색 부분을 손상시킬 수 있다.

② 전해액은 차체를 부식시킨다.

③ 냉각수는 경수를 사용하는 것이 좋다.

④ 자동변속기 오일은 제작회사의 추천 오일을 사용한다.

해설

냉각수는 수돗물이나 증류수를 사용한다.

51 계기판의 충전 경고등은 어느 때 점등되는가?

① 배터리 전압이 10.5V 이하일 때

② 알터네이터에서 충전이 안 될 때

③ 알터네이터에서 충전되는 전압이 높을 때

④ 배터리 전압이 14.7V 이상일 때

해설
계기판의 충전경고등은 발전기 고장 시 충전이 안 될 때 점등된다.

52 와이퍼 모터 제어와 관련된 입력 요소들을 나열한 것으로 틀린 것은?

① 와이퍼 INT 스위치

② 와셔 스위치

③ 와이퍼 HI 스위치

④ 전조등 HI 스위치

53 자동차의 종합경보장치에 포함되지 않는 제어 기능은?

① 도어 로크 제어기능

② 감광식 룸램프 제어기능

③ 엔진 고장지시 제어기능

④ 도어 열림 경고 제어기능

해설
엔진 고장지시등은 OBD 항목으로 분류된다.

54 점화 플러그에 불꽃이 튀지 않는 이유 중 틀린 것은?

① 파워 TR 불량

② 점화코일 불량

③ TPS 불량

④ ECU 불량

해설
TPS는 스로틀 개도량을 검출하는 센서로 점화장치에 직접적으로 관련되지 않는다.

55 연소의 3요소에 해당되지 않는 것은?

① 물   ② 공기(산소)

③ 점화원   ④ 가연물

해설
연소의 3요소는 산소, 점화원, 가연물이다.

56 작업장의 환경을 개선하면 나타나는 현상으로 틀린 것은?

① 작업 능률을 향상시킬 수 있다.

② 피로를 경감시킬 수 있다.

③ 좋은 품질의 생산품을 얻을 수 있다.

④ 기계소모가 많고 동력손실이 크다.

51 ② 52 ④ 53 ③ 54 ③ 55 ① 56 ④ **정답**

57 사이드슬립 시험기 사용 시 주의할 사항 중 틀린 것은?

① 시험기의 운동부분은 항상 청결하여야 한다.

② 시험기에 대하여 직각방향으로 진입시킨다.

③ 시험기의 답판 및 타이어에 부착된 수분, 기름, 흙 등을 제거한다.

④ 답판 위에서 차속이 빠르면 브레이크를 사용하여 차속을 맞춘다.

해설
답판 위에서 브레이크를 작동시키면 장비가 고장날 수 있다.

58 다음 중 옴의 법칙을 바르게 표시한 것은?(단, E : 전압, I : 전류, R : 저항)

① $R = IE$

② $R = I/E$

③ $R = I/E^2$

④ $R = E/I$

해설
옴의 법칙

$E = I \times R, \quad I = \dfrac{E}{R}, \quad R = \dfrac{E}{I}$

59 20℃에서, 양호한 상태인 100Ah의 축전지는 200A의 전기를 얼마 동안 발생시킬 수 있는가?

① 20분

② 30분

③ 1시간

④ 2시간

해설
축전지용량(Ah) = 방전전류(A) × 방전시간(h)
따라서 200 × x = 100Ah이므로 방전시간은 30분(0.5h)이다.

60 논리회로에서 OR + NOT에 대한 출력의 진리값으로 틀린 것은?(단, 입력 : A, B, 출력 : C)

① 입력 A가 0이고, 입력 B가 1이면 출력 C는 0이 된다.

② 입력 A가 0이고, 입력 B가 0이면 출력 C는 0이 된다.

③ 입력 A가 1이고, 입력 B가 1이면 출력 C는 0이 된다.

④ 입력 A가 1이고, 입력 B가 0이면 출력 C는 0이 된다.

해설

복합회로 NOR 게이트는 A와 B가 모두 0일 때 C로 1이 출력된다.

01 기관의 압축 압력 측정시험 방법에 대한 설명으로 틀린 것은?

① 기관을 정상 작동온도로 한다.
② 점화플러그를 전부 뺀다.
③ 엔진오일을 넣고 측정한다.
④ 기관의 회전을 1,000rpm으로 한다.

해설
기관의 압축 압력 측정 방법
기관을 정상작동 후 점화플러그를 탈거하고 습식시험 시 플러그 자리에 엔진오일을 넣고 점검한다.

02 전자제어 가솔린기관에서 흡기다기관의 압력과 인 젝터에 공급되는 연료압력 편차를 일정하게 유지 시키는 것은?

① 릴리프밸브   ② MAP센서
③ 압력조절기   ④ 체크밸브

해설
연료압력조절기는 흡기다기관의 부압과 연료 라인의 정압 차이를 일정하게 유지하여 연료분사량을 일정하게 유지할 수 있다.

03 자동차 배출가스의 구분에 속하지 않는 것은?

① 블로바이 가스   ② 연료증발가스
③ 배기가스   ④ 탄산가스

해설
탄산가스는 배출가스의 구분에 속하지 않는다.

04 4행정 기관의 행정과 관계없는 것은?

① 흡입행정   ② 소기행정
③ 배기행정   ④ 압축행정

해설
소기행정은 2행정 사이클의 행정으로 구분된다.

05 흡기다기관의 진공시험 결과 진공계의 바늘이 20 ~40cmHg 사이에서 정지되었다면 가장 올바른 분석은?

① 엔진이 정상일 때
② 피스톤링이 마멸되었을 때
③ 밸브가 소손되었을 때
④ 밸브 타이밍이 맞지 않을 때

해설
밸브 타이밍이 맞지 않으면 진공계 바늘 지침이 20~40cmHg 사이에서 정지된다.

06 커넥팅로드의 길이가 150mm, 피스톤의 행정이 100mm라면 커넥팅로드의 길이는 크랭크 회전반지름의 몇 배가 되는가?

① 1.5배   ② 3배

③ 3.5배   ④ 6배

해설

$C = \dfrac{R \times 2}{L}$ 이므로 $\dfrac{150 \times 2}{100} = 3$배가 된다.

07 부특성 서미스터(Thermistor)에 해당되는 것으로 나열된 것은?

① 냉각수온센서, 흡기온센서
② 냉각수온센서, 산소센서
③ 산소센서, 스로틀포지션센서
④ 스로틀포지션센서, 크랭크앵글센서

해설

자동차 전자제어 시스템에서 온도를 계측하는 센서는 대부분 부특성 서미스터를 적용한다.

08 기관연소실 설계 시 고려할 사항으로 틀린 것은?

① 화염전파에 요하는 시간을 가능한 한 짧게 한다.
② 가열되기 쉬운 돌출부를 두지 않는다.
③ 연소실의 표면적이 최대가 되게 한다.
④ 압축행정에서 혼합기에 와류를 일으키게 한다.

해설

연소실 설계 시 연소실의 표면적을 최소가 되도록 설계한다.

09 LPG기관에서 액체상태의 연료를 기체상태의 연료로 전환시키는 장치는?

① 베이퍼라이저
② 솔레노이드밸브 유닛
③ 봄 베
④ 믹 서

해설

베이퍼라이저(감압기)는 1차실과 2차실로 구분되어 액체상태의 LPG를 기체상태의 LPG로 감압시켜 믹서로 공급한다.

10 4행정 기관의 밸브 개폐시기가 다음과 같다. 흡기행정 기간과 밸브 오버랩은 각각 몇 °인가?(단, 흡기밸브 열림 : 상사점 전 18°, 흡기밸브 닫힘 : 하사점 후 48°, 배기밸브 열림 : 하사점 전 48°, 배기밸브 닫힘 : 상사점 후 13°)

① 흡기행정 기간 : 246°, 밸브 오버랩 : 18°
② 흡기행정 기간 : 241°, 밸브 오버랩 : 18°
③ 흡기행정 기간 : 180°, 밸브 오버랩 : 31°
④ 흡기행정 기간 : 246°, 밸브 오버랩 : 31°

해설

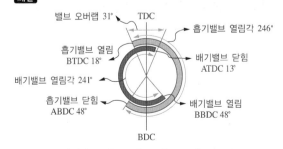

- 흡기밸브 열림각 : 18° + 180° + 48° = 246°
- 밸브 오버랩 : 18° + 13° = 31°

11 전자제어 가솔린 차량에서 급감속 시 CO의 배출량을 감소시키고 시동 꺼짐을 방지하는 기능은?

① 퓨얼 커트(Fuel Cut)

② 대시 포트(Dash Pot)

③ 패스트 아이들(Fast Idle) 제어

④ 킥 다운(Kick Down)

해설

대시 포트는 급감속 시 스로틀밸브가 급격히 닫히는 것을 방지하여 시동 꺼짐을 방지하고 급격한 부압변화를 완화시킨다.

12 크랭크핀 축받이 오일 간극이 커졌을 때 나타나는 현상으로 옳은 것은?

① 유압이 높아진다.

② 유압이 낮아진다.

③ 실린더 벽에 뿜어지는 오일이 부족해진다.

④ 연소실에 올라가는 오일의 양이 적어진다.

해설

크랭크축의 오일 간극이 커지면 소음발생과 오일압력이 낮아진다.

13 다음 중 흡입공기량을 계량하는 센서는?

① 에어플로센서

② 흡기온도센서

③ 대기압센서

④ 기관 회전속도센서

해설

흡입공기량 계측은 에어플로센서에서 하며 카르만 와류식, 메저링 플레이트식, 열선 또는 열막식, MAP센서 방식이 있다.

14 전자제어 분사장치의 제어계통에서 엔진 ECU로 입력하는 센서가 아닌 것은?

① 공기유량센서

② 대기압센서

③ 휠스피드센서

④ 흡기온센서

해설

휠스피드센서는 전자제어 엔진 관련 센서가 아닌 전자제어 제동장치의 구성 센서이다.

15 기관의 실린더(Cylinder) 마멸량이란?

① 실린더 안지름의 최대마멸량

② 실린더 안지름의 최대마멸량과 최소마멸량의 차이값

③ 실린더 안지름의 최소마멸량

④ 실린더 안지름의 최대마멸량과 최소마멸량의 평균값

해설

실린더 마멸량은 실린더 안지름의 최대마멸량에서 최소마멸량을 뺀 차이이다.

11 ② 12 ② 13 ① 14 ③ 15 ② **정답**

16 디젤 분사펌프시험기로 시험할 수 없는 것은?

① 연료 분사량 시험

② 조속기 작동시험

③ 분사시기 조정시험

④ 디젤기관의 출력시험

해설
분사펌프 테스터기는 분사펌프만을 단독으로 점검하는 것으로 기관 출력시험은 할 수 없다.

17 가솔린 옥탄가를 측정하기 위한 가변 압축비 기관은?

① 카르노 기관

② CFR 기관

③ 린번 기관

④ 오토사이클 기관

해설
옥탄가의 측정을 위해 압축비를 임의로 변경하여 구동할 수 있는 엔진은 CFR 기관이다.

18 윤활장치 내의 압력이 지나치게 올라가는 것을 방지하여 회로 내의 유압을 일정하게 유지하는 기능을 하는 것은?

① 오일 펌프

② 유압 조절기

③ 오일 여과기

④ 오일 냉각기

해설
유압 조절기는 유압 라인의 압력을 규정 이상 상승하지 않도록 제어하여 일정한 압력을 유지하는 기능을 가진다.

19 배기가스 중의 일부를 흡기다기관으로 재순환시킴으로서 연소온도를 낮춰 NO_X의 배출량을 감소시키는 것은?

① EGR 장치   ② 캐니스터

③ 촉매 컨버터   ④ 과급기

해설
EGR 장치는 배기가스 중의 일부를 흡기다기관으로 재순환시킴으로서 연소온도를 낮춰 NO_X의 배출량을 감소시킨다.

20 디젤기관의 분사노즐에 관한 설명으로 옳은 것은?

① 분사개시 압력이 낮으면 연소실 내에 카본 퇴적이 생기기 쉽다.

② 직접 분사실식의 분사개시 압력은 일반적으로 $100 \sim 120 kgf/cm^2$이다.

③ 연료 공급펌프의 송유압력이 저하하면 연료분사 압력이 저하한다.

④ 분사개시 압력이 높으면 노즐의 후적이 생기기 쉽다.

해설
디젤기관의 분사노즐의 분사개시 압력은 예연소실식은 $100 \sim 120 kgf/cm^2$이며 직접분사실식은 $200 \sim 300 kgf/cm^2$이다.

21 자동차 현가장치에 사용하는 토션바 스프링에 대하여 틀린 것은?

① 단위 무게에 대한 에너지 흡수율이 다른 스프링에 비해 크며 가볍고 구조도 간단하다.
② 스프링의 힘은 바의 길이 및 단면적에 반비례한다.
③ 구조가 간단하고 가로 또는 세로로 자유로이 설치할 수 있다.
④ 진동의 감쇠작용이 없어 쇽업소버를 병용하여야 한다.

해설
토션바 스프링은 막대 스프링으로서 단위 무게에 대한 에너지 흡수율이 다른 스프링에 비해 크며 가볍고 구조도 간단하다. 또한 설치 제약이 적으며 진동의 감쇠작용이 없어 쇽업소버를 병용하여야 한다. 이러한 토션바 스프링의 힘은 길이에 반비례하고 단면적에 비례하는 특성이 있다.

22 전자제어 동력조향장치와 관계가 없는 센서는?

① 일사센서
② 차속센서
③ 스로틀포지션센서
④ 조향각센서

해설
일사센서는 풀오토시스템의 냉방장치에 적용되는 센서로 일광량에 따른 차실의 온도보상제어를 위하여 적용된다.

23 전자제어식 동력조향장치(EPS)의 관련된 설명으로 틀린 것은?

① 저속주행에서는 조향력을 가볍게, 고속주행에서는 무겁게 되도록 한다.
② 저속주행에서는 조향력을 무겁게, 고속주행에서는 가볍게 되도록 한다.
③ 제어방식에서 차속감응과 엔진회전수 감응방식이 있다.
④ 급조향 시 조향 방향으로 잡아당기는 현상을 방지하는 효과가 있다.

해설
전자제어식 동력조향장치(EPS)는 차속감응과 엔진회전수 감응방식이 있으며, 저속주행에서는 조향력을 가볍게, 고속주행에서는 무겁게 되도록 한다.

24 유압식 동력조향장치의 구성요소로 틀린 것은?

① 브레이크 스위치
② 오일펌프
③ 스티어링 기어박스
④ 압력 스위치

해설
브레이크 스위치는 제동계통의 관련 구성품이다.

25 동력전달장치에서 추진축이 진동하는 원인으로 가장 거리가 먼 것은?

① 요크 방향이 다르다.
② 밸런스 웨이트가 떨어졌다.
③ 중간 베어링이 마모되었다.
④ 플랜지부를 너무 조였다.

해설
추진축에 진동이 발생하는 원인
• 플랜지부가 풀리거나 추진축이 휘었을 경우
• 요크 방향이 다르거나 밸런스 웨이트가 떨어진 경우
• 중간 베어링이 마모되었거나 십자축 베어링의 마모 시

26 구동바퀴가 자동차를 미는 힘을 구동력이라 하며 이때 구동력의 단위는?

① kgf
② kgf · m
③ PS
④ kgf · m/s

27 변속기의 1단 감속비가 4 : 1이고 종감속 기어의 감속비는 5 : 1일 때 총 감속비는?

① 0.8 : 1
② 1.25 : 1
③ 20 : 1
④ 30 : 1

해설
총 감속비 = 변속비 × 종감속비이므로 4 × 5 = 20이 된다.

28 자동변속기 오일펌프에서 발생한 라인압력을 일정하게 조정하는 밸브는?

① 체크밸브
② 거버너밸브
③ 매뉴얼밸브
④ 레귤레이터밸브

해설
레귤레이터밸브는 오일펌프에서 발생한 압력을 조정하며 매뉴얼 밸브는 운전자의 시프트 패턴에서 주 유압회로를 변환시키는 역할을 한다.

29 전자제어 현가장치에서 입력 신호가 아닌 것은?

① 스로틀포지션센서
② 브레이크 스위치
③ 감쇠력 모드 전환 스위치
④ 대기압센서

해설
대기압센서는 엔진 전자제어 관련 센서로 대기압 변화에 따른 연료분사 보정량의 신호로 사용된다.

30 전자제어 제동장치(ABS)에서 ECU로부터 신호를 받아 각 휠 실린더의 유압을 조절하는 구성품은?

① 유압 모듈레이터
② 휠스피드센서
③ 프로포셔닝 밸브
④ 안티롤 장치

해설
휠스피드센서의 신호를 기반으로 ABS, ECU는 유압 모듈레이터를 제어하여 각 바퀴의 제동압력을 조절한다.

31 스프링 정수가 2kgf/mm인 자동차 코일 스프링을 3cm 압축하려면 필요한 힘은?

① 6kgf ② 60kgf

③ 600kgf ④ 6,000kgf

해설
2kgf/mm×30mm=60kgf가 된다.

32 사용 중인 라디에이터에 물을 넣으니 총 14L가 들어갔다. 이 라디에이터와 동일 제품의 신품 용량은 20L라고 하면 이 라디에이터 코어 막힘은 몇 %인가?

① 20% ② 25%

③ 30% ④ 35%

해설
라디에이터 코어 막힘률 산출식

$$라디에이터 \ 코어 \ 막힘률 = \frac{신품용량 - 구품용량}{신품용량} \times 100$$
$$= \frac{20 - 14}{20} \times 100 = 30\%$$

33 디젤기관에 사용되는 경유의 구비조건은?

① 점도가 낮을 것

② 세탄가가 낮을 것

③ 유황분이 많을 것

④ 착화성이 좋을 것

해설
디젤기관에 사용되는 경유의 구비조건
• 착화성이 좋을 것
• 세탄가가 높을 것
• 점도가 적당할 것
• 불순물 함유가 없을 것

34 브레이크장치의 유압회로에서 발생하는 베이퍼로크의 원인이 아닌 것은?

① 긴 내리막길에서 과도한 브레이크 사용

② 비점이 높은 브레이크액을 사용했을 때

③ 드럼과 라이닝의 끌림에 의한 가열

④ 브레이크 슈 리턴 스프링의 쇠손에 의한 잔압 저하

해설
비점이 높은 브레이크 오일은 끓는점이 높기 때문에 증기폐쇄(베이퍼로크)현상이 잘 생기지 않는다.

35 전자제어 자동변속기에서 변속단 결정에 가장 중요한 역할을 하는 센서는?

① 스로틀포지션센서

② 공기유량센서

③ 레인센서

④ 산소센서

해설
자동변속시스템에서 변속을 결정하는 주요 신호로는 차속센서와 스로틀포지션센서의 신호가 있다.

36 기관 최고출력이 70PS인 자동차가 직진하고 있을 때 변속기 출력축의 회전수가 4,800rpm, 종감속비가 2.4이면 뒤 액슬의 회전속도는?

① 1,000rpm
② 2,000rpm
③ 2,500rpm
④ 3,000rpm

해설

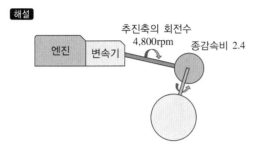

추진축의 회전수 4,800rpm
엔진   변속기   종감속비 2.4

액슬축의 회전수 = 추진축(rpm)/종감속비이므로 4,800/2.4 = 2,000rpm이 된다.

37 앞바퀴를 위에서 아래로 보았을 때 앞쪽이 뒤쪽보다 좁게 되어져 있는 상태를 무엇이라 하는가?

① 킹핀(King-pin) 경사각
② 캠버(Camber)
③ 토인(Toe In)
④ 캐스터(Caster)

해설
앞바퀴를 위에서 아래로 보았을 때 앞쪽이 뒤쪽보다 좁게 되어져 있는 상태를 토인(Toe In)이라 한다.

38 브레이크 슈의 리턴스프링에 관한 설명으로 거리가 먼 것은?

① 리턴스프링이 약하면 휠 실린더 내의 잔압이 높아진다.
② 리턴스프링이 약하면 드럼을 과열시키는 원인이 될 수도 있다.
③ 리턴스프링이 강하면 드럼과 라이닝의 접촉이 신속히 해제된다.
④ 리턴스프링이 약하면 브레이크 슈의 마멸이 촉진될 수 있다.

해설
리턴스프링이 약하면 휠 실린더 내의 잔압이 낮아진다.

39 공기 브레이크의 구성 부품이 아닌 것은?

① 공기 압축기
② 브레이크 체임버
③ 브레이크 휠 실린더
④ 퀵릴리스밸브

해설
브레이크 휠 실린더는 유압식 제동장치의 구성 부품이다.

40 클러치페달을 밟을 때 무겁고, 자유간극이 없다면 나타나는 현상으로 거리가 먼 것은?

① 연료 소비량이 증대된다.
② 기관이 과랭된다.
③ 주행 중 가속 페달을 밟아도 차가 가속되지 않는다.
④ 등판 성능이 저하된다.

해설
클러치페달을 밟을 때 무겁고, 자유간극이 없다면 디스크가 미끄러져 동력전달이 원활하지 못한 상태로 엔진이 과열하고, 가속 페달을 밟아도 차가 가속되지 않으며 연료소비량이 증대된다.

41 산업재해 예방을 위한 안전시설점검의 가장 큰 이유는?

① 위해요소를 사전 점검하여 조치한다.
② 시설장비의 가동상태를 점검한다.
③ 공장의 시설 및 설비 레이아웃을 점검한다.
④ 작업자의 안전교육 여부를 점검한다.

42 임팩트 렌치의 사용 시 안전 수칙으로 거리가 먼 것은?

① 렌치 사용 시 헐거운 옷은 착용하지 않는다.
② 위험 요소를 항상 점검한다.
③ 에어 호스를 몸에 감고 작업을 한다.
④ 가급적 회전부에 떨어져서 작업을 한다.

43 조정렌치의 사용방법이 틀린 것은?

① 조정너트를 돌려 조(Jaw)가 볼트에 꼭 끼게 한다.
② 고정 조에 힘이 가해지도록 사용해야 한다.
③ 큰 볼트를 풀 때는 렌치 끝에 파이프를 끼워서 세게 돌린다.
④ 볼트 너트의 크기에 따라 조의 크기를 조절하여 사용한다.

해설
렌치 작업 시 파이프 등을 연결하여 작업하면 위험하다.

44 작업 현장의 안전표시 색채에서 재해나 상해가 발생하는 장소의 위험표시로 사용되는 색채는?

① 녹 색
② 파란색
③ 주황색
④ 보라색

45 일반적인 기계 동력전달장치에서 안전상 주의사항으로 틀린 것은?

① 기어가 회전하고 있는 곳은 뚜껑으로 잘 덮어 위험을 방지한다.
② 천천히 움직이는 벨트라도 손으로 잡지 않는다.
③ 회전하고 있는 벨트나 기어에 필요 없는 접근을 금한다.
④ 동력전달을 빨리하기 위해 벨트를 회전하는 풀리에 손으로 걸어도 좋다.

해설
회전하는 풀리 및 기어는 절대 손으로 만지지 않는다.

46 ECS(전자제어 현가장치)정비 작업 시 안전작업 방법으로 틀린 것은?

① 차고조정은 공회전 상태로 평탄하고 수평인 곳에서 한다.
② 배터리 접지단자를 분리하고 작업한다.
③ 부품의 교환은 시동이 켜진 상태에서 작업한다.
④ 공기는 드라이어에서 나온 공기를 사용한다.

해설
부품의 교환은 시동이 꺼진 상태에서 작업한다.

47 타이어 압력 모니터링 장치(TPMS)의 점검, 정비 시 잘못된 것은?

① 타이어 압력센서는 공기주입밸브와 일체로 되어 있다.
② 타이어 압력센서 장착용 휠은 일반 휠과 다르다.
③ 타이어 분리 시 타이어 압력센서가 파손되지 않게 한다.
④ 타이어 압력센서용 배터리 수명은 영구적이다.

해설
타이어 압력센서용 배터리 수명은 약 10년이며, 내부의 배터리를 교체하여야 한다.

48 자동차 정비 작업 시 작업복 상태로 적합한 것은?

① 가급적 주머니가 많이 붙어 있는 것이 좋다.
② 가급적 소매가 넓어 편한 것이 좋다.
③ 가급적 소매가 없거나 짧은 것이 좋다.
④ 가급적 폭이 넓지 않은 긴바지가 좋다.

49 회로시험기로 전기회로의 측정점검 시 주의사항으로 틀린 것은?

① 테스트 리드의 적색은 (+)단자에, 흑색은 (−)단자에 연결한다.
② 전류 측정 시는 테스터를 병렬로 연결하여야 한다.
③ 각 측정범위의 변경은 큰 쪽에서 작은 쪽으로 한다.
④ 저항 측정 시엔 회로전원을 끄고 단품은 탈거한 후 측정한다.

해설
회로시험기는 전압 측정 시 회로에 병렬로 연결하며 전류 측정 시 직렬로 연결하여 측정한다.

50 전자제어 가솔린기관의 실린더 헤드볼트를 규정대로 조이지 않았을 때 발생하는 현상으로 틀린 것은?

① 냉각수의 누출
② 스로틀밸브의 고착
③ 실린더 헤드의 변형
④ 압축가스의 누설

해설
헤드볼트와 스로틀밸브는 연관성이 없다.

51 오버러닝 클러치 형식의 기동 전동기에서 기관이 시동 된 후에도 계속해서 키 스위치를 작동시키면?

① 기동 전동기의 전기자가 타기 시작하여 소손된다.
② 기동 전동기의 전기자는 무부하 상태로 공회전한다.
③ 기동 전동기의 전기자가 정지된다.
④ 기동 전동기의 전기자가 기관회전보다 고속 회전한다.

해설
오버러닝 클러치 형식의 기동 전동기에서 기관이 시동된 후에도 계속해서 키 스위치를 작동시키면 기동 전동기의 전기자는 무부하 상태로 공회전한다.

52 자동차에서 배터리의 역할이 아닌 것은?

① 기동장치의 전기적 부하를 담당한다.
② 캐니스터를 작동시키는 전원을 공급한다.
③ 컴퓨터(ECU)를 작동시킬 수 있는 전원을 공급한다.
④ 주행상태에 따른 발전기의 출력과 부하와의 불균형을 조정한다.

해설
자동차 배터리의 역할
• 기동장치의 전기적 부하를 담당한다.
• 컴퓨터(ECU)를 작동시킬 수 있는 전원을 공급한다.
• 주행상태에 따른 발전기의 출력과 부하와의 불균형을 조정한다.

53 HEI코일(폐자로형 코일)에 대한 설명 중 틀린 것은?

① 유도작용에 의해 생성되는 자속이 외부로 방출되지 않는다.
② 1차코일을 굵게 하면 큰 전류가 통과할 수 있다.
③ 1차코일과 2차코일은 연결되어 있다.
④ 코일 방열을 위해 내부에 절연유가 들어 있다.

해설
개자로형의 점화코일의 경우 코일 방열을 위해 내부에 절연유가 들어 있다.

54 쿨롱의 법칙에서 자극의 강도에 대한 내용으로 틀린 것은?

① 자석의 양끝을 자극이라 한다.
② 두 자극 세기의 곱에 비례한다.
③ 자극의 세기는 자기량의 크기에 따라 다르다.
④ 거리에 반비례한다.

해설
쿨롱의 법칙
1785년 프랑스의 쿨롱(Charles Augustine Coulomb)에 의해서 발견된 전기력 및 자기력에 관한 법칙으로 2개의 대전체 또는 2개의 자극 사이에 작용하는 힘은 거리의 제곱에 반비례하고 두 자극의 곱에는 비례한다는 법칙이다. 즉, 두 자극의 거리가 가까우면 자극의 세기는 강해지고 거리가 멀수록 자극의 세기는 약해진다.

55 에어컨 냉매 R-134a의 특징을 잘못 설명한 것은?

① 액화 및 증발이 되지 않아 오존층이 보호된다.
② 무미, 무취하다.
③ 화학적으로 안정되고 내열성이 좋다.
④ 온난화지수가 냉매 R-12보다 낮다.

해설

R-134a의 장점
• 오존을 파괴하는 염소(Cl)가 없다.
• 다른 물질과 쉽게 반응하지 않은 안정된 분자 구조로 되어 있다.
• R-12와 비슷한 열역학적 성질을 지니고 있다.
• 불연성이고 독성이 없으며, 오존을 파괴하지 않는 물질이다.

56 발광다이오드의 특징을 설명한 것이 아닌 것은?

① 배전기의 크랭크각센서 등에서 사용된다.
② 발광할 때는 10mA 정도의 전류가 필요하다.
③ 가시광선으로부터 적외선까지 다양한 빛을 발생한다.
④ 역방향으로 전류를 흐르게 하면 빛이 발생된다.

해설

다이오드는 일방향으로 전류가 흐르는 특성이 있다.

57 자동차용 축전지의 비중이 30℃에서 1.276이었다. 기준온도 20℃에서의 비중은?

① 1.269
② 1.275
③ 1.283
④ 1.290

해설

축전지의 비중 환산식은 $S_{20} = St + 0.0007 \times (t - 20)$이므로 $S_{20} = 1.276 + 0.0007 \times (30 - 20)$이 되며 $S_{20} = 1.283$이다.

58 커먼레일 디젤엔진 차량의 계기판에서 경고등 및 지시등의 종류가 아닌 것은?

① 예열플러그 작동 지시등
② DPF 경고등
③ 연료수분 감지 경고등
④ 연료차단 지시등

해설

연료차단 지시등은 경고등 항목이 아니다.

59 계기판의 주차 브레이크등이 점등되는 조건이 아닌 것은?

① 주차브레이크가 당겨져 있을 때
② 브레이크액이 부족할 때
③ 브레이크 페이드 현상이 발생할 때
④ EBD 시스템에 결함이 발생할 때

해설

브레이크 페이드 현상에 대한 경고등은 없다.

60 발전기의 기전력 발생에 관한 설명으로 틀린 것은?

① 로터의 회전이 빠르면 기전력은 커진다.
② 로터코일을 통해 흐르는 여자전류가 크면 기전력은 커진다.
③ 코일의 권수와 도선의 길이가 길면 기전력은 커진다.
④ 자극의 수가 많아지면 여자되는 시간이 짧아져 기전력이 작아진다.

해설

자극의 수가 많아지면 여자되는 시간이 길어진다.

01 실린더 내경이 50mm, 행정이 100mm인 4실린더 기관의 압축비가 11일 때 연소실체적은?

① 약 15.6cc ② 약 19.6cc

③ 약 30.1cc ④ 약 40.1cc

해설

압축비$(\varepsilon) = 1 + \dfrac{\text{행정체적}}{\text{연소실체적}} \rightarrow$ 연소실체적 $= \dfrac{\text{행정체적}}{(\text{압축비} - 1)}$

행정체적 = 실린더 단면적 × 행정

$= \dfrac{\pi \times 5^2}{4} \times 10 \fallingdotseq 196.35$

$\therefore$ 연소실체적 $= \dfrac{196.35}{(11-1)} \fallingdotseq 19.6$cc

02 4행정 6기통 기관에서 폭발순서가 1-5-3-6-2-4인 엔진의 2번 실린더가 흡기행정 중간이라면 5번 실린더는?

① 폭발행정 중 ② 배기행정 초

③ 흡기행정 중 ④ 압축행정 말

해설

시계방향으로 흡입 - 압축 - 폭발 - 배기 행정을 하고 있다. 각 행정마다 초, 중, 말 3칸으로 나누어 놓는다. 2번 실린더가 흡기행정 중이라면 흡입란 중에 2번을 써넣는다. 그 다음 시계 반대 방향으로 한 칸 건너 점화순서대로 번호를 써주면 된다.
6실린더 엔진 점화순서와 행정

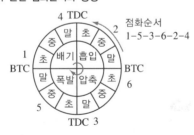

03 공회전 속도조절 장치라 할 수 없는 것은?

① 전자 스로틀 시스템

② 아이들 스피드 액추에이터

③ 스텝모터

④ 가변 흡기제어 장치

해설

공회전 속도조절 장치의 종류
• ETC(전자 스로틀 시스템)
• ISA(아이들 스피드 액추에이터)
• 스텝모터

04 석유를 사용하는 자동차의 대체에너지에 해당되지 않는 것은?

① 알코올 ② 전 기

③ 중 유 ④ 수 소

해설

중유의 용도는 연료 이외에 윤활유의 원료, 도시가스 원료, 석유 코크스의 원료에도 사용하며, 공업적으로 암모니아와 수소를 만드는 원료로도 사용된다. 즉, 석유로부터의 생산물에 해당하기 때문에 대체에너지가 아니다.
• A중유 : 중·소형 디젤엔진의 연료
• B중유 : 중·소형 디젤엔진과 보일러연료 등
• C중유 : 화력발전소의 보일러 및 제강공장 평로 등의 가열로 연료 등

05 직접고압 분사방식(CRDI) 디젤엔진에서 예비분사를 실시하지 않는 경우로 틀린 것은?

① 엔진 회전수가 고속인 경우
② 분사량의 보정제어 중인 경우
③ 연료 압력이 너무 낮은 경우
④ 예비 분사가 주 분사를 너무 앞지르는 경우

해설
CRDI 엔진의 분사장치는 진동, 소음 저감을 목적으로 예비분사(Pilot-injection)를 실시하고 있다.
예비분사를 실시하지 않는 경우
• 예비분사가 주분사를 너무 앞지르는 경우
• 엔진 회전수가 규정(3,200rpm 이상) 이상인 경우
• 연료분사량이 너무 작은 경우
• 주분사 연료량이 충분하지 않은 경우
• 엔진에 오류가 발생한 경우
• 연료압력이 최소압(100bar 이하) 이하인 경우

06 가솔린기관에서 완전연소 시 배출되는 연소가스 중 체적 비율로 가장 많은 가스는?

① 산 소
② 이산화탄소
③ 탄화수소
④ 질 소

해설
가솔린기관의 배출가스는 80% 이상이 무해한 질소와 수증기이며 나머지 약 20%는 CO_2, CO, HC, NO_x 등이다.

07 디젤기관에서 과급기의 사용 목적으로 틀린 것은?

① 엔진의 출력이 증대된다.
② 체적효율이 작아진다.
③ 평균유효압력이 향상된다.
④ 회전력이 증가한다.

해설
과급기는 강제로 압축한 공기를 연소실로 보내 더 많은 연료가 연소될 수 있도록 하여 엔진의 출력을 높이는 역할을 한다. 체적대비 출력 효율을 높이기 위한 목적을 가지고 있다.

08 자동차 기관의 크랭크축 베어링에 대한 구비조건으로 틀린 것은?

① 하중 부담 능력이 있을 것
② 매입성이 있을 것
③ 내식성이 있을 것
④ 내피로성이 작을 것

해설
크랭크축 베어링의 구비조건
• 폭발압력에 견딜 수 있는 하중 부담 능력이 있을 것
• 내피로성이 클 것
• 매입성이 있을 것
• 추종 유동성이 있을 것
• 내부식성 및 내마멸성이 클 것
• 고온강도가 크고, 길들임성이 좋을 것

09 배기가스 재순환장치는 주로 어떤 물질의 생성을 억제하기 위한 것인가?

① 탄 소
② 이산화탄소
③ 일산화탄소
④ 질소산화물

해설
배기가스 재순환장치(EGR)는 배기가스의 일부를 엔진의 혼합가스에 재순환시켜 가능한 출력감소를 최소로 하면서 연소온도를 낮추어 질소산화물(NO_x)의 배출량을 감소시킨다.

10 LPG 기관에서 액체를 기체로 변화시키는 것을 주목적으로 설치된 것은?

① 솔레노이드 스위치

② 베이퍼라이저

③ 봄 베

④ 기상 솔레노이드밸브

> **해설**
> **베이퍼라이저** : LPG 차량의 연료 계통에서 가솔린엔진의 기화기 역할을 하며 감압, 기화 및 압력조절 작용을 하는 장치이다.

11 실린더 내경 75mm, 행정 75mm, 압축비가 8 : 1인 4실린더 기관의 총연소실체적은?

① 약 159.3cc

② 약 189.3cc

③ 약 239.3cc

④ 약 318.3cc

> **해설**
> 압축비$(\varepsilon) = 1 + \dfrac{행정체적}{연소실체적} \rightarrow 연소실체적 = \dfrac{행정체적}{(압축비-1)}$
>
> 행정체적 = 실린더 단면적 × 행정
> $$= \frac{\pi \times 7.5^2}{4} \times 7.5 = 331.34$$
>
> 연소실체적 $= \dfrac{331.34}{(8-1)} = 47.33$cc
>
> ∴ 전체 연소실체적 = 47.33 × 4 ≒ 189.32cc

12 자동차기관의 기본사이클이 아닌 것은?

① 역브레이턴 사이클 ② 정적 사이클

③ 정압 사이클 ④ 복합 사이클

> **해설**
> **자동차기관의 기본 사이클**
> • 정적 사이클(오토 사이클) : 2개의 단열과정과 2개의 정적과정으로 이루어지며, 가솔린기관 및 가스기관의 기본 사이클이다. 작동 유체에 대한 열공급 및 배출은 일정한 체적 아래에서 이루어지기 때문에 정적 사이클이라고도 한다.
> • 정압 사이클(디젤 사이클) : 2개의 단열과정과 1개의 정압과정 1개의 정적과정으로 이루어진다.
> • 복합 사이클(사바테 사이클) : 고속 디젤기관의 기본 사이클이다. 정적과 정압 두 부분에서 이루어지므로 정적–정압 사이클 또는 복합 사이클이라 한다.

13 밸브 스프링의 서징현상에 대한 설명으로 옳은 것은?

① 밸브가 열릴 때 천천히 열리는 현상

② 흡배기밸브가 동시에 열리는 현상

③ 밸브가 고속 회전에서 저속으로 변화할 때 스프링의 장력의 차가 생기는 현상

④ 밸브 스프링의 고유 진동수와 캠 회전수가 공명에 의해 밸브 스프링이 공진하는 현상

> **해설**
> **밸브서징현상** : 캠에 의한 밸브의 개폐횟수가 밸브 스프링의 고유진동수와 같거나 또는 정수배로 될 때, 캠에 의한 강제진동과 스프링 자체의 고유진동이 공진하여 밸브 스프링이 이상 진동을 일으키는 현상이다. 서징이 일어나면 밸브 스프링에 큰 응력이 걸리거나 변형이 생기며 심하면 파손되기도 하고 밸브의 작동시기가 달라진다.

14 기관이 과열하는 원인으로 틀린 것은?

① 냉각팬의 파손

② 냉각수 흐름 저항 감소

③ 라디에이터의 코어 파손

④ 냉각수 이물질 혼입

해설

기관이 과열되는 원인
- 수온조절기가 닫힌 채로 고장
- 방열기 코어가 막혔을 때(라디에이터 핀에 다량의 이물질 부착)
- 벨트가 헐겁거나 끊어짐
- 점화시기 조정불량
- 수온조절기 과소개방
- 물펌프 작동 불량
- 냉각수에 이물질 혼입
- 냉각팬의 파손

15 자동차의 안전기준에서 제동등이 다른 등화가 겸용하는 경우 제동조작 시 그 광도가 몇 배 이상 증가하여야 하는가?

① 2배 ② 3배

③ 4배 ④ 5배

해설

제동등(등광색은 적색) : 다른 등화와 겸용하는 제동등은 광도를 3배 이상으로 증가할 것(자동차규칙 제78조)

16 열선식 흡입공기량 센서에서 흡입공기량이 많아질 경우 변화하는 물리량은?

① 열 량 ② 시 간

③ 전 류 ④ 주파수

해설

열선식 : 핫 와이어에 흐르는 전류량을 측정하여 공기량을 계측하는 방식

17 승용차에서 전자제어식 가솔린 분사기관을 채택하는 이유로 거리가 먼 것은?

① 고속 회전수 향상

② 유해배출가스 저감

③ 연료소비율 개선

④ 신속한 응답성

해설

전자제어 가솔린 분사장치를 사용하는 주목적은 출력의 증대, 유해배출가스의 저감, 연료소비율의 개선, 신속한 응답성, 기관의 탄력성 개선 등을 동시에 만족시키는 데 있다.

18 기관의 총배기량을 구하는 식은?

① 총배기량 = 피스톤 단면적 × 행정

② 총배기량 = 피스톤 단면적 × 행정 × 실린더 수

③ 총배기량 = 피스톤의 길이 × 행정

④ 총배기량 = 피스톤의 길이 × 행정 × 실린더 수

해설

총배기량(V_t) = $0.785 \times D^2 \times L \times N$

(D : 실린더 내경, L : 행정길이, N : 실린더 수)

19 기관의 윤활유 점도지수(Viscosity Index) 또는 점도에 대한 설명으로 틀린 것은?

① 온도변화에 의한 점도변화가 적을 경우 점도지수가 높다.

② 추운 지방에서는 점도가 큰 것일수록 좋다.

③ 점도지수는 온도변화에 대한 점도의 변화 정도를 표시한 것이다.

④ 점도란 윤활유의 끈적끈적한 정도를 나타내는 척도이다.

해설
겨울보다 여름에는 점도가 높은 오일을 사용한다.

20 그림과 같은 커먼레일 인젝터 파형에서 주분사 구간을 가장 알맞게 표시한 것은?

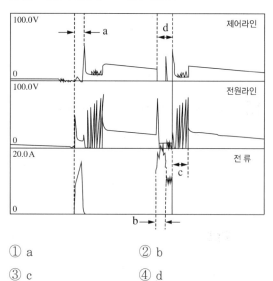

① a
② b
③ c
④ d

21 산소센서에 대한 설명으로 옳은 것은?

① 농후한 혼합기가 연소된 경우 센서 내부에서 외부쪽으로 산소이온이 이동한다.

② 산소센서의 내부에는 배기가스와 같은 성분의 가스가 봉입되어져 있다.

③ 촉매 전후의 산소센서는 서로 같은 기전력을 발생하는 것이 정상이다.

④ 광역산소센서에서 히팅코일 접지와 신호접지 라인은 항상 0V이다.

해설
산소센서의 특징
• 지르코니아 형식은 지르코니아 소자(ZrO₂) 양면에 백금전극이 있고, 이 전극을 보호하기 위해 전극의 바깥쪽에 세라믹으로 코팅하며 센서의 안쪽에는 산소농도가 높은 대기가, 바깥쪽에는 산소농도가 낮은 배기가스가 접촉한다.
• 지르코니아 소자는 높은 온도에서 양쪽의 산소농도 차이가 커지면 기전력을 발생하는 성질이 있다. 즉, 대기 쪽 산소농도와 배기가스 쪽의 산소농도가 큰 차이를 나타내므로 분압이 높은 대기 쪽에서 분압이 낮은 배기가스 쪽으로 이동하며 이때 기전력을 발생하고 이 기전력은 산소분압비율의 대수에 비례한다.
• 산소센서는 배기가스 중 산소농도와 대기 중 산소농도 차이에 따라 출력전압이 급격히 변화하는 성질을 이용하여 피드백 기준 신호를 컴퓨터로 공급한다. 이때 출력전압은 혼합비가 희박할 때는 약 0.1V, 혼합비가 농후하면 약 0.9V의 전압을 발생시킨다.
• 산소센서의 바깥쪽은 배기가스와 접촉하고, 안쪽은 대기 중 산소와 접촉하게 되어 있어 이론 혼합비를 중심으로 혼합비가 농후해지거나 희박해짐에 따라 출력전압이 즉각 변화하는 반응을 이용하여 인젝터 분사시간을 컴퓨터가 조절할 수 있도록 한다.
• 산소센서가 정상적으로 작동할 때 센서의 온도는 400~800℃ 정도이며 기관이 냉각되었을 때와 공전운전에서는 컴퓨터 자체의 보상회로에 의해 개회로(Open Loop)가 되어 임의보정된다.
• 배기관에 설치되어 있으며, 배기가스 속에 포함되어 있는 산소량을 감지한다.
• 산소센서 고장 시에는 가속성능이 저하되고, 규정 이상의 CO, HC가 증가하며 연비가 저하된다.

22 4행정 디젤기관에서 실린더 내경 100mm, 행정 127 mm, 회전수 1,200rpm, 도시평균 유효압력 7kgf/cm², 실린더 수가 6이라면 도시마력(PS)은?

① 약 49   ② 약 56

③ 약 80   ④ 약 112

해설

$$IHP = \frac{P \cdot A \cdot L \cdot R \cdot N}{75 \times 60 \times 100}$$

여기서, IHP : 지시마력, 도시마력(PS)

$\quad\quad\quad$ P : 지시평균 유효압력(kg/cm²)

$\quad\quad\quad$ A : 단면적(cm²) $\left(\dfrac{\pi \cdot D^2}{4} \right)$

$\quad\quad\quad$ L : 피스톤 행정(m)

$\quad\quad\quad$ R : 엔진 회전수(rpm)

$\quad\quad\quad$ $\left(\text{2행정 사이클 엔진} : R, \text{4행정 사이클 엔진} : \dfrac{R}{2} \right)$

$\quad\quad\quad$ N : 실린더 수

$$IHP = \frac{7 \times \frac{\pi \cdot 10^2}{4} \times 12.7 \times 600 \times 6}{75 \times 60 \times 100} ≒ 55.85PS$$

23 기관에서 블로바이 가스의 주성분은?

① N_2 ② HC

③ CO   ④ NO_X

해설

블로바이 가스의 성분 70~95%가 미연소된 연료(HC)이고 나머지는 연소가스와 부분 산화된 혼합가스 및 미량의 엔진오일로 구성된다.

24 주행저항 중 자동차의 중량과 관계없는 것은?

① 구름저항   ② 구배저항

③ 가속저항   ④ 공기저항

해설

자동차가 굴러갈 때 발생하는 저항의 종류

• 구름저항 : 차량이 움직이면 필연적으로 나타나는 도로와의 저항으로 도로, 타이어, 차량중량, 속도에 의해 결정된다.

• 공기저항 : 자동차의 크기, 모양, 속도에 의해 결정되지만 동일 차종이라면 구분할 만한 변수는 없다.

• 경사저항 : 도로의 구배, 즉 도로의 각도에 의해 나타나는 것으로 각도의 크기 및 차량의 속도에 의해 결정된다.

• 가속저항 : 가속도의 크기에 따라 결정되는 주행저항이다.

25 유압식 동력조향장치에서 안전밸브(Safety Check Valve)의 기능은?

① 조향 조작력을 가볍게 하기 위한 것이다.

② 코너링 포스를 유지하기 위한 것이다.

③ 유압이 발생하지 않을 때 수동조작으로 대처할 수 있도록 하는 것이다.

④ 조향 조작력을 무겁게 하기 위한 것이다.

해설

안전밸브는 유압식 동력조향장치 고장 시 핸들을 수동으로 조작할 수 있도록 하는 기능을 한다.

26 수동변속기 차량에서 클러치의 필요조건으로 틀린 것은?

① 회전관성이 커야 한다.
② 내열성이 좋아야 한다.
③ 방열이 잘되어 과열되지 않아야 한다.
④ 회전 부분의 평형이 좋아야 한다.

해설
클러치의 필요조건
· 접속이 원활하고, 동력을 끊을 때에는 차단이 신속하고 확실해야 한다.
· 회전 부분의 상하좌우방향의 무게평형이 좋아야 한다.
· 회전관성이 작아야 한다.
· 방열이 잘되어 과열되지 않아야 한다.
· 구조가 간단하고 조작이 쉬워야 한다.
· 마찰로 인한 발열에 대해서 방열이 좋고 과열되지 않는 내열성이 좋아야 하며 구조가 간단하고 취급이 쉬우며 고장이 적어야 한다.

27 조향장치에서 차륜정렬의 목적으로 틀린 것은?

① 조향휠의 조작안정성을 준다.
② 조향휠의 주행안정성을 준다.
③ 타이어의 수명을 연장시켜 준다.
④ 조향휠의 복원성을 경감시킨다.

해설
휠 얼라인먼트(차륜정렬)의 목적
· 조향 시 경쾌하고 확실한 조작을 위해
· 복원력을 얻기 위해
· 타이어의 마모를 줄이기 위해
· 고속 주행 시 직진 안정성을 얻기 위해

28 자동변속기에서 차속센서와 함께 연산하여 변속시기를 결정하는 주요 입력신호는?

① 캠축포지션센서
② 스로틀포지션센서
③ 유온센서
④ 수온센서

해설
스로틀포지션센서(TPS) : 스로틀 개도를 검출하여 공회전 영역을 파악하고, 가·감속 상태 파악 및 연료분사량 보정제어 등에 사용된다.

29 종감속기어의 감속비가 5 : 1일 때 링기어가 2회전 하려면 구동피니언은 몇 회전하는가?

① 12회전
② 10회전
③ 5회전
④ 1회전

해설
종감속기어의 감속비 = $\dfrac{\text{구동피니언 회전수}}{\text{링기어 회전수}}$ 이므로

구동피니언 회전수 = 종감속 기어의 감속비 × 링기어 회전수
$$= 5 \times 2 = 10회전$$

30 유압식 동력조향장치에서 주행 중 핸들이 한쪽으로 쏠리는 원인으로 틀린 것은?

① 토인 조정불량
② 타이어 편 마모
③ 좌우 타이어의 이종사양
④ 파워 오일펌프 불량

해설
핸들이 한쪽으로 쏠리는 원인
• 타이어 공기압의 불균형
• 토인 조정불량
• 타이어 편 마모
• 좌우 타이어의 이종사양
• 휠 얼라인먼트(앞바퀴 정렬) 불량 등

31 유압식 동력조향장치에 사용되는 오일펌프 종류가 아닌 것은?

① 베인 펌프
② 로터리 펌프
③ 슬리퍼 펌프
④ 벤딕스 기어 펌프

해설
동력조향장치에 사용되는 오일펌프는 엔진의 동력을 이용하여 유압을 발생하며, 로터리형, 슬리퍼형, 롤러형, 베인형으로 분류된다.

32 드럼 방식의 브레이크 장치와 비교했을 때 디스크 브레이크의 장점은?

① 자기작동 효과가 크다.
② 오염이 잘 되지 않는다.
③ 패드의 마모율이 낮다.
④ 패드의 교환이 용이하다.

해설
디스크 브레이크와 드럼 브레이크의 장단점

구 분	디스크 브레이크	드럼 브레이크
장 점	• 디스크가 외부에 노출되어 있기 때문에 방열성이 좋아 빈번한 브레이크의 사용에도 제동력이 떨어지지 않는다. • 자기작동작용이 없으므로 좌우바퀴의 제동력이 안정되어 제동 시 한쪽만 제동되는 일이 적다. • 편 브레이크되는 일이 없다. • 디스크의 강한 원심력 때문에 수분과 불순물에 대한 저항성, 즉 자기 청소기능이 강하다. • 구조 및 조작이 간단하다. 따라서 패드 점검 및 교환이 용이하다. • 항상 예접촉이 되어 있으므로 브레이크 반응이 무척 빠르다.	• 외부로부터의 오물 등이 내부로 침투하기 어렵다. • 작동하지 않을 때에는 브레이크 슈와 드럼이 떨어져 있기 때문에 저항이 없다. • 제동력이 크다. • 제작 단가를 줄일 수 있다. • 라이닝 슈의 수명이 길다.
단 점	• 우천 시 또는 진흙탕 등 사용조건에 영향을 받을 수 있다. • 마찰면적이 작아서 패드를 압착시키는 힘을 크게 하여야 한다. • 자기 배력작용을 하지 않기 때문에 브레이크 페달을 밟는 힘을 크게 하여야 한다. • 브레이크 부스터(제동력을 배가하는 장치)를 사용해야 하며, 추가적인 구조를 필요로 한다. • 구조상 가격이 다소 비싸다. • 예접촉 및 큰 압착력으로 패드의 마모가 빠르다. 즉, 자주 교체해 주어야 한다.	• 드럼이 밀폐되어 있기 때문에 브레이크 슈의 찌꺼기가 고이게 된다. • 브레이크 라이닝이 내부에 있기 때문에 외부사용 조건에는 영향을 받지 않으나 방열효과가 작다. • 제동 시 각 바퀴마다 동적 평형이 깨지기 쉽다. • 드럼브레이크에선 페이드 현상이 일어나게 된다. • 드럼의 제동력이 더 크기 때문에 뒷바퀴로 가는 유압을 지연시키는 장치인 프로포셔닝밸브가 필요하다. • 정비가 디스크브레이크보다 복잡하다. 특히 라이닝 교체 작업 시에 숙련된 기술이 요구된다.

33 전자제어 현가장치에서 감쇠력 제어 상황이 아닌 것은?

① 고속 주행하면서 좌회전할 경우
② 정차 시 뒷좌석에 앉은 사람이 탑승한 경우
③ 정차 중 급출발할 경우
④ 고속 주행 중 급제동한 경우

해설

전자제어 현가장치(ECS)
ECS의 주된 기능은 차고 조절기능과 감쇠력 제어기능
• 차고 조절기능은 승차 인원과 화물의 양에 따라 High, Normal, Low 중 적정한 차고 모드가 에어스프링 내의 압력에 의해 자동 조절되는 기능이다.
• ECS의 감쇠력 제어기능에는 5가지가 있다.
  - 급출발 시 차체의 전후 전동을 억제한다.
  - 급제동 시에 발생하는 차체의 전후 진동을 억제한다.
  - 선회주행 시 차체의 흔들림을 방지한다.
  - 승하차나 변속레버 조작 시 차체의 흔들림을 억제한다.
  - 고속주행 시 감쇠력을 높여 고속 직진성과 조정 안정성을 향상시킨다.

34 주행 중 브레이크 드럼과 슈가 접촉하는 원인에 해당하는 것은?

① 마스터 실린더의 리턴 포트가 열려 있다.
② 슈의 리턴 스프링이 소손되어 있다.
③ 브레이크액의 양이 부족하다.
④ 드럼과 라이닝의 간극이 과대하다.

해설

브레이크 슈 리턴 스프링은 브레이크 압력 해제 시 드럼과의 압착 상태에서 슈를 제자리로 돌아오게 하여 드럼과 슈의 간극을 항상 일정하게 유지시키는 스프링이다. 따라서 슈의 리턴 스프링이 소손되어 있으면 브레이크 드럼과 슈가 접촉하는 원인이 된다.

35 마스터 실린더의 푸시로드에 작용하는 힘이 120 kgf이고, 피스톤의 면적이 4cm²일 때 유압은?

① 20kgf/cm² ② 30kgf/cm²
③ 40kgf/cm² ④ 50kgf/cm²

해설

$$압력 = \frac{힘}{단면적}$$

$$x = \frac{120}{4}$$

$$x = 30kgf/cm^2$$

36 주행 중 가속페달 작동에 따라 출력전압의 변화가 일어나는 센서는?

① 공기온도센서
② 수온센서
③ 유온센서
④ 스로틀포지션센서

해설

스로틀포지션센서(TPS) : 스로틀 개도를 검출하여 공회전 영역 파악, 가·감속 상태 파악 및 연료분사량 보정제어 등에 사용된다.

37 전자제어 현가장치의 장점으로 틀린 것은?

① 고속 주행 시 안정성이 있다.

② 조향 시 차체가 쏠리는 경우가 있다.

③ 승차감이 좋다.

④ 지면으로부터의 충격을 감소한다.

해설

전자제어 현가장치는 노면이 울퉁불퉁한 비포장도로에서는 차 높이를 높여 차체를 보호하고, 고속도로와 같이 고속 주행이 가능한 도로에서는 차 높이를 낮추어 공기 저항을 줄여 줌으로써 주행 안정성을 높일 수 있도록 설계되어 있다.

전자제어 현가장치의 기능

• 급제동 시 노스다운을 방지한다.
• 급커브 또는 급회전할 때 원심력에 대한 차체의 기울기를 방지한다.
• 노면의 상태에 따라 차량의 높이를 조정할 수 있다.
• 노면의 상태에 따라서 승차감을 조절할 수 있다.
• 불규칙한 노면을 주행할 때 감쇠력을 조절하여 자동차의 피칭을 방지한다.
• 도로의 조건에 따라 감쇠력을 조절하여 자동차의 바운싱을 방지한다.
• 고속으로 주행하는 경우 감쇠력을 조절하여 자동차의 안정성을 향상시킨다.
• 적재량 및 노면의 상태와 관계없이 자동차의 자세를 안정시킨다.

38 수동변속기 내부 구조에서 싱크로메시(Synchro-mesh) 기구의 작용은?

① 배력 작용

② 가속 작용

③ 동기치합 작용

④ 감속 작용

해설

싱크로메시 기구는 변속기어가 물릴 때 주축기어와 부축기어의 회전속도를 동기시켜 원활한 치합이 이루어지도록 하는 장치이다.

39 자동변속기에서 토크컨버터 내부의 미끄럼에 의한 손실을 최소화하기 위한 작동기구는?

① 댐퍼 클러치

② 다판 클러치

③ 일방향 클러치

④ 롤러 클러치

해설

댐퍼 클러치

• 슬립에 의한 손실을 최소화하기 위한 기구
• 전자제어 자동변속기에 사용
• 동력이 확실하고 연료소비가 적음
• 작동하지 않는 범위(1속, 후진, 엔진브레이크 사용 시, 오일온도 60℃ 이하, 냉각수온도 50℃ 이하)

40 ABS(Anti-lock Brake System)의 구성 요소 중 휠의 회전속도를 감지하여 컨트롤 유닛으로 신호를 보내주는 것은?

① 휠스피드센서

② 하이드롤릭 유닛

③ 솔레노이드밸브

④ 어큐뮬레이터

해설

휠스피드센서 : 감속을 검출하고 이 신호를 이용하여 ABS 하이드롤릭 모듈을 ECU가 제어하여 ABS가 작동하는 데 사용된다.

41 용량과 전압이 같은 축전지 2개를 직렬로 연결할 때의 설명으로 옳은 것은?

① 용량은 축전지 2개와 같다.

② 전압이 2배로 증가한다.

③ 용량과 전압 모두 2배로 증가한다.

④ 용량은 2배로 증가하지만 전압은 같다.

해설
직렬연결의 성질
- 합성저항의 값은 각 저항의 합과 같다.
- 각 저항에 흐르는 전류는 일정하다.
- 각 저항에 가해지는 전압의 합은 전원의 전압과 같다.
- 동일 전압의 축전지를 직렬 연결하면 전압은 개수 배가 되고 용량은 1개 때와 같다.
- 다른 전압의 축전지를 직렬 연결하면 전압은 각 전압의 합과 같고 용량은 평균값이 된다.
- 큰 저항과 월등히 적은 저항을 직렬로 연결하면 월등히 적은 저항은 무시된다.

42 교류발전기 발전원리에 응용되는 법칙은?

① 플레밍의 왼손법칙

② 플레밍의 오른손법칙

③ 옴의 법칙

④ 자기포화의 법칙

해설
플레밍의 왼손법칙은 전동기이고 오른손법칙을 이용한 것은 발전기이다.

43 납산 축전지의 온도가 낮아졌을 때 발생되는 현상이 아닌 것은?

① 전압이 떨어진다.

② 용량이 적어진다.

③ 전해액의 비중이 내려간다.

④ 동결하기 쉽다.

해설
전해액은 온도가 상승하면 비중이 작아지고 온도가 낮아지면 비중은 커진다.

44 ECU에 입력되는 스위치 신호라인에서 OFF 상태의 전압이 5V로 측정되었을 때 설명으로 옳은 것은?

① 스위치의 신호는 아날로그 신호이다.

② ECU 내부의 인터페이스는 소스(Source) 방식이다.

③ ECU 내부의 인터페이스는 싱크(Sink) 방식이다.

④ 스위치를 닫았을 때 2.5V 이하면 정상적으로 신호처리를 한다.

45 편의장치 중 중앙집중식 제어장치(ETACS 또는 ISU) 입출력 요소의 역할에 대한 설명으로 틀린 것은?

① INT 볼륨 스위치 : INT 볼륨 위치 검출
② 모든 도어 스위치 : 각 도어 잠김 여부 검출
③ 키 리마인드 스위치 : 키 삽입 여부 검출
④ 와셔 스위치 : 열선 작동 여부 검출

해설
와셔 스위치 : 와셔액 분출 기능

47 에어컨 매니폴드 게이지(압력게이지) 접속 시 주의 사항으로 틀린 것은?

① 매니폴드 게이지를 연결할 때에는 모든 밸브를 잠근 후 실시한다.
② 진공펌프를 작동시키고 매니폴드 게이지 센터 호스를 저압라인에 연결한다.
③ 황색 호스를 진공펌프나 냉매회수기 또는 냉매 충전기에 연결한다.
④ 냉매가 에어컨 사이클에 충전되어 있을 때에는 충전호스, 매니폴드 게이지의 밸브를 전부 잠근 후 분리한다.

해설
냉매 충전 시 진공작업 및 충전요령
• 매니폴드 게이지 저압호스(청색호스)를 압축기 저압밸브에 연결한다.
• 매니폴드 게이지 고압호스(적색호스)를 압축기 고압밸브에 연결한다.
• 매니폴드 게이지 중간호스(황색호스)를 진공펌프에 연결한다.
• 매니폴드 게이지 고·저압밸브를 중간 위치에 놓는다.
• 매니폴드 게이지 고·저압밸브를 연 후 진공펌프를 가동한다.
• 가동 후 저압측 압력이 완전진공(76cmHg)이 될 때까지 진공펌프를 가동한다.
• 완전 진공상태 확인 후 매니폴드 게이지 고·저압밸브를 잠근 후 진공펌프를 정지한다.
• 일정 시간 경과 후 진공상태가 유지되면 매니폴드 게이지 중간호스와 진공펌프와 연결된 호스 중 진공펌프와 연결된 중간호스의 너트를 분리한다.
• 분리된 중간호스를 냉매 병 충전구에 연결 후 냉매병 충전밸브를 연다.
• 냉매병 충전밸브를 연 후 매니폴드 게이지의 중간 호스의 너트를 약간 풀어 호스 내 공기를 제거한다.
• 호스 내 공기제거 후 너트를 조이고 매니폴드 저압측 밸브를 연후 압축기를 가동하면서 냉매를 충전한다.
• 저압측 매니폴드 게이지 압력이 4~5kg/cm^2 범위 내에서 냉매를 충전한다.
• 냉매 충전이 끝나면, 고·저압 서비스 밸브를 뒷자리로 이동 후 호스를 분리한다.

46 브레이크등 회로에서 12V 축전지에 24W의 전구 2개가 연결되어 점등된 상태라면 합성저항은?

① 2Ω
② 3Ω
③ 4Ω
④ 6Ω

해설

$$P = V \times I = I^2 \times R = \frac{V^2}{R}$$

(P : 전력(W), V : 전압(V), I : 전류(A), R : 저항(Ω))

$$24 = \frac{12^2}{x} \rightarrow x = 6\Omega$$

직렬 합성저항 = 6 + 6 = 12Ω

병렬 합성저항 = $\dfrac{(R_1 R_2)}{(R_1 + R_2)} = \dfrac{6 \times 6}{6 + 6} = \dfrac{36}{12} = 3\Omega$

48 전자제어 배전점화방식(DLI ; Distributor Less Ignition)에 사용되는 구성품이 아닌 것은?

① 파워 트랜지스터
② 원심진각장치
③ 점화코일
④ 크랭크각센서

해설
원심진각장치
엔진의 회전 속도에 따라서 점화시기를 자동으로 조절하는 장치로 디스트리뷰터(배전기) 내 기계장치를 말한다.

49 반도체에 대한 특징으로 틀린 것은?

① 극히 소형이며 가볍다.
② 예열시간이 불필요하다.
③ 내부 전력손실이 크다.
④ 정격값 이상이 되면 파괴된다.

해설
반도체의 특징에는 ①, ②, ④ 외에 다음의 특징이 있다.
• 내부 전력 손실이 적다.
• 열에 약하다.
• 역내압이 낮다.
• 기계적으로 강하고 수명이 길다.

50 기동전동기에 많은 전류가 흐르는 원인으로 옳은 것은?

① 높은 내부저항
② 내부접지
③ 전기자코일의 단선
④ 계자코일의 단선

51 줄 작업에서 줄에 손잡이를 꼭 끼우고 사용하는 이유는?

① 평형을 유지하기 위해
② 중량을 높이기 위해
③ 보관이 편리하도록 하기 위해
④ 사용자에게 상처를 입히지 않기 위해

52 일반 가연성 물질의 화재로서 물이나 소화기를 이용하여 소화하는 화재의 종류는?

① A급 화재   ② B급 화재
③ C급 화재   ④ D급 화재

해설
화재의 분류
• A급 화재 : 일반(물질이 연소된 후 재를 남기는 일반적인 화재) 화재
• B급 화재 : 유류(기름) 화재
• C급 화재 : 전기 화재
• D급 화재 : 금속 화재

48 ② 49 ③ 50 ② 51 ④ 52 ① **정답**

53 산소용접에서 안전한 작업수칙으로 옳은 것은?

① 기름이 묻은 복장으로 작업한다.

② 산소밸브를 먼저 연다.

③ 아세틸렌밸브를 먼저 연다.

④ 역화하였을 때는 아세틸렌밸브를 빨리 잠근다.

해설
아세틸렌밸브를 열어 점화한 후 산소밸브를 연다.

54 기계 부품에 작용하는 하중에서 안전율을 가장 크게 하여야 할 하중은?

① 정하중　　　　② 교번하중

③ 충격하중　　　④ 반복하중

해설
하 중
• 정하중 : 구조물이 외부로부터 받는 하중 가운데 시간적으로 변화하지 않는 하중
• 동하중 : 구조물에 진동 또는 충격 등 동적 효과를 유발시키는 하중의 총칭
　– 충격하중 : 짧은 시간에 급격히 작용하는 하중
　– 교번하중 : 하중의 크기와 방향에 따라 인장력과 압축력이 두 곳 이상의 방향으로 계속 주기적으로 반복하는 하중
　– 반복하중 : 하중 크기와 방향에 따라 한쪽 방향으로만 계속 주기적으로 반복하는 하중

55 공기압축기 및 압축공기 취급에 대한 안전수칙으로 틀린 것은?

① 전기배선, 터미널 및 전선 등에 접촉될 경우 전기 쇼크의 위험이 있으므로 주의하여야 한다.

② 분해 시 공기압축기, 공기탱크 및 관로 안의 압축 공기를 완전히 배출한 뒤에 실시한다.

③ 하루에 한 번씩 공기탱크에 고여 있는 응축수를 제거한다.

④ 작업 중 작업자의 땀이나 열을 식히기 위해 압축 공기를 호흡하면 작업효율이 좋아진다.

56 계기 및 보안장치의 정비 시 안전사항으로 틀린 것은?

① 엔진이 정지 상태이면 계기판은 점화스위치 ON 상태에서 분리한다.

② 충격이나 이물질이 들어가지 않도록 주의한다.

③ 회로 내에 규정값보다 높은 전류가 흐르지 않도록 한다.

④ 센서의 단품 점검 시 배터리 전원을 직접 연결하지 않는다.

해설
전자전기회로 보호를 위해 점화스위치와 모든 전기 장치를 끈 상태에서 배터리 케이블을 분리해야 한다.

57 기관정비 시 안전 및 취급주의 사항에 대한 내용으로 틀린 것은?

① TPS, ISC Servo 등은 솔벤트로 세척하지 않는다.
② 공기압축기를 사용하여 부품세척 시 눈에 이물질이 튀지 않도록 한다.
③ 캐니스터 점검 시 흔들어서 연료증발가스를 활성화시킨 후 점검한다.
④ 배기가스 시험 시 환기가 잘되는 곳에서 측정한다.

해설
캐니스터는 엔진 정지 중 연료 탱크에서 증발된 연료를 저장하였다가 엔진이 작동할 때 엔진으로 보내는 장치이다. 즉, 연료펌프, 기화기 등에서 미연소증발가스를 활성탄에 의해서 포집하여 재연소시키므로 HC(탄화수소)가 저감된다.

58 운반기계의 취급과 안전수칙에 대한 내용으로 틀린 것은?

① 무거운 물건을 운반할 때는 반드시 경종을 울린다.
② 기중기는 규정 용량을 지킨다.
③ 흔들리는 화물은 보조자가 탑승하여 움직이지 못하도록 한다.
④ 무거운 것은 밑에, 가벼운 것은 위에 쌓는다.

해설
③ 흔들리기 쉬운 인양물은 가이드로프를 이용해 유도한다.

59 납산 축전지 취급 시 주의사항으로 틀린 것은?

① 배터리 접속 시 (+)단자부터 접속한다.
② 전해액이 옷에 묻지 않도록 주의하다.
③ 전해액이 부족하면 시냇물로 보충한다.
④ 배터리 분리 시 (−)단자부터 분리한다.

해설
③ 전해액면이 낮아지면 증류수를 보충하여야 한다.

60 브레이크의 파이프 내에 공기가 유입되었을 때 나타나는 현상으로 옳은 것은?

① 브레이크액이 냉각된다.
② 마스터 실린더에서 브레이크액이 누설된다.
③ 브레이크 페달의 유격이 커진다.
④ 브레이크가 지나치게 급히 작동한다.

57 ③ 58 ③ 59 ③ 60 ③ 정답

01 4행정 기관과 비교한 2행정 기관(2 Stroke Engine)의 장점은?

① 각 행정의 작용이 확실하여 효율이 좋다.
② 배기량이 같을 때 발생동력이 크다.
③ 연료 소비율이 적다.
④ 윤활유 소비량이 적다.

해설
크랭크축 1회전에 1동력행정 엔진크기가 같다면 4행정에 비해 2배의 출력이 발생한다.

02 엔진오일의 유압이 낮아지는 원인으로 틀린 것은?

① 베어링의 오일 간극이 크다.
② 유압조절밸브의 스프링 장력이 크다.
③ 오일 팬 내의 윤활유 양이 적다.
④ 윤활유 공급 라인에 공기가 유입되었다.

해설
엔진오일 유압이 낮아지는 원인
• 오일펌프가 마모되었을 때
• 오일펌프의 흡입구가 막혔을 때
• 유압조절밸브의 밀착이 불량할 때
• 유압조절밸브의 스프링 장력이 약할 때
• 오일라인이 파손되었을 때
• 마찰부의 베어링 간극이 클 때
• 오일의 점도가 너무 떨어졌을 때
• 오일라인에 공기가 유입되거나 베이퍼로크 현상이 났을 때
• 오일펌프의 개스킷이 파손되었을 때

03 디젤기관에서 연료분사시기가 과도하게 빠를 경우 발생할 수 있는 현상으로 틀린 것은?

① 노크를 일으킨다.
② 배기가스가 흑색이다.
③ 기관의 출력이 저하된다.
④ 분사압력이 증가한다.

해설
디젤기관에서 분사시기가 빠른 때 일어나는 현상
• 노크현상이 발생한다.
• 연소가 불량하여 배기가스가 흑색이다.
• 저속에서 회전이 불량해질 수 있다.

04 디젤노크를 일으키는 원인과 직접적인 관계가 없는 것은?

① 압축비   ② 회전속도
③ 옥탄가   ④ 엔진의 부하

해설
연료의 세탄가가 낮을 때 디젤노크가 발생한다.
※ 옥탄가는 가솔린의 안티 노크성을 표시하는 것이다.

05 가솔린기관의 이론공연비는?

① 12.7 : 1   ② 13.7 : 1
③ 14.7 : 1   ④ 15.7 : 1

해설
어떤 연료의 완전연소를 위한 이론적인 공연비를 이론공연비라고 하며, 가솔린의 이론공연비는 14.70다. 가솔린 1kg을 완전 연소시키기 위해서는 공기 14.7kg이 필요하다.

06 스로틀밸브의 열림 정도를 감지하는 센서는?

① APS　　　　　② CKPS

③ CMPS　　　　④ TPS

해설
스로틀포지션센서(TPS) : 스로틀 개도를 검출하여 공회전 영역을
파악하고, 가·감속 상태 파악 및 연료분사량 보정제어 등에 사용
된다.
① APS : 액셀러레이션 포지션센서
② CKPS : 크랭크샤프트 포지션센서
③ CMPS : 캠샤프트 포지션센서

07 다음 중 단위 환산으로 틀린 것은?

① $1J = 1N \cdot m$

② $-40℃ = -40℉$

③ $-273℃ = 0K$

④ $1kgf/cm^2 = 1.42psi$

해설
$1kgf/cm^2 = 14.2psi$

08 예혼합(믹서)방식 LPG 기관의 장점으로 틀린 것은?

① 점화플러그의 수명이 연장된다.
② 연료펌프가 불필요하다.
③ 베이퍼로크 현상이 없다.
④ 가솔린에 비해 냉시동성이 좋다.

해설
믹서(Mixer)방식은 겨울철 낮은 온도에서 기화가 잘 되지 않아
시동 불량 문제가 발생하는 단점이 있다.

09 연소실 압축압력이 규정 압축압력보다 높을 때 원
인으로 옳은 것은?

① 연소실 내 카본 다량 부착
② 연소실 내에 돌출부 없어짐
③ 압축비가 작아짐
④ 옥탄가가 지나치게 높음

해설
압축압력이 규정값보다 높은 경우는 연소실 카본 퇴적이 원인이다.

10 120PS의 디젤기관이 24시간 동안에 360L의 연료
를 소비하였다면, 이 기관의 연료소비율(g/PS · h)
은?(단, 연료의 비중은 0.9이다)

① 약 113　　　　② 약 125

③ 약 450　　　　④ 약 513

해설
연료소비율은 엔진이 어느 회전수에서 1마력당 1시간에 몇 g의
연료를 소비하는가를 g/PS · h로 표시한다.
$$fe = \frac{0.9 \times 360 \times 1,000}{120 \times 24} = 112.5g/PS \cdot h$$

11 피스톤 재질의 요구특성으로 틀린 것은?

① 무게가 가벼워야 한다.
② 고온 강도가 높아야 한다.
③ 내마모성이 좋아야 한다.
④ 열팽창 계수가 커야 한다.

해설
열팽창 계수가 작아야 한다.

12 기화기식과 비교한 전자제어 가솔린 연료분사장치의 장점으로 틀린 것은?

① 고출력 및 혼합비 제어에 유리하다.

② 연료 소비율이 낮다.

③ 부하변동에 따라 신속하게 응답한다.

④ 적절한 혼합비 공급으로 유해 배출가스가 증가된다.

해설

전자제어 연료분사장치의 장점
- 각 실린더에 연료의 분배가 균일하고 엔진의 효율이 향상된다.
- 연료 소비율의 향상 및 가속 시에 응답성이 신속하다.
- 냉각수 온도 및 흡입공기의 악조건에도 잘 견딘다.
- 냉간 시동 시 연료를 증량시켜 시동성이 향상된다.
- 운전성능의 향상 및 공기 흐름의 저항이 작다.
- 감속 시 배기가스의 유해 성분(CO, HC)이 감소된다.
- 베이퍼로크, 퍼컬레이션, 아이싱 등의 고장이 없다.
- 엔진의 운전조건에 가장 적합한 혼합기가 공급된다.
- 연료공급 및 분사를 흡기포트에 분사하므로 흡기관 설계의 자유도를 높일 수 있다.

13 4행정 V6기관에서 6실린더가 모두 1회의 폭발을 하였다면 크랭크축은 몇 회전하였는가?

① 2회전

② 3회전

③ 6회전

④ 9회전

해설

6실린더(4행정) 엔진은 크랭크축의 위상차가 120°가 되므로 크랭크축이 120° 회전할 때마다 1회의 폭발을 하기 때문에 크랭크축이 2회전을 하면 6번의 폭발을 하게 되며, 피스톤이 하강할 때는 흡입행정과 폭발행정이 이루어지며 상승할 때는 압축행정과 배기행정을 한다.

14 배기밸브가 하사점 전 55°에서 열리고 상사점 후 15°에서 닫혀진다면 배기밸브의 열림각은?

① 70°

② 195°

③ 235°

④ 250°

해설

배기밸브 열림각 = BBDC(하사점 전) 55° 열림 + 180° + ATDC(상사점 후) 15° 닫힘 = 250°

15 자동차의 구조·장치의 변경승인을 얻은 자는 자동차정비업자로부터 구조·장치의 변경과 그에 따른 정비를 받고 얼마 이내에 구조변경검사를 받아야 하는가?

① 완료일로부터 45일 이내

② 완료일로부터 15일 이내

③ 승인받은 날부터 45일 이내

④ 승인받은 날부터 15일 이내

해설

자동차의 튜닝 승인을 받은 자는 자동차정비업자 또는 자동차제작자 등으로부터 튜닝과 그에 따른 정비(자동차제작자 등의 경우에는 튜닝만 해당한다)를 받고 튜닝 승인을 받은 날부터 45일 이내에 튜닝검사를 받아야 한다(자동차관리법 시행규칙 제56조).

16 스텝모터방식의 공전속도 제어장치에서 스텝 수가 규정에 맞지 않은 원인으로 틀린 것은?

① 공전속도 조정 불량
② 메인 듀티 S/V 고착
③ 스로틀밸브 오염
④ 흡기다기관의 진공누설

해설

스텝모터방식의 공전속도 제어장치에서 스텝 수가 규정에 맞지 않는 원인
• 아이들 rpm 조정이 잘못된 경우
• 스텝모터의 내부 불량으로 인하여 스텝모터가 고정하여 ECU 요구대로 움직이지 못하는 경우
• ECU 내부의 스텝모터 구동계통이 손상된 경우
• 흡입공기가 누설되는 경우
• 내부의 카본 증가로 인해 단면적 변화가 발생된 경우
• 이종품의 스텝모터가 장착된 경우

17 배기장치(머플러) 교환 시 안전 및 유의사항으로 틀린 것은?

① 분해 전 촉매가 정상 작동온도가 되도록 한다.
② 배기가스 누출이 되지 않도록 조립한다.
③ 조립할 때 개스킷은 신품으로 교환한다.
④ 조립 후 다른 부분과의 접촉 여부를 점검한다.

해설

분해 전 촉매의 온도가 충분히 떨어진 후에 행한다.

18 소형 승용차 기관의 실린더헤드를 알루미늄 합금으로 제작하는 이유는?

① 가볍고 열전달이 좋기 때문에
② 부식성이 좋기 때문에
③ 주철에 비해 열팽창 계수가 작기 때문에
④ 연소실 온도를 높여 체적효율을 낮출 수 있기 때문에

19 기관이 지나치게 냉각되었을 때 기관에 미치는 영향으로 옳은 것은?

① 출력저하로 연료소비율 증대
② 연료 및 공기흡입 과잉
③ 점화불량과 압축과대
④ 엔진오일의 열화

해설

기관이 과랭되었을 때 기관에 미치는 영향
• 기관의 출력이 저하되므로 연료소비량이 증대된다.
• 유막의 형성이 불량하여 블로바이 현상이 발생된다.
• 압축압력이 저하로 인하여 기관의 출력이 저하된다.
• 블로바이 가스에 의하여 오일이 희석된다.
• 오일 희석에 의하여 점도가 낮아지므로 베어링부가 마멸된다.

20 바이너리 출력방식의 산소센서 점검 및 사용 시 주의사항으로 틀린 것은?

① O₂센서의 내부저항을 측정치 말 것
② 전압측정 시 디지털미터를 사용할 것
③ 출력전압을 쇼트시키지 말 것
④ 유연 가솔린을 사용할 것

해설

배기가스 중의 유해물을 감소시키기 위하여 산소센서, 촉매컨버터를 사용하는 엔진에서 산소센서 및 촉매컨버터의 성능을 유지하려면 납화합물이 첨가되지 않는 가솔린(무연 가솔린)을 사용하여야 한다.

16 ② 17 ① 18 ① 19 ① 20 ④ **정답**

21 산소센서 신호가 희박으로 나타날 때 연료계통의 점검사항으로 틀린 것은?

① 연료필터의 막힘 여부
② 연료펌프의 작동전류 점검
③ 연료펌프 전원의 전압강하 여부
④ 릴리프밸브의 막힘 여부

해설
희박한 경우에는 흡입계통의 진공누설, ISA 고착, 인젝터의 이종 사양 및 작동상태, 인젝터 배선의 접속불량, 연료모터의 기능저하, 연료필터의 막힘, 점화장치의 불량, 산소센서의 히팅 관련 등 희박의 원인을 점검한다.

22 흡기 매니폴드 내의 압력에 대한 설명으로 옳은 것은?

① 외부 펌프로부터 만들어진다.
② 압력은 항상 일정하다.
③ 압력변화는 항상 대기압에 의해 변화한다.
④ 스로틀밸브의 개도에 따라 달라진다.

해설
엔진이 동작하지 않을 때 공기는 흐르지 않기 때문에 흡입 매니폴드 내의 압력은 대기압과 같다. 엔진이 작동할 때 흡입 매니폴드에 설치되어 있는 스로틀밸브는 부분적으로 공기의 흐름을 방해하는 요소가 되어 흡입 매니폴드 내의 압력을 감소시키고 대기압보다 작게 함으로써 흡입 매니폴드 내에 부분적인 진공이 존재하게 된다.

23 배기가스가 삼원 촉매 컨버터를 통과할 때 산화·환원되는 물질로 옳은 것은?

① N_2, CO
② N_2, H_2
③ N_2, O_2
④ N_2, CO_2, H_2O

해설
삼원 촉매 변환장치는 배출가스 중의 CO, HC에 대해서 추가로 공급된 2차 공기와 함께 산화시켜 CO_2와 H_2O로 만들며, NO_X에 대해서는 환원시켜 N_2와 O_2로 만든다.

24 수동변속기 정비 시 측정할 항목이 아닌 것은?

① 주축 엔드플레이
② 주축의 휨
③ 기어의 직각도
④ 슬리브와 포크의 간극

해설
기어의 직각도는 수동변속기 정비 시 측정할 항목이 아니다.

25 브레이크 장치(Brake System)에 관한 설명으로 틀린 것은?

① 브레이크 작동을 계속 반복하면 드럼과 슈에 마찰열이 축적되어 제동력이 감소되는 것을 페이드 현상이라 한다.
② 공기 브레이크에서 제동력을 크게 하기 위해서는 언로더밸브를 조절한다.
③ 브레이크 페달의 리턴스프링 장력이 약해지면 브레이크 풀림이 늦어진다.
④ 마스터 실린더의 푸시로드 길이를 길게 하면 라이닝이 수축하여 잘 풀린다.

해설
마스터 실린더의 푸시로드 길이를 길게 하면 라이닝이 팽창하여 풀리지 않을 수 있다.

26 유효 반지름이 0.5m인 바퀴가 600rpm으로 회전할 때 차량의 속도는 약 얼마인가?

① 약 10.98km/h

② 약 25km/h

③ 약 50.92km/h

④ 약 113.04km/h

해설

$2 \times 3.14 \times 0.5 \times 600 \times 60 \div 1,000 = 113.04$km/h

27 유압식 동력조향장치의 주요 구성부 중에서 최고 유압을 규제하는 릴리프밸브가 있는 곳은?

① 동력부

② 제어부

③ 안전 점검부

④ 작동부

28 전자제어 현가장치(Electronic Control Suspension)에서 사용하는 센서에 속하지 않는 것은?

① 차속센서

② 차고센서

③ 스로틀포지션센서

④ 냉각수온도센서

해설

냉각수온도센서(WTS) : 냉각수 온도를 측정하여 연료분사량 보정, 점화시기 보정 및 냉각팬 제어 등에 사용된다.

29 전자제어 제동장치(ABS)의 구성요소가 아닌 것은?

① 휠스피드센서

② 하이드롤릭 모터

③ 프리뷰센서

④ 하이드롤릭 유닛

해설

ABS 구성요소 : 전자컨트롤시스템(ECU), 휠속도센서, 유압 모듈레이터(하이드롤릭 유닛, 유압조정기)

30 제어밸브와 동력 실린더가 일체로 결합된 것으로 대형트럭이나 버스 등에서 사용되는 동력조향장치는?

① 조합형

② 분리형

③ 혼성형

④ 독립형

해설

동력조향장치

• 링키지형
  – 조합형 : 제어밸브와 동력 실린더가 하나로 되어 있어 대형트럭이나 버스에 주로 사용
  – 분리형 : 밸브와 실린더가 서로 분리되어 있어 소형트럭이나 승용차에 사용
• 일체형 : 주요 기구가 조향기어 하우징 안에 일체로 결합

31 변속기 내부에 설치된 증속장치(Over Drive System)에 대한 설명으로 틀린 것은?

① 기관의 회전속도를 일정수준 낮추어도 주행속도를 그대로 유지한다.
② 출력과 회전수의 증대로 윤활유 및 연료소비량이 증가한다.
③ 기관의 회전속도가 같으면 증속장치가 설치된 자동차 속도가 더 빠르다.
④ 기관의 수명이 길어지고 운전이 정숙하게 된다.

> **해설**
> **오버드라이브 장치의 장점**
> • 연료가 저감된다(약 20%).
> • 기관의 작동이 정숙하며 수명이 연장된다.
> • 자동차의 속도가 30% 정도 빨라진다.

32 제동장치에서 편제동의 원인이 아닌 것은?

① 타이어 공기압 불평형
② 마스터 실린더 리턴 포트의 막힘
③ 브레이크 패드의 마찰계수 저하
④ 브레이크 디스크에 기름 부착

> **해설**
> 마스터 실린더 리턴 포트의 막힘은 브레이크를 작동시키다 페달을 놓았을 때 브레이크가 풀리지 않는 원인이다.

33 브레이크 계통을 정비한 후 공기빼기 작업을 하지 않아도 되는 경우는?

① 브레이크 파이프나 호스를 떼어낸 경우
② 브레이크 마스터 실린더에 오일을 보충한 경우
③ 베이퍼로크 현상이 생긴 경우
④ 휠 실린더를 분해 수리한 경우

> **해설**
> **공기빼기 작업을 필요로 하는 경우**
> • 브레이크 파이프나 호스를 분리하였다.
> • 브레이크 오일을 교환하였다.
> • 오일 탱크에 오일이 없는 상태에서 공기가 파이프나 호스로 유입되었다(베이퍼로크 현상이 생긴 경우).
> • 마스터 실린더 및 휠 실린더를 분해하였다.

34 종감속 장치에서 하이포이드 기어의 장점으로 틀린 것은?

① 기어 이의 물림률이 크기 때문에 회전이 정숙하다.
② 기어의 편심으로 차체의 전고가 높아진다.
③ 추진축의 높이를 낮게 할 수 있어 거주성이 향상된다.
④ 이면의 접촉 면적이 증가되어 강도를 향상시킨다.

> **해설**
> **하이포이드 기어 시스템의 장점**
> • 기어의 물림률이 크기 때문에 회전이 정숙하다.
> • 자동차의 전고가 낮아 안전성이 증대된다.
> • 추진축의 높이를 낮게 할 수 있다.
> • 차실의 바닥이 낮게 되어 거주성이 향상된다.
> • 구동 피니언기어를 크게 할 수 있어 강도가 증가된다.
> • 설치공간을 적게 차지한다.

35 사이드 슬립테스터의 지시값이 4m/km일 때 1km 주행에 대한 앞바퀴의 슬립량은?

① 4mm   ② 4cm

③ 40cm   ④ 4m

해설
사이드 슬립테스터
옆 방향 미끄러짐을 측정하는 검사기기로 자동차가 1km 주행하였을 경우 타이어가 옆 방향으로 미끄러지는 양을 표시한다.

36 자동변속기의 유압제어 기구에서 매뉴얼밸브의 역할은?

① 선택 레버의 움직임에 따라 P, R, N, D 등의 각 레인지로 변환 시 유로 변경

② 오일펌프에서 발생한 유압을 차속과 부하에 알맞은 압력으로 조정

③ 유성 기어를 차속이나 엔진 부하에 따라 변환

④ 각 단 위치에 따른 포지션을 컴퓨터로 전달

해설
매뉴얼밸브는 자동변속기 장착 자동차에서 시프트 레버의 조작을 받아 변속레인지를 결정하는 밸브 보디의 구성요소이다.

37 타이어의 표시 235 55R 19에서 55는 무엇을 나타내는가?

① 편평비   ② 림 경

③ 부하 능력   ④ 타이어의 폭

해설
235 55R 19
• 235 : 단면폭
• 55 : 편평비
• R : 레이디얼
• 19 : 림직경

38 전동식 전자제어 조향장치 구성품으로 틀린 것은?

① 오일펌프   ② 모 터

③ 컨트롤 유닛   ④ 조향각센서

해설
오일펌프는 동력조향장치(파워스티어링)의 구성품이다.

39 자동변속기 차량에서 토크컨버터 내부의 오일 압력이 부족한 이유 중 틀린 것은?

① 오일펌프 누유

② 오일쿨러 막힘

③ 입력축의 실링 손상

④ 킥다운 서보스위치 불량

해설
킥다운 서보스위치 작동 불량 시 고장현상
• 1-2단, 3-4단 변속 시 과도한 충격진동이 발생한다.
• 3-2단 변속 시 엔진 rpm이 갑자기 증가하거나 진동이 과도하다.
• 3단 기어에 고정된다.

40 앞바퀴의 옆 흔들림에 따라서 조향휠의 회전축 주위에 발생하는 진동을 무엇이라 하는가?

① 시 미   ② 휠 플러터

③ 바우킹   ④ 킥 업

해설
• 시미현상 : 타이어의 동적 불평형으로 인한 바퀴의 좌우진동현상
• 휠 플러터 : 70km/h 이상의 속도로 순조롭게 노면을 주행하고 있을 때 조향핸들이 회전방향의 좌우로 약하게 흔들리는 현상

35 ④   36 ①   37 ①   38 ①   39 ④   40 ①   **정답**

41 IC 방식의 전압조정기가 내장된 자동차용 교류발전기의 특징으로 틀린 것은?

① 스테이터 코일 여자전류에 의한 출력이 향상된다.
② 접점이 없기 때문에 조정 전압의 변동이 없다.
③ 접점방식에 비해 내진성, 내구성이 크다.
④ 접점 불꽃에 의한 노이즈가 없다.

교류발전기에서 스테이터 코일에 발생한 교류는 실리콘 다이오드에 의해 직류로 정류시킨 뒤에 외부로 끌어낸다.

42 그림과 같이 측정했을 때 저항값은?

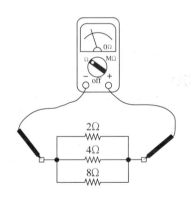

① $14\,\Omega$　　　　② $\dfrac{1}{14}\,\Omega$

③ $\dfrac{8}{7}\,\Omega$　　　　④ $\dfrac{7}{8}\,\Omega$

병렬접속 합성저항

$$R=\frac{1}{\dfrac{1}{R_1}+\dfrac{1}{R_2}+\dfrac{1}{R_3}}=\frac{1}{\dfrac{1}{2}+\dfrac{1}{4}+\dfrac{1}{8}}=\frac{8}{7}\,\Omega$$

43 축전기(Condensor)에 저장되는 정전용량을 설명한 것으로 틀린 것은?

① 가해지는 전압에 정비례한다.
② 금속판 사이의 거리에 정비례한다.
③ 상대하는 금속판의 면적에 정비례한다.
④ 금속판 사이 절연체의 절연도에 정비례한다.

콘덴서의 용량은 유전체의 유전율과 전극의 면적에 비례하고 전극 사이의 거리에 반비례한다.

$$C=\varepsilon\frac{A}{l}\,\text{(F)}$$

여기서, C : 정전용량(F)　　ε : 유전율
　　　　A : 전극의 면적　　l : 전극 사이의 거리

44 가솔린기관의 점화코일에 대한 설명으로 틀린 것은?

① 1차코일의 저항보다 2차코일의 저항이 크다.
② 1차코일의 굵기보다 2차코일의 굵기가 가늘다.
③ 1차코일의 유도전압보다 2차코일의 유도전압이 낮다.
④ 1차코일의 권수보다 2차코일의 권수가 많다.

1차코일에 300~500V의 전압이 발생하고, 2차코일은 상호유도작용에 의해 25,000~35,000V의 고전압이 발생한다.

45 R-12의 염소(CI)로 인한 오존층 파괴를 줄이고자 사용하고 있는 자동차용 대체 냉매는?

① R-134a　　　　② R-22a
③ R-16a　　　　④ R-12a

R-134a
R-12를 대체하기 위하여 개발된 냉매로서 냉동능력은 R-12에 비해 약 10% 정도 떨어지지만 오존층에 피해를 주지 않는 냉매이다.

46 완전 충전된 납산 축전지에서 양극판의 성분(물질)으로 옳은 것은?

① 과산화납
② 납
③ 해면상납
④ 산화물

배터리 충전 시 (+)극판의 황산납은 점점 과산화납으로 변한다.

47 축전지 단자의 부식을 방지하기 위한 방법으로 옳은 것은?

① 경유를 바른다.
② 그리스를 바른다.
③ 엔진오일을 바른다.
④ 탄산나트륨을 바른다.

축전지 단자에 케이블 단자를 끼울 때에는 양(兩)단자를 깨끗하게 하고 부식을 방지하기 위하여 그리스를 엷게 바른다.

48 도어 로크 제어(Door Lock Control)에 대한 설명으로 옳은 것은?

① 점화스위치 ON 상태에서만 도어를 Unlock으로 제어한다.
② 점화스위치를 OFF로 하면 모든 도어 중 하나라도 록 상태일 경우 전 도어를 로크(Lock)시킨다.
③ 도어 로크 상태에서 주행 중 충돌 시 에어백 ECU로부터 에어백 전개신호를 입력받아 모든 도어를 Unlock시킨다.
④ 도어 Unlock 상태에서 주행 중 차량 충돌 시 충돌센서로부터 충돌정보를 입력받아 승객의 안전을 위해 모든 도어를 잠김(Lock)으로 한다.

49 계기판의 속도계가 작동하지 않을 때 고장부품으로 옳은 것은?

① 차속센서
② 크랭크각센서
③ 흡기 매니폴드 압력센서
④ 냉각수온센서

차속센서는 속도계에 내장되어 있으며 주행속도를 체크한다.
② 크랭크각센서(CAS) : 엔진 회전수 및 크랭크 축의 위치 검출
③ 흡기 매니폴드 압력센서 : 흡기 매니폴드 내의 진공도에 따라 실린더로 흡입되는 공기량을 간접 검출하는 센서
④ 냉각수온센서 : 엔진의 냉각수 온도 검출

50 기관에 설치된 상태에서 시동 시(크랭킹 시) 기동전동기에 흐르는 전류와 회전수를 측정하는 시험은?

① 단선시험
② 단락시험
③ 접지시험
④ 부하시험

기동전동기 시험 종류 : 부하시험(회전력, 토크시험), 무부하시험, 저항시험

51 드릴머신 작업의 주의사항으로 틀린 것은?

① 회전하고 있는 주축이나 드릴에 손이나 걸레를 대거나 머리를 가까이 하지 않는다.

② 드릴의 탈부착은 회전이 완전히 멈춘 다음 행한다.

③ 가공 중 드릴에서 이상음이 들리면 회전상태로 그 원인을 찾아 수리한다.

④ 작은 물건은 바이스를 사용하여 고정한다.

해설

가공 중 드릴 끝이 마모되어 이상음 발생 시에는 드릴을 연마하거나 교체하여 사용한다.

52 정밀한 기계를 수리할 때 부속품의 세척(청소)방법으로 가장 안전한 방법은?

① 걸레로 닦는다.

② 와이어 브러시를 사용한다.

③ 에어건을 사용한다.

④ 솔을 사용한다.

53 어떤 제철공장에서 400명의 종업원이 1년간 작업하는 가운데 신체장애 등급 11급 10명과 1급 1명이 발생하였다. 재해강도율은 약 얼마인가?(단, 1일 8시간 작업하고, 연 300일 근무한다)

장애등급	1~3	4	5	6	7	8
근로손실 일수	7,500	5,500	4,000	3,000	2,200	1,500
장애등급	9	10	11	12	13	14
근로손실 일수	1,000	600	400	200	100	50

① 10.98% ② 11.98%

③ 12.98% ④ 13.98%

해설

$$강도율 = \frac{노동\ 손실일\ 수}{노동\ 총시간\ 수} \times 1,000$$

$$= \frac{(400 \times 10) + 7,500}{400 \times 8 \times 300} \times 1,000 ≒ 11.979\%$$

54 해머 작업 시 안전수칙으로 틀린 것은?

① 해머는 처음과 마지막 작업 시 타격력을 크게 할 것

② 해머로 녹슨 것을 때릴 때에는 반드시 보안경을 쓸 것

③ 해머의 사용면이 깨진 것은 사용하지 말 것

④ 해머 작업 시 타격 가공하려는 곳에 눈을 고정시킬 것

해설

해머는 처음과 마지막 작업 시 타격하는 힘을 작게 하여야 한다.

55 화재 발생 시 소화작업 방법으로 틀린 것은?

① 산소의 공급을 차단한다.

② 유류화재 시 표면에 물을 붓는다.

③ 가연물질의 공급을 차단한다.

④ 점화원을 발화점 이하의 온도로 낮춘다.

해설

유류화재, 전기화재, 화공약품과 같은 화재는 물을 사용해서는 안 된다.

56 하이브리드 자동차의 정비 시 주의사항에 대한 내용으로 틀린 것은?

① 하이브리드 모터 작업 시 휴대폰, 신용카드 등은 휴대하지 않는다.
② 고전압 케이블(U, V, W상)의 극성은 올바르게 연결한다.
③ 도장 후 고압 배터리는 헝겊으로 덮어두고 열처리한다.
④ 엔진 룸의 고압 세차는 하지 않는다.

해설
하이브리드 차량의 도장작업 시 도장부스 온도상승(약 80℃)에 의한 배터리의 열적손상이 발생할 수 있으므로 백도어를 개방한 후 도장작업을 실시한다.

57 유압식 브레이크 정비에 대한 설명으로 틀린 것은?

① 패드는 안쪽과 바깥쪽을 세트로 교환한다.
② 패드는 좌우 어느 한쪽이 교환시기가 되면 좌우 동시에 교환한다.
③ 패드교환 후 브레이크 페달을 2~3회 밟아준다.
④ 브레이크액은 공기와 접촉 시 비등점이 상승하여 제동성능이 향상된다.

해설
④ 브레이크액은 공기와 접촉하면 수분을 흡수하므로 사용하고 남은 브레이크액은 보관했다가 사용할 수 없으며 남은 것은 버려야 한다.

58 자동차의 기동전동기 탈부착 작업 시 안전에 대한 유의사항으로 틀린 것은?

① 배터리 단자에서 터미널을 분리시킨 후 작업한다.
② 차량 아래에서 작업 시 보안경을 착용하고 작업한다.
③ 기동전동기를 고정시킨 후 배터리 단자를 접속한다.
④ 배터리 벤트플러그는 열려 있는지 확인 후 작업한다.

해설
④ 배터리 충전 시 벤트플러그를 열고 작업한다.

59 실린더의 마멸량 및 내경 측정에 사용되는 기구와 관계없는 것은?

① 버니어 캘리퍼스
② 실린더 게이지
③ 외측 마이크로미터와 텔레스코핑 게이지
④ 내측 마이크로미터

해설
버니어 캘리퍼스는 부품의 바깥지름, 안지름, 길이, 깊이 등을 측정할 수 있는 측정기구이다.

60 차량에 축전지를 교환할 때 안전하게 작업하려면 어떻게 하는 것이 제일 좋은가?

① 두 케이블을 동시에 함께 연결한다.
② 점화 스위치를 넣고 연결한다.
③ 케이블 연결 시 접지 케이블을 나중에 연결한다.
④ 케이블 탈착 시 (+)케이블을 먼저 떼어낸다.

해설
축전지 케이블 연결할 때는 접지 케이블을 나중에 연결하고, 탈착할 때는 먼저 하여야 한다.

01 베어링이 하우징 내에서 움직이지 않게 하기 위하여 베어링의 바깥 둘레를 하우징의 둘레보다 조금 크게 하여 차이를 두는 것은?

① 베어링 크러시　　② 베어링 스프레드

③ 베어링 돌기　　　④ 베어링 어셈블리

해설

베어링 크러시 : 베어링을 하우징과 완전 밀착시켰을 때 베어링 바깥 둘레가 하우징 안쪽 둘레보다 약간 크다. 이 차이를 크러시라 한다.

② 베어링 스프레드 : 베어링을 장착하지 않은 상태에서 바깥지름과 하우징의 지름의 차이를 말한다.

③ 베어링 돌기 : 베어링을 캡 또는 하우징에 있는 홈과 맞물려 고정시키는 역할을 한다.

02 디젤 연료분사 펌프의 플런저가 하사점에서 플런저 배럴의 흡배기 구멍을 닫기까지, 즉 송출 직전까지의 행정은?

① 예비행정

② 유효행정

③ 변행정

④ 정행정

해설

② 유효행정 : 플런저의 윗면이 흡·배출 구멍을 닫은 때부터 플런저의 바이패스 홈이 흡·배출 구멍에 이를 때까지를 말한다.

03 단위에 대한 설명으로 옳은 것은?

① 1PS는 75kgf · m/h의 일률이다.

② 1J은 0.24cal이다.

③ 1kW는 1,000kgf · m/s의 일률이다.

④ 초속 1m/s는 시속 36km/h와 같다.

해설

① 1PS는 75kgf · m/s의 일률이다.

③ 1kW는 101.972kgf · m/s의 일률이다.

④ 초속 1m/s는 시속 3.6km/h와 같다.

일률, 공률, 동력단위 환산표

구 분	kgf · m/s	kW	PS	kcal/h
1kgf · m/s	1	0.009807	0.01333	8.4322
1kW	101.972	1	1.3596	859.848
1PS	75*	0.735499	1	632.415
1kcal/h	0.118593	0.001163*	0.00158	1

*표는 정의에 의한 정확한 값

04 센서 및 액추에이터 점검 · 정비 시 적절한 점검 조건이 잘못 짝지어진 것은?

① AFS – 시동상태

② 컨트롤 릴레이 – 점화 스위치 ON 상태

③ 점화코일 – 주행 중 감속 상태

④ 크랭크각센서 – 크랭킹 상태

해설

③ 점화코일 – 시동키 OFF 상태

05 압축압력 시험에서 압축압력이 떨어지는 요인으로 가장 거리가 먼 것은?

① 헤드개스킷 소손
② 피스톤링 마모
③ 밸브시트 마모
④ 밸브가이드 고무 마모

06 기관의 윤활장치를 점검해야 하는 이유로 거리가 먼 것은?

① 윤활유 소비가 많다.
② 유압이 높다.
③ 유압이 낮다.
④ 오일 교환을 자주한다.

07 기관에서 공기 과잉률이란?

① 이론공연비
② 실제공연비
③ 공기흡입량 ÷ 연료소비량
④ 실제공연비 ÷ 이론공연비

해설
공기 과잉률은 엔진에 흡입되는 혼합기의 공연비를 이론공연비로 나눈 것이다.

08 밸브 오버랩에 대한 설명으로 옳은 것은?

① 밸브 스프링을 이중으로 사용하는 것
② 밸브 시트와 면의 접촉 면적
③ 흡·배기밸브가 동시에 열려 있는 상태
④ 로커 암에 의해 밸브가 열리기 시작할 때

해설
밸브 오버랩(Valve Overlap)은 상사점 근처에서 흡·배기밸브가 동시에 열려 있는 기간을 말하며 흡·배기가스의 유동 관성을 이용하여 흡배기 효율을 향상시키기 위한 것이다.

09 가솔린의 조성 비율(체적)이 이소옥탄 80, 노멀헵탄 20인 경우 옥탄가는?

① 20   ② 40
③ 60   ④ 80

해설
$$옥탄가 = \frac{이소옥탄}{이소옥탄 + 노멀헵탄} \times 100 = \frac{80}{80 + 20} \times 100 = 80\%$$

10 다음 (   ) 안에 들어갈 말로 옳은 것은?

NO_x는 (㉠)의 화합물이며, 일반적으로 (㉡)에서 쉽게 반응한다.

① ㉠ 일산화질소와 산소, ㉡ 저온
② ㉠ 일산화질소와 산소, ㉡ 고온
③ ㉠ 질소와 산소, ㉡ 저온
④ ㉠ 질소와 산소, ㉡ 고온

해설
질소산화물(NO_x)은 공기 과잉률과 연소온도가 높은 상태에서 많이 발생된다.

11 스프링 정수가 5kgf/mm의 코일을 1cm 압축하는 데 필요한 힘은?

① 5kgf
② 10kgf
③ 50kgf
④ 100kgf

스프링상수$(k) = \dfrac{\text{작용하중}(w)}{\text{처짐량}(\delta)}$ (kgf/mm)

$5 = \dfrac{w}{10}$

$\therefore w = 50\text{kgf}$

12 전자제어 점화장치의 파워 TR에서 ECU에 의해 제어되는 단자는?

① 베이스 단자
② 컬렉터 단자
③ 이미터 단자
④ 접지 단자

파워 트랜지스터는 컴퓨터(ECU)로부터 제어신호를 받아 점화 1차코일에 흐르는 전류를 단속하는 역할을 하며 구조는 ECU에 의해 제어되는 베이스, 점화 1차코일의 (−)단자와 연결되는 컬렉터, 접지가 되어 있는 이미터로 구성되어 있다.

13 디젤기관에서 분사시기가 빠를 때 나타나는 현상으로 틀린 것은?

① 배기가스의 색이 흑색이다.
② 노크현상이 일어난다.
③ 배기가스의 색이 백색이 된다.
④ 저속회전이 어려워진다.

백색매연은 오일이 연소실에서 연소되어 배출되는 것이고 흑색매연은 불완전 연소된 연료가 배출되는 경우이다.

14 차량 총 중량이 3.5ton 이상인 화물자동차에 설치되는 후부안전판의 너비로 옳은 것은?

① 자동차 너비의 60% 이상
② 자동차 너비의 80% 미만
③ 자동차 너비의 100% 미만
④ 자동차 너비의 120% 이상

너비는 자동차 너비의 100% 미만이어야 한다.
※ 현행 너비 관련 기준(자동차규칙 제19조)
후부안전판의 양 끝부분은 뒤 차축 중 가장 넓은 차축의 좌우 최외측 타이어 바깥면(지면과 접지되어 발생되는 타이어 부풀림양은 제외) 지점을 초과하여서는 아니 되며, 좌우 최외 측 타이어 바깥면 지점부터의 간격은 각각 100mm 이내일 것

15 전자제어 가솔린 엔진에서 인젝터의 고장으로 발생될 수 있는 현상으로 가장 거리가 먼 것은?

① 연료소모 증가
② 배출가스 감소
③ 가속력 감소
④ 공회전 부조

인젝터에 문제가 발생하면 연료소모가 증가해서 혼합비가 맞지 않아 출력이 감소한다. 또한 가속력 감소와 공회전 시 부조현상이 발생할 수 있다.

16 행정별 피스톤 압축 링의 호흡작용에 대한 내용으로 틀린 것은?

① 흡입 : 피스톤의 홈과 링의 윗면이 접촉하여 홈에 있는 소량의 오일의 침입을 막는다.

② 압축 : 피스톤이 상승하면 링은 아래로 밀리게 되어 위로부터의 혼합기가 아래로 누설되지 않게 한다.

③ 동력 : 피스톤의 홈과 링의 윗면이 접촉하여 링의 윗면으로부터 가스가 누설되는 것을 방지한다.

④ 배기 : 피스톤이 상승하면 링은 아래로 밀리게 되어 위로부터의 연소가스가 아래로 누설되지 않게 한다.

해설
동력행정을 할 때는 가스가 링을 강하게 가압하여 피스톤의 홈과 링의 아랫면이 접촉하여 링의 아랫면으로부터 가스가 새는 것을 방지한다.

17 아날로그 신호가 출력되는 센서로 틀린 것은?

① 옵티컬 방식의 크랭크각센서

② 스로틀포지션센서

③ 흡기온도센서

④ 수온센서

해설
옵티컬 방식의 크랭크각센서는 디지털 신호가 출력된다.

18 가솔린엔진의 작동 온도가 낮을 때와 혼합비가 희박하여 실화되는 경우에 증가하는 유해 배출가스는?

① 산소(O_2)　　② 탄화수소(HC)

③ 질소산화물(NO_x)　　④ 이산화탄소(CO_2)

해설
탄화수소는 엔진 자체 부조나 특정조건하의 불완전 연소 시 많이 나온다.

19 엔진이 작동 중 과열되는 원인으로 틀린 것은?

① 냉각수의 부족

② 라디에이터 코어의 막힘

③ 전동 팬 모터 릴레이의 고장

④ 수온조절기가 열린 상태로 고장

해설
④ 수온조절기가 닫힌 상태로 고장

20 4행정 가솔린기관에서 각 실린더에 설치된 밸브가 3-밸브(3-Valve)인 경우 옳은 것은?

① 2개의 흡기밸브와 흡기보다 직경이 큰 1개의 배기밸브

② 2개의 흡기밸브와 흡기보다 직경이 작은 1개의 배기밸브

③ 2개의 배기밸브와 배기보다 직경이 큰 1개의 흡기밸브

④ 2개의 배기밸브와 배기와 직경이 같은 1개의 배기밸브

해설
3-밸브 기관(3-Valve Engine : Dreiventiler)
2개의 흡기밸브와 이에 비해 직경이 큰 배기밸브를 1개 사용한다. 중앙에 스파크플러그를 설치하는 것이 불가능할 경우, 그림과 같이 연소실 외부 중앙에 스파크플러그를 2개 설치한다. 이를 통해 피스톤 가장자리 근처와 히트-댐 부근의 혼합기까지도 완전히 연소시키는 것을 목표로 한다. 1개의 캠축을 사용한다.

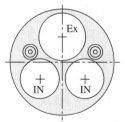

21 LPG 기관에서 냉각수 온도 스위치의 신호에 의하여 기체 또는 액체 연료를 차단하거나 공급하는 역할을 하는 것은?

① 과류방지밸브

② 유동밸브

③ 안전밸브

④ 액·기상 솔레노이드밸브

LPG 솔레노이드밸브 : 연료를 차단하는 역할을 한다.
• 기체 솔레노이드밸브(냉각수의 온도가 15℃ 이하의 경우에 열림)
• 액체 솔레노이드밸브(냉각수의 온도가 15℃ 이상의 경우에 열림)
• 내부에 여과기(필터)가 장착되어 있다.

22 176°F는 몇 ℃인가?

① 76

② 80

③ 144

④ 176

섭씨온도(℃)$= \frac{5}{9}(°F-32) = \frac{5}{9}(176-32) = 80$

23 가솔린연료에서 노크를 일으키기 어려운 성질을 나타내는 수치는?

① 옥탄가

② 점 도

③ 세탄가

④ 베이퍼로크

가솔린의 성질은 옥탄가로 표시하며 폭발에 견딜 수 있는 정도를 나타내는 것이다.

24 조향장치에서 조향기어비가 직진영역에서 크게 되고 조향각이 큰 영역에서 작게 되는 형식은?

① 웜 섹터형

② 웜 롤러형

③ 가변 기어비형

④ 볼 너트형

① 웜 섹터형 : 조향기어의 가장 기본적인 형식이며 조향축의 아래쪽 끝에 있는 섹터를 이용한 비가역식 기어 장치이다.
② 웜 섹터 롤러형 : 웜 섹터형의 섹터 대신에 롤러(베어링)를 장치해 잇날과 잇날의 미끄럼 접촉을 롤링 접촉으로 바꾸어 마찰을 적게 한 것이다. 롤러의 산 수는 1~3산이 사용되고 있다.
④ 볼 너트형 : 핸들의 조작이 가볍고 큰 하중에 견디며, 마모도 적은 것이 특징이어서 현재 가장 많이 사용하는 형식이며 나사와 너트 사이에 여러 개의 볼을 넣어서 웜의 회전을 볼의 구름 접촉으로 너트에 전달시키는 구조로 되어 있다.

25 수동변속기 내부에서 싱크로나이저 링의 기능이 작용하는 시기는?

① 변속기 내에서 기어가 빠질 때

② 변속기 내에서 기어가 물릴 때

③ 클러치 페달을 밟을 때

④ 클러치 페달을 놓을 때

싱크로나이저 링은 엔진에서 미션으로 가는 동력을 클러치를 밟아 차단하고 기어가 순조롭게 들어가게 하기 위하여 기어와 기어가 물리기 전에 원활히 물리도록 서로 동기화하는 기구이다.

26 수동변속기 차량에서 클러치의 구비조건으로 틀린 것은?

① 동력전달이 확실하고 신속할 것

② 방열이 잘 되어 과열되지 않을 것

③ 회전 부분의 평형이 좋을 것

④ 회전관성이 클 것

해설
④ 회전관성이 작을 것

27 선회 주행 시 자동차가 기울어짐을 방지하는 부품으로 옳은 것은?

① 너클 암

② 섀 클

③ 타이로드

④ 스태빌라이저

해설
스태빌라이저는 자동차가 고속으로 선회할 때 차체의 좌우 진동을 완화하는 기능을 한다.

28 마스터 실린더의 내경이 2cm, 푸시로드에 100kgf의 힘이 작용하면 브레이크 파이프에 작용하는 유압은?

① 약 25kgf/cm^2

② 약 32kgf/cm^2

③ 약 50kgf/cm^2

④ 약 200kgf/cm^2

해설
압력 $= \dfrac{\text{힘}}{\text{단면적}} = \dfrac{100}{3.14} = 31.847$

※ 실린더 면적 $= \dfrac{\pi d^2}{4} = \dfrac{\pi 2^2}{4} = 3.14$

29 빈번한 브레이크 조작으로 인해 온도가 상승하여 마찰계수 저하로 제동력이 떨어지는 현상은?

① 베이퍼로크 현상

② 페이드 현상

③ 피칭 현상

④ 시미 현상

해설
① 베이퍼로크 현상 : 연료파이프 내의 연료(액체)가 주위의 온도상승이나 압력저하에 의해 기포가 발생하여 연료펌프 기능을 저해하거나 운동을 방해하는 현상

③ 피칭 현상 : 자동차의 가로축(좌우 방향 축)을 중심으로 하는 전후 회전진동

④ 시미 현상 : 타이어의 동적 불평형으로 인한 바퀴의 좌우 진동 현상

30 기계식 주차레버를 당기기 시작(0%)하여 완전작동(100%)할 때까지의 범위 중 주차가능 범위로 옳은 것은?

① 10~20%

② 15~30%

③ 50~70%

④ 80~90%

31 링 기어 중심에서 구동 피니언을 편심시킨 것으로 추진축의 높이를 낮게 할 수 있는 종감속기어는?

① 직선 베벨 기어
② 스파이럴 베벨 기어
③ 스퍼 기어
④ 하이포이드 기어

해설
하이포이드 기어 시스템의 장점
• 추진축의 높이를 낮게 할 수 있다.
• 차실의 바닥이 낮게 되어 거주성이 향상된다.
• 자동차의 전고가 낮아 안전성이 증대된다.
• 구동 피니언기어를 크게 할 수 있어 강도가 증가된다.
• 기어의 물림률이 크기 때문에 회전이 정숙하다.
• 설치공간을 적게 차지한다.

32 자동변속기의 토크컨버터에서 작동유체의 방향을 변환시키며 토크 증대를 위한 것은?

① 스테이터
② 터 빈
③ 오일펌프
④ 유성기어

해설
스테이터는 토크 변환기에서 오일의 흐름 방향을 바꾸어 토크를 증가시키는 역할을 한다.

33 제3의 브레이크(감속 제동장치)로 틀린 것은?

① 엔진 브레이크
② 배기 브레이크
③ 와전류 브레이크
④ 주차 브레이크

해설
제동장치의 종류에는 풋 브레이크, 주차 브레이크, 감속 브레이크로 나뉜다. 이 중에 감속 브레이크는 기관의 피스톤 왕복운동의 속도에 맞춰 속도를 줄이는 것으로 흔히 엔진 브레이크라고도 한다. 또한 배기 브레이크, 와전류 브레이크도 있다.

34 타이어의 스탠딩 웨이브 현상에 대한 내용으로 옳은 것은?

① 스탠딩 웨이브를 줄이기 위해 고속주행 시 공기압을 10% 정도 줄인다.
② 스탠딩 웨이브가 심하면 타이어 박리현상이 발생할 수 있다.
③ 스탠딩 웨이브는 바이어스 타이어보다 레이디얼 타이어에서 많이 발생한다.
④ 스탠딩 웨이브 현상은 하중과 무관하다.

해설
② 스탠딩 웨이브 현상이 계속되면 타이어의 과열을 가져 오고 고온 발열 상태에서 지속적인 주행은 타이어의 소재가 변질되고 타이어의 수명을 감소시키며 과도한 온도 상승은 갑작스러운 타이어의 파열이나 박리현상의 발생 가능성을 높인다.
① 스탠딩 웨이브를 줄이기 위해 고속주행 시 공기압을 10% 정도 높여준다.
③ 스탠딩 웨이브는 레이디얼 타이어보다 바이어스 타이어에서 많이 발생한다.
④ 스탠딩 웨이브 현상은 하중과 상관있다.

35 우측으로 조향을 하고자 할 때 앞바퀴의 내측 조향각이 45°, 외측 조향각이 42°이고 축간거리는 1.5m, 킹핀과 바퀴 접지면까지 거리가 0.3m일 경우 최소회전반경은?(단, $\sin30° = 0.5$, $\sin42° = 0.67$, $\sin45° = 0.71$)

① 약 2.41m ② 약 2.54m

③ 약 3.30m ④ 약 5.21m

해설

최소회전반경 $= \dfrac{L(축거)}{\sin\alpha} + r$ (바퀴접지면 중심과 킹핀과의 거리)

$R = \dfrac{L(\mathrm{m})}{\sin\alpha} + r$

$\sin42° = 0.670$이므로

$R = \dfrac{1.5\mathrm{m}}{0.67} + 0.3 ≒ 2.538\mathrm{m}$

36 자동변속기의 제어시스템을 입력과 제어, 출력으로 나누었을 때 출력신호는?

① 차속센서

② 유온센서

③ 펄스 제너레이터

④ 변속제어 솔레노이드

해설

자동변속기의 제어시스템

입 력	제 어	출 력
차속센서, 유온센서, 펄스 제너레이터 A, B, 인히비터 스위치, 오버 드라이브 스위치 등	→ TCU →	AT 릴레이, 솔레노이드밸브, 자기진단 단자, 계기판(속도계, 변속레버 스위치) 등

37 차륜 정렬 측정 및 조정을 해야 할 이유와 거리가 먼 것은?

① 브레이크의 제동력이 약할 때

② 현가장치를 분해·조립했을 때

③ 핸들이 흔들리거나 조작이 불량할 때

④ 충돌 사고로 인해 차체에 변형이 생겼을 때

38 전자제어 제동 시스템(ABS)을 입력, 제어, 출력으로 나누었을 때 입력이 아닌 것은?

① 스피드센서 ② 모터 릴레이

③ 브레이크 스위치 ④ 축전지 전원

해설

전자제어 제동 시스템(ABS)
• 입력장치 : 4개의 속도센서, 브레이크 스위치, 자기진단 입력기능
• 출력장치 : 6개의 솔레노이드밸브, ABS 경고등 및 릴레이, 모터 릴레이 등

39 조향장치의 동력전달 순서로 옳은 것은?

① 핸들 – 타이로드 – 조향기어 박스 – 피트먼 암

② 핸들 – 섹터 축 – 조향기어 박스 – 피트먼 암

③ 핸들 – 조향기어 박스 – 섹터 축 – 피트먼 암

④ 핸들 – 섹터 축 – 조향기어 박스 – 타이로드

40 기관의 회전수가 2,400rpm이고, 총감속비가 8 : 1, 타이어 유효반경이 25cm일 때 자동차의 시속은?

① 약 14km/h　　② 약 18km/h

③ 약 21km/h　　④ 약 28km/h

해설

$$자동차 시속 = \frac{\pi DN}{변속비 \times 종감속비} \times \frac{60}{1,000}$$

$$= \frac{\pi (2r) N}{변속비 \times 종감속비} \times \frac{60}{1,000}$$

$$= \frac{\pi \times 2 \times 0.25 \times 2,400}{8} \times \frac{60}{1,000}$$

$$≒ 28.26 km/h$$

41 납산 축전지(Battery)의 방전 시 화학반응에 대한 설명으로 틀린 것은?

① 극판의 과산화납은 점점 황산납으로 변한다.

② 극판의 해면상납은 점점 황산납으로 변한다.

③ 전해액은 물만 남게 된다.

④ 전해액의 비중은 점점 높아진다.

해설

전해액의 비중은 방전량에 비례하여 낮아진다.

42 엔진오일 압력이 일정 이하로 떨어졌을 때 점등되는 경고등은?

① 연료 잔량 경고등

② 주차 브레이크등

③ 엔진오일 경고등

④ ABS 경고등

43 트랜지스터(TR)의 설명으로 틀린 것은?

① 증폭 작용을 한다.

② 스위칭 작용을 한다.

③ 아날로그 신호를 디지털 신호로 변환한다.

④ 이미터, 베이스, 컬렉터의 리드로 구성되어져 있다.

해설

트랜지스터는 전류를 증폭작용과 스위칭 역할을 하는 반도체 소자이다.

※ A/D변환기는 아날로그 신호를 중앙처리장치에 의해서 디지털 신호로 변환하는 장치이다.

44 현재의 연료소비율, 평균속도, 항속 가능거리 등의 정보를 표시하는 시스템으로 옳은 것은?

① 종합 경보 시스템(ETACS 또는 ETWIS)

② 엔진 · 변속기 통합제어 시스템(ECM)

③ 자동주차 시스템(APS)

④ 트립(Trip) 정보 시스템

45 발전기 스테이터 코일의 시험 중 그림은 어떤 시험인가?

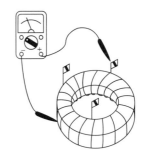

① 코일과 철심의 절연시험

② 코일의 단선시험

③ 코일과 브러시의 단락시험

④ 코일과 철심의 전압시험

46 점화코일의 1차 저항을 측정할 때 사용하는 측정기로 옳은 것은?

① 진공 시험기
② 압축압력 시험기
③ 회로 시험기
④ 축전지 용량 시험기

해설

회로 시험기 용도 : 전기기기의 부품 및 회로의 이상 유무를 점검한다. 즉, 저항, 직류전압, 교류전압, 직류전류 등을 측정한다.

47 전자제어 방식의 뒷 유리 열선제어에 대한 설명으로 틀린 것은?

① 엔진 시동상태에서만 작동한다.
② 열선은 병렬회로로 연결되어 있다.
③ 정확한 제어를 위해 릴레이를 사용하지 않는다.
④ 일정시간 작동 후 자동으로 OFF된다.

해설

열선의 구동을 위해서 열선 스위치 신호와 열선 릴레이 신호가 필요하다.

48 디젤 승용자동차의 시동장치 회로 구성요소로 틀린 것은?

① 축전지
② 기동전동기
③ 점화코일
④ 예열 · 시동스위치

해설

점화코일은 가솔린기관 차량의 점화장치이다.

49 PNP형 트랜지스터의 순방향 전류는 어떤 방향으로 흐르는가?

① 컬렉터에서 베이스로
② 이미터에서 베이스로
③ 베이스에서 이미터로
④ 베이스에서 컬렉터로

해설

PNP형에서의 전류의 흐름은 이미터에서 베이스로, 이미터에서 컬렉터로 흐르고, NPN형에서의 전류의 흐름은 컬렉터에서 이미터로, 베이스에서 이미터로 흐른다.

50 축전지의 극판이 영구 황산납으로 변하는 원인으로 틀린 것은?

① 전해액이 모두 증발되었다.
② 방전된 상태로 장기간 방치하였다.
③ 극판이 전해액에 담겨 있다.
④ 전해액의 비중이 너무 높은 상태로 관리하였다.

해설

축전지의 극판이 영구 황산납으로 변하는 원인
• 전해액의 비중이 너무 높거나 낮다.
• 전해액이 부족하여 극판이 노출되었다.
• 불충분한 충전이 되었다.
• 축전지를 방전된 상태로 장기간 방치하였다.
• 축전지를 과방전시켰다.
• 축전지의 극판이 공기 중에 노출되었다.

51 산업안전보건법상 작업현장 안전 · 보건표지 색채에서 화학물질 취급 장소에서의 유해 · 위험 경고 용도로 사용되는 색채는?

① 빨간색 ② 노란색
③ 녹 색 ④ 검은색

해설

안전보건표지의 색도기준 및 용도(산업안전보건법 시행규칙 [별표 8])

색 채	색도기준	용 도	사용 예
빨간색	7.5R 4/14	금 지	정지신호, 소화설비 및 그 장소, 유해행위의 금지
		경 고	화학물질 취급장소에서의 유해 · 위험 경고
노란색	5Y 8.5/12	경 고	화학물질 취급장소에서의 유해 · 위험경고 이외의 위험경고, 주의표지 또는 기계방호물
파란색	2.5PB 4/10	지 시	특정 행위의 지시 및 사실의 고지
녹 색	2.5G 4/10	안 내	비상구 및 피난소, 사람 또는 차량의 통행표지
흰 색	N9.5		파란색 또는 녹색에 대한 보조색
검은색	N0.5		문자 및 빨간색 또는 노란색에 대한 보조색

52 정 작업 시 주의할 사항으로 틀린 것은?

① 정 작업 시에는 보호안경을 사용할 것
② 철재를 절단할 때는 철편이 튀는 방향에 주의할 것
③ 자르기 시작할 때와 끝날 무렵에는 세게 칠 것
④ 담금질된 재료는 깎아내지 말 것

해설

정 작업은 시작과 끝에 특히 조심한다.

53 정비용 기계의 검사, 유지, 수리에 대한 내용으로 틀린 것은?

① 동력기계의 급유 시에는 서행한다.
② 동력기계의 이동장치에는 동력차단장치를 설치한다.
③ 동력차단장치는 작업자 가까이에 설치한다.
④ 청소할 때는 운전을 정지한다.

해설

동력기계의 급유 시에는 운전을 정지한다.

54 공기압축기에서 공기필터의 교환 작업 시 주의사항으로 틀린 것은?

① 공기압축기를 정지시킨 후 작업한다.
② 고정된 볼트를 풀고 뚜껑을 열어 먼지를 제거한다.
③ 필터는 깨끗이 닦거나 압축공기로 이물을 제거한다.
④ 필터에 약간의 기름칠을 하여 조립한다.

해설

에어필터나 부품의 세척 시 인화성 또는 독성이 있는 솔벤트, 신나 등의 사용을 금지한다.

55 안전사고율 중 도수율(빈도율)을 나타내는 표현식은?

① (연간 사상자 수/평균 근로자 수)×1,000
② (사고 건수/연근로 시간 수)×1,000,000
③ (노동 손실일 수/노동 총시간 수)×1,000
④ (사고 건수/노동 총시간 수)×1,000

해설

도수율(빈도율) : 연 100만 근로 시간당(man-h) 발생한 재해 건수

56 브레이크에 페이드 현상이 일어났을 때 운전자가 취할 응급처치로 가장 옳은 것은?

① 자동차의 속도를 조금 올려 준다.
② 자동차를 세우고 열이 식도록 한다.
③ 브레이크를 자주 밟아 열을 발생시킨다.
④ 주차 브레이크를 대신 사용한다.

해설
자동차를 세우고 브레이크 드럼 등의 열이 식도록 한다.

57 전동공구 사용 시 전원이 차단되었을 경우 안전한 조치방법은?

① 전기가 다시 들어오는지 확인하기 위해 전동공구를 ON 상태로 둔다.
② 전기가 다시 들어올 때까지 전동공구의 ON-OFF를 계속 반복한다.
③ 전동공구 스위치는 OFF 상태로 전환한다.
④ 전동공구는 플러그를 연결하고 스위치는 ON 상태로 하여 대피한다.

해설
기계운전 중 정전 시는 즉시 주 전원스위치를 끈다.

58 가솔린기관의 진공도 측정 시 안전에 관한 내용으로 적합하지 않은 것은?

① 기관의 벨트에 손이나 옷자락이 닿지 않도록 주의한다.
② 작업 시 주차브레이크를 걸고 고임목을 괴어둔다.
③ 리프트를 눈높이까지 올린 후 점검한다.
④ 화재 위험이 있을 수 있으니 소화기를 준비한다.

해설
엔진 진공도를 측정하려면 엔진상부의 서지탱크에서 진공도를 측정한다. 리프트를 눈높이까지 올리면 차량이 너무 높아 엔진 위에서 진공도 측정작업을 할 수 없다.

59 축전지를 차에 설치한 채 급속충전을 할 때의 주의 사항으로 틀린 것은?

① 축전지 각 셀(Cell)의 플러그를 열어 놓는다.
② 전해액 온도가 45℃를 넘지 않도록 한다.
③ 축전지 가까이에서 불꽃이 튀지 않도록 한다.
④ 축전지의 양(+, −)케이블을 단단히 고정하고 충전한다.

해설
배터리를 자동차에 연결한 채 충전할 경우, 접지(−) 터미널을 떼어 놓는다.

60 운반 기계에 대한 안전수칙으로 틀린 것은?

① 무거운 물건을 운반할 경우에는 반드시 경종을 울린다.
② 흔들리는 화물은 사람이 승차하여 붙잡도록 한다.
③ 기중기는 규정 용량을 초과하지 않는다.
④ 무거운 물건을 상승시킨 채 오랫동안 방치하지 않는다.

해설
흔들리기 쉬운 인양물은 가이드로프를 이용해 유도한다.

01 엔진이 2,000rpm으로 회전하고 있을 때 그 출력이 65PS라고 하면 이 엔진의 회전력은 몇 m·kgf인가?

① 23.27 ② 24.45

③ 25.46 ④ 26.38

해설

$$회전력(T) = 716 \times \frac{출력(PS)}{회전속도(N)}$$

$$= 716 \times \frac{65}{2,000} = 23.27m \cdot kgf$$

02 디젤기관의 연소실 중 피스톤 헤드부의 요철에 의해 생성되는 연소실은?

① 예연소실식

② 공기실식

③ 와류실식

④ 직접분사실식

해설

디젤기관의 연소실 형식

④ 직접분사실식 : 연소실의 구조가 간단하고 표면적이 적기 때문에 열손실이 적고 연료소비가 적다.

① 예연소실식 : 예연소실의 체적은 전압축 체적의 30~40%이다.

② 공기실식 : 공기실의 체적은 전압축 체적의 6.5~20%이다.

③ 와류실식 : 와류실의 체적은 전압축 체적의 50~70%이다.

03 기관의 밸브 장치에서 기계식 밸브 리프트에 비해 유압식 밸브 리프트의 장점으로 맞는 것은?

① 구조가 간단하다.

② 오일펌프와 상관없다.

③ 밸브 간극 조정이 필요 없다.

④ 워밍업 전에만 밸브 간극 조정이 필요하다.

해설

유압식 밸브 리프트

밸브 간극을 점검할 필요가 없으며, 밸브 개폐시기가 정확하므로 기관의 성능이 향상됨과 동시에 작동 소음을 줄일 수 있으나 구조가 복잡해지고 항상 일정한 압력의 오일을 공급받아야 한다.

04 LPG 연료에 대한 설명으로 틀린 것은?

① 기체 상태는 공기보다 무겁다.

② 저장은 가스 상태로만 한다.

③ 연료 충진은 탱크 용량의 약 85% 정도로 한다.

④ 주변온도 변화에 따라 봄베의 압력변화가 나타난다.

해설

LPG는 석유계 연료로 액화저장이 가능하기 때문에 수송이 용이하다.

05 자기진단 출력이 10진법 2개 코드 방식에서 코드번호가 55일 때 해당하는 신호는?

① ⎍⎍_⎍⎍⎍⎍
② ⎍⎍⎍⎍⎍_
③ ⎍⎍⎍⎍⎍⎍_
④ ⎍⎍⎍⎍⎍⎍_⎍⎍⎍⎍

06 기관정비 작업 시 피스톤링의 이음 간극을 측정할 때 측정도구로 가장 알맞은 것은?

① 마이크로미터
② 다이얼게이지
③ 시크니스게이지
④ 버니어캘리퍼스

해설
피스톤링의 이음 간극 및 사이드 간극은 시크니스게이지를 이용하여 측정한다.

07 여지 반사식 매연측정기의 시료 채취관을 배기관에 삽입 시 가장 알맞은 깊이는?

① 20cm ② 40cm
③ 50cm ④ 60cm

해설
여지 반사식 매연측정기의 시료 채취관을 배기관의 중앙에 오도록 하고 20cm 정도의 깊이로 삽입한다.

08 엔진의 흡기장치 구성요소에 해당하지 않는 것은?

① 촉매장치
② 서지탱크
③ 공기청정기
④ 레조네이터(Resonator)

해설
흡기계통의 주요 구성요소
서지탱크, 공기청정기, 레조네이터, 흡기 매니폴드, 흡기 포트 등

09 LPG 기관에서 연료공급 경로로 맞는 것은?

① 봄베 → 솔레노이드밸브 → 베이퍼라이저 → 믹서
② 봄베 → 베이퍼라이저 → 솔레노이드밸브 → 믹서
③ 봄베 → 베이퍼라이저 → 믹서 → 솔레노이드밸브
④ 봄베 → 믹서 → 솔레노이드밸브 → 베이퍼라이저

해설
LPG 기관에서 연료공급 경로 : 봄베 → 솔레노이드밸브 → 베이퍼라이저 → 믹서

10 기관의 동력을 측정할 수 있는 장비는?

① 멀티미터
② 볼트미터
③ 태코미터
④ 다이나모미터

해설
회전력의 동력적 측정 및 시험을 수행하는 시험설비를 통칭하여 다이나모미터(약어로 다이나모)라고 한다.

11 엔진의 내경 9cm, 행정 10cm인 1기통 배기량은?

① 약 666cc
② 약 656cc
③ 약 646cc
④ 약 636cc

해설
배기량(행정체적) $= A$(피스톤 단면적)$\times L$(행정)

$$= \frac{\pi d^2}{4} \times L = \frac{\pi \times 9^2}{4} \times 10$$

$$\fallingdotseq 636.17cc$$

12 EGR(Exhaust Gas Recirculation)밸브에 대한 설명 중 틀린 것은?

① 배기가스 재순환 장치이다.
② 연소실 온도를 낮추기 위한 장치이다.
③ 증발가스를 포집하였다가 연소시키는 장치이다.
④ 질소산화물(NOx) 배출을 감소하기 위한 장치이다.

해설
배기가스재순환장치(EGR)는 배기가스의 일부를 엔진의 혼합가스에 재순환시켜 가능한 출력감소를 최소로 하면서 연소온도를 낮추어 질소산화물(NOx)의 배출량을 감소시킨다.

13 전자제어기관에서 인젝터의 연료분사량에 영향을 주지 않는 것은?

① 산소(O₂)센서
② 공기유량센서(AFS)
③ 냉각수온센서(WTS)
④ 핀서모(Pin Thermo)센서

해설
핀서모센서는 에어컨 시스템 내의 온도를 감지하는 역할을 한다.

14 수랭식 냉각장치의 장단점에 대한 설명으로 틀린 것은?

① 공랭식보다 소음이 크다.
② 공랭식보다 보수 및 취급이 복잡하다.
③ 실린더 주위를 균일하게 냉각시켜 공랭식보다 냉각효과가 좋다.
④ 실린더 주위를 저온으로 유지시키므로 공랭식보다 체적효율이 좋다.

해설
수랭식과 공랭식의 장단점

구 분	수랭식	공랭식
냉각효과	각 부분의 균일 냉각이 가능 하며, 냉각능력이 크다.	균일 냉각이 곤란하며, 열 변형을 일으키기 쉽다.
출력 및 내구성	압축비가 높고, 평균 유효 압력 증대로 출력증가가 가능하다. 또한 열부하용량 증대로 내구성이 뛰어나다.	압축비가 낮고, 냉각팬 손 실마력 등의 이유로 고출력화가 곤란하다.
중량·용량	냉각수 재킷, 방열기, 물 펌 프 등이 필요하지만, 체적이 간소화된다.	냉각팬과 실린더 도풍커버 등이 필요하고, 체적이 커진다.
연비·엔진 소비·마멸	• 열효율이 높고 연비가 좋으며, 열변형이 적고 오일 소비가 적다. • 저온에서는 마멸의 가능성이 있다.	• 연비·오일의 소비가 커지는 경향이 있으며, 오일의 고온열화가 있다. • 저온에서는 마멸이 적다.
소 음	워터 재킷이 방음벽이 되며, 소음이 적다.	냉각팬 및 핀에 의한 소음이 크다.
보 수	냉각수의 보수 및 점검이 필요하다.	보수 점검이 용이하다.

15 내연기관에서 언더스퀘어 엔진은 어느 것인가?

① 행정/실린더 내경 = 1

② 행정/실린더 내경 < 1

③ 행정/실린더 내경 > 1

④ 행정/실린더 내경 ≤ 1

해설
①은 정방행정기관(스퀘어 기관), ②는 단행정기관(오버스퀘어 기관), ③은 장행정기관(언더스퀘어 기관)이다.

16 내연기관의 윤활장치에서 유압이 낮아지는 원인으로 틀린 것은?

① 기관 내 오일 부족

② 오일스트레이너 막힘

③ 유압조절밸브 스프링 장력 과대

④ 캠축 베어링의 마멸로 오일 간극 커짐

해설
③ 유압조절밸브의 스프링장력이 약할 때

17 다음 중 디젤기관에 사용되는 과급기의 역할은?

① 윤활성의 증대

② 출력의 증대

③ 냉각효율의 증대

④ 배기의 증대

해설
과급기는 강제로 압축한 공기를 연소실로 보내 더 많은 연료가 연소될 수 있도록 하여 엔진의 출력을 높이는 역할을 한다. 체적대비 출력효율을 높이기 위한 목적을 가지고 있다.

18 피스톤 행정이 84mm, 기관의 회전수가 3,000 rpm인 4행정 사이클 기관의 피스톤 평균속도는 얼마인가?

① 4.2m/s   ② 8.4m/s

③ 9.4m/s   ④ 10.4m/s

해설

피스톤 평균속도$(V) = \dfrac{2 \times S(\text{행정}) \times N(\text{회전수})}{60}$

$= \dfrac{2 \times 84 \times 3,000}{60} = 8,400\text{mm/s} \div 1,000$

$= 8.4\text{m/s}$

19 디젤엔진에서 연료 공급펌프 중 프라이밍 펌프의 기능은?

① 기관이 작동하고 있을 때 펌프에 연료를 공급한다.

② 기관이 정지되고 있을 때 수동으로 연료를 공급한다.

③ 기관이 고속운전을 하고 있을 때 분사펌프의 기능을 돕는다.

④ 기관이 가동하고 있을 때 분사펌프에 있는 연료를 빼는 데 사용한다.

해설
프라이밍 펌프는 수동용 펌프로, 엔진이 정지되었을 때 연료 탱크의 연료를 연료 분사펌프까지 공급하거나 연료 라인 내의 공기 빼기 등에 사용한다.

15 ③   16 ③   17 ②   18 ②   19 ②   **정답**

20 흡기계통의 핫 와이어(Hot Wire) 공기량 계측방식은?

① 간접 계량방식
② 공기질량 검출방식
③ 공기체적 검출방식
④ 흡입부압 감지방식

해설
핫 와이어식(Hot Wire)은 흡입공기량을 질량 유량에 의해 측정한다.

21 기관에 이상이 있을 때 또는 기관의 성능이 현저하게 저하되었을 때 분해수리의 여부를 결정하기 위한 가장 적합한 시험은?

① 캠각 시험
② CO 가스측정
③ 압축압력 시험
④ 코일의 용량 시험

해설
엔진의 압축압력 시험은 엔진에 이상이 있을 때 또는 엔진의 성능이 현저하게 저하되어 분해수리의 여부를 결정하기 위해서 한다.

22 가솔린엔진에서 점화장치의 점검방법으로 틀린 것은?

① 흡기온도센서의 출력값을 확인한다.
② 점화코일의 1차, 2차코일 저항을 확인한다.
③ 오실로스코프를 이용하여 점화파형을 확인한다.
④ 고압 케이블을 탈거하고 크랭킹 시 불꽃 방전 시험으로 확인한다.

23 연료 분사장치에서 산소센서의 설치 위치는?

① 라디에이터
② 실린더 헤드
③ 흡입 매니폴드
④ 배기 매니폴드 또는 배기관

해설
산소센서는 배기관에 설치되어 있으며, 배기가스 속에 포함되어 있는 산소량을 감지한다.

24 자동차 주행 시 차량 후미가 좌우로 흔들리는 현상은?

① 바운싱   ② 피 칭
③ 롤 링   ④ 요 잉

해설
④ 요잉(Yawing) : z축을 중심으로 한 회전운동(차체의 뒤쪽이 좌우로 회전하는 진동)
① 바운싱(Bouncing) : z축을 중심으로 한 병진운동(차체의 전체가 아래위로 진동)
② 피칭(Pitching) : y축을 중심으로 한 회전운동(차체의 앞과 뒤쪽이 아래위로 진동)
③ 롤링(Rolling) : x축을 중심으로 한 회전운동(차체가 좌우로 흔들리는 회전운동)

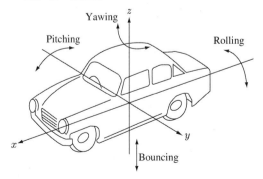

25 자동변속기 유압시험 시 주의할 사항이 아닌 것은?

① 오일온도가 규정온도에 도달되었을 때 실시한다.

② 유압시험은 냉간, 중간, 열간 등 온도를 3단계로 나누어 실시한다.

③ 측정하는 항목에 따라 유압이 클 수 있으므로 유압계 선택에 주의한다.

④ 규정 오일을 사용하고, 오일양을 정확히 유지하고 있는지 여부를 점검한다.

해설

유압시험은 자동변속기의 충격이나 슬립이 발생할 경우 작동 요소의 작동압력을 측정한다. 따라서 오일펌프 및 각 요소의 피스톤 오일 실(Seal) 등이 정상적으로 작동하는가를 간접적으로 확인할 수 있으며, 유압시험을 실시하기 전에 기본적인 점검 및 전자제어 계통 등에 이상이 없는가를 확인한 후 실시한다.

26 다음 중 수동변속기 기어의 2중 결합을 방지하기 위해 설치한 기구는?

① 앵커 블록

② 시프트 포크

③ 인터로크 기구

④ 싱크로나이저 링

해설

인터로크 기구는 수동변속기에서 기어변속 체결 시 기어의 이중물림을 방지하기 위한 기구이다.

27 유압식 브레이크는 무슨 원리를 이용한 것인가?

① 뉴턴의 법칙

② 파스칼의 원리

③ 베르누이의 정리

④ 아르키메데스의 원리

해설

유압회로는 파스칼의 원리(각부의 면적이 달라도 작용한 압력은 동일하기 때문에 작은 힘으로 큰 힘을 제어할 수 있는 것)를 이용한 것이다.

28 전자제어 현가장치(E.C.S) 입력신호가 아닌 것은?

① 휠스피드센서

② 차고센서

③ 조향휠 각속도센서

④ 차속센서

해설

휠스피드센서는 감속을 검출하고 이 신호를 이용하여 ABS 하이드롤릭 모듈을 ECU가 제어하여 ABS가 작동하는 데 사용된다.

29 제동장치에서 디스크 브레이크의 형식으로 적합한 것은?

① 앵커핀형

② 2리딩형

③ 유니서보형

④ 플로팅 캘리퍼형

해설

디스크 브레이크의 종류 : 캘리퍼 고정형, 캘리퍼 부동형(플로팅 캘리퍼)

30 자동차의 앞바퀴 정렬에서 토(Toe) 조정은 무엇으로 하는가?

① 와셔의 두께
② 심의 두께
③ 타이로드의 길이
④ 드래그 링크의 길이

해설
토인(Toe In) : 앞바퀴를 위에서 보았을 때 앞쪽이 뒤쪽보다 좁은 상태로, 타이로드 길이로 조정한다. 토인의 조정은 전륜을 평행하게 회전시키며, 편마모 및 바퀴의 사이드슬립을 방지한다.

31 레이디얼타이어 호칭이 "175/70 SR 14"일 때 "70"이 의미하는 것은?

① 편평비
② 타이어 폭
③ 최대속도
④ 타이어 내경

해설
175/70 SR 14
• 175 : 타이어 폭(mm)
• 70 : 편평비
• S : 최대속도
• R : 레이디얼 타이어
• 14 : 타이어 내경(inch)

32 자동차의 무게 중심위치와 조향 특성과의 관계에서 조향각에 의한 선회 반지름보다 실제 주행하는 선회 반지름이 작아지는 현상은?

① 오버 스티어링
② 언더 스티어링
③ 파워 스티어링
④ 뉴트럴 스티어링

해설
② 언더 스티어링 : 자동차가 주행하면서 선회할 때 조향각도를 일정하게 유지하여도 선회 반지름이 커지는 현상
③ 파워 스티어링 : 자동차의 핸들조작에 편의를 더하기 위해 설비된 자동차 장치의 일종
④ 뉴트럴 스티어링 : 일정한 조향각으로 선회할 때 속도를 높여도 선회 반경이 변하지 않는 것을 말하며, 조향 특성이 언더 스티어링도 오버 스티어링도 아닌 것(약칭으로 NS라고 한다)

33 클러치 마찰면에 작용하는 압력이 300N, 클러치 판의 지름이 80cm, 마찰계수 0.3일 때 기관의 전달회전력은 약 몇 N·m인가?

① 36
② 56
③ 62
④ 72

해설
$T = uPr = 0.3 \times 300N \times 0.4m = 36N \cdot m$

34 유압식 동력조향장치의 구성요소가 아닌 것은?

① 유압펌프
② 유압제어밸브
③ 동력 실린더
④ 유압식 리타더

해설
리타더는 보조제동장치이다.

35 진공식 브레이크 배력장치의 설명으로 틀린 것은?

① 압축공기를 이용한다.

② 흡기다기관의 부압을 이용한다.

③ 기관의 진공과 대기압을 이용한다.

④ 배력장치가 고장나면 일반적인 유압제동장치로 작동된다.

> **해설**
> 진공식은 엔진의 흡기다기관에서 발생하는 진공과 대기압의 압력차를, 공기식은 엔진으로 구동되는 압축기로부터 얻은 압축기의 압력차를 이용한 것이다.

36 축거가 1.2m인 자동차를 왼쪽으로 완전히 꺾을 때 오른쪽 바퀴의 조향각이 30°이고, 왼쪽 바퀴의 조향각도가 45°일 때 차의 최소회전반경은?(단, r값은 무시)

① 1.7m   ② 2.4m

③ 3.0m   ④ 3.6m

> **해설**
> 최소회전반경$(R) = \dfrac{L(축거)}{\sin\alpha} + r$(바퀴접지면 중심과 킹핀과의 거리)
>
> $\sin 30° = 0.5$이므로, $R = \dfrac{1.2m}{0.5} = 2.4m$

37 십자형 자재이음에 대한 설명 중 틀린 것은?

① 십자 축과 두 개의 요크로 구성되어 있다.

② 주로 후륜 구동식 자동차의 추진축에 사용된다.

③ 롤러베어링을 사이에 두고 축과 요크가 설치되어 있다.

④ 자재이음과 슬립이음 역할을 동시에 하는 형식이다.

> **해설**
> ④는 볼 앤드 트러니언 자재이음을 말한다.

38 수동변속기의 필요성으로 틀린 것은?

① 회전방향을 역으로 하기 위해

② 무부하 상태로 공전운전할 수 있게 하기 위해

③ 발진 시 각부에 응력의 완화와 마멸을 최대화하기 위해

④ 차량발진 시 중량에 의한 관성으로 인해 큰 구동력이 필요하기 때문에

> **해설**
> **수동변속기의 필요성**
> • 자동차를 후진시키기 위하여 필요하다.
> • 엔진을 시동할 때 무부하 상태로 한다(변속 레버 중립 위치).
> • 엔진의 회전력을 증대시킨다.

39 자동변속기의 변속을 위한 가장 기본적인 정보에 속하지 않은 것은?

① 차량 속도
② 변속기 오일양
③ 변속 레버 위치
④ 엔진 부하(스로틀 개도)

해설
자동변속기는 클러치와 변속기의 작동이 차량의 주행속도나 부하에 따라 자동으로 이루어지는 장치이다.

40 전자제어 제동장치(ABS)의 적용 목적이 아닌 것은?

① 차량의 스핀 방지
② 차량의 방향성 확보
③ 휠 잠김(Lock) 유지
④ 차량의 조종성 확보

해설
ABS 장치의 설치목적
• 전륜 고착의 경우 조향능력 상실 방지
• 후륜 고착의 경우 차체 스핀으로 인한 전복 방지
• 제동 시 차체의 안전성 유지
• ECU에 의해 브레이크를 컨트롤하여 조종성 확보
• 후륜의 조기 고착에 의한 옆방향 미끄러짐 방지
• 노면 상태의 변화에도 최대의 제동 효과를 얻음
• 타이어 미끄럼(Slip)률의 마찰계수 최곳값 초과 방지
• 제동거리 단축, 방향안정성 확보, 조종성 확보, 타이어로크(Lock) 방지

41 전자제어 가솔린 엔진에서 점화시기에 가장 영향을 주는 것은?

① 퍼지 솔레노이드밸브
② 노킹센서
③ EGR 솔레노이드밸브
④ PCV(Positive Crankcase Ventilation)

해설
노킹센서는 실린더 블록에 장착이 되어 엔진에서 발생되는 노킹을 감지하여 엔진 ECU로 신호를 보낸다.

42 백워닝(후방경보) 시스템의 기능과 가장 거리가 먼 것은?

① 차량 후방의 장애물을 감지하여 운전자에게 알려 주는 장치이다.
② 차량 후방의 장애물은 초음파 센서를 이용하여 감지한다.
③ 차량 후방의 장애물 감지 시 브레이크가 작동하여 차속을 감속시킨다.
④ 차량 후방의 장애물 형상에 따라 감지되지 않을 수도 있다.

해설
차량 후방의 장애물은 초음파 센서가 감지하는데 대부분 차량 뒤쪽 범퍼에 장착되어 있다. 센서는 후진 기어를 넣자마자 작동하기 시작하고, 차량과 장애물 사이가 가까워질수록 더 빠른 경보음을 낸다.

43 2개 이상의 배터리를 연결하는 방식에 따라 용량과 전압 관계의 설명으로 맞는 것은?

① 직렬연결 시 1개 배터리 전압과 같으며 용량은 배터리 수만큼 증가한다.
② 병렬연결 시 용량은 배터리 수만큼 증가하지만 전압은 1개 배터리 전압과 같다.
③ 병렬연결이란 전압과 용량이 동일한 배터리 2개 이상을 (+)단자와 연결대상 배터리 (−)단자에, (−)단자는 (+)단자로 연결하는 방식이다.
④ 직렬연결이란 전압과 용량이 동일한 배터리 2개 이상을 (+)단자와 연결대상 배터리의 (+)단자에 서로 연결하는 방식이다.

해설
① 직렬연결 시 전압은 연결한 개수만큼 증가하지만 용량은 1개일 때와 같다.
③ 병렬연결이란 전압과 용량이 동일한 배터리 2개 이상을 (+)단자와 연결대상 배터리 (+)단자에, (−)단자는 (−)단자로 연결하는 방식이다.
④ 직렬연결이란 전압과 용량이 동일한 배터리 2개 이상을 (+)단자와 연결대상 배터리의 (−)단자에 서로 연결하는 방식이다.

44 저항이 4Ω인 전구를 12V의 축전지에 의하여 점등했을 때 접속이 올바른 상태에서 전류(A)는 얼마인가?

① 4.8A
② 2.4A
③ 3.0A
④ 6.0A

해설
$$전류(A) = \frac{전압(V)}{저항(\Omega)} = \frac{12}{4} = 3.0A$$

45 기동전동기의 작동원리는 무엇인가?

① 렌츠 법칙
② 앙페르 법칙
③ 플레밍 왼손법칙
④ 플레밍 오른손법칙

해설
플레밍의 왼손법칙은 전동기이고, 오른손법칙을 이용한 것은 발전기이다.

46 발전기의 3상 교류에 대한 설명으로 틀린 것은?

① 3조의 코일에서 생기는 교류 파형이다.
② Y결선을 스타결선, Δ결선을 델타결선이라 한다.
③ 각 코일에 발생하는 전압을 선간전압이라고 하며, 스테이터 발생전류는 직류전류가 발생된다.
④ Δ결선은 코일의 각 끝과 시작점을 서로 묶어서 각각의 접속점을 외부 단자로 한 결선 방식이다.

해설
③ 각 코일에 발생하는 전압을 상전압이라고 하며, 스테이터 발생전류는 교류전류가 발생된다.

47 자동차용 납산 축전지에 관한 설명으로 맞는 것은?

① 일반적으로 축전지의 음극 단자는 양극 단자보다 크다.

② 정전류 충전이란 일정한 충전 전압으로 충전하는 것을 말한다.

③ 일반적으로 충전시킬 때는 (+)단자는 수소가, (−)단자는 산소가 발생한다.

④ 전해액의 황산 비율이 증가하면 비중은 높아진다.

해설
① 축전지의 음극 단자는 양극 단자보다 작다.
② 정전류 충전이란 충전 초기부터 완료까지 일정한 전류로 충전하는 방식을 말한다.
③ 배터리 충전 시 (−)극판에는 수소가, (+)극판에는 산소를 발생시킨다.

48 다음 그림의 기호는 어떤 부품을 나타내는 기호인가?

① 실리콘다이오드
② 발광다이오드
③ 트랜지스터
④ 제너다이오드

해설
기 호

실리콘다이오드		발광다이오드	트랜지스터
⊕ Anode 〈애노드〉	⊖ Cathode 〈캐소드〉		

49 계기판의 엔진 회전계가 작동하지 않는 결함의 원인에 해당되는 것은?

① VSS(Vehicle Speed Sensor) 결함
② CPS(Crankshaft Position Sensor) 결함
③ MAP(Manifold Absolute Pressure Sensor) 결함
④ CTS(Coolant Temperature Sensor) 결함

해설
크랭크샤프트 포지션센서는 엔진 회전속도 및 크랭크 각의 위치를 감지하는 센서다.

50 다음 중 가속도(G)센서가 사용되는 전자제어 장치는?

① 에어백(SRS) 장치
② 배기 장치
③ 정속주행 장치
④ 분사 장치

해설
가속도센서는 차동 트랜스회로 등으로 구성되어 ESC, ABS, 에어백 등에 사용된다.

51 선반작업 시 안전수칙으로 틀린 것은?

① 선반 위에 공구를 올려놓은 채 작업하지 않는다.
② 돌리개는 적당한 크기의 것을 사용한다.
③ 공작물을 고정한 후 렌치류는 제거해야 한다.
④ 날 끝의 칩 제거는 손으로 한다.

해설
④ 칩 제거 작업 시 반드시 전용 브러시를 사용한다.

52 수공구의 사용방법 중 잘못된 것은?

① 공구를 청결한 상태에서 보관할 것
② 공구를 취급할 때에 올바른 방법으로 사용할 것
③ 공구는 지정된 장소에 보관할 것
④ 공구는 사용 전후 오일을 발라 둘 것

해설
수공구를 사용하기 전에 기름 등 이물질을 제거하고, 반드시 이상 유무를 확인한 후 사용한다.

53 단조작업의 일반적 안전사항으로 틀린 것은?

① 해머작업을 할 때에는 주위 사람을 보면서 한다.
② 재료를 자를 때에는 정면에 서지 않아야 한다.
③ 물품에 열이 있기 때문에 화상에 주의한다.
④ 형(Die) 공구류는 사용 전에 예열한다.

해설
① 해머작업 시 작업자와 마주 보고 일을 하면 사고의 우려가 있다.

54 평균 근로자 500명인 직장에서 1년간 8명의 재해가 발생하였다면 연천인율은?

① 12 ② 14
③ 16 ④ 18

해설
$$연천인율 = \frac{재해자\ 수}{평균\ 근로자\ 수} \times 1,000 = \frac{8}{500} \times 1,000 = 16$$

55 소화작업의 기본요소가 아닌 것은?

① 가연 물질을 제거한다.
② 산소를 차단한다.
③ 점화원을 냉각시킨다.
④ 연료를 기화시킨다.

해설
소화작업의 기본요소
• 냉각소화(열을 식힘, 제거)
• 제거소화(연료, 가연물 제거)
• 질식소화(산소의 차단)

56 차량 밑에서 정비할 경우 안전조치 사항으로 틀린 것은?

① 차량은 반드시 평지에 받침목을 사용하여 세운다.
② 차를 들어 올리고 작업할 때에는 반드시 잭으로 들어 올린 다음 스탠드로 지지해야 한다.
③ 차량 밑에서 작업할 때에는 반드시 앞치마를 이용한다.
④ 차량 밑에서 작업할 때에는 반드시 보안경을 착용한다.

57 엔진작업에서 실린더 헤드볼트를 올바르게 풀어내는 방법은?

① 반드시 토크렌치를 사용한다.

② 풀기 쉬운 것부터 푼다.

③ 바깥쪽에서 안쪽을 향하여 대각선 방향으로 푼다.

④ 시계방향으로 차례대로 푼다.

해설
실린더 헤드볼트를 풀 때는 바깥쪽에 있는 볼트부터 풀고, 조일 때는 반대로 안쪽에 있는 볼트부터 조여야 변형을 방지할 수 있으며, 조일 때에는 반드시 토크렌치를 사용하여 규정 토크대로 조여야 한다.

58 호이스트 사용 시 안전사항 중 틀린 것은?

① 규격 이상의 하중을 걸지 않는다.

② 무게 중심 바로 위에서 달아 올린다.

③ 사람이 짐에 타고 운반하지 않는다.

④ 운반 중에는 물건이 흔들리지 않도록 짐에 타고 운반한다.

해설
흔들리기 쉬운 인양물은 가이드로프를 이용해 유도한다.

59 정비공장에서 엔진을 이동시키는 방법 가운데 가장 적합한 방법은?

① 체인 블록이나 호이스트를 사용한다.

② 지렛대를 이용한다.

③ 로프를 묶고 잡아당긴다.

④ 사람이 들고 이동한다.

60 전기장치의 배선 연결부 점검 작업으로 적합한 것을 모두 고른 것은?

> ㉠ 연결부의 풀림이나 부식을 점검한다.
> ㉡ 배선 피복의 절연, 균열 상태를 점검한다.
> ㉢ 배선이 고열 부위로 지나가는지 점검한다.
> ㉣ 배선이 날카로운 부위로 지나가는지 점검한다.

① ㉠, ㉡

② ㉠, ㉡, ㉣

③ ㉠, ㉡, ㉢

④ ㉠, ㉡, ㉢, ㉣

01 실린더블록이나 헤드의 평면도 측정에 알맞은 게이지는?

① 마이크로미터
② 다이얼 게이지
③ 버니어 캘리퍼스
④ 직각자와 필러 게이지

해설
실린더 블록 및 헤드의 평면도 측정은 간극(필러) 게이지와 직각자를 이용하여 측정한다.

02 4행정 사이클 기관에서 크랭크축이 4회전할 때 캠축은 몇 회전하는가?

① 1회전 　　② 2회전
③ 3회전 　　④ 4회전

해설
크랭크축 2회전에 캠축 1회전이므로 크랭크축 4회전에는 캠축이 2회전한다.

03 윤중에 대한 정의이다. 옳은 것은?

① 자동차가 수평으로 있을 때, 1개의 바퀴가 수직으로 지면을 누르는 중량
② 자동차가 수평으로 있을 때, 차량 중량이 1개의 바퀴에 수평으로 걸리는 중량
③ 자동차가 수평으로 있을 때, 차량 총 중량이 2개의 바퀴에 수직으로 걸리는 중량
④ 자동차가 수평으로 있을 때, 공차 중량이 4개의 바퀴에 수직으로 걸리는 중량

해설
윤중이란 자동차가 수평 상태에 있을 때에 1개의 바퀴가 수직으로 지면을 누르는 중량을 말한다(자동차규칙 제2조).

04 피스톤에 오프셋(Offset)을 두는 이유로 가장 올바른 것은?

① 피스톤의 틈새를 크게 하기 위하여
② 피스톤의 중량을 가볍게 하기 위하여
③ 피스톤의 측압을 작게 하기 위하여
④ 피스톤 스커트부에 열전달을 방지하기 위하여

해설
피스톤에 오프셋을 두는 이유는 폭발행정 시 피스톤 측면으로부터 발생하는 측압을 감소시키기 위함이다.

1 ④ 　2 ② 　3 ① 　4 ③ 　**정답**

05 LPI 엔진에서 연료의 부탄과 프로판의 조성비를 결정하는 입력요소로 맞는 것은?

① 크랭크각센서, 캠각센서
② 연료온도센서, 연료압력센서
③ 공기유량센서, 흡기온도센서
④ 산소센서, 냉각수온센서

해설
LPI 엔진에서 연료의 부탄과 프로판의 조성비를 결정하는 요소는 연료온도센서, 연료압력센서이다(LPG는 여름철에는 부탄 100%를 사용하고 동절기에는 프로판의 비율을 늘려 기화 및 연소 특성을 개선시킨다).

06 자동차 엔진의 냉각 장치에 대한 설명 중 적절하지 않은 것은?

① 강제 순환식이 많이 사용된다.
② 냉각 장치 내부에 물때가 많으면 과열의 원인이 된다.
③ 서모스탯에 의해 냉각수의 흐름이 제어된다.
④ 엔진 과열 시에는 즉시 라디에이터 캡을 열고 냉각수를 보급하여야 한다.

해설
엔진 과열 시 시동을 끄고 충분히 냉각된 후 라디에이터 캡을 열고 냉각수를 보급하여야 한다.

07 전자제어 연료분사 차량에서 크랭크각센서의 역할이 아닌 것은?

① 냉각수 온도 검출
② 연료의 분사시기 결정
③ 점화시기 결정
④ 피스톤의 위치 검출

해설
냉각수 온도 검출은 냉각수온센서가 하며 부특성 서미스터이다.

08 디젤기관에 쓰이는 연소실이다. 복실식 연소실이 아닌 것은?

① 예연소실식   ② 직접분사식
③ 공기실식   ④ 와류실식

해설
디젤기관의 연소실 형식 중 복실식으로는 예연소실식, 공기실식, 와류실식이 있다.

09 디젤기관의 노킹을 방지하는 대책으로 알맞은 것은?

① 실린더 벽의 온도를 낮춘다.
② 착화지연 기간을 길게 유도한다.
③ 압축비를 낮게 한다.
④ 흡기온도를 높인다.

해설
디젤노크 방지법
• 세탄가가 높은 연료를 사용한다.
• 압축비를 높게 한다.
• 실린더 벽의 온도를 높게 유지한다.
• 흡입공기의 온도를 높게 유지한다.
• 연료의 분사 시기를 알맞게 조정한다.
• 착화지연 기간 중에 연료의 분사량을 적게 한다.
• 엔진의 회전속도를 빠르게 한다.

10 디젤엔진의 정지방법에서 인테이크 셔터(Intake Shutter)의 역할에 대한 설명으로 옳은 것은?

① 연료를 차단
② 흡입공기를 차단
③ 배기가스를 차단
④ 압축 압력 차단

해설
인테이크 셔터는 운전 중 디젤엔진을 멈추는 장치의 하나로 흡기다기관 입구에 설치된 셔터를 닫아 공기를 차단하여 엔진을 멈춘다.

11 가솔린기관에서 고속회전 시 토크가 낮아지는 원인으로 가장 적합한 것은?

① 체적효율이 낮아지기 때문이다.
② 화염전파 속도가 상승하기 때문이다.
③ 공연비가 이론공연비에 근접하기 때문이다.
④ 점화시기가 빨라지기 때문이다.

해설
가솔린기관에서 고속회전 시 토크가 낮아지는 원인은 공기의 유동속도가 증가하여 체적효율이 낮아지기 때문이다.

12 가솔린 자동차의 배기관에서 배출되는 배기가스와 공연비와의 관계를 잘못 설명한 것은?

① CO는 혼합기가 희박할수록 적게 배출된다.
② HC는 혼합기가 농후할수록 많이 배출된다.
③ NO_X는 이론 공연비 부근에서 최소로 배출된다.
④ CO_2는 혼합기가 농후할수록 적게 배출된다.

해설
NO_X는 이론 공연비(14.7 : 1) 부근에서 연소실 온도가 높을 때(1,800℃ 이상) 최대로 배출된다.

13 기관에 윤활유를 급유하는 목적과 관계없는 것은?

① 연소촉진작용
② 동력손실감소
③ 마멸방지
④ 냉각작용

해설
윤활유는 마멸감소, 냉각작용, 청정작용, 방청작용, 응력분사작용, 기밀유지작용 등을 한다. 연소촉진작용은 연료의 연소와 관계되는 인자이다.

14 다음 중 전자제어 엔진에서 연료분사 피드백(Feed Back) 제어에 가장 필요한 센서는?

① 스로틀포지션센서
② 대기압센서
③ 차속센서
④ 산소(O_2)센서

해설
산소센서는 배기가스 내의 산소농도를 검출하여 ECU로 전송하여 연료분사 보정량을 제어하는 피드백 신호이다.

15 공기청정기가 막혔을 때의 배기가스 색으로 가장 알맞은 것은?

① 무 색
② 백 색
③ 흑 색
④ 청 색

해설
공기청정기가 막히면 농후한 연소 상태가 되어 검은색 배기가스가 배출되며 연소실에서 윤활유의 연소 시 백색 배기가스가 배출된다.

16 피스톤 링의 3대 작용으로 틀린 것은?

① 와류작용
② 기밀작용
③ 오일 제어작용
④ 열전도 작용

해설
피스톤의 3대 작용
기밀작용, 열전도 작용, 오일 제어작용

17 연료탱크 내장형 연료펌프(어셈블리)의 구성 부품에 해당되지 않는 것은?

① 체크밸브
② 릴리프밸브
③ DC모터
④ 포토다이오드

해설
포토(수광)다이오드는 연료장치의 구성품이 아니다.

18 이소옥탄 60%, 정헵탄 40%의 표준연료를 사용했을 때 옥탄가는 얼마인가?

① 40%   ② 50%
③ 60%   ④ 70%

해설
옥탄가를 산출하는 식은

$$ON = \frac{이소옥탄}{이소옥탄 + 정헵탄} \times 100$$이므로

$$\frac{60}{60+40} \times 100 = 60(ON)$$이 된다.

19 전자제어 차량의 흡입 공기량 계측 방법으로 매스 플로(Mass Flow) 방식과 스피드 덴시티(Speed Density) 방식이 있는데 매스 플로 방식이 아닌 것은?

① 맵센서식(MAP Sensor Type)
② 핫 필름식(Hot Film Type)
③ 베인식(Vane Type)
④ 카르만 와류식(Karman Vortex Type)

해설
MAP센서 방식은 흡기다기관의 진공도를 계측하여 간접적으로 흡입 공기량을 산출하는 방식으로 질량 계측 방식이 아니다.

20 엔진 실린더 내부에서 실제로 발생한 마력으로 혼합기가 연소 시 발생하는 폭발압력을 측정한 마력은?

① 지시마력   ② 경제마력
③ 정미마력   ④ 정격마력

해설
혼합기 자체의 폭발 시 발생하는 마력을 지시(도시)마력이라 하고 피스톤의 움직임, 마찰 등의 손실에 대한 마력을 손실마력이라 하며, 실제 구동마력, 즉 지시마력에서 손실마력을 뺀 실제 마력을 정미마력(제동마력, 실마력, 축마력)이라 한다.

21 연소란 연료의 산화반응을 말하는데 연소에 영향을 주는 요소 중 가장 거리가 먼 것은?

① 배기 유동과 난류
② 공연비
③ 연소 온도와 압력
④ 연소실 형상

해설

배기가스의 유동과 난류는 연소에 영향을 미치는 요소와 거리가 멀다.

22 실린더 지름이 100mm의 정방형 엔진이다. 행정체적은 약 얼마인가?

① $600cm^3$
② $785cm^3$
③ $1,200cm^3$
④ $1,490cm^3$

해설

정방형엔진은 행정과 내경이 같으므로 지름 100mm이면 행정도 100mm이다. 따라서 실린더 1개의 배기량, 즉 행정체적은 다음과 같이 산출할 수 있다.

$\frac{\pi \times d^2}{4} \times L =$ 행정체적이 되며, $\frac{3.14 \times 10^2}{4} \times 10 = 785cm^3$이 된다.

23 연료의 저위발열량 10,500kcal/kgf, 제동마력 93 PS, 제동열효율 31%인 기관의 시간당 연료소비량 kgf/h은?

① 약 18.07
② 약 17.07
③ 약 16.07
④ 약 5.53

해설

정미열효율을 산출하는 식은

$\eta_b = \frac{\text{BPS} \times 632.3}{B \times C} \times 100$이므로 $\frac{93 \times 632.3}{10,500 \times C} \times 100 = 31$이 된다.

따라서 연료소비량 $C \fallingdotseq$ 18.06kgf/h이다.

24 전자제어 조향장치에서 차속센서의 역할은?

① 공전속도 조절
② 조향력 조절
③ 공연비 조절
④ 점화시기 조절

해설

전자제어 조향장치는 차속이 느릴 때 조향핸들의 조타력을 가볍게 하고 차속이 빠를 때 조타력을 무겁게 제어하는데, 이러한 조타력의 조절을 위해 차속센서의 신호를 기반으로 제어한다.

25 클러치 부품 중 플라이휠에 조립되어 플라이휠과 함께 회전하는 부품은?

① 클러치판
② 변속기 입력축
③ 클러치 커버
④ 릴리스 포크

해설

클러치 커버는 플라이휠에 조립되어 엔진 구동 시 항상 플라이휠과 같이 회전한다.

26 엔진의 출력을 일정하게 하였을 때 가속성능을 향상시키기 위한 것이 아닌 것은?

① 여유 구동력을 크게 한다.
② 자동차의 총중량을 크게 한다.
③ 종감속비를 크게 한다.
④ 주행저항을 작게 한다.

해설
차량의 총중량이 늘어나면 가속성능이 저하된다.

27 배력장치가 장착된 자동차에서 브레이크 페달의 조작이 무겁게 되는 원인이 아닌 것은?

① 푸시로드의 부트가 파손되었다.
② 진공용 체크밸브의 작동이 불량하다.
③ 릴레이밸브 피스톤의 작동이 불량하다.
④ 하이드롤릭 피스톤 컵이 손상되었다.

해설
푸시로드의 부트는 이물질 등이 침입하지 못하도록 막는 역할을 하며 브레이크 페달의 조작력과는 상관없다.

28 유압식 클러치에서 동력차단이 불량한 원인 중 가장 거리가 먼 것은?

① 페달의 자유간극 없음
② 유압라인의 공기 유입
③ 클러치 릴리스 실린더 불량
④ 클러치 마스터 실린더 불량

해설
페달의 자유간극이 없을 경우 클러치의 동력차단은 원활하나 동력 접속 시 디스크의 미끄러짐이 발생하여 가속력이 저하되고 연비가 증가하며 등판성능이 저하되는 원인이 있다.

29 자동차의 축간거리가 2.2m, 외측 바퀴의 조향각이 30°이다. 이 자동차의 최소회전 반지름은 얼마인가?(단, 바퀴의 접지면 중심과 킹핀과의 거리는 30cm이다)

① 3.5m   ② 4.7m
③ 7m   ④ 9.4m

해설
최소회전반경 산출식은 $R = \dfrac{L}{\sin\alpha} + r$ 이므로

$\dfrac{2.2}{\sin 30°} + 0.3 = 4.7$m이다.

30 전자제어 현가장치에 사용되고 있는 차고센서의 구성 부품으로 옳은 것은?

① 에어체임버와 서브탱크
② 발광다이오드와 유화 카드뮴
③ 서모스위치
④ 발광다이오드와 광트랜지스터

해설
차고센서는 발광다이오드와 광트랜지스터를 사용하는 방식과 가변저항인 퍼텐쇼미터를 사용하는 방식이 있다.

31 브레이크 파이프에 잔압 유지와 직접적인 관련이 있는 것은?

① 브레이크 페달
② 마스터 실린더 2차컵
③ 마스터 실린더 체크밸브
④ 푸시로드

해설
브레이크 파이프 내의 잔압을 유지시키는 요소는 마스터 실린더 체크밸브이며 베이퍼로크 현상을 방지하고 제동력이 신속하게 작용할 수 있도록 한다.

32 조향휠을 1회전하였을 때 피트먼 암이 60° 움직였다. 조향기어비는 얼마인가?

① 6 : 1
② 6.5 : 1
③ 12 : 1
④ 13 : 1

해설
조향기어비의 산출식은

$$조향기어비 = \frac{조향핸들\ 회전각(°)}{피트먼\ 암,\ 너클\ 암,\ 바퀴\ 선회각(°)}\ 이므로$$

$\dfrac{360°}{60°} = 6$이다.

33 주행 중 조향핸들이 한쪽으로 쏠리는 원인과 가장 거리가 먼 것은?

① 바퀴 허브 너트를 너무 꽉 조였다.
② 좌우의 캠버가 같지 않다.
③ 컨트롤 암(위 또는 아래)이 휘었다.
④ 좌우의 타이어 공기압이 다르다.

해설
바퀴의 허브 너트를 꽉 조이는 것은 조향핸들이 한쪽으로 쏠리는 현상과 거리가 멀다.

34 타이어의 구조 중 노면과 직접 접촉하는 부분은?

① 트레드
② 카커스
③ 비 드
④ 숄 더

해설
타이어는 트레드 부분이 노면과 직접적으로 접촉하며 트레드의 형상에 따라 리브형, 러그형, 블록형 등으로 구분한다.

35 추진축의 슬립이음은 어떤 변화를 가능하게 하는가?

① 축의 길이
② 드라이브 각
③ 회전 토크
④ 회전 속도

해설
슬립이음은 길이 변화를, 자재이음은 각도 변화를 위해 장착된다.

31 ③ 32 ① 33 ① 34 ① 35 ① **정답**

36 전자제어식 제동장치(ABS)에서 제동 시 타이어 슬립률이란?

① (차륜속도−차체속도)/차체속도×100%
② (차체속도−차륜속도)/차체속도×100%
③ (차체속도−차륜속도)/차륜속도×100%
④ (차륜속도−차체속도)/차륜속도×100%

해설

타이어 슬립률은 $\dfrac{\text{차량속도}-\text{바퀴속도}}{\text{차량속도}} \times 100$으로 산출한다.

37 자동변속기 차량에서 시동이 가능한 변속레버 위치는?

① P, N   ② P, D
③ 전구간   ④ N, D

해설

자동변속기의 인히비터 스위치는 P, N에서 시동이 걸리도록 제어한다.

38 승용자동차에서 주제동 브레이크에 해당되는 것은?

① 디스크 브레이크
② 배기 브레이크
③ 엔진 브레이크
④ 와전류 리타더

해설

승용자동차의 주제동 브레이크는 디스크 브레이크, 드럼 브레이크 형식이 있다.

39 자동차가 고속으로 선회할 때 차체가 기울어지는 것을 방지하기 위한 장치는?

① 타이로드
② 토 인
③ 프로포셔닝밸브
④ 스태빌라이저

해설

스태빌라이저는 차량의 진행방향의 중심을 기준으로 좌우 진동하는 것(롤링)을 방지하는 장치이다.

40 자동변속기 오일의 구비조건으로 부적합한 것은?

① 기포 발생이 없고 방청성이 있을 것
② 점도지수의 유동성이 좋을 것
③ 내열 및 내산화성이 좋을 것
④ 클러치 접속 시 충격이 크고 미끄럼이 없는 적절한 마찰계수를 가질 것

해설

자동변속기의 오일은 클러치 접속 시 충격 흡수 능력이 있어야 한다.
자동변속기 오일의 구비조건
• 점도가 낮을 것   • 비중이 클 것
• 착화점이 높을 것   • 내산성이 클 것
• 유성이 좋을 것   • 비점이 높을 것
• 기포가 생기지 않을 것
• 저온 유동성이 우수할 것
• 점도지수 변화가 적을 것
• 방청성이 있을 것
• 마찰계수가 클 것

41 논리회로에서 AND 게이트의 출력이 HIGH(1)로 되는 조건은?

① 양쪽의 입력이 HIGH일 때
② 한쪽의 입력만 LOW일 때
③ 한쪽의 입력만 HIGH일 때
④ 양쪽의 입력이 LOW일 때

해설

AND 회로는 A와 B의 입력이 모두 1일 때 출력이 1로 나타나고 나머지의 경우에는 0이 출력된다.

42 자동차에서 축전지를 떼어낼 때 작업방법으로 가장 옳은 것은?

① 접지 터미널을 먼저 푼다.
② 양 터미널을 함께 푼다.
③ 벤트 플러그(Vent Plug)를 열고 작업한다.
④ 극성에 상관없이 작업성이 편리한 터미널부터 분리한다.

해설

자동차에서 축전지를 떼어낼 때 제일 먼저해야 하는 작업은 축전지의 (-)케이블을 탈거한다.

43 일반적으로 발전기를 구동하는 축은?

① 캠 축
② 크랭크축
③ 앞차축
④ 컨트롤로드

해설

발전기는 엔진의 크랭크축의 벨트에 의해서 구동된다.

44 자기유도작용과 상호유도작용 원리를 이용한 것은?

① 발전기
② 점화코일
③ 기동모터
④ 축전지

해설

점화코일은 1차코일에서 자기유도작용을 2차코일에서 상호유도작용을 통하여 점화 불꽃을 방전한다.

45 링기어 이의 수가 120, 피니언 이의 수가 12이고, 1,500cc급 엔진의 회전저항이 6m·kgf일 때, 기동 전동기의 필요한 최소회전력은?

① 0.6m·kgf
② 2m·kgf
③ 6m·kgf
④ 20m·kgf

해설

기동전동기의 피니언 잇수가 12이고 플라이휠 링기어의 잇수가 120이면 감속비는 10 : 1이므로 엔진의 회전저항이 6m·kgf이면 1/10만큼의 기동전동기 회전력이 필요하므로 0.6m·kgf이 된다.

46 자동차용 배터리의 충전방전에 관한 화학반응으로 틀린 것은?

① 배터리 방전 시 (+)극판의 과산화납은 점점 황산납으로 변화한다.

② 배터리 충전 시 (+)극판의 황산납은 점점 과산화납으로 변화한다.

③ 배터리 충전 시 물은 묽은 황산으로 변한다.

④ 배터리 충전 시 (−)극판에는 산소가, (+)극판에는 수소를 발생시킨다.

해설
배터리 충전 시 (−)극판에는 수소가, (+)극판에는 산소를 발생시킨다.

47 자동차 에어컨에서 고압의 액체 냉매를 저압의 기체 냉매로 바꾸는 구성품은?

① 압축기(Compressor)

② 리퀴드탱크(Liquid Tank)

③ 팽창밸브(Expansion Valve)

④ 이베퍼레이터(Evaperator)

해설
자동차 에어컨에서 고압의 액체 냉매를 저압의 기체 냉매로 바꾸는 구성품은 팽창밸브(Expansion Valve)이다.

48 자동차 전기장치에서 "유도 기전력은 코일 내의 자속의 변화를 방해하는 방향으로 생긴다."는 현상을 설명한 것은?

① 앙페르의 법칙

② 키르히호프의 제1법칙

③ 뉴턴의 제1법칙

④ 렌츠의 법칙

해설
렌츠의 법칙은 "유도 기전력은 코일 내의 자속의 변화를 방해하는 방향으로 생긴다."이다.

49 R-134a 냉매의 특징을 설명한 것으로 틀린 것은?

① 액화 및 증발되지 않아 오존층이 보호된다.

② 무색, 무취, 무미하다.

③ 화학적으로 안정되고 내열성이 좋다.

④ 온난화 계수가 구냉매보다 낮다.

해설
R-134a는 에어컨 냉매로서 액화 및 증발성질이 우수해야 냉방효과를 얻을 수 있다.

50 주행계기판의 온도계가 작동하지 않을 경우 점검을 해야 할 곳은?

① 공기유량센서

② 냉각수온센서

③ 에어컨 압력센서

④ 크랭크포지션센서

해설
냉각수온센서 고장 시 계기판의 온도계가 작동하지 않을 수 있다.

51 제3종 유기용제 취급장소의 색표시는?

① 빨 강   ② 노 랑

③ 파 랑   ④ 녹 색

해설

※ 관련 법령(산업안전보건기준에 관한 규칙) 개정으로 유기용제의 종별 구분 없어짐

52 렌치를 사용한 작업에 대한 설명으로 틀린 것은?

① 스패너의 자루가 짧다고 느낄 때는 긴 파이프를 연결하여 사용할 것
② 스패너를 사용할 때는 앞으로 당길 것
③ 스패너는 조금씩 돌리며 사용할 것
④ 파이프렌치의 주 용도는 둥근 물체 조립용이다.

해설

스패너나 렌치에 긴 파이프 등을 연결하여 작업하면 위험하다.

53 관리감독자의 점검 대상 및 업무내용으로 가장 거리가 먼 것은?

① 보호구의 착용 및 관리실태 적절 여부
② 산업재해 발생 시 보고 및 응급조치
③ 안전수칙 준수 여부
④ 안전관리자 선임 여부

해설

안전관리자 선임 여부는 관리감독자의 점검대상 및 업무내용에 해당되지 않는다.

54 드릴 작업 때 칩의 제거 방법으로 가장 좋은 것은?

① 회전시키면서 솔로 제거
② 회전시키면서 막대로 제거
③ 회전을 중지시킨 후 손으로 제거
④ 회전을 중지시킨 후 솔로 제거

해설

드릴 작업 때 칩의 제거 방법으로는 회전을 중지시킨 후 솔로 제거한다.

55 다이얼 게이지 취급 시 안전사항으로 틀린 것은?

① 작동이 불량하면 스핀들에 주유 혹은 그리스를 도포해서 사용한다.
② 분해 청소나 조정은 하지 않는다.
③ 다이얼 인디케이터에 충격을 가해서는 안 된다.
④ 측정 시는 측정물에 스핀들을 직각으로 설치하고 무리한 접촉은 피한다.

해설

다이얼 게이지는 정밀 측정장비로 스핀들에 주유 혹은 그리스를 도포하면 안 된다.

56 LPG 자동차 관리에 대한 주의사항 중 틀린 것은?

① LPG가 누출되는 부위를 손으로 막으면 안 된다.

② 가스 충전 시에는 합격 용기인가를 확인하고, 과충전되지 않도록 해야 한다.

③ 엔진실이나 트렁크실 내부 등을 점검할 때 라이터나 성냥 등을 켜고 확인한다.

④ LPG는 온도상승에 의한 압력상승이 있기 때문에 용기는 직사광선 등을 피하는 곳에 설치하고 과열되지 않아야 한다.

57 휠 밸런스 점검 시 안전수칙으로 틀린 사항은?

① 점검 후 테스터 스위치를 끄고 자연히 정지하도록 한다.

② 타이어의 회전방향에서 점검한다.

③ 과도하게 속도를 내지 말고 점검한다.

④ 회전하는 휠에 손을 대지 않는다.

> **해설**
> 휠 밸런스 점검 시 타이어의 축방향에서 점검한다.

58 안전표시의 종류를 나열한 것으로 옳은 것은?

① 금지표시, 경고표시, 지시표시, 안내표시

② 금지표시, 권장표시, 경고표시, 지시표시

③ 지시표시, 권장표시, 사용표시, 주의표시

④ 금지표시, 주의표시, 사용표시, 경고표시

59 하이브리드 자동차의 고전압 배터리 취급 시 안전한 방법이 아닌 것은?

① 고전압 배터리 점검, 정비 시 절연 장갑을 착용한다.

② 고전압 배터리 점검, 정비 시 점화 스위치는 OFF 한다.

③ 고전압 배터리 점검, 정비 시 12V 배터리 접지선을 분리한다.

④ 고전압 배터리 점검, 정비 시 반드시 세이프티 플러그를 연결한다.

> **해설**
> 고전압 배터리 정비 시 절연장갑을 착용하고, 차단기를 OFF하고 접지선을 분리하여 작업한다.

60 전해액을 만들 때 황산에 물을 혼합하면 안 되는 이유는?

① 유독가스가 발생하기 때문에

② 혼합이 잘 안 되기 때문에

③ 폭발의 위험이 있기 때문에

④ 비중 조정이 쉽기 때문에

> **해설**
> 전해액을 만들 때 황산에 물을 혼합하면 급격한 온도의 상승으로 폭발의 위험이 있다.

01 전자제어 연료장치에서 기관이 정지 후 연료압력이 급격히 저하되는 원인 중 가장 알맞은 것은?

① 연료 필터가 막혔을 때
② 연료펌프의 체크밸브가 불량할 때
③ 연료의 리턴 파이프가 막혔을 때
④ 연료펌프의 릴리프밸브가 불량할 때

해설
전자제어 연료장치에서 기관이 정지 후 연료압력이 급격히 저하되는 원인은 연료펌프 내 체크밸브의 고장이다. 체크밸브는 기관 정지 시 작동하여 연료라인의 잔압을 유지시켜 베이퍼로크의 방지와 재시동성 향상을 위해 설치된다.

02 디젤기관에서 연료분사의 3대 요인과 관계가 없는 것은?

① 무 화
② 분 포
③ 디젤 지수
④ 관통력

해설
디젤기관에서 연료분사의 3요소는 무화, 관통, 분포이다.

03 활성탄 캐니스터(Charcoal Canister)는 무엇을 제어하기 위해 설치하는가?

① CO_2 증발가스
② HC 증발가스
③ NO_x 증발가스
④ CO 증발가스

해설
캐니스터는 연료 증발가스 제어장치로서 연료탱크로부터 발생되는 증발가스, 즉 미연소가스인 탄화수소(HC)를 포집하는 장치이다.

04 윤활유 특성에서 요구되는 사항으로 틀린 것은?

① 점도지수가 적당할 것
② 산화 안정성이 좋을 것
③ 발화점이 낮을 것
④ 기포 발생이 적을 것

해설
윤활유의 발화점이 낮으면 쉽게 점화 또는 열화된다.

05 자동차용 기관의 연료가 갖추어야 할 특성이 아닌 것은?

① 단위 중량 또는 단위 체적당의 발열량이 클 것
② 상온에서 기화가 용이할 것
③ 점도가 클 것
④ 저장 및 취급이 용이할 것

해설
자동차용 기관의 연료가 갖추어야 할 특성 중 하나는 적당한 점도를 가져야 한다.

06 피에조(PIEZO) 저항을 이용한 센서는?

① 차속센서
② 매니폴드 압력센서
③ 수온센서
④ 크랭크각센서

해설
피에조 저항효과는 반도체에서 압력에 의하여 결정의 균형이 변하면 저항률이 변화하는 것을 말하며 흡기다기관의 진공도를 측정하는 MAP센서에 적용된다.

정답 1 ② 2 ③ 3 ② 4 ③ 5 ③ 6 ②

07 단위환산으로 맞는 것은?

① 1mile = 2km

② 1lb = 1.55kgf

③ 1kgf · m = 1.42ft · lbf

④ 9.81N · m = 9.81J

해설
④ 9.81N · m = 9.81J
① 1mile = 1.609km
② 1lb = 0.4536kgf
③ 1kgf · m = 7.233ft · lbf

08 CO, HC, NO_x 가스를 CO_2, H_2O, N_2 등으로 화학적 반응을 일으키는 장치는?

① 캐니스터

② 삼원촉매장치

③ EGR장치

④ PCV(Positive Crankcase Ventilation)

해설
삼원촉매 컨버터는 산화 · 환원작용을 통하여 인체에 유해한 배기가스 성분인 CO, HC, NO_x 가스를 CO_2, H_2O, N로 산화 · 환원하여 배출시키는 배기가스 정화장치이다.

09 4행정 6실린더 기관의 제3번 실린더 흡기 및 배기밸브가 모두 열려 있을 경우 크랭크축을 회전방향으로 120° 회전시켰다면 압축 상사점에 가장 가까운 상태에 있는 실린더는?(단, 점화순서는 1-5-3-6-2-4)

① 1번 실린더   ② 2번 실린더

③ 4번 실린더   ④ 6번 실린더

해설
흡 · 배기밸브가 동시에 열려 있는 구간은 상사점 부근으로 3번 실린더가 상사점에 위치하며 반시계방향으로 점화순서를 기입 후 120° 회전시키면 1번 실린더가 압축행정에 있는 것을 확인할 수 있다.

10 전동식 냉각팬의 장점 중 거리가 가장 먼 것은?

① 서행 또는 정차 시 냉각성능 향상

② 정상온도 도달시간 단축

③ 기관 최고출력 향상

④ 작동온도가 항상 균일하게 유지

11 지르코니아 산소센서에 대한 설명으로 맞는 것은?

① 공연비를 피드백 제어하기 위해 사용한다.
② 공연비가 농후하면 출력전압은 0.45V 이하이다.
③ 공연비가 희박하면 출력전압은 0.45V 이상이다.
④ 300℃ 이하에서도 작동한다.

해설
산소센서는 공연비를 이론공연비로 조절하기 위해 배기다기관에 설치하여 배기가스 중의 산소 농도를 검출하여 피드백을 통한 연료 분사 보정량의 신호로 사용되며 종류에는 크게 지르코니아 형식과 티타니아 형식이 있다.

12 크랭크축이 회전 중 받은 힘의 종류가 아닌 것은?

① 휨(Bending)
② 비틀림(Torsion)
③ 관통(Penetration)
④ 전단(Shearing)

해설
엔진 작동 중 크랭크축이 받는 힘은 주로 휨, 비틀림, 전단력의 영향을 받는다.

13 10m/s의 속도는 몇 km/h인가?

① 3.6km/h
② 36km/h
③ 1/3.6km/h
④ 1/36km/h

해설
1시간 = 3,600초이고 1km = 1,000m이므로
10m/s × 3.6 = 36km/h가 된다.

14 실린더의 형식에 따른 기관의 분류에 속하지 않는 것은?

① 수평형 엔진
② 직렬형 엔진
③ V형 엔진
④ T형 엔진

해설
실린더의 형식에 따른 기관의 분류로는 수평형 엔진, V형 엔진, 직렬형 엔진이 있다.

15 연소실 체적이 40cc이고, 압축비가 9 : 1인 기관의 행정체적은?

① 280cc
② 300cc
③ 320cc
④ 360cc

해설
압축비를 산출하는 공식을 통하여 행정체적을 구할 수 있다.
$\varepsilon = \dfrac{연소실체적 + 행정체적}{연소실체적}$ 이고, $\dfrac{40+x}{40} = 9$가 되므로

$1 + \dfrac{x}{40} = 9$, 따라서 $x = (9-1) \times 40$이므로, 행정체적은 320cc 가 된다.

11 ① 12 ③ 13 ② 14 ④ 15 ③ **정답**

16 가솔린기관과 비교할 때 디젤기관의 장점이 아닌 것은?

① 부분부하영역에서 연료소비율이 낮다.
② 넓은 회전속도 범위에 걸쳐 회전 토크가 크다.
③ 질소산화물과 매연이 조금 배출된다.
④ 열효율이 높다.

해설
디젤기관의 단점은 질소산화물과 매연이 가솔린기관보다 많이 배출된다.

17 각 실린더의 분사량을 측정하였더니 최대분사량이 66cc이고, 최소분사량이 58cc이였다. 이때 평균 분사량이 60cc이면 분사량의 "(+)불균형률"은 얼마인가?

① 5% ② 10%
③ 15% ④ 20%

해설
(+)불균형률 산출공식은 다음과 같다.

$$(+)불균형률 = \frac{최대분사량 - 평균분사량}{평균분사량} \times 100$$이므로

$\frac{66-60}{60} \times 100 = 10\%$가 된다.

18 가솔린 차량의 배출가스 중 NO_x의 배출을 감소시키기 위한 방법으로 적당한 것은?

① 캐니스터 설치
② EGR장치 채택
③ DPF시스템 채택
④ 간접연료 분사 방식 채택

해설
배기가스 재순환장치(EGR)는 배기가스 중 일부를 다시 흡기로 유입시켜 연소실 온도를 낮추어 질소산화물 생성을 억제한다.

19 가솔린기관의 노킹(Knocking)을 방지하기 위한 방법이 아닌 것은?

① 화염전파속도를 빠르게 한다.
② 냉각수 온도를 낮춘다.
③ 옥탄가가 높은 연료를 사용한다.
④ 혼합가스의 와류를 방지한다.

해설
혼합가스의 와류를 방지하면 이상연소가 발생하여 노킹을 일으키는 원인이 될 수 있다.

20 기계식 연료 분사장치에 비해 전자식 연료 분사장치의 특징 중 거리가 먼 것은?

① 관성 질량이 커서 응답성이 향상된다.
② 연료 소비율이 감소한다.
③ 배기가스 유해 물질 배출이 감소된다.
④ 구조가 복잡하고, 값이 비싸다.

해설
전자제어식 연료분사장치는 관성 질량이 작아 응답성이 우수하다.

21 차량 총 중량이 3.5ton 이상인 화물자동차 등의 후부안전판 설치기준에 대한 설명으로 틀린 것은?

① 너비는 자동차 너비의 100% 미만일 것
② 가장 아랫부분과 지상과의 간격은 550mm 이내일 것
③ 차량 수직방향의 단면 최소 높이는 100mm 이하일 것
④ 모서리부의 곡률반경은 2.5mm 이상일 것

> **해설**
> **차량 총 중량이 3.5ton 이상인 화물자동차 및 특수자동차의 후부안전판 설치 기준(자동차규칙 제19조)**
> • 후부안전판의 양 끝부분은 뒤차축 중 가장 넓은 차축의 좌우 최외측 타이어 바깥면 지점을 초과하여서는 아니 되며, 좌우 최외측 타이어 바깥면 지점부터의 간격은 각각 100mm 이내일 것
> • 가장 아랫부분과 지상과의 간격은 550mm 이내일 것
> • 차량 수직방향의 단면 최소높이는 100mm 이상일 것
> • 좌우 측면의 곡률반경은 2.5mm 이상일 것
> • 지상부터 2m 이하의 높이에 있는 차체 후단부터 차량길이 방향의 안쪽으로 400mm 이내에 설치할 것. 다만, 자동차의 구조상 400mm 이내에 설치가 곤란한 자동차의 경우는 제외한다.
> ※ 법령 개정으로 후부안전판의 너비(%) 기준 없어짐

22 내연기관 밸브장치에서 밸브 스프링의 점검과 관계없는 것은?

① 스프링 장력   ② 자유 높이
③ 직각도   ④ 코일의 권수

> **해설**
> 밸브 스프링은 장력, 자유 높이, 직각도를 점검한다.

23 LPG 자동차의 장점 중 맞지 않는 것은?

① 연료비가 경제적이다.
② 가솔린 차량에 비해 출력이 높다.
③ 연소실 내의 카본 생성이 낮다.
④ 점화플러그의 수명이 길다.

> **해설**
> LPG 차량은 가솔린기관에 비하여 출력이 떨어진다.

24 동력전달장치에서 추진축의 스플라인부가 마멸되었을 때 생기는 현상은?

① 완충작용이 불량하게 된다.
② 주행 중에 소음이 발생한다.
③ 동력전달 성능이 향상된다.
④ 종감속장치의 결합이 불량하게 된다.

> **해설**
> 추진축의 스플라인부가 마멸되었을 때 생기는 현상으로는 주행 중 소음 · 진동이 발생한다.

25 엔진의 회전수가 4,500rpm일 경우 2단의 변속비가 1.5일 경우 변속기 출력축의 회전수(rpm)는 얼마인가?

① 1,500   ② 2,000
③ 2,500   ④ 3,000

> **해설**
>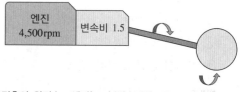
> 추진축의 회전수 = 엔진(rpm)/변속비이므로
> $$\frac{4,500}{1.5} = 3,000\,\mathrm{rpm}$$

26 다음 중 현가장치에 사용되는 판스프링에서 스팬의 길이 변화를 가능하게 하는 것은?

① 섀 클 ② 스 팬
③ 행 거 ④ U볼트

해설
판스프링에서 충격 흡수 시 길이방향 보상장치는 섀클부이다.

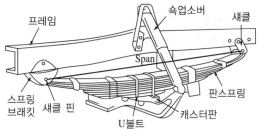

27 앞바퀴 정렬의 종류가 아닌 것은?

① 토 인 ② 캠 버
③ 섹터 암 ④ 캐스터

해설
앞바퀴 정렬요소는 킹핀, 캐스터, 캠버, 토인이 있다.

28 자동변속기에서 스톨테스트의 요령 중 틀린 것은?

① 사이드 브레이크를 잠근 후 풋 브레이크를 밟고 전진기어를 넣고 실시한다.
② 사이드 브레이크를 잠근 후 풋 브레이크를 밟고 후진기어를 넣고 실시한다.
③ 바퀴에 추가로 버팀목을 받치고 실시한다.
④ 풋 브레이크는 놓고 사이드 브레이크만 당기고 실시한다.

해설
스톨테스트 시 바퀴에 고임목을 받치고 풋 브레이크와 사이드 브레이크 모두를 작동시켜 안전한 테스트를 진행한다.

29 전자제어 현가장치의 장점에 대한 설명으로 가장 적합한 것은?

① 굴곡이 심한 노면을 주행할 때에 흔들림이 작은 평행한 승차감 실현
② 차속 및 조향 상태에 따라 적절한 조향 특성을 갖는다.
③ 운전자가 희망하는 쾌적공간을 제공해 주는 시스템
④ 운전자의 의지에 따라 조향 능력을 유지해 주는 시스템

해설
전자제어 현가장치는 노면의 상태 및 주행속도에 대하여 최적의 승차감과 안전성을 확보하기 위한 장치이다.

30 유압식 제동장치에서 적용되는 유압의 원리는?

① 뉴턴의 원리

② 파스칼의 원리

③ 벤투리관의 원리

④ 베르누이의 원리

해설

제동장치의 유압은 파스칼의 원리를 적용한다.

31 수동변속기의 클러치의 역할 중 거리가 가장 먼 것은?

① 엔진과의 연결을 차단하는 일을 한다.

② 변속기로 전달되는 엔진의 토크를 필요에 따라 단속한다.

③ 관성 운전 시 엔진과 변속기를 연결하여 연비향상을 도모한다.

④ 출발 시 엔진의 동력을 서서히 연결하는 일을 한다.

해설

수동변속기의 클러치의 역할에서 관성 운전 시 엔진과 변속기를 분리하여 연비향상을 도모한다.

32 주행 중 제동 시 좌우 편제동의 원인으로 거리가 가장 먼 것은?

① 드럼의 편 마모

② 휠 실린더 오일 누설

③ 라이닝 접촉 불량, 기름 부착

④ 마스터 실린더의 리턴 구멍 막힘

해설

마스터 실린더의 리턴 포트가 막히면 브레이크 작동력이 잘 해제되지 않는다.

33 스프링 위 무게 진동과 관련된 사항 중 거리가 먼 것은?

① 바운싱(Bouncing)

② 피칭(Pitching)

③ 휠 트램프(Wheel Tramp)

④ 롤링(Rolling)

해설

휠 트램프는 정적 불평형 상태의 휠의 운동으로 주행 시 상하방향의 움직임을 말한다.

34 타이어의 구조에 해당되지 않는 것은?

① 트레드 ② 브레이커

③ 카커스 ④ 압력판

해설

압력판은 수동변속기의 클러치 구성품이다.

35 자동변속기 오일의 주요 기능이 아닌 것은?

① 동력전달 작용

② 냉각 작용

③ 충격전달 작용

④ 윤활 작용

해설

자동변속기용 오일은 냉각, 윤활, 동력전달 및 완충작용을 하여야 한다.

30 ② 31 ③ 32 ④ 33 ③ 34 ④ 35 ③ **정답**

36 동력조향장치(Power Steering System)의 장점으로 틀린 것은?

① 조향 조작력을 작게 할 수 있다.
② 앞바퀴의 시미현상을 방지할 수 있다.
③ 조향 조작이 경쾌하고 신속하다.
④ 고속에서 조향력이 가볍다.

해설
조향장치는 고속에서 조향력을 무겁게 해야 안전한 조향을 할 수 있다.

37 제동 배력장치에서 진공식은 무엇을 이용하는가?

① 대기 압력만을 이용
② 배기가스 압력만을 이용
③ 대기압과 흡기다기관 부압의 차이를 이용
④ 배기가스와 대기압과의 차이를 이용

해설
진공배력식 브레이크 장치는 하이드로 백을 이용하여 제동력을 증폭시키는 장치로서 대기압과 흡기다기관 부압의 차이를 이용한다.

38 차량 총 중량 5,000kgf의 자동차가 20%의 구배길을 올라갈 때 구배저항(R_g)은?

① 2,500kgf
② 2,000kgf
③ 1,710kgf
④ 1,000kgf

해설
자동차의 구배저항을 산출하는 공식은
R_g(구배저항)$= W \times \sin\theta = W \times \tan\theta = W \times \dfrac{G}{100}$ 이므로
$5,000 \times \dfrac{20}{100} = 1,000$kgf이다.

39 주행 중 브레이크 작동 시 조향핸들이 한쪽으로 쏠리는 원인으로 거리가 가장 먼 것은?

① 휠 얼라인먼트 조정이 불량하다.
② 좌우 타이어의 공기압이 다르다.
③ 브레이크 라이닝의 좌우 간극이 불량하다.
④ 마스터 실린더의 체크밸브의 작동이 불량하다.

해설
마스터 실린더의 체크밸브의 작동이 불량하면 제동지연 및 베이퍼 로크가 발생할 수 있다.

40 자동차가 주행하면서 선회할 때 조향각도를 일정하게 유지하여도 선회 반지름이 커지는 현상은?

① 오버 스티어링
② 언더 스티어링
③ 리버스 스티어링
④ 토크 스티어링

해설
② 언더 스티어링 : 선회할 때 조향각도를 일정하게 유지하여도 선회 반지름이 커지는 현상
① 오버 스티어링 : 선회할 때 조향각도를 일정하게 유지하여도 선회 반지름이 작아지는 현상

41 모터나 릴레이 작동 시 라디오에 유기되는 일반적인 고주파 잡음을 억제하는 부품으로 맞는 것은?

① 트랜지스터　　　② 볼 륨
③ 콘덴서　　　　　④ 동소기

해설
콘덴서는 모터나 릴레이 작동 시 라디오에 유기되는 일반적인 고주파 잡음을 억제하는 부품으로 사용된다.

42 자동차 에어컨 시스템에 사용되는 컴프레서 중 가변용량 컴프레서의 장점이 아닌 것은?

① 냉방성능 향상
② 소음진동 향상
③ 연비 향상
④ 냉매 충진 효율 향상

해설
냉매 충진 효율은 냉매 공급 장치를 통하여 충전하는 방식으로 컴프레서의 특징이 아니다.

43 기동전동기 무부하 시험을 할 때 필요 없는 것은?

① 전류계　　　　　② 저항시험기
③ 전압계　　　　　④ 회전계

해설
무부하 시험은 아무런 장치없이 기동전동기를 회전시켜 회전수, 전류소모량, 전압강하량을 측정하는 시험으로 저항시험 장치는 필요 없다.

44 엔진정지 상태에서 기동스위치를 "ON"시켰을 때 축전지에서 발전기로 전류가 흘렀다면 그 원인은?

① ⊕ 다이오드가 단락되었다.
② ⊕ 다이오드가 절연되었다.
③ ⊖ 다이오드가 단락되었다.
④ ⊖ 다이오드가 절연되었다.

해설
엔진정지 상태에서 기동스위치를 "ON"시켰을 때 축전지에서 발전기로 전류가 흘렀다면 ⊕ 다이오드가 단락된 경우이다.

45 자동차용 배터리에 과충전을 반복하면 배터리에 미치는 영향은?

① 극판이 황산화된다.
② 용량이 크게 된다.
③ 양극판 격자가 산화된다.
④ 단자가 산화된다.

해설
자동차용 배터리에 과충전을 반복하면 극판의 물질이 탈락 또는 양극판 격자가 산화된다.

46 "회로 내의 어떤 한 점에 유입한 전류의 총합과 유출한 전류의 총합은 서로 같다."는 법칙은?

① 렌츠의 법칙
② 앙페르의 법칙
③ 뉴턴의 제1법칙
④ 키르히호프의 제1법칙

해설
키르히호프의 제1법칙은 "회로 내의 어떤 한 점에 유입한 전류의 총합과 유출한 전류의 총합은 서로 같다."는 전류의 법칙이고 제2법칙은 전압강하의 법칙이다.

47 전자제어 점화장치에서 점화시기를 제어하는 순서는?

① 각종 센서 → ECU → 파워 트랜지스터 → 점화코일
② 각종 센서 → ECU → 점화코일 → 파워 트랜지스터
③ 파워 트랜지스터 → 점화코일 → ECU → 각종 센서
④ 파워 트랜지스터 → ECU → 각종 센서 → 점화코일

해설
전자제어 점화장치에서 점화시기를 제어하는 순서는 각종 센서 → ECU → 파워 트랜지스터 → 점화코일의 순이다.

48 부특성(NTC) 가변저항을 이용한 센서는?

① 산소센서
② 수온센서
③ 조향각센서
④ TDC센서

해설
엔진 냉각수온센서는 부특성 서미스터를 적용한다.

49 윈드 실드 와이퍼 장치의 관리요령에 대한 설명으로 틀린 것은?

① 와이퍼 블레이드는 수시 점검 및 교환해 주어야 한다.
② 와셔액이 부족한 경우 와셔액 경고등이 점등된다.
③ 전면유리는 왁스로 깨끗이 닦아 주어야 한다.
④ 전면 유리는 기름 수건 등으로 닦지 말아야 한다.

해설
전면 유리는 왁스, 기름 수건 등으로 닦지 말아야 한다.

50 비중이 1.280(20℃)의 묽은 황산 1L 속에 35%(중량)의 황산이 포함되어 있다면 물은 몇 g 포함되어 있는가?

① 932
② 832
③ 819
④ 719

해설
부피를 무게로 변환하려면 비중×부피를 하면 되므로
1,000mL×1.280=1,280g이 된다.
이 중 35%가 황산의 중량이라면 1,280×0.35=448g이 황산량이고 나머지 832g은 물이 된다.

51 리머가공에 관한 설명으로 옳은 것은?

① 액슬축 외경 가공 작업 시 사용된다.

② 드릴 구멍보다 먼저 작업한다.

③ 드릴 구멍보다 더 정밀도가 높은 구멍을 가공하는데 필요하다.

④ 드릴 구멍보다 더 작게 하는 데 사용한다.

해설
리머가공은 드릴 구멍보다 더 정밀도가 높은 구멍을 가공하는 데 필요하다.

52 다음 중 연료 파이프 피팅을 풀 때 가장 알맞은 렌치는?

① 탭렌치　　　② 복스렌치

③ 소켓렌치　　④ 오픈 엔드렌치

해설
파이프 피팅을 풀 때는 연료 파이프가 중앙으로 지나고 있기 때문에 오픈 엔드렌치를 사용하여 피팅을 푼다.

53 사고예방 원리의 5단계 중 그 대상이 아닌 것은?

① 사실의 발견　　② 평가분석

③ 시정책의 선정　④ 엄격한 규율의 책정

해설
사고예방 5단계
• 제1단계 : 안전관리조직(조직)
• 제2단계 : 현상 파악(사실의 발견)
• 제3단계 : 원인 규명(분석평가)
• 제4단계 : 대책 선정(시정방법의 선정)
• 제5단계 : 목표 달성(시정책의 적용)

54 화재의 분류 기준에서 휘발유로 인해 발생한 화재는?

① A급 화재　　② B급 화재

③ C급 화재　　④ D급 화재

해설
화재의 분류
• A급 화재 : 고체 연료성 화재로서 목재, 종이, 섬유 등의 재를 남기는 일반 가연물 화재
• B급 화재 : 액체 또는 기체상의 연료관련 화재로서 가솔린, 알코올, 석유 등의 유류 화재
• C급 화재 : 전기기계, 전기기구 등의 전기 화재
• D급 화재 : 마그네슘 등의 금속 화재

55 드릴링머신의 사용에 있어서 안전상 옳지 못한 것은?

① 드릴 회전 중 칩을 손으로 털거나 불어내지 말 것

② 가공물에 구멍을 뚫을 때 가공물을 바이스에 물리고 작업할 것

③ 솔로 절삭유를 바를 경우에는 위쪽 방향에서 바를 것

④ 드릴을 회전시킨 후에 머신테이블을 조정할 것

해설
드릴을 정지시킨 후에 머신테이블을 조정해야 한다.

51 ③　52 ④　53 ④　54 ②　55 ④　정답

56 휠 밸런스 시험기 사용 시 적합하지 않은 것은?

① 휠의 탈부착 시에는 무리한 힘을 가하지 않는다.
② 균형추를 정확히 부착한다.
③ 계기판은 회전이 시작되면 즉시 판독한다.
④ 시험기 사용방법과 유의사항을 숙지 후 사용한다.

해설
계기판은 휠의 회전이 정지되면 판독한다.

57 자동차의 배터리 충전 시 안전한 작업이 아닌 것은?

① 자동차에서 배터리 분리 시 (+)단자를 먼저 분리한다.
② 배터리 온도가 약 45℃ 이상 오르지 않게 한다.
③ 충전은 환기가 잘되는 넓은 곳에서 한다.
④ 과충전 및 과방전을 피한다.

해설
자동차에서 배터리 분리 시 (−)단자를 먼저 분리한다.

58 작업장의 안전점검을 실시할 때 유의사항이 아닌 것은?

① 과거 재해 요인이 없어졌는지 확인한다.
② 안전점검 후 강평하고 사고한 사항은 묵인한다.
③ 점검내용을 서로가 이해하고 협조한다.
④ 점검자의 능력에 적응하는 점검내용을 활용한다.

59 FF차량의 구동축을 정비할 때 유의사항으로 틀린 것은?

① 구동축의 고무부트 부위의 그리스 누유 상태를 확인한다.
② 구동축 탈거 후 변속기 케이스의 구동축 장착 구멍을 막는다.
③ 구동축을 탈거할 때마다 오일실을 교환하다.
④ 탈거 공구를 최대한 깊이 끼워서 사용한다.

60 공작기계 작업 시의 주의사항으로 틀린 것은?

① 몸에 묻은 먼지나 철분 등 기타의 물질은 손으로 털어 낸다.
② 정해진 용구를 사용하여 파쇠철이 긴 것은 자르고 짧은 것은 막대로 제거한다.
③ 무거운 공작물을 옮길 때는 운반기계를 이용한다.
④ 기름걸레는 정해진 용기에 넣어 화재를 방지하여야 한다.

01 가솔린 연료분사기관에서 인젝터 (−)단자에서 측정한 인젝터 분사파형은 파워 트랜지스터가 Off 되는 순간 솔레노이드 코일에 급격하게 전류가 차단되기 때문에 큰 역기전력이 발생하게 되는데 이것을 무엇이라 하는가?

① 평균전압
② 전압강하
③ 서지전압
④ 최소전압

해설
인젝터 또는 점화코일에 전류를 급격하게 차단하면 코일에서는 역기전력이 순간적으로 발생하게 되며 이것을 서지전압이라 한다. 일반적으로 인젝터의 서지전압은 70~80V 정도이다.

02 캠축의 구동방식이 아닌 것은?

① 기어형
② 체인형
③ 포핏형
④ 벨트형

해설
캠축의 구동방식(타이밍 방식)으로는 기어형, 체인형, 벨트형이 있다.

03 산소센서(O_2 Sensor)가 피드백(Feed Back)제어를 할 경우로 가장 적합한 것은?

① 연료를 차단할 때
② 급가속 상태일 때
③ 감속 상태일 때
④ 대기와 배기가스 중의 산소농도 차이가 있을 때

해설
산소센서는 대기 중 산소농도와 배기가스 중 산소농도의 차이에 의해 기전력이 발생(지르코니아타입)하고 ECU로 전송하여 연료분사 보정량을 제어하는 피드백 신호로 사용된다.

04 연료분사펌프의 토출량과 플런저의 행정은 어떠한 관계가 있는가?

① 토출량은 플런저의 유효행정에 정비례한다.
② 토출량은 예비 행정에 비례하여 증가한다.
③ 토출량은 플런저의 유효행정에 반비례한다.
④ 토출량은 플런저의 유효행정과 전혀 관계가 없다.

해설
연료분사펌프 내의 플런저는 유효행정이 많아질수록 연료분사량이 증가하는 정비례 관계를 가지고 있다.

05 가솔린기관에서 노킹(Knocking)발생 시 억제하는 방법은?

① 혼합비를 희박하게 한다.
② 점화시기를 지각시킨다.
③ 옥탄가가 낮은 연료를 사용한다.
④ 화염전파 속도를 느리게 한다.

해설
가솔린기관에서 노킹(Knocking)발생 시 억제하는 방법 중 점화시기를 지각시켜 노킹을 억제하는 방법이 있다.

06 표준대기압의 표기로 옳은 것은?

① 735mmHg
② 0.85kgf/cm^2
③ 101.3kPa
④ 10bar

해설
표준대기압 1atm은 다음과 같이 정의된다.
1atm = 1.0332kgf/cm^2 = 10.332mAq = 1.01325bar
= 101,325Pa = 760mmHg

07 배출가스 저감장치 중 삼원촉매(Catalytic Converter) 장치를 사용하여 저감시킬 수 있는 유해가스의 종류는?

① CO, HC, 흑연
② CO, NO_X, 흑연
③ NO_X, HC, SO
④ CO, HC, NO_X

해설
삼원촉매 컨버터에서 저감시킬 수 있는 유해 배기가스로는 CO, HC, NO_X가 있다.

08 적색 또는 청색 경광등을 설치하여야 하는 자동차가 아닌 것은?

① 교통단속에 사용되는 경찰용 자동차
② 범죄수사를 위하여 사용되는 수사기관용 자동차
③ 소방용 자동차
④ 구급자동차

해설
구급자동차는 녹색 경광등이 적용된다(자동차규칙 제58조).

09 인젝터의 분사량을 제어하는 방법으로 맞는 것은?

① 솔레노이드 코일에 흐르는 전류의 통전시간으로 조절한다.
② 솔레노이드 코일에 흐르는 전압의 시간으로 조절한다.
③ 연료압력의 변화를 주면서 조절한다.
④ 분사구의 면적으로 조절한다.

해설
ECU에서 인젝터의 연료분사량 제어는 인젝터 내부에 솔레노이드 코일의 통전시간을 제어하여 인젝터 개방 시간을 제어하고 분사량을 제어한다.

10 측압이 가해지지 않은 쪽의 스커트 부분을 따낸 것으로 무게를 늘리지 않고 접촉면적은 크게 하고 피스톤 슬랩(Slap)은 적게 하여 고속기관에 널리 사용하는 피스톤의 종류는?

① 슬리퍼 피스톤(Slipper Piston)
② 솔리드 피스톤(Solid Piston)
③ 스플릿 피스톤(Split Piston)
④ 오프셋 피스톤(Offset Piston)

해설
슬리퍼 피스톤은 피스톤 형상의 하나로 측압이 걸리지 않는 보스 방향의 양쪽 스커트 부분을 깎아내어 측압이 걸리는 쪽의 면적을 넓게 한 것으로서 피스톤 슬랩을 적게 한 것으로 고속 엔진용으로 많이 사용되고 있다.

11 자동차 기관에서 윤활 회로 내의 압력이 과도하게 올라가는 것을 방지하는 역할을 하는 것은?

① 오일 펌프
② 릴리프밸브
③ 체크밸브
④ 오일 쿨러

해설
릴리프밸브는 안전밸브로서 유압회로 내의 압력이 과도하게 올라가는 것을 방지하는 역할을 한다.

12 기관의 최고출력이 1.3PS이고, 총배기량이 50cc, 회전수가 5,000rpm일 때 리터 마력(PS/L)은?

① 56
② 46
③ 36
④ 26

해설
리터 마력(PS/L) $= \dfrac{PS}{L}$ 이므로 $\dfrac{1.3PS}{0.05L} = 26PS/L$가 된다.

13 LPG 기관에서 액상 또는 기상 솔레노이드밸브의 작동을 결정하기 위한 엔진 ECU의 입력요소는?

① 흡기관 부압
② 냉각수 온도
③ 엔진 회전수
④ 배터리 전압

해설
LPG 엔진에서 액상 또는 기상 솔레노이드의 개방 결정은 엔진의 시동성과 관계되어 작동하므로 냉각수온센서의 신호에 따라 결정된다.

14 스로틀밸브가 열려 있는 상태에서 가속할 때 일시적인 가속 지연 현상이 나타나는 것을 무엇이라고 하는가?

① 스텀블(Stumble)
② 스톨링(Stalling)
③ 헤지테이션(Hesitation)
④ 서징(Surging)

해설
헤지테이션(Hesitation)은 가속 페달을 밟을 때의 응답지연에 대한 것으로서 가속 페달을 밟아도 원활하게 가속되지 않는 현상을 말한다.

15 가솔린기관의 이론공연비로 맞는 것은?(단, 희박 연소 기관은 제외)

① 8 : 1
② 13.4 : 1
③ 14.7 : 1
④ 15.6 : 1

해설
가솔린기관의 이론 공연비는 14.7 : 1이다.

16 가솔린기관의 연료펌프에서 체크밸브의 역할이 아닌 것은?

① 연료라인 내의 잔압을 유지한다.
② 기관 고온 시 연료의 베이퍼로크를 방지한다.
③ 연료의 맥동을 흡수한다.
④ 연료의 역류를 방지한다.

해설
가솔린기관의 연료펌프에서 체크밸브의 역할은 연료라인의 잔압을 유지시켜 재시동성을 좋게 하고 베이퍼로크 현상을 방지하며 연료의 역류를 방지하는 기능을 수행한다.

17 정지하고 있는 질량 2kg의 물체에 1N의 힘이 작용하면 물체의 가속도는?

① 0.5m/s^2
② 1m/s^2
③ 2m/s^2
④ 5m/s^2

해설
뉴턴의 제2법칙인 가속도의 법칙 $F=ma$에서
$1\text{N} = 2\text{kg} \times 0.5\text{m/s}^2$이 되므로 가속도는 0.5m/s^2이 된다.

18 저속 전부하에서의 기관의 노킹(Knocking) 방지성을 표시하는 데 가장 적당한 옥탄가 표기법은?

① 리서치 옥탄가   ② 모터 옥탄가

③ 로드 옥탄가   ④ 프런트 옥탄가

> **해설**
> **리서치 옥탄가** : 가솔린 옥탄가로서 실험실 옥탄가 측정방법 중 리서치 법에 따라 구한 것으로 경하중 패밀리 카의 엔진이나 저속 주행할 때 엔진의 내폭성을 나타내는 것으로 통상적으로 리서치 옥탄가를 가리키며 RON이라고 약칭하여 부른다.
> **모터 옥탄가** : 가솔린의 옥탄가로서 실험실 옥탄가 측정법의 하나인 모터법에 의하여 구한다. 자동차가 고속 또는 고부하 주행할 때 엔진의 내폭성을 나타내며, 또 한 가지의 측정법인 리서치법으로 구한 옥탄가보다 10옥탄 정도 작은 값일 때 일반적으로 'NON'이라고 한다.

19 연소실의 체적이 48cc이고, 압축비가 9 : 1인 기관의 배기량은 얼마인가?

① 432cc   ② 384cc

③ 336cc   ④ 288cc

> **해설**
> $\varepsilon = \dfrac{연소실체적 + 행정체적}{연소실체적}$ 이므로 $\dfrac{48 + x}{48} = 9$ 가 되므로
> $1 + \dfrac{x}{48} = 9$ 따라서 $x = (9-1) \times 48$ 이므로 행정체적은 384cc가 된다.
> ※ 1개 실린더의 배기량 = 행정체적

20 크랭크축에서 크랭크 핀저널의 간극이 커졌을 때 일어나는 현상으로 맞는 것은?

① 운전 중 심한 소음이 발생할 수 있다.

② 흑색 연기를 뿜는다.

③ 윤활유 소비량이 많다.

④ 유압이 높아질 수 있다.

> **해설**
> 크랭크 핀저널의 간극이 커졌을 때 일어나는 현상으로는 작동 중 소음 및 진동이 심하고 윤활계통의 유압이 저하될 수 있다.
> ※ 저자 의견 : ④ 선지는 "유압이 낮아질 수 있다."라고 출제되었으나, 오류 선지로 의심되어 이 책에서는 "유압이 높아질 수 있다."로 수정하였다.

21 배기가스 재순환장치(EGR)의 설명으로 틀린 것은?

① 가속성능의 향상을 위해 급가속 시에는 차단된다.

② 연소온도가 낮아지게 된다.

③ 질소산화물(NO_x)이 증가한다.

④ 탄화수소와 일산화탄소량은 저감되지 않는다.

> **해설**
> 배기가스 재순환장치(EGR)는 배기가스의 일부를 다시 흡기로 유입시켜 연소실의 온도를 낮추어 질소산화물(NO_x)의 발생을 억제시키는 장치로 엔진이 정상작동온도 및 엔진회전속도가 중속영역에서 간헐적으로 작동된다.

22 크랭크축 메인 저널 베어링 마모를 점검하는 방법은?

① 필러 게이지(Feeler Gauge) 방법

② 심(Seam) 방법

③ 직각자 방법

④ 플라스틱 게이지(Plastic Gauge) 방법

> **해설**
> 크랭크축의 오일 간극을 측정할 때에는 일반적으로 플라스틱 게이지를 이용한다.

23 기관이 과열되는 원인이 아닌 것은?

① 라디에이터 코어가 막혔다.
② 수온조절기가 열려 있다.
③ 냉각수의 양이 적다.
④ 물 펌프의 작동이 불량하다.

해설
수온조절기가 열린 채로 고장 시 엔진 워밍업 시간이 오래 걸리며, 기관이 과랭되고 연료소비량이 증가한다.

24 동력 인출장치에 대한 설명이다. (   ) 안에 맞는 것은?

동력 인출장치는 농업기계에서 (   )의 구동용으로도 사용되며, 변속기 측면에 설치되어 (   )의 동력을 인출한다.

① 작업장치, 주축상
② 작업장치, 부축상
③ 주행장치, 주축상
④ 주행장치, 부축상

해설
동력 인출장치(PTO ; Power Take Off)는 작업 시 작업장치의 구동원으로 사용되며 변속장치 측면의 부축과 연결되어 동력을 인출한다.

25 선회할 때 조향각도를 일정하게 유지하여도 선회 반경이 작아지는 현상은?

① 오버 스티어링   ② 언더 스티어링
③ 다운 스티어링   ④ 어퍼 스티어링

해설
선회할 때 조향각도를 일정하게 유지하여도 선회 반경이 작아지는 현상은 오버 스티어링 현상이다.

26 자동변속기에서 유체클러치를 바르게 설명한 것은?

① 유체의 운동에너지를 이용하여 토크를 자동적으로 변환하는 장치
② 기관의 동력을 유체 운동에너지로 바꾸어 이 에너지를 다시 동력으로 바꾸어서 전달하는 장치
③ 자동차의 주행조건에 알맞은 변속비를 얻도록 제어하는 장치
④ 토크컨버터의 슬립에 의한 손실을 최소화하기 위한 작동 장치

해설
유체클러치는 자동변속기 오일의 유체 운동에너지를 이용하여 엔진의 동력을 변속기로 전달하는 역할을 하며 토크 변환율은 1 : 10이다.

27 유압식 전자제어 파워스티어링 ECU의 입력요소가 아닌 것은?

① 차속센서
② 스로틀포지션센서
③ 크랭크축포지션센서
④ 조향각센서

해설
전자제어 파워스티어링 ECU의 입력요소는 차속센서, 스로틀포지션센서, 조향각센서가 있다.

28 휠 얼라인먼트 요소 중 하나인 토인의 필요성과 거리가 가장 먼 것은?

① 조향 바퀴에 복원성을 준다.
② 주행 중 토아웃이 되는 것을 방지한다.
③ 타이어의 슬립과 마멸을 방지한다.
④ 캠버와 더불어 앞바퀴를 평행하게 회전시킨다.

해설
토인은 차량 주행 중 토아웃이 되는 것을 방지하고 타이어의 슬립과 마멸을 방지하며 캠버와 더불어 앞바퀴를 평행하게 회전시키는 역할을 한다. 조향 바퀴에 복원성은 캐스터와 킹핀 경사각이 하는 역할이다.

29 마스터 실린더의 푸시로드에 작용하는 힘이 150 kgf이고, 피스톤의 면적이 $3cm^2$일 때 단위 면적당 유압은?

① $10kgf/cm^2$
② $50kgf/cm^2$
③ $150kgf/cm^2$
④ $450kgf/cm^2$

해설
압력 $P(kgf/cm^2) = \dfrac{F(kgf)}{A(cm^2)} = \dfrac{작용하는\ 힘}{면적}$ 이므로

$\dfrac{150}{3} = 50kgf/cm^2$이 된다.

30 클러치의 릴리스 베어링으로 사용되지 않는 것은?

① 앵귤러 접촉형
② 평면 베어링형
③ 볼 베어링형
④ 카본형

해설
클러치의 릴리스 베어링의 종류로는 앵귤러 접촉형, 볼 베어링형, 카본형이 있다.

31 자동변속기에서 일정한 차속으로 주행 중 스로틀 밸브 개도를 갑자기 증가시키면 시프트 다운(감속 변속)되어 큰 구동력을 얻을 수 있는 것은?

① 스 톨
② 킥 다운
③ 킥 업
④ 리프트 풋업

해설
킥 다운은 자동 변속기 차량에서 일정한 속도로 달리는 중에 앞지르기 등으로 급가속을 하고 싶을 때 가속페달을 힘껏 밟고 (킥)기어를 한단 밑으로 내리는(Down) 것을 말한다.

32 시동 Off 상태에서 브레이크 페달을 여러 차례 작동 후 브레이크 페달을 밟은 상태에서 시동을 걸었는데 브레이크 페달이 내려가지 않는다면 예상되는 고장 부위는?

① 주차 브레이크 케이블
② 앞바퀴 캘리퍼
③ 진공 배력장치
④ 프로포셔닝밸브

해설
시동 Off 상태에서 브레이크 페달을 여러 차례 작동 후 브레이크 페달을 밟은 상태에서 시동을 걸었는데 브레이크 페달이 내려가지 않는다면 시동 후 흡기다기관에 의해 발생되는 진공도가 작용하는 진공 배력 장치에 문제가 있는 것으로 볼 수 있다.

33 구동 피니언의 잇수가 15, 링기어의 잇수가 58일 때의 종감속비는 약 얼마인가?

① 2.58　　　　② 2.94

③ 3.87　　　　④ 4.02

> **해설**
>
> 감속비 $= \dfrac{\text{피동 잇수}}{\text{구동 잇수}} = \dfrac{\text{구동 회전 수}}{\text{피동 회전 수}}$ 이므로 $\dfrac{58}{15} \fallingdotseq 3.866$ 이 된다.

34 현가장치가 갖추어야 할 기능이 아닌 것은?

① 승차감의 향상을 위해 상하 움직임에 적당한 유연성이 있어야 한다.

② 원심력이 발생되어야 한다.

③ 주행 안정성이 있어야 한다.

④ 구동력 및 제동력 발생 시 적당한 강성이 있어야 한다.

> **해설**
>
> 현가장치는 원심력이 발생되면 차체의 운동 상태가 불안정해지므로 원심력이 발생되면 안 된다.

35 여러 장을 겹쳐 충격 흡수 작용을 하도록 한 스프링은?

① 토션바 스프링

② 고무 스프링

③ 코일 스프링

④ 판 스프링

> **해설**
>
> 판 스프링은 스프링 강을 적당히 구부린 뒤 여러 장을 적층하여 탄성효과에 의한 스프링 역할을 할 수 있도록 만든 것으로 강성이 강하고 구조가 간단하다.

36 자동차에서 제동 시의 슬립비를 표시한 것으로 맞는 것은?

① $\dfrac{\text{자동차 속도} - \text{바퀴 속도}}{\text{자동차 속도}} \times 100$

② $\dfrac{\text{자동차 속도} - \text{바퀴 속도}}{\text{바퀴 속도}} \times 100$

③ $\dfrac{\text{바퀴 속도} - \text{자동차 속도}}{\text{자동차 속도}} \times 100$

④ $\dfrac{\text{바퀴 속도} - \text{자동차 속도}}{\text{바퀴 속도}} \times 100$

> **해설**
>
> 제동 시의 슬립비는 $\dfrac{\text{자동차 속도} - \text{바퀴 속도}}{\text{자동차 속도}} \times 100$ 이다.

37 조향핸들이 1회전하였을 때 피트먼 암이 40° 움직였다. 조향기어의 비는?

① 9 : 1　　　　② 0.9 : 1

③ 45 : 1　　　　④ 4.5 : 1

> **해설**
>
> 조향기어비의 산출식은
>
> 조향기어비 $= \dfrac{\text{조향핸들 회전각(°)}}{\text{피트먼 암, 너클 암, 바퀴 선회각(°)}}$ 이므로
>
> $\dfrac{360°}{40°} = 9$ 이다.

38 수동변속기에서 클러치(Clutch)의 구비 조건으로 틀린 것은?

① 동력을 차단할 경우에는 차단이 신속하고 확실할 것

② 미끄러지는 일이 없이 동력을 확실하게 전달할 것

③ 회전부분의 평형이 좋을 것

④ 회전관성이 클 것

해설
클러치의 구비조건
• 동력차단 시 신속하고 확실할 것
• 동력전달 시 미끄러지면서 서서히 전달될 것
• 일단 접속되면 미끄럼 없이 동력을 확실히 전달할 것
• 회전부분의 동적, 정적 밸런스가 좋고 회전관성이 적을 것
• 방열성능이 좋고 내구성이 좋을 것
• 구조가 간단하고 취급이 용이하며 고장이 적을 것

39 자동차가 커브를 돌 때 원심력이 발생하는데 이 원심력을 이겨내는 힘은?

① 코너링 포스   ② 컴플라이언스 포스

③ 구동 토크   ④ 회전 토크

해설
코너링 포스는 타이어가 어느 슬립각을 가지고 선회할 때 접지면에 발생하는 마찰력 중 타이어의 진행 방향에 직각으로 작용하는 성분을 말한다. 슬립각을 일정하게 코너링 할 때, 원의 접선 방향에 직각이며 원심력과 균형을 이룬 힘이므로 자동차의 운동을 논할 경우에 이 힘이 쓰이는 것이 일반적이다.

40 공기식 제동장치의 구성요소로 틀린 것은?

① 언로더밸브

② 릴레이밸브

③ 브레이크 체임버

④ EGR밸브

해설
EGR밸브는 브레이크 장치의 구성요소가 아니다.

41 트랜지스터식 점화장치는 어떤 작동으로 점화코일의 1차전압을 단속하는가?

① 증폭 작용

② 자기 유도 작용

③ 스위칭 작용

④ 상호 유도 작용

해설
트랜지스터식 점화장치는 파워 TR을 이용하여 ECU가 베이스 전류를 차단, 접속시켜 1차코일의 전류를 단속하게 된다(스위칭 작용).

42 이모빌라이저 시스템에 대한 설명으로 틀린 것은?

① 차량의 도난을 방지할 목적으로 적용되는 시스템이다.

② 도난 상황에서 시동이 걸리지 않도록 제어한다.

③ 도난 상황에서 시동키가 회전되지 않도록 제어한다.

④ 엔진의 시동은 반드시 차량에 등록된 키로만 시동이 가능하다.

해설
도난 상황에서 시동키는 회전되나 크랭킹이 되지 않도록 제어한다.

43 주파수를 설명한 것 중 틀린 것은?

① 1초에 60회 파형이 반복되는 것을 60Hz라고 한다.

② 교류의 파형이 반복되는 비율을 주파수라고 한다.

③ $\dfrac{1}{주기}$ 은 주파수와 같다.

④ 주파수는 직류의 파형이 반복되는 비율이다.

해설

음파나 전파, 혹은 교류전기는 규칙적인 간격으로 운동한다. 1초 동안 일어나는 반복 횟수를 주파수라고 부르고 이는 헤르츠(Hz) 단위로 표시한다.

44 자동차용 배터리의 급속 충전 시 주의사항으로 틀린 것은?

① 배터리를 자동차에 연결한 채 충전할 경우, 접지 (－)터미널을 떼어 놓을 것

② 충전전류는 용량 값의 약 2배 정도의 전류로 할 것

③ 될 수 있는 대로 짧은 시간에 실시할 것

④ 충전 중 전해액 온도가 약 45℃ 이상되지 않도록 할 것

해설

급속충전 시 충전전류는 용량값의 약 0.5(1/2)배 정도의 전류로 충전한다.

45 와이퍼 장치에서 간헐적으로 작동되지 않는 요인으로 거리가 먼 것은?

① 와이퍼 릴레이가 고장이다.

② 와이퍼 블레이드가 마모되었다.

③ 와이퍼 스위치가 불량이다.

④ 모터 관련 배선의 접지가 불량이다.

해설

와이퍼 블레이드의 마모는 와이퍼 작동 시 깨끗하게 닦이지 않는다.

46 배터리 취급 시 틀린 것은?

① 전해액량은 극판 위 10~13mm 정도 되도록 보충한다.

② 연속 대전류로 방전되는 것은 금지해야 한다.

③ 전해액을 만들어 사용 시는 고무 또는 납그릇을 사용하되, 황산에 증류수를 조금씩 첨가하면서 혼합한다.

④ 배터리의 단자부 및 케이스면은 소다수로 세척한다.

해설

전해액 제조 시 온도를 지속적으로 계측하며 증류수에 황산을 조금씩 혼합하여 제조하고 유리 비커 등에서 제조한다.

47 AC 발전기에서 전류가 발생하는 곳은?

① 전기자 　　　② 스테이터

③ 로 터 　　　④ 브러시

해설

교류발전기에서 교류 전류가 발생되는 부분은 스테이터이며 이 교류를 정류기에서 다이오드를 이용하여 직류로 변환시킨다.

48 기동전동기 정류자 점검 및 정비 시 유의사항으로 틀린 것은?

① 정류자는 깨끗해야 한다.
② 정류자 표면은 매끈해야 한다.
③ 정류자는 줄로 가공해야 한다.
④ 정류자는 진원이어야 한다.

해설
정류자는 구리로 구성되어 있으며 줄로 가공하면 안 된다.

49 ( ) 안에 알맞은 소자는?

> SRS(Supplemental Restraint System) 점검 시 반드시 배터리의 (−)터미널을 탈거 후 5분 정도 대기한 후 점검한다. 이는 ECU 내부에 있는 데이터를 유지하기 위한 내부 (   )에 충전되어 있는 전하량을 방전시키기 위함이다.

① 서미스터   ② G센서
③ 사이리스터   ④ 콘덴서

해설
ECU 내부의 콘덴서에 충전된 잔류 전하를 방전시키기 위함이다.

50 4기통 디젤기관에 저항이 0.8Ω 인 예열플러그를 각 기통에 병렬로 연결하였다. 이 기관에 설치된 예열플러그의 합성저항은 몇 Ω 인가?(단, 기관의 전원은 24V이다)

① 0.1   ② 0.2
③ 0.3   ④ 0.4

해설
병렬합성 저항은 $R_T = \dfrac{1}{\dfrac{1}{R_1} + \dfrac{1}{R_2} + \cdots + \dfrac{1}{R_n}}$ 이므로

$R_T = \dfrac{1}{\dfrac{1}{0.8} + \dfrac{1}{0.8} + \dfrac{1}{0.8} + \dfrac{1}{0.8}} = 0.2\,\Omega$

51 적외선 전구에 의한 화재 및 폭발할 위험성이 있는 경우와 거리가 먼 것은?

① 용제가 묻은 헝겊이나 마스킹 용지가 접촉한 경우
② 적외선 전구와 도장면이 필요 이상으로 가까운 경우
③ 상당한 고온으로 열량이 커진 경우
④ 상온의 온도가 유지되는 장소에서 사용하는 경우

해설
상온의 온도가 유지되는 장소에서 사용하는 경우는 화재 및 폭발할 위험성이 적은 경우이다.

52 탁상그라인더에서 공작물은 숫돌바퀴의 어느 곳을 이용하여 연삭작업을 하는 것이 안전한가?

① 숫돌바퀴 측면
② 숫돌바퀴의 원주면
③ 어느 면이나 연삭작업은 상관없다.
④ 경우에 따라서 측면과 원주면을 사용한다.

해설
탁상그라인더에서 공작물은 숫돌바퀴의 원주면에서 작업하는 것이 올바르다.

53 절삭기계 테이블의 T홈 위에 있는 칩 제거 시 가장 적합한 것은?

① 걸 레
② 맨 손
③ 솔
④ 장갑 낀 손

해설

절삭기계 테이블 등의 칩 제거 시 솔을 이용하여 제거한다.

55 재해발생 원인으로 가장 높은 비율을 차지하는 것은?

① 작업자의 불안전한 행동
② 불안전한 작업환경
③ 작업자의 성격적 결함
④ 사회적 환경

해설

재해발생 원인으로 가장 높은 비율을 차지하는 것은 작업자의 불안전한 행동에서 비롯된다.

54 정 작업 시 주의할 사항으로 틀린 것은?

① 금속 깎기를 할 때는 보안경을 착용한다.
② 정의 날을 몸 안쪽으로 하고 해머로 타격한다.
③ 정의 생크나 해머에 오일이 묻지 않도록 한다.
④ 보관 시는 날이 부딪쳐서 무디어지지 않도록 한다.

해설

정 작업 시 정의 날은 몸 바깥쪽으로 향하여 작업한다.

56 자동차 엔진오일 점검 및 교환 방법으로 적합한 것은?

① 환경오염방지를 위해 오일은 최대한 교환 시기를 늦춘다.
② 가급적 고점도 오일로 교환한다.
③ 오일을 완전히 배출하기 위해 시동 걸기 전에 교환한다.
④ 오일 교환 후 기관을 시동하여 충분히 엔진 윤활부에 윤활한 후 시동을 끄고 오일양을 점검한다.

57 납산 배터리의 전해액이 흘렀을 때 중화 용액으로 가장 알맞은 것은?

① 중탄산소다
② 황 산
③ 증류수
④ 수돗물

해설
전해액이 흘렀을 때 중화 용액으로는 중탄산소다를 이용한다.

58 전자제어 시스템 정비 시 자기진단기 사용에 대하여 (   )에 적합한 것은?

> 고장 코드의 (㉠)는 배터리 전원에 의해 백업되어 점화스위치를 OFF시키더라도 (㉡)에 기억된다. 그러나 (㉢)를 분리시키면 고장진단 결과는 지워진다.

① ㉠ 정보, ㉡ 정선박스, ㉢ 고장진단 결과
② ㉠ 고장진단 결과, ㉡ 배터리 (−)단자, ㉢ 고장부위
③ ㉠ 정보, ㉡ ECU, ㉢ 배터리 (−)단자
④ ㉠ 고장진단 결과, ㉡ 고장부위, ㉢ 배터리 (−)단자

해설
전자제어 장치의 고장 코드 정보는 배터리 전원에 의해 백업 및 ECU에 기억되며 배터리 (−) 단자를 15초 이상 탈거 시 고장진단 정보는 지워진다.

59 자동차 VIN(Vehicle Identification Number)의 정보에 포함되지 않는 것은?

① 안전벨트 구분
② 제동장치 구분
③ 엔진의 종류
④ 자동차 종별

60 자동차를 들어 올릴 때 주의사항으로 틀린 것은?

① 잭과 접촉하는 부위에 이물질이 있는지 확인한다.
② 센터 멤버의 손상을 방지하기 위하여 잭이 접촉하는 곳에 헝겊을 넣는다.
③ 차량의 하부에는 개리지 잭으로 지지하지 않도록 한다.
④ 래터럴 로드나 현가장치는 잭으로 지지한다.

01 냉각수 온도센서 고장 시 엔진에 미치는 영향으로 틀린 것은?

① 공회전상태가 불안정하게 된다.
② 워밍업 시기에 검은 연기가 배출될 수 있다.
③ 배기가스 중에 CO 및 HC가 증가된다.
④ 냉간 시동성이 양호하다.

해설
냉각수온 센서 고장 시 나타나는 현상은 냉간 시동성이 저하되고 공전상태가 불량하며 공연비의 부조화로 검은 연기 및 CO, HC 배출량이 증가한다.

02 디젤 연소실의 구비조건 중 틀린 것은?

① 연소시간이 짧을 것
② 열효율이 높을 것
③ 평균유효압력이 낮을 것
④ 디젤노크가 적을 것

해설
디젤기관의 연소실은 연소시간이 짧고, 열효율이 높으며, 노킹의 발생이 적어야 하고, 평균유효압력이 높아야 한다.

03 베어링에 작용하중이 80kgf 힘을 받으면서 베어링 면의 미끄럼속도가 30m/s일 때 손실마력은?(단, 마찰계수는 0.2이다)

① 4.5PS   ② 6.4PS
③ 7.3PS   ④ 8.2PS

해설
$PS = \dfrac{F \times V}{75}$ 이므로 $\dfrac{80 \times 30 \times 0.2}{75} = 6.4PS$ 가 된다.

04 자동차의 앞면에 안개등을 설치할 경우에 해당되는 기준으로 틀린 것은?

① 비추는 방향은 앞면 진행방향을 향하도록 할 것
② 후미등이 점등된 상태에서 전조등과 연동하여 점등 또는 소등할 수 있는 구조일 것
③ 등광색은 백색 또는 황색으로 할 것
④ 등화의 중심점은 차량중심선을 기준으로 좌우가 대칭이 되도록 할 것

해설
안개등은 전조등과 연동되어 작동하지 않는다.
※ 관련 법령(자동차규칙) 개정으로 ④ 해당 기준 없어짐

05 디젤기관에서 기계식 독립형 연료 분사펌프의 분사시기 조정방법으로 맞는 것은?

① 거버너의 스프링을 조정
② 래크와 피니언으로 조정
③ 피니언과 슬리브로 조정
④ 펌프와 타이밍 기어의 커플링으로 조정

해설
기계식 인젝션 펌프에서 분사시기의 조정은 펌프와 타이밍 기어의 커플링(타이머)을 통하여 조정한다.

1 ④ 2 ③ 3 ② 4 ② 5 ④   **정답**

06 4기통인 4행정 사이클기관에서 회전수가 1,800 rpm, 행정이 75mm인 피스톤의 평균속도는?

① 2.35m/s　　② 2.45m/s

③ 2.55m/s　　④ 4.5m/s

> **해설**
> $V_P = \dfrac{L \times N}{30}$ 이므로 $\dfrac{0.075 \times 1,800}{30} = 4.5\text{m/s}$ 가 된다.

07 가솔린 노킹(Knocking)의 방지책에 대한 설명 중 잘못된 것은?

① 압축비를 낮게 한다.

② 냉각수의 온도를 낮게 한다.

③ 화염전파 거리를 짧게 한다.

④ 착화지연을 짧게 한다.

> **해설**
> **가솔린 노킹 방지법**
> • 고옥탄가의 가솔린(내폭성이 큰 가솔린)을 사용한다.
> • 점화시기를 늦춘다.
> • 혼합비를 농후하게 한다.
> • 압축비, 혼합가스 및 냉각수 온도를 낮춘다.
> • 화염전파 속도를 빠르게 한다.
> • 혼합가스에 와류를 증대시킨다.
> • 연소실에 카본이 퇴적된 경우에는 카본을 제거한다.
> • 화염전파 거리를 짧게 한다.

08 연료의 온도가 상승하여 외부에서 불꽃을 가까이 하지 않아도 자연히 발화되는 최저온도는?

① 인화점　　② 착화점

③ 발열점　　④ 확산점

> **해설**
> 연료의 온도가 상승하여 스스로 발화되는 점을 착화점 또는 자기발화점이라고 한다.

09 점화순서가 1-3-4-2인 4행정기관의 3번 실린더가 압축행정을 할 때 1번 실린더는?

① 흡입행정　　② 압축행정

③ 폭발행정　　④ 배기행정

> **해설**

10 기관의 윤활유 유압이 높을 때의 원인과 관계가 없는 것은?

① 베어링과 축의 간격이 클 때

② 유압조정밸브 스프링의 장력이 강할 때

③ 오일파이프의 일부가 막혔을 때

④ 윤활유의 점도가 높을 때

> **해설**
>
> | 유압이 상승하는 원인 | 유압이 낮아지는 원인 |
> |---|---|
> | • 엔진의 온도가 낮아 오일의 점도가 높다.
• 윤활 회로의 일부가 막혔다(오일 여과기).
• 유압조절밸브 스프링의 장력이 크다. | • 크랭크축 베어링의 과다 마멸로 오일 간극이 크다.
• 오일펌프의 마멸 또는 윤활 회로에서 오일이 누출된다.
• 오일팬의 오일양이 부족하다.
• 유압조절밸브 스프링 장력이 약하거나 파손되었다.
• 오일이 연료 등으로 현저하게 희석되었다.
• 오일의 점도가 낮다. |

11 연소실 체적이 40cc이고, 총배기량이 1,280cc인 4기통기관의 압축비는?

① 6 : 1　　　　　② 9 : 1

③ 18 : 1　　　　④ 33 : 1

12 전자제어기관의 흡입공기량 측정에서 출력이 전기 펄스(Pulse, Digital) 신호인 것은?

① 베인(Vane)식

② 카르만(Karman) 와류식

③ 핫 와이어(Hot Wire)식

④ 맵센서식(MAP Sensor)식

13 실린더 지름이 80mm이고, 행정이 70mm인 엔진의 연소실 체적이 50cc인 경우의 압축비는?

① 7　　　　　　② 7.5

③ 8　　　　　　④ 8.5

14 내연기관과 비교하여 전기모터의 장점 중 틀린 것은?

① 마찰이 적기 때문에 손실되는 마찰열이 적게 발생한다.

② 후진 기어가 없어도 후진이 가능하다.

③ 평균 효율이 낮다.

④ 소음과 진동이 적다.

15 디젤기관의 연료 분사장치에서 연료의 분사량을 조절하는 것은?

① 연료 여과기

② 연료 분사노즐

③ 연료 분사펌프

④ 연료 공급펌프

16 부동액 성분의 하나로 비등점이 197.2℃, 응고점이 −50℃인 불연성 포화액인 물질은?

① 에틸렌글리콜
② 메탄올
③ 글리세린
④ 변성알코올

해설
부동액 성분 중 비등점이 197.2℃, 응고점이 −50℃인 불연성 포화액은 에틸렌글리콜이다.

17 블로 다운(Blow Down) 현상에 대한 설명으로 옳은 것은?

① 밸브와 밸브시트 사이에서의 가스 누출 현상
② 압축행정 시 피스톤과 실린더 사이에서 공기가 누출되는 현상
③ 피스톤이 상사점 근방에서 흡·배기밸브가 동시에 열려 배기 잔류가스를 배출시키는 현상
④ 배기행정 초기에 배기밸브가 열려 배기가스 자체의 압력에 의하여 배기가스가 배출되는 현상

해설
블로 다운 현상은 배기행정 초기에 배기밸브가 열려 배기가스 자체 압력으로 배기가스가 배출되는 현상이다.

18 LPG 차량에서 연료를 충전하기 위한 고압용기는?

① 봄 베
② 베이퍼라이저
③ 슬로 컷 솔레노이드
④ 연료 유니온

해설
LPG 차량에서 LPG를 저장하는 용기는 봄베이다.

19 가솔린을 완전 연소시키면 발생되는 화합물은?

① 이산화탄소와 아황산
② 이산화탄소와 물
③ 일산화탄소와 이산화탄소
④ 일산화탄소와 물

해설
가솔린을 완전연소하면 이산화탄소와 물이 생성된다.

20 흡기 시스템의 동적효과 특성을 설명한 것 중 (   ) 안에 알맞은 단어는?

흡입행정의 마지막에 흡입밸브를 닫으면 새로운 공기의 흐름이 갑자기 차단되어 (㉠)가 발생한다. 이 압력과는 음으로 흡입다기관의 입구를 향해서 진행하고, 입구에서 반사되므로 (㉡)가 되어 흡입밸브 쪽으로 음속으로 되돌아온다.

① ㉠ 간섭파, ㉡ 유도파
② ㉠ 서지파, ㉡ 정압파
③ ㉠ 정압파, ㉡ 부압파
④ ㉠ 부압파, ㉡ 서지파

21 가솔린기관에서 발생되는 질소산화물에 대한 특징을 설명한 것 중 틀린 것은?

① 혼합비가 농후하면 발생농도가 낮다.

② 점화시기가 빠르면 발생농도가 낮다.

③ 혼합비가 일정할 때 흡기다기관의 부압은 강한 편이 발생농도가 낮다.

④ 기관의 압축비가 낮은 편이 발생농도가 낮다.

해설
점화시기가 빠르면 노킹이 발생되며 질소산화물의 배출이 증가한다.

22 피스톤 간극이 크면 나타나는 현상이 아닌 것은?

① 블로 바이가 발생한다.

② 압축압력이 상승한다.

③ 피스톤 슬랩이 발생한다.

④ 기관의 기동이 어려워진다.

해설
피스톤 간극이 클 때의 영향
• 압축 행정 시 블로 바이 현상이 발생하고 압축압력이 떨어진다.
• 폭발 행정 시 엔진출력이 떨어지고 블로 바이 가스가 희석되어 엔진오일을 오염시킨다.
• 피스톤링의 기밀작용 및 오일제어작용 저하로 인해 엔진오일이 연소실에 유입되어 연소하기 때문에 오일 소비량이 증가하고 유해 배출가스가 많이 배출된다.
• 피스톤의 슬랩(피스톤과 실린더 간극이 너무 커 피스톤이 상·하 사점에서 운동 방향이 바뀔 때 실린더 벽에 충격을 가하는 현상) 현상이 발생하고 피스톤 링과 링 홈의 마멸을 촉진시킨다.

23 가솔린기관의 연료펌프에서 연료라인 내의 압력이 과도하게 상승하는 것을 방지하기 위한 장치는?

① 체크밸브   ② 릴리프밸브

③ 니들밸브   ④ 사일렌서

해설
연료라인의 압력이 일정 압력 이상 상승하지 못하도록 제어하는 안전밸브는 릴리프밸브이다.

24 중·고속주행 시 연료소비율의 향상과 기관의 소음을 줄일 목적으로 변속기의 입력회전수보다 출력회전수를 빠르게 하는 장치는?

① 클러치 포인트

② 오버 드라이브

③ 히스테리시스

④ 킥 다운

해설
연비 향상과 기관의 과도한 부하를 주지 않는 변속은 오버 드라이브 장치이다.

25 전자제어 현가장치의 출력부가 아닌 것은?

① TPS

② 지시등, 경고등

③ 액추에이터

④ 고장코드

해설
TPS는 입력신호이다.

26 추진축의 자재이음은 어떤 변화를 가능하게 하는가?

① 축의 길이

② 회전 속도

③ 회전축의 각도

④ 회전 토크

해설
자재이음은 각도 변환, 슬립이음은 길이 변환을 말한다.

27 휠 얼라인먼트를 사용하여 점검할 수 있는 것으로 가장 거리가 먼 것은?

① 토(Toe)

② 캠 버

③ 킹핀 경사각

④ 휠 밸런스

해설
휠 밸런스는 전용 테스터기를 이용하여 휠을 회전시켜 밸런스를 잡는다.

28 전동식 동력 조향장치(MDPS ; Motor Driven Power Steering)의 제어 항목이 아닌 것은?

① 과부하보호 제어

② 아이들 업 제어

③ 경고등 제어

④ 급가속 제어

해설
전동식 동력 조향장치는 과부하보호 제어, 아이들 업 제어, 경고등 제어 등을 수행한다.

29 클러치 작동기구 중에서 세척유로 세척하여서는 안 되는 것은?

① 릴리스 포크

② 클러치 커버

③ 릴리스 베어링

④ 클러치 스프링

해설
릴리스 베어링은 영구 주유식으로 세척을 하면 안 된다.

30 조향 유압 계통에 고장이 발생되었을 때 수동조작을 이행하는 것은?

① 밸브 스풀

② 볼 조인트

③ 유압펌프

④ 오리피스

해설
유압식 조향장치에서 유압 계통 이상 발생 시 수동으로 조작이 가능하도록 안전밸브(밸브 스풀)가 작동한다.

31 공기 브레이크에서 공기압을 기계적 운동으로 바꾸어 주는 장치는?

① 릴레이밸브　　② 브레이크슈
③ 브레이크밸브　　④ 브레이크체임버

해설
브레이크체임버는 공기압을 받아 브레이크 내의 캠을 작동시키는 기계적인 운동으로 변환시킨다.

32 자동변속기의 장점이 아닌 것은?

① 기어변속이 간단하고, 엔진 스톨이 없다.
② 구동력이 커서 등판 발진이 쉽고, 등판 능력이 크다.
③ 진동 및 충격흡수가 크다.
④ 가속성이 높고, 최고속도가 다소 낮다.

해설
자동변속기는 진동 및 충격흡수가 우수하고 등판 발진능력이 우수하나, 미끄러짐 발생으로 가속성이 떨어진다.

33 다음 중 전자제어 동력 조향장치(EPS)의 종류가 아닌 것은?

① 속도 감응식　　② 전동 펌프식
③ 공압 충격식　　④ 유압 반력 제어식

해설
전자제어 동력 조향장치의 종류는 속도 감응식, 전동 펌프식, 반력 제어식이 있다.

34 자동변속기에서 토크 컨버터 내의 로크업 클러치 (댐퍼 클러치)의 작동조건으로 거리가 먼 것은?

① "D" 레인지에서 일정 차속(약 70km/h 정도) 이상일 때
② 냉각수 온도가 충분히(약 75℃ 정도) 올랐을 때
③ 브레이크 페달을 밟지 않을 때
④ 발진 및 후진 시

해설
댐퍼 클러치는 엔진과 변속기를 기계적으로 직결시키는 장치로 발진 및 후진 시에는 작동하지 않는다.

35 ABS의 구성품 중 휠스피드센서의 역할은?

① 바퀴의 로크(Lock) 상태 감지
② 차량의 과속을 억제
③ 브레이크 유압 조정
④ 라이닝의 마찰 상태 감지

해설
휠스피드센서는 각 바퀴의 회전수(로크 상태)를 감지하여 ABS ECU로 보낸다.

36 다음에서 스프링의 진동 중 스프링 위 질량의 진동과 관계없는 것은?

① 바운싱(Bouncing)
② 피칭(Pitching)
③ 휠 트램프(Wheel Tramp)
④ 롤링(Rolling)

휠 트램프는 스프링 아래 질량 진동이다.

37 변속장치에서 동기물림 기구에 대한 설명으로 옳은 것은?

① 변속하려는 기어와 메인 스플라인과의 회전수를 같게 한다.
② 주축기어의 회전속도를 부축기어의 회전속도보다 빠르게 한다.
③ 주축기어와 부축기어의 회전수를 같게 한다.
④ 변속하려는 기어와 슬리브와의 회전수에는 관계없다.

해설
싱크로 메시기구는 변속되는 기어와 메인 스플라인의 회전수를 같게 하여 기어가 잘 물릴 수 있도록 작동한다.

38 자동차로 서울에서 대전까지 187.2km를 주행하였다. 출발시간은 오후 1시 20분, 도착시간은 오후 3시 8분이었다면 평균주행속도는?

① 약 60.78km/h
② 약 104km/h
③ 약 126.5km/h
④ 약 156km/h

해설
평균주행속도 $= \dfrac{거리}{총시간}$ 이므로 $\dfrac{187.2}{1.8} = 104$km/h가 된다.

39 유압 브레이크는 무슨 원리를 응용한 것인가?

① 아르키메데스의 원리
② 베르누이의 원리
③ 아인슈타인의 원리
④ 파스칼의 원리

해설
유압식 브레이크장치는 폐회로로 구성되어 파스칼의 원리가 적용된다.

40 그림과 같은 브레이크 페달에 100N의 힘을 가하였을 때 피스톤의 면적이 5cm²라고 하면 작동유압은?

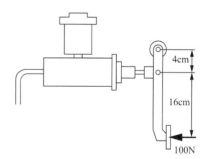

① 100kPa
② 500kPa
③ 1,000kPa
④ 5,000kPa

해설
먼저 지렛대비는 $\dfrac{20}{4} = 5$가 된다.

즉, 마스터 실린더로 500N의 힘이 전달되고

1N/m² $= 1$Pa이므로 $\dfrac{500\text{N}}{0.0005\text{m}^2} = 1,000,000$Pa가 되며

1,000kPa가 된다.

41 다음은 배터리 격리판에 대한 설명이다. 틀린 것은?

① 격리판은 전도성이어야 한다.

② 전해액에 부식되지 않아야 한다.

③ 전해액의 확산이 잘되어야 한다.

④ 극판에서 이물질을 내뿜지 않아야 한다.

> **해설**
> 격리판은 비전도성이어야 양극판과 음극판이 단락되지 않는다.

42 자동차용 납산배터리를 급속 충전할 때 주의사항으로 틀린 것은?

① 충전시간을 가능한 길게 한다.

② 통풍이 잘되는 곳에서 충전한다.

③ 충전 중 배터리에 충격을 가하지 않는다.

④ 전해액의 온도는 약 45℃가 넘지 않도록 한다.

> **해설**
> 급속 충전은 배터리 용량의 50%에 해당하는 전류를 15~20분에 걸쳐 빠른 시간에 충전한다.

43 스파크플러그 표시기호의 한 예이다. 열가를 나타내는 것은?

BP6ES

① P ② 6

③ E ④ S

> **해설**
> BP6ES에서 6이 열가를 나타내는 표시이다.

44 팽창밸브식이 사용되는 에어컨 장치에서 냉매가 흐르는 경로로 맞는 것은?

① 압축기 → 증발기 → 응축기 → 팽창밸브

② 압축기 → 응축기 → 팽창밸브 → 증발기

③ 압축기 → 팽창밸브 → 응축기 → 증발기

④ 압축기 → 증발기 → 팽창밸브 → 응축기

> **해설**
> 에어컨 냉방사이클은 압축기 – 응축기 – 팽창밸브 – 증발기 순으로 이루어진다.

45 연료탱크의 연료량을 표시하는 연료계의 형식 중 계기식의 형식에 속하지 않는 것은?

① 밸런싱 코일식

② 연료면 표시기식

③ 서미스터식

④ 바이메탈 저항식

> **해설**
> 연료량을 표시하는 계기의 형식은 바이메탈식, 서미스터식, 밸런싱 코일식이 있다.

46 AC 발전기의 출력변화 조정은 무엇에 의해 이루어지는가?

① 엔진의 회전수 ② 배터리의 전압
③ 로터의 전류 ④ 다이오드 전류

> **해설**
> 교류발전기의 출력변화 조정은 로터에 흐르는 전류를 제어하여 조정한다.

47 그림에서 $I_1 = 5A$, $I_2 = 2A$, $I_3 = 3A$, $I_4 = 4A$ 라고 하면 I_5에 흐르는 전류(A)는?

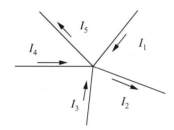

① 8 ② 4
③ 2 ④ 10

> **해설**
> 키르히호프 제1법칙에 의해 한 점에 유입된 전류의 총합은 유출되는 전류의 총합과 같다. 따라서 들어오는 전류는 $I_1 + I_3 + I_4 = I_5 + I_2$ 이므로 $5 + 3 + 4 = I_5 + 2$, $I_5 = 10A$ 가 된다.

48 플레밍의 왼손법칙을 이용한 것은?

① 충전기 ② DC 발전기
③ AC 발전기 ④ 전동기

> **해설**
> 전동기는 플레밍의 왼손법칙, 발전기는 플레밍의 오른손법칙이 적용된다.

49 기동전동기를 기관에서 떼어내고 분해하여 결함부분을 점검하는 그림이다. 옳은 것은?

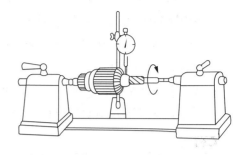

① 전기자 축의 휨 상태 점검
② 전기자 축의 마멸 점검
③ 전기자코일 단락 점검
④ 전기자코일 단선 점검

> **해설**
> 그림은 전기자 축의 휨 점검을 하기 위한 것이다.

50 에어컨의 구성부품 중 고압의 기체 냉매를 냉각시켜 액화시키는 작용을 하는 것은?

① 압축기 ② 응축기
③ 팽창밸브 ④ 증발기

> **해설**
> 고온고압의 냉매를 냉각시켜 고압 액체 냉매로 전환시키는 것은 응축기(콘덴서)이다.

51 드릴링머신 작업을 할 때 주의사항으로 틀린 것은?

① 드릴은 주축에 튼튼하게 장치하여 사용한다.
② 공작물을 제거할 때는 회전을 완전히 멈추고 한다.
③ 가공 중에 드릴이 관통했는지를 손으로 확인한 후 기계를 멈춘다.
④ 드릴의 날이 무디어 이상한 소리가 날 때는 회전을 멈추고 드릴을 교환하거나 연마한다.

해설
가공 중 공작물을 직접 손으로 만져서는 안 된다.

52 산업체에서 안전을 지킴으로써 얻을 수 있는 이점으로 틀린 것은?

① 직장의 신뢰도를 높여 준다.
② 상하 동료 간에 인간관계가 개선된다.
③ 기업의 투자 경비가 늘어난다.
④ 회사 내 규율과 안전수칙이 준수되어 질서유지가 실현된다.

해설
산업안전을 지키면 사고 및 재산상의 피해를 줄일 수 있다.

53 색에 맞는 안전표시가 잘못 짝지어진 것은?

① 녹색 – 안전, 피난, 보호 표시
② 노란색 – 주의, 경고 표시
③ 청색 – 지시, 수리 중, 유도 표시
④ 자주색 – 안전지도 표시

해설
자주색 – 방사능(방사능의 위험을 경고하기 위해 표시)

54 작업안전상 드라이버 사용 시 유의사항이 아닌 것은?

① 날끝이 홈의 폭과 길이가 같은 것을 사용한다.
② 날끝이 수평이어야 한다.
③ 작은 부품은 한 손으로 잡고 사용한다.
④ 전기 작업 시 금속부분이 자루 밖으로 나와 있지 않아야 한다.

해설
드라이버 작업은 안전상 두 손으로 잡고 사용한다.

55 지렛대를 사용할 때 유의사항으로 틀린 것은?

① 깨진 부분이나 마디 부분에 결함이 없어야 한다.
② 손잡이가 미끄러지지 않도록 조치를 취한다.
③ 화물이 치수나 중량에 적합한 것을 사용한다.
④ 파이프를 철제 대신 사용한다.

해설
지렛대 사용 시 파이프를 대신 사용하면 안 된다.

56 수동변속기 작업과 관련된 사항 중 틀린 것은?

① 분해와 조립 순서에 준하여 작업한다.

② 세척이 필요한 부품은 반드시 세척한다.

③ 로크너트는 재사용이 가능하다.

④ 싱크로나이저 허브와 슬리브는 일체로 교환한다.

해설
로크너트는 일회용으로 재사용하지 않는다.

57 물건을 운반 작업할 때 안전하지 못한 경우는?

① LPG 봄베, 드럼통을 굴려서 운반한다.

② 공동 운반에서는 서로 협조하여 운반한다.

③ 긴 물건을 운반할 때는 앞쪽을 위로 올린다.

④ 무리한 자세나 몸가짐으로 물건을 운반하지 않는다.

해설
봄베 및 드럼통을 굴려서 운반하면 안 된다.

58 연료압력 측정과 진공점검 작업 시 안전에 관한 유의사항이 잘못 설명된 것은?

① 기관 운전이나 크랭킹 시 회전 부위에 옷이나 손 등이 접촉하지 않도록 주의한다.

② 배터리 전해액에 옷이나 피부에 닿지 않도록 한다.

③ 작업 중 연료가 누설되지 않도록 하고 화기가 주의에 있는지 확인한다.

④ 소화기를 준비한다.

해설
연료압력 및 진공 측정 시 안전사항과 배터리 전해액은 상관성이 적다.

59 전동기나 조정기를 청소한 후 점검하여야 할 사항으로 옳지 않은 것은?

① 연결의 견고성 여부

② 과열 여부

③ 아크 발생 여부

④ 단자부 주유 상태 여부

해설
전기단자에 주유는 하지 않는다.

60 자동차기관이 과열된 상태에서 냉각수를 보충할 때 적합한 것은?

① 시동을 끄고 즉시 보충한다.

② 시동을 끄고 냉각시킨 후 보충한다.

③ 기관을 가감속하면서 보충한다.

④ 주행하면서 조금씩 보충한다.

해설
과열된 엔진에서 냉각수 보충 시 시동을 끄고 충분히 냉각시킨 후 보충한다.

01 가솔린기관에서 배기가스에 산소량이 많이 잔존하고 있다면 연소실 내의 혼합기는 어떤 상태인가?

① 농후하다.
② 희박하다.
③ 농후하기도 하고 희박하기도 하다.
④ 이론공연비 상태이다.

해설
배기가스 내 산소농도가 농후하면 연소실의 공연비 상태는 희박한 상태이다.

02 크랭크 축 메인 베어링의 오일 간극을 점검 및 측정할 때 필요한 장비가 아닌 것은?

① 마이크로미터
② 시크니스 게이지
③ 실 스톡식
④ 플라스틱 게이지

해설
크랭크축 메인 베어링의 오일 간극은 마이크로미터, 플라스틱 게이지, 실 스톡 등을 이용하여 측정한다.

03 연료는 온도가 높아지면 외부로부터 불꽃을 가까이 하지 않아도 발화하여 연소된다. 이때의 최저온도를 무엇이라 하는가?

① 인화점   ② 착화점
③ 연소점   ④ 응고점

해설
연료의 온도가 상승하여 스스로 발화되는 점을 착화점이라 한다.

04 연료파이프나 연료펌프에서 가솔린이 증발해서 일으키는 현상은?

① 엔진로크
② 연료로크
③ 베이퍼로크
④ 안티로크

해설
연료파이프나 펌프에서 연료가 끓어(증발되어) 라인에 기포가 형성되는 현상을 베이퍼로크 현상이라 한다.

05 연료누설 및 파손방지를 위해 전자제어기관의 연료시스템에 설치된 것으로 감압 작용을 하는 것은?

① 체크밸브
② 제트밸브
③ 릴리프밸브
④ 포핏밸브

해설
연료라인의 안전밸브는 릴리프밸브이다.

1 ② 2 ② 3 ② 4 ③ 5 ③ **정답**

06 디젤기관에서 열효율이 가장 우수한 형식은?

① 예연소실식　　　② 와류식

③ 공기실식　　　　④ 직접분사식

해설
보기 중 디젤기관에서 열효율이 가장 높은 방식은 직접분사식이다.

07 다음 중 내연기관에 대한 내용으로 맞는 것은?

① 실린더의 이론적 발생 마력을 제동마력이라 한다.

② 6실린더 엔진의 크랭크축의 위상각은 90°이다.

③ 베어링 스프레드는 피스톤 핀 저널에 베어링을 조립 시 밀착되게 끼울 수 있게 한다.

④ 모든 DOHC 엔진의 밸브 수는 16개이다.

해설
베어링 스프레드는 지름 차이, 크러시는 둘레 차이를 이용하여 조립된다.

08 LPG 기관에서 액체 상태의 연료를 기체 상태의 연료로 전환시키는 장치는?

① 베이퍼라이저

② 솔레노이드밸브 유닛

③ 봄 베

④ 믹 서

해설
LPG 엔진에서 액체 LPG를 감압시켜 기체화시키는 부품은 베이퍼라이저(감압기)이다.

09 가솔린기관에서 체적효율을 향상시키기 위한 방법으로 틀린 것은?

① 흡기온도의 상승을 억제한다.

② 흡기저항을 감소시킨다.

③ 배기저항을 감소시킨다.

④ 밸브 수를 줄인다.

해설
체적효율을 향상시키는 방법은 흡기온도 상승을 억제하고, 흡기저항을 줄이며, 배기저항을 감소시키고 밸브 수를 증가시키는 방법이 있다.

10 맵센서 점검 조건에 해당되지 않는 것은?

① 냉각 수온 약 80~90℃ 유지

② 각종 램프, 전기 냉각팬, 부장품 모두 ON 상태 유지

③ 트랜스 액슬 중립(A/T 경우 N 또는 P 위치) 유지

④ 스티어링 휠 중립 상태 유지

해설
공전상태에서 MAP센서의 점검은 전기적 부하 및 기계적 부하를 주지 않은 상태에서 공전 시 출력 전압 및 파형을 점검한다.

11 커넥팅 로드 대단부의 배빗메탈의 주재료는?

① 주석(Sn)　　　② 안티몬(Sb)

③ 구리(Cu)　　　④ 납(Pb)

해설

주석 합금 배빗메탈: 주석(Sn) 80~90%, 납(Pb) 1% 이하, 안티몬(Sb) 3~12%, 구리(Cu) 3~7%

12 전자제어 연료 분사식 기관의 연료펌프에서 릴리프밸브의 작용압력은 약 몇 kgf/cm²인가?

① 0.3~0.5　　　② 1.0~2.0

③ 3.5~5.0　　　④ 10.0~11.5

해설

릴리프밸브의 스프링 작용압력은 3.5~5kgf/cm²이다.

13 화물자동차 및 특수자동차의 차량 총중량은 몇 ton을 초과해서는 안 되는가?

① 20　　　② 30

③ 40　　　④ 50

해설

화물자동차 및 특수 자동차의 총 중량은 40ton을 초과해서는 안 된다(자동차규칙 제6조).

14 연소실의 체적이 30cc이고, 행정체적이 180cc이다. 압축비는?

① 6 : 1　　　② 7 : 1

③ 8 : 1　　　④ 9 : 1

해설

$$압축비(\varepsilon) = \frac{연소실체적 + 행정체적}{연소실체적} 이므로$$

$$= \frac{30 + 180}{30} = 7이 된다.$$

15 평균유효압력이 7.5kgf/cm², 행정체적 200cc, 회전수 2,400rpm일 때 4행정 4기통기관의 지시마력은?

① 14PS　　　② 16PS

③ 18PS　　　④ 20PS

해설

$$IPS = \frac{P_{mi} \times A \times L \times N \times Z}{75 \times 60 \times 100} 이다.$$

여기서 $A \times L$은 행정체적이 된다.

따라서 지시마력은 $\frac{7.5 \times 200 \times 1,200 \times 4}{75 \times 60 \times 100} = 16PS$ 가 된다.

16 삼원촉매장치 설치 차량의 주의사항 중 잘못된 것은?

① 주행 중 점화 스위치를 꺼서는 안 된다.
② 잔디, 낙엽 등 가연성 물질 위에 주차시키지 않아야 한다.
③ 엔진의 파워밸런스 측정 시 측정시간을 최대로 단축해야 한다.
④ 반드시 유연 가솔린을 사용한다.

해설
삼원촉매 차량은 가솔린의 성분 중 납이 없는 무연 휘발유를 사용해야 한다.

17 일반적인 엔진오일의 양부 판단 방법이다. 틀린 것은?

① 오일의 색깔이 우유색에 가까운 것은 냉각수가 혼입되어 있는 것이다.
② 오일의 색깔이 회색에 가까운 것은 가솔린이 혼입되어 있는 것이다.
③ 종이에 오일을 떨어뜨려 금속 분말이나 카본의 유무를 조사하고, 많이 혼입된 것은 교환한다.
④ 오일의 색깔이 검은색에 가까운 것은 장시간 사용했기 때문이다.

해설
오일의 색깔에 따른 현상
• 검은색 : 심한 오염
• 붉은색 : 오일에 가솔린이 유입된 상태
• 회색 : 연소가스의 생성물 혼입(가솔린 내의 4에틸납)
• 우유색 : 오일에 냉각수 혼입

18 평균유효압력이 4kgf/cm², 행정체적이 300cc인 2행정 사이클 단기통기관에서 1회의 폭발로 몇 kgf·m의 일을 하는가?

① 6   ② 8
③ 10   ④ 12

해설
$1cc = 1cm^3$ 이므로 $300cm^3$ 이 된다.
따라서 $4 \times 300 = 1,200 kgf \cdot cm$ 이므로 $12 kgf \cdot m$ 이 된다.

19 다음에서 설명하는 디젤기관의 연소 과정은?

> 분사노즐에서 연료가 분사되어 연소를 일으킬 때까지의 기간이며, 이 기간이 길어지면 노크가 발생한다.

① 착화지연기간   ② 화염전파기간
③ 직접연소기간   ④ 후기연소기간

해설
착화지연기간은 연료가 분사되어 연소를 일으키기 직전까지의 구간이며 이 기간이 길어지면 노킹이 발생한다.

20 피스톤의 평균속도를 올리지 않고 회전수를 높일 수 있으며, 단위 체적당 출력을 크게 할 수 있는 기관은?

① 장행정기관　　② 정방형기관

③ 단행정기관　　④ 고속형기관

> **해설**
> 단행정 엔진(Over Square Engine) : 행정이 실린더 내경보다 짧은 실린더(행정 < 내경) 형태를 말하며 특징은 다음과 같다.
> • 피스톤 평균속도(엔진회전속도)가 빠르다.
> • 엔진회전력(토크)이 작아지고 측압이 커진다.
> • 행정구간이 짧아 엔진의 높이는 낮아지나 길이가 길어진다.
> • 연소실의 면적이 넓어 탄화수소(HC) 등의 유해 배기가스 배출이 비교적 많다.
> • 폭발압력을 받는 부분이 커 베어링 등의 하중부담이 커진다.
> • 피스톤이 과열하기 쉽다.

21 기관이 과열되는 원인으로 가장 거리가 먼 것은?

① 서모스탯이 열림 상태로 고착

② 냉각수 부족

③ 냉각팬 작동불량

④ 라디에이터의 막힘

> **해설**
> 기관의 과열원인
> • 냉각팬의 파손(고장)
> • 냉각수 흐름 저항 과대
> • 라디에이터의 코어 파손
> • 냉각수 이물질 혼입
> • 서모스탯이 닫힌 상태로 고장
> • 라디에이터 코어 막힘

22 부특성 서미스터를 이용하는 센서는?

① 노크센서　　② 냉각수온도센서

③ MAP센서　　④ 산소센서

> **해설**
> 부특성 서미스터는 온도에 대한 저항 특성이 반비례하며 외기온도 센서, 흡기온도센서, 냉각수온도센서 등에 적용된다.

23 가솔린기관의 밸브 간극이 규정값보다 클 때 어떤 현상이 일어나는가?

① 정상 작동온도에서 밸브가 완전하게 개방되지 않는다.

② 소음이 감소하고 밸브기구에 충격을 준다.

③ 흡입밸브 간극이 크면 흡입량이 많아진다.

④ 기관의 체적효율이 증대된다.

> **해설**
> 밸브 간극이 크면 밸브의 개도가 확보되지 않아 흡배기 효율이 저하되고 로커 암과 밸브 스템부의 충격이 발생되어 소음 및 마멸이 발생된다. 반대로 밸브 간극이 너무 작으면 밸브의 열팽창으로 인하여 밸브 페이스와 시트의 접촉 불량으로 압축압력의 저하 및 블로 백(Blow Back) 현상이 발생하고 엔진출력이 저하되는 문제가 발생한다.

24 브레이크슈의 리턴스프링에 관한 설명으로 거리가 먼 것은?

① 리턴스프링이 약하면 휠 실린더 내의 잔압이 높아진다.

② 리턴스프링이 약하면 드럼을 과열시키는 원인이 될 수도 있다.

③ 리턴스프링이 강하면 드럼과 라이닝의 접촉이 신속히 해제된다.

④ 리턴스프링이 약하면 브레이크슈의 마멸이 촉진될 수 있다.

> **해설**
> 브레이크슈 리턴스프링은 페달을 놓았을 때 피스톤이 제자리로 복귀하도록 하고 체크밸브와 함께 잔압을 형성하는 작용을 하며 리턴스프링의 장력이 약할 경우 휠 실린더 내의 잔압이 낮아진다.

20 ③　21 ①　22 ②　23 ①　24 ①　**정답**

25 전자제어 현가장치(ECS)에서 보기의 설명으로 맞는 것은?

> 조향휠 각속도센서와 차속 정보에 의해 ROLL 상태를 조기에 검출해서 일정시간 감쇠력을 높여 차량이 선회 주행 시 ROLL을 억제하도록 한다.

① 안티 스쿼트 제어
② 안티 다이브 제어
③ 안티 롤 제어
④ 안티 시프트 스쿼트 제어

해설
보기는 Anti-roll 제어에 대한 설명이다.

26 유압식 브레이크 장치에서 잔압을 형성하고 유지시켜 주는 것은?

① 마스터 실린더 피스톤 1차 컵과 2차 컵
② 마스터 실린더의 체크밸브와 리턴스프링
③ 마스터 실린더 오일 탱크
④ 마스터 실린더 피스톤

해설
마스터 실린더의 체크밸브와 브레이크 리턴스프링이 회로 내 잔압을 형성하고 유지시킨다.

27 전자제어 제동장치(ABS)의 구성요소가 아닌 것은?

① 휠스피드센서
② 전자제어 유닛
③ 하이드롤릭 컨트롤 유닛
④ 각속도센서

해설
ABS의 구성요소는 ABS ECU, 하이드롤릭 모듈, 휠스피드센서, ABS 경고등으로 구성된다.

28 자동변속기 차량에서 펌프의 회전수가 120rpm이고, 터빈의 회전수가 30rpm이라면 미끄럼률은?

① 75%
② 85%
③ 95%
④ 105%

해설

미끄럼률 = $\dfrac{\text{펌프의 회전수} - \text{터빈의 회전수}}{\text{펌프의 회전수}} \times 100$이므로

$\dfrac{120 - 30}{120} \times 100 = 75\%$이다.

29 타이어 트레드 패턴의 종류가 아닌 것은?

① 러그 패턴
② 블록 패턴
③ 리브러그 패턴
④ 카커스 패턴

해설
타이어 트레드 패턴은 리브 패턴, 러그 패턴, 리브러그 패턴, 블록 패턴 등이 있다.

30 유압식 동력조향장치와 비교하여 전동식 동력조향장치 특징으로 틀린 것은?

① 엔진룸의 공간 활용도가 향상된다.

② 유압제어를 하지 않으므로 오일이 필요 없다.

③ 유압제어 방식에 비해 연비를 향상시킬 수 없다.

④ 유압제어를 하지 않으므로 오일펌프가 필요 없다.

해설

전동식 동력조향장치의 특징

• 전기모터 구동으로 인해 이산화탄소가 저감된다.

• 핸들의 조향력을 저속에서는 가볍고 고속에서는 무겁게 작동하는 차속 감응형 시스템이다.

• 엔진의 동력을 이용하지 않으므로 연비 향상과 소음, 진동이 감소된다.

• 부품의 단순화 및 전자화로 부품의 중량이 감소되고 조립 위치에 제약이 적다.

• 차량의 유지비감소 및 조향성이 증가된다.

• 유압을 사용하지 않아 유압관련 부품이 필요 없다.

31 조향장치가 갖추어야 할 조건으로 틀린 것은?

① 조향조작이 주행 중의 충격을 적게 받을 것

② 안전을 위해 고속 주행 시 조향력을 작게 할 것

③ 회전 반경이 작을 것

④ 조작 시에 방향 전환이 원활하게 이루어질 것

해설

조향장치는 차속이 증가함에 따라 조향력이 무거워져야 한다.

32 유압식 브레이크 마스터 실린더에 작용하는 힘이 120kgf이고, 피스톤 면적이 3cm²일 때 마스터 실린더 내에 발생되는 유압은?

① $50kgf/cm^2$

② $40kgf/cm^2$

③ $30kgf/cm^2$

④ $25kgf/cm^2$

해설

압력 $= \dfrac{\text{힘}}{\text{면적}}$ 이므로 $\dfrac{120}{3} = 40kgf/cm^2$ 가 된다.

33 수동변속기 차량에서 클러치가 미끄러지는 원인은?

① 클러치 페달 자유간극 과다

② 클러치 스프링의 장력 약화

③ 릴리스 베어링 파손

④ 유압라인 공기 혼입

해설

클러치 미끄러짐의 원인

• 페이싱의 심한 마모

• 이물질 및 오일부착

• 압력스프링의 약화

• 클러치 유격이 작을 경우

• 플라이 휠 및 압력판의 손상

34 동력조향장치 정비 시 안전 및 유의사항으로 틀린 것은?

① 자동차 하부에서 작업할 때는 시야확보를 위해 보안경을 벗는다.

② 공간이 좁으므로 다치지 않게 주의한다.

③ 제작사의 정비지침서를 참고하여 점검·정비한다.

④ 각종 볼트, 너트는 규정 토크로 조인다.

해설

자동차 하부 작업 시 이물질로 인한 눈의 손상을 초래할 수 있으므로 보안경을 착용한다.

35 유성기어 장치에서 선기어가 고정되고, 링기어가 회전하면 캐리어는?

① 링기어보다 천천히 회전한다.

② 링기어 회전수와 같게 회전한다.

③ 링기어보다 2배 빨리 회전한다.

④ 링기어보다 3배 빨리 회전한다.

해설

기어잇수는 선기어 < 링기어 < 캐리어 순이므로 선기어 고정에 링기어 구동 시 캐리어는 감속된다.

36 자동변속기의 유압제어 회로에 사용하는 유압이 발생하는 곳은?

① 변속기 내의 오일펌프

② 엔진오일펌프

③ 흡기다기관 내의 부압

④ 매뉴얼 시프트밸브

해설

자동변속기 오일펌프는 자동변속기 오일을 흡입하여 변속기 내의 각 요소에서 필요한 유량과 유압을 생성하여 공급하는 역할을 한다.

37 주행 중 자동차의 조향휠이 한쪽으로 쏠리는 원인과 가장 거리가 먼 것은?

① 타이어 공기압력 불균일

② 바퀴 얼라인먼트의 조정 불량

③ 쇽업소버의 파손

④ 조향휠 유격 조정 불량

해설

조향핸들의 유격과 차량이 한쪽으로 쏠리는 원인과의 상관관계는 적다.

38 액슬축의 지지 방식이 아닌 것은?

① 반부동식   ② 3/4부동식

③ 고정식   ④ 전부동식

해설

액슬축의 지지방식은 반부동식, 전부동식, 3/4부동식이 있다.

39 수동변속기 차량의 클러치판은 어떤 축의 스플라인에 조립되어 있는가?

① 추진축

② 크랭크축

③ 액슬축

④ 변속 시 입력축

해설

수동변속기의 클러치판은 변속기 입력축에 연결된다.

40 현가장치에서 스프링이 압축되었다가 원위치로 되돌아올 때 작은 구멍(오리피스)을 통과하는 오일의 저항으로 진동을 감소시키는 것은?

① 스태빌라이저
② 공기스프링
③ 토션 바 스프링
④ 쇽업소버

해설
오리피스 면적을 조정하여 감쇄력을 발생시키는 기구는 쇽업소버이다.

41 자동차용 교류발전기에 대한 특성 중 거리가 가장 먼 것은?

① 브러시 수명이 일반적으로 직류발전기보다 길다.
② 중량에 따른 출력이 직류발전기보다 약 1.5배 정도 높다.
③ 슬립링 손질이 불필요하다.
④ 자여자 방식이다.

해설
자동차 교류발전기는 일반적으로 타여자식 3상 교류발전기를 사용한다.

42 순방향으로 전류를 흐르게 하였을 때 빛이 발생되는 다이오드는?

① 제너다이오드
② 포토다이오드
③ 다이리스터
④ 발광다이오드

해설
발광다이오드(LED)는 순방향으로 전류가 흐를 때 빛이 발생한다.

43 일반적으로 에어백(Air Bag)에 가장 많이 사용되는 가스(Gas)는?

① 수 소
② 이산화탄소
③ 질 소
④ 산 소

해설
에어백의 팽창 시 적용되는 가스는 질소가스이다.

44 150Ah의 축전지 2개를 병렬로 연결한 상태에서 15A의 전류로 방전시킨 경우 몇 시간 사용할 수 있는가?

① 5
② 10
③ 15
④ 20

해설
150Ah 배터리 2개를 병렬로 연결하면 용량이 2배 증가하여 300Ah가 되며 이 축전지로 15A 소모 시 20h를 사용할 수 있다.

40 ④ 41 ④ 42 ④ 43 ③ 44 ④ **정답**

45 축전지의 충·방전 화학식이다. (   )에 해당되는 것은?

$$PbO_2 + (\quad) + Pb \leftrightarrows PbSO_4 + 2H_2O + PbSO_4$$

① H_2O

② $2H_2O$

③ $2PbSO_4$

④ $2H_2SO_4$

축전지 화학식은 다음과 같다.
$$PbO_2 + 2H_2SO_4 + Pb \Leftrightarrow PbSO_4 + 2H_2O + PbSO_4$$

46 점화코일의 2차 쪽에서 발생되는 불꽃전압의 크기에 영향을 미치는 요소 중 거리가 먼 것은?

① 점화플러그 전극의 형상

② 점화플러그 전극의 간극

③ 기관 윤활유 압력

④ 혼합기 압력

점화장치와 기관 윤활유 압력과의 상관관계는 없다.

47 전류에 대한 설명으로 틀린 것은?

① 자유전자의 흐름이다.

② 단위는 A를 사용한다.

③ 직류와 교류가 있다.

④ 저항에 항상 비례한다.

전류는 저항에 반비례한다.

48 지구환경 문제로 인하여 기존의 냉매는 사용을 억제하고, 대체가스로 사용되고 있는 자동차 에어컨의 냉매는?

① R-134a

② R-22

③ R-16a

④ R-12

R-134a의 장점
• 오존을 파괴하는 염소(Cl)가 없다.
• 다른 물질과 쉽게 반응하지 않은 안정된 분자 구조로 되어 있다.
• R-12와 비슷한 열역학적 성질을 지니고 있다.
• 불연성이고 독성이 없으며, 오존을 파괴하지 않는 물질이다.

49 기동전동기 무부하 시험을 하려고 한다. A와 B에 필요한 것은?

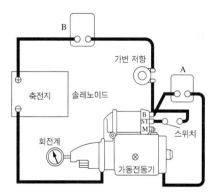

① A : 전류계, B : 전압계

② A : 전압계, B : 전류계

③ A : 전류계, B : 저항계

④ A : 저항계, B : 전압계

전류계는 회로에 직렬연결을 하고 전압계는 병렬연결을 하여 측정한다.

50 퓨즈에 관한 설명으로 맞는 것은?

① 퓨즈는 정격전류가 흐르면 회로를 차단하는 역할을 한다.

② 퓨즈는 과대전류가 흐르면 회로를 차단하는 역할을 한다.

③ 퓨즈는 용량이 클수록 정격전류가 낮아진다.

④ 용량이 작은 퓨즈는 용량을 조정하여 사용한다.

해설
퓨즈는 정격전류 이상으로 전류가 흐를 때 스스로 끊어져 회로를 보호하는 역할을 한다.

51 헤드 볼트를 체결할 때 토크 렌치를 사용하는 이유로 가장 옳은 것은?

① 신속하게 체결하기 위해

② 작업상 편리하기 위해

③ 강하게 체결하기 위해

④ 규정 토크로 체결하기 위해

해설
토크 렌치는 규정 토크로 조일 때 사용된다.

52 작업장 내에서 안전을 위한 통행방법으로 옳지 않은 것은?

① 자재 위에 앉지 않도록 한다.

② 좌·우측의 통행 규칙을 지킨다.

③ 짐을 든 사람과 마주치면 길을 비켜준다.

④ 바쁜 경우 기계 사이의 지름길을 이용한다.

해설
기계 사이의 길로 통행하지 않는다.

53 카바이드 취급 시 주의할 점으로 틀린 것은?

① 밀봉해서 보관한다.

② 건조한 곳보다 약간 습기가 있는 곳에 보관한다.

③ 인화성이 없는 곳에 보관한다.

④ 저장소에 전등을 설치할 경우 방폭구조로 한다.

해설
카바이드는 건조한 장소에 보관한다.

54 작업자가 기계작업 시의 일반적인 안전사항을 틀린 것은?

① 급유 시 기계는 운전을 정지시키고, 지정된 오일을 사용한다.

② 운전 중 기계로부터 이탈할 때는 운전을 정지시킨다.

③ 고장수리, 청소 및 조정 시 동력을 끊고 다른 사람이 작동시키지 않도록 표시해 둔다.

④ 정전이 발생 시 기계스위치를 켜둬서 정전이 끝남과 동시에 작업 가능하도록 한다.

해설
정전이 발생 시 전원스위치를 Off하여 안전을 확보한다.

55 재해조사 목적을 가장 바르게 설명한 것은?

① 적절한 예방 대책을 수립하기 위하여

② 재해를 당한 당사자의 책임을 추궁하기 위하여

③ 재해 발생 상태와 그 동기에 대한 통계를 작성하기 위하여

④ 작업능률 향상과 근로기강 확립을 위하여

해설
재해조사는 적합한 예방 대책을 수립하기 위하여 실시한다.

56 전자제어시스템을 정비할 때 점검방법 중 올바른 것을 모두 고른 것은?

> ㉠ 배터리 전압이 낮으면 자기진단이 불가할 수 있으므로 배터리 전압을 확인한다.
> ㉡ 배터리 또는 ECU 커넥터를 분리하면 고장항목이 지워질 수 있으므로 고장진단결과를 완전히 읽기 전에는 배터리를 분리시키지 않는다.
> ㉢ 전장품을 교환할 때에는 배터리 (−)케이블을 분리한 후 작업한다.

① ㉠, ㉡　　　　　② ㉠, ㉢
③ ㉡, ㉢　　　　　④ ㉠, ㉡, ㉢

해설
㉠, ㉡, ㉢ 모두 옳다.

57 에어백 장치를 점검 · 정비할 때 안전하지 못한 행동은?

① 에어백 모듈은 사고 후에도 재사용이 가능하다.
② 조향휠을 장착할 때 클록 스프링의 중립 위치를 확인한다.
③ 에어백장치는 축전지 전원을 차단하고 일정시간이 지난 후 정비한다.
④ 인플레이터의 저항은 아날로그 테스터기로 측정하지 않는다.

해설
에어백은 작동 후 재사용하지 않는다.

58 점화플러그 청소기를 사용할 때 보안경을 쓰는 이유로 가장 적당한 것은?

① 발생하는 스파크의 색상을 확인하기 위해
② 이물질이 눈에 들어갈 수 있기 때문에
③ 빛이 너무 자주 깜박거리기 때문에
④ 고전압에 의한 감전을 방지하기 위해

해설
보안경을 착용하는 이유는 눈에 이물질이 들어가는 사고를 방지하기 위함이다.

59 정밀한 부속품을 세척하기 위한 방법으로 가장 안전한 것은?

① 와이어 브러시를 사용한다.
② 걸레를 사용한다.
③ 솔을 사용한다.
④ 에어건을 사용한다.

해설
정밀한 부속품은 에어건으로 세척한다.

60 전자제어 가솔린기관의 실린더 헤드 볼트를 규정대로 조이지 않았을 때 발생하는 현상으로 거리가 먼 것은?

① 냉각수의 누출
② 스로틀밸브의 고착
③ 실린더 헤드의 변형
④ 압축가스의 누설

해설
스로틀밸브는 엔진 헤드볼트 조임과 거리가 멀다.

01 점화 지연의 3가지에 해당되지 않는 것은?

① 기계적 지연　　② 점성적 지연

③ 전기적 지연　　④ 화염전파 지연

해설
점화 지연은 기계적 지연, 전기적 지연, 화염전파 지연이 있다.

02 기관에 사용하는 윤활유의 기능이 아닌 것은?

① 마멸작용　　② 기밀작용

③ 냉각작용　　④ 방청작용

해설
윤활유의 기능은 감마(마멸감소)작용, 청정작용, 방청작용, 냉각작용, 응력분산작용, 기밀유지작용이 있다.

03 행정의 길이가 250mm인 가솔린기관에서 피스톤의 평균속도가 5m/s라면 크랭크축의 1분간 회전수(rpm)는 약 얼마인가?

① 500　　② 600

③ 700　　④ 800

해설
피스톤의 평균속도(m/s) $= \dfrac{\text{행정(m)} \times \text{회전수(rpm)}}{30}$ 이므로

$5\text{m/s} = \dfrac{0.25 \times x}{30}$ 가 되며, 따라서 $x = 600\text{rpm}$ 이 된다.

04 가솔린 전자제어기관에서 축전지 전압이 낮아졌을 때 연료분사량을 보정하기 위한 방법은?

① 분사시간을 증가시킨다.

② 기관의 회전속도를 낮춘다.

③ 공연비를 낮춘다.

④ 점화시기를 지각시킨다.

해설
전자제어 엔진에서 축전지 전압이 기준보다 낮을 경우 ECU는 인젝터의 무효분사시간을 증가시켜 공연비를 보정한다.

05 가솔린의 주요 화합물로 맞는 것은?

① 탄소와 수소

② 수소와 질소

③ 탄소와 산소

④ 수소와 산소

해설
가솔린은 탄소와 수소가 주요 화합물로 구성되어 있다.

06 전자제어 가솔린분사장치에서 기관의 각종 센서 중 입력 신호가 아닌 것은?

① 스로틀포지션센서
② 냉각수온센서
③ 크랭크각센서
④ 인젝터

해설
인젝터는 ECU의 신호를 받아 연료를 분사시키는 액추에이터부이다.

07 디젤기관의 연소실 형식으로 틀린 것은?

① 직접분사식
② 예연소실식
③ 와류식
④ 연료실식

해설
디젤기관의 연소실 형식은 직접분사실식, 공기실식, 예연소실식, 와류실식이 있다.

08 자동차 주행빔 전조등의 발광면은 상측, 하측, 내측, 외측의 몇 ° 이내에서 관측 가능해야 하는가?

① 5
② 10
③ 15
④ 20

해설
주행빔의 전조등 발광면은 상측, 하측, 내측, 외측의 5° 이내에서 관측이 가능해야 한다(자동차규칙 [별표 6의3]).

09 전자제어 연료분사 가솔린기관에서 연료펌프의 체크밸브는 어느 때 닫히게 되는가?

① 기관 회전 시
② 기관 정지 후
③ 연료 압송 시
④ 연료 분사 시

해설
전자제어 연료분사장치에서 체크밸브는 기관 정지 시 작동하여 연료라인의 잔압을 유지시켜 재시동성을 향상시킨다.

10 배기밸브가 하사점 전 55°에서 열려 상사점 후 15°에서 닫힐 때 총 열림각은?

① 240°
② 250°
③ 255°
④ 260°

해설
배기밸브 열림각은 55° + 180° + 15° = 250°이다.

11 가솔린기관의 흡기다기관과 스로틀 보디 사이에 설치되어 있는 서지 탱크의 역할 중 틀린 것은?

① 실린더 상호 간에 흡입공기 간섭 방지
② 흡입공기 충진 효율을 증대
③ 연소실에 균일한 공기 공급
④ 배기가스 흐름 제어

해설
서지 탱크는 흡기라인에 설치되어 충진 효율 증대 및 흡입공기의 간섭방지와 균일한 공기공급을 목표로 한다.

12 가솔린기관 압축압력의 단위로 쓰이는 것은?

① rpm
② mm
③ PS
④ kgf/cm²

해설

$$압력 = \frac{힘}{면적}$$

압력은 면적에 대한 힘의 비이다.

13 압력식 라디에이터 캡을 사용함으로써 얻어지는 장점과 거리가 먼 것은?

① 비등점을 올려 냉각 효율을 높일 수 있다.
② 라디에이터를 소형화할 수 있다.
③ 라디에이터의 무게를 크게 할 수 있다.
④ 냉각장치 내의 압력을 높일 수 있다.

해설

라디에이터 캡은 냉각장치 내의 냉각수의 비등점(비점)을 높이고 냉각 범위를 넓히기 위해 압력식 캡을 사용한다. 압력식 캡은 냉각회로의 냉각수 압력을 약 1.0~1.2kgf/cm²를 증가하여 냉각수의 비등점을 약 112℃까지 상승시키는 역할을 한다. 또한 냉각회로 내의 압력이 규정 이상일 경우 압력캡의 오버 플로 파이프(Over Flow Pipe)로 냉각수가 배출되고 반대로 냉각회로 내의 압력이 낮은 보조 물탱크 내의 냉각수가 유입되어 냉각 회로를 보호한다.

14 EGR(Exhaust Gas Recirculation)밸브에 대한 설명 중 틀린 것은?

① 배기가스 재순환장치이다.
② 연소실 온도를 낮추기 위한 장치이다.
③ 증발가스를 포집하였다가 연소시키는 장치이다.
④ 질소산화물(NOx) 배출을 감소하기 위한 장치이다.

해설

증발가스를 포집하였다가 연소시키는 장치는 캐니스터(PCSV)이다.

15 실린더의 안지름이 100mm, 피스톤행정이 130mm, 압축비가 21일 때 연소실 용적은 약 얼마인가?

① 25cc
② 32cc
③ 51cc
④ 58cc

해설

$$압축비(\varepsilon) = \frac{연소실체적 + 행정체적}{연소실체적} 이므로$$

$$21 = \frac{x + \frac{\pi}{4} \times 10^2 \times 13}{x} \text{ 이 되므로 } x = 51.025\,cc가 \text{ 된다.}$$

16 기관의 습식 라이너(Wet Type)에 대한 설명 중 틀린 것은?

① 습식 라이너를 끼울 때에는 라이너 바깥둘레에 비눗물을 바른다.
② 실링이 파손되면 크랭크 케이스로 냉각수가 들어간다.
③ 냉각수와 직접 접촉하지 않는다.
④ 냉각 효과가 크다.

해설

습식 라이너는 냉각수가 흐르는 통로와 직접적으로 접촉되는 구조이다.

17 3원 촉매장치의 촉매 컨버터에서 정화처리하는 주요 배기가스로 거리가 먼 것은?

① CO
② NO$_X$
③ SO$_2$
④ HC

해설
3원 촉매 컨버터는 CO, HC, NO$_X$를 인체에 무해한 N$_2$, H$_2$O, CO$_2$로 정화한다.

18 피스톤링의 주요 기능이 아닌 것은?

① 기밀작용
② 감마작용
③ 열전도작용
④ 오일제어작용

해설
피스톤링(Piston Ring)은 고온고압의 연소가스가 연소실에서 크랭크실로 누설되는 것을 방지하는 기밀작용과 실린더 벽에 윤활유막(Oil Film)을 형성하는 작용, 실린더 벽의 윤활유를 긁어내리는 오일 제어작용 및 피스톤의 열을 실린더 벽으로 방출시키는 냉각작용을 한다.

19 디젤기관의 연료분사에 필요한 조건으로 틀린 것은?

① 무 화
② 분 포
③ 조 정
④ 관통력

해설
디젤기관에서 연료분사의 3대 요인은 무화, 관통, 분포이다.

20 LPG기관의 연료장치에서 냉각수의 온도가 낮을 때 시동성을 좋게 하기 위해 작동되는 밸브는?

① 기상밸브
② 액상밸브
③ 안전밸브
④ 과류방지밸브

해설
LPG기관에서 냉간 시동성을 좋게 하는 장치는 기상밸브이다.

21 공기량 계측방식 중에서 발열체와 공기 사이의 열전달 현상을 이용한 방식은?

① 열선식 질량유량 계량방식
② 베인식 체적유량 계량방식
③ 카르만 와류방식
④ 맵센서방식

해설
공기량 계측방식에서 발열체와 공기 사이의 열전달 현상을 이용한 방식은 열선식과 열막식이다.

22 평균유효압력이 10kgf/cm², 배기량이 7,500cc, 회전속도 2,400rpm, 단기통인 2행정 사이클의 지시마력은?

① 200PS ② 300PS
③ 400PS ④ 500PS

해설

$IPS = \dfrac{P_{mi} \times A \times L \times N \times Z}{75 \times 60 \times 100}$ 이다.

여기서 $A \times L$은 행정체적(실린더 1개의 배기량)이 된다.

따라서 지시마력은 $\dfrac{10 \times 7,500 \times 2,400 \times 1}{75 \times 60 \times 100} = 400PS$ 가 된다.

23 어떤 물체가 초속도 10m/s로 마루면을 미끄러진다면 약 몇 m를 진행하고 멈추는가?(단, 물체와 마루면 사이의 마찰계수는 0.5이다)

① 0.51 ② 5.1
③ 10.2 ④ 20.4

해설

$Sb = \dfrac{v^2}{254\mu}$ 이므로

$\dfrac{36^2}{254 \times 0.5} = 10.2m$ 가 된다(10m/s = 36km/h).

24 후축에 9,890kgf의 하중이 작용될 때 후축에 4개의 타이어를 장착하였다면 타이어 한 개당 받는 하중은?

① 약 2,473kgf ② 약 2,770kgf
③ 약 3,473kgf ④ 약 3,770kgf

해설

후축 타이어 1개의 하중부담은 $\dfrac{9,890}{4} = 2,472.5kgf$ 이다.

25 조향장치가 갖추어야 할 조건 중 적당하지 않는 사항은?

① 적당한 회전 감각이 있을 것
② 고속 주행에서도 조향핸들이 안정될 것
③ 조향휠의 회전과 구동휠의 선회차가 클 것
④ 선회 후 복원성이 있을 것

해설

조향장치는 조향휠의 회전과 구동휠의 선회 차가 크면 매우 위험하다.

26 디스크 브레이크와 비교해 드럼 브레이크의 특성으로 맞는 것은?

① 페이드 현상이 잘 일어나지 않는다.
② 구조가 간단하다.
③ 브레이크의 편제동 현상이 적다.
④ 자기작동 효과가 크다.

해설

드럼 브레이크는 자기작동 효과가 크다.

27 수동변속기에서 기어변속 시 기어의 이중물림을 방지하기 위한 장치는?

① 파킹볼 장치
② 인터로크 장치
③ 오버드라이브 장치
④ 로킹 볼 장치

해설

수동변속기에서 이중물림 방지기구는 인터로크 기구이다. 또한 기어 빠짐 방지기구는 로킹 볼이다.

28 기관의 회전수가 3,500rpm, 제2속의 감속비 1.5, 최종감속비 4.8, 바퀴의 반경이 0.3m일 때 차속은?(단, 바퀴의 지면과 미끄럼은 무시한다)

① 약 35km/h   ② 약 45km/h
③ 약 55km/h   ④ 약 65km/h

해설

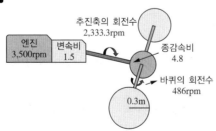

총감속비 = 변속비 × 종감속비이므로 총감속비는 1.5 × 4.8 = 7.2이다. 엔진회전수가 총감속비에 의하여 바퀴에 486rpm의 회전속도를 부여하게 된다. 이때 바퀴의 원주는 0.6 × 3.14 = 1.884m가 된다. 따라서 바퀴가 486rpm이면 1분 동안 486 × 1.884이므로 915.6m/min이 되고 60으로 나누면 약 15.26m/s가 된다. 시속으로 바꾸기 위해 3.6을 곱하면 15.26 × 3.6 = 54.937km/h가 된다.

29 차동장치에서 차동 피니언과 사이드기어의 백래시 조정은?

① 축받이 차축의 왼쪽 조정심을 가감하여 조정한다.
② 축받이 차축의 오른쪽 조정심을 가감하여 조정한다.
③ 차동장치의 링기어 조정장치를 조정한다.
④ 스러스트(Thrust) 와셔의 두께를 가감하여 조정한다.

해설

차동장치에서 피니언기어와 사이드기어의 백래시 조정은 스러스트 와셔 두께를 가감하여 조정한다.

30 전자제어식 자동변속기제어에 사용되는 센서가 아닌 것은?

① 차고센서
② 유온센서
③ 입력축 속도센서
④ 스로틀포지션센서

해설

차고센서는 전자제어 현가장치 구성 부품이다.

31 수동변속기에서 클러치의 미끄러지는 원인으로 틀린 것은?

① 클러치 디스크에 오일이 묻었다.
② 플라이 휠 및 압력판이 손상되었다.
③ 클러치 페달의 자유간극이 크다.
④ 클러치 디스크의 마멸이 심하다.

해설

페달의 자유간극이 작을 경우 동력 전달 시 미끄러짐이 발생하고 연비가 나빠진다. 페달의 자유간극이 크면 동력전달은 원활하나 동력차단이 어렵다.

32 주행 시 혹은 제동 시 핸들이 한쪽으로 쏠리는 원인으로 거리가 가장 먼 것은?

① 좌우 타이어의 공기 압력이 같지 않다.
② 앞바퀴의 정렬이 불량하다.
③ 조향 핸들축의 축방향 유격이 크다.
④ 한쪽 브레이크 라이닝 간격 조정이 불량하다.

해설
핸들이 한쪽으로 쏠리는 원인에서 조향핸들의 축방향 유격은 상관성이 적다.

33 일반적인 브레이크 오일의 주성분은?

① 윤활유와 경유
② 알코올과 피마자기름
③ 알코올과 윤활유
④ 경유와 피마자기름

해설
브레이크 오일은 알코올과 피마자유가 주성분이다.

34 전자제어 현가장치의 제어 기능에 해당되는 것이 아닌 것은?

① 안티 스키드   ② 안티 롤
③ 안티 다이브   ④ 안티 스쿼트

해설
안티 스키드는 ABS 시스템에서 적용되는 기능이다.

35 자동변속기에서 오일라인압력을 근원으로 하여 오일라인압력보다 낮은 일정한 압력을 만들기 위한 밸브는?

① 체크밸브   ② 거버너밸브
③ 매뉴얼밸브   ④ 리듀싱밸브

해설
압력제어밸브는 유압회로 압력의 제한, 감압과 부하 방지, 무부하 작동, 조작의 순서 작동, 외부 부하와의 평형 작동을 하는 밸브로 일의 크기를 제어하는 역할을 한다. 문제의 보기는 리듀싱밸브에 대한 내용이다.

36 ABS 차량에서 4센서 4채널방식의 설명으로 틀린 것은?

① ABS 작동 시 각 휠의 제어는 별도로 제어된다.
② 휠속도센서는 각 바퀴마다 1개씩 설치된다.
③ 톤 휠의 회전에 의해 전압이 변한다.
④ 휠속도센서의 출력 주파수는 속도에 반비례한다.

해설
휠스피드센서의 출력 주파수는 속도에 비례하여 출력된다.

37 전자제어 현가장치의 입력 센서가 아닌 것은?

① 차속센서

② 조향휠 각속도센서

③ 차고센서

④ 임팩트센서

해설

임팩트센서는 에어백 시스템에 적용되는 센서이다.

38 유압식 전자제어 동력조향장치에서 컨트롤 유닛 (ECU)의 입력 요소는?

① 브레이크 스위치

② 차속센서

③ 흡기온도센서

④ 휠스피드센서

해설

전자제어 동력조향장치의 입력신호는 토크센서, 차속센서 등이 있다.

39 빈 칸에 알맞은 것은?

> 애커먼 장토의 원리는 조향 각도를 (㉠)로 하고, 선회할 때 선회하는 안쪽 바퀴의 조향각도가 바깥쪽 바퀴의 조향각도보다 (㉡) 되며, (㉢)의 연장선 상의 한 점을 중심으로 동심원을 그리면서 선회하여 사이드슬립 방지와 조향핸들 조작에 따른 저항을 감소시킬 수 있는 방식이다.

① ㉠ 최소, ㉡ 작게, ㉢ 앞차축

② ㉠ 최대, ㉡ 작게, ㉢ 뒤차축

③ ㉠ 최소, ㉡ 크게, ㉢ 앞차축

④ ㉠ 최대, ㉡ 크게, ㉢ 뒤차축

40 유압식 브레이크는 어떤 원리는 이용한 것인가?

① 뉴턴의 원리

② 파스칼의 원리

③ 베르누이의 원리

④ 애커먼 장토의 원리

해설

유압식 브레이크장치는 폐회로로 구성되어 파스칼의 원리가 적용된다.

41 자동차 전조등회로에 대한 설명으로 맞는 것은?

① 전조등 좌우는 직렬로 연결되어 있다.

② 전조등 좌우는 병렬로 연결되어 있다.

③ 전조등 좌우는 직병렬로 연결되어 있다.

④ 전조등 작동 중에는 미등이 소등된다.

해설

전조등은 좌우가 병렬로 연결되어 있다.

42 축전기(Condenser)와 관련된 식 표현으로 틀린 것은?(단, Q : 전기량, E : 전압, C : 비례상수)

① $Q = CE$ ② $C = \dfrac{Q}{E}$

③ $E = \dfrac{Q}{C}$ ④ $C = QE$

> **해설**
> 축전기(콘덴서) 전기량 공식은 $Q = CE$이다.

43 전자동에어컨(FATC) 시스템의 ECU에 입력되는 센서 신호로 거리가 먼 것은?

① 외기온도센서   ② 차고센서
③ 일사센서   ④ 내기온도센서

> **해설**
> 차고센서는 전자제어 현가장치 구성 부품이다.

44 12V의 전압에 20 Ω 의 저항을 연결하였을 경우 몇 A의 전류가 흐르겠는가?

① 0.6A   ② 1A
③ 5A   ④ 10A

> **해설**
> $I = \dfrac{E}{R}$ 이므로 $\dfrac{12}{20} = 0.6$A 이다.

45 자동차 에어컨장치의 순환과정으로 맞는 것은?

① 압축기 → 응축기 → 건조기 → 팽창밸브 → 증발기
② 압축기 → 응축기 → 팽창밸브 → 건조기 → 증발기
③ 압축기 → 팽창밸브 → 건조기 → 응축기 → 증발기
④ 압축기 → 건조기 → 팽창밸브 → 응축기 → 증발기

> **해설**
> 에어컨 냉방사이클은 압축기 – 응축기 – 건조기 – 팽창밸브 – 증발기 순으로 이루어진다.

46 자동차의 교류발전기에서 발생된 교류전기를 직류로 정류하는 부품은 무엇인가?

① 전기자   ② 조정기
③ 실리콘 다이오드   ④ 릴레이

> **해설**
> 교류를 직류로 정류시키는 핵심 부품은 실리콘 다이오드이다.

47 기동전동기에서 오버러닝 클러치의 종류에 해당되지 않는 것은?

① 롤러식   ② 스프래그식
③ 전기자식   ④ 다판 클러치식

> **해설**
> 오버러닝 클러치는 스프래그식, 롤러식, 다판 클러치식이 있다.

42 ④ 43 ② 44 ① 45 ① 46 ③ 47 ③ **정답**

48 엔진 ECU 내부의 마이크로컴퓨터 구성요소로서 산술연산 또는 논리연산을 수행하기 위해 데이터를 일시 보관하는 기억장치는?

① FET 구동회로　　② A/D 컨버터
③ 인터페이스　　　④ 레지스터

해설
데이터를 일시 보관하는 보조기억장치는 레지스터이다.

49 자기방전율은 축전지 온도가 상승하면 어떻게 되는가?

① 높아진다.
② 낮아진다.
③ 변함없다.
④ 낮아진 상태로 일정하게 유지된다.

해설
자기방전율은 축전지의 온도가 높을 때 더욱 높아진다.

50 축전지에 대한 설명 중 틀린 것은?

① 전해액 온도가 올라가면 비중은 낮아진다.
② 전해액의 온도가 낮으면 황산의 확산이 활발해진다.
③ 온도가 높으면 자기방전량이 많아진다.
④ 극판수가 많으면 용량이 증가한다.

해설
화학전지인 축전지는 전해액의 온도가 낮을 때 활발한 작용을 잘 하지 못한다.

51 산업안전보건법상의 안전보건표지의 종류와 형태에서 다음 그림이 의미하는 것은?

① 직진금지　　　　② 출입금지
③ 보행금지　　　　④ 차량통행금지

해설
그림은 출입금지표지이다.

52 차량 시험기기의 취급주의사항에 대한 설명으로 틀린 것은?

① 시험기기 전원 및 용량을 확인한 후 전원 플러그를 연결한다.
② 시험기기의 보관은 깨끗한 곳이면 아무 곳이나 좋다.
③ 눈금의 정확도는 수시로 점검해서 0점을 조정해 준다.
④ 시험기기의 누전 여부를 확인한다.

해설
시험기기는 별도의 보관 장소에 보관한다.

53 산업안전표지의 종류에서 비상구 등을 나타내는 표지는?

① 금지표지   ② 경고표지

③ 지시표지   ④ 안내표지

해설
비상구 등의 표지는 안내표지이다.

54 줄 작업 시 주의사항이 아닌 것은?

① 몸 쪽으로 당길 때에만 힘을 가한다.
② 공작물은 바이스에 확실히 고정한다.
③ 날이 메꾸어지면 와이어 브러시로 털어 낸다.
④ 절삭가루는 솔로 쓸어 낸다.

해설
줄 작업은 양방향으로 힘을 가하여 작업한다.

55 중량물을 인력으로 운반하는 과정에서 발생할 수 있는 재해의 형태(유형)와 거리가 먼 것은?

① 허리 요통   ② 협착(입상)

③ 급성 중독   ④ 충 돌

해설
급성 중독은 중량물 운반 시 발생할 수 있는 재해의 형태와 거리가 멀다.

56 브레이크 드럼을 연삭할 때 전기가 정전되었다. 가장 먼저 취해야 할 조치사항은?

① 스위치 전원을 내리고(Off) 주전원의 퓨즈를 확인한다.
② 스위치는 그대로 두고 정전 원인을 확인한다.
③ 작업하던 공작물을 탈거한다.
④ 연삭에 실패했으므로 새것으로 교환하고, 작업을 마무리한다.

해설
연삭 시 정전이 일어나면 스위치 전원을 내리고 주전원의 퓨즈를 확인한다.

57 기관의 분해 정비를 결정하기 위해 기관을 분해하기 전 점검해야 할 사항으로 거리가 먼 것은?

① 실린더 압축 압력 점검
② 기관오일 압력 점검
③ 기관운전 중 이상 소음 및 출력 점검
④ 피스톤 링 갭(Gap) 점검

해설
피스톤 링 이음 간극은 기관 분해 후 점검하는 항목이다.

58 작업장에서 중량물 운반수레의 취급 시 안전사항으로 틀린 것은?

① 적재중심은 가능한 한 위로 오도록 한다.
② 화물이 앞뒤 또는 측면으로 편중되지 않도록 한다.
③ 사용 전 운반수레의 각부를 점검한다.
④ 앞이 안 보일 정도로 화물을 적재하지 않는다.

해설
적재 중심은 가능한 아래로 오도록 한다.

60 멀티회로시험기를 사용할 때의 주의사항 중 틀린 것은?

① 고온, 다습, 직사광선을 피한다.
② 영점 조정 후에 측정한다.
③ 직류 전압의 측정 시 선택 스위치는 AC.(V)에 놓는다.
④ 지침은 정면에서 읽는다.

해설
직류 전압측정 시 선택 스위치는 DC에 오도록 한다.

59 축전지 단자에 터미널 체결 시 올바른 것은?

① 터미널과 단자를 주기적으로 교환할 수 있도록 가체결한다.
② 터미널과 단자 접속부 틈새에 흔들림이 없도록 (－)드라이버로 단자 끝에 망치를 이용하여 적당한 충격을 가한다.
③ 터미널과 단자 접속부 틈새에 녹슬지 않도록 냉각수를 소량 도포한 후 나사를 잘 조인다.
④ 터미널과 단자 접속부 틈새에 이물질이 없도록 청소를 한 후 나사를 잘 조인다.

해설
터미널과 단자 접속부 틈새에 이물질이 없도록 청소를 한 후 나사를 잘 조인다.

01 디젤기관의 분사량 제어 기구에서 분사량을 제어하기까지의 운동 전달 순서로 맞는 것은?

① 가속페달(거버너) → 제어래크 → 제어슬리브 → 플런저 → 제어피니언

② 가속페달(거버너) → 제어래크 → 제어피니언 → 제어슬리브 → 플런저

③ 가속페달(거버너) → 플런저 → 제어피니언 → 제어슬리브 → 제어래크

④ 가속페달(거버너) → 제어슬리브 → 제어피니언 → 제어래크 → 플런저

02 그림에서 크랭크축 풀리의 회전속도가 600rpm일 때 발전기 풀리의 회전속도는?(단, 풀리와 벨트 사이의 미끄럼은 무시한다)

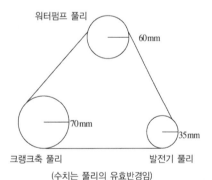

워터펌프 풀리
60mm
70mm
35mm
크랭크축 풀리　　발전기 풀리
(수치는 풀리의 유효반경임)

① 200rpm　　　　② 300rpm

③ 800rpm　　　　④ 1,200rpm

해설

종동축 풀리 회전수 = 구동축 회전수 × $\dfrac{구동축\ 풀리\ 직경}{종동축\ 풀리\ 직경}$

$= 600 × \dfrac{140}{70} = 1,200rpm$

03 전자제어 현가장치의 기능으로 틀린 것은?

① 스프링 상수와 감쇠력 제어

② 차량 높이제어

③ 급제동 시 바퀴 고착방지

④ 차량 자세제어

해설

③ 급제동 시 노즈다이브 현상 방지

04 유압식 브레이크장치의 공기빼기 작업방법으로 틀린 것은?

① 공기는 블리더 플러그에서 뺀다.

② 마스터 실린더에서 먼 곳의 휠 실린더부터 작업한다.

③ 마스터 실린더에 브레이크액을 보충하면서 작업한다.

④ 브레이크 파이프를 빼면서 작업한다.

해설

공기빼기 작업은 브레이크 오일 탱크의 캡을 열어 브레이크 오일을 가득 채운다. 그리고 작업 중 계속하여 브레이크액의 높이를 주시하면서 실시한다. 즉, 공기빼기 작업은 브레이크 파이프나 호스를 분리할 때 하는 작업이므로 브레이크 파이프를 빼면 안 된다.

05 회로의 정격전압이 일정수준 이하의 낮은 전압으로 절연 파괴 등의 사고에도 인체의 위험을 주지 않게 되는 전압을 무슨 전압이라 하는가?

① 안전전압   ② 접촉전압
③ 접지전압   ④ 절연전압

06 조향장치가 갖추어야 할 조건으로 틀린 것은?

① 조향조작이 주행 중의 충격을 적게 받을 것
② 조향핸들의 회전과 바퀴의 선회차가 클 것
③ 회전반경이 작을 것
④ 조작하기 쉽고 방향전환이 원활하게 이루어질 것

해설
조향장치가 갖추어야 할 조건
• 조향조작이 주행 중의 충격에 영향을 받지 않을 것
• 조작하기 쉽고 방향전환이 원활할 것
• 회전반경이 작아서 좁은 곳에서도 방향전환이 용이할 것
• 진행방향을 바꿀 때 섀시 및 보디 각 부분에 무리한 힘이 작용되지 않을 것
• 고속 주행에서도 조향핸들이 안전할 것
• 조향핸들의 회전과 바퀴 선회의 차가 크지 않을 것

07 실린더의 연소실체적이 60cc, 행정체적이 360cc인 기관의 압축비는?

① 5 : 1   ② 6 : 1
③ 7 : 1   ④ 8 : 1

해설
$\varepsilon = \dfrac{연소실체적 + 행정체적}{연소실체적}$ 이므로 $\dfrac{60 + 360}{60} = 7$이 된다.

08 주행 중 브레이크 작동 시 조향핸들이 한쪽으로 쏠리는 원인으로 거리가 먼 것은?

① 휠 얼라인먼트 조정이 불량하다.
② 좌우 타이어의 공기압이 다르다.
③ 브레이크 라이닝의 좌우 간극이 불량하다.
④ 마스터 실린더의 체크밸브의 작동이 불량하다.

해설
브레이크 작동 시 조향핸들이 한쪽으로 쏠리는 원인으로는 휠 얼라인먼트의 불량, 타이어의 공기압 차이, 브레이크 라이닝의 불균형 및 캘리퍼 피스톤의 불량 등이 있다.

09 기관에 이상이 있을 때 또는 기관의 성능이 현저하게 저하되었을 때 분해수리의 여부를 결정하기 위한 시험은?

① 코일의 용량시험
② 캠각 시험
③ 압축 압력시험
④ CO 가스측정

해설
실린더 압축 압력시험은 기관의 성능이 현저하게 저하되었을 때 분해수리의 여부를 결정하기 위한 시험이다.

10 자동차 배기가스 중 연료가 연소할 때 높은 연소온도에 의해 생성되며, 호흡기계통에 영향을 미치고 광화학 스모그의 주요 원인이 되는 배기가스는?

① 질소산화물
② 일산화탄소
③ 탄화수소
④ 유황산화물

해설

질소산화물은 연소실이 고온(1,800℃ 이상)일 때 공기 중의 질소와 산소가 반응하여 생성되는 광화학 스모그의 주요 원인으로 자동차, 비행기, 선박과 같은 이동 배출원과 산업장, 빌딩 및 가정용 보일러와 같은 고정 배출원에서 배출된다.

11 독립현가방식의 차량에서 선회할 때 롤링을 감소시켜 주고 차체의 평형을 유지시켜 주는 것은?

① 볼 조인트
② 공기 스프링
③ 쇽업소버
④ 스태빌라이저

해설

④ 스태빌라이저 : 독립현가식 자동차에서 주행 중 롤링(Rolling) 현상을 감소시키고 차의 평형을 유지시켜 주는 장치
① 볼 조인트 : 볼 이음매(승용차의 프런트 서스펜션이나 키잡이용 드래그 링크의 이음매)
② 공기 스프링 : 감쇠작용이 있기 때문에 작은 진동흡수에 좋고 차체높이를 일정하게 유지한다(레벨링밸브). 구조가 복잡하고 제작비가 비싸다.
③ 쇽업소버 : 스프링의 진동을 억제하여 승차감을 좋게 하고 접지력을 향상시켜 자동차의 로드홀딩(Road Holding)과 주행안정성을 확보하며, 코너링 시 원심력으로 발생되는 차체의 롤링을 감소시키는 역할을 한다.

12 자동차가 주행하면서 선회할 때 조향각도를 일정하게 유지하여도 선회 반지름이 커지는 현상은?

① 오버 스티어링
② 언더 스티어링
③ 리버스 스티어링
④ 토크 스티어링

해설

① 오버 스티어링(Over Steering) : 선회 조향 시 앞바퀴에 발생하는 코너링 포스가 커지면 조향각이 작아져서 회전반경이 작아지는 현상
③ 리버스 스티어링(Reverse Steering) : 중간으로서 속도가 증가함에 따라 처음에는 조향각도가 증가하고 어느 속도에 이르면 필요로 하는 조향각도가 감소하는 현상
④ 토크 스티어링(Torque Steering) : 출발 또는 가속을 하려고 액셀러레이터를 밟을 때 차가 한쪽으로 쏠리는 현상

13 클러치를 작동시켰을 때 동력을 완전히 전달시키지 못하고 미끄러지는 원인이 아닌 것은?

① 클러치 압력판, 플라이 휠 면 등에 기름이 묻었을 때
② 클러치 스프링의 장력 감소
③ 클러치 페이싱 및 압력판 마모
④ 클러치 페달의 자유간극이 클 때

해설

④ 클러치 페달의 자유간극이 클 경우 동력 차단이 안 된다.
클러치가 미끄러지는 원인
• 클러치 페달의 자유간극(유격)이 작다.
• 클러치 디스크의 마멸이 심하다.
• 클러치 디스크에 오일이 묻었다(크랭크축 뒤 오일실 및 변속기 입력축 오일실 파손 시).
• 플라이 휠 및 압력판이 손상 또는 변형되었다.
• 클러치 스프링의 장력이 약하거나 자유높이가 감소되었다.

14 교류발전기 점검 및 취급 시 안전사항으로 틀린 것은?

① 성능 시험 시 다이오드가 손상되지 않도록 한다.
② 발전기 탈착 시 축전지 접지케이블을 먼저 제거한다.
③ 세차할 때는 발전기를 물로 깨끗이 세척한다.
④ 발전기 브러시는 1/2 마모 시 교환한다.

15 전자제어 에어컨 장치(FATC)에서 컨트롤 유닛(컴퓨터)이 제어하지 않는 것은?

① 히터밸브
② 송풍기 속도
③ 컴프레서 클러치
④ 리시버 드라이어

해설
리시버 드라이어는 냉매 내부의 수분 및 이물질 등을 제거하며, 전자제어로 제어되지 않는다.

16 기관의 냉각장치를 점검, 정비할 때 안전 및 유의사항으로 틀린 것은?

① 방열기 코어가 파손되지 않도록 한다.
② 워터 펌프 베어링은 세척하지 않는다.
③ 방열기 캡을 열 때는 압력을 서서히 제거하며 연다.
④ 누수 여부를 점검할 때 압력시험기의 지침이 멈출 때까지 압력을 가압한다.

해설
냉각장치 점검 시 규정 이상의 압력을 가압하지 않는다.

17 기관의 윤활유 구비 조건으로 틀린 것은?

① 비중이 적당할 것
② 인화점 및 발화점이 낮을 것
③ 점성과 온도와의 관계가 양호할 것
④ 카본 생성에 대한 저항력이 있을 것

해설
인화점 및 발화점이 낮으면 쉽게 연소하거나 열화된다.

18 차량 주행 중 급감속 시 스로틀밸브가 급격히 닫히는 것을 방지하여 운전성을 좋게 하는 것은?

① 아이들업 솔레노이드
② 대시 포트
③ 퍼지 컨트롤밸브
④ 연료 차단밸브

해설
대시 포트(Dash Pot)는 스로틀밸브 쪽에 연결되어 가속페달을 놓았을 때 다이어프램 뒤쪽에 작용하는 공기에 의해서 스로틀밸브가 급격히 닫히는 것을 방지하는 장치를 말한다.

19 기관의 체적효율이 떨어지는 원인과 관계있는 것은?

① 흡입공기가 열을 받았을 때
② 과급기를 설치할 때
③ 흡입공기를 냉각할 때
④ 배기밸브보다 흡기밸브가 클 때

해설
체적효율은 흡입공기가 뜨거울 때 감소된다.

20 흡입공기량을 간접적으로 검출하기 위해 흡기 매니폴드의 압력변화를 감지하는 센서는?

① 대기압센서　　　② 노크센서
③ MAP센서　　　④ TPS

해설
MAP센서는 흡기다기관의 진공(부압)압을 측정하여 ECU로 신호를 주며 간접 계측방식(D-제트로닉)에 해당된다.

21 디젤기관용 연료의 구비조건으로 틀린 것은?

① 착화성이 좋을 것
② 내식성이 좋을 것
③ 인화성이 좋을 것
④ 적당한 점도를 가질 것

해설
디젤기관용 연료의 구비조건으로 발화성이 우수해야 하나 인화성이 좋을 것은 해당하지 않는다.

22 CRDI 디젤엔진에서 기계식 저압펌프의 연료공급 경로가 맞는 것은?

① 연료탱크 – 저압펌프 – 연료필터 – 고압펌프 – 커먼레일 – 인젝터
② 연료탱크 – 연료필터 – 저압펌프 – 고압펌프 – 커먼레일 – 인젝터
③ 연료탱크 – 저압펌프 – 연료필터 – 커먼레일 – 고압펌프 – 인젝터
④ 연료탱크 – 연료필터 – 저압펌프 – 커먼레일 – 고압펌프 – 인젝터

해설
① 전기식 연료펌프의 연료공급 경로이다.
커먼레일 엔진의 연료장치
연료탱크의 연료는 연료필터를 거쳐 수분이나 이물질이 제거된 후 저압펌프를 통해 고압펌프로 이동한다. 고압펌프는 높은 압력으로 연료를 커먼레일로 밀어 넣는다. 이 커먼레일에 있던 연료는 각 인젝터에서 ECU의 제어 아래 실린더로 분사되는 것이다.

23 윤활장치에서 유압이 높아지는 이유로 맞는 것은?

① 릴리프밸브 스프링의 장력이 클 때
② 엔진오일과 가솔린의 희석
③ 베어링의 마멸
④ 오일펌프의 마멸

해설
윤활장치의 유압이 높아지는 원인
• 엔진의 온도가 낮아 오일의 점도가 높다.
• 윤활 회로의 일부가 막혔다.
• 유압조절밸브 스프링의 장력이 과다하다.

24 구동 피니언의 잇수 6, 링기어의 잇수 30, 추진축의 회전수 1,000rpm일 때 왼쪽 바퀴가 150rpm으로 회전한다면 오른쪽 바퀴의 회전수는?

① 250rpm ② 300rpm
③ 350rpm ④ 400rpm

해설

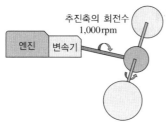

종감속비 = 링기어 잇수/구동 피니언 잇수이므로

종감속비는 $\frac{30}{6} = 5$이다.

양 바퀴의 직진 시 회전수는 $\frac{1,000}{5}$ 이므로 200rpm이다.

차동장치의 특성상 한쪽 바퀴의 회전수가 증가하면 반대쪽 바퀴의 회전수가 증가한 양만큼 감소된다.
따라서 왼쪽 바퀴가 150rpm이면 오른쪽 바퀴는 250rpm이다.

26 드릴링 머신 작업을 할 때 주의사항으로 틀린 것은?

① 드릴의 날이 무디어 이상한 소리가 날 때는 회전을 멈추고 드릴을 교환하거나 연마한다.
② 공작물을 제거할 때는 회전을 완전히 멈추고 한다.
③ 가공 중에 드릴이 관통했는지를 손으로 확인한 후 기계를 멈춘다.
④ 드릴은 주축에 튼튼하게 장치하여 사용한다.

해설
드릴 작업 시 손으로 확인하는 것은 매우 위험하다.

25 드럼식 브레이크에서 브레이크 슈의 작동형식에 의한 분류에 해당하지 않는 것은?

① 3리딩 슈 형식
② 리딩 트레일링 슈 형식
③ 서보 형식
④ 듀오 서보식

해설
드럼 브레이크의 작동형식으로는 리딩 트레일링 슈 형식, 서보 형식, 듀오 서보식이 있다.

27 브레이크장치의 유압회로에서 발생하는 베이퍼로크의 원인이 아닌 것은?

① 긴 내리막길에서 과도한 브레이크 사용
② 비점이 높은 브레이크액을 사용했을 때
③ 드럼과 라이닝의 끌림에 의한 가열
④ 브레이크 슈 리턴 스프링의 쇠손에 의한 잔압 저하

해설
비점이 높은 브레이크 오일은 끓는점이 높기 때문에 증기폐쇄(베이퍼로크)현상이 잘 생기지 않는다.

28 자동차에서 배터리의 역할이 아닌 것은?

① 기동장치의 전기적 부하를 담당한다.

② 캐니스터를 작동시키는 전원을 공급한다.

③ 컴퓨터(ECU)를 작동시킬 수 있는 전원을 공급한다.

④ 주행상태에 따른 발전기의 출력과 부하와의 불균형을 조정한다.

해설
자동차 배터리의 역할
• 기동장치의 전기적 부하를 담당한다.
• 컴퓨터(ECU)를 작동시킬 수 있는 전원을 공급한다.
• 주행상태에 따른 발전기의 출력과 부하와의 불균형을 조정한다.

29 차량에 축전지를 교환할 때 안전하게 작업하려면 어떻게 하는 것이 제일 좋은가?

① 두 케이블을 동시에 함께 연결한다.

② 점화 스위치를 넣고 연결한다.

③ 케이블 연결 시 접지 케이블을 나중에 연결한다.

④ 케이블 탈착 시 (+)케이블을 먼저 떼어낸다.

해설
축전지 케이블 연결할 때는 접지 케이블을 나중에 연결하고, 탈착할 때는 먼저 하여야 한다.

30 수동변속기 차량에서 클러치의 구비조건으로 틀린 것은?

① 동력전달이 확실하고 신속할 것

② 방열이 잘되어 과열되지 않을 것

③ 회전 부분의 평형이 좋을 것

④ 회전관성이 클 것

해설
④ 회전관성이 작을 것

31 엔진이 2,000rpm으로 회전하고 있을 때 그 출력이 65PS라고 하면 이 엔진의 회전력은 몇 m · kgf 인가?

① 23.27   ② 24.45

③ 25.46   ④ 26.38

해설
$$회전력(T) = 716 \times \frac{출력(PS)}{회전속도(N)} = 716 \times \frac{65}{2,000}$$
$$= 23.27 \text{m} \cdot \text{kgf}$$

32 LPG 기관에서 연료공급 경로로 맞는 것은?

① 봄베 → 솔레노이드밸브 → 베이퍼라이저 → 믹서

② 봄베 → 베이퍼라이저 → 솔레노이드밸브 → 믹서

③ 봄베 → 베이퍼라이저 → 믹서 → 솔레노이드밸브

④ 봄베 → 믹서 → 솔레노이드밸브 → 베이퍼라이저

해설
LPG 기관에서 연료공급 경로 : 봄베 → 솔레노이드밸브 → 베이퍼라이저 → 믹서

33 유압식 브레이크는 무슨 원리를 이용한 것인가?

① 뉴턴의 법칙

② 파스칼의 원리

③ 베르누이의 정리

④ 아르키메데스의 원리

해설

유압회로는 파스칼의 원리(각부의 면적이 달라도 작용한 압력은 동일하기 때문에 작은 힘으로 큰 힘을 제어할 수 있는 것)를 이용한 것이다.

34 전자제어 제동장치(ABS)의 적용 목적이 아닌 것은?

① 차량의 스핀 방지

② 차량의 방향성 확보

③ 휠 잠김(Lock) 유지

④ 차량의 조종성 확보

해설

ABS 장치의 설치목적

• 전륜 고착의 경우 조향능력 상실 방지

• 후륜 고착의 경우 차체 스핀으로 인한 전복 방지

• 제동 시 차체의 안전성 유지

• ECU에 의해 브레이크를 컨트롤하여 조종성 확보

• 후륜의 조기 고착에 의한 옆방향 미끄러짐 방지

• 노면 상태의 변화에도 최대의 제동 효과를 얻음

• 타이어 미끄럼(Slip)률의 마찰계수 최곳값 초과 방지

• 제동거리 단축, 방향안정성 확보, 조종성 확보, 타이어로크(Lock) 방지

35 실린더블록이나 헤드의 평면도 측정에 알맞은 게이지는?

① 마이크로미터

② 다이얼 게이지

③ 버니어 캘리퍼스

④ 직각자와 필러 게이지

해설

실린더블록 및 헤드의 평면도 측정은 간극(필러) 게이지와 직각자를 이용하여 측정한다.

36 브레이크 슈의 리턴스프링에 관한 설명으로 거리가 먼 것은?

① 리턴스프링이 약하면 휠 실린더 내의 잔압이 높아진다.

② 리턴스프링이 약하면 드럼을 과열시키는 원인이 될 수도 있다.

③ 리턴스프링이 강하면 드럼과 라이닝의 접촉이 신속히 해제된다.

④ 리턴스프링이 약하면 브레이크 슈의 마멸이 촉진될 수 있다.

해설

브레이크 슈 리턴스프링은 페달을 놓았을 때 피스톤이 제자리로 복귀하도록 하고 체크밸브와 함께 잔압을 형성하는 작용을 하며 리턴스프링의 장력이 약할 경우 휠 실린더 내의 잔압이 낮아진다.

37 액슬축의 지지방식이 아닌 것은?

① 반부동식   ② 3/4부동식

③ 고정식   ④ 전부동식

해설

액슬축의 지지방식은 반부동식, 전부동식, 3/4부동식이 있다.

38 순방향으로 전류를 흐르게 하였을 때 빛이 발생되는 다이오드는?

① 제너다이오드　　② 포토다이오드

③ 다이리스터　　　④ 발광다이오드

해설
발광다이오드(LED)는 순방향으로 전류가 흐를 때 빛이 발생한다.

39 현가장치에서 스프링이 압축되었다가 원위치로 되돌아올 때 작은 구멍(오리피스)을 통과하는 오일의 저항으로 진동을 감소시키는 것은?

① 스태빌라이저　　② 공기스프링

③ 토션 바 스프링　④ 쇽업소버

해설
오리피스 면적을 조정하여 감쇄력을 발생시키는 기구는 쇽업소버이다.

40 작업자가 기계작업 시의 일반적인 안전사항으로 틀린 것은?

① 급유 시 기계는 운전을 정지시키고, 지정된 오일을 사용한다.

② 운전 중 기계로부터 이탈할 때는 운전을 정지시킨다.

③ 고장수리, 청소 및 조정 시 동력을 끊고 다른 사람이 작동시키지 않도록 표시해 둔다.

④ 정전 발생 시 기계스위치를 켜두어 정전이 끝남과 동시에 작업 가능하도록 한다.

해설
정전 발생 시 전원스위치를 Off하여 안전을 확보한다.

41 가솔린의 주요 화합물로 맞는 것은?

① 탄소와 수소　　　② 수소와 질소

③ 탄소와 산소　　　④ 수소와 산소

해설
가솔린은 탄소와 수소가 주요 화합물로 구성되어 있다.

42 전자제어 가솔린분사장치에서 기관의 각종 센서 중 입력 신호가 아닌 것은?

① 스로틀포지션센서

② 냉각수온센서

③ 크랭크각센서

④ 인젝터

해설
인젝터는 ECU의 신호를 받아 연료를 분사시키는 액추에이터부이다.

43 축전지 단자에 터미널 체결 시 올바른 것은?

① 터미널과 단자를 주기적으로 교환할 수 있도록 가체결한다.

② 터미널과 단자 접속부 틈새에 흔들림이 없도록 (−)드라이버로 단자 끝에 망치를 이용하여 적당한 충격을 가한다.

③ 터미널과 단자 접속부 틈새에 녹슬지 않도록 냉각수를 소량 도포한 후 나사를 잘 조인다.

④ 터미널과 단자 접속부 틈새에 이물질이 없도록 청소를 한 후 나사를 잘 조인다.

해설
터미널과 단자 접속부 틈새에 이물질이 없도록 청소를 한 후 나사를 잘 조인다.

44 다음 중 전조등 이상의 원인이 아닌 것은?

① 전조등 릴레이 불량

② 전조등 퓨즈 단선

③ 비상등 스위치 불량

④ 디머스위치 불량

해설
비상등회로는 방향지시등 회로와 연결되어 있다.

45 150kgf의 물체를 수직방향으로 초당 1m의 속도로 들어 올리려 할 때 필요한 PS값은?

① 0.5

② 1

③ 1.5

④ 2

해설
$1PS = 75kgf \cdot m/s$ 이므로 $\dfrac{150kgf \times 1m/s}{75} = 2PS$

46 대기오염을 방지하기 위해 부착하는 부품이 아닌 것은?

① 삼원촉매장치

② 산소센서

③ 캐니스터 장치

④ 진공펌프

해설
진공펌프는 진공력을 발생시켜 사용되는 장치로 대기오염 방지 목적과는 관계없다.

47 다음과 같은 회로에서 전구의 저항값은?

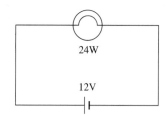

① 1Ω

② 2Ω

③ 3Ω

④ 6Ω

$$P = VI = \frac{V^2}{R} \text{ 에서 } R = \frac{V^2}{P} = \frac{12^2}{24} = 6\Omega$$

48 밸브 스프링의 서징현상을 방지하기 위한 방법 중 옳지 않은 것은?

① 원추형 스프링의 사용

② 2중 스프링의 적용

③ 사각형 스프링의 적용

④ 부등피치 스프링 사용

밸브 스프링의 서징현상을 방지하기 위해서 밸브 스프링의 고유진동수를 크게 하거나 부등피치 스프링, 고유진동수가 다른 2중 스프링, 원추형 스프링 등을 사용한다.

49 실린더를 제작할 때 보링작업으로 구멍을 깎고 난 후 구멍 안을 매끈하게 하기 위해 하는 마무리 작업은?

① 슈퍼피니싱

② 래 핑

③ 호 닝

④ 드릴링

실린더 보링 후 표면조도 확보를 위한 작업공정은 호닝작업이다.

50 경적음의 크기는 차체 전방에서 2m 떨어진 지상 높이 1.2±0.05m가 되는 지점에서 측정한 값이다. 경적음의 최소 크기는 얼마인가?

① 70dB 이상

② 80dB 이상

③ 90dB 이상

④ 100dB 이상

51 36km/h의 속도로 달리던 자동차가 10초 후에 정지했을 때 가속도는?

① −1m/s²   ② −2m/s²

③ −3m/s²   ④ −4m/s²

$$36\text{km/h} = \frac{36,000\text{m}}{3,600\text{s}} = 10\text{m/s}$$
$$\therefore \ a = \frac{\Delta v}{t} = \frac{0 - 10}{10} = -1\text{m/s}$$

52 산업안전표지 중 안전모 착용은 무슨 종류의 표지인가?

① 금지표지
② 경고표지
③ 지시표지
④ 안내표지

53 계기판에 뜨는 수위표시는 어떤 액체의 수위표시인가?

① 세척액
② 연 료
③ 냉각수
④ 윤활유

54 납 축전지 용액에서 전류는 무엇의 이동으로 생기는가?

① O_2^-이온
② 전 자
③ 양성자
④ H^+이온

해설
전해액에서의 전류의 흐름은 음극판에서 양극판으로 운반되는 H^+이온에 의해 이루어진다.

55 디젤노크를 방지하기 위한 방법이 아닌 것은?

① 착화성이 좋은 연료를 사용한다.
② 압축비가 높은 기관을 사용한다.
③ 분사 초기의 연료 분사량을 많게 하고 착화 후기 분사량을 줄인다.
④ 연소실 내의 와류를 증가시키는 구조로 만든다.

해설
디젤노크 방지법
• 세탄가가 높은 연료를 사용한다.
• 압축비를 높게 한다.
• 실린더 벽의 온도를 높게 유지한다.
• 흡입 공기의 온도를 높게 유지한다.
• 연료의 분사 시기를 알맞게 조정한다.
• 착화 지연 기간 중에 연료의 분사량을 적게 한다.
• 엔진의 회전 속도를 빠르게 한다.

56 연소실 압축압력이 규정 압축압력보다 낮을 때 그 원인으로 옳지 않은 것은?

① 피스톤 간극이 크다.
② 기관의 실린더 헤드볼트를 규정 토크로 조이지 않았다.
③ 밸브 간극이 너무 작다.
④ 실린더 벽을 크로뮴으로 도금했다.

해설
실린더 압축압력은 피스톤 간극이 크거나 밸브 간극 불량 또는 타이밍 불량 및 실린더 헤드볼트의 이완으로 인하여 저하된다.

57 휠의 구성요소가 아닌 것은?

① 휠 허브 ② 휠 디스크
③ 트레드 ④ 림

트레드는 타이어의 구성요소이다.

58 편의장치 중 중앙집중식 제어장치(ETACS 또는 ISU)의 입출력요소의 역할에 대한 설명 중 틀린 것은?

① 모든 도어스위치 : 각 도어 잠김 여부 감지
② INT 스위치 : 와셔 작동 여부 감지
③ 핸들 로크 스위치 : 키 삽입 여부 감지
④ 열선스위치 : 열선 작동 여부 감지

INT 스위치 : INT의 작동은 간헐적인 비 또는 눈에 대하여 와이퍼 제어를 운전자가 의도하는 작동 속도로 설정하기 위한 기능이며, INT 스위치는 INT 볼륨에 설정된 속도에 따라 와이퍼를 작동한다 (INT 볼륨 위치에 따른 와이퍼 속도 검출).

59 제작자동차 등의 안전기준에서 2점식 또는 3점식 안전띠의 골반 부분 부착장치는 몇 kgf의 하중에 10초 이상 견뎌야 하는가?

① 1,270kgf
② 2,270kgf
③ 3,870kgf
④ 5,670kgf

2점식 또는 어깨 부분과 골반 부분이 분리되는 3점식 안전띠의 골반 부분 부착장치는 2,270kgf의 하중에 10초 이상 견뎌야 한다 (자동차규칙 제103조).

60 구동력을 크게 하려면 축 회전력과 구동바퀴의 반경은 어떻게 되어야 하는가?

① 축 회전력 및 바퀴의 반경 모두 커져야 한다.
② 바퀴의 반경과는 관계가 없다.
③ 반경이 큰 바퀴를 사용한다.
④ 반경이 작은 바퀴를 사용한다.

가속성능을 높이기 위한 대책
• 여유구동력을 크게 한다.
• 자동차의 총중량을 작게 한다.
• 변속단계를 많게 한다.
• 구동바퀴의 유효반경을 작게 한다.
• 변속 시 출력을 크게 한다.
• 주행저항을 작게 한다.
• 타이어와 노면의 점착력을 높인다.

01 실린더의 수가 4인 4행정 기관의 점화순서가 1-2-4-3일 때 3번 실린더가 압축행정을 할 때 1번 실린더는 어떤 행정을 하는가?

① 흡입행정   ② 압축행정
③ 동력행정   ④ 배기행정

해설
위와 같은 문제는 다음과 같이 간편하게 풀이할 수 있다.
• 먼저 원을 그리고 원 내부에는 행정을 시계방향으로 표시한다.
• 원의 외부에는 점화순서를 반시계방향으로 표시하면 쉽게 풀이할 수 있다.
예 점화순서가 1-2-4-3이고 문제에서 3번 실린더가 압축행정이므로 그림을 그리면 오른쪽 그림과 같이 표현되며 1번 실린더는 흡입행정을 한다.

03 디젤기관에서 연료분사 펌프의 조속기는 어떤 작용을 하는가?

① 분사시기 조절
② 분사량 조정
③ 분사압력 조정
④ 착화성 조정

해설
분사기구
• 분사펌프(Injection Pump) : 분사압 형성, 분사지속시간(분사율), 분사진행과정
• 조속기(Governor) : 분사량 제어, 회전속도
• 타이머(Timer) : 분사시기 제어

02 연삭작업 시 안전사항이 아닌 것은?

① 연삭숫돌 설치 전 해머로 가볍게 두들겨 균열 여부를 확인해 본다.
② 연삭숫돌의 측면에 서서 연삭한다.
③ 연삭기의 커버를 벗긴 채 사용하지 않는다.
④ 연삭숫돌의 주위와 연삭 지지대 간격은 가능하면 멀리 떨어트린다.

해설
연삭숫돌의 주위와 연삭 지지대 간격은 2~3mm 이내가 적당하다.

04 전자제어 연료 분사장치에서 인젝터의 상태를 점검하는 방법에 속하지 않는 것은?

① 분해하여 점검한다.
② 인젝터의 작동음을 듣는다.
③ 인젝터의 작동시간을 측정한다.
④ 인젝터의 분사량을 측정한다.

해설
인젝터 상태를 점검하는 방법은 인젝터의 작동음, 작동시간, 분사량을 점검하는 것이다.

05 자동변속기차량에서 중립과 주차위치에서만 시동이 걸리도록 하는 부품은?

① 펄스제너레이터
② 유온센서
③ 스로틀위치센서
④ 인히비터스위치

해설

인히비터스위치(Inhibiter Switch)
변속기 선택레버(Select Lever)의 위치가 중립(Neutral)과 주차(Parking) 위치 이외에는 엔진 시동이 걸리지 않게 하고, 또 레버조작의 확인 및 후진등 점등을 위한 선택레버 위치를 검출한다.

06 기관에서 윤활의 목적이 아닌 것은?

① 마찰과 마멸감소
② 응력집중작용
③ 밀봉작용
④ 세척작용

해설

윤활유의 작용은 기밀유지, 냉각, 청정, 응력분산작용, 감마작용, 방청작용이 있다.

07 유압식 제동장치에서 제동 시 제동력 상태가 불량할 경우 고장 원인으로 거리가 먼 것은?

① 브레이크액의 누설
② 브레이크 슈 라이닝의 과대마모
③ 브레이크액 부족 또는 공기 유입
④ 비등점이 높은 브레이크액 사용

해설

비등점이 높은 브레이크액은 끓는점이 높아 베이퍼로크의 발생을 줄인다.

08 브레이크 계통을 정비한 후 공기빼기 작업을 하지 않아도 되는 경우는?

① 브레이크 파이프나 호스를 떼어낸 경우
② 브레이크 마스터 실린더에 오일을 보충한 경우
③ 베이퍼로크 현상이 생긴 경우
④ 휠 실린더를 분해 수리한 경우

해설

공기빼기 작업을 필요로 하는 경우
• 브레이크 파이프나 호스를 분리하였다.
• 브레이크 오일을 교환하였다.
• 오일 탱크에 오일이 없는 상태에서 공기가 파이프나 호스로 유입되었다(베이퍼로크 현상이 생긴 경우).
• 마스터 실린더 및 휠 실린더를 분해하였다.

09 12V-100A의 발전기에서 나오는 출력은?

① 1.73PS
② 1.63PS
③ 1.53PS
④ 1.43PS

해설

$12V \times 100A = 1,200W$
$1,200W \div 735.5 ≒ 1.63PS$(1마력 : 735.5W)

10 드릴작업의 안전사항 중 틀린 것은?

① 장갑을 끼고 작업하였다.

② 머리가 긴 경우, 단정하게 하여 작업모를 착용하였다.

③ 작업 중 쇳가루를 입으로 불어서는 안 된다.

④ 공작물은 단단히 고정시켜 따라 돌지 않게 한다.

해설

드릴작업 및 회전공구를 사용하는 작업 시에는 장갑이 낄 염려가 있으니 사용하지 않도록 한다.

11 다음 중 디젤기관의 연소과정에 속하지 않는 것은?

① 전기연소기간

② 화염전파기간

③ 직접연소기간

④ 착화지연기간

해설

디젤기관의 연소과정은 착화지연기간, 화염전파기간, 직접연소기간, 후기연소기간으로 구분된다.

12 전자제어 연료분사 장치에서 연료펌프의 구동상태를 점검하는 방법으로 틀린 것은?

① 연료펌프 모터의 작동음을 확인한다.

② 연료의 송출여부를 점검한다.

③ 연료압력을 측정한다.

④ 연료펌프를 분해하여 점검한다.

해설

연료펌프 점검 시 분해하여 점검하지 않는다.

13 기관에 이상이 있을 때 또는 기관의 성능이 현저하게 저하되었을 때 분해수리의 여부를 결정하기 위한 시험은?

① 코일의 용량시험

② 캠각 시험

③ 압축 압력시험

④ CO 가스측정

해설

실린더 압축 압력시험은 기관의 성능이 현저하게 저하되었을 때 분해수리의 여부를 결정하기 위한 시험이다.

14 전자제어 자동변속기 차량에서 컨트롤 유닛(TCU)의 입력요소에 해당하지 않는 것은?

① 스로틀위치센서

② 유온센서

③ 인히비터 스위치

④ 노크센서

해설

노크센서는 엔진컨트롤 유닛의 입력요소이다.

※ TCU의 제어용센서 : 액셀러레이터 스위치, 스로틀포지션센서, 유온센서, 차속센서, 엔진회전수

15 다음 중 플레밍의 오른손법칙을 이용한 것은?

① 변압기

② 축전기

③ 전동기

④ 발전기

해설

플레밍의 왼손법칙은 전동기이고 오른손법칙은 발전기이다.

16 실린더 안지름 및 행정이 78mm인 4실린더 기관의 총배기량은 얼마인가?

① 1,298cm³
② 1,490cm³
③ 1,670cm³
④ 1,587cm³

해설
총배기량$(V_t) = 0.785 \times D^2 \times L \times N$
$= 0.785 \times 7.8^2 \times 7.8 \times 4 ≒ 1,490 cm^3$
(D : 실린더 내경, L : 행정길이, N : 실린더 수, $1cc = 1cm^3$)

17 실린더 지름 220mm, 행정이 360mm, 회전수가 400rpm일 때 피스톤의 평균속도는?

① 3m/s
② 4.2m/s
③ 4.8m/s
④ 6.6m/s

해설
피스톤 평균속도$(V) = \dfrac{2 \times S(행정) \times N(회전수)}{60}$
$= \dfrac{S \times N}{30}(m/s)$
$= \dfrac{0.36 \times 400}{30} = 4.8m/s$

18 제동장치에서 디스크 브레이크의 장점으로 옳은 것은?

① 방열성이 좋아 제동력이 안정된다.
② 자기작동으로 제동력이 증대된다.
③ 큰 중량의 자동차에 주로 사용한다.
④ 마찰 면적이 작아 압착하는 힘을 작게 할 수 있다.

해설
디스크 브레이크의 장단점

장 점	단 점
• 디스크가 외부에 노출되어 있기 때문에 방열성이 좋아 빈번한 브레이크의 사용에도 제동력이 떨어지지 않는다. • 자기작동작용이 없으므로 좌우 바퀴의 제동력이 안정되어 제동 시 한쪽만 제동되는 일이 적다.	• 우천 시 또는 진흙탕 등 사용조건에 영향을 받을 수 있다. • 접촉 면적이 작아 큰 압력이 필요하다.

19 수동변속기 차량에서 클러치가 미끄러지는 원인은?

① 클러치 페달 자유간극 과다
② 클러치 스프링의 장력 약화
③ 릴리스 베어링 파손
④ 유압라인 공기 혼입

해설
클러치 스프링의 장력이 약화되면 압력판을 통해 디스크를 플라이휠에 압착시키는 압착력이 저하되어 디스크의 미끄러짐 현상이 발생한다.

20 유압식 브레이크 원리는 어디에 근거를 두고 응용한 것인가?

① 브레이크액의 높은 비등점
② 브레이크액의 높은 흡습성
③ 밀폐된 액체의 일부에 작용하는 압력은 모든 방향에 동일하게 작용한다.
④ 브레이크액은 작용하는 압력을 분산시킨다.

해설
유압식 브레이크의 원리는 파스칼의 원리를 적용한 것으로 폐회로 내에 작용하는 압력은 모든 방향으로 동일하게 작용한다.

21 자동변속기 전자제어장치 정비 시 안전 및 유의사항으로 옳지 않은 것은?

① 펄스제너레이터 출력전압 파형 측정 시 주행 중에 측정한다.

② 컨트롤 케이블을 점검할 때는 브레이크 페달을 밟고, 주차브레이크를 완전히 채우고 점검한다.

③ 차량을 리프트에 올려놓고 바퀴 회전 시 주위에 떨어져 있어야 한다.

④ 부품센서 교환 시 점화 스위치 OFF 상태에서 축전기 접지 케이블을 탈거한다.

해설
펄스제너레이터 파형은 차량을 리프트업시켜 출력파형을 측정한다.

22 기관의 체적효율이 떨어지는 원인과 관계있는 것은?

① 흡입공기가 열을 받았을 때

② 과급기를 설치할 때

③ 흡입공기를 냉각할 때

④ 배기밸브보다 흡기밸브가 클 때

해설
체적효율은 흡입공기가 뜨거울 때 감소된다.

23 주행 시 혹은 제동 시 핸들이 한쪽으로 쏠리는 원인으로 거리가 먼 것은?

① 좌우 타이어의 공기 압력이 같지 않다.

② 앞바퀴의 정렬이 불량하다.

③ 조향 핸들축의 축방향 유격이 크다.

④ 한쪽 브레이크 라이닝 간격 조정이 불량하다.

해설
조향핸들의 축방향 유격은 제동 시 한쪽으로 쏠리는 현상과 거리가 멀다.

24 전자제어 가솔린 분사장치 기관에서 스로틀 보디 인젝터(TBI) 방식 차량의 인젝터 설치 위치로 가장 적합한 곳은?

① 스로틀밸브 상부

② 스로틀밸브 하부

③ 흡기밸브 전단

④ 흡기다기관 중앙

해설
TBI(Throttle Body Injection)는 스로틀 보디를 지나는 공기에 연료를 분사하는 가솔린 분사 시스템으로 연료분사장치가 스로틀 보디 상부에 장착된다.

25 자동차용 배터리의 급속 충전 시 주의사항으로 틀린 것은?

① 배터리를 자동차에 연결한 채 충전할 경우, 접지 (−) 터미널을 떼어 놓는다.

② 잘 밀폐된 곳에서 충전한다.

③ 충전 중 축전지에 충격을 가하지 않는다.

④ 전해액의 온도가 45℃가 넘지 않도록 한다.

해설
자동차용 배터리의 급속 충전 시 수소 및 산소가스가 다량 발생하므로 환기가 잘되는 곳에서 급속 충전을 한다.

26 EGR(배기가스 재순환장치)과 관계있는 배기가스는?

① CO
② HC
③ NO$_X$
④ H$_2$O

해설
배기가스 재순환장치(EGR)는 배기가스의 일부를 엔진의 혼합가스에 재순환시켜 가능한 출력감소를 최소로 하면서 연소온도를 낮추어 질소산화물(NO$_X$)의 배출량을 감소시킨다.

27 주행거리 1.6km를 주행하는 데 40초가 걸렸다. 이 자동차의 주행속도를 초속과 시속으로 표시하면?

① 25m/s, 14.4km/h
② 40m/s, 11.1km/h
③ 40m/s, 144km/h
④ 64m/s, 230.4km/h

해설
$$초속 = \frac{1.6 \times 1,000}{40} = 40 \text{m/s}$$
$$시속 = 40\text{m/s} \times 60\text{s} \times 60\text{min} = 144,000\text{m/h} = 144\text{km/h}$$

28 배출가스 중에서 유해가스에 해당하지 않는 것은?

① 질 소
② 일산화탄소
③ 탄화수소
④ 질소산화물

해설
배출가스 저감장치 중 삼원촉매(Catalytic Converter)장치를 사용하여 저감시킬 수 있는 유해가스의 종류 : CO, HC, NO$_X$

29 전자제어 엔진에서 냉간 시 점화시기 제어 및 연료 분사량 제어를 하는 센서는?

① 대기압센서
② 흡기온센서
③ 수온센서
④ 공기량센서

해설
수온센서 : 냉간 시 냉각수온도센서를 이용하여 엔진의 온도를 측정하고 점화시기 제어 및 연료분사량을 제어한다.

30 자동변속기에서 밸브보디에 있는 매뉴얼밸브의 역할은?

① 변속단수의 위치를 컴퓨터로 전달한다.
② 오일 압력을 부하에 알맞은 압력으로 조정한다.
③ 차속이나 엔진부하에 따라 변속단수를 결정한다.
④ 변속레버의 위치에 따라 유로를 변경한다.

해설
매뉴얼밸브는 변속레버의 위치에 따라 유로를 변경한다.

31 자동변속기차량에서 토크컨버터 내에 있는 스테이터의 기능은?

① 터빈의 회전력을 감소시킨다.
② 터빈의 회전력을 증대시킨다.
③ 바퀴의 회전력을 감소시킨다.
④ 펌프의 회전력을 증대시킨다.

해설
스테이터는 토크컨버터 내에 장착되어 저속 및 중속 회전 시 고정되어 토크컨버터 내의 오일 유동 방향을 바꾸고 고속 시에는 프리휠링하여 동력손실을 방지한다. 따라서 터빈의 회전력을 증대시키는 역할을 한다.

32 전자제어 시스템을 정비할 때 점검 방법 중 올바른 것을 모두 고른 것은?

> ⊙ 배터리 전압이 낮으면 고장진단이 발견되지 않을 수도 있으므로 점검하기 전에 배터리 전압상태를 점검한다.
> ⓒ 배터리 또는 ECU커넥터를 분리하면 고장항목이 지워질 수 있으므로 고장진단 결과를 완전히 읽기 전에는 배터리를 분리시키지 않는다.
> ⓒ 점검 및 정비를 완료한 후에는 배터리(−)단자를 15초 이상 분리시킨 후 다시 연결하고 고장 코드가 지워졌는지를 확인한다.

① ⓒ, ⓒ
② ⊙, ⓒ
③ ⊙, ⓒ
④ ⊙, ⓒ, ⓒ

33 단위에 대한 설명으로 옳은 것은?

① 1PS는 75kgf · 5m/h의 일률이다.
② 1J은 0.24cal이다.
③ 1kW는 1,000kgf · m/s의 일률이다.
④ 초속 1m/s는 시속 36km/h와 같다.

해설
① 1PS는 75kgf · m/s의 일률이다.
③ 1kW는 101,972kgf · m/s의 일률이다.
④ 초속 1m/s는 시속 3.6km/h와 같다.

일률, 공률, 동력단위 환산표

구 분	kgf · m/s	kW	PS	kcal/h
1kgf · m/s	1	0.009807	0.01333	8.4322
1kW	101.972	1	1.3596	859.848
1PS	75*	0.735499	1	632.415
1kcal/h	0.118593	0.001163*	0.00158	1

*표시는 정의에 의한 정확한 값

34 다음 중 디젤기관에 사용되는 과급기의 역할은?

① 윤활성의 증대
② 출력의 증대
③ 냉각효율의 증대
④ 배기의 증대

해설
과급기는 강제로 압축한 공기를 연소실로 보내 더 많은 연료가 연소될 수 있도록 하여 엔진의 출력을 높이는 역할을 한다. 체적대비 출력효율을 높이기 위한 목적을 가지고 있다.

35 가솔린엔진에서 점화장치의 점검방법으로 틀린 것은?

① 흡기온도센서의 출력값을 확인한다.
② 점화코일의 1차, 2차코일 저항을 확인한다.
③ 오실로스코프를 이용하여 점화파형을 확인한다.
④ 고압 케이블을 탈거하고 크랭킹 시 불꽃 방전 시험으로 확인한다.

36 윤중에 대한 정의이다. 옳은 것은?

① 자동차가 수평 상태에 있을 때에 1개의 바퀴가 수직으로 지면을 누르는 중량
② 자동차가 수평 상태에 있을 때에 차량 중량이 1개의 바퀴에 수평으로 걸리는 중량
③ 자동차가 수평 상태에 있을 때에 차량 총중량이 2개의 바퀴에 수직으로 걸리는 중량
④ 자동차가 수평 상태에 있을 때에 공차 중량이 4개의 바퀴에 수직으로 걸리는 중량

해설
윤중이란 자동차가 수평 상태에 있을 때에 1개의 바퀴가 수직으로 지면을 누르는 중량을 말한다(자동차규칙 제2조).

37 LPI 엔진에서 연료의 부탄과 프로판의 조성비를 결정하는 입력요소로 맞는 것은?

① 크랭크각센서, 캠각센서
② 연료온도센서, 연료압력센서
③ 공기유량센서, 흡기온도센서
④ 산소센서, 냉각수온센서

해설
LPI 엔진에서 연료의 부탄과 프로판의 조성비를 결정하는 요소는 연료온도센서, 연료압력센서이다(LPG는 여름철에는 부탄 100%를 사용하고 동절기에는 프로판의 비율을 늘려 기화 및 연소 특성을 개선시킨다).

38 각 실린더의 분사량을 측정하였더니 최대분사량이 66cc이고, 최소분사량이 58cc이었다. 이때의 평균 분사량이 60cc이면 분사량의 "(+)불균형률"은 얼마인가?

① 5%   ② 10%
③ 15%   ④ 20%

해설
(+)불균형률 산출공식

$$(+)불균형률 = \frac{최대분사량 - 평균분사량}{평균분사량} \times 100$$ 이므로

$$\frac{66-60}{60} \times 100 = 10\%$$ 가 된다.

39 재해조사 목적을 가장 바르게 설명한 것은?

① 적절한 예방 대책을 수립하기 위하여
② 재해를 당한 당사자의 책임을 추궁하기 위하여
③ 재해 발생 상태와 그 동기에 대한 통계를 작성하기 위하여
④ 작업능률 향상과 근로기강 확립을 위하여

해설
재해조사는 적합한 예방 대책을 수립하기 위하여 실시한다.

40 디스크 브레이크와 비교해 드럼 브레이크의 특성으로 맞는 것은?

① 페이드 현상이 잘 일어나지 않는다.
② 구조가 간단하다.
③ 브레이크의 편제동 현상이 적다.
④ 자기작동 효과가 크다.

해설
드럼 브레이크는 자기작동 효과가 크다.

41 조향장치가 갖추어야 할 조건 중 적당하지 않은 사항은?

① 적당한 회전 감각이 있을 것
② 고속 주행에서도 조향핸들이 안정될 것
③ 조향휠의 회전과 구동휠의 선회 차가 클 것
④ 선회 후 복원성이 있을 것

해설
조향장치는 조향휠의 회전과 구동휠의 선회 차가 크면 매우 위험하다.

42 전자 제어 엔진에서 스로틀 보디의 역할을 가장 적절하게 설명한 것은?

① 공연비 조절   ② 공기량 조절
③ 혼합기 조절   ④ 회전수 조절

해설
스로틀 보디는 에어클리너와 흡기다기관 사이에 설치되어 운전자의 액셀러레이터 조작에 연동하여 흡기통로의 면적을 변화시켜 흡입공기량을 조절하는 장치이다.

43 브레이크 파이프에 잔압 유지와 직접적인 관련이 있는 것은?

① 브레이크 페달
② 마스터 실린더 2차컵
③ 마스터 실린더 체크밸브
④ 푸시로드

해설
브레이크 파이프 내의 잔압을 유지시키는 요소는 마스터 실린더 체크밸브이며 베이퍼로크 현상을 방지하고 제동력이 신속하게 작용할 수 있도록 한다.

44 작업공구 중 조정렌치는 어떤 경우에 사용하는가?

① 못과 같은 부속품을 타격할 때
② 공작물의 안지름을 측정할 때
③ 차량의 밑부분을 들어 올릴 때
④ 볼트·너트를 풀거나 조일 때

해설
조(Jaw)의 폭을 자유로이 조정하여 사용할 수 있는 공구로, 볼트·너트를 풀거나 조이는 작업에 사용한다.

45 수동변속기 내부에서 싱크로나이저링의 기능이 작동하는 시기는?

① 변속기 내에서 기어가 빠질 때
② 변속기 내에서 기어가 물릴 때
③ 클러치 페달을 밟을 때
④ 클러치 페달을 놓을 때

해설
싱크로메시 기구에서 싱크로나이저링은 변속기의 기어가 물릴 때 콘부와 접촉하여 동기물림 작동을 수행한다.

46 파워 TR이 고장났을 때 일어나는 현상이 아닌 것은?

① 엔진의 시동은 걸리나 엔진이 부조한다.

② 점화 2차전압이 발생하지 않는다.

③ 점화 1차코일에 기전력이 인가되지 않는다.

④ 스파크 플러그에 점화불꽃이 발생되지 않는다.

> **해설**
> 파워 TR은 점화 1차코일의 전류를 단속하는 부품으로 고장 시 점화계통이 작동하지 않으며 엔진시동이 걸리지 않는다.

47 다음 중 자동 전조등의 구성품이 아닌 것은?

① 유압기 　　　　　 ② 렌 즈

③ 반사경 　　　　　 ④ 필라멘트

> **해설**
> **전조등의 3요소** : 렌즈, 반사경, 필라멘트

48 기동 모터의 종류 중 전기자코일과 계자코일이 병렬로 연결된 것은 무엇인가?

① 직권전동기 　　　　 ② 분권전동기

③ 복권전동기 　　　　 ④ 2권전동기

> **해설**
> ② 분권전동기 : 전기자코일과 계자코일이 병렬로 접속
> ① 직권전동기 : 전기자코일과 계자코일이 직렬로 접속
> ③ 복권전동기 : 전기자코일과 계자코일이 직병렬로 접속

49 자동차용 배터리의 급속 충전 시 (−)극에서 나오는 폭발성의 위험 기체는 무엇인가?

① NO_x 　　　　　 ② CO_2

③ H_2 　　　　　 ④ O_2

> **해설**
> 자동차용 배터리의 급속 충전 시 수소 및 산소가스가 다량 발생하므로 환기가 잘되는 곳에서 급속 충전을 한다.

50 고속주행에 알맞은 타이어 모양(패턴)은 무슨 패턴인가?

① 리브패턴 　　　　 ② 러그패턴

③ 블록패턴 　　　　 ④ 리브러그패턴

> **해설**
> 포장도로의 고속주행에 알맞은 타이어의 트레트 패턴은 리브패턴이다.

51 타이어의 스탠딩 웨이브 현상에 대한 내용으로 옳은 것은?

① 스탠딩 웨이브를 줄이기 위해 고속주행 시 공기압을 10% 정도 줄인다.

② 스탠딩 웨이브가 심하면 타이어 박리현상이 발생할 수 있다.

③ 스탠딩 웨이브는 바이어스 타이어보다 레이디얼 타이어에서 많이 발생한다.

④ 스탠딩 웨이브 현상은 하중과 무관하다.

> **해설**
> ② 스탠딩 웨이브 현상이 계속되면 타이어의 과열을 가져 오고 고온발열 상태에서 지속적인 주행은 타이어의 소재가 변질되고 타이어의 수명을 감소시키며 과도한 온도 상승은 갑작스러운 타이어의 파열이나 박리현상의 발생 가능성을 높인다.
> ① 스탠딩 웨이브를 줄이기 위해 고속주행 시 공기압을 10% 정도 높인다.
> ③ 스탠딩 웨이브는 레이디얼 타이어보다 바이어스 타이어에서 많이 발생한다.
> ④ 스탠딩 웨이브 현상은 하중과 상관 있다.

52 브레이크등 회로에서 12V 축전지에 24W의 전구 2개가 연결되어 점등된 상태라면 합성저항은?

① 2Ω
② 3Ω
③ 4Ω
④ 6Ω

해설

$$P = V \times I = I^2 \times R = \frac{V^2}{R}$$

P : 전력(W), V : 전압(V), I : 전류(A), R : 저항(Ω)

$24 = \dfrac{12^2}{x}$, $x = 6\,\Omega$

직렬 합성저항 = 6 + 6 = 12Ω

병렬 합성저항 = $\dfrac{(R_1 R_2)}{(R_1 + R_2)} = \dfrac{6 \times 6}{6 + 6} = \dfrac{36}{12} = 3\,\Omega$

53 전자제어 현가장치(ECS)에서 각 쇽업소버에 장착되어 컨트롤 로드를 회전시켜 오일 통로가 변환되어 Hard나 Soft로 감쇠력 제어를 가능하게 하는 것은?

① ECS 지시 패널
② 액추에이터
③ 스위칭 로드
④ 차고센서

해설

전자제어 현가장치에서 오일의 오리피스 통로 면적을 조절하여 쇽업소버의 감쇠력을 조절하는 장치는 액추에이터이며 모터드라이브 형식, 피에조 형식, 연속가변형 액추에이터 방식 등이 있다.

54 하이브리드 자동차의 정비 시 주의사항에 대한 내용으로 틀린 것은?

① 하이브리드 모터 작업 시 휴대폰, 신용카드 등은 휴대하지 않는다.
② 고전압 케이블(U, V, W상)의 극성은 올바르게 연결한다.
③ 도장 후 고압 배터리는 헝겊으로 덮어두고 열처리한다.
④ 엔진 룸의 고압 세차는 하지 않는다.

해설

하이브리드 차량의 도장작업 시 도장부스 온도상승(약 80℃)에 의한 배터리의 열적손상이 발생할 수 있으므로 백도어를 개방한 후 도장작업을 실시한다.

55 반도체에서 사이리스터의 구성부가 아닌 것은?

① 캐소드
② 게이트
③ 애노드
④ 컬렉터

해설

사이리스터

실리콘 제어정류기(SCR ; Silicon Controlled Rectifier)라고도 하며, 양극(Anode), 음극(Cathode), 게이트(Gate)의 3단자로 구성되어 있다.

56 계기판의 충전경고등은 어느 때 점등되는가?

① 배터리 전압이 10.5V 이하일 때
② 알터네이터에서 충전이 안 될 때
③ 알터네이터에서 충전되는 전압이 높을 때
④ 배터리 전압이 14.7V 이상일 때

해설

계기판의 충전경고등은 발전기 고장 시 충전이 안 될 때 점등된다.

57 자동차기관의 크랭크축 베어링에 대한 구비조건으로 틀린 것은?

① 하중부담 능력이 있을 것
② 매입성이 있을 것
③ 내식성이 있을 것
④ 피로성이 있을 것

해설

베어링의 구비조건
• 고온 하중부담 능력이 있을 것
• 지속적인 반복하중에 견딜 수 있는 내피로성이 클 것
• 금속이물질 및 오염물질을 흡수하는 매입성이 좋을 것
• 축의 회전운동에 대응할 수 있는 추종 유동성이 있을 것
• 산화 및 부식에 대해 저항할 수 있는 내식성이 우수할 것
• 열전도성이 우수하고 밀착성이 좋을 것
• 고온에서 내마멸성이 우수할 것

58 12V 필라멘트 광원을 장착한 주행빔 광도 기준으로 옳은 것은?

① 10,000cd 이상 150,000cd 이하
② 15,000cd 이상 215,000cd 이하
③ 20,000cd 이상 150,000cd 이하
④ 30,000cd 이상 215,000cd 이하

해설

자동차 및 자동차부품의 성능과 기준에 관한 규칙 [별표 6의3]
주행빔 전조등의 광도기준(필라멘트, 할로겐 및 발광소자 광원)

측정점	각 도	기준값(cd)			
		필라멘트 광원		할로겐, 발광소자 광원	
		12V 계열	13.2V 계열	12V 계열	13.2V 계열
최대 광도값	-	20,000 이상 150,000 이하	27,000 이상 215,000 이하	30,000 이상 150,000 이하	40,500 이상 215,000 이하

59 자동차 에어컨장치의 순환과정으로 맞는 것은?

① 압축기 → 응축기 → 건조기 → 팽창밸브 → 증발기
② 압축기 → 응축기 → 팽창밸브 → 건조기 → 증발기
③ 압축기 → 팽창밸브 → 건조기 → 응축기 → 증발기
④ 압축기 → 건조기 → 팽창밸브 → 응축기 → 증발기

해설

자동차 에어컨의 순환과정
압축기(컴프레서) → 응축기(콘덴서) → 건조기 → 팽창밸브 → 증발기

60 구동력을 크게 하려면 축 회전력과 구동바퀴의 반경은 어떻게 되어야 하는가?

① 축 회전력 및 바퀴의 반경 모두 커져야 한다.
② 바퀴의 반경과는 관계가 없다.
③ 반경이 큰 바퀴를 사용한다.
④ 반경이 작은 바퀴를 사용한다.

해설

가속성능을 높이기 위한 대책
• 여유구동력을 크게 한다.
• 자동차의 총중량을 작게 한다.
• 변속단계를 많게 한다.
• 구동바퀴의 유효반경을 작게 한다.
• 변속 시 출력을 크게 한다.
• 주행저항을 작게 한다.
• 타이어와 노면의 점착력을 높인다.

01 전자제어기관의 연료분사 제어방식 중 점화순서에 따라 순차적으로 분사되는 방식은?

① 동시분사 방식
② 그룹분사 방식
③ 독립분사 방식
④ 간헐분사 방식

해설

점화순서에 따라 개별실린더를 순차적으로 점화시키는 점화방식은 독립점화 방식(동기분사)이다.

02 실린더의 수가 4인 4행정 기관의 점화순서가 1-2 -4-3일 때, 3번 실린더가 압축행정을 할 때 1번 실린더는 어떤 행정을 하는가?

① 흡입행정
② 압축행정
③ 동력행정
④ 배기행정

해설

03 지르코니아 산소센서에 대한 설명으로 맞는 것은?

① 산소센서는 농후한 혼합기가 흡입될 때 0~0.5V 의 기전력이 발생한다.
② 산소센서는 흡기 다기관에 부착되어 산소의 농도를 감지한다.
③ 산소센서는 최고 1V의 기전력을 발생한다.
④ 산소센서는 배기가스 중의 산소농도를 감지하여 질소산화물(NO_X)을 줄일 목적으로 설치된다.

해설

지르코니아 산소센서
배기라인에 장착되어 배기가스 내 산소농도를 측정하여 ECU의 피드백 공연비 제어 신호로 사용된다. 연소실 상태가 농후할 경우 1V에 가까운 기전력을 나타내며, 희박할 경우 0.1V에 가까운 기전력을 나타낸다. 이 신호를 기반으로 엔진ECU는 정밀공연비 보정 제어를 수행하게 된다.

04 기관의 윤활장치에서 유압조절밸브는 어떤 작용을 하는가?

① 기관의 부하량에 따라 압력을 조절한다.
② 기관 오일양이 부족할 때 압력을 상승시킨다.
③ 불충분한 오일양을 방지한다.
④ 유압이 높아지는 것을 방지한다.

해설

유압조절밸브는 유압이 일정 이상 상승하지 못하도록 제어하는 역할을 수행한다.

05 가변흡기장치(Variable Induction Control System)의 설치 목적으로 가장 적당한 것은?

① 최고속 영역에서 최대 출력의 감소로 엔진 보호
② 공전속도 증대
③ 저속과 고속에서 흡입효율 증대
④ 엔진 회전수 증대

해설
가변흡기시스템은 저속 및 중속에서 유입되는 공기통로의 변경을 통해 흡입효율을 증대시키는 시스템으로 분류된다.

06 스로틀(밸브)위치센서에 다음 그림과 같이 5V의 전압이 인가된다. 스로틀(밸브)위치센서를 완전히 개방할 때, 몇 V의 전압이 출력 측(시그널)에 감지되는가?

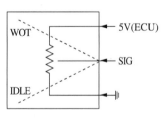

스로틀(밸브)위치센서

① 0V   ② 2~3V
③ 4~5V   ④ 12V

해설
완전개방(WOT) 시 입력전원이 5V에 가까운 기전력이 출력단자를 통해 나오게 된다. 일반적으로 TPS는 완전개방 시 4.5V 이상, 공전 시 0.4~0.5V의 기전력이 출력된다.

07 전자제어 연료분사기관에 대한 설명 중 틀린 것은?

① 흡기온도센서는 흡기온도 상승 시 센서의 저항값은 작아진다.
② 스로틀밸브 스위치 접촉저항은 약 0Ω이 정상이다.
③ 공기유량센서는 공기량을 계측하여 기본연료 분사시간을 결정한다.
④ 수온센서의 저항은 온도가 상승하면서 저항값은 커진다.

해설
냉각수온센서는 부특성 서미스터(NTC)로 온도와 저항이 반비례한다.

08 내연기관의 사이클에서 가솔린기관의 표준 사이클은?

① 정적 사이클   ② 정압 사이클
③ 복합 사이클   ④ 사바테 사이클

해설
가솔린기관의 경우 오토(정적) 사이클이 표준이며, 디젤기관의 경우 사바테(복합) 사이클이 표준이 된다.

09 가솔린기관에서 심한 노킹이 발생할 때의 현상은?

① 급격한 연소로 고온고압이 되어 충격파를 발생한다.
② 배기가스 온도가 상승한다.
③ 기관의 온도 저하로 냉각수 손실이 작아진다.
④ 최고 압력이 떨어지고 출력이 증대된다.

해설
매우 심한 노킹 발생 시 급격한 연소로 고온고압이 되어 데토네이션파(충격파)를 발생한다.

10 연소실체적이 210cc이고, 행정체적이 3,780cc인 디젤 6기통 기관의 압축비는 얼마인가?

① 17 : 1
② 18 : 1
③ 19 : 1
④ 20 : 1

해설

압축비 = $\dfrac{\text{연소실체적} + \text{행정체적}}{\text{연소실체적}}$ 이므로 $\dfrac{210 + 3,780}{210} = 19$가 된다.

11 활성탄 캐니스터(Charcoal Canister)는 무엇을 제어하기 위해 설치하는가?

① CO_2 증발가스
② HC 증발가스
③ NO_X 증발가스
④ CO 증발가스

해설

캐니스터는 증발가스 제어장치로, 연료탱크 내에서 발생된 증발가스(HC)를 PCSV를 통하여 흡입계로 유도하며, 공기와 혼합하여 연소실에서 연소시키는 역할을 한다.

12 전자제어 연료장치에서 기관이 정지 후 연료압력이 급격히 저하되는 원인 중 가장 알맞은 것은?

① 연료필터가 막혔을 때
② 연료펌프의 체크밸브가 불량할 때
③ 연료의 리턴 파이프가 막혔을 때
④ 연료펌프의 릴리프밸브가 불량할 때

해설

엔진 정지 시 연료 잔압이 급격하게 떨어지는 현상은 체크밸브의 불량일 경우 발생한다.

13 윤중에 대한 정의로 옳은 것은?

① 자동차가 수평 상태에 있을 때에 1개의 바퀴가 수직으로 지면을 누르는 중량
② 자동차가 수평 상태에 있을 때에 차량 중량이 1개의 바퀴에 수평으로 걸리는 중량
③ 자동차가 수평 상태에 있을 때에 차량 총중량이 2개의 바퀴에 수평으로 걸리는 중량
④ 자동차가 수평 상태에 있을 때에 공차 중량이 4개의 바퀴에 수직으로 걸리는 중량

해설

윤중은 자동차가 수평 상태에 있을 때에 1개의 바퀴가 수직으로 지면을 누르는 중량을 말한다(자동차규칙 제2조).

14 피스톤에 오프셋(Offset)을 두는 이유로 가장 올바른 것은?

① 피스톤의 틈새를 크게 하기 위하여
② 피스톤의 중량을 가볍게 하기 위하여
③ 피스톤의 측압을 작게 하기 위하여
④ 피스톤 스커트부에 열전달을 방지하기 위하여

해설

오프셋 피스톤을 적용하는 이유는 피스톤 운동 시 발생하는 측압을 감소시키기 위하여 적용한다.

15 다음 중 전자제어 엔진에서 연료분사 피드백(Feedback)에 가장 필요한 센서는?

① 스로틀포지션센서
② 대기압센서
③ 차속센서
④ 산소(O_2)센서

해설
피드백에 관련한 센서는 산소센서이다.

16 이소옥탄 60%, 정헵탄 40%의 표준연료를 사용했을 때 옥탄가는 얼마인가?

① 40%
② 50%
③ 60%
④ 70%

해설
옥탄가 $= \dfrac{\text{이소옥탄}}{\text{이소옥탄} + \text{정헵탄}} \times 100$이므로

$\dfrac{60}{60+40} \times 100 = 60\%$가 된다.

17 자동차 기관에서 과급을 하는 주된 목적은?

① 기관의 윤활유 소비를 줄인다.
② 기관의 회전수를 빠르게 한다.
③ 기관의 회전수를 일정하게 한다.
④ 기관의 출력을 증대시킨다.

해설
엔진에 과급기를 장착하는 목적은 토크 및 출력 증대를 하기 위함이다.

18 인젝터의 점검 사항 중 오실로스코프로 측정해야 하는 것은?

① 저 항
② 작동음
③ 분사시간
④ 분사량

해설
인젝터 내부의 솔레노이드에 전압이 인가되는 시간이 분사시간이며, 이는 오실로스코프 장비를 이용하여 측정한다.

19 기관에서 흡입밸브의 밀착이 불량할 때 나타나는 현상이 아닌 것은?

① 압축압력 저하
② 가속 불량
③ 출력 향상
④ 공회전 불량

해설
흡입밸브의 밀착 불량 시 엔진의 압축압력 저하, 출력 감소, 가속 및 공회전 상태가 불량해지는 현상이 발생한다.

20 전자제어 가솔린기관에서 엔진 컨트롤 유닛(ECU)으로 입력되는 센서가 아닌 것은?

① 수온센서
② 크랭크각센서
③ 흡기온도센서
④ 휠스피드센서

해설
휠스피드센서는 제동계 관련 센서로 제동 관련 제어시스템으로 입력되는 신호이다.

390 ■ PART 02 과년도 + 최근 기출복원문제

15 ④ 16 ③ 17 ④ 18 ③ 19 ③ 20 ④ **정답**

21 토크 컨버터의 구성품으로 맞는 것은?

① 펌프, 터빈, 스테이터
② 러너, 오일펌프, 스테이터
③ 유성기어, 펌프, 터빈
④ 클러치, 브레이크, 댐퍼

해설
토크 컨버터는 펌프, 터빈, 스테이터로 구성된다.

22 전자제어 현가장치의 주요 부품과 관계가 먼 것은?

① 컴프레서
② 솔레노이드 밸브
③ 차고센서
④ 부스터와 스프링

해설
전자제어 현가장치를 구성하는 주요 부품은 공기압축기(컴프레서), 솔레노이드 밸브, 차고센서, 가변댐퍼, 차속센서, G센서 등이 있다.

23 디스크 브레이크에 대한 설명으로 맞는 것은?

① 드럼 브레이크에 비하여 브레이크의 평형이 좋다.
② 드럼 브레이크에 비하여 한쪽만 브레이크 되는 일이 많다.
③ 드럼 브레이크에 비하여 베이퍼로크가 일어나기 쉽다.
④ 드럼 브레이크에 비하여 페이드 현상이 일어나기 쉽다.

해설
디스크 브레이크는 브레이크 회전평형이 우수하고, 방열성이 우수하여 페이드 및 베이퍼로크 현상이 감소되며 한쪽만 브레이크 되는 경우가 적으나, 패드의 면적이 작아 압착력을 증가시켜야 하는 단점이 있다.

24 자동차가 도로를 달릴 때 발생하는 저항 중에서 자동차의 중량과 관계없는 것은?

① 공기저항
② 구름저항
③ 구배저항
④ 가속저항

해설
공기저항은 전 투영면적, 차량의 속도 및 공기저항계수를 이용하여 산출한다.

25 유압을 이용한 전자제어 조향장치형식에서 차량속도와 조향력에 필요한 정보에 의해 고속과 저속 모드에 필요한 유량으로 제어하는 방식은?

① 공기제어식
② 전동펌프식
③ 유압반력제어식
④ 속도감응식

해설
차량속도의 증감에 따라 조향력을 조절하는 동력조향시스템은 차속 감응형 동력조향시스템이다.

26 자동차의 진동현상 중 스프링 위 y축을 중심으로 하는 앞뒤 흔들림 회전 고유진동은?

① 롤링(Rolling)
② 요잉(Yawing)
③ 피칭(Pitching)
④ 바운싱(Bouncing)

해설
x축을 중심으로 회전하려는 운동을 롤링이라고 하고, y축을 중심으로 회전하려는 운동을 피칭이라고 하며, z축을 중심으로 회전하려는 운동을 요잉이라고 한다.

27 자동차가 주행하면서 선회할 때 조향각도를 일정하게 유지하여도 선회 반지름이 커지는 현상은?

① 오버 스티어링
② 언더 스티어링
③ 리버스 스티어링
④ 토크 스티어링

해설
선회 시 조향각도를 일정하게 유지하여도 선회 반지름이 커지는 현상을 언더 스티어라 하며, 반대의 경우는 오버 스티어라 한다.

28 종감속 장치에서 구동 피니언이 링기어 중심선 밑에서 물리게 되어 있는 기어는?

① 직선 베벨 기어
② 스파이럴 베벨 기어
③ 스퍼 기어
④ 하이포이드 기어

해설
피니언 중심선과 링기어의 중심선을 일치하지 않도록 설계하여 차고를 낮출 수 있는 종감속 기어를 하이포이드 기어라 한다.

29 드라이브 라인에서 전륜구동차의 종감속장치로 연결된 구동 차축에 설치되어 바퀴에 동력을 주로 전달하는 것은?

① CV형 자재이음
② 플렉시블 이음
③ 십자형 자재이음
④ 트러니언 자재이음

해설
전륜구동차량의 차동 기어에서 나온 동력을 휠에 전달하는 부품을 CV(등속) 자재이음(등속조인트)이라고 한다.

30 기관의 회전수가 2,400rpm이고, 총감속비가 8 : 1, 타이어 유효반경이 25cm일 때 자동차의 시속은?

① 15.66km/h
② 17.66km/h
③ 28.26km/h
④ 38.26km/h

해설
기관의 회전수가 2,400rpm이고 총감속비가 8이므로 바퀴로 전달되는 회전수는 $\frac{2,400}{8}=300$rpm이 된다. 이때, 바퀴의 반경이 0.25m로 유효원주는 $0.25 \times 2 \times 3.14 = 1.57$m가 된다. 현재 바퀴의 rpm이 300rpm이므로 $300 \times 1.57 = 471$m/min이 되고, 초속으로 환산하면 $\frac{471}{60} = 7.85$m/s가 된다.
따라서 시속으로 환산하면 $7.85 \times 3.6 = 28.26$km/h가 된다.

26 ③ 27 ② 28 ④ 29 ① 30 ③ **정답**

31 자동변속기를 제어하는 TCU(Transaxle Control Unit)에 입력되는 신호가 아닌 것은?

① 인히비터 스위치
② 스로틀포지션센서
③ 엔진 회전수
④ 휠스피드센서

해설
휠스피드센서는 전자제어 제동시스템에 적용되는 센서이다.

32 전자제어 현가장치의 관련 내용으로 틀린 것은?

① 급제동 시 노즈 다운 현상 방지
② 고속 주행 시 차량의 높이를 낮추어 안정성 확보
③ 제동 시 휠의 로킹 현상을 방지하여 안정성 증대
④ 주행조건에 따라 현가장치의 감쇠력을 조절

해설
제동 시 휠의 로킹을 방지하여 제동 안정성을 증대시키는 시스템은 전자제어 제동시스템(ABS)이다.

33 유압식 제동장치에서 적용되는 유압의 원리는?

① 뉴턴의 원리
② 파스칼의 원리
③ 벤투리관의 원리
④ 베르누이의 원리

해설
폐회로 내의 압력에 대한 기본원리는 파스칼의 원리이다.

34 추진축의 슬립이음은 어떤 변화를 가능하게 하는가?

① 축의 길이
② 드라이브 각
③ 회전 토크
④ 회전 속도

해설
슬립이음은 축의 길이 보상을 위하여 적용되고, 자재이음은 각도 변환을 목적으로 적용된다.

35 전자제어식 제동장치(ABS)에서 제동 시 타이어 슬립률이란?

① (차륜속도 – 차체속도)/차체속도×100(%)
② (차체속도 – 차륜속도)/차체속도×100(%)
③ (차체속도 – 차륜속도)/차륜속도×100(%)
④ (차륜속도 – 차체속도)/차륜속도×100(%)

해설
$$타이어\ 슬립률 = \frac{(차체속도 - 차륜속도)}{차체속도} \times 100(\%)로\ 계산한다.$$

36 자동차가 고속으로 선회할 때 차체가 기울어지는 것을 방지하기 위한 장치는?

① 타이로드　　　　② 토 인
③ 프로포셔닝 밸브　④ 스태빌라이저

해설
고속선회 시 차체가 좌우로 기울어지는 것을 방지하는 장치는 스태빌라이저이다(롤링 감소).

37 동력조향장치에서 오일펌프에 걸리는 부하가 기관 아이들링 안정성에 영향을 미칠 경우 오일펌프 압력 스위치는 어떤 역할을 하는가?

① 유압을 더욱 다운시킨다.
② 부하를 더욱 증가시킨다.
③ 기관 아이들링 회전수를 증가시킨다.
④ 기관 아이들링 회전수를 다운시킨다.

해설
동력조향장치에서 조향핸들 작동 시 오일펌프에 걸리는 부하가 증가하면 오일펌프 압력 스위치의 작동으로 엔진 rpm을 상승시켜 오일펌프 구동에 필요한 동력을 공급한다.

38 공기 현가장치의 특징에 속하지 않는 것은?

① 스프링 정수가 자동적으로 조정되므로 하중의 증감에 관계없이 고유 진동수를 거의 일정하게 유지할 수 있다.
② 고유 진동수를 높일 수 있으므로 스프링 효과를 유연하게 할 수 있다.
③ 공기 스프링 자체에 감쇠성이 있으므로 작은 진동을 흡수하는 효과가 있다.
④ 하중 증감에 관계없이 차체 높이를 일정하게 유지하며 앞뒤, 좌우의 기울기를 방지할 수 있다.

해설
에어서스펜션은 하중의 증감에 관계없이 스프링 고유 진동수를 일정하게 유지할 수 있으며(차체 높이 일정) 압축성 공기를 통한 미세진동의 흡수 효과가 뛰어나다.

39 킹핀 경사각과 함께 앞바퀴에 복원성을 주어 직진 위치로 쉽게 돌아오게 하는 앞바퀴 정렬과 관련이 가장 큰 것은?

① 캠 버　　　　② 캐스터
③ 토　　　　　④ 세트 백

해설
조향 앞바퀴에 복원성을 부여하여 직진위치로 쉽게 돌아오게 하는 조향요소는 캐스터이며, 정(+)캐스터인 경우 효과가 증대된다.

40 타이어의 뼈대가 되는 부분으로서 공기압력을 견디어 일정한 체적을 유지하고 또 하중이나 충격에 따라 변형하여 완충작용을 하는 것은?

① 트레드　　　　② 비드부
③ 브레이커　　　④ 카커스

해설
타이어의 뼈대가 되는 부분은 카커스부이며 카커스 코드 층의 배열에 따라 보통(바이어스) 타이어와 레이디얼 타이어로 구분한다.

41 자동차 전기장치에 사용되는 퓨즈에 대한 설명으로 틀린 것은?

① 전기회로에 직렬로 설치된다.

② 단락 및 누전에 의해 과대 전류가 흐르면 차단되어 전류의 흐름을 방지한다.

③ 재질은 알루미늄(25%) + 주석(13%) + 구리(50%) 등으로 구성된다.

④ 회로에 합선이 되면 퓨즈가 단선되어 전류의 흐름을 차단한다.

해설
주로 녹는점이 낮은 납과 주석 또는 아연과 주석의 합금을 재료로 사용한다.

42 빛의 세기에 따라 저항이 적어지는 반도체로 자동 전조등 제어장치에 사용되는 반도체 소자는?

① 광량센서(Cds)

② 피에조 소자

③ NTC 서미스터

④ 발광다이오드

해설
빛의 강도에 따라 저항이 변화하는 반도체는 광량센서(Cds)이며 오토헤드램프 등의 회로에 적용된다.

43 어떤 기준 전압 이상이 되면 역방향으로 큰 전류가 흐르게 된 반도체는?

① PNP형 트랜지스터

② NPN형 트랜지스터

③ 포토다이오드

④ 제너다이오드

해설
브레이크 다운전압에서 반대(역)방향으로 전류가 흐르는 반도체는 제너다이오드이며, 발전기 전압조정회로에 적용된다.

44 에어컨 냉방 사이클의 작동 순서로 맞는 것은?

① 압축기 → 증발기 → 응축기 → 팽창밸브

② 팽창밸브 → 증발기 → 압축기 → 응축기

③ 응축기 → 증발기 → 압축기 → 팽창밸브

④ 증발기 → 팽창밸브 → 응축기 → 압축기

해설
냉방 사이클의 작동 순서는 팽창밸브 → 증발기 → 압축기 → 응축기의 순이다.

45 이모빌라이저 장치에서 엔진 시동을 제어하는 장치가 아닌 것은?

① 점화장치

② 충전장치

③ 연료장치

④ 시동장치

해설
이모빌라이저 시스템은 도난방지기능을 수행하므로 시동 관련 스타터 모터, 점화 및 연료장치 등을 제어한다.

46 일반적으로 에어백(Air Bag)에 가장 많이 사용되는 가스(Gas)는?

① 수 소
② 이산화탄소
③ 질 소
④ 산 소

> **해설**
> 일반적으로 에어백 시스템의 팽창력 발생가스는 질소가스를 적용한다.

47 콘덴서에 저장되는 정전용량을 설명한 것으로 틀린 것은?

① 가해지는 전압에 정비례한다.
② 금속판 사이의 거리에 반비례한다.
③ 상대하는 금속판의 면적에 반비례한다.
④ 금속판 사이의 절연체의 절연도에 정비례한다.

> **해설**
> 콘덴서에 저장되는 정전용량은 가해지는 전압, 절연도 및 금속판 면적에 정비례하고, 금속판 사이의 거리에 반비례한다.

48 현재 통용되는 전자동에어컨 시스템의 컴퓨터가 감지하는 센서와 가장 거리가 먼 것은?

① 외기온도센서
② 스로틀포지션센서
③ 일사센서(SUN센서)
④ 냉각수온도센서

> **해설**
> 차량공조시스템에서 전자동에어컨(FATC) 시스템은 일사량센서, 내외기온도센서, 습도센서, 냉각온도센서 등의 신호를 입력받는다.

49 자동차 에어컨 시스템에 사용되는 컴프레서 중 가변용량 컴프레서의 장점이 아닌 것은?

① 냉방성능 향상
② 소음진동 감소
③ 연비 향상
④ 냉매 충진효율 향상

> **해설**
> 가변용량 컴프레서는 연비 및 냉방효율을 증가시킨다. 냉매 충진효율 향상은 해당하지 않는다.

50 전자제어 점화장치에서 점화시기를 제어하는 순서는?

① 각종 센서 → ECU → 파워 트랜지스터 → 점화코일
② 각종 센서 → ECU → 점화코일 → 파워 트랜지스터
③ 파워 트랜지스터 → 점화코일 → ECU → 각종 센서
④ 파워 트랜지스터 → ECU → 각종 센서 → 점화코일

> **해설**
> 일반적인 점화 시스템의 작동순서는 각종 센서 신호가 ECU로 입력되고 이 값들을 기반으로 파워 TR 베이스 단자를 컨트롤하여 점화코일의 전류를 단속하게 된다.

51 작업장의 안전점검을 실시할 때 유의사항이 아닌 것은?

① 과거 재해요인이 없어졌는지 확인한다.
② 안전점검 후 강평하고 사고한 사항은 묵인한다.
③ 점검내용을 서로가 이해하고 협조한다.
④ 점검자의 능력에 적응하는 점검내용을 활용한다.

해설
사고사항을 묵인하면 안 된다.

52 자동차의 배터리 충전 시 안전한 작업이 아닌 것은?

① 자동차에서 배터리 분리 시 (+)단자를 먼저 분리한다.
② 배터리 온도가 약 45℃ 이상 오르지 않게 한다.
③ 충전은 환기가 잘 되는 넓은 곳에서 한다.
④ 과충전 및 과방전을 피한다.

해설
자동차의 배터리 분리 시 접지(−)단자를 먼저 분리한다.

53 냉각장치 정비 시 안전사항으로 옳지 않은 것은?

① 라디에이터 코어가 파손되지 않도록 주의한다.
② 워터펌프 베어링은 솔벤트로 잘 세척한다.
③ 라디에이터 캡을 열 때에는 압력을 제거하며 서서히 연다.
④ 기관 회전 시 냉각팬에 손이 닿지 않도록 주의한다.

해설
베어링 등은 솔벤트로 세척하면 윤활부에 문제가 발생한다.

54 재해사고 발생원인 중 직접원인에 해당하는 것은?

① 사회적 환경
② 유전적 요소
③ 안전교육의 불충분
④ 불안전한 행동

해설
재해사고 발생원인 중 직접원인에 해당하는 것은 불안전한 행동으로 인한 재해사고이다.

55 탭 작업상의 주의사항으로 틀린 것은?

① 손다듬질용 탭 작업 시 3번 탭부터 작업할 것
② 탭 구멍은 드릴로 나사의 골지름보다 조금 크게 뚫을 것
③ 공작물을 수평으로 놓을 것
④ 조절 탭 렌치는 양손으로 돌릴 것

해설
탭은 3개를 1세트로 하여 1번 탭으로 깎고 2, 3번 탭으로 최종 완성가공하며 관통된 구멍일 경우에는 1번 탭만으로 작업하고, 관통되지 않은 경우에는 1, 2, 3번 탭을 순차적으로 사용하여 나사를 깎도록 한다.

56 도장작업장의 안전수칙이 아닌 것은?

① 작업에 알맞은 방진, 방독면을 착용한다.

② 작업장 내에서 음식물 섭취를 금지한다.

③ 전기기기는 수리를 필요로 할 경우 스위치를 꺼놓는다.

④ 희석제나 도료 등을 취급할 때는 면장갑을 꼭 착용한다.

해설

희석제나 도료가 손에 묻지 않도록 고무장갑 등을 착용한다.

57 자동차 정비 작업 시 안전 및 유의사항으로 틀린 것은?

① 기관 운전 시는 일산화탄소가 생성되므로 환기장치를 해야 한다.

② 헤드 개스킷이 닿는 표면은 스크레이퍼로 큰 압력을 가하여 깨끗이 긁어낸다.

③ 점화 플러그의 청소 시 보안경을 쓰는 것이 좋다.

④ 기관을 들어낼 때 체인 및 리프팅 브래킷은 무게 중심부에 튼튼히 걸어야 한다.

해설

헤드 및 실린더의 표면을 스크레이퍼 등으로 긁어내면 표면손상이 발생된다.

58 공기공구 사용에 대한 설명 중 틀린 것은?

① 공구 교체 시에는 반드시 밸브를 꼭 잠그고 해야 한다.

② 활동 부분은 항상 윤활유 또는 그리스를 급유한다.

③ 사용 시에는 반드시 보호구를 착용해야 한다.

④ 공기공구를 사용할 때에는 밸브를 빠르게 열고 닫는다.

해설

공기공구를 사용할 때는 급격한 압력작용을 피하기 위해 밸브를 서서히 열고 닫는다.

59 산업현장에서 안전을 확보하기 위해 인적 문제와 물적 문제에 대한 실태를 파악하여야 한다. 다음 중 인적 문제에 해당하는 것은?

① 기계 자체의 결함

② 안전교육의 결함

③ 보호구의 결함

④ 작업 환경의 결함

해설

안전교육은 인적 문제에 해당한다.

60 엔진 가동 시 화재가 발생하였다. 소화 작업으로 가장 먼저 취해야 할 안전한 방법은?

① 모래를 뿌린다.

② 물을 붓는다.

③ 점화원을 차단한다.

④ 엔진을 가속하여 팬의 바람으로 끈다.

해설

엔진화재 시 가장 먼저 수행해야 하는 작업은 전원을 차단하는 것이다.

01 전자제어 가솔린 분사기관에서 흡입공기량을 계량하는 방식 중에서 흡기 다기관의 절대압력과 기관의 회전속도로부터 1사이클당 흡입공기량을 추정할 수 있는 방식은?

① 카르만 와류방식

② MAP센서방식

③ 베인식

④ 열선식

<details>
해설

흡입공기량 계측방식
- 직접 계측방식(L-제트로닉) : 베인식, 카르만 와류식, 열선식, 열막식
- 간접 계측방식(D-제트로닉) : MAP Sensor식
</details>

02 제작자동차 등의 안전기준에서 2점식 또는 3점식 안전띠의 골반 부분 부착장치는 몇 kgf의 하중에 10초 이상 견뎌야 하는가?

① 1,270kgf

② 2,270kgf

③ 3,870kgf

④ 5,670kgf

<details>
해설

2점식 또는 어깨 부분과 골반 부분이 분리되는 3점식 안전띠의 골반 부분 부착장치는 2,270kgf의 하중에 10초 이상 견딜 것
</details>

03 다음 중 냉각장치에서 과열의 원인이 아닌 것은?

① 벨트 장력 과대

② 냉각수의 부족

③ 팬 벨트 장력 헐거움

④ 냉각수 통로의 막힘

<details>
해설

냉각장치 과열의 원인
- 전동 팬이 회전하지 않을 때
- 냉각수가 부족할 때
- 워터펌프 결함, 서모스탯 밸브가 닫힘 상태로 고착되었을 때
- 냉각수 보조탱크 캡(압력식 캡)의 덜 잠김 또는 결함
- 연소 상태가 불량일 때(점화시기 불량, 혼합비 농후 등)
- 벨트가 너무 헐거우면 미끄러져 라디에이터 냉각이 저하됨(기관이 과열되는 원인)
</details>

04 전자제어 엔진에서 스로틀 보디의 역할을 가장 적절하게 설명한 것은?

① 공연비 조절

② 공기량 조절

③ 혼합기 조절

④ 회전수 조절

<details>
해설

스로틀 보디는 에어 클리너와 흡기 다기관 사이에 설치되어 운전자의 액셀러레이터 조작에 연동하여 흡기 통로의 면적을 변화시켜 흡입 공기량을 조절하는 장치이다.
</details>

05 4행정 기관의 밸브 개폐시기가 보기와 같다. 흡기 행정기간은 몇 °인가?

> • 흡기밸브 열림 : 상사점 전 15°
> • 흡기밸브 닫힘 : 하사점 후 50°
> • 배기밸브 열림 : 하사점 전 45°
> • 배기밸브 닫힘 : 상사점 후 10°

① 180°　　　　　② 230°
③ 235°　　　　　④ 245°

해설

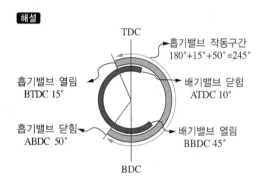

06 고속 디젤기관의 사이클은?

① 오토 사이클　　② 디젤 사이클
③ 카르노 사이클　④ 사바테 사이클

해설

열역학적 사이클에 의한 분류
• 정적 사이클(오토 사이클)
　－ 작동 유체가 일정한 체적하에서 연소하는 사이클로 가솔린 엔진 및 가스 엔진에 사용
　－ 고속용 엔진으로 피스톤 움직임이 빠름
　－ 토크는 약함
• 정압 사이클(디젤 사이클)
　－ 작동 유체가 일정한 압력하에서 연소하는 사이클로 유기분사 식 저속 디젤엔진에 사용
　－ 현재 자동차에 사용되거나 많은 힘을 낼 수 있는 경운기에 사용
• 복합 사이클(사바테 사이클) : 작동 유체가 일정한 압력 및 체적 하에서 연소하는 사이클로 무기 분사식 고속 디젤엔진에 사용

07 TPS(Throttle Position Sensor)의 기능과 관계가 먼 것은?

① TPS는 스로틀 보디(Throttle Body)의 밸브축과 함께 회전한다.
② TPS는 배기량을 감지하는 회전식 가변저항이다.
③ 스로틀밸브의 회전에 따라 출력 전압이 변화한다.
④ TPS의 결함이 있으면 변속 충격 또는 다른 고장 이 발생한다.

해설

스로틀포지션센서(TPS) : 스로틀 개도를 검출하여 공회전 영역 파악, 가·감속 상태 파악 및 연료분사량 보정제어 등에 사용

08 다음 그림에서 A점에 작용하는 토크는?

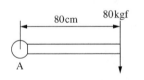

① 64m · kgf　　　② 80m · kgf
③ 160m · kgf　　④ 640m · kgf

해설

토크 = 수직거리 × 힘이므로 0.8 × 80 = 64m · kgf이다.

09 다음 중 디젤기관의 착화 지연기간에 대한 설명으로 맞는 것은?

① 착화 지연기간은 제어 연소기간과 같은 뜻이다.
② 착화 지연기간은 길어지면 디젤 노크가 발생한다.
③ 착화 지연기간이 길어지면 후기 연소기간이 없어진다.
④ 착화 지연기간은 연료의 성분과 관계가 없다.

해설
디젤기관은 착화 지연기간을 짧게 하여 노크를 방지한다.

10 전자제어 엔진에서 전동 팬 작동에 관한 내용으로 가장 부적합한 것은?

① 전동 팬의 작동은 엔진의 수온센서에 의해 작동된다.
② 전동 팬은 릴레이를 통하여 작동된다.
③ 전동 팬 릴레이 형식은 NO(Normal Open)와 NC(Normal Closed) 두 가지이다.
④ 전동 팬 고장 시 블로어 모터로 기관을 냉각시킬 수 있다.

해설
전동 팬이 고장이 나면 엔진 과열 우려가 있다.

11 가솔린기관에서 MPI시스템의 인젝터 점검방법으로 가장 거리가 먼 것은?

① 솔레노이드 코일의 저항 점검
② 인젝터의 리턴 연료량 점검
③ 인젝터의 작동음
④ 인젝터의 연료분사량

해설
인젝터의 리턴 연료량(백 리크양) 점검은 디젤기관에서 적용된다.

12 기관의 회전력이 0.72kgf · m, 회전수가 5,000 rpm일 때 제동마력은 약 얼마인가?

① 2PS ② 5PS
③ 8PS ④ 10PS

해설
제동마력 $= \dfrac{TR}{716}$ (T : 회전력, R : 분당 회전수)

$= \dfrac{0.72 \times 5,000}{716} = 5PS$

13 가솔린 200cc를 연소시키기 위해 몇 kgf의 공기가 필요한가?(단, 혼합비는 15 : 1이고, 가솔린의 비중은 0.730이다)

① 2.19kgf
② 3.42kgf
③ 4.14kgf
④ 5.63kgf

해설
가솔린 부피 200cc의 중량은 0.2L × 0.73 = 0.146kgf이다. 혼합비율이 15 : 1이므로, 0.146 × 15 = 2.19kgf가 된다.

14 부특성 흡기온도센서(ATS)에 대한 설명으로 틀린 것은?

① 흡기온도가 낮으면 저항값이 커지고, 흡기온도가 높으면 저항값은 작아진다.
② 흡기온도의 변화에 따라 컴퓨터는 연료분사 시간을 증감시키는 역할을 한다.
③ 흡기온도 변화에 따라 컴퓨터는 점화시기를 변화시키는 역할을 한다.
④ 흡기온도를 뜨겁게 감지하면 출력전압이 커진다.

해설
흡기온도센서는 부특성 서미스터(NTC)를 적용하며 흡기온도가 낮으면 저항값이 커지고, 흡기온도가 높으면 저항값은 작아지는 특성이 있다. 흡기온도센서는 연료의 보정량 신호로 사용된다.

15 기관의 오일 펌프 사용 종류로 적합하지 않는 것은?

① 기어 펌프
② 피드 펌프
③ 베인 펌프
④ 로터리 펌프

해설
기관의 오일 펌프의 종류는 기어 펌프, 베인 펌프, 로터리 펌프, 트로코이드 펌프가 있다.

16 엔진 출력과 최고 회전속도와의 관계에 대한 설명으로 옳은 것은?

① 고회전 시 흡기의 유속이 음속에 달하면 흡기량이 증가되어 출력이 증가한다.
② 동일한 배기량으로 단위 시간당 폭발 횟수를 증가시키면 출력은 커진다.
③ 평균 피스톤 속도가 커지면 왕복운동 부분의 관성력이 증대되어 출력 또한 커진다.
④ 출력을 증대시키는 방법으로 행정을 길게 하고 회전속도를 높이는 것이 유리하다.

해설
동일한 배기량으로 단위 시간당 폭발 횟수를 증가시키면 출력은 커진다. 따라서 동일 배기량일 경우 2행정 기관의 출력이 4행정 기관보다 높다.

17 흡기다기관 진공도 시험으로 알아낼 수 없는 것은?

① 밸브 작동의 불량
② 점화시기의 틀림
③ 흡배기 밸브의 밀착 상태
④ 연소실 카본누적

해설
흡기다기관 진공도 시험은 밸브 작동 상태, 밀착 상태, 점화시기의 문제 등을 알아낼 수 있지만, 연소실의 카본누적은 진공도 측정으로 알 수 없다.

18 디젤 기관용 연료의 구비조건으로 틀린 것은?

① 착화성이 좋을 것
② 내식성이 좋을 것
③ 인화성이 좋을 것
④ 적당한 점도를 가질 것

해설
디젤 기관용 연료의 구비조건 중 발화성이 우수해야 하나 인화성이 좋을 것은 해당하지 않는다.

19 베어링이 하우징 내에서 움직이지 않게 하기 위하여 베어링의 바깥둘레를 하우징의 둘레보다 조금 크게 하여 차이를 두는 것은?

① 베어링 크러시   ② 베어링 스프레드

③ 베어링 돌기   ④ 베어링 어셈블리

해설

베어링 크러시 : 베어링을 하우징과 완전 밀착시켰을 때 베어링 바깥둘레가 하우징 안쪽 둘레보다 약간 크다. 이 차이를 크러시라고 한다.

② 베어링 스프레드 : 베어링을 장착하지 않은 상태에서 바깥지름과 하우징의 지름의 차이를 말한다.

③ 베어링 돌기 : 베어링을 캡 또는 하우징에 있는 홈과 맞물려 고정시키는 역할을 한다.

20 단위에 대한 설명으로 옳은 것은?

① 1PS는 75kgf · m/h의 일률이다.

② 1J은 0.24cal이다.

③ 1kW는 1,000kgf · m/s의 일률이다.

④ 초속 1m/s는 시속 36km/h와 같다.

해설

① 1PS는 75kgf · m/s의 일률이다.

③ 1kW는 101.972kgf · m/s의 일률이다.

④ 초속 1m/s는 시속 3.6km/h와 같다.

일률, 공률, 동력단위 환산표

구 분	kgf · m/s	kW	PS	kcal/h
1kgf · m/s	1	0.009807	0.01333	8.4322
1kW	101.972	1	1.3596	859.848
1PS	75*	0.735499	1	632.415
1kcal/h	0.118593	0.001163*	0.00158	1

*표는 정의에 의한 정확한 값

21 기관에서 공기 과잉률이란?

① 이론공연비

② 실제공연비

③ 공기흡입량 ÷ 연료소비량

④ 실제공연비 ÷ 이론공연비

해설

공기 과잉률은 엔진에 흡입되는 혼합기의 공연비를 이론공연비로 나눈 것이다.

22 우측으로 조향을 하고자 할 때 앞바퀴의 내측 조향각이 45°, 외측 조향각이 42°이고 축간거리는 1.5m, 킹핀과 바퀴 접지면까지 거리가 0.3m일 경우 최소 회전반경은?(단, sin30° = 0.5, sin42° = 0.67, sin45° = 0.71)

① 약 2.41m   ② 약 2.54m

③ 약 3.30m   ④ 약 5.21m

해설

최소 회전반경 산출식 $R = \dfrac{L}{\sin\alpha} + r$, sin42° = 0.670이므로

$R = \dfrac{1.5\text{m}}{0.67} + 0.3 = 2.538\text{m}$

23 타이어의 스탠딩웨이브현상에 대한 내용으로 옳은 것은?

① 스탠딩웨이브를 줄이기 위해 고속 주행 시 공기압을 10% 정도 줄인다.

② 스탠딩웨이브가 심하면 타이어 박리현상이 발생할 수 있다.

③ 스탠딩웨이브는 바이어스 타이어보다 레이디얼 타이어에서 많이 발생한다.

④ 스탠딩웨이브현상은 하중과 무관하다.

해설
② 스탠딩웨이브현상이 계속되면 타이어의 과열을 가져오고 고온 발열 상태에서 지속적인 주행은 타이어의 소재가 변질되고 타이어의 수명을 감소시키며 과도한 온도 상승은 갑작스러운 타이어의 파열이나 박리현상의 발생 가능성을 높인다.
① 스탠딩웨이브를 줄이기 위해 고속 주행 시 공기압을 10% 정도 높인다.
③ 스탠딩웨이브는 레이디얼 타이어보다 바이어스 타이어에서 많이 발생한다.
④ 스탠딩웨이브현상은 하중과 상관있다.

24 조향핸들의 유격이 크게 되는 원인으로 틀린 것은?

① 볼 이음의 마멸

② 타이로드의 휨

③ 조향 너클의 헐거움

④ 앞바퀴 베어링의 마멸

해설
조향핸들의 유격은 핸들이 움직여도 실제 바퀴가 조향되지 않는 영역을 말하며, 볼 이음의 마멸, 조향 너클의 유격과대, 앞바퀴 베어링의 마멸 등의 이유로 유격이 증가할 수 있다. 타이로드가 휘는 것은 유격 증가와 연관성이 없다.

25 브레이크 장치에서 급제동 시 마스터 실린더에 발생된 유압이 일정 압력 이상이 되면 휠 실린더 쪽으로 전달되는 유압상승을 제어하여 차량의 쏠림을 방지하는 장치는?

① 하이드롤릭 유닛(Hydraulic Unit)

② 리미팅밸브(Limiting Valve)

③ 스피드센서(Speed Sensor)

④ 솔레노이드밸브(Solenoid Valve)

해설
리미팅밸브는 오일의 압력으로 작용되어 출구의 압력상승을 제어함으로써 항상 압력을 일정하게 유지하는 밸브로서 차량의 쏠림 등을 방지한다.

26 클러치의 구비조건이 아닌 것은?

① 회전관성이 클 것

② 회전 부분의 평형이 좋을 것

③ 구조가 간단할 것

④ 동력을 차단할 경우에는 신속하고 확실할 것

해설
회전관성이 크면(무거우면) 클러치의 동력 차단 시 변속이 잘 안 되고, 전달 시에는 미끄럼이 발생하며 동력 전달 속도가 느려진다.

27 자동변속기에서 기관속도가 상승하면 오일펌프에서 발생되는 유압도 상승한다. 이때 유압을 적절한 압력으로 조절하는 밸브는?

① 매뉴얼밸브

② 스로틀밸브

③ 압력조절밸브

④ 거버너밸브

해설
압력제어밸브는 유압회로 내의 유압을 일정하게 유지하거나 최고 압력을 제어하거나, 회로 내의 압력으로 유압 액추에이터의 작동 순서를 제한하거나, 일정한 배압을 액추에이터에 부가시키는 역할을 하는 밸브이다. 또한 유압펌프 가까이에 설치하여 과부하를 방지하는 역할도 한다. 압력제어밸브에는 릴리프밸브, 감압밸브, 시퀀스밸브, 언로더밸브, 카운터밸런스밸브 등이 있다.

28 전자제어제동장치(ABS)의 적용 목적이 아닌 것은?

① 차량의 스핀 방지
② 휠 잠김(Lock) 유지
③ 차량의 방향성 확보
④ 차량의 조종성 확보

해설
전자제어제동장치(ABS)는 휠의 로킹(잠김)현상을 방지하여 제동거리 단축, 조향 및 조종성 확보, 차량의 스핀 방지를 위한 제동시스템이다.

30 브레이크 장치(Brake System)에 관한 설명으로 틀린 것은?

① 브레이크 작동을 계속 반복하면 드럼과 슈에 마찰열이 축적되어 제동력이 감소되는 것을 페이드 현상이라 한다.
② 공기 브레이크에서 제동력을 크게 하기 위해서는 언로더밸브를 조절한다.
③ 브레이크 페달의 리턴 스프링 장력이 약해지면 브레이크 풀림이 늦어진다.
④ 마스터 실린더의 푸시로드 길이를 길게 하면 라이닝이 수축하여 잘 풀린다.

해설
마스터 실린더의 푸시로드 길이를 길게 하면 라이닝이 팽창하여 풀리지 않을 수 있다.

29 다음 그림과 같은 브레이크 장치에서 페달을 40kgf의 힘으로 밟았을 때 푸시로드에 작용되는 힘은?

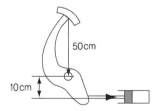

① 100kgf
② 200kgf
③ 250kgf
④ 300kgf

해설
지렛대 비를 이용하여 5 : 1의 힘이 증폭되며 40kgf의 힘이 5배 증가하여 마스터 실린더를 작동시킨다.

31 제동장치에서 편제동의 원인이 아닌 것은?

① 타이어 공기압 불평형
② 마스터 실린더 리턴 포트의 막힘
③ 브레이크 패드의 마찰계수 저하
④ 브레이크 디스크에 기름 부착

해설
마스터 실린더 리턴 포트의 막힘은 브레이크를 작동시키다 페달을 놓았을 때 브레이크가 풀리지 않는 원인이다.

32 자동변속기의 유압제어 기구에서 매뉴얼 밸브의 역할은?

① 선택 레버의 움직임에 따라 P, R, N, D 등의 각 레인지로 변환 시 유로 변경
② 오일펌프에서 발생한 유압을 차속과 부하에 알맞은 압력으로 조정
③ 유성 기어를 차속이나 엔진 부하에 따라 변환
④ 각 단 위치에 다른 포지션을 컴퓨터로 전달

해설
매뉴얼 밸브는 자동변속기 장착 자동차에서 시프트 레버의 조작을 받아 변속레인지를 결정하는 밸브보디의 구성요소이다.

33 앞바퀴의 옆 흔들림에 따라서 조향휠의 회전축 주위에 발생하는 진동을 무엇이라 하는가?

① 시 미
② 휠 플러터
③ 바우킹
④ 킥 업

해설
시미현상 : 타이어의 동적 불평형으로 인한 바퀴의 좌우진동현상
② 휠 플러터 : 70km/h 이상의 속도로 순조롭게 노면을 주행하고 있을 때 조향핸들이 회전 방향의 좌우로 약하게 흔들리는 현상

34 자동변속기에서 차속센서와 함께 연산하여 변속시기를 결정하는 주요 입력신호는?

① 캠축포지션센서
② 스로틀포지션센서
③ 유온센서
④ 수온센서

해설
스로틀포지션센서(TPS)는 스로틀 개도를 검출하여 공회전 영역을 파악하고, 가·감속 상태 파악 및 연료분사량 보정제어 등에 사용된다.

35 유압식 동력조향장치에서 주행 중 핸들이 한쪽으로 쏠리는 원인으로 틀린 것은?

① 토인 조정 불량
② 타이어 편 마모
③ 좌우 타이어의 이종사양
④ 파워 오일펌프 불량

해설
핸들이 한쪽으로 쏠리는 원인
• 타이어 공기압의 불균형
• 토인 조정 불량
• 타이어 편 마모
• 좌우 타이어의 이종사양
• 휠얼라인먼트(앞바퀴 정렬) 불량 등

36 동변속기 내부 구조에서 싱크로메시(Synchromesh) 기구의 작용은?

① 배력작용
② 가속작용
③ 동기치합작용
④ 감속작용

해설
싱크로메시 기구는 변속 기어가 물릴 때 주축 기어와 부축 기어의 회전속도를 동기시켜 원활한 치합이 이루어지도록 하는 장치이다.

37 앞바퀴를 위에서 아래로 보았을 때 앞쪽이 뒤쪽보다 좁게 되어져 있는 상태를 무엇이라 하는가?

① 킹핀(King-pin) 경사각
② 캠버(Camber)
③ 토인(Toe-in)
④ 캐스터(Caster)

> **해설**
> 앞바퀴를 위에서 아래로 보았을 때 앞쪽이 뒤쪽보다 좁게 되어 있는 상태를 토인(Toe-in)이라 한다.

38 전자제어 현가장치에서 입력 신호가 아닌 것은?

① 브레이크 스위치
② 감쇠력 모드 전환 스위치
③ 스로틀포지션센서
④ 대기압센서

> **해설**
> 대기압센서는 엔진 전자제어 관련 센서로 대기압 변화에 따른 연료분사 보정량의 신호로 사용된다.

39 동력전달장치에서 추진축이 진동하는 원인으로 가장 거리가 먼 것은?

① 요크 방향이 다르다.
② 밸런스 웨이트가 떨어졌다.
③ 중간 베어링이 마모되었다.
④ 플랜지부를 너무 조였다.

> **해설**
> **추진축에 진동이 발생하는 원인**
> • 플랜지부가 풀리거나 추진축이 휘었을 경우
> • 요크 방향이 다르거나 밸런스 웨이트가 떨어진 경우
> • 중간 베어링이나 십자축 베어링이 마모된 경우

40 전자제어식 동력조향장치(EPS)에 대한 설명으로 틀린 것은?

① 저속 주행에서는 조향력을 가볍게 고속 주행에서는 무겁게 되도록 한다.
② 저속 주행에서는 조향력을 무겁게 고속 주행에서는 가볍게 되도록 한다.
③ 제어방식에서 차속 감응과 엔진 회전수 감응방식이 있다.
④ 급조향 시 조향 방향으로 잡아당기는 현상을 방지하는 효과가 있다.

> **해설**
> 전자제어식 동력조향장치(EPS)는 차속 감응과 엔진 회전수 감응방식이 있으며 저속 주행에서는 조향력을 가볍게 고속 주행에서는 무겁게 되도록 한다.

41 회로시험기로 전기회로의 측정점검 시 주의사항으로 틀린 것은?

① 테스트 리드의 적색은 (+)단자에, 흑색은 (−)단자에 연결한다.
② 전류 측정 시는 테스터를 병렬로 연결하여야 한다.
③ 각 측정범위의 변경은 큰 쪽에서 작은 쪽으로 한다.
④ 저항 측정 시 회로전원을 끄고 단품은 탈거한 후 측정한다.

> **해설**
> 회로시험기는 전압 측정 시 회로에 병렬로 연결하며, 전류 측정 시 직렬로 연결하여 측정한다.

42 쿨롱의 법칙에서 자극의 강도에 대한 내용으로 틀린 것은?

① 자석의 양끝을 자극이라고 한다.
② 두 자극 세기의 곱에 비례한다.
③ 자극의 세기는 자기량의 크기에 따라 다르다.
④ 거리에 반비례한다.

쿨롱의 법칙
1785년 프랑스의 쿨롱(Charles Augustin de Coulomb)에 의해서 발견된 전기력 및 자기력에 관한 법칙으로 2개의 대전체 또는 2개의 자극 사이에 작용하는 힘은 거리의 제곱에 반비례하고 두 자극의 곱에는 비례한다는 법칙이다. 즉, 두 자극의 거리가 가까우면 자극의 세기는 강해지고 거리가 멀수록 자극의 세기는 약해진다.

43 에어컨 냉매 R-134a을 잘못 설명한 것은?

① 액화 및 증발이 되지 않아 오존층이 보호된다.
② 무미, 무취하다.
③ 화학적으로 안정되고 내열성이 좋다.
④ 온난화지수가 R-12보다 낮다.

R-134a의 장점
• 오존을 파괴하는 염소(Cl)가 없다.
• 다른 물질과 쉽게 반응하지 않은 안정된 분자 구조로 되어 있다.
• R-12와 비슷한 열역학적 성질을 지니고 있다.
• 불연성이고 독성이 없으며, 오존을 파괴하지 않는 물질이다.

44 자동차용 축전지의 비중 30℃에서 1.276이었다. 기준온도 20℃에서의 비중은?

① 1.269   ② 1.275
③ 1.283   ④ 1.290

축전지의 비중 환산식은 $S_{20} = S_t + 0.0007 \times (t-20)$이므로
$S_{20} = 1.276 + 0.0007 \times (30-20)$이 되며, $S_{20} = 1.283$이다.

45 축전지를 과방전 상태로 오래 두면 못쓰게 되는 이유로 가장 타당한 것은?

① 극판에 수소가 형성된다.
② 극판이 산화납이 되기 때문이다.
③ 극판이 영구 황산납이 되기 때문이다.
④ 황산이 증류수가 되기 때문이다.

축전지를 과방전 상태로 오래 방치하면 극판이 영구 황산납(설페이션) 현상이 발생하여 쓰지 못하게 된다.

46 기동전동기에서 회전하는 부분은?

① 계자코일
② 계 철
③ 전기자
④ 솔레노이드

기동전동기의 회전하는 운동부는 전기자이다.

47 용량과 전압이 같은 축전지 2개를 직렬로 연결할 때의 설명으로 옳은 것은?

① 용량은 축전지 2개와 같다.
② 전압이 2배로 증가한다.
③ 용량과 전압 모두 2배로 증가한다.
④ 용량은 2배로 증가하지만 전압은 같다.

해설
직렬연결의 성질
• 합성 저항의 값은 각 저항의 합과 같다.
• 각 저항에 흐르는 전류는 일정하다.
• 각 저항에 가해지는 전압의 합은 전원의 전압과 같다.
• 동일 전압의 축전지를 직렬 연결하면 전압은 개수 2배가 되고 용량은 1개일 때와 같다.
• 다른 전압의 축전지를 직렬연결하면 전압은 각 전압의 합과 같고 용량은 평균값이 된다.
• 큰 저항과 월등히 적은 저항을 직렬로 연결하면 월등히 적은 저항은 무시된다.

48 전자제어 배전점화방식(DLI ; Distributor Less Ignition)에 사용되는 구성품이 아닌 것은?

① 파워 트랜지스터
② 원심진각장치
③ 점화코일
④ 크랭크각센서

해설
원심진각장치
엔진의 회전속도에 따라서 점화시기를 자동으로 조절하는 장치로 디스트리뷰터(배전기) 내의 기계장치를 말한다.

49 반도체에 대한 특징으로 틀린 것은?

① 극히 소형이며 가볍다.
② 예열시간이 불필요하다.
③ 내부 전력 손실이 크다.
④ 정격값 이상이 되면 파괴된다.

해설
반도체의 특징에는 ①, ②, ④ 외에 다음과 같은 특징이 있다.
• 내부 전력 손실이 적다.
• 열에 약하다.
• 역내압이 낮다.
• 기계적으로 강하고 수명이 길다.

50 IC 방식의 전압조정기가 내장된 자동차용 교류발전기의 특징으로 틀린 것은?

① 스테이터 코일 여자전류에 의한 출력이 향상된다.
② 접점이 없기 때문에 조정 전압의 변동이 없다.
③ 접점방식에 비해 내진성, 내구성이 크다.
④ 접점 불꽃에 의한 노이즈가 없다.

해설
교류발전기에서 스테이터 코일에 발생한 교류는 실리콘 다이오드에 의해 직류로 정류시킨 뒤에 외부로 끌어낸다.

51 어떤 제철공장에서 400명의 종업원이 1년간 작업하는 가운데 신체장애 등급 11급 10명과 1급 1명이 발생하였다. 재해강도율은 약 얼마인가?(단, 1일 8시간 작업하고, 연 300일 근무한다)

장애등급	1~3	4	5	6	7	8
근로 손실일 수	7,500	5,500	4,000	3,000	2,200	1,500
장애등급	9	10	11	12	13	14
근로 손실일 수	1,000	600	400	200	100	50

① 10.98%
② 11.98%
③ 12.98%
④ 13.98%

해설

$$강도율 = \frac{노동\ 손실일\ 수}{노동\ 총시간\ 수} \times 1,000$$

$$= \frac{(400 \times 10) + 7,500}{400 \times 8 \times 300} \times 1,000 = 11.979\%$$

52 해머 작업 시 안전수칙으로 틀린 것은?

① 해머는 처음과 마지막 작업 시 타격력을 크게 할 것
② 해머로 녹슨 것을 때릴 때에는 반드시 보안경을 쓸 것
③ 해머의 사용면이 깨진 것은 사용하지 말 것
④ 해머 작업 시 타격 가공하려는 곳에 눈을 고정시킬 것

`해설`
해머는 처음과 마지막 작업 시 타격하는 힘을 작게 할 것

53 평균 근로자 500명인 직장에서 1년간 8명의 재해가 발생하였다면 연천인율은?

① 12 ② 14
③ 16 ④ 18

`해설`
연천인율 $= \dfrac{\text{재해자 수}}{\text{평균 근로자 수}} \times 1{,}000$

$\qquad = \dfrac{8}{500} \times 1{,}000 = 16$

54 소화 작업의 기본요소가 아닌 것은?

① 가연 물질을 제거한다.
② 산소를 차단한다.
③ 점화원을 냉각시킨다.
④ 연료를 기화시킨다.

`해설`
소화 작업의 기본요소
• 냉각소화(열을 식힘, 제거)
• 제거소화(연료, 가연물 제거)
• 질식소화(산소의 차단)

55 엔진 작업에서 실린더 헤드볼트를 올바르게 풀어내는 방법은?

① 반드시 토크렌치를 사용한다.
② 풀기 쉬운 것부터 푼다.
③ 바깥쪽에서 안쪽을 향하여 대각선 방향으로 푼다.
④ 시계 방향으로 차례대로 푼다.

`해설`
실린더 헤드볼트를 풀 때는 바깥쪽에 있는 볼트부터 풀고, 조일 때는 반대로 안쪽에 있는 볼트부터 조여야 변형을 방지할 수 있으며, 반드시 토크렌치를 사용하여 규정 토크대로 조여야 한다.

56 호이스트 사용 시 안전사항 중 틀린 것은?

① 규격 이상의 하중을 걸지 않는다.
② 무게중심 바로 위에서 달아 올린다.
③ 사람이 짐에 타고 운반하지 않는다.
④ 운반 중에는 물건이 흔들리지 않도록 짐에 타고 운반한다.

`해설`
흔들리기 쉬운 인양물은 가이드로프를 이용해 유도한다.

57 하이브리드 자동차의 고전압 배터리 취급 시 안전한 방법이 아닌 것은?

① 고전압 배터리 점검, 정비 시 절연장갑을 착용한다.

② 고전압 배터리 점검, 정비 시 점화 스위치는 OFF 한다.

③ 고전압 배터리 점검, 정비 시 12V 배터리 접지선을 분리한다.

④ 고전압 배터리 점검, 정비 시 반드시 세이프티 플러그를 연결한다.

해설
고전압 배터리 정비 시 절연장갑을 착용하고, 차단기를 OFF하고 접지선을 분리하여 작업한다.

59 휠 밸런스 점검 시 안전수칙으로 틀린 사항은?

① 점검 후 테스터 스위치를 끄고 자연히 정지하도록 한다.

② 타이어의 회전방향에서 점검한다.

③ 과도하게 속도를 내지 말고 점검한다.

④ 회전하는 휠에 손을 대지 않는다.

해설
휠 밸런스 점검 시 타이어의 축방향에서 점검한다.

58 전해액을 만들 때 황산에 물을 혼합하면 안 되는 이유는?

① 유독가스가 발생하기 때문에

② 혼합이 잘 안 되기 때문에

③ 폭발의 위험이 있기 때문에

④ 비중 조정이 쉽기 때문에

해설
전해액을 만들 때 황산에 물을 혼합하면 급격한 온도의 상승으로 폭발의 위험이 있다.

60 관리감독자의 점검 대상 및 업무내용으로 가장 거리가 먼 것은?

① 보호구의 작용 및 관리실태 적절 여부

② 산업재해 발생 시 보고 및 응급조치

③ 안전수칙 준수 여부

④ 안전관리자 선임 여부

해설
안전관리자 선임 여부는 관리감독자의 점검 대상 및 업무내용에 해당하지 않는다.

01 EGR(Exhaust Gas Recirculation)밸브에 대한 설명 중 틀린 것은?

① 배기가스 재순환장치이다.
② 연소실 온도를 낮추기 위한 장치이다.
③ 증발가스를 포집하였다가 연소시키는 장치이다.
④ 질소산화물(NO_x) 배출을 감소하기 위한 장치이다.

해설
EGR(Exhaust Gas Recirculation)은 배기가스 재순환장치로 배기가스를 재순환시키면 새로운 혼합 가스의 충진율은 낮아지고 흡기에 다시 공급된 배기가스는 더 이상 연소 작용을 할 수 없기 때문에 동력 행정에서 연소 온도가 낮아져 높은 연소 온도에서 발생하는 질소산화물의 발생량이 감소한다.

02 행정의 길이가 250mm인 가솔린엔진에서 피스톤의 평균속도가 5m/s라면 크랭크축의 1분간 회전수(rpm)는 약 얼마인가?

① 500
② 600
③ 700
④ 800

해설
피스톤 평균속도$(Vp) = \dfrac{LN}{30}$

따라서 $5 = \dfrac{0.25 \times N}{30}$ 가 되므로 $N = 600$rpm이 된다.

03 압력식 라디에이터 캡을 사용함으로써 얻어지는 장점과 거리가 먼 것은?

① 비등점을 올려 냉각 효율을 높일 수 있다.
② 라디에이터를 소형화할 수 있다.
③ 라디에이터의 무게를 크게 할 수 있다.
④ 냉각장치 내의 압력을 높일 수 있다.

해설
압력식 캡은 냉각 회로의 냉각수 압력을 약 1.0~1.2kgf/cm²을 증가하여 냉각수의 비등점을 약 112℃까지 상승시키는 역할을 한다. 또한 냉각 회로 내의 압력이 규정 이상일 경우 압력 캡의 오버플로 파이프(Over Flow Pipe)로 냉각수가 배출되고 반대로 냉각 회로 내의 압력이 낮은 보조 물탱크 내의 냉각수가 유입되어 냉각 회로를 보호하며 라디에이터를 소형화할 수 있다.

04 실린더의 안지름이 100mm, 피스톤행정 130mm, 압축비가 21일 때 연소실용적은 약 얼마인가?

① 25cc
② 32cc
③ 51cc
④ 58cc

해설
압축비$(\varepsilon) = \dfrac{연소실체적 + 행정체적}{연소실체적}$이므로,

$21 = 1 + \dfrac{행정체적}{연소실체적}$이 된다.

여기서 행정체적 $= \dfrac{\pi \times 10^2}{4} \times 13 = 1{,}020.5$cc가 된다.

따라서 $21 = 1 + \dfrac{1{,}020.5}{연소실체적}$이므로, 연소실체적은 약 51cc가 된다.

05 가솔린엔진의 흡기 다기관과 스로틀 보디 사이에 설치되어 있는 서지탱크의 역할 중 틀린 것은?

① 실린더 상호 간에 흡입공기 간섭 방지
② 흡입공기 충진 효율을 증대
③ 연소실에 균일한 공기 공급
④ 배기가스 흐름 제어

해설
서지탱크는 흡기라인에 장착되는 구성품으로 배기가스 흐름 제어는 관계가 없다.

06 평균 유효압력이 7.5kgf/cm², 행적체적 200cc, 회전수 2,400rpm일 때 4행정 4기통 엔진의 지시마력은?

① 14PS
② 16PS
③ 18PS
④ 20PS

해설
지시마력(IPS) $= \dfrac{P_{mi} \times A \times L \times N \times Z}{75 \times 60 \times 100}$ 이다.

여기서 $A \times L =$ 행정체적이고, 크랭크축 2회전에 1회의 폭발이 일어나므로

$N = \dfrac{2,400}{2} = 1,200$ 이 된다.

따라서 $IPS = \dfrac{7.5 \times 200 \times 1,200 \times 4}{75 \times 60 \times 100} = 16PS$ 가 된다.

07 연료는 온도가 높아지면 외부로부터 불꽃을 가까이 하지 않아도 발화하여 연소된다. 이때의 최저온도를 무엇이라 하는가?

① 인화점
② 착화점
③ 연소점
④ 응고점

해설
인화점이란 연료에 열을 가하면 연료증기가 발생하고, 이 연료증기가 불씨에 의해서 불붙는 최저온도를 말하며, 착화점은 불씨 없이 연료에 열을 가하여 그 열에 의해서 불붙는 최저온도를 말한다.

08 맵센서 점검 조건에 해당하지 않는 것은?

① 냉각 수온 약 80~90℃ 유지
② 각종 램프, 전기 냉각 팬, 부장품 모두 ON 상태 유지
③ 트랜스 액슬 중립(A/T 경우 N 또는 P 위치) 유지
④ 스티어링 휠 중립 상태 유지

해설
맵(MAP)센서는 흡기다기관의 진공도를 계측하여 흡입공기량을 간접 계측하는 센서로 점검 시 엔진부하 등의 영향에 따라 엔진회전수의 변동이 일어나지 않는 조건에서 점검하여야 하므로 정상 웜업온도, 각종 램프 및 전장부하 OFF, 변속기 N 또는 P, 파워스티어링 중립 상태에서 점검하여야 한다.

09 연료파이프나 연료펌프에서 가솔린이 증발해서 일으키는 현상은?

① 엔진로크
② 연료로크
③ 베이퍼로크
④ 안티로크

해설
유체공급라인에서 비등, 기화로 인하여 발생되는 증기폐쇄현상을 베이퍼로크라고 한다.

10 가솔린엔진의 밸브 간극이 규정값보다 클 때 어떤 현상이 일어나는가?

① 정상 작동온도에서 밸브가 완전하게 개방되지 않는다.
② 소음이 감소하고 밸브기구에 충격을 준다.
③ 흡입밸브 간극이 크면 흡입량이 많아진다.
④ 엔진의 체적효율이 증대된다.

> **해설**
> 밸브 간극이 크면 밸브의 개도가 확보되지 않아 흡배기 효율이 저하되고 로커 암과 밸브 스템부의 충격이 발생되어 소음 및 마멸이 발생된다. 반대로 밸브 간극이 너무 작으면 밸브의 열팽창으로 인하여 밸브 페이스와 시트의 접촉 불량으로 압축압력의 저하 및 블로 백(Blow Back) 현상이 발생하고 엔진출력이 저하되는 문제가 발생한다.

11 가솔린 노킹(Knocking)의 방지책에 대한 설명 중 잘못된 것은?

① 압축비를 낮게 한다.
② 냉각수의 온도를 낮게 한다.
③ 화염전파 거리를 짧게 한다.
④ 착화지연을 짧게 한다.

> **해설**
> 가솔린엔진의 노킹 방지법
> • 고옥탄가의 가솔린(내폭성이 큰 가솔린)을 사용한다.
> • 점화시기를 늦춘다.
> • 혼합비를 농후하게 한다.
> • 압축비, 혼합가스 및 냉각수 온도를 낮춘다.
> • 착화지연을 길게 한다.
> • 혼합가스에 와류를 증대시킨다.
> • 연소실에 카본이 퇴적된 경우에는 카본을 제거한다.
> • 화염전파 거리를 짧게 한다.

12 블로 다운(Blow Down) 현상에 대한 설명으로 옳은 것은?

① 밸브와 밸브시트 사이에서의 가스 누출현상
② 압축행정 시 피스톤과 실린더 사이에서 공기가 누출되는 현상
③ 피스톤이 상사점 근방에서 흡·배기밸브가 동시에 열려 배기 잔류가스를 배출시키는 현상
④ 배기행정 초기에 배기밸브가 열려 배기가스 자체의 압력에 의하여 배기가스가 배출되는 현상

> **해설**
> 블로 다운 현상은 배기행정 초기에 배기밸브가 열려 배기가스 자체 압력으로 배기가스가 배출되는 현상이다.

13 점화순서가 1-3-4-2인 4행정 엔진의 3번 실린더가 압축행정을 할 때 1번 실린더는?

① 흡입행정　　　　② 압축행정
③ 폭발행정　　　　④ 배기행정

> **해설**

14 전자제어 기관의 흡입 공기량 측정에서 출력이 전기 펄스(Pulse, Digital) 신호인 것은?

① 베인(Vane)식
② 카르만(Karman) 와류식
③ 핫 와이어(Hot Wire)식
④ 맵센서(MAP Sensor)식

해설
카르만 와류식은 와류발생에 따른 초음파발진에 대한 주파수 변위를 통하여 흡입 공기량을 계측하는 직접계측방식으로 디지털 파형이 출력된다.

15 내연기관과 비교하여 전기모터의 장점 중 틀린 것은?

① 마찰이 적기 때문에 손실되는 마찰열이 적게 발생한다.
② 후진기어가 없어도 후진이 가능하다.
③ 평균 효율이 낮다.
④ 소음과 진동이 적다.

해설
전기모터는 효율이 우수하고 마찰열발생이 적으며, 후진 역회전이 가능하고, 소음과 진동이 적은 장점이 있다.

16 산소센서(O_2 Sensor)가 피드백(Feedback)제어를 할 경우로 가장 적합한 것은?

① 연료를 차단할 때
② 급가속 상태일 때
③ 감속 상태일 때
④ 대기와 배기가스 중의 산소농도 차이가 있을 때

해설
산소센서는 대기와 배기가스 중의 산소농도 차이를 검출하여 피드백을 통한 연료 분사 보정량의 신호로 사용되며 종류에는 크게 지르코니아형식과 티타니아형식이 있다.

17 휠 얼라인먼트 요소 중 하나인 토인의 필요성과 거리가 가장 먼 것은?

① 조향 바퀴에 복원성을 준다.
② 주행 중 토아웃이 되는 것을 방지한다.
③ 타이어의 슬립과 마멸을 방지한다.
④ 캠버와 더불어 앞바퀴를 평행하게 회전시킨다.

해설
토인의 역할
• 캠버와 함께 앞바퀴를 평행하게 회전시킨다.
• 앞바퀴의 사이드슬립과 타이어 마멸을 방지한다.
• 조향링키지 마멸에 따라 토아웃이 되는 것을 방지한다.

18 인젝터의 분사량을 제어하는 방법으로 맞는 것은?

① 솔레노이드 코일에 흐르는 전류의 통전시간으로 조절한다.
② 솔레노이드 코일의 저항의 크기로 연료분사량을 조절한다.
③ 연료압력의 변화를 주면서 조절한다.
④ 분사구의 면적으로 조절한다.

해설
인젝터는 ECU로부터 신호를 받아 작동되며 ECU는 인젝터 내부의 솔레노이드 코일에 흐르는 전류의 통전시간을 제어하여 연료분사량을 조절한다.

19 측압이 가해지지 않는 스커트 부분을 따낸 것으로 무게를 늘리지 않고 접촉면적은 크게 하고 피스톤 슬랩(Slap)은 적게 하여 고속기관에 널리 사용하는 피스톤의 종류는?

① 슬리퍼 피스톤(Slipper Piston)
② 솔리드 피스톤(Solid Piston)
③ 스플릿 피스톤(Split Piston)
④ 오프셋 피스톤(Offset Piston)

20 자동차엔진에서 윤활 회로 내의 압력이 과도하게 올라가는 것을 방지하는 역할을 하는 것은?

① 오일 펌프　　② 릴리프 밸브
③ 체크 밸브　　④ 오일 쿨러

21 크랭크축 메인 저널 베어링 마모를 점검하는 방법은?

① 필러 게이지(Feeler Gauge) 방법
② 심(Seam) 방법
③ 직각자 방법
④ 플라스틱 게이지(Plastic Gauge) 방법

22 선회할 때 조향각도를 일정하게 유지하여도 선회 반경이 작아지는 현상은?

① 오버 스티어링
② 언더 스티어링
③ 다운 스티어링
④ 어퍼 스티어링

23 자동차에서 제동 시의 슬립비를 표시한 것으로 맞는 것은?

① (자동차속도 − 바퀴속도)/자동차속도 × 100(%)
② (자동차속도 − 바퀴속도)/바퀴속도 × 100(%)
③ (바퀴속도 − 자동차속도)/자동차속도 × 100(%)
④ (바퀴속도 − 자동차속도)/바퀴속도 × 100(%)

24 시동 OFF 상태에서 브레이크 페달을 여러 차례 작동 후 브레이크 페달을 밟은 상태에서 시동을 걸었는데 브레이크 페달이 내려가지 않는다면 예상되는 고장 부위는?

① 주차브레이크 케이블

② 앞바퀴 캘리퍼

③ 진공배력장치

④ 프로포셔닝 밸브

해설

시동 OFF 상태에서 브레이크 페달을 수차례 밟고 밟은 상태에서 시동 ON 시 브레이크 페달이 내려가지 않았다면 하이드로 백(진공 배력장치)의 고장이 예상된다.

25 마스터 실린더의 푸시로드에 작용하는 힘이 150kgf 이고, 피스톤의 면적이 3cm²일 때 단위 면적당 유압은?

① $10\mathrm{kgf/cm^2}$

② $50\mathrm{kgf/cm^2}$

③ $150\mathrm{kgf/cm^2}$

④ $450\mathrm{kgf/cm^2}$

해설

압력$(P) = \dfrac{\text{힘(kgf)}}{\text{단면적(cm}^2)}$이므로, $P = \dfrac{150}{3} = 50\mathrm{kgf/cm^2}$이 된다.

26 자동변속기에서 토크 컨버터 내의 로크업 클러치 (댐퍼 클러치)의 작동조건으로 거리가 먼 것은?

① "D" 레인지에서 일정 차속(약 70km/h 정도) 이상 일 때

② 냉각수 온도가 충분히(약 75℃ 정도) 올랐을 때

③ 브레이크 페달을 밟지 않을 때

④ 발진 및 후진 시

해설

댐퍼 클러치 : 자동차의 주행속도가 일정값에 도달하면 토크 컨버터 의 펌프와 터빈을 기계적으로 직결시켜 미끄러짐에 의한 손실을 최소화하여 정숙성을 도모하는 장치이다.

댐퍼 클러치가 작동하지 않는 경우

- 발진 및 후진
- 엔진브레이크가 작동할 때
- 오일온도가 60℃ 이하일 때
- 냉각수 온도가 50℃ 이하일 때
- 제3속에서 제2속으로 시프트 다운될 때
- 엔진 회전속도가 800rpm 이하일 때
- 변속레버가 중립 위치에 있을 때

27 전동식 동력 조향장치(MDPS ; Motor Driven Power Steering)의 제어 항목이 아닌 것은?

① 과부하보호 제어

② 아이들 업 제어

③ 경고등 제어

④ 급가속 제어

해설

급가속 제어는 MDPS 제어 항목으로 볼 수 없다.

28 변속장치에서 동기물림 기구에 대한 설명으로 옳은 것은?

① 변속하려는 기어와 메인 스플라인과의 회전수를 같게 한다.
② 주축기어의 회전속도를 부축기어의 회전속도보다 빠르게 한다.
③ 주축기어와 부축기어의 회전수를 같게 한다.
④ 변속하려는 기어와 슬리브와의 회전수에는 관계 없다.

해설
싱크로메시 기구는 주행 중 기어 변속 시 주축(메인 스플라인)의 회전수와 변속기어의 회전수 차이를 싱크로나이저 링을 변속기어의 콘(Cone)에 압착시킬 때 발생되는 마찰력을 이용하여 동기시킴으로써 변속이 원활하게 이루어지도록 하는 장치이다.

29 그림과 같은 브레이크 페달에 100N의 힘을 가하였을 때 피스톤의 면적이 5cm²라고 하면 작동유압은?

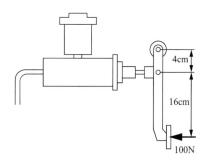

① 100kPa
② 500kPa
③ 1,000kPa
④ 5,000kPa

해설
브레이크 푸시로드에 $\dfrac{(16+4)}{4} = 5$의 지렛대비가 적용되어 페달에 작용하는 100N의 힘은 $100 \times 5 = 500$N으로 증가되어 푸시로드에 작용한다.

따라서 압력(P) $= \dfrac{500\text{N}}{0.0005\text{m}^2} = 1,000,000$N/m² 이 된다.

1N/m² $= 1$Pa이므로, $P = 1,000$kPa가 된다.

30 공기브레이크에서 공기압을 기계적 운동으로 바꾸는 장치는?

① 릴레이 밸브
② 브레이크 슈
③ 브레이크 밸브
④ 브레이크 체임버

해설
공기브레이크에서 공기압력을 기계적 운동으로 변환시키는 구성품은 브레이크 체임버이다.

31 일반적인 엔진오일의 양부 판단 방법이다. 틀린 것은?

① 오일의 색깔이 우유색에 가까운 것은 냉각수가 혼입되어 있는 것이다.
② 오일의 색깔이 회색에 가까운 것은 가솔린이 혼입되어 있는 것이다.
③ 종이에 오일을 떨어뜨려 금속분말이나 카본의 유무를 조사하고 많이 혼입된 것은 교환한다.
④ 오일의 색깔이 검은색에 가까운 것은 장시간 사용했기 때문이다.

해설
엔진오일에 냉각수 혼입 시 우유색 또는 회색이 나타나며 검은색은 장시간 열화된 상태이다.

32 동력조향장치 정비 시 안전 및 유의 사항으로 틀린 것은?

① 자동차 하부에서 작업할 때는 시야 확보를 위해 보안경을 벗는다.
② 공간이 좁으므로 다치지 않게 주의한다.
③ 제작사의 정비 지침서를 참고하여 점검, 정비한다.
④ 각종 볼트, 너트는 규정 토크로 조인다.

해설
자동차 하부에서 작업할 때는 보안경을 착용해야 한다.

33 전자제어 제동장치(ABS)의 구성요소가 아닌 것은?

① 휠스피드센서

② 전자제어 유닛

③ 하이드롤릭 컨트롤 유닛

④ 각속도센서

해설

ABS의 주요 구성품은 휠스피드센서, 하이드롤릭 유닛, ABS ECU, 경고등으로 구성되어 있다.

34 수동변속기 차량에서 클러치가 미끄러지는 원인은?

① 클러치 페달 자유간극 과다

② 클러치 스프링의 장력 약화

③ 릴리스 베어링 파손

④ 유압라인 공기 혼입

해설

클러치 미끄러짐의 원인

• 페이싱의 심한 마모

• 이물질 및 오일 부착

• 압력스프링의 약화

• 클러치 유격이 작을 경우

• 플라이 휠 및 압력판의 손상

35 유압식 브레이크 장치에서 잔압을 형성하고 유지시키는 것은?

① 마스터 실린더 피스톤 1차 컵과 2차 컵

② 마스터 실린더의 체크밸브와 리턴 스프링

③ 마스터 실린더 오일 탱크

④ 마스터 실린더 피스톤

해설

체크밸브는 브레이크 페달을 밟으면 오일이 마스터 실린더에서 휠 실린더로 나가게 하고 페달을 놓으면 파이프 내의 유압과 피스톤 리턴 스프링을 장력에 의해 일정량만을 마스터 실린더 내로 복귀하도록 하여 회로 내에 잔압을 유지시킨다.

36 배기밸브가 하사점 전 55°에서 열려 상사점 후 15°에서 닫힐 때 총열림각은?

① 240° ② 250°

③ 255° ④ 260°

해설

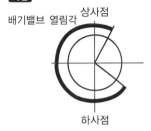

배기밸브 열림각 = 15° + 180° + 55° = 250°가 된다.

37 전자제어 현가장치의 입력센서가 아닌 것은?

① 차속센서

② 조향휠 각속도센서

③ 차고센서

④ 임팩트센서

해설

전자제어 현가장치의 입력신호는 차속센서, 차고센서, 조향휠 각속도센서, G센서(중력센서), 자동변속기 인히비터 스위치, 스로틀위치센서 등이 있으며, 임팩트센서는 에어백 구성부품으로 분류된다.

38 엔진의 회전수가 3,500rpm, 제2속의 감속비 1.5, 최종 감속비 4.8, 바퀴의 반경이 0.3m일 때 차속은?(단, 바퀴의 지면과 미끄럼은 무시한다)

① 약 35km/h ② 약 45km/h

③ 약 55km/h ④ 약 65km/h

해설

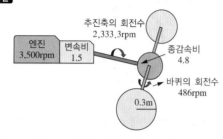

총감속비＝변속비×종감속비이므로 총감속비는 1.5×4.8＝7.2 이다.

엔진회전수가 총감속비에 의하여 바퀴에 486rpm의 회전속도를 부여하게 된다. 이때 바퀴의 원주는 0.6×3.14＝1.884m가 된다. 따라서 바퀴가 486rpm이면 1분 동안 486×1.884이므로 915.6m/min이 되고 60으로 나누면 약 15.26m/s가 된다. 시속으로 바꾸기 위해 3.6을 곱하면 15.26×3.6＝54.937km/h가 된다.

39 주행 시 혹은 제동 시 핸들이 한쪽으로 쏠리는 원인으로 거리가 가장 먼 것은?

① 좌우 타이어의 공기 압력이 같지 않다.

② 앞바퀴의 정렬이 불량하다.

③ 조향 핸들축의 축방향 유격이 크다.

④ 한쪽 브레이크 라이닝 간격 조정이 불량하다.

해설

주행 및 제동 시 핸들이 한쪽으로 쏠리는 현상은 좌우 타이어 공기압의 불균형, 한쪽 바퀴만 편제동 시, 휠 얼라인먼트 불량 등의 원인이 있으며, 조향핸들의 축방향 유격은 한쪽으로 쏠리는 원인으로 보기 어렵다.

40 디스크브레이크와 비교해 드럼브레이크의 특성으로 맞는 것은?

① 페이드 현상이 잘 일어나지 않는다.

② 구조가 간단하다.

③ 브레이크의 편제동 현상이 적다.

④ 자기 작동 효과가 크다.

해설

자기 작동이란 회전 중인 브레이크 드럼에 제동력이 작용하면 회전 방향 쪽의 슈는 마찰력에 의해 드럼과 함께 회전하려는 힘이 발생하여 확장력이 스스로 커져 마찰력이 증대되는 작용으로 드럼 브레이크의 특성이다.

41 자동차의 교류발전기에서 발생된 교류 전기를 직류로 정류하는 부품은 무엇인가?

① 전기자 ② 조정기

③ 실리콘 다이오드 ④ 릴레이

해설

교류발전기에서 발생된 교류 전기를 직류로 정류시키는 부품은 다이오드이다.

42 자동차 전조등회로에 대한 설명으로 맞는 것은?

① 전조등 좌우는 직렬로 연결되어 있다.

② 전조등 좌우는 병렬로 연결되어 있다.

③ 전조등 좌우는 직병렬로 연결되어 있다.

④ 전조등 작동 중에는 미등이 소등된다.

해설

전조등회로는 좌우 병렬회로로 연결되어 있어 만약 한쪽이 고장 날 경우 반대쪽 헤드램프는 점등된다.

43 축전기(Condenser)와 관련된 식 표현으로 틀린 것은?(단, Q : 전기량, E : 전압, C : 비례상수)

① $Q = CE$ ② $C = Q/E$

③ $E = Q/C$ ④ $C = QE$

해설

$Q = CE$, $C = \dfrac{Q}{E}$

44 자동차 에어컨 장치의 순환과정으로 맞는 것은?

① 압축기 → 응축기 → 건조기 → 팽창밸브 → 증발기

② 압축기 → 응축기 → 팽창밸브 → 건조기 → 증발기

③ 압축기 → 팽창밸브 → 건조기 → 응축기 → 증발기

④ 압축기 → 건조기 → 팽창밸브 → 응축기 → 증발기

해설

자동차 냉방 사이클은 압축기 → 응축기 → 건조기 → 팽창밸브 → 증발기로 구성된다.

45 작업장에서 중량물 운반수레의 취급 시 안전사항으로 틀린 것은?

① 적재중심은 가능한 한 위로 오도록 한다.

② 화물이 앞뒤 또는 측면으로 편중되지 않도록 한다.

③ 사용 전 운반수레의 각부를 점검한다.

④ 앞이 안 보일 정도로 화물을 적재하지 않는다.

해설

적재중심은 가능한 아래에 오도록 적재한다.

46 축전지의 충·방전 화학식이다. ( ) 안에 알맞은 것은?

$$PbO_2 + (\quad) + Pb \rightleftharpoons PbSO_4 + 2H_2O + PbSO_4$$

① H_2O ② $2H_2O$

③ $2PbSO_4$ ④ $2H_2SO_4$

해설

축전지 화학식 : $PbO_2 + 2H_2SO_4 + Pb \rightleftharpoons PbSO_4 + 2H_2O + PbSO_4$

47 퓨즈에 관한 설명으로 맞는 것은?

① 퓨즈는 정격전류가 흐르면 회로를 차단하는 역할을 한다.

② 퓨즈는 과대 전류가 흐르면 회로를 차단하는 역할을 한다.

③ 퓨즈는 용량이 클수록 정격전류가 낮아진다.

④ 용량이 작은 퓨즈는 용량을 조정하여 사용한다.

48 기동전동기 무부하시험을 하려고 한다. A와 B에 필요한 것은?

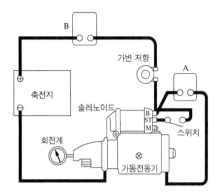

① A : 전류계, B : 전압계
② A : 전압계, B : 전류계
③ A : 전류계, B : 저항계
④ A : 저항계, B : 전압계

49 점화코일의 2차 쪽에서 발생되는 불꽃전압의 크기에 영향을 미치는 요소 중 거리가 먼 것은?

① 점화플러그 전극의 형상
② 점화플러그 전극의 간극
③ 엔진 윤활유 압력
④ 혼합기 압력

50 작업자가 기계작업 시의 일반적인 안전사항으로 틀린 것은?

① 급유 시 기계는 운전을 정지시키고 지정된 오일을 사용한다.
② 운전 중 기계로부터 이탈할 때는 운전을 정지시킨다.
③ 고장수리, 청소 및 조정 시 동력을 끊고 다른 사람이 작동시키지 않도록 표시해 둔다.
④ 정전이 발생 시 기계스위치를 켜둬서 정전이 끝남과 동시에 작업 가능하도록 한다.

51 자동차용 납산배터리를 급속충전을 할 때 주의사항으로 틀린 것은?

① 충전시간을 가능한 길게 한다.
② 통풍이 잘되는 곳에서 충전한다.
③ 충전 중 배터리에 충격을 가하지 않는다.
④ 전해액의 온도가 약 45℃가 넘지 않도록 한다.

52 AC 발전기의 출력변화 조정은 무엇에 의해 이루어 지는가?

① 엔진의 회전수
② 배터리의 전압
③ 로터의 전류
④ 다이오드 전류

해설
AC 발전기는 로터에 공급하는 전기의 양을 조절함으로써 항상 일정한 출력을 발생시킬 수 있도록 한다.

53 플레밍의 왼손법칙을 이용한 것은?

① 충전기
② DC 발전기
③ AC 발전기
④ 전동기

해설
플레밍의 오른손법칙은 발전기, 왼손법칙은 전동기에 이용된다.

54 연료 탱크의 연료량을 표시하는 연료계의 형식 중 계기식의 형식에 속하지 않는 것은?

① 밸런싱 코일식
② 연료면 표시기식
③ 서미스터식
④ 바이메탈 저항식

해설
연료량을 표시하는 계기의 형식은 바이메탈식, 서미스터식, 밸런싱 코일식이 있다.

55 드릴링머신 작업을 할 때 주의사항으로 틀린 것은?

① 드릴은 주축에 튼튼하게 장치하여 사용한다.
② 공작물을 제거할 때는 회전을 완전히 멈추고 한다.
③ 가공 중에 드릴이 관통했는지를 손으로 확인한 후 기계를 멈춘다.
④ 드릴의 날이 무디어 이상한 소리가 날 때는 회전을 멈추고 드릴을 교환하거나 연마한다.

해설
드릴작업 시 손으로 확인하는 작업행동을 해서는 안 된다.

56 이모빌라이저 시스템에 대한 설명으로 틀린 것은?

① 차량의 도난을 방지할 목적으로 적용되는 시스템이다.
② 도난 상황에서 시동이 걸리지 않도록 제어한다.
③ 도난 상황에서 시동키가 회전되지 않도록 제어한다.
④ 엔진의 시동은 반드시 차량에 등록된 키로만 시동이 가능하다.

해설
이모빌라이저는 도난상황에서 키는 회전이 가능하나, 시동이 걸리지 않게 제어하는 시스템이다.

57 주파수를 설명한 것 중 틀린 것은?

① 1초에 60회 파형이 반복되는 것을 60Hz라고 한다.
② 교류의 파형이 반복되는 비율을 주파수라고 한다.
③ (1/주기)는 주파수와 같다.
④ 주파수는 직류의 파형이 반복되는 비율이다.

해설
주파수(Hz)는 일정한 크기의 전류나 전압 또는 전계와 자계의 진동과 같은 주기적 현상이 단위 시간(1초) 동안에 반복되는 횟수를 말한다.

58 4기통 디젤엔진에 저항이 0.8Ω인 예열플러그를 각 기통에 병렬로 연결하였다. 이 엔진에 설치된 예열플러그의 합성저항은 몇 Ω인가?(단, 엔진의 전원은 24V이다)

① 0.1 ② 0.2
③ 0.3 ④ 0.4

해설
병렬 합성저항은 $R_T = \dfrac{1}{\dfrac{1}{R_1} + \dfrac{1}{R_2} + \cdots + \dfrac{1}{R_n}}$ 이므로

$R_T = \dfrac{1}{\dfrac{1}{0.8} + \dfrac{1}{0.8} + \dfrac{1}{0.8} + \dfrac{1}{0.8}} = 0.2\Omega$이 된다.

59 적외선전구에 의한 화재 및 폭발할 위험성이 있는 경우와 거리가 먼 것은?

① 용제가 묻은 헝겊이나 마스킹 용지가 접촉한 경우
② 적외선전구와 도장면이 필요 이상으로 가까운 경우
③ 상당한 고온으로 열량이 커진 경우
④ 상온의 온도가 유지되는 장소에서 사용하는 경우

해설
상온의 온도가 유지되는 장소인 경우 화재 및 폭발의 위험성이 크지 않다.

60 정 작업 시 주의할 사항으로 틀린 것은?

① 금속 깎기를 할 때는 보안경을 착용한다.
② 정의 날을 몸 안쪽으로 하고 해머로 타격한다.
③ 정의 섕크나 해머에 오일이 묻지 않도록 한다.
④ 보관 시는 날이 부딪쳐서 무뎌지지 않도록 한다.

해설
정 작업 시 날은 몸의 바깥쪽으로 향하게 작업한다.

01

가솔린 연료분사기관에서 인젝터 (−)단자에서 측정한 인젝터 분사파형은 파워 트랜지스터가 OFF되는 순간 솔레노이드 코일에 급격하게 전류가 차단되기 때문에 큰 역기전력이 발생하게 되는데 이것을 무엇이라 하는가?

① 평균전압
② 전압강하
③ 서지전압
④ 최소전압

해설
파워 트랜지스터가 OFF되는 순간 솔레노이드 코일에 급격하게 전류가 차단된다. 이때 큰 역기전력이 발생하는 것을 서지전압이라고 한다.

02

4행정 사이클 엔진에서 크랭크축이 4회전할 때 캠축은 몇 회전하는가?

① 1회전　　　　② 2회전
③ 3회전　　　　④ 4회전

해설
4행정 사이클 엔진은 크랭크축 2회전에 캠축이 1회전을 하므로 크랭크축이 4회전 시 캠축은 2회전을 한다.

03

커먼레일 디젤엔진에서 인젝터의 예비(Pilot) 분사의 목적으로 맞는 것은?

① 배기가스 온도를 상승시켜 DPF 재생을 한다.
② 엔진의 소음 진동을 감소시킨다.
③ 엔진윤활계통의 원활한 유동성을 확보한다.
④ 더욱 많은 연료를 공급하여 엔진출력을 크게 향상시킨다.

해설
예비분사는 주분사 전 연료를 분사시켜 엔진의 소음 및 진동을 감소시키는 역할을 한다.

04

CRDI 디젤엔진에서 기계식 저압펌프의 연료공급 경로가 맞는 것은?

① 연료탱크 − 저압펌프 − 연료필터 − 고압펌프 − 커먼레일 − 인젝터
② 연료탱크 − 연료필터 − 저압펌프 − 고압펌프 − 커먼레일 − 인젝터
③ 연료탱크 − 저압펌프 − 연료필터 − 커먼레일 − 고압펌프 − 인젝터
④ 연료탱크 − 연료필터 − 저압펌프 − 커먼레일 − 고압펌프 − 인젝터

해설
CRDI 디젤엔진에서 기계식 저압펌프의 연료공급 경로는 연료탱크 − 연료필터 − 저압펌프 − 고압펌프 − 커먼레일 − 인젝터의 순이다.

05 가솔린엔진의 연료펌프에서 체크밸브의 역할이 아닌 것은?

① 연료라인 내의 잔압을 유지한다.
② 엔진 고온 시 연료의 베이퍼로크를 방지한다.
③ 연료의 맥동을 흡수한다.
④ 연료의 역류를 방지한다.

> **해설**
> 체크밸브는 연료 잔압을 유지시키고, 베이퍼로크를 방지하며 일방향 밸브로 역류를 방지하는 역할을 한다.

06 활성탄 캐니스터(Charcoal Canister)는 무엇을 제어하기 위해 설치하는가?

① CO_2 증발가스
② HC 증발가스
③ NO_X 증발가스
④ CO 증발가스

> **해설**
> 활성탄 캐니스터는 연료탱크에서 증발된 미연소가스인 HC 가스를 제어하기 위해 장착한다.

07 단위환산으로 맞는 것은?

① 1mile = 2km
② 1lb = 1.55kgf
③ 1kgf·m = 1.42ft·lbf
④ 9.81N·m = 9.81J

> **해설**
> 1N·m = 1J이다.

08 가솔린엔진과 비교할 때 디젤엔진의 장점이 아닌 것은?

① 부분부하영역에서 연료소비율이 낮다.
② 넓은 회전속도 범위에 걸쳐 회전 토크가 크다.
③ 질소산화물과 매연이 조금 배출된다.
④ 열효율이 높다.

> **해설**
> 질소산화물과 매연의 배출이 많은 것은 디젤엔진의 단점이다.

09 각 실린더의 분사량을 측정하였더니 최대분사량이 66cc이고, 최소분사량이 58cc이였다. 이때의 평균분사량이 60cc이면 분사량의 "(+)불균형률"은 얼마인가?

① 5%
② 10%
③ 15%
④ 20%

> **해설**
> (+)불균형률 = $\dfrac{최대분사량 - 평균분사량}{평균분사량} \times 100$ 이므로
>
> $\dfrac{66-60}{60} \times 100 = 10\%$가 된다.

10 기계식 연료분사장치에 비해 전자식 연료분사장치의 특징 중 거리가 먼 것은?

① 관성질량이 커서 응답성이 향상된다.
② 연료소비율이 감소한다.
③ 배기가스 유해물질 배출이 감소된다.
④ 구조가 복잡하고, 값이 비싸다.

기계식 연료분사장치에 비해 전자제어식 연료분사장치는 관성질량이 적어 응답성능이 빠르며 연비가 우수하고, 유해배출물질이 감소되나 구조가 복잡한 특징이 있다.

11 자동차엔진의 냉각장치에 대한 설명 중 적절하지 않은 것은?

① 강제 순환식이 많이 사용된다.
② 냉각장치 내부에 물때가 많으면 과열의 원인이 된다.
③ 서모스탯에 의해 냉각수의 흐름이 제어된다.
④ 엔진과열 시에는 즉시 라디에이터 캡을 열고 냉각수를 보급하여야 한다.

엔진과열 상태에서 라디에이터 캡을 열면 화상의 위험이 있다.

12 디젤엔진의 노킹을 방지하는 대책으로 알맞은 것은?

① 실린더 벽의 온도를 낮춘다.
② 착화 지연기간을 길게 유도한다.
③ 압축비를 낮게 한다.
④ 흡기온도를 높인다.

가솔린과 디젤엔진의 노킹 방지법 비교

구 분	착화점	착화지연	압축비	흡입온도	흡입압력	실린더 벽 온도	실린더 체적	회전수	와 류
가솔린	높 게	길 게	낮 게	낮 게	낮 게	낮 게	작 게	높 게	많 이
디 젤	낮 게	짧 게	높 게	높 게	높 게	높 게	크 게	낮 게	많 이

13 가솔린 자동차의 배기관에서 배출되는 배기가스와 공연비 간의 관계를 잘못 설명한 것은?

① CO는 혼합기가 희박할수록 적게 배출된다.
② HC는 혼합기가 농후할수록 많이 배출된다.
③ NO_x는 이론 공연비 부근에서 최소로 배출된다.
④ CO_2는 혼합기가 농후할수록 적게 배출된다.

NO_x는 이론 공연비 부근에서 최대로 배출된다.

14 전자제어 차량의 흡입 공기량 계측 방법으로 매스 플로(Mass Flow) 방식과 스피드 덴시티(Speed Density) 방식이 있는데 매스 플로 방식이 아닌 것은?

① 맵센서식(MAP Sensor Type)
② 핫 필름식(Hot Film Type)
③ 베인식(Vane Type)
④ 카르만 와류식(Karman Vortex Type)

맵센서방식은 흡기다기관의 진공도를 계측하여 흡입 공기량을 간접 계측하는 방식으로 질량유량 검출방식에 포함되지 않는다.

15 엔진 실린더 내부에서 실제로 발생한 마력으로 혼합기가 연소 시 발생하는 폭발압력을 측정한 마력은?

① 지시마력   ② 경제마력

③ 정미마력   ④ 정격마력

해설
엔진의 폭발행정 시 실제로 발생하는 마력을 지시마력(도시마력)이라 한다.

16 엔진이 2,000rpm으로 회전하고 있을 때 그 출력이 65PS라고 하면 이 엔진의 회전력은 몇 m·kgf인가?

① 23.27   ② 24.45

③ 25.46   ④ 26.38

해설
$PS = \dfrac{T \times N}{716}$ 이므로 $65 = \dfrac{T \times 2,000}{716}$ 이 되며,

따라서 $T = 23.27 \text{kgf} \cdot \text{m}$가 된다.

17 엔진의 밸브장치에서 기계식 밸브 리프터에 비해 유압식 밸브 리프터의 장점으로 맞는 것은?

① 구조가 간단하다.
② 오일펌프와 상관없다.
③ 밸브 간극 조정이 필요 없다.
④ 워밍업 전에만 밸브 간극 조정이 필요하다.

해설
유압식 밸브 리프터는 밸브 간극을 점검할 필요가 없고, 밸브 개폐시기가 정확하므로 엔진의 성능이 향상됨과 동시에 작동 소음을 줄일 수 있다. 그러나 구조가 복잡해지고 항상 일정한 압력의 오일을 공급받아야 한다.

18 전자제어기관에서 인젝터의 연료분사량에 영향을 주지 않는 것은?

① 산소(O_2)센서
② 공기유량센서(AFS)
③ 냉각수온센서(WTS)
④ 핀서모(Fin Thermo)센서

해설
핀서모센서는 에어컨 증발기(Evaporator)에 장착되어 증발기의 온도를 계측하는 센서이다.

19 내연기관에서 오버 스퀘어 엔진은 어느 것인가?

① 행정/실린더 내경 = 1
② 행정/실린더 내경 < 1
③ 행정/실린더 내경 > 1
④ 행정/실린더 내경 ≤ 1

해설
내연기관에서 단행정 엔진은 실린더 직경보다 행정이 짧은 엔진 형태를 말한다.

20 다음 중 디젤엔진에 사용되는 과급기의 역할은?

① 윤활성의 증대

② 출력의 증대

③ 냉각효율의 증대

④ 배기의 증대

해설

과급기는 엔진의 출력을 증대시키는 역할을 한다.

21 자동차 주행 시 차량 후미가 좌우로 흔들리는 현상은?

① 바운싱

② 피 칭

③ 롤 링

④ 요 잉

해설

자동차의 후미가 좌우로 흔들리는 회전현상은 요잉이다.

22 다음 중 수동변속기 기어의 2중 결합을 방지하기 위해 설치한 기구는?

① 앵커 블록

② 시프트 포크

③ 인터로크 기구

④ 싱크로나이저 링

해설

수동변속기의 2중 물림 방지기구는 인터로크 기구이며 변속기어가 빠지지 않도록 유지하는 기구는 로킹 볼이다.

23 자동차의 앞바퀴 정렬에서 토(Toe) 조정은 무엇으로 하는가?

① 와셔의 두께

② 심의 두께

③ 타이로드의 길이

④ 드래그 링크의 길이

해설

전차륜 정렬에서 토인의 조정은 타이로드의 길이를 증감하여 조정한다.

24 클러치 마찰면에 작용하는 힘이 300N, 클러치판의 지름이 80cm, 마찰계수 0.3일 때 엔진의 전달 회전력은 약 몇 N·m인가?

① 36

② 56

③ 62

④ 72

해설

클러치의 전달회전력(T) $= \mu \times r \times F$이므로

$T = 0.3 \times 0.4 \times 300 = 36\text{N} \cdot \text{m}$가 된다.

25 진공식 브레이크 배력장치의 설명으로 틀린 것은?

① 압축공기를 이용한다.

② 흡기다기관의 부압을 이용한다.

③ 기관의 진공과 대기압을 이용한다.

④ 배력장치가 고장 나면 일반적인 유압 제동장치로 작동된다.

해설

진공 배력장치는 엔진 흡기다기관의 진공과 대기압을 이용하여 제동력을 증폭시킨다.

26 연료의 저위발열량 10,500kacl/kgf, 제동마력 93 PS, 제동열효율 31%인 엔진의 시간당 연료소비량(kgf/h)은?

① 약 18.07

② 약 17.07

③ 약 16.07

④ 약 5.53

해설

도시열효율$(\eta_i) = \dfrac{632.3 \times PS}{F \times H_l} \times 100$이므로

$31 = \dfrac{632.3 \times 93}{F \times 10,500} \times 100$이 되어 $F = 18.065$kgf/h가 된다.

27 엔진의 출력을 일정하게 하였을 때 가속성능을 향상시키기 위한 것이 아닌 것은?

① 여유 구동력을 크게 한다.

② 자동차의 총중량을 크게 한다.

③ 종감속비를 크게 한다.

④ 주행저항을 작게 한다.

해설

차량의 총중량이 늘어나면 가속성능이 저하된다.

28 자동차의 축간거리가 2.2m, 외측 바퀴의 조향각이 30°이다. 이 자동차의 최소회전반지름은 얼마인가?(단, 바퀴의 접지면 중심과 킹핀과의 거리는 30cm이다)

① 3.5m

② 4.7m

③ 7m

④ 9.4m

해설

최소회전반경$(R) = \dfrac{L}{\sin\alpha} + r$이므로

$R = \dfrac{2.2}{\sin 30°} + 0.3 = 4.7$m가 된다.

29 조향휠을 1회전하였을 때 피트먼 암이 60° 움직였다. 조향기어비는 얼마인가?

① 6 : 1

② 6.5 : 1

③ 12 : 1

④ 13 : 1

해설

조향기어비 $= \dfrac{조향핸들 회전각(°)}{너클 암, 피트먼 암, 바퀴 회전각(°)}$

이므로 $\dfrac{360°}{60°} = 6$이 된다.

30 추진축의 슬립이음은 어떤 변화를 가능하게 하는가?

① 축의 길이
② 드라이브 각
③ 회전 토크
④ 회전속도

해설
슬립이음을 축의 길이 방향 보상을 위하여 적용되는 이음방식이다.

31 차량 총 중량이 3.5ton 이상인 화물자동차에 설치되는 후부안전판의 차량 수직방향 단면의 최소 높이 기준은?

① 100mm 이하
② 100mm 이상
③ 200mm 이하
④ 200mm 이상

해설
후부안전판의 설치기준(자동차규칙 제19조)
차량 총 중량이 3.5ton 이상인 화물자동차 및 특수자동차는 포장노면 위에서 공차상태로 측정하였을 때에 다음의 기준에 적합한 후부안전판을 설치하여야 한다.
• 후부안전판의 양 끝부분은 뒤차축 중 가장 넓은 차축의 좌우 최외측 타이어 바깥 면(지면과 접지되어 발생되는 타이어 부풀림 양은 제외) 지점을 초과하여서는 아니 되며, 좌우 최외측 타이어 바깥 면 지점부터의 간격은 각각 100mm 이내일 것
• 가장 아랫부분과 지상과의 간격은 550mm 이내일 것
• 차량 수직방향의 단면 최소높이는 100mm 이상일 것
• 좌우 측면의 곡률반경은 2.5mm 이상일 것

32 동력전달장치에서 추진축의 스플라인부가 마멸되었을 때 생기는 현상은?

① 완충작용이 불량하게 된다.
② 주행 중에 소음이 발생한다.
③ 동력전달 성능이 향상된다.
④ 총감속장치의 결합이 불량하게 된다.

해설
추진축의 스플라인부가 마멸되었을 경우에는 주행 중 소음과 진동이 발생한다.

33 다음 중 현가장치에 사용되는 판스프링에서 스팬의 길이 변화를 가능하게 하는 것은?

① 섀 클
② 스 팬
③ 행 거
④ U볼트

해설
판스프링에서 완충작용 시 스팬의 길이 방향의 변화를 가능하게 하는 구성품은 섀클이다.

34 차량 총중량 5,000kgf의 자동차가 20%의 구배길을 올라갈 때 구배저항(R_g)은?

① 2,500kgf   ② 2,000kgf

③ 1,710kgf   ④ 1,000kgf

해설

구배저항$(R_g) = W \times \sin\theta = \dfrac{GW}{100}$ 가 되므로

$\dfrac{20 \times 5,000}{100} = 1,000\,\mathrm{kgf}$ 이다.

35 주행 중 제동 시 좌우 편제동의 원인으로 거리가 가장 먼 것은?

① 드럼의 편 마모

② 휠 실린더 오일 누설

③ 라이닝 접촉 불량, 기름 부착

④ 마스터 실린더의 리턴구멍 막힘

해설

마스터 실린더의 리턴구멍이 막힐 경우 브레이크가 잘 풀리지 않는다.

36 자동차가 커브를 돌 때 원심력이 발생하는데 이 원심력을 이겨내는 힘은?

① 코너링 포스   ② 언더 스티어

③ 구동 토크   ④ 회전 토크

해설

선회길 주행 시 원심력에 저항하는 힘을 코너링 포스라고 한다.

37 자동변속기에서 스톨 테스트의 요령 중 틀린 것은?

① 사이드브레이크를 잠근 후 풋브레이크를 밟고 전진기어를 넣고 실시한다.

② 사이드브레이크를 잠근 후 풋브레이크를 밟고 후진기어를 넣고 실시한다.

③ 바퀴에 추가로 버팀목을 넣고 실시한다.

④ 풋브레이크는 놓고 사이드브레이크만 당기고 실시한다.

해설

스톨 테스트 수행 시 사이드브레이크 및 풋브레이크, 고임목 등을 설치하여 안전을 확보하여야 한다.

38 전자제어 현가장치의 장점에 대한 설명으로 가장 적합한 것은?

① 굴곡이 심한 노면을 주행할 때에 흔들림이 작은 평행한 승차감 실현

② 차속 및 조향 상태에 따라 적절한 조향

③ 운전자가 희망하는 쾌적한 공간을 제공하는 시스템

④ 운전자의 의지에 따라 조향 능력을 유지하는 시스템

해설

전자제어 현가장치는 주행 시 발생하는 승차감 향상 및 차량 주행 안정성의 확보에 효과적으로 적용된다.

39 자동차가 고속으로 선회할 때 차체가 기울어지는 것을 방지하기 위한 장치는?

① 타이로드
② 토 인
③ 프로포셔닝 밸브
④ 스태빌라이저

해설
자동차의 선회 시 차체의 좌우 기울기(롤링)를 방지하기 위하여 스태빌라이저를 장착한다.

40 자동변속기 오일의 구비조건으로 부적합한 것은?

① 기포 발생이 없고 방청성이 있을 것
② 점도지수의 유동성이 좋을 것
③ 내열 및 내산화성이 좋을 것
④ 클러치 접속 시 충격이 크고 미끄럼이 없는 적절한 마찰계수를 가질 것

해설
클러치 접속 시 충격이 크고 미끄럼이 없는 적절한 마찰계수를 가지는 것은 자동변속기 오일의 구비조건으로 볼 수 없다.

41 백워닝(후방경보)시스템의 기능과 가장 거리가 먼 것은?

① 차량 후방의 장애물은 초음파 센서를 이용하여 감지한다.
② 차량 후방의 장애물과의 거리에 따라 경고음이 다르게 작동한다.
③ 차량 후방의 장애물 감지 시 브레이크가 작동하여 차속을 감속시킨다.
④ 차량 후방의 장애물 형상에 따라 감지되지 않을 수도 있다.

해설
백워닝(후방경보)시스템은 초음파 센서를 이용하여 차량 후방에 존재하는 장애물의 거리에 따라 경보음 패턴이 바뀌며, 장애물의 형상에 따라 인식이 어려운 경우도 있다.

42 발전기의 3상교류에 대한 설명으로 틀린 것은?

① 3조의 코일에서 생기는 교류 파형이다.
② Y결선을 스타결선, Δ 결선을 델타결선이라 한다.
③ 각 코일에 발생하는 전압을 선간전압이라고 하며, 스테이터 발생전류는 직류전류가 발생된다.
④ Δ 결선은 코일의 각 끝과 시작점을 서로 묶어서 각각의 접속점을 외부 단자로 한 결선 방식이다.

해설
스테이터에서 발생되는 전류는 교류전류이다.

43 자동차용 납산 축전지에 관한 설명으로 맞는 것은?

① 일반적으로 축전지의 음극 단자는 양극 단자보다 크다.

② 정전류 충전이란 일정한 충전 전압으로 충전하는 것을 말한다.

③ 일반적으로 충전시킬 때는 (+)단자는 수소가, (-)단자는 산소가 발생한다.

④ 전해액의 황산 비율이 증가하면 비중은 높아진다.

해설
전해액에 황산 비중이 증가하면 전해액의 비중 또한 증가된다.

44 계기판의 엔진 회전계가 작동하지 않는 결함의 원인에 해당하는 것은?

① VSS(Vehicle Speed Sensor) 결함

② CPS(Crankshaft Position Sensor) 결함

③ MAP(Manifold Absolute Pressure Sensor) 결함

④ CTS(Coolant Temperature Sensor) 결함

해설
엔진 회전수는 크랭크포지션센서의 신호를 통하여 출력된다.

45 평균 근로자 500명인 직장에서 1년간 8명의 재해가 발생하였다면 연천인율은?

① 12   ② 14

③ 16   ④ 18

해설
연천인율 $= \dfrac{\text{연간 재해 건수}}{\text{연평균 근로자 수}} \times 1{,}000$ 이므로

$\dfrac{8}{500} \times 1{,}000 = 16$ 이 된다.

46 자동차에서 축전지를 떼어낼 때 작업방법으로 가장 옳은 것은?

① 접지 터미널을 먼저 푼다.

② 양 터미널을 함께 푼다.

③ 벤트 플러그(Vent Plug)를 열고 작업한다.

④ 극성에 상관없이 작업성이 편리한 터미널부터 분리한다.

해설
자동차 배터리 분리 시 차체에 접지되어 있는 (-)단자 먼저 분해한다.

47 링기어 잇수가 120, 피니언 잇수가 12이고, 1,500 cc급 엔진의 회전저항이 6m · kgf일 때, 기동전동기의 필요한 최소 회전력은?

① 0.6m · kgf   ② 2m · kgf

③ 6m · kgf   ④ 20m · kgf

해설
링기어와 피니언기어의 기어비가 10 : 1이고 회전저항이 6m · kgf이면 기동전동기의 최소 회전력은 0.6m · kgf가 된다.

48 자동차 에어컨에서 고압의 액체 냉매를 저압의 기체 냉매로 바꾸는 구성품은?

① 압축기(Compressor)
② 리퀴드 탱크(Liquid Tank)
③ 팽창밸브(Expansion Valve)
④ 이베퍼레이터(Evaporator)

해설
자동차 에어컨에서 고압의 액체 냉매를 저압의 기체 냉매로 바꾸는 구성품은 팽창밸브이다.

49 R-134a 냉매의 특징을 설명한 것으로 틀린 것은?

① 액화 및 증발되지 않아 오존층이 보호된다.
② 무색무취, 무미하다.
③ 화학적으로 안정되고 내열성이 좋다.
④ 온난화 계수가 구냉매보다 낮다.

해설
에어컨 냉매가 액화 및 기화의 상변화를 일으키지 못하면 냉매의 역할을 수행할 수 없다.

50 다이얼게이지 취급 시 안전사항으로 틀린 것은?

① 작동이 불량하면 스핀들에 주유 혹은 그리스를 도포해서 사용한다.
② 분해 청소나 조정은 하지 않는다.
③ 다이얼인디케이터에 충격을 가해서는 안 된다.
④ 측정 시는 측정물에 스핀들을 직각으로 설치하고 무리한 접촉은 피한다.

해설
스핀들에 주유 및 그리스를 도포하면 안 된다.

51 자동차 에어컨 시스템에 사용되는 컴프레서 중 가변용량 컴프레서의 장점이 아닌 것은?

① 냉방성능 향상
② 소음진동 향상
③ 연비 향상
④ 냉매 충진효율 향상

해설
가변용량 컴프레서는 냉방성능 향상, 소음진동, 연비 등을 향상시키나 냉매 충진효율과는 거리가 멀다.

52 전자제어 점화장치에서 점화시기를 제어하는 순서는?

① 각종 센서 → ECU → 파워 트랜지스터 → 점화코일
② 각종 센서 → ECU → 점화코일 → 파워 트랜지스터
③ 파워 트랜지스터 → 점화코일 → ECU → 각종 센서
④ 파워 트랜지스터 → ECU → 각종 센서 → 점화코일

해설
전자제어 점화장치에서 점화시기 제어 순서는 각종 센서 → ECU → 파워 트랜지스터 → 점화코일의 순이다.

53 부특성(NTC) 가변저항을 이용한 센서는?

① 산소센서　　　　② 수온센서

③ 조향각센서　　　④ TDC센서

해설

냉각수온센서는 온도가 올라감에 따라 저항이 감소되는 부특성 서미스터(NTC)를 적용한다.

54 화재의 분류 기준에서 휘발유로 인해 발생한 화재는?

① A급 화재　　　　② B급 화재

③ C급 화재　　　　④ D급 화재

해설

유류 화재(B급)란 인화성 액체, 가연성 액체, 석유 그리스, 타르, 오일, 유성도료, 솔벤트, 래커, 알코올 및 인화성 가스와 같은 유류가 타고 나서 재가 남지 않는 화재를 말한다.

55 공작기계 작업 시의 주의사항으로 틀린 것은?

① 몸에 묻은 먼지나 철분 등 기타의 물질은 손으로 털어낸다.

② 정해진 용구를 사용하여 파쇄철이 긴 것은 자르고 짧은 것은 막대로 제거한다.

③ 무거운 공작물을 옮길 때는 운반기계를 이용한다.

④ 기름걸레는 정해진 용기에 넣어 화재를 방지하여야 한다.

해설

몸에 묻은 먼지나 철분 등 기타의 물질은 손으로 털어내면 안 된다.

56 와이퍼 장치에서 간헐적으로 작동되지 않는 요인으로 거리가 먼 것은?

① 와이퍼 릴레이가 고장이다.

② 와이퍼 블레이드가 마모되었다.

③ 와이퍼 스위치가 불량이다.

④ 모터 관련 배선의 접지가 불량이다.

해설

와이퍼 블레이드의 마모는 와이퍼가 작동되지 않는 요인과 거리가 멀다.

57 드릴 작업 때 칩의 제거 방법으로 가장 좋은 것은?

① 회전시키면서 솔로 제거

② 회전시키면서 막대로 제거

③ 회전을 중지시킨 후 손으로 제거

④ 회전을 중지시킨 후 솔로 제거

해설

드릴 작업을 할 때 칩의 제거 방법은 회전을 중지시킨 후 솔로 제거하는 것이 좋다.

58 안전표지의 종류를 나열한 것으로 옳은 것은?

① 금지표지, 경고표지, 지시표지, 안내표지
② 금지표지, 권장표지, 경고표지, 지시표지
③ 지시표지, 권장표지, 사용표지, 주의표지
④ 금지표지, 주의표지, 사용표지, 경고표지

해설
안전표지의 종류는 금지표지, 경고표지, 지시표지, 안내표지이다.

60 산업안전보건기준에 관한 규칙에서 정하는 인화성 가스가 아닌 것은?

① 수 소
② 메 탄
③ 에틸렌
④ 산 소

해설
산업안전보건기준에 관한 규칙에서 정하는 인화성 가스는 수소, 아세틸렌, 에틸렌, 메탄, 에탄, 프로판, 부탄 등이 있다.

59 하이브리드 자동차의 고전압 배터리 취급 시 안전한 방법이 아닌 것은?

① 고전압 배터리 점검, 정비 시 절연 장갑을 착용한다.
② 고전압 배터리 점검, 정비 시 점화 스위치는 OFF 한다.
③ 고전압 배터리 점검, 정비 시 12V 배터리 접지선을 분리한다.
④ 고전압 배터리 점검, 정비 시 반드시 세이프티 플러그를 연결한다.

해설
고전압 배터리 점검, 정비 시 반드시 세이프티 플러그를 탈거한다.

01 4기통인 4행정 사이클 기관에서 회전수가 1,800 rpm, 행정이 75mm인 피스톤의 평균속도는?

① 2.35m/s ② 2.45m/s
③ 2.55m/s ④ 4.5m/s

해설
$\dfrac{LN}{30} = \dfrac{0.075 \times 1,800}{30} = 4.5$m/s가 된다.

03 연소실체적이 40cc이고, 총배기량이 1,280cc인 4기통 기관의 압축비는?

① 6:1 ② 9:1
③ 18:1 ④ 33:1

해설
실린더 1개의 배기량 = 실린더 1개의 행정체적이므로
$\dfrac{1,280}{4} = 320$cc가 된다.

따라서 압축비는 $\dfrac{320 + 40}{40} = 9$가 된다.

02 점화순서가 1-5-3-6-2-4인 4행정 기관의 3번 실린더가 압축 중기일 때 4번 실린더는?

① 흡입 초기 행정 ② 압축 말기 행정
③ 폭발 초기 행정 ④ 배기 중기 행정

해설

04 어떤 기관의 열효율을 측정하는데 열정산에서 냉각에 의한 손실이 29%, 배기와 복사에 의한 손실이 31%이고, 기계효율이 80%라면 정미열효율은?

① 32% ② 34%
③ 36% ④ 40%

해설
지시열효율 = 100 − (배기손실 + 냉각손실)
  = 100 − (31 + 29) = 40%
정미열효율(제동열효율) = $\dfrac{\text{기계효율} \times \text{지시열효율}}{100}$
  = $\dfrac{80 \times 40}{100}$
  = 32%

1 ④ 2 ④ 3 ② 4 ① 정답

05 가솔린엔진의 연료펌프에서 연료라인 내의 압력이 과도하게 상승하는 것을 방지하기 위한 장치는?

① 체크밸브(Check Valve)

② 릴리프밸브(Relief Valve)

③ 니들밸브(Needle Valve)

④ 사일런서(Silencer)

해설
릴리프밸브는 유압회로 내에 압력이 과도하게 상승하는 것을 방지하기 위한 안전밸브이다.

06 밸브 스프링의 서징현상에 대한 설명으로 옳은 것은?

① 밸브가 열릴 때 천천히 열리는 현상

② 흡·배기밸브가 동시에 열리는 현상

③ 밸브가 고속 회전에서 저속으로 변화할 때 스프링의 장력의 차가 생기는 현상

④ 밸브 스프링의 고유 진동수와 캠 회전수가 공명에 의해 밸브 스프링이 공진하는 현상

해설
밸브 서징현상은 밸브 스프링의 고유 진동수와 캠 회전수가 공명에 의해 밸브 스프링이 공진하는 현상을 말한다.

07 화물자동차 및 특수자동차의 차량 총중량은 몇 ton을 초과해서는 안 되는가?

① 20 　　　　② 30

③ 40 　　　　④ 50

해설
화물자동차 및 특수 자동차의 차량 총 중량은 40ton을 초과해서는 안 된다(자동차규칙 제6조).

08 윤활장치에서 유압이 높아지는 이유로 맞는 것은?

① 릴리프밸브 스프링의 장력이 클 때

② 엔진오일과 가솔린의 희석

③ 베어링의 마멸

④ 오일펌프의 마멸

해설
윤활장치에서 유압이 높아지는 원인은 다음과 같다.
• 엔진의 온도가 낮아 오일의 점도가 높다.
• 윤활회로의 일부(오일 여과기)가 막혔다.
• 유압조절 밸브 스프링의 장력이 크다.

09 평균유효압력이 4kgf/cm², 행정체적이 300cc인 2행정 사이클 단기통 기관에서 1회의 폭발로 몇 kgf·m의 일을 하는가?

① 6 　　　　② 8

③ 10 　　　　④ 12

해설
일 = 힘 × 거리이므로
$4kgf/cm^2 \times 300cm^3 = 1,200kgf \cdot cm = 12kgf \cdot m$가 된다.

10 각종 센서의 내부 구조 및 원리에 대한 설명으로 거리가 먼 것은?

① 냉각수온도센서 : NTC를 이용한 서미스터 전압 값의 변화

② 맵센서 : 진공으로 저항(피에조)값을 변화

③ 지르코니아 산소센서 : 온도에 의한 전류값을 변화

④ 스로틀(밸브)위치센서 : 가변저항을 이용한 전압 값 변화

해설
지르코니아(ZrO₂) 산소센서는 고온에서 산소이온에 의한 전기전도가 일어나는 고체전해질로서 공기 중의 산소 분압에 따라서 전하평형이 달라지는 성질을 이용하여 만들었다.

11 다음 보기에서 설명하는 디젤엔진의 연소 과정은?

> 분사노즐에서 연료가 분사되어 연소를 일으킬 때까지의 기간이며, 이 기간이 길어지면 노크가 발생한다.

① 착화지연기간　　② 화염전파기간

③ 직접연소기간　　④ 후기연소기간

해설
보기는 착화지연기간에 대한 설명으로 분사노즐에서 연료가 분사되어 연소를 일으키기 전까지의 기간을 말한다.

12 피스톤의 평균속도를 올리지 않고 회전수를 높일 수 있으며, 단위 체적당 출력을 크게 할 수 있는 기관은?

① 장행정 기관　　② 정방형 기관

③ 단행정 기관　　④ 고속형 기관

해설
단행정 엔진은 내경 > 행정으로 제작되어 행정의 길이가 짧아 피스톤의 평균속도를 높이지 않아도 회전속도를 빠르게 할 수 있다.

13 후퇴등은 등화의 중심점이 공차상태에서 어느 범위가 되도록 설치하여야 하는가?

① 지상 15cm 이상 100cm 이하

② 지상 20cm 이상 110cm 이하

③ 지상 15cm 이상 95cm 이하

④ 지상 25cm 이상 120cm 이하

해설
후퇴등은 발광면이 공차상태에서 지상 25cm 이상 120cm 이하에 설치된다.

14 전자제어 가솔린엔진에서 ECU에 입력되는 신호를 아날로그와 디지털신호로 나눌 때 디지털신호는?

① 열막식 공기유량센서

② 인덕티브 방식의 크랭크각센서

③ 옵티컬 방식의 크랭크각센서

④ 퍼텐쇼미터 방식의 스로틀포지션센서

해설
옵티컬 타입의 광전식 크랭크각센서는 반도체(다이오드)를 적용하여 응답속도가 빠르며, 디지털 파형이 출력된다.

15 사용 중인 중고 자동차의 냉각수(부동액)를 넣었더니 14L가 주입되었다. 신품 라디에이터에는 16L의 냉각수가 주입된다면 라디에이터 코어 막힘률은 얼마인가?

① 12.5%　　　　② 15.5%

③ 20.5%　　　　④ 22.5%

해설

라디에이터 코어 막힘률 = $\dfrac{\text{신품용량} - \text{구품용량}}{\text{신품용량}} \times 100$ 이므로

$\dfrac{16-14}{16} \times 100 = 12.5\%$가 된다.

16 직접고압 분사방식(CRDI) 디젤엔진에서 예비분사를 실시하지 않는 경우로 틀린 것은?

① 엔진 회전수가 고속인 경우

② 분사량의 보정제어 중인 경우

③ 연료 압력이 너무 낮은 경우

④ 예비분사가 주 분사를 너무 앞지르는 경우

해설

CRDI 디젤엔진에서 예비분사를 실시하지 않는 경우

• 예비분사가 주 분사를 너무 앞지르는 경우

• 엔진 회전수가 규정 이상인 경우

• 주 분사 연료량이 충분하지 않은 경우

• 엔진에 오류가 발생한 경우

• 연료압력이 최소압(100bar) 이하인 경우

17 베어링이 하우징 내에서 움직이지 않게 하기 위하여 베어링의 바깥 둘레를 하우징의 둘레보다 조금 크게 하여 차이를 두는 것은?

① 베어링 크러시

② 베어링 스프레드

③ 베어링 돌기

④ 베어링 어셈블리

해설

베어링 크러시는 베어링의 바깥 둘레와 하우징 둘레와의 차이를 말한다.

18 전자제어 가솔린엔진에서 워밍업 후 공회전 부조가 발생했다. 그 원인이 아닌 것은?

① 스로틀밸브의 걸림 현상

② ISC(아이들 스피드 컨트롤) 장치 고장

③ 수온센서 배선 단선

④ 액셀케이블 유격이 과다

해설

액셀 페달의 유격이 과다하면 가속 시 응답성이 느려진다.

19 피스톤링의 3대 작용으로 틀린 것은?

① 와류작용　　　　② 기밀작용

③ 오일제어작용　　　④ 열전도작용

해설

피스톤링의 3대 작용은 오일제어작용, 기밀유지작용, 열전도작용이다.

20 차량용 엔진의 엔진성능에 영향을 미치는 여러 인자에 대한 설명으로 옳은 것은?

① 흡입효율, 체적효율, 충전효율이 있다.
② 압축비는 기관의 성능에 영향을 미치지 못한다.
③ 점화시기는 기관의 특성에 영향을 미치지 못한다.
④ 냉각수 온도, 마찰 손실은 제외한다.

해설
차량용 엔진의 엔진성능에 영향을 미치는 여러 인자로는 흡입효율, 체적효율, 충전효율, 냉각효율, 마찰 손실, 점화시기, 압축비 등이 있다.

21 토크컨버터에서 터빈러너의 회전속도가 펌프임펠러의 회전속도에 가까워져 스테이터가 공전하기 시작하는 점은?

① 영 점   ② 임계점
③ 클러치점   ④ 변속점

해설
클러치 포인트는 터빈러너의 회전속도가 펌프임펠러의 회전속도와 비슷하게 되어 스테이터가 회전(프리 휠링)을 하는 시점이다.

22 자동변속기 스톨시험으로 알 수 없는 것은?

① 엔진의 구동력
② 토크컨버터의 동력차단 기능
③ 토크컨버터의 동력전달 상태
④ 클러치 미끄러짐 유무

해설
스톨시험이란 시프트레버 D와 R 레인지에서 엔진의 최대 회전속도를 측정하여 자동변속기와 엔진의 종합적인 성능을 점검하는 시험이며, 시험 시간은 5초 이내여야 한다. 따라서 엔진의 성능, 토크컨버터의 동력전달 및 미끄러짐 유무를 알 수 있다.

23 주행거리 1.6km를 주행하는 데 40초가 걸렸다. 이 자동차의 주행속도를 초속과 시속으로 표시하면?

① 25m/s, 14.4km/h
② 40m/s, 11.1km/h
③ 40m/s, 144km/h
④ 64m/s, 230.4km/h

해설
속도 = 단위시간당 움직인 거리(변위)이므로 속도 = $\frac{거리}{시간}$ 이 된다.

따라서 $\frac{1,600}{40}$ = 40m/s가 되고, 이를 시속으로 환산하면 40 × 3.6 = 144km/h가 된다.

24 자동변속기에서 기관속도가 상승하면 오일펌프에서 발생되는 유압도 상승한다. 이때 유압을 적절한 압력으로 조절하는 밸브는?

① 매뉴얼밸브   ② 스로틀밸브
③ 압력조절밸브   ④ 거버너밸브

해설
압력제어밸브는 유압회로 압력의 제한, 감압과 부하 방지, 무부하 작동, 조작의 순서 작동, 외부 부하와의 평형 작동을 하는 밸브로 일의 크기를 제어하는 역할을 한다.

25 수동변속기에서 싱크로메시(Synchro Mesh) 기구가 작동하는 시기는?

① 변속기어가 물려 있을 때

② 클러치페달을 놓을 때

③ 변속기어가 물릴 때

④ 클러치페달을 밟을 때

해설

수동변속기의 싱크로메시 기구는 변속기어가 물릴 때 동기작용을 통하여 기어의 치합이 원활하게 이루어지도록 하는 기구이다.

26 종감속장치에서 하이포이드 기어의 장점으로 틀린 것은?

① 기어의 이 물림률이 크기 때문에 회전이 정숙하다.

② 기어의 편심으로 차체의 전고가 높아진다.

③ 추진축의 높이를 낮게 할 수 있어 거주성이 향상된다.

④ 이면의 접촉 면적이 증가되어 강도를 향상시킨다.

해설

기어의 편심으로 차체의 전고가 낮아진다.

27 20km/h로 주행하는 차가 급가속하여 10초 후에 56 km/h가 되었을 때 가속도는?

① $1m/s^2$　　　　② $2m/s^2$

③ $5m/s^2$　　　　④ $8m/s^2$

해설

가속도 = $\dfrac{변화된 속력}{걸린 시간}$

$a = \dfrac{V_2 - V_1}{t} = \dfrac{(56-20)/3.6}{10}$

　 $= 1m/s^2$

※ 1시간 = 3,600초, 1,000m = 1km

28 변속 보조 장치 중 도로조건이 불량한 곳에서 운행되는 차량에 더 많은 견인력을 공급하기 위해 앞 차축에도 구동력을 전달하는 장치는?

① 동력변속 증강장치(POVS)

② 트랜스퍼 케이스(Transfer Case)

③ 주차도움장치

④ 동력인출장치(Power Take Off System)

해설

트랜스퍼 케이스(Transfer Case) : 주 변속기 뒤에 설치되는 보조 변속기, 엔진 동력을 나누어 앞뒤 구동 액슬에 전달한다.

29 주행 중 자동차의 조향휠이 한쪽으로 쏠리는 원인과 가장 거리가 먼 것은?

① 타이어 공기압력 불균일

② 바퀴 얼라인먼트의 조정 불량

③ 쇽업소버의 파손

④ 조향휠 유격 조정 불량

해설

조향휠 유격 조정 불량은 주행 중 자동차의 조향휠이 한쪽으로 쏠리는 원인으로 보기 어렵다.

30 유압식 동력조향장치와 비교하여 전동식 동력조향장치 특징으로 틀린 것은?

① 유압제어방식의 전자제어 조향장치보다 부품 수가 적다.

② 유압제어를 하지 않으므로 오일이 필요 없다.

③ 유압제어방식에 비해 연비를 향상시킬 수 없다.

④ 유압제어를 하지 않으므로 오일펌프가 필요 없다.

해설

모터 구동식 동력조향장치(MDPS ; Motor Driven Power Steering)는 전기모터를 구동시켜 조향핸들의 조향력을 보조하는 장치로서 기존의 전자제어식 동력조향장치보다 연비 및 응답성이 향상되어 조종 안전성을 확보할 수 있으며, 전기에너지를 이용하므로 친환경적이고, 구동소음과 진동 및 설치 위치에 대한 설계의 제약이 감소되었다.

31 선회 주행 시 뒷바퀴 원심력이 작용하여 일정한 조향각도로 회전해도 자동차의 선회 반지름이 작아지는 현상을 무엇이라고 하는가?

① 코너링 포스 현상

② 언더 스티어 현상

③ 캐스터 현상

④ 오버 스티어 현상

해설

오버 스티어는 일정한 조향각으로 선회하여 속도를 높였을 때 선회 반경이 작아지는 것으로 언더 스티어의 반대의 경우로서 안쪽으로 서서히 작아지는 궤적을 나타낸다.

32 유압식 브레이크 장치에서 잔압을 형성하고 유지시키는 것은?

① 마스터 실린더 피스톤 1차 컵과 2차 컵

② 마스터 실린더의 체크밸브와 리턴스프링

③ 마스터 실린더 오일탱크

④ 마스터 실린더 피스톤

해설

유압식 브레이크 장치에서 잔압을 형성하고 유지시키는 것은 마스터 실린더의 체크밸브와 리턴스프링이다.

33 토크컨버터 내에 있는 스테이터가 회전하기 시작하여 펌프 및 터빈과 함께 회전할 때 설명으로 맞는 것은?

① 오일 흐름의 방향을 바꾼다.

② 터빈의 회전속도가 펌프보다 증가한다.

③ 토크변환이 증가한다.

④ 유체클러치의 기능이 된다.

해설

스테이터가 회전하기 시작하는 시점은 클러치 포인트 이후, 즉 고속 회전 시 스테이터가 프리 휠링하면서 유체커플링으로 전환되는 영역이다.

34 차륜 정렬상태에서 캠버가 과도할 때 타이어의 마모 상태는?

① 트레드의 중심부가 마멸

② 트레드의 한쪽 모서리가 마멸

③ 트레드의 전반에 걸쳐 마멸

④ 트레드의 양쪽 모서리가 마멸

해설

과도한 캠버는 너클에 응력이 집중되고, 바퀴의 트레드 한 부분(안쪽, 바깥쪽)의 마모를 촉진시킨다.

35 전동식 동력조향장치(MDPS ; Motor Driven Power Steering)의 제어항목이 아닌 것은?

① 과부하보호 제어
② 아이들-업 제어
③ 경고등 제어
④ 급가속 제어

> **해설**
> 전동식 동력조향장치(MDPS)에서 급가속 제어는 제어항목이 아니다.

36 자동변속기에서 토크 컨버터 내의 로크업 클러치(댐퍼 클러치)의 작동 조건으로 거리가 먼 것은?

① "D" 레인지에서 일정 차속(약 70km/h 정도) 이상일 때
② 냉각수 온도가 충분히(약 75℃ 정도) 올랐을 때
③ 브레이크 페달을 밟지 않을 때
④ 발진 및 후진 시

> **해설**
> **댐퍼 클러치의 미작동 범위**
> • 제1속 및 후진 시
> • 엔진브레이크 작동 시
> • 유온이 60℃ 이하 시
> • 엔진냉각수 온도가 50℃ 이하 시
> • 제3속에서 제2속으로 다운시프트 시
> • 엔진 회전수가 800rpm 이하 시
> • 급가속 및 급감속 시

37 다음에서 스프링의 진동 중 스프링 위 질량의 진동과 관계없는 것은?

① 바운싱(Bouncing)
② 피칭(Pitching)
③ 휠 트램프(Wheel Tramp)
④ 롤링(Rolling)

> **해설**
> 휠 트램프는 스프링 아래 질량 진동을 나타낸다.

38 동력조향장치의 스티어링 휠 조작이 무겁다. 의심되는 고장 부위 중 가장 거리가 먼 것은?

① 랙 피스톤 손상으로 인한 내부 유압 작동 불량
② 스티어링 기어박스의 과다한 백래시
③ 오일탱크 오일 부족
④ 오일펌프 결함

> **해설**
> 스티어링 기어박스의 과다한 백래시로 인하여 바퀴가 좌우로 흔들리게 되면 핸들이 떨게 된다.
> **핸들(스티어링 휠)이 무거운 경우**
> • 타이어 공기압이 너무 적거나 규격에 맞지 않는 광폭타이어 장착한 경우
> • 파워핸들 오일의 부족한 경우
> • 파워핸들 기어박스 불량으로 오일순환이 제대로 되지 않을 경우
> • 현가장치나 조향장치의 관련부품이 충격을 받아 휠 얼라인먼트에 변형이 생길 경우
> • 조향장치의 전자제어 불량
> • 스티어링 내에 공기가 유입된 경우

39 클러치페달을 밟아 동력이 차단될 때 소음이 나타나는 원인으로 가장 적합한 것은?

① 클러치 디스크가 마모되었다.
② 변속기어의 백래시가 작다.
③ 클러치스프링 장력이 부족하다.
④ 릴리스 베어링이 마모되었다.

> **해설**
> 동력차단 시 릴리스 베어링의 마모가 심할 경우 소음과 진동이 발생한다.

40 타이어의 스탠딩 웨이브 현상에 대한 내용으로 옳은 것은?

① 스탠딩 웨이브를 줄이기 위해 고속주행 시 공기압을 10% 정도 줄인다.

② 스탠딩 웨이브가 심하면 타이어 박리현상이 발생할 수 있다.

③ 스탠딩 웨이브는 바이어스 타이어보다 레이디얼 타이어에서 많이 발생한다.

④ 스탠딩 웨이브 현상은 하중과 무관하다.

해설
스탠딩 웨이브 현상이 심할 경우 장시간 고속주행 시 타이어의 파손이 발생할 수 있다.

41 편의장치 중 중앙집중식 제어장치(ETACS 또는 ISU)의 입출력요소의 역할에 대한 설명 중 틀린 것은?

① 모든 도어스위치 : 각 도어 잠김 여부 감지

② INT 스위치 : 와셔 작동 여부 감지

③ 핸들 로크 스위치 : 키 삽입 여부 감지

④ 열선스위치 : 열선 작동 여부 감지

해설
INT 스위치는 간헐와이퍼 작동 신호이다.

42 150Ah의 축전지 2개를 병렬로 연결한 상태에서 15A의 전류로 방전시킨 경우 몇 시간 사용할 수 있는가?

① 5 ② 10

③ 15 ④ 20

해설
150Ah의 축전지 2개를 병렬연결하면 300Ah가 되고, 300Ah 용량의 배터리를 15A로 사용하면 20h를 사용할 수 있다.

43 힘을 받으면 기전력이 발생하는 반도체의 성질은?

① 펠티에 효과 ② 피에조 효과

③ 제베크 효과 ④ 홀 효과

해설
② 피에조 효과 : 힘을 받으면 기전력이 발생한다.
① 펠티에 효과 : 전류가 흐르면 열의 흡수가 일어난다.
③ 제베크 효과 : 열을 받으면 기전력이 발생한다.
④ 홀 효과 : 자력을 받으면 도전도가 변화한다.

44 발전기의 3상 교류에 대한 설명으로 틀린 것은?

① 3조의 코일에서 생기는 교류 파형이다.

② Y결선을 스타결선, △결선을 델타결선이라 한다.

③ 각 코일에 발생하는 전압을 선간전압이라고 하며, 스테이터 발생전류는 직류전류가 발생된다.

④ △결선은 코일의 각 끝과 시작점을 서로 묶어서 각각의 접속점을 외부 단자로 한 결선 방식이다.

해설
스테이터 코일에서는 교류전기가 발생되며, 이를 다이오드가 정류하여 직류로 변환한다.

45 점화장치에서 파워 트랜지스터에 대한 설명으로 틀린 것은?

① 베이스 신호는 ECU에서 받는다.
② 점화코일 1차전류를 단속한다.
③ 이미터 단자는 접지되어 있다.
④ 컬렉터 단자는 점화 2차코일과 연결되어 있다.

해설
점화장치에서 컬렉터 단자는 점화 1차코일과 연결되어 있다.

46 전조등 광원의 광도가 20,000cd이며, 거리가 20m일 때 조도는?

① 50lx
② 100lx
③ 150lx
④ 200lx

해설
조도 산출식은 $E(\text{lx}) = \dfrac{I}{r^2}$ 이므로 $\dfrac{20,000}{(20)^2} = 50\text{lx}$이다.

47 계기판의 주차브레이크등이 점등되는 조건이 아닌 것은?

① 주차브레이크가 당겨져 있을 때
② 브레이크액이 부족할 때
③ 브레이크 페이드 현상이 발생할 때
④ EBD 시스템에 결함이 발생할 때

해설
주차브레이크등은 브레이크액이 부족하거나 주차브레이크 작동 시, EBD 시스템에 이상 발생 시 점등된다.

48 자동차 냉방장치의 응축기(Condenser)가 하는 역할로 맞는 것은?

① 액체 상태의 냉매를 기화시키는 것이다.
② 액상의 냉매를 일시 저장한다.
③ 고온고압의 기체 냉매를 액체 냉매로 변환시킨다.
④ 냉매를 항상 건조하게 유지시킨다.

해설
응축기는 라디에이터 앞쪽에 설치되며, 압축기로부터 공급된 고온고압의 기체 상태 냉매의 열을 대기 중으로 방출시켜 액체 상태 냉매로 변환시킨다.

49 저항이 병렬로 연결된 회로의 설명으로 맞는 것은?

① 총저항은 각 저항의 합과 같다.
② 각 회로에 동일한 저항이 가해지므로 전압은 다르다.
③ 각 회로에 동일한 전압이 가해지므로 입력 전압은 일정하다.
④ 전압은 한 개일 때와 같으며, 전류도 같다.

해설
저항의 병렬연결 시 각 저항에 흐르는 전압은 같고, 전류는 저항에 반비례한다.

50 교류발전기에서 축전지의 역류를 방지하는 컷아웃 릴레이가 없는 이유는?

① 트랜지스터가 있기 때문이다.
② 점화스위치가 있기 때문이다.
③ 실리콘다이오드가 있기 때문이다.
④ 전압릴레이가 있기 때문이다.

해설
실리콘다이오드는 교류발전기에서 직류발전기 컷아웃 릴레이와 같은 일을 한다.

52 기동전동기를 주요 부분으로 구분한 것이 아닌 것은?

① 회전력을 발생시키는 부분
② 무부하 전력을 측정하는 부분
③ 회전력을 기관에 전달하는 부분
④ 피니언을 링기어에 물리게 하는 부분

해설
기동전동기는 전동기 자체 부분과 솔레노이드 스위치(마그네틱 스위치) 그리고 피니언 기어 및 오버러닝 클러치 등 3개 부분으로 구성되어 있다.

51 다음 그림은 교류신호를 측정한 파형이다. 아날로그 멀티미터로 측정한 평균치가 +80V라고 할 때 오실로스코프에서 디지털신호로 받아들이는 P-P 전압은 약 몇 V에 상당하는가?

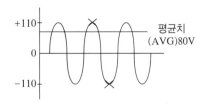

① 110V ② 160V
③ 170V ④ 220V

해설
그림에서 P-P전압은 −110V ~ +110V이므로 220V가 된다.

53 전자제어시스템을 정비할 때 점검 방법 중 올바른 것을 모두 고른 것은?

> ㉠ 배터리 전압이 낮으면 자기진단이 불가할 수 있으므로 배터리 전압을 확인한다.
> ㉡ 배터리 또는 ECU커넥터를 분리하면 고장항목이 지워질 수 있으므로 고장진단 결과를 완전히 읽기 전에는 배터리를 분리시키지 않는다.
> ㉢ 전장품을 교환할 때에는 배터리 (−)케이블을 분리 후 작업한다.

① ㉠, ㉡ ② ㉠, ㉢
③ ㉡, ㉢ ④ ㉠, ㉡, ㉢

해설
보기의 내용은 모두 전자제어장치 점검 및 진단 방법에 속한다.

54 에어백 장치를 점검, 정비할 때 안전하지 못한 행동은?

① 에어백 모듈은 사고 후에도 재사용이 가능하다.
② 조향휠을 장착할 때 클록 스프링의 중립 위치를 확인한다.
③ 에어백 장치는 축전지 전원을 차단하고 일정시간 지난 후 정비한다.
④ 인플레이터의 저항은 아날로그 테스터기로 측정하지 않는다.

해설
에어백 모듈은 사고 후 교환하여야 한다.

56 작업안전상 드라이버 사용 시 유의사항이 아닌 것은?

① 날 끝이 홈의 폭과 길이가 같은 것을 사용한다.
② 날 끝이 수평이어야 한다.
③ 작은 부품은 한 손으로 잡고 사용한다.
④ 전기 작업 시 금속부분이 자루 밖으로 나와 있지 않아야 한다.

해설
드라이버 사용상 작은 부품이라도 두 손을 사용하여 작업한다.

55 드릴링 머신 작업을 할 때 주의사항으로 틀린 것은?

① 드릴은 주축에 튼튼하게 장치하여 사용한다.
② 공작물을 제거할 때는 회전을 완전히 멈추고 한다.
③ 가공 중에 드릴이 관통했는지를 손으로 확인한 후 기계를 멈춘다.
④ 드릴의 날이 무디어 이상한 소리가 날 때는 회전을 멈추고 드릴을 교환하거나 연마한다.

해설
가공 중에 가공 부위에 손을 이용하여 직접 확인해서는 안 된다.

57 재해 건수/연 근로시간 수 × 1,000,000의 식이 나타내는 것은?

① 강도율　　　　② 도수율
③ 휴업률　　　　④ 천인율

해설
도수율은 100만 시간당 재해의 발생건수로 재해의 발생 빈도를 나타낸 것으로 (재해 건수/연 노동시간 수) × 1,000,000이다. 참고로 강도율은 휴업에 따른 노동 손실의 정도로 1,000시간 중 노동손실일 수를 말하며 (근로 손실일 수/연 근로시간 수) × 1,000로 산출하고, 연천인율은 1,000명을 기준으로 한 재해 발생 건수의 비율이며 (연간 재해 건수/연평균 근로자 수) × 1,000으로 산출한다.

58 귀마개를 착용하여야 하는 작업과 가장 거리가 먼 것은?

① 공기압축기가 가동되는 기계실 내에서 작업
② 디젤엔진 시동 작업
③ 단조 작업
④ 제관 작업

해설
디젤엔진의 시동 작업은 귀마개를 착용하는 작업으로 분류되지 않는다.

59 엔진작업에서 실린더헤드 볼트를 올바르게 풀어내는 방법은?

① 반드시 토크렌치를 사용한다.
② 풀기 쉬운 것부터 푼다.
③ 바깥쪽에서 안쪽으로 향하여 대각선 방향으로 푼다.
④ 시계 방향으로 차례대로 푼다.

해설
엔진의 실린더헤드 탈거 시 헤드볼트의 분해는 바깥쪽에서 안쪽으로 향하여 대각선 방향으로 푼다.

60 안전보건표지의 종류와 형태에서 경고표지 색상으로 맞는 것은?

① 검정색 바탕에 노란색 테두리
② 노란색 바탕에 검정색 테두리
③ 빨강색 바탕에 흰색 테두리
④ 흰색 바탕에 빨강색 테두리

해설
안전보건표지에서 경고표지의 색상은 노란색 바탕에 검정색 테두리로 표시한다.

01 가솔린의 성분 중 이소옥탄이 80%이고, 노말헵탄이 20%일 때 옥탄가는?

① 80
② 70
③ 40
④ 20

해설

옥탄가(ON)를 산출하는 공식은

$$ON = \frac{이소옥탄}{이소옥탄 + 정헵탄} \times 100$$ 이므로

$$\frac{80}{80 + 20} \times 100 = 80이 된다.$$

02 실린더헤드의 평면도 점검방법이다. 옳은 것은?

① 마이크로미터로 평면도를 측정, 점검한다.
② 곧은자와 틈새게이지로 측정, 점검한다.
③ 실린더헤드를 3개 방향으로 측정, 점검한다.
④ 틈새가 0.02mm 이상이면 연삭한다.

해설

실린더헤드의 평면도 점검은 곧은자와 필러게이지(티그니스게이지, 틈새게이지)로 평면도를 측정하며, 총 6방향(알루미늄헤드일 경우 7방향)의 평면도를 점검한다.

03 기관 작동 중 냉각수의 온도가 83℃를 나타낼 때 절대온도는?

① 563K
② 456K
③ 356K
④ 263K

해설

−273℃ = 0K이므로 83℃를 절대온도로 환산하면 273 + 83 = 356K이 된다.

04 LP가스를 사용하는 자동차에서 차량 전복으로 인하여 파이프가 손상 시 용기 내 LP가스 연료를 차단하기 위한 역할을 하는 것은?

① 영구자석
② 과류방지 밸브
③ 체크 밸브
④ 감압 밸브

해설

LPG 자동차의 전복 또는 사고로 급격히 용기 내의 가스가 누설될 경우 과류방지 밸브가 LPG의 누설을 차단한다.

05 배기가스 재순환(EGR) 장치에 관한 설명으로 틀린 것은?

① 연소 가스가 흡입되므로 엔진의 출력이 저하된다.
② 뜨거워진 연소가스를 재순환시켜 연소실 내의 연소 온도를 높여 유해가스 배출을 억제한다.
③ 질소산화물(NO_X)을 저감시키기 위한 장치이다.
④ 엔진의 냉각수 온도가 낮을 때는 작동하지 않는다.

해설

배기가스 재순환장치는 흡기다기관의 진공에 의하여 배기가스 중 일부를 배기다기관에서 빼내어 흡기다기관으로 순환시켜 연소실로 다시 유입시켜 연소실의 온도를 낮추어 질소산화물(NO_X)의 발생을 억제한다.

06 그림은 TPS회로이다. 점 A에 접속이 불량할 때 이에 대한 스로틀포지션센서(TPS)의 출력전압을 측정 시 올바른 것은?

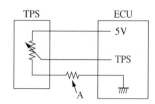

① TPS 값이 밸브 개도에 따라 가변 되지 않는다.
② TPS 값이 항상 기준보다 조금은 낮게 나온다.
③ TPS 값이 항상 기준보다 높게 나온다.
④ TPS 값이 항상 5V로 나오게 된다.

해설
위 그림은 접지선의 접속이 불량한 상태이므로 TPS 출력전압은 기준보다 항상 높게 출력된다.

08 지르코니아 산소센서에 대한 설명으로 맞는 것은?

① 산소센서는 농후한 혼합기가 흡입될 때 0~0.5V의 기전력이 발생한다.
② 산소센서는 흡기 다기관에 부착되어 산소의 농도를 감지한다.
③ 산소센서는 최고 1V의 기전력을 발생한다.
④ 산소센서는 배기가스 중의 산소농도를 감지하여 NO_x를 줄일 목적으로 설치한다.

해설
지르코니아 산소센서는 배기다기관에 설치되어 0.1~1V 사이의 기전력이 발생되며, 연소실이 농후할 때에는 1V에 가까운 높은 전압이, 연소실이 희박할 때에는 0.1V에 가까운 낮은 전압이 출력된다. 배기가스 중의 산소농도를 감지하여 정확한 연료분사 보정량의 신호로 사용된다(CO, HC 저감).

09 제작자동차 등의 안전기준에서 2점식 또는 3점식 안전띠의 골반 부분 부착장치는 몇 kgf의 하중에 10초 이상 견뎌야 하는가?

① 1,270kgf   ② 2,270kgf
③ 3,870kgf   ④ 5,670kgf

해설
2점식 또는 어깨 부분과 골반 부분이 분리되는 3점식 안전띠의 골반 부분 부착장치는 2,270kg의 하중에 10초 이상 견딜 것

07 어느 가솔린엔진의 제동 연료소비율이 250g/PSh이다. 제동열효율은 약 몇 %인가?(단, 연료의 저위발열량은 10,500kcal/kg이다)

① 12.5   ② 24.1
③ 36.2   ④ 48.3

해설
정미열효율 산출식

$\eta_b = \dfrac{BPS \times 632.3}{B \times C} \times 1000$이므로

$\dfrac{632.3}{10,500 \times 0.25} \times 100 = 24.08$이 된다.

따라서 제동열효율 = 24.08%이다.

10 디젤엔진에서 냉각장치로 흡수되는 열은 연료 진발열량의 약 몇 % 정도인가?

① 30~35   ② 40~50
③ 55~65   ④ 70~80

해설
디젤엔진에서 냉각장치로의 흡수되는 열은 진발열량 대비 약 30~35% 정도이다.

11 전자제어엔진에서 노킹센서의 고장으로 노킹이 발생되는 경우 엔진에 미치는 영향으로 옳은 것은?

① 오일이 냉각된다.

② 가속 시 출력이 증가한다.

③ 엔진 냉각수가 줄어든다.

④ 엔진이 과열된다.

해설

노킹이 미치는 영향

- 노킹이 일어나면 실린더 내에 강한 압력파가 발생되며, 일부는 냉각수에 흘러 들어가서 엔진은 가열되고, 배기온도는 낮아지며, 열효율이 저하되어 출력이 떨어진다.
- 노킹이 시작되면 급격한 폭발 때문에 최고압력은 증대되나 평균 유효압력은 감소되어 출력이 감소하게 된다.
- 노킹에 의한 격렬한 진동으로 윤활부에 충격하중이 걸려서 유막이 파괴되기 때문에 베어링이 피로를 받는다.
- 노킹이 계속되면 엔진이 과열되어 실린더의 온도가 상승되고, 흡기온도는 상승된다.
- 베어링의 융착 등에 의한 손상, 피스톤 및 배기밸브의 소손, 실린더의 마멸, 엔진의 과열, 출력 저하, 점화플러그의 소손 등이 발생한다.

12 4사이클 가솔린엔진에서 최대압력이 발생되는 시기는 언제인가?

① 배기행정의 끝 부근에서

② 압축행정 끝 부근에서

③ 피스톤의 TDC 전 약 10~15° 부근에서

④ 동력행정에서 TDC 후 약 10~15°에서

해설

엔진에서 최고 폭발압력점은 상사점 후(ATDC) 13~15°이며, 이를 맞추기 위해 점화시기 제어를 수행한다.

13 전자제어 엔진의 흡입공기량 검출에 사용되는 MAP센서 방식에서 진공도가 크면 출력전압값은 어떻게 변하는가?

① 낮아진다.

② 높아진다.

③ 낮아지다가 갑자기 높아진다.

④ 높아지다가 갑자기 낮아진다.

해설

MAP센서는 흡기다기관 진공도 측정센서로서 흡입공기량 간접계 측센서이다. MAP센서는 진공도가 클수록 낮은 전압이 출력되며, 대기압에 가까울수록 높은 전압이 출력된다.

14 3원 촉매장치에 대한 설명으로 거리가 먼 것은?

① CO와 HC는 산화되어 CO_2와 H_2O로 된다.

② NO_x는 환원되어 N_2와 O로 분리된다.

③ 유연휘발유를 사용하면 촉매장치가 막힐 수 있다.

④ 차량을 밀거나 끌어서 시동하면 농후한 혼합기가 촉매장치 내에서 점화할 수 있다.

해설

NO_x는 환원되어 N_2와 CO_2로 분리된다.

15 자동차용 가솔린 연료의 물리적 특성으로 틀린 것은?

① 인화점은 약 −40℃ 이하이다.

② 비중은 약 0.65~0.75 정도이다.

③ 자연발화점은 약 250℃로서 경유에 비하여 낮다.

④ 발열량은 약 11,000kcal/kg로서 경유에 비하여 높다.

해설

자연발화점(착화점)은 경유에 비해 높다.

16 일반적으로 기관의 회전력이 가장 클 때는?

① 어디서나 같다.

② 저 속

③ 고 속

④ 중 속

> **해설**
> 기관의 토크는 중속영역에서 가장 크게 나타난다.

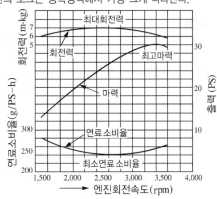

17 1PS로 1시간 동안 하는 일량을 열량 단위로 표시하면?

① 약 432.5kcal

② 약 532.5kcal

③ 약 632.3kcal

④ 약 732.2kcal

> **해설**
> $1PS = 75kg \cdot m/s$
> $= 75 \times 9.8N \cdot m/s = 75 \times 9.8J/s = 75 \times 9.8 \times 0.239cal/s$
> $= 75 \times 9.8 \times 0.239cal/s \times \dfrac{3,600s}{1h} \times \dfrac{1kcal}{1,000cal}$
> $= 75 \times 9.8 \times 0.239 \times 3,600 \times 0.001kcal/h$
> $= 632.3kcal/h$

18 전자제어기관에서 배기가스가 재순환되는 EGR 장치의 EGR율(%)을 바르게 나타낸 것은?

① $EGR율 = \dfrac{EGR가스량}{배기공기량 + EGR가스량} \times 100$

② $EGR율 = \dfrac{EGR가스량}{흡입공기량 + EGR가스량} \times 100$

③ $EGR율 = \dfrac{흡입공기량}{흡입공기량 + EGR가스량} \times 100$

④ $EGR율 = \dfrac{배기공기량}{흡입공기량 + EGR가스량} \times 100$

> **해설**
> $EGR율 = \dfrac{EGR가스량}{흡입공기량 + EGR가스량} \times 100$이다.

19 피스톤헤드 부분에 있는 홈(Heat Dam)의 역할은?

① 제1압축링을 끼우는 홈이다.

② 열의 전도를 방지하는 홈이다.

③ 무게를 가볍게 하기 위한 홈이다.

④ 응력을 집중하기 위한 홈이다.

> **해설**
> 히트 댐은 피스톤헤드의 고온의 열이 피스톤링으로 전달되는 것을 방지하는 홈이다.

20 기관의 체적효율이 떨어지는 원인과 관계있는 것은?

① 흡입공기가 열을 받았을 때

② 과급기를 설치할 때

③ 흡입공기를 냉각할 때

④ 배기밸브보다 흡기밸브가 클 때

> **해설**
> 체적효율은 흡입공기가 뜨거울 때 감소된다.

21 물이 고여 있는 도로주행 시 하이드로플레이닝 현상을 방지하기 위한 방법으로 틀린 것은?

① 저속 운전을 한다.
② 트레드 마모가 적은 타이어를 사용한다.
③ 타이어 공기압을 낮춘다.
④ 리브형 패턴을 사용한다.

해설
수막 현상을 방지하기 위해 타이어 공기압을 높인다.

22 주행 중 제동 시 좌우 편제동의 원인으로 틀린 것은?

① 드럼의 편마모
② 휠 실린더오일 누설
③ 라이닝 접촉 불량, 기름 부착
④ 마스터 실린더의 리턴 구멍 막힘

해설
마스터 실린더의 리턴 구멍이 막힐 경우는 편제동의 원인이 아닌 브레이크 작동 후 해제가 잘 이루어지지 않을 때이다.

23 전자제어 현가장치에서 자동차 전방에 있는 노면의 돌기 및 단차를 검출하는 제어는?

① 안티로크 제어
② 스카이훅 제어
③ 퍼지 제어
④ 프리뷰 제어

해설
전자제어 현가장치에서 자동차 주행 시 전방에 있는 노면 상태를 미리 검출하여 능동적으로 서스펜션을 제어하는 시스템을 프리뷰 제어라 한다.

24 전자제어 동력조향장치 유량제어 방식을 설명한 것으로 맞는 것은?

① 동력실린더에 의해 유료를 통과하는 유압유를 제한하거나 바이패스 시켜 제어밸브의 피스톤에 가해지는 유압을 조절하는 방식이다.
② 제어밸브의 열림 정도를 직접 조절하는 방식이며, 동력실린더에 유압은 제어밸브의 열림 정도로 결정된다.
③ 제어밸브에 의해 유로를 통과하는 유압유를 제한하거나 바이패스 시켜 동력실린더의 피스톤에 가해지는 유압을 조절하는 방식이다.
④ 동력실린더의 열림 정도를 직접 조절하는 방식이며, 제어밸브에 유압은 제어밸브의 열림 정도로 결정된다.

25 4륜 조향장치(4WS)의 적용 효과에 해당하지 않는 것은?

① 저속에서 선회할 때 최소 회전반지름이 증가한다.
② 차로변경이 쉽다.
③ 주차 및 일렬 주차가 편리하다.
④ 고속 직진 성능이 향상된다.

해설
4륜 조향장치(4WS)는 저속에서 최소 회전반지름을 감소시켜 저속 회전 효율을 증가시킨다.

26 전자제어 현가장치에서 롤(Roll) 제어를 할 때 가장 직접적인 관계가 있는 것은?

① 차속센서, 브레이크 스위치
② 차속센서, 인히비터 스위치
③ 차속센서, 조향휠센서
④ 차속센서, 스로틀포지션센서

해설
전자제어 현가장치에서 안티롤(Anti-Roll) 제어 시 차속센서와 조향휠 각속도센서의 신호를 받아 제어한다.

27 등속도 자재이음의 종류가 아닌 것은?

① 훅 조인트형(Hook Joint Type)
② 트랙터형(Tractor Type)
③ 제파형(Rzeppa Type)
④ 버필드형(Birfield Type)

해설
등속 조인트 종류 : 트랙터형, 이중 십자형, 벤딕스 와이스형, 제파형, 버필드형

28 ABS가 장착된 차량에서 휠스피드센서의 역할은?

① 휠의 회전속도를 감지하여 이를 전기적 신호로 바꾸어 ABS 컨트롤유닛으로 보낸다.
② 휠의 회전속도를 감지하여 이를 기계적 신호로 바꾸어 ABS 컨트롤유닛으로 보낸다.
③ 휠의 회전속도를 감지하여 이를 전기적 신호로 바꾸어 계기판으로 보낸다.
④ 휠의 회전속도를 감지하여 이를 기계적 신호로 바꾸어 계기판으로 보낸다.

해설
휠스피드센서의 역할은 휠의 회전속도를 감지하여 이를 전기적 신호로 바꾸어 ABS 컨트롤유닛으로 보낸다. 이때의 센서는 속도 증가에 따라 주파수를 비례 증가시킨다.

29 조향기어비가 15 : 1인 조향기어에서 피트먼 암을 20° 회전시키기 위한 핸들의 회전각도는?

① 30°
② 270°
③ 300°
④ 370°

해설
조향기어비 $= \dfrac{\text{조향핸들 회전각(°)}}{\text{피트먼 암, 너클 암, 바퀴 선회각(°)}}$ 이므로

$15 = \dfrac{\text{조향핸들 회전각}}{20°}$ 이 되므로

조향핸들 회전각은 20° × 15 = 300°가 된다.

30 현가장치에서 스프링에 대한 설명으로 틀린 것은?

① 스프링은 훅의 법칙에 따라 가해지는 힘에 의해 변형량은 비례한다.
② 스프링의 상수는 스프링의 세기를 표시한다.
③ 스프링의 상수를 일정하게 하고, 하중을 증가시키면 진동수는 증가한다.
④ 스프링의 진동수는 스프링 상수에 비례하고, 하중에 반비례한다.

해설
스프링 상수가 일정한 경우에는 하중을 크게 하면 진동수는 감소하고, 하중이 일정한 경우 진동수를 작게 하려면 스프링 상수가 적은 스프링을 사용해야 한다.

26 ③ 27 ① 28 ① 29 ③ 30 ③ **정답**

31 자동차가 선회할 때 차체의 좌우 진동을 억제하고 롤링을 감소시키는 것은?

① 스태빌라이저
② 겹판 스프링
③ 타이로드
④ 킹 핀

해설
차체의 좌우 진동(롤링)을 감소시키는 부품은 스태빌라이저이다.

32 전자제어 동력조향장치의 요구 조건이 아닌 것은?

① 저속 시 조향휠의 조작력이 적을 것
② 고속 직진 시 복원 반력이 감소할 것
③ 긴급 조향 시 신속한 조향 반응이 보장될 것
④ 직진 안정감과 미세한 조향 감각이 보장될 것

해설
고속주행 시 복원 반력이 감소되면 조향 안전성이 나빠진다.

33 제동장치에서 후륜의 잠김으로 인한 스핀을 방지하기 위해 사용되는 것은?

① 릴리프 밸브
② 컷오프 밸브
③ 프로포셔닝 밸브
④ 솔레노이드 밸브

해설
유압식 제동장치에서 후륜 측에 제동력을 감소시켜 스핀을 방지하기 위해 사용되는 것은 프로포셔닝 밸브이다.

34 자동변속기를 제어하는 TCU(Transaxle Control Unit)에 입력되는 신호가 아닌 것은?

① 인히비터 스위치
② 스로틀포지션센서
③ 엔진 회전수
④ 휠스피드센서

해설
휠스피드센서는 ABS의 구성부품이다.

35 수동변속기 차량의 클러치판에서 클러치 접속 시 회전충격을 흡수하는 것은?

① 쿠션 스프링
② 댐퍼 스프링
③ 클러치 스프링
④ 막 스프링

해설
클러치 디스크에서 접촉 시 회전충격의 흡수는 비틀림 댐퍼 코일스프링이 흡수한다.

36 자동차가 주행 중 앞부분에 심한 진동이 생기는 현상인 트램핑(Tramping)의 주된 원인은?

① 적재량 과다
② 토션 바 스프링 마멸
③ 내압의 과다
④ 바퀴의 불평형

해설
휠 트램핑은 정적 불평형일 때 발생되며, 회전 시 휠의 상하진동을 말한다.

37 동력조향장치에서 오일펌프에 걸리는 부하가 기관 아이들링 안정성에 영향을 미칠 경우 오일펌프 압력 스위치는 어떤 역할을 하는가?

① 유압을 더욱 다운시킨다.
② 부하를 더욱 증가시킨다.
③ 기관 아이들링 회전수를 증가시킨다.
④ 기관 아이들링 회전수를 다운시킨다.

해설
동력조향장치에서 오일펌프에 걸리는 부하가 발생하면 오일펌프 압력 스위치가 작동하여 엔진의 회전수를 증가시키는 신호로 사용된다.

38 자동변속기 차량의 토크컨버터 내부에서 고속회전 시 터빈과 펌프를 기계적으로 직결시켜 슬립을 방지하는 것은?

① 스테이터
② 댐퍼 클러치
③ 일 방향 클러치
④ 가이드 링

해설
댐퍼 클러치(토크컨버터 클러치)는 자동변속기 차량의 토크컨버터 내부에서 고속회전 시 터빈과 펌프를 기계적으로 직결시켜 동력손실을 방지한다.

39 종감속 및 차동장치에서 구동피니언의 잇수가 6, 링기어의 잇수가 60, 추진축이 1,000rpm일 때 왼쪽 바퀴가 150rpm이었다. 이때 오른쪽 바퀴는 몇 rpm인가?

① 25rpm
② 50rpm
③ 75rpm
④ 100rpm

해설

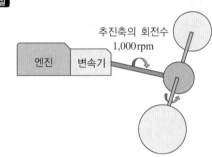

종감속비 $= \dfrac{\text{링기어 잇수}}{\text{구동피니언 잇수}}$ 이므로

종감속비는 $\dfrac{60}{6} = 10$ 이다.

양바퀴의 직진 시 회전수는 $\dfrac{1,000}{10}$ 이므로 100rpm이다.

차동장치의 특성상 한쪽 바퀴의 회전수가 증가하면, 반대쪽 바퀴의 회전수가 증가한 양만큼 감소한다. 따라서 왼쪽 바퀴가 150rpm이면 오른쪽 바퀴는 50rpm이다.

40 자동변속기 분해 조립 시 유의사항으로 틀린 것은?

① 작업 시 청결을 유지하고 작업한다.
② 분해된 모든 부품은 걸레로 닦아낸다.
③ 클러치판, 브레이크 디스크는 자동변속기 오일로 세척한다.
④ 조립 시 개스킷, 오일 실 등은 새것으로 교환한다.

해설
유압밸브 바디 내부 등을 걸레로 닦을 경우 유압제어 회로에 문제가 발생할 수 있다.

41 자동차 전기장치에 사용되는 퓨즈에 대한 설명으로 틀린 것은?

① 전기회로에 직렬로 설치된다.

② 단락 및 누전에 의해 과대 전류가 흐르면 차단되어 전류의 흐름을 방지한다.

③ 재질은 알루미늄(25%) + 주석(13%) + 구리(50%) 등으로 구성된다.

④ 회로에 합선이 되면 퓨즈가 단선되어 전류의 흐름을 차단한다.

해설
자동차용 퓨즈의 재질은 납(Pb) + 주석(Sn), 아연(Zn) 등으로 구성된다.

42 축전지의 전압이 12V이고, 권선비가 1 : 40인 경우 1차 유도전압이 350V이면, 2차 유도전압은?

① 7,000V ② 12,000V

③ 13,000V ④ 14,000V

해설
전압비와 권선비는 다음의 식으로 산출한다.
$\dfrac{E_2}{E_1} = \dfrac{N_2}{N_1} = \dfrac{I_1}{I_2}$ 이므로 $\dfrac{E_2}{350} = \dfrac{40}{1}$ 이며, 따라서 $E_2 = 14{,}000$V 이다.

43 전기회로 중 그림과 같은 병렬회로에 흐르는 전체 전류 I를 계산하는 식은?

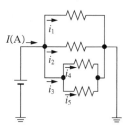

① $I = \dfrac{1}{i_1} + \dfrac{1}{i_2} + \left(\dfrac{1}{i_4} + \dfrac{1}{i_5} \right)$

② $I = i_2 + i_3 + (i_4 + i_5)$

③ $I = i_1 + i_3 = i_1 + (i_4 + i_5)$

④ $I = i_1 + i_2 + i_3 = i_1 + i_2 + (i_4 + i_5)$

해설
그림은 병렬회로이므로 각 저항에 걸리는 전류의 합으로 계산된다.

44 바이메탈을 이용한 것으로 과도한 전류가 흐르면 바이메탈이 열을 받아 휨으로써 접점이 떨어지고 온도가 낮아지면서 접촉부가 붙게 되어 전류를 흐르게 하는 것은?

① 퓨 즈 ② 퓨저블 링크

③ 서킷 브레이커 ④ 전기 브레이크

해설
과도한 전류가 흐르면 열팽창률이 다른 두 금속(바이메탈)이 열을 받아 휨으로써 접점이 떨어지고, 온도가 낮아지면서 접촉부가 붙게 되어 스위칭 역할을 하는 것은 서킷 브레이커이다.

45 자동차용 납산배터리의 기능으로 틀린 것은?

① 엔진 시동에 필요한 전기에너지를 공급한다.
② 발전기 고장 시에는 자동차 전기장치에 전기에너지를 공급한다.
③ 발전기의 출력과 부하 사이의 시간적 불균형을 조절한다.
④ 시동 후에도 자동차 전기장치에 전기에너지를 공급한다.

해설
자동차의 시동 후에는 발전기에서 전기장치에 전기에너지를 공급한다.

46 자동차의 IMS(Integrated Memory System)에 대한 설명으로 옳은 것은?

① 자동차의 도난을 예방하기 위한 시스템이다.
② 자동차의 편의 장치로서 장거리 운행 시 자동운행시스템을 말한다.
③ 배터리 교환 주기를 알려 주는 시스템이다.
④ 1회의 스위치 조작으로 운전자가 설정해 둔 시트 위치로 재생시킬 수 있는 기능을 가지고 있는 시트제어 시스템을 말한다.

해설
IMS(Integrated Memory System)는 운전자 자신이 설정한 위치로 운전석 시트, 핸들 및 미러의 스위치를 하나의 스위치로 복귀시키는 장치이다.

47 다음 중 가속도(G)센서가 사용되는 전자제어장치는?

① 에어백(SRS) 장치
② 배기 장치
③ 정속주행 장치
④ 분사 장치

해설
에어백 장치는 가속도센서 및 임팩트센서가 내장되어 충격 및 전복사고 시 에어백 전개신호로 사용된다.

48 전자제어 에어컨 장치(FATC)에서 컨트롤유닛(컴퓨터)이 제어하지 않는 것은?

① 히터 밸브
② 송풍기 속도
③ 컴프레서 클러치
④ 리시버 드라이어

해설
리시버 드라이어는 냉매 내부의 수분 제거 및 이물질 등을 제거하며, 전자제어로 제어되지 않는다.

49 기동전동기의 시동(크랭킹)회로에 대한 내용으로 틀린 것은?

① B단자까지의 배선은 굵은 것을 사용해야 한다.
② B단자와 ST단자를 연결하는 것은 점화 스위치(Key)이다.
③ B단자와 M단자를 연결하는 것은 마그네트 스위치(Key)이다.
④ 축전지 접지가 좋지 않더라도 (+)선의 접촉이 좋으면 작동에는 지장이 없다.

해설
기동전동기의 몸체는 차체에 접지되어 있으므로 축전지 접지가 불량하면 기동전동기의 작동도 불량해진다.

45 ④   46 ④   47 ①   48 ④   49 ④   **정답**

50 AND게이트 회로의 입력 A, B, C, D에 각각 입력으로 A = 1, B = 1, C = 1, D = 0이 들어갔을 때 출력 X는?

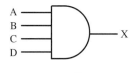

① 0   ② 1
③ 2   ④ 3

해설
논리적(AND)회로로서 입력 A, B, C, D가 동시에 1이 되어야 출력 X도 1이 되며, 하나라도 0이면 출력 X가 0이 되는 회로이다.

51 자동차의 경음기에서 음질 불량의 원인으로 가장 거리가 먼 것은?

① 다이어프램의 균열이 발생하였다.
② 전류 및 스위치 접촉이 불량하다.
③ 가동판 및 코어의 헐거운 현상이 있다.
④ 경음기 스위치 쪽 배선이 접지되었다.

해설
경음기 스위치 쪽 배선이 접지되면 경음기 작동이 되지 않는다.

52 자동차 에어컨에서 고압의 액체 냉매를 저압의 냉매로 바꾸어 주는 부품은?

① 압축기   ② 팽창밸브
③ 컴프레서   ④ 리퀴드 탱크

해설
냉방 사이클에서 고압의 액체 냉매를 감압하여 저압의 기체로 만들어 냉매의 온도를 낮추는 기능을 가지는 부품은 팽창밸브이다.

53 자동차용 배터리의 급속충전 시 주의사항으로 틀린 것은?

① 배터리를 자동차에 연결한 채 충전할 경우, 접지 (−) 터미널을 떼어 놓을 것
② 충전 전류는 용량 값의 약 2배 정도의 전류로 할 것
③ 될 수 있는 대로 짧은 시간에 실시할 것
④ 충전 중 전해액 온도가 45℃ 이상 되지 않도록 할 것

해설
자동차 배터리 급속충전은 축전지 용량의 1/2의 전류로 단시간 (15~20분)에 충전하는 방법을 말한다.

54 공기공구 사용에 대한 설명 중 틀린 것은?

① 공구 교체 시에는 반드시 밸브를 꼭 잠그고 해야 한다.
② 활동 부분은 항상 윤활유 또는 그리스를 급유한다.
③ 사용 시에는 반드시 보호구를 착용해야 한다.
④ 공기공구를 사용할 때에는 밸브를 빠르게 열고 닫는다.

해설
공기공구 사용 시 주위의 안전 상태를 확인 후 밸브작동을 서서히 한다.

55 엔진 가동 시 화재가 발생하였다. 소화작업으로 가장 먼저 취해야 할 안전한 방법은?

① 모래를 뿌린다.
② 물을 붓는다.
③ 점화원을 차단한다.
④ 엔진을 가속하여 팬의 바람으로 끈다.

해설
엔진 및 장비 가동 시 화재가 발생하면 즉시 점화원을 차단 후 소화작업을 실시한다.

56 자동차 에어컨 가스 냉매용기의 취급사항으로 틀린 것은?

① 냉매용기는 직사광선이 비치는 곳에 방치하지 않는다.
② 냉매용기의 보호 캡을 항상 씌워 둔다.
③ 냉매가 피부에 접촉되지 않도록 한다.
④ 냉매 충전 시에는 냉매 용기에 완전히 채우도록 한다.

해설
냉매 충전 시는 용기에 80% 정도 채워 사용한다.

57 압축 압력계를 사용하여 실린더의 압축 압력을 점검할 때 안전 및 유의사항으로 틀린 것은?

① 기관을 시동하여 정상온도(워밍업)가 된 후에 시동을 건 상태에서 점검한다.
② 점화계통과 연료계통을 차단시킨 후 크랭킹 상태에서 점검한다.
③ 시험기는 밀착하여 누설이 없도록 한다.
④ 측정값이 규정값보다 낮으면 엔진오일을 약간 주입 후 다시 측정한다.

해설
압축 압력은 시동을 끈 상태에서 크랭킹하며 측정한다.

58 자동변속기 전자제어장치 정비 시 안전 및 유의사항으로 옳지 않은 것은?

① 펄스 제너레이터 출력전압 파형 측정 시 주행 중에 측정한다.
② 컨트롤 케이블을 점검할 때는 브레이크 페달을 밟고, 주차브레이크를 완전히 채우고 점검한다.
③ 차량을 리프트에 올려놓고 바퀴 회전 시 주위에 떨어져 있어야 한다.
④ 부품센서 교환 시 점화 스위치 Off 상태에서 축전기 접지 케이블을 탈거한다.

해설
펄스 제너레이터 파형은 차량을 리프트 업 시켜 출력파형을 측정한다.

59 연삭기 중 안전커버의 노출각도가 가장 큰 것은?

① 평면연삭기   ② 탁상연삭기
③ 휴대용 연삭기   ④ 공구연삭기

해설
연삭기 노출각도
• 탁상용 연삭기 : 90°
• 휴대용 연삭기 : 180°
• 원통형 연삭기 : 180°
• 절단평면연삭기 : 150°

60 연삭작업 시 안전사항이 아닌 것은?

① 연삭숫돌 설치 전 해머로 가볍게 두들겨 균열 여부를 확인해 본다.
② 연삭숫돌의 측면에 서서 연삭한다.
③ 연삭기의 커버를 벗긴 채 사용하지 않는다.
④ 연삭숫돌의 주위와 연삭 지지대 간격은 5mm 이상으로 한다.

해설
연삭숫돌의 주위와 연삭 지지대 간격은 2~3mm 이내가 적당하다.

01 그림에서 A점에 작용하는 토크는?

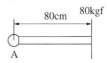

① 64m · kgf
② 80m · kgf
③ 160m · kg
④ 640m · kgf

해설
토크는 고정점부터 힘이 작용하는 지점까지의 수직거리이므로 80cm×80kgf = 6,400cm · kgf가 되어 64m · kgf가 된다.

02 100PS의 엔진이 적합한 기구(마찰을 무시)를 통하여 25,000kgf의 무게를 3m 올리려면 몇 초나 소요되는가?

① 1초
② 5초
③ 10초
④ 15초

해설
1PS = 75kgf · m/s이므로 100PS = 7,500kgf · m/s가 된다.

따라서 $HP = \dfrac{F \times V}{75}$ 이므로

$100 = \dfrac{25,000 \times 3/t}{75}$ 가 되어 $t = 10s$가 된다.

03 4행정 디젤기관에서 실린더 내경 100mm, 행정 127 mm, 회전수 1,200rpm, 도시평균 유효압력 7kg/cm², 실린더 수가 6이라면 도시마력(PS)은?

① 약 49
② 약 56
③ 약 80
④ 약 112

해설
$$지시마력(PS) = \frac{P_{mi} \times A \times L \times N \times Z}{75 \times 60 \times 100}$$

$$= \frac{7 \times \left[\frac{\pi(10^2)}{4} \right] \times 12.7 \times \left[\frac{1,200}{2} \right] \times 6}{75 \times 60 \times 100}$$

$$= 55.829PS가 된다.$$

04 블로 다운(Blow Down) 현상에 대한 설명으로 옳은 것은?

① 밸브와 밸브시트 사이에서의 가스 누출현상
② 압축행정식 피스톤과 실린더 사이에서 공기가 누출되는 현상
③ 피스톤이 상사점 근방에서 흡·배기밸브가 동시에 열려 배기 잔류가스를 배출시키는 현상
④ 배기행정 초기에 배기밸브가 열려 배기가스 자체의 압력에 의하여 배기가스가 배출되는 현상

해설
블로 다운(Blow Down) 현상은 배기행정 초기에 배기밸브가 열려 배기가스 자체의 압력에 의하여 배기가스가 배출되는 현상을 말한다.

05 기관의 압축 압력 측정시험 방법에 대한 설명으로 틀린 것은?

① 기관을 정상 작동온도로 한다.
② 점화플러그를 전부 뺀다.
③ 엔진오일을 넣고도 측정한다.
④ 기관의 회전을 1,000rpm으로 한다.

해설
기관의 압축 압력을 측정할 때에는 압축 압력 게이지를 설치하고 크랭킹하면서(150~200rpm) 측정한다.

06 피에조(Piezo) 저항을 이용한 센서는?

① 차속센서
② 매니폴드 압력센서
③ 수온센서
④ 크랭크각센서

해설
매니폴드 압력센서(MAP센서)는 흡기다기관의 진공도를 계측하며 진공도에 대한 내부 피에조 저항의 출력값으로 흡입공기량을 간접 계측한다.

07 스로틀(밸브)위치센서에 그림과 같이 5V의 전압이 인가된다. 스로틀(밸브)위치센서를 완전히 개방할 때, 몇 V의 전압이 출력 측(시그널)에 감지되는가?

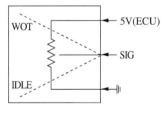

스로틀(밸브)위치센서

① 0V
② 2~3V
③ 4~5V
④ 12V

해설
스로틀밸브의 입력 전원이 5V이고 스로틀밸브가 완전개방 시 (WOT)에 출력단자(SIG)의 전압은 입력전원에 가까운 4~5V가 출력된다.

08 배기가스가 삼원 촉매 컨버터를 통과할 때 산화·환원되는 물질로 옳은 것은?

① N_2, CO
② N_2, H_2
③ N_2, O_2
④ N_2, CO_2, H_2O

해설
삼원 촉매 장치는 CO, HC, NO_x 등의 유해 배기가스 성분을 산화, 환원작용을 통하여 무해 배기가스(N_2, CO_2, H_2O)로 전환시키는 촉매장치이다.

09 실린더와 피스톤 사이의 틈새로 가스가 누출되어 크랭크실로 유입된 가스를 연소실로 유도하여 재연소시키는 배출가스 정화 장치는?

① 촉매변환기
② 연료 증발 가스 배출 억제 장치
③ 배기가스 재순환 장치
④ 블로바이 가스 환원 장치

해설
블로바이 가스는 압축행정에서 피스톤과 실린더 사이로 누설되는 미연소 혼합가스(HC)를 말하며, 재연소가 가능하여 크랭크실로 유입된 블로바이 가스를 PCV 밸브를 통하여 연소실로 유도하여 재연소시킨다.

5 ④ 6 ② 7 ③ 8 ④ 9 ④ **정답**

10 가솔린 엔진의 작동 온도가 낮을 때와 혼합비가 희박하여 실화되는 경우에 증가하는 유해 배출가스는?

① 산소(O_2)
② 탄화수소(HC)
③ 질소산화물(NO_X)
④ 이산화탄소(CO_2)

> **해설**
> 엔진작동 중 실화(Miss Fire)가 발생하는 경우 혼합가스가 연소되지 못하고 그대로 배출되어 유해 배기가스 성분 중 탄화수소(HC)의 발생량이 증가한다.

11 실린더 블록이나 헤드의 평면도 측정에 알맞은 게이지는?

① 마이크로미터
② 다이얼 게이지
③ 버니어 캘리퍼스
④ 직각자와 필러게이지

> **해설**
> 엔진 실린더 블록 및 헤드의 변형도 측정에는 직각자와 필러게이지를 이용하여 변형도를 측정한다.

12 피스톤에 오프셋(Off Set)을 두는 이유로 가장 올바른 것은?

① 피스톤의 틈새를 크게 하기 위하여
② 피스톤의 중량을 가볍게 하기 위하여
③ 피스톤의 측압을 작게 하기 위하여
④ 피스톤 스커트부에 열전달을 방지하기 위하여

> **해설**
> 피스톤에 오프셋을 두는 이유는 폭발행정에서 발생하는 피스톤의 측압을 감소시키기 위함이다.

13 전자제어 연료장치에서 기관이 정지 후 연료압력이 급격히 저하되는 원인 중 가장 알맞은 것은?

① 연료 필터가 막혔을 때
② 연료 펌프의 체크밸브가 불량일 때
③ 연료의 리턴 파이프가 막혔을 때
④ 연료 펌프의 릴리프밸브가 불량일 때

> **해설**
> 엔진 정지 후 연료 잔압이 급격하게 저하되는 원인으로 연료 라인의 체크밸브의 불량을 들 수 있으며 시동지연 및 베이퍼로크 현상이 발생할 수 있다.

14 기관의 윤활유 점도지수(Viscosity Index) 또는 점도에 대한 설명으로 틀린 것은?

① 온도변화에 의한 점도가 적을 경우 점도지수가 높다.
② 추운 지방에서는 점도가 큰 것일수록 좋다.
③ 점도지수는 온도변화에 대한 점도의 변화 정도를 표시한 것이다.
④ 점도란 윤활유의 끈적끈적한 정도를 나타내는 척도이다.

> **해설**
> 점도지수는 온도변화에 대한 점도의 변화 정도를 표시한 것으로 온도변화에 의한 점도가 적을 경우 점도지수가 높다. 더운 지방에서는 점도가 높아야, 추운 지방에서는 점도가 낮아야 윤활유의 역할을 다 할 수 있다.

15 기관이 과열되는 원인으로 가장 거리가 먼 것은?

① 서모스탯이 열림 상태로 고착
② 냉각수 부족
③ 냉각팬 작동불량
④ 라디에이터의 막힘

해설

기관의 과열 원인으로는 냉각수 부족, 냉각팬 및 워터펌프 작동불량, 라디에이터의 막힘, 서모스탯이 닫힌 채로 고장 등이 있다.

16 가변흡기장치(Variable Induction Control System)의 설치 목적으로 가장 적당한 것은?

① 최고속 영역에서 최대출력의 감소로 엔진보호
② 공전속도 증대
③ 저속과 고속에서 흡입효율 증대
④ 엔진 회전수증대

해설

엔진에서 흡입효율은 고속 시와 저속 시 각기 다른 특성을 나타내며 각각의 조건에 맞는 최적의 흡입효율을 적용하도록 개발된 시스템이 가변흡기 시스템이다.

17 전자제어기관의 연료분사 제어방식 중 점화순서에 따라 순차적으로 분사되는 방식은?

① 동시분사 방식
② 그룹분사 방식
③ 독립분사 방식
④ 간헐분사 방식

해설

동기분사(독립분사 또는 순차분사)는 1사이클에 1실린더만 1회 점화시기에 동기하여 배기행정 끝 무렵에 분사한다.

18 전자제어 스로틀 장치(ETS)의 기능으로 틀린 것은?

① 정속 주행 제어 기능
② 구동력 제어 기능
③ 제동력 제어 기능
④ 공회전속도 제어 기능

해설

전자제어 스로틀 장치는 액추에이터를 이용한 스로틀밸브 제어장치로 정속 주행 제어, 구동력 제어, 공회전속도 제어 기능 등을 수행한다.

19 수동변속기 차량에서 클러치의 구비조건으로 틀린 것은?

① 동력전달이 확실하고 신속할 것
② 방열이 잘되어 과열되지 않을 것
③ 회전부분의 평형이 좋을 것
④ 회전 관성이 클 것

해설

클러치의 회전 관성이 클 경우 동력의 차단이 어렵고 동력 전달 시 손실이 많아진다.

15 ① 16 ③ 17 ③ 18 ③ 19 ④ **정답**

20 수동 변속장치에서 동기물림 기구에 대한 설명으로 옳은 것은?

① 변속하려는 기어와 메인 스플라인과의 회전수를 같게 한다.

② 주축기어의 회전 속도를 부축기어의 회전속도보다 빠르게 한다.

③ 주축기어와 부축기어의 회전수를 같게 한다.

④ 변속하려는 기어와 슬리브와의 회전수에는 관계 없다.

해설
싱크로메시기구(동기물림 기구)는 주행 중 기어 변속 시 주축의 회전수와 변속기어의 회전수 차이를 싱크로나이저 링을 변속기어의 콘(Cone)에 압착시킬 때 발생되는 마찰력을 이용하여 동기시킴으로써 변속이 원활하게 이루어지도록 하는 장치이다.

21 수동변속기 기어의 2중 결합을 방지하기 위해 설치한 기구는?

① 앵커 블록

② 시프트 포크

③ 인터로크 기구

④ 싱크로나이저 링

해설
2중 물림 방지장치(인터로크 기구)는 하나의 기어가 접속될 때 다른 기어는 중립의 위치에서 움직이지 못하도록 한 장치이다.

22 클러치 페달을 밟을 때 무겁고 자유간극이 없다면 나타나는 현상으로 거리가 먼 것은?

① 연료 소비량이 증대된다.

② 기관이 과랭된다.

③ 주행 중 가속 페달을 밟아도 차가 가속되지 않는다.

④ 등판 성능이 저하된다.

해설
클러치 페달을 밟을 때 무겁고 자유간극이 없다면 동력 전달 시 미끄러짐이 발생하고 연비가 나빠지며 기관이 과열할 수 있고 동력성능이 저하된다.

23 변속기를 탈착할 때 가장 안전하지 않은 작업 방법은?

① 자동차 밑에서 작업 시 보안경을 착용한다.

② 잭으로 올릴 때 물체를 흔들어 중심을 확인한다.

③ 잭으로 올린 후 스탠드로 고정한다.

④ 사용 목적에 적합한 공구를 사용한다.

해설
변속기와 같은 중량물을 잭으로 들어 올릴 때 흔들거나 강제로 움직일 경우 추락 등 안전사고가 발생할 수 있다.

24 십자형 자재이음에 대한 설명 중 틀린 것은?

① 십자축과 두 개의 요크로 구성되어 있다.

② 주로 후륜 구동식 자동차의 추진축에 사용된다.

③ 롤러베어링을 사이에 두고 축과 요크가 설치되어 있다.

④ 자재이음과 슬립이음 역할을 동시에 하는 형식이다.

해설
십자형 자재이음(훅 조인트)은 중심부의 십자축과 2개의 요크 (Yoke)로 구성되어 있으며, 십자축과 요크는 니들 롤러 베어링을 사이에 두고 연결되어 있고 각도변환이 가능한 자재이음 방식이다.

25 차동장치에서 차동 피니언과 사이드 기어의 백래시 조정은?

① 축받이 차축의 왼쪽 조정심을 가감하여 조정한다.
② 축받이 차축의 오른쪽 조정심을 가감하여 조정한다.
③ 차동 장치의 링기어 조정 장치를 조정한다.
④ 스러스트 와셔의 두께를 가감하여 조정한다.

해설
차동장치에서 차동 피니언과 사이드 기어의 백래시 조정은 스러스트 와셔(심)의 두께를 가감하여 조정한다.

26 자동차가 주행 중 앞부분에 심한 진동이 생기는 현상인 트램핑(Tramping)의 주된 원인은?

① 적재량 과다
② 바퀴의 불평형
③ 내압의 과다
④ 토션 바 스프링 마멸

해설
타이어가 정지된 상태의 평형상태에서 정적 불평형일 경우에는 바퀴가 상하로 진동하는 트램핑 현상을 일으키게 된다.

27 공기 현가장치의 특징에 속하지 않는 것은?

① 스프링 정수가 자동적으로 조정되므로 하중의 증감에 관계없이 고유 진동수를 거의 일정하게 유지할 수 있다.
② 고유 진동수를 높일 수 있으므로 스프링 효과를 유연하게 할 수 있다.
③ 공기 스프링 자체에 감쇠성이 있으므로 작은 진동을 흡수하는 효과가 있다.
④ 하중 증감에 관계없이 차체 높이를 일정하게 유지하며 앞뒤, 좌우의 기울기를 방지할 수 있다.

해설
에어 스프링은 압축성 유체인 공기의 탄성을 이용하여 스프링 효과를 얻는 것으로 다음과 같은 특징이 있다.
• 차체의 하중 증감과 관계없이 차고가 항상 일정하게 유지되며 차량이 전후, 좌우로 기우는 것을 방지한다.
• 공기 압력을 이용하여 하중의 변화에 따라 스프링상수가 자동적으로 변한다.
• 항상 스프링의 고유진동수는 거의 일정하게 유지된다.
• 고주파 진동을 잘 흡수한다(작은 충격도 잘 흡수).
• 승차감이 좋고 진동을 완화하기 때문에 자동차의 수명이 길어진다.

28 전자제어 현가장치에서 조향휠의 좌우 회전방향을 검출하여 차체의 롤링(Rolling)을 예측하기 위한 센서는?

① 조향각센서
② 차속센서
③ G센서
④ 차고센서

해설
전자제어 현가장치에서 조향휠의 회전각도와 속도를 측정하는 센서는 조향휠 각속도센서이다.

29 전자제어 현가장치에서 자동차 전방에 있는 노면의 돌기 및 단차를 검출하는 제어는?

① 안티로크 제어
② 스카이훅 제어
③ 퍼지 제어
④ 프리뷰 제어

해설
전자제어 현가장치에서 자동차 전방에 있는 노면의 돌기, 단차 등을 검출하여 쇽업소버 감쇠력 및 에어 서스펜션 특성을 능동적으로 제어하는 시스템은 액티브 프리뷰 제어이다.

30 축거가 3.5m, 외측 바퀴의 최대 회전각이 30°, 내측 바퀴의 최대 회전각은 45°일 때 최소 회전 반경은?(단, 바퀴 접지면 중심과 킹핀과의 거리는 30cm이다)

① 6.3m
② 7.3m
③ 8.3m
④ 9.3m

해설
최소 회전 반경 $(R) = \dfrac{L}{\sin\alpha} + r$ 이므로

$R = \dfrac{3.5}{0.5} + 0.3 = 7.3\mathrm{m}$ 가 된다.

31 조향장치에 대한 설명 중 틀린 것은?

① 안전을 위해 고속 주행 시 조향력을 작게 할 것
② 조향 조작이 주행 중의 충격을 작게 받을 것
③ 회전 반경이 작을 것
④ 조작 시에 방향 전환이 원활하게 이루어질 것

해설
조향장치의 구비조건에서 고속 주행 시 안전성을 확보하기 위해 조향 조작력을 무겁게 제어한다.

32 자동차의 무게 중심위치와 조향 특성과의 관계에서 조향각에 의한 선회 반지름보다 실제 주행하는 선회 반지름이 작아지는 현상은?

① 오버 스티어링
② 언더 스티어링
③ 파워 스티어링
④ 뉴트럴 스티어링

해설
오버 스티어는 일정한 조향각으로 선회하여 속도를 높였을 때 선회 반경이 작아지는 것으로 언더 스티어의 반대의 경우로서 안쪽으로 서서히 작아지는 궤적을 나타낸다.

33 동력 조향장치가 고장 시 핸들을 수동으로 조작할 수 있도록 하는 것은?

① 오일 펌프
② 파워 실린더
③ 안전 체크밸브
④ 시프트 레버

해설
안전 체크밸브는 제어 밸브 내에 들어 있으며 엔진이 정지되거나 오일 펌프의 고장, 또는 회로에서의 오일 누설 등의 원인으로 유압이 발생하지 못할 때 조향핸들의 조작을 수동으로 전환할 수 있도록 작동하는 밸브이다.

34 브레이크 장치에서 급제동 시 마스터 실린더에 발생된 유압이 일정압력 이상이 되면 휠 실린더 쪽으로 전달되는 유압상승을 제어하여 차량의 쏠림을 방지하는 장치는?

① 하이드롤릭 유닛(Hydraulic Unit)
② 리미팅 밸브(Limiting Valve)
③ 스피드센서(Speed Sensor)
④ 솔레노이드 밸브(Solenoid Valve)

해설
리미팅 밸브는 브레이크 페달을 강력하게 밟았을 때 뒷바퀴에 먼저 제동이 걸리지 않게 하기 위해서 유압이 어느 일정 압력을 초과하게 되면 그 이상 뒷바퀴 쪽으로 가는 유압을 상승시키지 않는 형태의 조정 밸브이다.

35 브레이크 장치에 관한 설명으로 틀린 것은?

① 브레이크 작동을 계속 반복하면 드럼과 슈에 마찰열이 축적되어 제동력이 감소되는 것을 페이드 현상이라 한다.
② 공기 브레이크에서 제동력을 크게 하기 위해서는 언로더 밸브를 조절한다.
③ 브레이크 페달의 리턴스프링 장력이 약해지면 브레이크 풀림이 늦어진다.
④ 마스터 실린더의 푸시로드 길이를 길게 하면 라이닝이 수축하여 잘 풀린다.

해설
마스터 실린더의 푸시로드 길이를 길게 하면 라이닝의 끌림(고착) 현상이 발생할 수 있다.

36 ABS의 구성품 중 휠스피드센서의 역할은?

① 바퀴의 로크(Lock) 상태 감지
② 차량의 과속을 억제
③ 브레이크 유압 조정
④ 라이닝의 마찰 상태 감지

해설
휠스피드센서는 휠의 회전속도를 감지하며 바퀴의 로크 상태를 감지한다.

37 전자제어 제동장치(ABS)에서 ECU 신호계통, 유압계통 이상 발생 시 솔레노이드 밸브 전원공급 릴레이 "Off"함과 동시에 제어 출력신호를 정지하는 기능은?

① 연산 기능
② 최초점검 기능
③ 페일세이프 기능
④ 입·출력신호 기능

해설
전자제어식 제동장치의 이상 발생 시 일반 유압브레이크 상태로 전환하여 제동 안전성을 확보하는 기능을 페일세이프 기능이라 한다.

38 타이어의 뼈대가 되는 부분으로서 공기압력을 견디어 일정한 체적을 유지하고 또 하중이나 충격에 따라 변형하여 완충작용을 하는 것은?

① 트레드
② 비드부
③ 브레이커
④ 카커스

해설
카커스는 타이어의 뼈대가 되는 부분으로 튜브의 공기압에 견디면서 일정한 체적을 유지하고 하중이나 충격에 변형되면서 완충작용을 수행한다.

39 타이어의 스탠딩 웨이브 현상에 대한 내용으로 옳은 것은?

① 스탠딩 웨이브를 줄이기 위해 고속 주행 시 공기압을 10% 정도 줄인다.

② 스탠딩 웨이브가 심하면 타이어 박리현상이 발생할 수 있다.

③ 스탠딩 웨이브는 바이어스 타이어보다 레이디얼 타이어에서 많이 발생한다.

④ 스탠딩 웨이브 현상은 하중과 무관하다.

해설
스탠딩 웨이브 현상이 심할 경우 장시간 고속주행 시 타이어의 파손이 발생할 수 있다.

40 타이어 압력 모니터링 장치(TPMS)의 점검, 정비 시 잘못된 것은?

① 타이어 압력센서는 공기 주입 밸브와 일체로 되어 있다.

② 타이어 압력센서 장착용 휠은 일반 휠과 다르다.

③ 타이어 분리 시 타이어 압력센서가 파손되지 않게 한다.

④ 타이어 압력센서용 배터리 수명은 영구적이다.

해설
타이어 압력 모니터링 장치에 내장되어 있는 배터리의 수명은 약 10년이다.

41 자동차용 납산배터리의 기능으로 틀린 것은?

① 기관시동에 필요한 전기에너지를 공급한다.

② 발전기 고장 시에는 자동차 전기장치에 전기에너지를 공급한다.

③ 발전기의 출력과 부하 사이의 시간적 불균형을 조절한다.

④ 시동 후에도 자동차 전기장치에 전기에너지를 공급한다.

해설
기관 시동 후 전장계 전기에너지 공급을 담당하는 것은 발전기이다.

42 다음은 배터리 격리판에 대한 설명이다. 틀린 것은?

① 격리판은 전도성이 있어야 한다.

② 전해액에 부식되지 않아야 한다.

③ 전해액의 확산이 잘되어야 한다.

④ 극판에서 이물질을 내뿜지 않아야 한다.

해설
격리판은 양극판과 음극판의 단락을 방지하기 위해 두며, 구비조건은 다음과 같다.
• 비전도성일 것
• 다공성이어서 전해액의 확산이 잘 될 것
• 기계적 강도가 있고, 전해액에 산화 부식되지 않을 것
• 극판에 좋지 못한 물질을 내뿜지 않을 것

43 기동전동기에서 오버러닝 클러치의 종류에 해당하지 않는 것은?

① 롤러식   ② 스프래그식

③ 전기자식   ④ 다판 클러치식

해설
기동전동기의 손상을 방지하는 일방향 클러치인 오버러닝 클러치의 형식은 롤러식, 스프래그식, 다판 클러치식이 있다.

44 기동전동기 무부하 시험을 하려고 한다. A와 B에 필요한 것은?

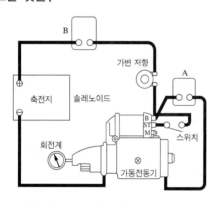

① A : 전류계, B : 전압계

② A : 전압계, B : 전류계

③ A : 전류계, B : 저항계

④ A : 저항계, B : 전압계

해설
그림에서 A는 회로에 병렬연결된 전압계를 나타내고 B는 회로에 직렬연결된 전류계를 나타낸다.

45 전자제어 점화장치에서 점화시기를 제어하는 순서는?

① 각종 센서 – ECU – 파워 트랜지스터 – 점화코일

② 각종 센서 – ECU – 점화코일 – 파워 트랜지스터

③ 파워 트랜지스터 – 점화코일 – ECU – 각종 센서

④ 파워 트랜지스터 – ECU – 각종 센서 – 점화코일

해설
전자제어 점화 장치의 제어순서는 각종 센서 신호를 기반으로 ECU가 점화 파워 TR을 제어하여 점화코일을 작동시키는 구조이다.

46 AC 발전기의 출력변화 조정은 무엇에 의해 이루어지는가?

① 엔진의 회전수   ② 배터리의 전압

③ 로터의 전류   ④ 다이오드 전류

해설
AC 발전기의 출력변화 조정은 로터의 자화에 의하여 제어되므로 로터 코일의 전류제어를 통하여 이루어진다.

47 자동차용 교류발전기에 대한 특성 중 거리가 가장 먼 것은?

① 브러시 수명이 일반적으로 직류발전기보다 길다.

② 중량에 따른 출력이 직류발전기보다 약 1.5배 정도 높다.

③ 슬립링 손질이 불필요하다.

④ 자여자 방식이다.

해설
자동차용 교류발전기는 시동 초기에 배터리 전원에 의해 자화되는 타여자식 교류발전기 방식이다.

48 이모빌라이저 시스템에 대한 설명으로 틀린 것은?

① 차량의 도난을 방지할 목적으로 적용되는 시스템이다.

② 도난 상황에서 시동이 걸리지 않도록 제어한다.

③ 도난 상황에서 시동키가 회전되지 않도록 제어한다.

④ 엔진의 시동은 반드시 차량에 등록된 키로만 시동이 가능하다.

해설
이모빌라이저 시스템은 차량의 도난 방지 목적으로 적용되는 시스템으로 도난상황에서 키는 회전이 되나 스타팅 시스템이 작동되지 않아 시동이 걸리지 않도록 제어하는 시스템이다.

49 감광식 룸램프 제어에 대한 설명으로 틀린 것은?

① 도어를 연 후 닫을 때 실내등이 즉시 소등되지 않고 서서히 소등될 수 있도록 한다.

② 모든 신호는 엔진 ECU로 입력된다.

③ 입력요소는 모든 도어 스위치이다.

④ 시동 및 출발 준비를 할 수 있도록 편의를 제공하는 기능이다.

해설
감광식 룸램프는 보디전장(BCM)제어를 통하여 제어되며 스위치 및 도어스위치의 입력 신호에 따라 점등 또는 감광등의 실내등 제어를 수행한다.

50 도어 로크 제어(Door Lock Control)에 대한 설명으로 옳은 것은?

① 점화스위치 On 상태에서만 도어를 Unlock으로 제어한다.

② 점화스위치를 Off로 하면 모든 도어 중 하나라도 로크 상태일 경우 전 도어를 로크(Lock)시킨다.

③ 도어 로크 상태에서 주행 중 충돌 시 에어백 ECU로부터 에어백 전개신호를 입력받아 모든 도어를 Unlock시킨다.

④ 도어 Unlock 상태에서 주행 중 차량 충돌 시 충돌센서로부터 충돌정보를 입력받아 승객의 안전을 위해 모든 도어를 잠김(Lock)으로 한다.

해설
차량의 도어 로크/언로크 제어는 스위치(도어캐치, 중앙제어스위치) 또는 차량의 주행속도에 따라 자동으로 작동되며 충돌 시 탑승자 구조를 위해 에어백 ECU로부터 에어백 전개신호를 입력받아 모든 도어를 언로크(Unlock) 제어한다.

51 전자제어 에어컨 장치(FATC)에서 컨트롤 유닛(컴퓨터)이 제어하지 않는 것은?

① 히터 밸브　　　　② 송풍기 속도

③ 컴프레서 클러치　④ 리시버 드라이어

해설
전자제어 에어컨 장치(FATC)에서 컨트롤 유닛(컴퓨터)을 제어하는 것은 컴프레서 제어, 송풍(풍량)제어, 풍향제어, 히터밸브 제어 등이 있다.

52 내연기관과 비교하여 전기모터의 장점 중 틀린 것은?

① 마찰이 적기 때문에 손실되는 마찰열이 적게 발생한다.

② 후진기어가 없어도 후진이 가능하다.

③ 평균 효율이 낮다.

④ 소음과 진동이 적다.

해설
엔진과 비교한 모터 구동 특성상 초기 구동토크가 우수하고 효율이 우수한 장점이 있다.

53 다음 중 하이브리드 시스템에 적용되는 인버터의 기능으로 옳은 것은?

① 고전압 배터리의 DC 전원을 3상 AC 형태로 변환시켜 구동모터 및 HSG에 공급한다.

② 고전압 배터리의 DC 전원을 저전압 DC 형태로 변환시킨다.

③ 3상 교류의 AC 전원을 고전압 DC 전원 형태로 변환시킨다.

④ 고전압 배터리의 온도, 전류, 전압을 모니터링하여 배터리 제어를 수행한다.

해설
하이브리드 자동차의 인버터는 고전압 배터리의 DC 전원을 3상 AC 형태로 변환하고 3상 동기모터 및 HSG에 공급하여 구동제어를 수행한다.

54 적색 또는 청색 경광등을 설치하여야 하는 자동차가 아닌 것은?

① 교통단속에 사용되는 경찰용 자동차

② 구급자동차

③ 소방용 자동차

④ 범죄수사를 위하여 사용되는 수사기관용 자동차

해설
경광등(자동차규칙 제58조)
• 적색 또는 청색 : 범죄수사, 교통단속, 죄수호송, 소방용
• 황색 : 전신, 전화업무. 전기, 가스사업, 민방위업무
• 녹색 : 구급자동차(앰뷸런스)

55 연료탱크의 주입구 및 가스배출구는 노출된 전기 단자로부터 (㉠)cm 이상, 배기관의 끝으로부터 (㉡)cm 이상 떨어져 있어야 한다. ( ) 안에 알맞은 것은?

① ㉠ 30, ㉡ 20

② ㉠ 20, ㉡ 30

③ ㉠ 25, ㉡ 20

④ ㉠ 20, ㉡ 25

해설
연료주입구는 배기관 끝으로부터 30cm 이상, 노출된 전기단자, 전기 계폐기로부터 20cm 이상 떨어져 있어야 한다.

56 화물자동차 및 특수자동차의 차량 총중량은 몇 ton을 초과해서는 안 되는가?

① 20 ② 30

③ 40 ④ 50

해설
화물자동차 및 특수 자동차의 차량 총 중량은 40ton을 초과해서는 안 된다(자동차규칙 제6조).

57 차량 총 중량이 3.5ton 이상인 화물자동차에 설치되는 후부안전판의 차량 수직방향 단면의 최소 높이 기준은?

① 100mm 이하
② 100mm 이상
③ 200mm 이하
④ 200mm 이상

해설

후부안전판의 설치기준(자동차규칙 제19조)
차량 총 중량이 3.5ton 이상인 화물자동차 및 특수자동차는 포장노면 위에서 공차상태로 측정하였을 때에 다음의 기준에 적합한 후부안전판을 설치하여야 한다.
- 후부안전판의 양 끝부분은 뒤차축 중 가장 넓은 차축의 좌우 최외측 타이어 바깥 면(지면과 접지되어 발생되는 타이어 부풀림 양은 제외) 지점을 초과하여서는 아니 되며, 좌우 최외측 타이어 바깥 면 지점부터의 간격은 각각 100mm 이내일 것
- 가장 아랫부분과 지상과의 간격은 550mm 이내일 것
- 차량 수직방향의 단면 최소높이는 100mm 이상일 것
- 좌우 측면의 곡률반경은 2.5mm 이상일 것

58 하이브리드 자동차의 고전압 배터리 취급 시 안전한 방법이 아닌 것은?

① 고전압 배터리 점검, 정비 시 절연 장갑을 착용한다.
② 고전압 배터리 점검, 정비 시 점호 스위치는 Off 한다.
③ 고전압 배터리 점검, 정비 시 12V 배터리 접지선을 분리한다.
④ 고전압 배터리 점검, 정비 시 반드시 세이프티 플러그를 연결한다.

해설

하이브리드 자동차의 고전압 배터리 점검, 정비 시 감전사고 등의 위험을 방지하기 위해 반드시 세이프티 플러그를 탈거 후 작업한다.

59 평균 근로자 500명인 직장에서 1년간 8명의 재해가 발생하였다면 연천인율은?

① 12
② 14
③ 16
④ 18

해설

연천인율은 1,000명의 근로자가 1년을 작업하는 동안에 발생한 재해 빈도를 나타내는 것이며, 연천인율 $= \dfrac{\text{재해자 수}}{\text{연평균 근로자 수}} \times$ 1,000로 산출한다. 따라서 16%가 된다.

60 산업안전보건표지의 종류와 형태에서 다음 그림이 나타내는 표시는?

① 접촉금지
② 출입금지
③ 탑승금지
④ 보행금지

해설

제시된 산업안전표지는 보행금지 표지이다.

01 자동차로 서울에서 대전까지 187.2km를 주행하였다. 출발시간은 오후 1시 20분, 도착시간은 오후 3시 8분이었다면 평균 주행속도는?

① 약 60.78km/h ② 약 104km/h

③ 약 126.5km/h ④ 약 156km/h

해설

평균 주행속도는 $\dfrac{187.2\text{km}}{1.8\text{h}} = 104\text{km/h}$

02 연소실의 체적이 48cc이고, 압축비가 9 : 1인 기관의 배기량은 얼마인가?

① 288cc ② 336cc

③ 384cc ④ 432cc

해설

1실린더의 배기량은 행정체적과 같다.

따라서 압축비 = $\dfrac{\text{행정체적} + \text{연소실체적}}{\text{연소실체적}}$ 이므로

$9 = \dfrac{V_S + 48}{48}$ 이 되며, 따라서 $V_S = 384$cc가 된다.

03 엔진이 2,000rpm으로 회전하고 있을 때 그 출력이 65PS라고 하면 이 엔진의 회전력은 몇 m·kgf 인가?

① 23.27 ② 24.45

③ 25.46 ④ 26.38

해설

기관마력(PS) = $\dfrac{TN}{716}$ 이므로

$65 = \dfrac{T \times 2{,}000}{716}$ 이 되며, 토크(T) = 23.27m·kgf가 된다.

04 내연기관에서 언더스퀘어 엔진은 어느 것인가?

① 행정/실린더 내경 = 1

② 행정/실린더 내경 < 1

③ 행정/실린더 내경 > 1

④ 행정/실린더 내경 ≤ 1

해설

언더 스퀘어 엔진은 장행정 엔진이며 행정이 실린더 내경보다 긴 실린더(행정 > 내경) 형태를 말한다.

05 엔진 출력과 최고 회전속도와의 관계에 대한 설명으로 옳은 것은?

① 고회전 시 흡기의 유속이 음속에 달하면 흡기량이 증가되어 출력이 증가한다.

② 동일한 배기량으로 단위 시간당 폭발횟수를 증가시키면 출력은 커진다.

③ 평균 피스톤 속도가 커지면 왕복운동 부분의 관성력이 증대되어 출력 또한 커진다.

④ 출력을 증대시키는 방법으로 행정을 길게 하고 회전 속도를 높이는 것이 유리하다.

해설

내연기관의 출력에서 동일 배기량인 경우 단위 시간당 폭발횟수를 증가시키면 출력은 향상되나 연료 소비율은 증가한다.

06 점화지연의 3가지에 해당하지 않는 것은?

① 기계적 지연　　② 점성적 지연
③ 전기적 지연　　④ 화염 전파지연

해설
점화지연은 기계적 지연, 전기적 지연, 화염 전파에 의한 지연 등이 있다.

07 엔진작업에서 실린더 헤드볼트를 올바르게 풀어내는 방법은?

① 반드시 토크렌치를 사용한다.
② 풀기 쉬운 것부터 푼다.
③ 바깥쪽에서 안쪽을 향하여 대각선 방향으로 푼다.
④ 시계방향으로 차례대로 푼다.

해설
실린더 헤드 탈거 시 헤드볼트는 바깥쪽에서 안쪽으로 대각선 방향으로 풀며 조립 시에는 안쪽에서 바깥쪽으로 조립한다.

08 기관의 실린더 직경을 측정할 때 사용되는 측정기기는?

① 간극 게이지
② 버니어캘리퍼스
③ 다이얼 게이지
④ 내측용 마이크로미터

해설
기관의 내경을 측정하는 측정기기는 내측용 마이크로미터, 텔레스코핑 게이지 등이 있다.

09 실린더의 윗부분이 아랫부분보다 마멸이 큰 이유는?

① 오일이 상단까지 밀어주지 못하기 때문이다.
② 냉각의 영향을 받기 때문이다.
③ 피스톤링의 호흡작용이 있기 때문이다.
④ 압력이 작게 작용하기 때문이다.

해설
실린더의 윗부분이 아랫부분보다 마멸이 큰 이유는 상부에서 피스톤의 운동방향이 바뀌고 링의 호흡작용이 발생되며 폭발압력을 받는 부분이기 때문이다.

10 가솔린기관의 밸브 간극이 규정값보다 클 때 어떤 현상이 일어나는가?

① 정상 작동온도에서 밸브가 완전하게 개방되지 않는다.
② 소음이 감소하고 밸브기구에 충격을 준다.
③ 흡입밸브 간극이 크면 흡입량이 많아진다.
④ 기관의 체적효율이 증대된다.

해설
엔진의 밸브 간극이 규정보다 클 때 발생하는 현상은 밸브가 완전히 개방되지 않으며 출력이 저하되고 엔진 부조가 발생할 수 있다.

11 가솔린기관의 연료펌프에서 체크밸브의 역할이 아닌 것은?

① 연료라인 내의 잔압을 유지한다.
② 기관 고온 시 연료의 베이퍼로크를 방지한다.
③ 연료의 맥동을 흡수한다.
④ 연료의 역류를 방지한다.

해설
연료라인에서 체크밸브의 역할은 연료라인 내의 잔압을 유지(재시동성)하고 베이퍼로크(증기폐쇄)를 방지하며 연료의 역류를 방지하는 역할을 한다.

12 디젤 엔진의 정지 방법에서 인테이크 셔터(Intake Shutter)의 역할에 대한 설명으로 옳은 것은?

① 연료를 차단
② 흡입공기를 차단
③ 배기가스를 차단
④ 압축 압력 차단

해설
인테이크 셔터는 흡입공기를 차단하여 시동을 정지시키는 역할을 수행한다.

13 LPI 엔진에서 연료의 부탄과 프로판의 조성비를 결정하는 입력요소로 맞는 것은?

① 크랭크각센서, 캠각센서
② 연료온도센서, 연료압력센서
③ 공기유량센서, 흡기온도센서
④ 산소센서, 냉각수온센서

해설
LPI 엔진에서 연료의 부탄과 프로판의 조성비를 결정하는 입력요소는 연료온도센서와 연료압력센서이다.

14 엔진오일의 유압이 낮아지는 원인으로 틀린 것은?

① 베어링의 오일 간극이 크다.
② 유압조절밸브의 스프링 장력이 크다.
③ 오일 팬 내의 윤활유 양이 적다.
④ 윤활유 공급 라인에 공기가 유입되었다.

해설
엔진오일의 유압이 낮아지는 원인은 베어링의 오일 간극이 크거나 오일 팬 내의 윤활유 양이 적고, 윤활유 공급 라인에 공기가 유입되거나 유압조절 밸브 스프링 장력이 약할 경우이다.

15 자동차 엔진에 냉각수 보충이 필요하여 보충하려고 할 때 가장 안전한 방법은?

① 주행 중 냉각수 경고등이 점등되면 라디에이터 캡을 바로 열고 냉각수를 보충한다.
② 주행 중 냉각수 경고등이 점등되면 라디에이터 캡을 열고 바로 엔진오일을 보충한다.
③ 주행 중 냉각수 경고등이 점등되면 엔진을 냉각시킨 후 라디에이터 캡을 열고 냉각수를 보충한다.
④ 주행 중 냉각수 경고등이 점등되면 엔진을 냉각시킨 후 라디에이터 캡을 열고 엔진오일을 보충한다.

해설
엔진 냉각수 보충의 경우 주행 중 냉각수 경고등이 점등되면 엔진을 냉각시킨 후 라디에이터 캡을 열고 냉각수를 보충한다.

11 ③ 12 ② 13 ② 14 ② 15 ③ **정답**

16 배기장치를 분해 시 안전 및 유의 사항이다. 틀린 것은?

① 배기장치를 분해하기 전 엔진을 가동하여 엔진이 정상 온도가 되도록 한다.

② 배기 장치의 각 부품을 조립할 때는 배기가스가 누출되지 않도록 주의하여 조립하도록 한다.

③ 분해조립 할 때 개스킷은 새것을 사용하여야 한다.

④ 조립 후 기관을 작동시킬 때 배기파이프의 열에 의해 다른 부분이 손상되지 않도록 접촉여부를 점검한다.

해설
배기장치를 분해하기 전 엔진 작동을 멈추고 배기라인의 열기가 어느 정도 냉각된 후 배기장치 작업을 수행한다.

17 디젤기관의 인터쿨러 터보(Intercooler Turbo) 장치는 어떤 효과를 이용한 것인가?

① 압축된 공기의 밀도를 증가시키는 효과

② 압축된 공기의 온도를 증가시키는 효과

③ 압축된 공기의 수분을 증가시키는 효과

④ 배기가스를 압축시키는 효과

해설
과급장치의 인터쿨러는 압축된 공기를 냉각시킴으로써 공기의 밀도를 증가시켜 출력 향상을 도모하는 장치이다.

18 열선식 흡입공기량 센서에서 흡입공기량이 많아질 경우 변화하는 물리량은?

① 열 량　　　　② 시 간
③ 전 류　　　　④ 주파수

해설
열선(열막)식 흡입공기량 센서는 공기질량을 직접 계측하는 전자제어 센서로서 흡기로 유입되는 공기량으로 인한 열선(열막)의 냉각량에 따라 변화하는 전류량의 증감을 통하여 흡입공기량을 검측한다.

19 클러치 페달을 밟아 동력이 차단될 때 소음이 나타나는 원인으로 가장 적합한 것은?

① 클러치 디스크가 마모되었다.

② 변속기어의 백래시가 작다.

③ 클러치스프링 장력이 부족하다.

④ 릴리스 베어링이 마모되었다.

해설
클러치의 릴리스 베어링의 마모 또는 손상 시 동력차단을 위해 클러치 페달을 밟을 때 소음 및 진동이 발생할 수 있다.

20 수동변속기 작업과 관련된 사항 중 틀린 것은?

① 분해와 조립 순서에 준하여 작업한다.

② 세척이 필요한 부품은 반드시 세척한다.

③ 로크너트는 재사용이 가능하다.

④ 싱크로나이저 허브와 슬리브는 일체로 교환한다.

해설
로크너트는 일회용으로 재사용하지 않는다.

21 기관 rpm이 3,570이고, 변속비가 3.5, 종감속비가 3일 때 오른쪽 바퀴가 420rpm이면 왼쪽 바퀴 회전수는?

① 130rpm ② 260rpm
③ 340rpm ④ 1,480rpm

해설
변속비가 3.5, 종감속비가 3이면 총감속비는 10.5가 되며 엔진 회전수가 3,570rpm이면 좌우드라이브 샤프트(직진 시)의 회전수는 3,570/10.5가 되어 좌우 휠의 회전수는 각각 340rpm이 된다. 이때 오른쪽 바퀴가 420rpm으로 증가하였다면 왼쪽 바퀴의 회전수는 오른쪽 바퀴의 증가분만큼 회전수가 감소하여 260rpm이 된다.

22 드라이브 라인에서 전륜 구동차의 종감속 장치로 연결된 구동 차축에 설치되어 바퀴에 동력을 주로 전달하는 것은?

① CV형 자재이음 ② 플렉시블 이음
③ 십자형 자재이음 ④ 트러니언 자재이음

해설
전륜구동 자동차에서 구동차축은 각도 변환에 대하여 회전속도의 변화가 없는 CV형(등속도) 자재이음방식이 주로 적용된다.

23 종감속 장치에서 하이포이드 기어의 장점으로 틀린 것은?

① 기어 이의 물림률이 크기 때문에 회전이 정숙하다.
② 기어의 편심으로 차체의 전고가 높아진다.
③ 추진축의 높이를 낮게 할 수 있어 거주성이 향상된다.
④ 이면의 접촉 면적이 증가되어 강도를 향상시킨다.

해설
하이포이드 기어는 구동피니언과 링 기어의 기어 중심이 일치하지 않는 편심구조를 가지고 있어 차체 전고(무게중심)를 낮출 수 있다.

24 ECS(전자제어현가장치) 정비 작업 시 안전작업 방법으로 틀린 것은?

① 차고조정은 공회전 상태로 평탄하고 수평인 곳에서 한다.
② 배터리 접지단자를 분리하고 작업한다.
③ 부품의 교환은 시동이 켜진 상태에서 작업한다.
④ 공기는 드라이어에서 나온 공기를 사용한다.

해설
ECS 정비작업 시 부품 등의 교환작업은 시동이 꺼진 상태에서 작업한다.

25 조향핸들의 유격이 크게 되는 원인으로 틀린 것은?

① 볼 이음의 마멸
② 타이로드의 휨
③ 조향 너클의 헐거움
④ 앞바퀴 베어링의 마멸

해설
조향핸들의 유격이 크게 되는 원인은 각종 링크부 및 연결부의 마멸 또는 헐거움이 원인이 된다.

26 조향장치에서 조향기어비가 직진영역에서 크게 되고 조향각이 큰 영역에서 작게 되는 형식은?

① 웜 섹터형
② 웜 롤러형
③ 가변 기어비형
④ 볼 너트형

해설
조향장치에서 직진안정성과 선회 편의성을 확보하기 위하여 직진영역에서는 기어비가 크고 선회영역에서는 작은 기어비를 구성하여 직진안정성 및 선회 편의성을 확보한 것을 가변조향 기어비형이라 한다.

27 동력 조향장치의 스티어링 휠 조작이 무겁다. 의심되는 고장부위 중 가장 거리가 먼 것은?

① 랙 피스톤 손상으로 인한 내부 유압 작동 불량
② 스티어링 기어박스의 과다한 백래시
③ 오일탱크 오일 부족
④ 오일펌프 결함

해설
스티어링 기어박스의 과다한 백래시로 인하여 바퀴가 좌우로 흔들리게 되면 핸들이 떨게 된다.

28 전자제어 동력조향장치의 구성요소 중 차속과 조향각 신호를 기초로 최적 상태의 유량을 제어하여 조향휠의 조작력을 적절히 변화시키는 것은?

① 댐퍼 제어 밸브
② 유량 제어 밸브
③ 동력 실린더 밸브
④ 매뉴얼 밸브

해설
유량제어밸브는 오일펌프의 로터 회전은 엔진 회전수와 비례하므로 주행 상황에 따라 회전수가 변화하며 오일의 유량이 다르게 토출된다. 오일펌프로부터 오일 토출량이 규정 이상이 되면, 오일 일부를 저장 탱크(리저버)로 빠져나가게 하여 유량을 유지하는 역할을 한다.

29 전동식 동력 조향장치(MDPS ; Motor Driven Power Steering)의 제어 항목이 아닌 것은?

① 과부하보호 제어
② 아이들–업 제어
③ 경고등 제어
④ 급가속 제어

해설
전동식 동력조향장치는 과부하보호 제어, 아이들 업 제어, 경고등 제어 등을 수행한다.

30 킹핀 경사각과 함께 앞바퀴에 복원성을 주어 직진위치로 쉽게 돌아오게 하는 앞바퀴 정렬과 관련이 가장 큰 것은?

① 캠 버
② 캐스터
③ 토
④ 셋 백

해설
조향 앞바퀴에 복원성을 부여하여 직진위치로 쉽게 돌아오게 하는 조향요소는 캐스터이며, 정(+)캐스터인 경우 효과가 증대된다.

31 앞바퀴 정렬에서 토인(Toe In)은 어느 것으로 조정하는가?

① 피트먼 암 ② 타이로드
③ 드래그 링크 ④ 조향기어

해설
앞바퀴 정렬에서 토인은 타이로드의 길이를 조절하여 조정한다.

32 주행 시 혹은 제동 시 핸들이 한쪽으로 쏠리는 원인으로 거리가 가장 먼 것은?

① 좌우 타이어의 공기 압력이 같지 않다.
② 앞바퀴의 정렬이 불량하다.
③ 조향 핸들축의 축방향 유격이 크다.
④ 한쪽 브레이크 라이닝 간격 조정이 불량하다.

해설
주행 시 혹은 제동 시 핸들이 한쪽으로 쏠리는 원인으로는 좌우 바퀴 제동력 편차(간극 조정 등), 얼라인먼트 불량, 좌우 타이어 공기압의 불균형 등이 있다.

33 유압식 브레이크 정비에 대한 설명으로 틀린 것은?

① 패드는 안쪽과 바깥쪽을 세트로 교환한다.
② 패드는 좌우 어느 한쪽이 교환시기가 되면 좌우 동시에 교환한다.
③ 패드교환 후 브레이크 페달을 2~3회 밟아준다.
④ 브레이크액은 공기와 접촉 시 비등점이 상승하여 제동성능이 향상된다.

해설
브레이크액이 공기 또는 수분에 노출되면 비등점이 하강하여 제동 성능이 저하된다.

34 시동 Off 상태에서 브레이크 페달을 여러 차례 작동 후 브레이크 페달을 밟은 상태에서 시동을 걸었는데 브레이크 페달이 내려가지 않는다면 예상되는 고장 부위는?

① 주차 브레이크 케이블
② 앞바퀴 캘리퍼
③ 진공 배력장치
④ 프로포셔닝 밸브

해설
엔진 진공력이 형성되기 전(시동 전)에 브레이크를 작동시키고 시동 후 페달이 자연스럽게 내려가지 않는 경우 진공 배력장치의 문제로 볼 수 있다.

35 브레이크장치의 유압회로에서 발생하는 베이퍼로크의 원인이 아닌 것은?

① 긴 내리막길에서 과도한 브레이크 사용
② 비점이 높은 브레이크액을 사용했을 때
③ 드럼과 라이닝의 끌림에 의한 가열
④ 브레이크 슈 리턴 스프링의 쇠손에 의한 잔압 저하

해설
비점이 높은 브레이크 오일은 끓는점이 높기 때문에 증기폐쇄(베이퍼로크)현상이 잘 생기지 않는다.

36 빈번한 브레이크 조작으로 인해 온도가 상승하여 마찰계수 저하로 제동력이 떨어지는 현상은?

① 베이퍼로크 현상 ② 페이드 현상
③ 피칭 현상 ④ 시미 현상

해설
마찰식 브레이크는 연속적인 제동을 하게 되면 마찰에 의한 온도 상승으로 제동력이 저하되는 페이드 현상이 일어날 수 있다.

31 ② 32 ③ 33 ④ 34 ③ 35 ② 36 ② **정답**

37 ABS가 장착된 차량에서 휠스피드센서의 역할은?

① 휠의 회전속도를 감지하여 이를 전기적 신호로
　바꾸어 ABS 컨트롤 유닛으로 보낸다.
② 휠의 회전속도를 감지하여 이를 기계적 신호로
　바꾸어 ABS 컨트롤 유닛으로 보낸다.
③ 휠의 회전속도를 감지하여 이를 전기적 신호로
　바꾸어 계기판으로 보낸다.
④ 휠의 회전속도를 감지하여 이를 기계적 신호로
　바꾸어 ABS 컨트롤 유닛으로 보낸다.

해설
전자제어식 제동장치에 장착된 휠스피드센서는 휠의 회전속도를
감지하여 이를 전기적 신호로 바꾸어 ABS 컨트롤 유닛으로 보내는
역할을 수행한다.

38 타이어의 표시 방법 중 235 55R 19에서 55는 무엇
을 나타내는가?

① 편평비　　　　　② 림 경
③ 부하 능력　　　　④ 타이어의 폭

해설
타이어의 표시 방법 중 235는 타이어 폭을 나타내고, 55는 타이어
높이와 타이어 폭의 비율인 편평비를 나타내고, R은 레이디얼 타이
어, 19는 타이어 내경을 나타낸다.

39 물이 고여 있는 도로주행 시 하이드로플레이닝 현
상을 방지하기 위한 방법으로 틀린 것은?

① 저속 운전을 한다.
② 트레드 마모가 적은 타이어를 사용한다.
③ 타이어 공기압을 낮춘다.
④ 리브형 패턴을 사용한다.

해설
수막현상 방지 방법은 저속 운전을 하고 트레드 마모가 적은 타이어
를 사용하며 타이어 공기압을 적정수준으로 높이고 리브형 패턴
타이어를 사용한다.

40 자동차용 타이어 종류 중에서 튜브리스 타이어의
특징으로 거리가 먼 것은?

① 못에 찔려도 공기가 급격히 누설되지 않는다.
② 유리조각 등에 의해 찢어지는 손상도 수리가
　쉽다.
③ 고속 주행 시 발열이 비교적 적다.
④ 림이 변형되면 공기가 누설되기 쉽다.

해설
튜브리스 타이어는 못 등으로 인한 손상에 대해서는 수리가 용이하
나 유리 등에 의하여 찢어지는 손상에는 타이어를 교체해야 한다.

41 전류에 대한 설명으로 틀린 것은?

① 자유전자의 흐름이다.
② 단위는 암페어(A)를 사용한다.
③ 직류와 교류가 있다.
④ 저항에 항상 비례한다.

해설
전류는 저항에 반비례하는 특성을 가진다.

42 PTC 서미스터에서 온도와 저항값의 변화 관계가 맞는 것은?

① 온도 증가와 저항값은 관련 없다.
② 온도 증가에 따라 저항값이 감소한다.
③ 온도 증가에 따라 저항값이 증가한다.
④ 온도 증가에 따라 저항값이 증가, 감소를 반복한다.

해설
정특성 서미스터(PTC)는 온도가 올라가면 저항도 증가하는 비례 특성을 가진다.

43 자동차용 납산배터리의 기능으로 틀린 것은?

① 기관시동에 필요한 전기에너지를 공급한다.
② 발전기 고장 시에는 자동차 전기장치에 전기에너지를 공급한다.
③ 발전기의 출력과 부하 사이의 시간적 불균형을 조절한다.
④ 시동 후에도 자동차 전기장치에 전기에너지를 공급한다.

해설
자동차 전장시스템에서 엔진시동 후 각 전장시스템에 전기적인 부하를 담당하는 것은 발전기이다.

44 축전지의 극판이 영구 황산납으로 변하는 원인으로 틀린 것은?

① 전해액이 모두 증발되었다.
② 방전된 상태로 장기간 방치하였다.
③ 극판이 전해액에 담겨 있다.
④ 전해액의 비중이 너무 높은 상태로 관리하였다.

해설
전지를 과방전 상태로 장시간 두거나 극판이 대기 중으로 노출되면 설페이션(영구 황산납) 현상이 발생한다.

45 축전지를 급속 충전할 때 주의사항이 아닌 것은?

① 통풍이 잘되는 곳에서 충전한다.
② 축전지의 (+), (−) 케이블을 자동차에 연결한 상태로 충전한다.
③ 전해액의 온도가 45℃가 넘지 않도록 한다.
④ 충전 중인 축전지에 충격을 가하지 않도록 한다.

해설
급속충전은 축전지 용량의 50% 전류로 충전하는 것이며, 자동차에 축전지가 설치된 상태로 급속충전을 할 경우에는 발전기 다이오드를 보호하기 위하여 축전지 (+)와 (−)단자의 양쪽 케이블을 분리하여야 한다. 또 충전시간은 가능한 짧게 하여야 한다.

46 기동전동기를 기관에서 떼어내고 분해하여 결함 부분을 점검하는 그림이다. 옳은 것은?

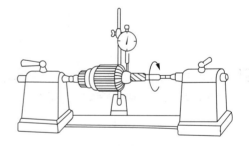

① 전기자 축의 휨 상태점검
② 전기자 축의 마멸 점검
③ 전기자 코일 단락 점검
④ 전기자 코일 단선 점검

해설
위 그림은 기동전동기의 전기자 축의 휨을 점검하는 그림이다.

47 코일에 흐르는 전류를 단속하면 코일에 유도전압이 발생한다. 이러한 작용을 무엇이라고 하는가?

① 자력선 작용
② 전류 작용
③ 관성 작용
④ 자기유도 작용

해설
점화 1차 코일에서는 자기유도 작용이 발생되고 2차 코일에서는 상호유도 작용이 발생한다.

48 교류발전기에서 직류발전기 컷아웃 릴레이와 같은 일을 하는 것은?

① 다이오드
② 로 터
③ 전압조정기
④ 브러시

해설
교류발전기에서 직류발전기의 역류방지를 위한 컷아웃 릴레이와 같은 역할을 하는 부품은 다이오드이다.

49 다음 중 커먼레일 디젤엔진 차량의 계기판에서 경고등 및 지시등의 종류가 아닌 것은?

① 예열플러그 작동 지시등
② DPF 경고등
③ 연료 수분 감지 경고등
④ 연료 차단 지시등

해설
커먼레일 디젤엔진 차량의 계기판에서 예열플러그 작동 지시등, DPF 경고등, 연료 수분 감지 경고등은 엔진의 기동과 밀접한 관련이 있는 항목으로 경고등을 표시한다.

50 일반적으로 에어백(Air Bag)에 가장 많이 사용되는 가스(Gas)는?

① 수 소
② 이산화탄소
③ 질 소
④ 산 소

해설
일반적으로 에어백 팽창에 사용되는 가스는 질소가스이다.

51 자동차의 IMS에 대한 설명으로 옳은 것은?

① 배터리 교환주기를 알려주는 시스템이다.
② 스위치 조작으로 설정해 둔 시트 위치로 재생시킨다.
③ 편의장치로서 장거리 운행 시 자동운행 시스템이다.
④ 도난을 예방하기 위한 시스템이다.

해설
IMS는 시트 위치, 아웃사이드 미러 위치, 조향휠의 위치를 설정해 둔 위치로 제어할 수 있는 편의시스템이다.

52 자동차 에어컨에서 고압의 액체 냉매를 저압의 기체 냉매로 바꾸는 구성품은?

① 압축기(Compressor)
② 리퀴드탱크(Liquid Tank)
③ 팽창밸브(Expansion Valve)
④ 이베퍼레이터(Evaporator)

해설
팽창밸브는 증발기 입구에 설치되며, 냉방장치가 정상적으로 작동하는 동안 냉매는 중간 정도의 온도와 고압의 액체 상태에서 팽창밸브로 유입되어 오리피스 밸브를 통과함으로써 저온, 저압의 기체 냉매가 된다.

53 사이드슬립 시험기 사용 시 주의할 사항 중 틀린 것은?

① 시험기의 운동부분은 항상 청결하여야 한다.
② 시험기에 대하여 직각방향으로 진입시킨다.
③ 시험기의 답판 및 타이어에 부착된 수분, 기름, 흙 등을 제거한다.
④ 답판 위에서 차속이 빠르면 브레이크를 사용하여 차속을 맞춘다.

해설
답판 위에서 브레이크를 작동시키면 장비가 고장 날 수 있다.

54 조향륜 윤중의 합은 차량중량 및 차량총중량의 각각에 대하여 얼마 이상이어야 하는가?

① 10%   ② 20%
③ 30%   ④ 40%

해설
조향바퀴 윤중의 합은 차량중량 및 차량총중량의 20% 이상이어야 한다(자동차규칙 제7조).

55 윤중에 대한 정의이다. 옳은 것은?

① 자동차가 수평 상태에 있을 때에 1개의 바퀴가 수직으로 지면을 누르는 중량
② 자동차가 수평 상태에 있을 때에 차량 중량이 1개의 바퀴에 수평으로 걸리는 중량
③ 자동차가 수평 상태에 있을 때에 차량 총중량이 2개의 바퀴에 수평으로 걸리는 중량
④ 자동차가 수평 상태에 있을 때에 공차 중량이 4개의 바퀴에 수직으로 걸리는 중량

해설
윤중은 자동차가 수평 상태에 있을 때에 1개의 바퀴가 수직으로 지면을 누르는 중량을 말한다(자동차규칙 제2조).

56 리벳이음 작업을 할 때의 유의사항으로 거리가 먼 것은?

① 작업에 알맞은 리벳을 사용한다.
② 간극이 있을 때는 두 일감 사이에 여유 공간을 두고 리벳이음을 한다.
③ 리벳머리 세트나 일감 표면에 손상을 주지 않도록 한다.
④ 일감과 리벳을 리벳세트로 서로 긴밀한 접촉이 이루어지도록 한다.

해설
리벳이음은 두 일감 사이를 밀착시킨 상태에서 이루어져야 한다.

57 정 작업 시 주의 할 사항으로 틀린 것은?

① 금속 깎기를 할 때는 보안경을 착용한다.

② 정의 날을 몸 안쪽으로 하고 해머로 타격한다.

③ 정의 생크나 해머에 오일이 묻지 않도록 한다.

④ 보관 시는 날이 부딪쳐서 무디어지지 않도록 한다.

해설

정 작업 시 날을 몸 바깥쪽으로 하고 해머로 타격한다.

58 산업안전보건법상 "안전보건표지의 종류와 형태"에서 다음 그림이 의미하는 것은?

① 직진금지

② 출입금지

③ 보행금지

④ 차량통행금지

해설

산업안전보건법상 "안전보건표지의 종류와 형태"에서 위의 표지는 출입금지 표지이다.

59 재해 발생 원인으로 가장 높은 비율을 차지하는 것은?

① 작업자의 불안전한 행동

② 불안전한 작업환경

③ 작업자의 성격적 결함

④ 사회적 환경

해설

재해 발생 원인으로 가장 높은 비율을 차지하는 것은 작업자의 불안전한 행동이다.

60 감전 위험이 있는 곳에 전기를 차단하여 우선 점검을 할 때의 조치와 관계가 없는 것은?

① 스위치 박스에 통전장치를 한다.

② 위험에 대한 방지장치를 한다.

③ 스위치에 안전장치를 한다.

④ 필요한 곳에 통전금지 기간에 관한 사항을 게시한다.

해설

스위치 박스에 통전장치를 설치하면 감전의 위험성이 높아진다.

01 SPI(Single Point Injection) 방식의 연료분사 장치에서 인젝터가 설치되는 위치로 가장 적절한 것은?

① 흡입밸브의 앞쪽
② 연소실 중앙
③ 서지탱크(Surge Tank)
④ 스로틀밸브(Throttle Valve) 전(前)

해설
SPI 방식은 인젝터가 1개이며 스로틀밸브 전 연료를 분사하여 각각의 실린더에 알맞은 혼합비로 공급되고, MPI 방식은 인젝터가 실린더 개수만큼 흡입밸브 앞부분에 장착되어 구동된다.

02 카르만 와류식 에어플로센서의 설치 위치로 가장 적합한 곳은?

① 흡기 다기관 내
② 서지탱크 내
③ 에어클리너 내
④ 실린더 헤드

해설
카르만 와류식 에어플로센서는 흡입공기의 와류를 초음파로 검출하여 흡입공기량을 측정하는 방식으로 에어클리너 내에 설치된다.

03 실린더 연소실체적이 50cc, 행정체적이 350cc이면 이 기관의 압축비는?

① 2 : 1
② 4 : 1
③ 6 : 1
④ 8 : 1

해설
압축비를 산출하는 공식은

$$\varepsilon = \frac{연소실체적 + 행정체적}{연소실체적}$$ 이므로 $\frac{50 + 350}{50} = 8$이 된다.

04 엔진 실린더 헤드를 기준으로 센서의 장착 위치가 다른 것은?

① 산소센서(O_2)
② 흡기온도센서(ATS)
③ 흡입공기량센서(AFS)
④ 스로틀포지션센서(TPS)

해설
산소센서는 배기 다기관부에 설치되어 배기가스 내의 산소농도를 검출하여 연료분사 보정량을 결정하는 피드백 신호로 사용된다. 나머지 센서들은 흡기계에 설치된다.

05 자동차 엔진오일을 점검해보니 우유색처럼 보일 때의 원인으로 가장 적절한 것은?

① 노킹이 발생했다.
② 가솔린이 유입되었다.
③ 교환 시기가 지나서 오염되었다.
④ 냉각수가 섞여 있다.

해설
오일의 색깔에 따른 현상
• 검은색 : 심한 오염
• 붉은색 : 오일에 가솔린이 유입된 상태
• 회색 : 연소가스의 생성물 혼입(가솔린 내의 4에틸납)
• 우유색 : 오일에 냉각수 혼입

06 자동차 접지 부분 이외의 부분은 지면과의 사이에 최소 몇 cm 이상 간격이 있어야 하는가?

① 10
② 15
③ 20
④ 25

> **해설**
> 공차 상태의 자동차에 있어서 접지 부분 외의 부분은 지면과의 사이에 10cm 이상의 간격이 있어야 한다(자동차규칙 제5조).

07 자동차 배출가스 중 탄화수소(HC)의 생성 원인과 무관한 것은?

① 농후한 연료로 인한 불완전 연소
② 화염전파 후 연소실 내의 냉각작용으로 타다 남은 혼합기
③ 희박한 혼합기에서 점화 실화
④ 배기 머플러 불량

> **해설**
> **탄화수소가 생성되는 원인**
> • 연소실 내에서 혼합 가스가 연소할 때, 연소실 안쪽 벽은 저온이므로 연소 온도에 이르지 못하며 불꽃이 도달하기 전에 꺼지므로 이 미연소 가스가 탄화수소로 배출된다.
> • 밸브 오버랩(Valve Over Lap)으로 인하여 혼합 가스가 누출된다.
> • 엔진을 감속할 때 스로틀밸브가 닫히면 흡기 다기관의 진공이 갑자기 높아져서 혼합 가스가 농후해지고 실린더 내의 잔류 가스가 되어 실화를 일으키기 쉬워지므로 탄화수소 배출량이 증가한다.
> • 혼합 가스가 희박하여 실화할 경우 연소되지 못한 탄화수소가 배출된다.

08 기화기식과 비교한 MPI 연료분사 방식의 특징으로 잘못된 것은?

① 저속 또는 고속에서 토크 영역의 변화가 가능하다.
② 온랭 시에도 최적의 성능을 보장한다.
③ 설계 시 체적효율의 최적화에 집중하여 흡기 다기관 설계가 가능하다.
④ 월 웨팅(Wall Wetting)에 따른 냉시동 특성은 큰 효과가 없다.

> **해설**
> 냉시동 특성이 향상되는 것은 MPI 연료분사 방식의 장점이다.

09 자동차용 LPG 연료의 특성이 아닌 것은?

① 연소효율이 좋고, 엔진이 정숙하다.
② 엔진 수명이 길고, 오일의 오염이 적다.
③ 대기오염이 적고, 위생적이다.
④ 옥탄가가 낮으므로 연소속도가 빠르다.

> **해설**
> LPG는 가솔린보다 약 10% 정도 옥탄가가 높다. 옥탄가가 높다는 것은 노크를 일으키지 않고 높은 압축비의 엔진을 작동시킬 수 있다는 뜻으로 엔진의 열효율을 높여서 출력을 증가시킬 수 있다.

10 공연비의 피드백 제어가 가능하도록 하는 주요 센서는?

① 공기흐름센서
② 대기압센서
③ O_2센서
④ 스로틀포지션센서

> **해설**
> 산소센서는 배기가스 내의 산소농도를 감지하여 연료분사 보정량의 신호로 사용되며 이론공연비를 위한 피드백제어의 신호이다.

11 디젤기관에서 행정의 길이가 300mm, 피스톤의 평균속도가 5m/s라면 크랭크축은 분당 몇 회전하는가?

① 500rpm
② 1,000rpm
③ 1,500rpm
④ 2,000rpm

해설
피스톤 평균속도를 산출하는 식은
$$V_p = \frac{2 \times L \times N}{60} = \frac{L \times N}{30}$$ 이므로 $$\frac{0.3 \times N}{30} = 5\text{m/s}$$ 이다.

따라서 $$N = \frac{30 \times 5}{0.3}$$ 이 되며 $N = 500\text{rpm}$ 이 된다.

12 디젤기관과 비교한 가솔린기관의 장점은?

① 기관의 단위 출력당 중량이 가볍다.
② 열효율이 높다.
③ 대형화할 수 있다.
④ 연료 소비량이 적다.

해설
가솔린기관과 디젤기관의 비교

구 분	가솔린기관	디젤기관
장 점	• 소음, 진동이 거의 없으므로 정숙하다. • 마력 대비 중량비가 낮아서 마력을 높이기가 쉽다. • 제작이 쉬우며 제조 단가가 낮다.	• 연소효율이 높아서 연비가 좋다. • 구조가 간단해서 잔고장이 없다.
단 점	• 연소효율이 낮아서 디젤보다 연비가 낮다. • 구조가 복잡하여 잔고장이 많다.	• 자연착화 방식으로 인한 소음과 진동이 많다. • 마력 대비 중량비가 커서 엔진이 커진다. • 제작이 어렵고 단가가 높다.

13 4행정 기관에서 흡기밸브의 열림각은 242°, 배기밸브의 열림각은 274°, 흡기밸브의 열림 시작점은 BTDC 13°, 배기밸브의 닫힘점은 ATDC 16°이었을 때 흡기밸브의 닫힘 시점은?

① ABDC 20°
② ABDC 37°
③ ABDC 42°
④ ABDC 49°

해설
흡기밸브 총 열림각 242°에서 흡기밸브의 열림 시작점인 BTDC 13°와 180°를 빼면 ABDC 49°이다.

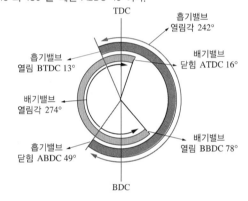

14 맵(MAP)센서는 무엇을 측정하는 센서인가?

① 매니폴드 절대 압력을 측정
② 매니폴드 내의 공기변동을 측정
③ 매니폴드 내의 온도 감지
④ 매니폴드 내의 대기 압력을 흡입

해설
맵센서(MAP Sensor ; Manifold Absolute Pressure Sensor)
맵센서 방식은 엔진에 흡입되는 공기의 양을 측정하는 가장 일반적인 방식이다. 작동원리는 흡입 다기관에서 발생하는 압력을 맵센서가 규정된 절대압력과 비교 측정하고 이를 통해 간접적으로 공기량을 유출, 인젝터가 적절히 구동되도록 하는 것이다. 따라서 맵센서가 고장을 일으키면 엔진에서는 정확한 공기량을 받아들이지 못해 엔진 부조는 물론 시동 꺼짐 현상도 동반하게 된다.

15 1마력은 매초 몇 cal의 발열량에 상당하는가?

① 약 32cal/s

② 약 64cal/s

③ 약 176cal/s

④ 약 32,025cal/s

해설

1마력 ≒ 735J/s ≒ 176cal/s(1J = 0.24cal)

16 국내 승용차에 가장 많이 사용되는 현가장치로서 구조가 간단하고 스트럿이 조향 시 회전하는 것은?

① 위시본형

② 맥퍼슨형

③ SLA형

④ 데디온형

해설

국내 승용차의 현가장치로는 맥퍼슨 타입의 현가장치가 많이 적용된다. 맥퍼슨 스트럿 현가장치는 속업소버를 내장한 스트럿의 하단을 조향 너클의 상단부에 결합시킨 형식으로 조향 시 스트럿이 회전하는 구조이다.

17 드라이브 라인에서 추진축의 구조 및 설명에 대한 내용으로 틀린 것은?

① 길이가 긴 추진축은 플렉시블 자재이음을 사용한다.

② 길이와 각도 변화를 위해 슬립이음과 자재이음을 사용한다.

③ 사용회전속도에서 공명이 일어나지 않아야 한다.

④ 회전 시 평형을 유지하기 위해 평행추가 설치되어 있다.

해설

길이가 긴 추진축의 경우, 축간거리가 긴 자동차에서는 추진축을 분할하고 프레임에 마련된 중간 베어링으로 지지하는 3점 이음식이 사용된다.

18 자동변속기에서 토크 컨버터 내의 로크업 클러치 (댐퍼 클러치)의 작동조건으로 거리가 먼 것은?

① D 레인지에서 일정 차속(약 70km/h 정도) 이상일 때

② 냉각수 온도가 충분히(약 75℃ 정도) 올랐을 때

③ 브레이크 페달을 밟지 않을 때

④ 발진 및 후진 시

해설

댐퍼 클러치 : 자동변속기에서 토크 컨버터의 슬립에 의한 손실을 최소화하기 위한 작동 기구

작 동	미작동
• 차량속도가 70km 이상일 때 (보편적으로) • 브레이크 페달이 작동되지 않을 때 • 냉각수 온도가 75℃ 이상일 때 (온간 시)	• 가속 및 후진 시 • 엔진 브레이크 시(가속으로 인한 충격 전달 방지 목적) • 변속 시(직결되어 있으면 변속 충격 심함) • 냉각수 온도 50℃ 이하일 때 (냉간 시)

19 현가장치에서 판 스프링의 구조에 대한 내용으로 거리가 먼 것은?

① 스팬(Span)

② 너클(Knuckle)

③ 스프링 아이(Spring Eye)

④ 유(U)볼트

> **해설**
> **판 스프링의 구조**
> • 스팬(Span) : 스프링의 아이와 아이의 중심거리이다.
> • 아이(Eye) : 주(Main) 스프링의 양 끝부분에 설치된 구멍을 말한다.
> • 캠버(Camber) : 스프링의 휨 양을 말한다.
> • 센터볼트(Center Bolt) : 스프링의 위치를 맞추기 위해 사용하는 볼트이다.
> • U볼트(U-bolt) : 차축 하우징을 설치하기 위한 볼트이다.
> • 닙(Nip) : 스프링의 양끝이 휘어진 부분이다.
> • 섀클(Shackle) : 스팬의 길이를 변화시키며, 스프링을 차체에 설치한다.
> • 섀클 핀(행거) : 아이가 지지되는 부분이다.

20 차륜정렬에서 토인의 조정은 무엇으로 하는가?

① 심의 두께

② 와셔의 두께

③ 드래그 랭크의 길이

④ 타이로드의 길이

> **해설**
> 타이로드(Tie Rod)의 길이로 토인을 조정한다.

21 전자제어 구동력 조절장치(TCS)에서 컨트롤 유닛에 입력되는 신호가 아닌 것은?

① 스로틀포지션센서

② 브레이크 스위치

③ TCS 구동 모터

④ 휠속도센서

> **해설**
> TCS는 구동력 제어장치로 미끄러운 곳에서 가속할 때 바퀴가 미끄러지는 것을 막아주는 장치이다. 즉, 급제동할 때 타이어가 잠기는 것을 막는 ABS와는 반대로 액셀 페달을 지나치게 밟았을 때 구동바퀴가 미끄러지는 것을 방지하며 휠스피드센서, TPS, 브레이크 스위치 등의 입력신호를 통하여 제동 유압을 제어한다.

22 뒤 현가방식의 독립 현가식 중 세미 트레일링 암(Semitrailing Arm) 방식의 단점으로 틀린 것은?

① 공차 시와 승차 시 캠버가 변한다.

② 종감속기어가 현가 암 위에 고정되어 그 진동이 현가장치로 전달되므로 차단할 필요성이 있다.

③ 구조가 복잡하고 가격이 비싸다.

④ 차실 바닥이 낮아진다.

> **해설**
> **세미 트레일링 암(Semitrailing Arm) 방식**
>
> | 장 점 | 단 점 |
> |---|---|
> | • 회전축의 각도에 따라 스윙 액슬형에 가깝기도 하고 풀 트레일링 암형이 되기도 한다.
• 회전축을 3차원적으로 튜닝할 수가 있다. | • 타이어에 횡력이나 제동력이 작용될 때 연결점 부위에 모멘트가 발생하여 이것이 타이어의 슬립 앵글을 감소시켜 오버 스티어 현상을 만든다.
• 차동기어(Differential Gear)가 서스펜션 바 위에 고정되기 때문에 그 진동이 서스펜션에 전달되므로 차단할 필요성이 있다.
• 부품 수가 많고 고비용이다. |

23 수동변속기에서 싱크로메시 기구는 어떤 작용을 하는가?

① 가속 작용
② 감속 작용
③ 동기 작용
④ 배력 작용

> **해설**
> 싱크로메시 기구는 변속기어가 물릴 때 주축기어와 부축기어의 회전속도를 동기시켜 원활한 치합이 이루어지도록 하는 장치이다.

24 자동차의 진동현상에 대해서 바르게 설명한 것은?

① 바운싱 : 차체의 상하 운동
② 피칭 : 차체의 좌우 흔들림
③ 롤링 : 차체의 앞뒤 흔들림
④ 요잉 : 차체의 비틀림 진동 현상

> **해설**
> **자동차의 스프링 위 진동현상**
> • 바운싱(Bouncing) : z축을 중심으로 한 병진운동(차체의 전체가 아래·위로의 진동)
> • 피칭(Pitching) : y축을 중심으로 한 회전운동(차체의 앞과 뒤쪽이 아래·위로 진동)
> • 롤링(Rolling) : x축을 중심으로 한 회전운동(차체가 좌우로 흔들리는 회전운동)
> • 요잉(Yawing) : z축을 중심으로 한 회전운동(차체의 뒤폭이 좌우 회전하는 진동)

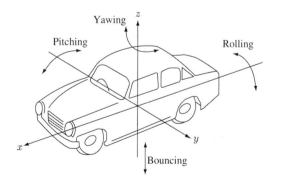

25 클러치페달을 밟을 때 무겁고, 자유 간극이 없다면 나타나는 현상으로 거리가 먼 것은?

① 연료 소비량이 증대된다.
② 기관이 과랭된다.
③ 주행 중 가속 페달을 밟아도 차가 가속되지 않는다.
④ 등판 성능이 저하된다.

> **해설**
> 클러치의 자유 간극이 없거나 적을 경우 클러치가 미끄러지는 원인이 되며, 연료 소비량이 증대되고 기관이 과열되며 가속 페달을 밟아도 차가 가속되지 않고 등판능력이 저하된다.

26 브레이크장치에서 디스크 브레이크의 특징이 아닌 것은?

① 제동 시 한쪽으로 쏠리는 현상이 적다.
② 패드 면적이 크기 때문에 높은 유압이 필요하다.
③ 브레이크 페달의 행정이 일정하다.
④ 수분에 대한 건조성이 빠르다.

> **해설**
> 디스크 브레이크는 마찰면적이 적어 패드의 압착력이 커야 하므로 캘리퍼의 압력을 크게 설계해야 한다.

27 차축에서 1/2, 하우징이 1/2 정도의 하중을 지지하는 차축 형식은?

① 전부동식   ② 반부동식
③ 3/4부동식   ④ 독립식

> **해설**
> 차축에서 하중의 반을 부담하고 하우징이 나머지 반을 부담하는 차축 형식은 반부동식이다.

28 전자제어 현가장치에서 자동차 전방에 있는 노면의 돌기 및 단차를 검출하는 제어는?

① 안티로크 제어
② 스카이훅 제어
③ 퍼지 제어
④ 프리뷰 제어

해설
전자제어 현가장치에서 자동차 주행 시 전방에 있는 노면 상태를 미리 검출하여 능동적으로 서스펜션을 제어하는 시스템을 프리뷰 제어라 한다.

29 자동변속기 구성장치 중 오일펌프에서 공급된 유압을 각부로 공급하는 유압회로를 형성하는 것은?

① 밸브 보디
② 피드백 펌프
③ 토크컨버터
④ 유성기어

해설
자동변속기는 오일펌프에서 발생한 유압을 밸브 보디에서 유압회로를 통하여 각부로 공급한다.

30 제동장치에서 전진 방향 주행 시 자기작동이 발생하는 슈는?

① 서보 슈
② 리딩 슈
③ 트레일링 슈
④ 역전 슈

해설
전진 방향으로 주행 중 제동 시 자기작동이 발생하는 슈를 리딩 슈라 하고, 자기작동작용을 하지 못하는 슈를 트레일링 슈라고 한다.

31 12V, 5W 전구 1개와 24V, 60W 전구 1개를 12V 배터리에 직렬로 연결하였을 때 옳은 것은?

① 양쪽 전구가 똑같이 밝다.
② 5W 전구가 더 밝다.
③ 60W 전구가 더 밝다.
④ 5W 전구가 끊어진다.

해설
12V, 5W 전구와 24V, 60W 전구를 직렬로 연결하지 않고 각각 연결하였을 때는 24V, 60W의 전구가 밝다. 문제와 같은 경우에는 저항이 작은 24V, 60W의 전구는 저항의 차이가 커 회로의 역할을 한다.
직렬연결의 성질
• 합성 저항의 값은 각 저항의 합과 같다.
• 각 저항에 흐르는 전류는 일정하다.
• 각 저항에 가해지는 전압의 합은 전원의 전압과 같다.
• 동일 전압의 축전지를 직렬연결하면 전압은 개수 배가 되고 용량은 1개일 때와 같다.
• 다른 전압의 축전지를 직렬연결하면 전압은 각 전압의 합과 같고 용량은 평균값이 된다.
• 큰 저항과 월등히 작은 저항을 직렬로 연결하면 월등히 작은 저항은 무시된다.

32 에어컨(Air Conditioner) 시스템에서 냉매라인을 고압라인과 저압라인으로 나눌 때 저압라인의 부품으로 알맞은 것은?

① 응축기(Condenser)
② 리시버 드라이어(Receiver Drier)
③ 어큐뮬레이터(Accumulator)
④ 송풍기(Blower Motor)

해설
어큐뮬레이터는 증발기를 거쳐 나온 저압 기체의 불순물을 제거하는 기능을 한다.

28 ④ 29 ① 30 ② 31 ② 32 ③ **정답**

33 단방향 3단자 사이리스터(SRC)에 대한 설명 중 틀린 것은?

① 애노드(A), 캐소드(K), 게이트(G)로 이루어진다.
② 캐소드에서 게이트로 흐르는 전류가 순방향이다.
③ 게이트에 (+)전류, 캐소드에 (−)전류를 흘려보내면 애노드와 캐소드 사이가 순간적으로 도통된다.
④ 애노드와 캐소드 사이가 도통된 것은 게이트 전류를 제거해도 계속 도통이 유지되며, 애노드 전위를 0으로 만들어야 해제된다.

해설
게이트에 신호가 인가되면 양극과 음극 사이에 전류가 흐르고, 게이트 신호가 없으면 양극과 음극 사이에 전류는 흐르지 않고 높은 전압이 유지된다.

34 발전기 출력이 낮고 축전지 전압이 낮을 때의 원인이 아닌 것은?

① 충전 회로에 높은 저항이 걸려있을 때
② 축전지 터미널에 접촉이 불량할 때
③ 다이오드가 단락 및 단선이 되었을 때
④ 발전기 조정전압이 낮을 때

해설
발전기 출력이 낮고 축전지 전압이 낮을 때의 원인
• 충전 회로에 높은 저항이 있을 때
• 발전기 조정전압이 낮을 때
• 다이오드가 단락 및 단선이 되었을 때
• 스테이터 코일이 단락되었을 때

35 외부 온도에 따라 저항값이 변하는 소자로서 수온센서 등 온도 감지용으로 쓰이는 반도체는?

① 게르마늄(Germanium)
② 실리콘(Silicone)
③ 서미스터(Thermistor)
④ 인코넬(Inconel)

해설
서미스터는 열에 민감한 저항체로서 온도의 변화에 따라 현저하게 저항값이 변화하는 특징이 있다.

36 오버러닝 클러치 형식의 기동 전동기에서 기관이 시동된 후 계속해서 스위치를 작동시키면 발생할 수 있는 현상으로 가장 적절한 것은?

① 기동 전동기의 전기자가 타기 시작하여 곧바로 소손된다.
② 기동 전동기의 전기자는 무부하 상태로 공회전하고 피니언 기어는 고속회전하거나 링기어와 미끄러지면서 소음을 발생한다.
③ 기동 전동기 전기자가 정지된다.
④ 기동 전동기의 전기자가 기관회전보다 고속회전한다.

해설
오버러닝 클러치는 플라이휠에 의해 기동 전동기의 전기자가 회전하려는 것을 방지하는 장치로서 시동 후에 계속 스타트 스위치를 작동시킬 경우 전기자는 무부하 공전하며 피니언 기어는 고속회전하며 소음을 일으킨다.

37 일반 승용차에서 교류 발전기의 충전전압 범위를 표시한 것 중 맞는 것은?(단, 12V Battery의 경우이다)

① 10~12V
② 13.8~14.8V
③ 23.8~24.8V
④ 33.8~34.8V

> **해설**
> 12V를 사용하는 일반 승용자동차에서 발전기 출력전압은 13.8~14.8V이다.

38 납산 축전지 격리판의 필요조건으로 틀린 것은?

① 비전도성일 것
② 다공성일 것
③ 기계적 강도가 있을 것
④ 전해액의 확산이 차단될 것

> **해설**
> **격리판의 구비조건**
> • 비전도성일 것
> • 다공성이어서 전해액의 확산이 잘 될 것
> • 기계적 강도가 있고, 전해액에 산화 부식되지 않을 것
> • 극판에 좋지 못한 물질을 내뿜지 않을 것

39 DC 발전기의 계자코일과 계자철심에 상당하며 자속을 만드는 AC 발전기의 부품은?

① 정류기
② 전기자
③ 로 터
④ 스테이터

> **해설**
> **교류발전기와 직류발전기의 비교**
>
> | 기능(역할) | 교류(AC)발전기 | 직류(DC)발전기 |
> | --- | --- | --- |
> | 전류발생 | 스테이터 | 전기자(아마추어) |
> | 정류작용(AC → DC) | 실리콘 다이오드 | 정류자, 러시 |
> | 역류방지 | 실리콘 다이오드 | 컷아웃 릴레이 |
> | 여자형성 | 로 터 | 계자코일, 계자철심 |
> | 여자방식 | 타여자식(외부전원) | 자여자식(잔류자기) |

40 자동차에 사용되는 교류발전기에서 발생한 교류를 직류로 변환하는 정류기는 무엇으로 구성되어 있는가?

① 실리콘 다이오드
② 트랜지스터
③ 차고센서
④ 휠스피드센서

> **해설**
> 교류발전기의 스테이터에서 발생한 교류 전력은 실리콘 다이오드를 이용하여 직류로 정류한다.

41 자동차의 점화장치에서 배터리 12V를 자기유도작용과 상호유도작용을 통해 고전압으로 변환하는 구성요소는?

① 스파크 플러그
② 트랜지스터
③ 점화코일
④ 인젝터

> **해설**
> 점화 1차 코일은 자기유도작용, 2차 코일은 상호유도작용을 통하여 점화플러그의 아크를 발생시킨다.

42 자동차의 등화장치 중 유일하게 밝기의 정도를 휘도(cd/m²)로 법적으로 규정하는 것은?

① 번호등　　　　② 안개등
③ 제동등　　　　④ 미 등

해설
자동차 등화장치에서 휘도 기준을 적용하는 등화장치는 번호등이다(자동차규칙 제41조).

43 자동차의 에어컨 시스템에서 발생한 수분을 제거하기 위한 구성요소는 무엇인가?

① 압축기(컴프레서)
② 건조기(리시버 드라이어)
③ 응축기(콘덴서)
④ 팽창밸브(익스팬션 밸브)

해설
에어컨 냉방회로에서 응축된 액체 냉매의 수분을 제거하는 것은 리시버 드라이어이다.

44 전동식 주차제동장치(EPB)의 Force Sensor의 역할로 옳은 것은?

① 브레이크 페달의 압력 감지
② VDC 작동 시 후륜 제동력 인가
③ 파킹브레이크 인가 힘을 감지
④ 제동 시 제동력 감지

해설
EPB 내의 포스센서는 주차 브레이크 작동 시 케이블 장력을 측정하여 파킹브레이크에 인가된 힘을 감지하는 역할을 한다.

45 ABS ECU에 논리를 추가하여 뒷바퀴의 제동 압력을 요구 유압 배분곡선(이상 제동 배분곡선)에 근접 제어하는 방식의 전자제어 제동장치는 무엇인가?

① ABS　　　　② EBD
③ TCS　　　　④ AWD

해설
후륜측 하중의 변화에 따라 제동력을 조절하는 제동시스템은 EBD이다.

46 회로의 정격 전압이 일정 수준 이하의 낮은 전압으로 절연 파괴 등의 사고에도 인체의 위험을 주지 않게 되는 전압을 무슨 전압이라 하는가?

① 안전전압　　　　② 접촉전압
③ 접지전압　　　　④ 절연전압

해설
인체가 접촉하더라도 안전하다는 의미의 허용 접촉 전압과는 달리 전기기기의 정격 전압이 일정 수준 이하의 낮은 전압일 경우에는 사용 중 절연파괴가 생겨서 감전이 발생하더라도 위험을 주지 않는다는 뜻이며, 이 한계전압을 안전전압이라 한다.

47 축전지의 용량을 시험할 때 안전 및 주의사항으로 틀린 것은?

① 축전지 전해액이 옷에 묻지 않게 한다.
② 기름이 묻은 손으로 시험기를 조작하지 않는다.
③ 부하시험에서 부하시간을 15초 이상으로 하지 않는다.
④ 부하시험에서 부하전류는 축전지의 용량에 관계없이 일정하게 한다.

해설
부하시험에서 부하전류는 축전지의 용량에 따라 설정한다.

48 전동공구 및 전기기계의 안전 대책으로 잘못된 것은?

① 전기 기계류는 사용 장소와 환경에 적합한 형식을 사용하여야 한다.

② 운전, 보수 등을 위한 충분한 공간이 확보되어야 한다.

③ 리드선은 기계진동이 있을 시 쉽게 끊어질 수 있어야 한다.

④ 조작부는 작업자의 위치에서 쉽게 조작이 가능한 위치여야 한다.

해설
리드선 등은 기계진동에도 끊어져서는 안 된다.

49 연 100만 근로 시간당 몇 건의 재해가 발생했는가의 재해율 산출을 무엇이라 하는가?

① 연천인율   ② 도수율
③ 강도율   ④ 천인율

해설
도수율은 연 100만 근로 시간당 몇 건의 재해가 발생했는가의 재해율을 산출한 것이다.

50 공조시스템의 기본지식으로 물질의 상태변화를 나타낸 것 중 틀린 것은?

① 융해(고체 → 액체)

② 응고(액체 → 고체)

③ 용융(기체 → 고체)

④ 응축(기체 → 액체)

해설
용융은 고체 → 액체로의 상태변화를 나타낸다.

51 크레인으로 중량물을 달아 올리려고 할 때 적합하지 않은 것은?

① 수직으로 달아 올린다.

② 제한용량 이상을 달지 않는다.

③ 옆으로 달아 올린다.

④ 신호에 따라 움직인다.

해설
크레인 작업 등의 중량물 이송작업 시 옆으로 달아 올리면 안전상 매우 위험하다.

52 기관의 크랭크축 분해 정비 시 주의사항으로 부적합한 것은?

① 축받이 캡을 탈거 후 조립 시에는 제자리 방향으로 끼워야 한다.

② 뒤 축받이 캡에는 오일 실이 있으므로 주의를 요한다.

③ 스러스트 판이 있을 때는 변형이나 손상이 없도록 한다.

④ 분해 시에는 반드시 규정된 토크렌치를 사용해야 한다.

해설
토크렌치는 볼트, 너트를 조일 때 규정 토크로 조이기 위한 공구이다.

53 납산 축전지의 전해액이 흘렀을 때 중화 용액으로 가장 알맞은 것은?

① 중탄산소다
② 황 산
③ 증류수
④ 수돗물

해설
축전지 취급 시 중탄산소다수와 같은 중화제를 항상 준비하여 둔다.

54 정비작업상 안전수칙의 설명으로 틀린 것은?

① 정비작업을 위하여 차를 받칠 때는 안전 잭이나 고임목으로 고인다.
② 노즐 시험기로 분사노즐 상태를 점검할 때는 분사되는 연료에 손이 닿지 않도록 해야 한다.
③ 알칼리성 세척제가 눈에 들어갔을 때는 먼저 알칼리유로 씻어 중화한 뒤 깨끗한 물로 씻는다.
④ 기관 시동 시에는 소화기를 비치해야 한다.

해설
부품세척 중 세척유가 눈에 들어갔을 때는 물로 먼저 씻어낸다.

55 축전지의 점검 및 취급 시 지켜야 할 사항으로 틀린 것은?

① 전해액이 옷이나 피부에 닿지 않도록 한다.
② 충전기로 충전할 때에는 극성에 주의한다.
③ 축전지의 단자전압은 교류전압계로 측정한다.
④ 전해액 비중 점검결과 방전되었으면 보충전한다.

해설
두 단자 간의 전압을 측정하는 데 직류전압계를 사용한다.

56 하이브리드 시스템에서 배터리의 유지 관리를 위한 제어시스템은 무엇인가?

① HCU
② MCU
③ TCU
④ BMS

해설
BMS는 배터리 매니지먼트 시스템으로 고전압 배터리의 온도, 전압, 전류 등을 측정하여 배터리 냉각제어, 셀 밸런싱 제어, 릴레이제어, 출력 제한 등의 역할을 한다.

57 다음의 지능형 자동차 시스템에 대한 설명으로 옳지 않은 것은?

① LKAS : 주행 조향 보조시스템으로 주행 중 차선 인식을 통한 능동조향제어 기능을 가진다.

② SCC : 차량의 가·감속 제어 및 레이더를 이용한 전방 차량 거리를 계산하여 차량의 속도 및 차간 거리제어 기능을 수행한다.

③ BSD : 보디 전장 시스템에서 실내 공기질 향상을 위한 클러스터 이오나이저 및 CO_2센서를 활용한 공조제어 시스템을 말한다.

④ AEB : 카메라영상 정보와 전방레이더를 활용한 퓨전타깃 기술을 활용하여 저속주행 시 긴급제동 구현 및 제동 감속(예압발생) 기능을 수행하여 충돌사고를 회피한다.

해설
BSD는 후측방 레이더를 이용하여 사각지대에 차량이 있을 때 HUD 및 아웃사이드 미러에 점등을 통하여 운전자에게 사각지대에 대한 경고를 제공하는 시스템이다.

58 EV 주행 중 감속 또는 제동상태에서 모터를 발전 모드로 전환해서 제동에너지의 일부를 전기에너지로 변환하는 모드는?

① 발진가속 모드
② 제동전기 모드
③ 회생제동 모드
④ 주행전환 모드

해설
EV 주행 중 감속 또는 제동 시 모터를 발전기로 전환하여 제동에너지 일부를 전기에너지로 변환하여 충전시키는 모드는 회생제동 모드이다.

59 다음 중 고전압 배터리관리시스템(BMS)의 주요 제어 기능이 아닌 것은?

① 모터 제어
② 출력 제한
③ 냉각 제어
④ SOC 제어

해설
BMS는 배터리의 상태를 진단 측정하여 배터리를 제어하는 제어기이며, 모터 제어는 MCU에서 모터의 토크 제어, 출력 제한, 과온 보호, 주행협조 등의 기능을 수행한다.

60 HEV에서 고전압 배터리의 고전압 직류전원을 저전압 직류전원으로 전환시켜 차량의 일반 전장 시스템 및 전원공급으로 사용할 수 있도록 전력변환을 수행하는 장치는?

① MCU
② LDC
③ BMS
④ HCU

해설
LDC는 고전압 배터리 직류전원을 저전압 직류전원으로 변환시켜 12V 보조배터리를 통하여 차량제어기, 일반전장 및 편의 시스템 등에 전력을 공급하는 역할을 한다.

57 ③   58 ③   59 ①   60 ②   **정답**

01 피스톤과 관련된 점검사항으로 틀린 것은?

① 피스톤 중량

② 피스톤의 마모 및 균열

③ 피스톤과 실린더 간극

④ 피스톤 오일링 홈의 구멍 크기

해설

피스톤 점검사항으로는 중량, 마모 및 균열, 실린더 간극 등이 있으며 오일링 홈의 구멍을 점검하지는 않는다.

02 흡입공기 유량을 측정하는 센서는?

① 에어플로센서

② 산소센서

③ 흡기온도센서

④ 대기압센서

해설

흡입공기 유량은 에어플로센서(Air Flow Sensor)로 측정한다.

03 노크센서는 무엇으로 노킹을 판단하는가?

① 배기 소음

② 배출가스 압력

③ 엔진 블록의 진동

④ 흡기 다기관의 진공

해설

노크센서는 실린더 블록에 설치되어 노킹 발생 시 피스톤이 실린더 벽에 부딪히는 진동이 발생할 때 그 진동을 검출하여 ECU로 입력한다.

04 기관의 회전속도가 4,500rpm이고 연소지연시간은 1/500초라고 하면, 연소지연시간 동안에 크랭크축의 회전각은?

① 45°

② 50°

③ 52°

④ 54°

해설

$CA = 360° \times \dfrac{R}{60} \times T = 6RT$이므로 $6 \times 4,500 \times \dfrac{1}{500} = 54°$

이다.

05 기관의 압축압력을 측정할 때 사전 준비 작업이 아닌 것은?

① 엔진은 정상작동 온도로 할 것

② 모든 점화플러그를 뺄 것

③ 공기청정기를 뗄 것

④ 스로틀 보디를 뗄 것

해설

엔진의 압축압력 측정 시 엔진은 정상작동 온도로 하고, 모든 점화플러그를 제거하며, 에어클리너도 제거한다.

06 제동출력 22PS, 회전수 5,500rpm인 기관의 축 토크는?

① 8.36kgf · m   ② 6.42kgf · m

③ 3.84kgf · m   ④ 2.86kgf · m

해설

회전수와 토크를 이용하여 제동마력을 산출하는 식은

$PS = \dfrac{T \times N}{716}$ 이므로 $\dfrac{T \times 5,500}{716} = 22$ 이고,

축 토크 $T = \dfrac{716 \times 22}{5,500} = 2.864$ kgf · m이다.

07 승합자동차의 승객 좌석의 설치 높이는?

① 35cm 이상 40cm 이하

② 40cm 이상 50cm 이하

③ 45cm 이상 50cm 이하

④ 50cm 이상 65cm 이하

해설

승합자동차의 승객 좌석의 높이는 40cm 이상 50cm 이하이어야 한다(자동차규칙 제25조).

08 전자제어 가솔린기관에서 ECU에 입력되는 신호를 아날로그와 디지털 신호로 나눌 때, 디지털 신호는?

① 열막식 공기유량센서

② 인덕티브 방식의 크랭크각센서

③ 옵티컬 방식의 크랭크각센서

④ 퍼텐쇼미터 방식의 스로틀포지션센서

해설

옵티컬 방식의 크랭크각센서는 발광 다이오드와 수광 다이오드를 이용하여 크랭크 위치와 rpm을 측정하며 디지털 파형이 출력된다.

09 실린더 행정 내경 비(행정/내경)의 값이 1.0 이상인 기관은?

① 장행정 기관(Long Stroke Engine)

② 정방행정 기관(Square Engine)

③ 단행정 기관(Short Stroke Engine)

④ 터보 기관(Turbo Engine)

해설

실린더 행정 내경 비(행정/내경)가 1 초과(행정 > 내경)일 경우 장행정 엔진, 1 미만(행정 < 내경)일 경우 단행정 엔진, 1(행정 = 내경)인 기관을 정방형 엔진이라고 한다.

10 가솔린 연료 분사기(Injector)의 분사 형태에서 순차 분사는 어떤 센서의 신호에 동기되어 분사하는가?

① 산소센서

② 에어플로센서

③ 크랭크각센서

④ 맵센서

해설

가솔린 기관의 인젝터 작동 시기는 엔진 크랭크센서의 신호를 기반으로 한다.

11 캐니스터는 자동차에서 배출되는 유해가스 중 주로 어떤 가스를 제어하기 위한 장치인가?

① 증발가스(HC)
② 블로바이 가스(CO)
③ 배기가스(NO_X)
④ 배기가스(CO, N_2)

해설
캐니스터는 연료 증발가스 제어장치로서 주로 미연소 증발가스인 탄화수소(HC)를 제어하기 위하여 적용된다.

12 엔진은 과열하지 않는데 방열기 내에 기포가 생기는 원인으로 가장 적합한 것은?

① 서모스탯 기능 불량
② 실린더 헤드 개스킷의 불량
③ 크랭크 케이스에 압축누설
④ 냉각수량 과다

해설
엔진이 과열되지 않은 상태에서 기포가 발생할 때의 원인은 실린더 헤드 개스킷의 불량으로 공기가 유입되는 경우이다.

13 피스톤 간극(Piston Clearance) 측정 시 시크니스 게이지(Thickness Gauge)를 넣는 부분은?

① 피스톤 링 지대
② 피스톤 스커트부
③ 피스톤 보스부
④ 피스톤 링 지대 윗부분

해설
피스톤 간극은 스커트부에서 시크니스 게이지를 삽입하여 측정한다.

14 자동차의 튜닝승인을 얻은 자는 자동차 정비업자로부터 튜닝과 그에 따른 정비를 받고 얼마 이내에 튜닝검사를 받아야 하는가?

① 완료일로부터 45일 이내
② 완료일로부터 15일 이내
③ 승인일로부터 45일 이내
④ 승인일로부터 15일 이내

해설
튜닝의 승인신청 등(자동차관리법 시행규칙 제56조)
자동차의 튜닝 승인을 받은 자는 자동차정비업자 또는 법 제34조제2항 전단에 따른 자동차제작자 등으로부터 튜닝과 그에 따른 정비(법 제34조제2항 전단에 따른 자동차제작자 등의 경우에는 튜닝만 해당)를 받고 튜닝 승인을 받은 날부터 45일 이내에 튜닝검사를 받아야 한다.

15 블로다운(Blow Down) 현상에 대한 설명으로 옳은 것은?

① 밸브와 밸브시트 사이에서의 가스 누출현상
② 압축행정 시 피스톤과 실린더 사이에서 공기가 누출되는 현상
③ 피스톤이 상사점 근방에서 흡·배기밸브가 동시에 열려 배기 잔류가스를 배출시키는 현상
④ 배기행정 초기에 배기밸브가 열려 배기가스 자체의 압력에 의하여 배기가스가 배출되는 현상

해설
① 블로백 현상
② 블로바이 현상
③ 밸브 오버랩 현상

16 냉각수 규정 용량이 15L인 라디에이터에 냉각수를 주입하였더니 12L가 주입되어 가득 찼다면, 라디에이터의 코어 막힘률은?

① 20% ② 25%

③ 30% ④ 45%

해설

라디에이터 코어 막힘률 $= \dfrac{신품용량 - 구품용량}{신품용량} \times 100\%$

$= \dfrac{15-12}{15} \times 100 = 20\%$

17 적색 또는 청색 경광등을 설치하여야 하는 자동차가 아닌 것은?

① 교통단속에 사용되는 경찰용 자동차

② 범죄수사를 위하여 사용되는 수사기관용 자동차

③ 소방용 자동차

④ 구급자동차

해설

적색 또는 청색 경광등을 설치하여야 하는 자동차(자동차규칙 제58조)

• 경찰용 자동차 중 범죄수사·교통단속 그 밖의 긴급한 경찰임무 수행에 사용되는 자동차

• 국군 및 주한국제연합군용 자동차 중 군 내부의 질서유지 및 부대의 질서 있는 이동을 유도하는 데 사용되는 자동차

• 수사기관의 자동차 중 범죄수사를 위하여 사용되는 자동차

• 교도소 또는 교도기관의 자동차 중 도주자의 체포 또는 피수용자의 호송·경비를 위하여 사용되는 자동차

• 소방용 자동차

18 종감속장치의 종류에서 하이포이드 기어의 장점으로 틀린 것은?

① 기어 이의 물림률이 크기 때문에 회전이 정숙하다.

② 기어의 편심으로 차체의 전고가 높아진다.

③ 추진축의 높이를 낮게 할 수 있어 거주성이 향상된다.

④ 동일한 조건에서 스파이럴 베벨기어에 비해 구동 피니언을 크게 할 수 있어 강도가 증가한다.

해설

하이포이드 기어의 장단점

• 장 점

– 구동 피니언의 오프셋에 의해 추진축 높이를 낮출 수 있어 자동차의 중심이 낮아져 안전성이 증대된다.

– 동일 감속비, 동일 치수의 링기어인 경우에 스파이럴 베벨기어에 비해 구동피니언을 크게 할 수 있어 강도가 증대된다.

– 기어 물림률이 커 회전이 정숙하다.

• 단 점

– 기어 이의 폭 방향으로 미끄럼 접촉을 하므로 압력이 커 극압성 윤활유를 사용하여야 한다.

– 제작이 비교적 어렵다.

19 동력조향장치에서 조향휠의 회전에 따라 동력 실린더에 공급되는 유량을 조절하는 것은?

① 분류밸브 ② 동력 피스톤

③ 제어밸브 ④ 조향각센서

해설

제어밸브는 조향핸들의 조작에 대한 유압 통로를 조절하는 기구이며, 조향핸들을 회전시킬 때 오일펌프에서 보낸 유압유를 해당 조향 방향으로 보내 동력 실린더의 피스톤이 작동하도록 유로를 변환시킨다.

20 자동변속기에서 토크 컨버터와 유체 클러치의 토크비가 같아지는 시기는?

① 스톨 포인트　　　② 출발할 때
③ 후진할 때　　　　④ 클러치 포인트

해설
자동변속기에서 스테이터가 회전하여(프리휠링) 토크 컨버터에서 유체 클러치로 전환되는 시점을 클러치 포인트라 한다.

21 변속기의 제1감속비가 4.5 : 1이고 종감속비는 6 : 1일 때 총감속비는?

① 27 : 1　　　　　② 10.5 : 1
③ 1.33 : 1　　　　④ 0.75 : 1

해설
총감속비 = 변속비 × 종감속비이므로, 총감속비는 4.5 × 6 = 27 이다.

22 변속기의 내부에 설치된 증속 구동 장치의 특징으로 틀린 것은?

① 기관의 회전속도를 일정 수준 낮추어도 주행 속도를 그대로 유지한다.
② 출력과 회전수의 증대로 윤활유 및 연료 소비량이 증가한다.
③ 기관의 회전속도가 같으면 증속장치가 설치된 자동차속도가 더 빠르다.
④ 기관의 수명이 길어지고 운전이 정숙하게 된다.

해설
오버드라이브 기능은 구동력은 작아지나 고속주행이 가능하고 운전이 정숙하며 연비가 향상된다.

23 유압식 제동장치에서 유압회로 내에 잔압을 두는 이유와 거리가 먼 것은?

① 제동의 늦음을 방지하기 위해
② 베이퍼록 현상을 방지하기 위해
③ 휠 실린더 내의 오일 누설을 방지하기 위해
④ 브레이크 오일의 증발을 방지하기 위해

해설
브레이크 유압회로에 잔압을 형성하는 이유는 제동 시 응답성의 향상, 베이퍼록 방지, 오일 누설 방지 등이 있다.

24 추진축에서 진동이 생기는 원인으로 거리가 먼 것은?

① 요크 방향이 다르다.
② 밸런스웨이트가 떨어졌다.
③ 중간 베어링이 마모되었다.
④ 중공축을 사용하였다.

해설
추진축은 회전관성과 회전평형을 위해 중공축을 사용하며 진동을 감소시키기 위해 밸런스웨이트를 부착한다.

25 타이어 호칭기호 215 60 R 17에서 17이 나타내는 것은?

① 림 직경(inch)

② 타이어 직경(mm)

③ 편평비(%)

④ 허용하중(kgf)

해설

215 60 R 17에서 215는 단면폭(mm), 60은 편평비(%), R은 레이디얼 구조, 17은 림 직경을 나타낸다.

27 어떤 자동차로 마찰계수가 0.3인 도로에서 제동했을 때 제동 초속도가 10m/s라면, 제동거리는?

① 약 12m   ② 약 15m

③ 약 16m   ④ 약 17m

해설

제동거리 산출식은 $S_b = \dfrac{v^2}{254\mu}$ 이므로 $\dfrac{36^2}{254 \times 0.3} \fallingdotseq 17\text{m}$ 가 된다.

(제동 초속도 10m/s를 시속으로 환산하면 $10 \times 3.6 = 36\text{km/h}$)

28 유압식 제동장치에서 탠덤 마스터 실린더의 사용 목적으로 적합한 것은?

① 앞뒤 바퀴의 제동 거리를 짧게 한다.

② 뒷바퀴의 제동효과를 증가시킨다.

③ 보통 브레이크와 차이가 없다.

④ 유압 계통을 2개로 분할하는 제동안전장치이다.

해설

탠덤 마스터 실린더는 안전성을 높이기 위해 앞바퀴와 뒷바퀴가 별개로 작동하도록 만들어진 것이다.

26 전자제어식 자동변속기 차량에서 변속시점은 기본적으로 무엇에 의해 결정되는가?

① 엔진 회전속도와 크랭크 각도

② 엔진 스로틀밸브의 개도와 변속기 오일 온도

③ 차량의 주행속도와 엔진 스로틀밸브의 개도

④ 차량의 주행속도와 크랭크 각도

해설

전자제어식 자동변속기 차량에서 변속시점을 결정하는 기본 요소는 차량 속도(차속센서)와 스로틀밸브 개도량(TPS)이다.

29 차륜 정렬의 목적으로 거리가 먼 것은?

① 선회 시 좌우측 바퀴의 조향각을 같게 한다.

② 조향휠의 복원성을 유지한다.

③ 조향휠의 조작력을 가볍게 한다.

④ 타이어의 편마모를 방지한다.

해설

작은 힘으로 조향이 가능하도록 할 수 있고 안정성을 확보할 수 있으며, 타이어의 편마모를 최소화하고, 조향핸들의 복원성을 준다.

25 ① 26 ③ 27 ④ 28 ④ 29 ① **정답**

30 브레이크 계통에 공기가 혼입되었을 때 공기빼기 작업방법 중 잘못된 것은?

① 블리더 플러그에 비닐 호스를 끼우고 다른 한끝을 브레이크 오일통에 넣는다.

② 페달을 몇 번 밟고 블리더 플러그를 1/2~3/4 풀었다가 실린더 내압이 저하되기 전에 조인다.

③ 마스터 실린더에 오일을 충만시킨 후 반드시 공기 배출을 해야 한다.

④ 공기 배출 작업 중에 반드시 에어블리더 플러그를 잠그기 전에 페달을 놓는다.

해설
브레이크 라인의 공기빼기 작업 시 주의사항
• 공기는 에어 블리드 밸브에서 뺀다.
• 일반적으로 마스터 실린더에서 가장 먼 곳의 휠 실린더부터 행한다.
• 마스터 실린더에 브레이크 오일을 보급하면서 행한다.
• 블리더 플러그에 비닐 호스를 끼우고 다른 한끝을 브레이크 오일통에 넣는다.
• 페달을 몇 번 밟고 블리더 플러그를 1/2~3/4 풀었다가 실린더 내압이 저하되기 전에 조인다.
• 마스터 실린더에 오일을 충만시킨 후 반드시 공기 배출을 해야 한다.
• 공기 배출 작업 중 블리더 플러그를 잠근 후 페달을 놓는다.

31 전조등의 광량을 검출하는 라이트 센서에서 빛의 세기에 따라 광전류가 변화되는 원리를 이용한 소자는?

① 포토다이오드 ② 발광다이오드
③ 제너다이오드 ④ 사이리스터

해설
수광(포토)다이오드는 빛의 세기에 따라 광전류가 변화되는 원리를 이용하는 반도체 소자이다.

32 자동차 축전지 비중이 30℃에서 1.285일 때, 기준 온도 20℃에서 비중은?

① 1.269 ② 1.275
③ 1.283 ④ 1.292

해설
축전지의 전해액 비중 산출식 $S_{20} = S_t + 0.0007 \times (t-20)$이므로 $1.285 + 0.0007 \times (30-20) = 1.292$가 된다.

33 자동차 전기회로의 보호장치로 옳은 것은?

① 안전밸브 ② 캠 버
③ 퓨저블 링크 ④ 턴시그널 램프

해설
퓨저블 링크는 배터리에 연결된 전기회로에 과부하가 걸리면 녹이 끊어져 전체 와이어링 하니스 손상을 방지한다.

34 12V, 30W의 헤드라이트 한 개를 켜면 흐르는 전류는?

① 2.5A ② 5A
③ 10A ④ 360A

해설
$P = E \cdot I$
$30 = 12 \times I$
$\therefore I = 2.5\text{A}$

35 트랜지스터(NPN형)에서 점화코일의 1차 전류는 어느 쪽으로 흐르는가?

① 이미터에서 컬렉터로
② 베이스에서 컬렉터로
③ 컬렉터에서 베이스로
④ 컬렉터에서 이미터로

해설
NPN형에서의 전류의 흐름은 컬렉터에서 이미터로, 베이스에서 이미터로 흐른다. 반면 PNP형에서의 전류의 흐름은 이미터에서 베이스로, 이미터에서 컬렉터로 흐른다.

36 전기자 시험기로 시험하기에 가장 부적절한 것은?

① 코일의 단락
② 코일의 저항
③ 코일의 접지
④ 코일의 단선

해설
전기자 시험기를 이용해 전기자의 단선, 단락 및 접지시험을 한다.

37 사이드미러(후사경) 열선 타이머 제어 시 입출력 요소가 아닌 것은?

① 전조등 스위치 신호
② IG 스위치 신호
③ 열선 스위치 신호
④ 열선 릴레이 신호

해설
전조등 스위치 신호는 사이드미러 열선 회로의 입출력 요소가 아니다.

38 DLI(Distributer Less Ignition) 점화장치의 구성요소 중 해당하지 않는 것은?

① 파워TR
② ECU
③ 로 터
④ 이그니션 코일

해설
로터는 배전기에 적용하는 점화장치의 부품이다.

39 자동차 주행 중 충전램프의 경고등이 켜졌을 때의 원인과 가장 거리가 먼 것은?

① 팬벨트가 미끄러지고 있다.
② 발전기 뒷부분에 소켓이 빠졌다.
③ 축전지의 접지케이블이 이완되었다.
④ 전압계의 미터가 깨졌다.

해설
자동차 주행 중 충전램프의 경고등이 켜질 때는 발전기에서 정상적인 발전전압이 출력되지 않을 경우이며 전압계가 깨지는 것은 원인이 아니다.

40 다음 중 축전지용 전해액(묽은 황산)을 표현하는 화학 기호는?

① H_2O
② $PbSO_4$
③ $2H_2SO_4$
④ $2H_2O$

해설
묽은 황산은 화학식 기호로 $2H_2SO_4$이며 황산납은 $PbSO_4$이다.

35 ④ 36 ② 37 ① 38 ③ 39 ④ 40 ③ **정답**

41 다음 그림의 회로에서 전류계에 흐르는 전류(A)는 얼마인가?

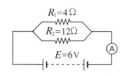

① 1A　　　　② 2A

③ 3A　　　　④ 4A

해설

회로의 총 합성저항은 병렬연결이므로

$R_T = \cfrac{1}{\cfrac{1}{R_1}+\cfrac{1}{R_2}+\cdots+\cfrac{1}{R_n}}$ 와 같이 산출하며 $\cfrac{1}{\cfrac{1}{4}+\cfrac{1}{12}}=3\Omega$

이 된다.

옴의 법칙상 $I=\cfrac{E}{R}$ 이므로 A에 흐르는 전류는 $\cfrac{6}{3}=2A$ 이다.

42 달링턴 트랜지스터를 설명한 것으로 옳은 것은?

① 트랜지스터보다 컬렉터 전류가 작다.

② 2개의 트랜지스터를 하나로 결합하여 전류 증폭도가 높다.

③ 전류 증폭도가 낮다.

④ 2개의 트랜지스터처럼 취급해야 한다.

해설

달링턴 트랜지스터는 2개의 트랜지스터를 하나로 결합하여 전류 증폭도가 높다.

43 반도체 소자에서 역방향의 전압이 어떤 값에 도달하면 역방향 전류가 급격히 흐르게 되는 전압은?

① 컷인 전압

② 자기유도 전압

③ 사이리스터 전압

④ 브레이크 다운 전압

해설

제너다이오드에서 역방향으로 일정 전압 이상 시 통전되는 전압을 브레이크 다운 전압 또는 제너 전압이라 한다.

44 도어 로크 제어에 대한 설명으로 옳은 것은?

① 차속 40km/h 이상의 속도에서 운전석 도어가 로크(Lock)인 경우는 로크 제어를 하지 않는다.

② 점화스위치를 OFF로 하면 모든 도어 중 하나라도 로크 상태일 경우 전 도어를 로크(Lock)시킨다.

③ 도어 로크 상태에서 주행 중 충돌 시 에어백 ECU로부터 에어백 전개신호를 입력받아 모든 도어를 해제(Unlock)시킨다.

④ 도어 Unlock 상태에서 주행 중 차량 충돌 시 충돌센서로부터 충돌정보를 입력받아 승객의 안전을 위해 모든 도어를 잠김(Lock) 출력을 행한다.

해설

오토 도어 로크 장치는 도어 로크 상태에서 주행 중 충돌 시 에어백 ECU로부터 에어백 전개신호를 입력받아 모든 도어를 해제(Unlock)시킨다.

45 트랜지스터의 대표적인 기능으로 릴레이와 같은 작용은?

① 스위칭 작용
② 채터링 작용
③ 정류 작용
④ 상호 유도 작용

해설
트랜지스터의 주요기능은 증폭 작용과 스위칭 작용이며 릴레이와 같은 작용은 스위칭 작용이다.

46 산업재해의 원인별 분류 중 직접적인 원인은?

① 인적 원인
② 기술적인 원인
③ 교육적인 원인
④ 정신적인 원인

해설
산업재해의 원인별 분류 중 직접적인 원인은 보호구 착용, 기능상태, 자격 적정배치 등과 관련된 인적 원인이다.

47 드릴 머신으로 탭 작업을 할 때 탭이 부러지는 원인이 아닌 것은?

① 탭의 경도가 소재보다 높을 때
② 구멍이 똑바르지 않을 때
③ 구멍 밑바닥에 탭 끝이 닿을 때
④ 레버에 과도한 힘을 주어 이동할 때

해설
탭의 경도(단단한 정도)가 소재보다 높아야 드릴링 작업이 원활하게 된다.

48 자동차 하체를 들어올리기 위해 잭을 설치할 때 작업 주의 사항으로 틀린 것은?

① 잭은 중앙 밑 부분에 놓아야 한다.
② 잭은 자동차를 작업할 수 있게 올린 다음에도 잭 손잡이는 그대로 둔다.
③ 잭은 받쳐진 중앙 밑부분에는 들어가지 않는 것이 좋다.
④ 잭은 밑바닥이 견고하면서 수평이 되는 곳에 놓고 작업하여야 한다.

해설
잭 작업 시 작업을 위해 자동차를 올린 후 손잡이를 제거하고 작업한다.

49 전기회로 내에 전류계를 사용할 때의 사항으로 맞는 것은?

① 전류계는 직렬로 연결하여 사용한다.
② 전류계는 병렬로 연결하여 사용한다.
③ 전류계는 직렬, 병렬연결을 모두 사용한다.
④ 전류계의 사용 시 극성에는 무관하다.

해설
멀티미터를 이용한 측정에서 전압의 측정은 회로에 병렬로 연결하여야 하고, 전류의 측정은 회로에 직렬로 연결하여야 한다.

50 선반 작업 시 주축의 변속은 기계를 어떠한 상태에서 하는 것이 가장 안전한가?

① 저속으로 회전시킨 후 한다.
② 기계를 정지시킨 후 한다.
③ 필요에 따라 운전 중에 할 수 있다.
④ 어떠한 상태든 항상 변속시킬 수 있다.

해설
선반 작업 시 주축의 변속은 선반을 정지시킨 후 한다.

51 기관의 오일교환 작업 시 주의사항으로 틀린 것은?

① 새 오일 필터로 교환 시 O링에 오일을 바르고 조립한다.
② 시동 중에 엔진 오일양을 수시로 점검한다.
③ 기관이 워밍업 후 시동을 끄고 오일을 배출한다.
④ 작업이 끝나면 시동을 걸고 오일 누출여부를 검사한다.

해설
기관의 오일교환 작업 시 엔진 오일양의 점검은 시동을 끄고 일정 시간 후에 한다.

52 다음 중 안전사고 예방의 3요소(3E)가 아닌 것은?

① 교환(Exchange)
② 지도 · 단속(Enforcement)
③ 기술 개선(Engineering)
④ 교육(Education)

해설
안전사고 예방의 3요소(3E)
• 지도 · 단속(Enforcement)
• 기술 개선(Engineering)
• 교육(Education)

53 작업장의 화재분류로 알맞은 것은?

① A급 화재 – 전기 화재
② B급 화재 – 유류 화재
③ C급 화재 – 금속 화재
④ D급 화재 – 일반 화재

해설
① A급 화재 – 일반 화재
③ C급 화재 – 전기 화재
④ D급 화재 – 금속 화재

54 축전지를 급속 충전할 때 축전지의 접지 단자에서 케이블을 탈거하는 이유로 적합한 것은?

① 발전기의 다이오드를 보호하기 위해
② 충전기를 보호하기 위해
③ 과충전을 방지하기 위해
④ 기동 모터를 보호하기 위해

해설
급속 충전할 때 많은 전류가 역으로 흘러 다이오드를 손상시킬 수가 있으므로 축전지의 접지 케이블을 분리시킨다.

55 엔진 정비 작업 시 발전기 구동벨트를 발전기 풀리에 걸 때는 어떤 상태에서 거는 것이 좋은가?

① 천천히 크랭킹 상태에서
② 엔진 정지 상태에서
③ 엔진 아이들 상태에서
④ 엔진을 서서히 가속 상태에서

해설
구동벨트 체결 시 엔진은 정지 상태에서 작업한다.

56 일반적으로 EV 자동차의 EPCU를 구성하는 내부 구성품으로 옳은 것은?

① VCU, BMS, LDC
② VCU, OBC, MCU
③ MCU, LDC, OBC
④ MCU, VCU, LDC

해설
일반적으로 EV 시스템의 EPCU는 모터제어기(MCU), 저전압 직류 변환장치(LDC), 차량제어기(VCU)로 구성된다.

57 고전압 배터리의 충·방전 과정에서 전압 편차가 생긴 셀을 동일 전압으로 제어하는 것은?

① 충전상태 제어
② 셀 밸런싱 제어
③ 파워 제한 제어
④ 고전압 릴레이 제어

해설
고전압 배터리 셀의 전압 편차를 동일한 전압으로 제어하는 것은 셀 밸런싱 제어이다.

58 리튬이온 배터리와 비교한 리튬폴리머 배터리의 장점이 아닌 것은?

① 패키지 설계에서 기계적 강성이 좋다.
② 폭발 가능성이 적어 안전성이 좋다.
③ 대용량 설계가 유리하여 기술 확장성이 좋다.
④ 발열 특성이 우수하여 내구 수명이 좋다.

해설
리튬 폴리머 배터리는 파우치 형태로 제작되며 기계적 강성이 약하다.

59 커패시터(Capacitor)의 특징을 나열한 것 중 틀린 것은?

① 충전시간이 짧다.
② 출력밀도가 낮다.
③ 전지와 같이 열화가 거의 없다.
④ 단자 전압측정으로 남아있는 전기량을 알 수 있다.

해설
커패시터는 출력밀도가 크다.

60 구동모터의 회전자와 고정자의 위치를 감지하는 것은?

① 리졸버
② 경사각센서
③ 인버터
④ 저전압 직류 변환장치

해설
리졸버는 구동모터의 회전자(로터)의 위치를 검출하여 모터컨트롤 유닛으로 전송한다.

55 ② 56 ④ 57 ② 58 ① 59 ② 60 ① **정답**

01 삼원 촉매 컨버터 장착 차량의 2차 공기 공급을 하는 목적은?

① 배기 매니홀드 내의 HC와 CO의 산화를 돕는다.
② 공연비를 돕는다.
③ NO_x가 생성되지 않도록 한다.
④ 배기가스의 순환을 돕는다.

해설
삼원 촉매 컨버터 장착 차량의 2차 공기 공급을 하는 목적은 HC와 CO를 H_2O와 CO_2로 산화시키기 위함이다.

03 초음파를 이용하는 공기량 검출센서는?

① 핫 필름식 에어플로센서
② 카르만 와류식 에어플로센서
③ 댐핑 체임버를 이용한 에어플로센서
④ MAP을 이용한 에어플로센서

해설
카르만 와류식 에어플로센서는 와류를 발생시키는 기둥을 공기가 유동하는 관로 내에 설치하면 기둥 뒤편에 와류(카르만 와류)가 발생하며 이 카르만 와류의 주파수를 통하여 흡입공기량을 계측한다.

02 엔진 회전수에 따라 최대의 토크가 될 수 있도록 제어하는 가변흡기장치에 대한 설명으로 옳은 것은?

① 흡기관로 길이를 가·감속 시에는 길게 한다.
② 흡기관로 길이를 엔진 회전속도가 저속 시에는 짧게 하고, 고속 시에는 길게 한다.
③ 흡기관로 길이를 엔진 회전속도가 저속 시에는 길게 하고, 고속 시에는 짧게 한다.
④ 흡기관로 길이를 감속 시에는 짧게 하고, 가속 시에는 길게 한다.

해설
가변흡기 시스템은 엔진의 회전과 부하 상태에 따라 공기 흡입 통로의 길이나 단면적을 조절해서 저속에서 고속 운전 영역까지 흡입효율을 향상시켜 엔진 출력을 높이는 장치이다. 흡기관로 길이를 엔진 회전속도가 저속 시에는 길게 하고, 고속 시에는 짧게 제어한다.

04 자동차 기관의 실린더 벽 마모량 측정기기로 사용할 수 없는 것은?

① 실린더 보어 게이지
② 내측 마이크로미터
③ 텔레스코핑 게이지와 외측 마이크로미터
④ 사인바 게이지

해설
사인바 게이지는 각도를 측정할 때 사용한다.

05 전자제어기관에서 배기가스가 재순환되는 EGR 장치의 EGR율(%)을 바르게 나타낸 것은?

① $EGR율 = \dfrac{EGR가스량}{배기공기량 + EGR가스량} \times 100$

② $EGR율 = \dfrac{EGR가스량}{흡입공기량 + EGR가스량} \times 100$

③ $EGR율 = \dfrac{흡입공기량}{흡입공기량 + EGR가스량} \times 100$

④ $EGR율 = \dfrac{배기공기량}{흡입공기량 + EGR가스량} \times 100$

06 전자제어 엔진의 흡입 공기량 검출에 사용되는 MAP센서 방식에서 진공도가 크면 출력전압값은 어떻게 변하는가?

① 낮아진다.
② 높아진다.
③ 낮아지다가 갑자기 높아진다.
④ 높아지다가 갑자기 낮아진다.

> **해설**
> MAP센서는 흡기 매니폴드의 절대압력을 측정하여 이를 전압으로 변환시켜 ECU로 보내는 역할을 하며, 흡기 다기관의 진공도가 클수록 출력전압이 낮아진다.

07 믹서 방식의 LPG엔진과 비교한 LPI엔진의 장점으로 옳지 않은 것은?

① 연료의 보관성을 향상시킨다.
② 역화 발생 문제를 개선한다.
③ 겨울철 냉간 시동성을 향상시킨다.
④ 정밀한 공연비 제어로 연비가 향상된다.

> **해설**
> LPI의 특징
> • 겨울철 시동성능이 향상된다.
> • 기존 믹서 방식에 비해 역화발생이 없으며 공연비 제어가 정밀하다.
> • 정밀한 LPG 공급량의 제어로 이미션(Emission) 규제 대응에 유리하다.
> • 고압 액체 상태 분사로 인해 타르 생성이 거의 없어 타르 배출이 필요없다.
> • 가솔린 기관과 같은 수준의 동력성능을 발휘한다.

08 증발가스제어장치의 퍼지 컨트롤 솔레노이드 밸브(PCSV)의 작동에 대한 설명으로 옳지 않은 것은?

① 엔진이 워밍업(Warming up)된 상태에서 작동한다.
② 퍼지 컨트롤 솔레노이드 밸브는 평상시 열려 있는 방식(Normal Open)의 밸브이다.
③ 일정시간 작동하다가 캐니스터에 포집된 증발가스가 없다고 ECU에서 판단되면 작동이 중지된다.
④ 공회전 상태에서도 연료탱크 및 증발가스 라인의 압력을 줄이기 위해 작동은 되지만, 주로 공회전 이외의 영역에서 작동한다.

> **해설**
> PCSV는 캐니스터(Canister)에 저장되어 있던 연료 증발가스(대부분 HC)를 흡기 매니폴드(Intake Manifold)로 환원시키는 역할을 하며 평상시 닫혀 있다가 작동 시 ECU 명령에 따라 열리는 밸브이다.

09 전자제어 엔진에서 워밍업 후 공회전 상태에서 지르코니아 산소센서의 정상적인 파형에 대한 설명으로 옳은 것은?

① 전압이 약 0mV로 고정된다.
② 전압이 약 500mV로 고정된다.
③ 전압이 약 450~650mV 사이에서 반복적으로 표출된다.
④ 전압이 약 100~900mV 사이에서 반복적으로 표출된다.

해설
지르코니아 타입의 정상적인 산소센서의 경우 워밍업 후 전압이 약 100~900mV 사이에서 반복적으로 표출된다(듀티비 50±5%).

10 지시마력이 50PS이고, 제동마력이 40PS일 때 기계효율(%)은?

① 75   ② 80
③ 85   ④ 90

해설
$\eta_m = \dfrac{\text{BPS}}{\text{IPS}} \times 100$이므로, $\dfrac{40}{50} \times 100 = 80\%$이다.

11 전자제어 연료장치에서 기관이 정지된 후 연료압력이 급격히 저하되는 원인으로 옳은 것은?

① 연료필터가 막혔을 때
② 연료펌프의 릴리프밸브가 불량할 때
③ 연료펌프의 체크밸브가 불량할 때
④ 연료의 리턴 파이프가 막혔을 때

12 엔진의 실린더 내 압축압력에 대한 설명으로 옳지 않은 것은?

① 엔진 공회전 상태에서 측정한다.
② 압축압력이 낮을 시 습식시험을 추가로 실시한다.
③ 가솔린 엔진에 비해 디젤 엔진의 압축압력이 높다.
④ 엔진 회전속도의 변화에 따라 압축압력은 변화한다.

해설
기관의 압축압력을 측정하는 방법
• 기관을 정상 작동온도로 한다.
• 점화플러그를 전부 뺀다.
• 기관을 크랭킹(200~300rpm)시키면서 측정한다.
• 오일을 넣고 측정한다(습식시험의 경우).

13 전자제어 가솔린 엔진에서 연료 분사량을 산출하기 위한 신호가 아닌 것은?

① 크랭크각센서 신호
② 노크센서 신호
③ 흡입공기량센서 신호
④ 냉각수온도센서 신호

해설
노크센서의 역할
• 노킹 시 고주파 진동을 전기 신호로 변환하여 컴퓨터에 입력시킨다.
• 노킹이 발생하면 점화시기를 변화시켜 노킹을 방지한다.
• 노킹이 발생하면 점화시기를 지각시켜 엔진을 정상적으로 작동시킨다.
• 노킹이 없는 상태에서는 다시 점화시기를 노킹 한계까지 진각시켜 엔진효율을 최적의 상태로 유지하여 연료 소비율을 향상시킨다.

14 전자제어 가솔린 엔진의 연료압력조절기 내의 압력이 일정 압력 이상일 경우에 대한 설명으로 옳은 것은?

① 인젝터의 분사압력을 낮춘다.
② 흡기 다기관의 압력을 낮춘다.
③ 연료펌프의 공급압력을 낮추어 공급한다.
④ 연료를 연료탱크로 되돌려 보내 압력을 조정한다.

해설
연료탱크로 돌아가는 연료 리턴의 양을 조절하여 연료압력을 조정한다.

15 가속할 때 일시적인 가속지연현상을 나타내는 용어는?

① 스톨링(Stalling)
② 스텀블(Stumble)
③ 헤지테이션(Hesitation)
④ 서징(Surging)

해설
③ 헤지테이션(Hesitation) : 가속 중 순간적인 멈춤으로써 출발할 때 가속 이외의 어떤 속도에서 스로틀의 응답성이 부족한 상태이다.
① 스톨링(Stalling) : 공급된 부하 때문에 기관의 회전을 멈추기 바로 전의 상태이다.
② 스텀블(Stumble) : 가·감속할 때 차량이 앞뒤로 과도하게 진동하는 현상이다.
④ 서징(Surging) : 설계 유량보다 현저하게 적은 유량의 상태에서 펌프나 송풍기 등을 가동하였을 때 압력, 유량, 회전수, 동력 등이 주기적으로 변동하여 일종의 자려진동을 일으키는 현상이다.

16 정(+)의 캠버효과에 대한 설명으로 옳지 않은 것은?

① 조향핸들의 조작력을 가볍게 한다.
② 킹핀 오프셋(스크러브 반경)을 작게 한다.
③ 선회력(코너링 포스)이 증대된다.
④ 전륜 구동 차량에서 직진성을 좋게 한다.

해설
선회력(코너링 포스)이 증대되는 것은 타이어의 중심선이 수선에 대해 안쪽으로 기울어진 상태인 부(-) 캠버의 효과이다.

17 기관 회전수가 2,500rpm, 변속비가 1.5 : 1, 종감속 기어 구동 피니언 기어 잇수 7개, 링기어 잇수 42개일 때 왼쪽 바퀴의 회전수는?(단, 오른쪽 바퀴의 회전수는 150rpm이다)

① 약 315rpm
② 약 406rpm
③ 약 432rpm
④ 약 464rpm

해설
차량의 총감속비는 변속비 × 종감속비 = 1.5 × 6 = 9이고, 바퀴의 회전수는 엔진 회전수 ÷ 총감속비 = 2,500 ÷ 9 = 277.78rpm이다. 직진일 경우 두 바퀴는 약 278rpm으로 회전하며, 선회 시 오른쪽 바퀴가 150rpm이면 왼쪽 바퀴는 278 - 150 = 128rpm이다. 따라서 왼쪽 바퀴의 회전수는 278 + 128 ≒ 406rpm이다.

18 동력전달장치에서 동력 전달 각도의 변화를 가능하게 하는 이음은?

① 슬립이음
② 스플라인이음
③ 플랜지이음
④ 자재이음

자재이음은 각도 변화에 대응하여 피동축에 원활한 회전력을 전달하는 역할을 한다.

19 선회 주행 시 뒷바퀴 원심력이 작용하여 일정한 조향 각도로 회전해도 자동차의 선회 반지름이 작아지는 현상은?

① 코너링 포스 현상
② 언더 스티어 현상
③ 오버 스티어 현상
④ 캐스터 현상

① 코너링 포스 : 조향할 때 타이어에서 조향 방향 쪽으로 작용하는 힘이다.
② 언더 스티어 현상 : 자동차가 주행 중 선회할 때 조향 각도를 일정하게 하여도 선회 반지름이 커지는 현상이다.

20 조향핸들의 유격이 커지는 원인으로 옳지 않은 것은?

① 볼 이음의 마멸
② 타이로드의 휨
③ 조향 너클의 헐거움
④ 앞바퀴 베어링의 마멸

조향핸들의 유격이 커지는 원인
• 조향 링키지의 볼 이음 접속 부분의 헐거움 및 볼 이음이 마모되었다.
• 조향 너클이 헐겁다.
• 앞바퀴 베어링(조향 너클의 베어링)이 마멸되었다.
• 조향 기어의 백래시가 크다.
• 조향 링키지의 접속부가 헐겁다.
• 피트먼 암이 헐겁다.

21 전자제어 현가장치에서 안티 롤 자세제어 시 사용하는 입력신호는?

① 브레이크 스위치 신호
② 스로틀포지션센서 신호
③ 휠스피드센서 신호
④ 조향휠 각센서 신호

전자제어 현가장치에서 안티 롤 자세제어를 할 때 스티어링 휠(조향) 각센서 신호를 입력신호로 사용한다.

22 자동변속기에서 기관속도가 상승하면 오일펌프에서 발생되는 유압도 상승한다. 이때 유압을 적절한 압력으로 조절하는 밸브는?

① 매뉴얼밸브　　　② 스로틀밸브
③ 압력조절밸브　　④ 거버너밸브

23 유압식 브레이크 장치에서 브레이크가 풀리지 않는 원인은?

① 오일 점도가 낮은 경우
② 파이프 내의 공기가 혼입된 경우
③ 체크밸브의 접촉이 불량한 경우
④ 마스터 실린더의 리턴 구멍이 막힌 경우

해설
브레이크가 풀리지 않는 원인
• 마스터 실린더의 리턴 스프링이 불량인 경우
• 마스터 실린더의 리턴 구멍이 막힌 경우
• 드럼과 라이닝이 소결된 경우
• 푸시로드의 길이가 너무 긴 경우

24 기관의 회전속도가 2,000rpm, 제2속의 변속비가 2 : 1, 종감속비가 3 : 1, 타이어의 유효 반지름이 50 cm일 때 차량의 속도는?

① 약 62.8km/h ② 약 46.8km/h
③ 약 34.8km/h ④ 약 17.8km/h

해설
차량의 총감속비는 변속비 × 종감속비 = 2 × 3 = 6이고, 바퀴의 회전수 = 엔진 회전수 ÷ 총감속비 = 2,000 ÷ 6 = 333.33rpm이다.
타이어 원주 = 지름 × 3.14 = 2 × 0.5m × 3.14 = 3.14m
333.33rpm ÷ 60 = 5.56rps이므로 차량의속도 = 5.56 × 3.14 = 17.46m/s(초속) = 17.46 × 3.14 = 17.46m/s(초속) = 17.46 × 3.6 = 62.85km/h(시속)

25 독립 현가장치의 종류가 아닌 것은?

① 위시본 형식
② 스트럿 형식
③ 트레일링 암 형식
④ 옆 방향 판 스프링 형식

해설
독립 현가장치의 종류에는 위시본 형식, 맥퍼슨(스트럿)형식, 트레일링 암 형식, 스윙 차축 형식 등이 있다.

26 제동 배력장치에서 브레이크를 밟았을 때 하이드로 백 내의 작동에 대한 설명으로 옳지 않은 것은?

① 공기 밸브는 닫힌다.
② 진공 밸브는 닫힌다.
③ 동력 피스톤이 하이드롤릭 실린더 쪽으로 움직인다.
④ 동력 피스톤 앞쪽은 진공 상태이다.

해설
브레이크 페달을 밟았을 때 하이드로 백 내의 작동
• 진공 밸브는 닫히고, 공기 밸브는 열린다.
• 동력 피스톤 앞쪽은 진공 상태이다.
• 동력 피스톤이 하이드롤릭 실린더 쪽으로 움직인다.

27 VDC 장착 차량에서 우회전 중 오버 스티어 발생 시 제어방법으로 옳은 것은?

① 전륜 왼측 차륜에 제동을 가해 반시계 방향의 요 모멘트를 발생시킨다.
② 전륜 내측 차륜에 제동을 가해 반시계 방향의 요 모멘트를 발생시킨다.
③ 후륜 외측 차륜에 제동을 가해 반시계 방향의 요 모멘트를 발생시킨다.
④ 후륜 내측 차륜에 제동을 가해 반시계 방향의 요 모멘트를 발생시킨다.

23 ④ 24 ① 25 ④ 26 ① 27 ① **정답**

28 공기식 브레이크 장치 구성 부품 중 운전자가 브레이크 페달을 밟는 정도에 따라 공급되는 공기량이 조절되는 것은?

① 브레이크 드럼
② 브레이크 밸브
③ 로드 센싱 밸브
④ 퀵 릴리스 밸브

해설
공기식 브레이크 장치의 구성 부품
• 브레이크 밸브 : 배출 포트가 열리면 압축공기가 앞 브레이크 체임버에 공급되어 제동력이 발생한다.
• 릴레이 밸브 : 브레이크 밸브에서 공급된 압축공기를 뒤 브레이크 체임버에 공급하는 역할을 한다.
• 퀵 릴리스 밸브 : 퀵 릴리스 밸브는 양쪽 앞 브레이크 체임버에 설치되어 브레이크 해제 시 압축공기를 배출시킨다.
• 브레이크 체임버 : 공기의 압력을 기계적 에너지로 변환시키는 역할을 한다.
• 브레이크 캠 : 브레이크 슈를 드럼에 압착시켜 제동력이 발생한다.

29 유압식 제동장치의 작동 상태 점검 시 누유가 의심되는 경우 점검 위치로 옳지 않은 것은?

① 마스터 실린더의 브레이크 파이프 피팅부
② 마스터 실린더 리저브 탱크 내에 설치된 리드 스위치
③ 모든 브레이크 파이프와 파이프의 연결 상태
④ 브레이크 캘리퍼 또는 휠 실린더

30 종감속 기어장치에 사용하는 하이포이드 기어의 장점이 아닌 것은?

① 제작이 쉽다.
② FR방식에서는 추진 축의 높이를 낮게 할 수 있다.
③ 운전이 정숙하다.
④ 기어 물림률이 크다.

해설
하이포이드 기어의 장점
• 추진 축의 높이를 낮게 할 수 있다.
• 차실의 바닥이 낮게 되어 거주성이 향상된다.
• 자동차의 전고가 낮아 안전성이 증대된다.
• 구동 피니언 기어를 크게 할 수 있어 강도가 증가된다.
• 기어의 물림률이 크기 때문에 회전이 정숙하다.
• 설치공간을 적게 차지한다.

31 암 전류(Parasitic Current)에 대한 설명으로 옳지 않은 것은?

① 배터리 자체에서 저절로 소모되는 전류이다.
② 암 전류가 큰 경우 배터리 방전의 요인이 된다.
③ 암 전류의 측정은 모든 전기장치를 Off하고, 전체 도어를 닫은 상태에서 실시한다.
④ 전자제어장치 차량에서는 차종마다 정해진 규정 내에서 암 전류가 있는 것이 정상이다.

해설
배터리 자체에서 저절로 소모되는 전류를 자기방전이라 한다.

32 축전지의 전압이 12V이고, 권선비가 1 : 40인 경우 1차 유도전압이 350V이면 2차 유도전압은?

① 7,000V

② 12,000V

③ 13,000V

④ 14,000V

해설

$E_2 = E_1 \times \dfrac{N_2}{N_1}$ 이므로 2차 유도전압은 $350 \times 40 = 14,000V$가 된다.

33 자동차 발전기 풀리에서 소음이 발생할 때 교환작업에 대한 내용으로 옳지 않은 것은?

① 배터리의 (+)단자부터 탈거한다.

② 배터리의 (−)단자부터 탈거한다.

③ 구동벨트를 탈거한다.

④ 전용 특수공구를 사용하여 풀리를 교체한다.

해설

자동차 전장 관련 작업 시 배터리의 (−)단자부터 탈거한다.

34 자동차에 적용된 전기장치에서 '유도 기전력은 코일 내의 자속의 변화를 방해하는 방향으로 생긴다.' 와 관련 있는 이론은?

① 뉴턴의 제1법칙

② 렌츠의 법칙

③ 키르히호프의 제1법칙

④ 앙페르의 법칙

35 NPN 트랜지스터의 순방향 전류가 흐르는 방향은?

① 베이스에서 컬렉터로 흐른다.

② 이미터에서 컬렉터로 흐른다.

③ 이미터에서 베이스로 흐른다.

④ 컬렉터에서 이미터로 흐른다.

해설

NPN형에서 순방향 전류는 컬렉터에서 이미터로, 베이스에서 이미터로 흐른다.

36 안전벨트 프리텐셔너의 역할에 대한 설명으로 틀린 것은?

① 에어백 전개 후 탑승객의 구속력을 일정시간 후 풀어 주는 리미터 역할을 한다.

② 자동차 충돌 시 2차 상해를 예방하는 역할을 한다.

③ 자동차의 후면 추돌 시 에어백을 빠르게 전개시킨 후 구속력을 증가시키는 역할을 한다.

④ 차량 충돌 시 신체의 구속력을 높여 안전성을 향상시키는 역할을 한다.

해설

안전벨트 프리텐셔너는 에어백이 작동하기 전에 충돌로 인한 승객의 움직임을 고정시키는 역할을 통하여 정면 또는 측면 충돌 등에 대한 탑승자 보호장치이다.

37 다음 파형 분석에 대한 설명으로 옳지 않은 것은?

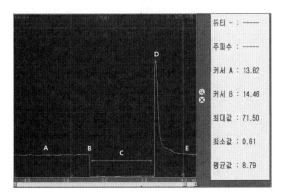

| 듀티 - : ----- |
| 주파수 : ----- |
| 커서 A : 13.82 |
| 커서 B : 14.46 |
| 최대값 : 71.50 |
| 최소값 : 0.61 |
| 평균값 : 8.79 |

① A : 인젝터에 공급되는 전원전압
② B : 연료 분사가 시작되는 지점
③ C : 인젝터의 연료 분사 시간
④ D : 폭발연소 구간의 전압

해설
D : 인젝터 전원 차단에 따른 서지전압 지점

38 2개 이상의 배터리를 연결하는 방식에 따라 용량과 전압 관계의 설명으로 옳은 것은?

① 직렬연결 시 1개 배터리 전압과 같으며 용량은 배터리 수만큼 증가한다.
② 병렬연결 시 용량은 배터리 수만큼 증가하지만 전압은 1개 배터리 전압과 같다.
③ 병렬연결은 전압과 용량이 동일한 배터리 2개 이상을 (+)단자와 연결 대상 배터리 (−)단자에, (−)단자는 (+)단자에 연결하는 방식이다.
④ 직렬연결은 전압과 용량이 동일한 배터리 2개 이상을 (+)단자와 연결 대상 배터리의 (+)단자에 서로 연결하는 방식이다.

39 전자제어기관의 점화장치에서 1차전류를 단속하는 부품은?

① 다이오드
② 점화스위치
③ 파워 트랜지스터
④ 컨트롤 릴레이

해설
전자제어식 점화장치에서 점화 1차코일의 전류 단속은 파워 트랜지스터가 한다.

40 자동온도조절장치(FATC)의 센서 중에서 포토다이오드를 이용하여 전류로 제어하는 센서는?

① 수온센서
② 일사센서
③ 핀서모센서
④ 내·외기온도센서

해설
일사센서(SUN 센서) : 차량의 실내로 내리 쬐는 빛의 양을 감지하여 FATC-ECU로 입력시키는 역할을 하며, FATC-ECU가 일사량에 따른 냉방 보정 제어를 위한 주입력 신호이다.

41 55W 전구 2개가 병렬로 연결된 전조등회로에 흐르는 총전류는?(단, 12V-60Ah인 축전기가 설치되어 있다)

① 약 3.75A

② 약 4.55A

③ 약 7.56A

④ 약 9.16A

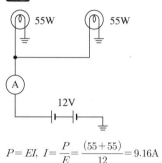

$$P = EI, \ I = \frac{P}{E} = \frac{(55+55)}{12} = 9.16A$$

42 기동 전동기의 전기자 철심에 발생하는 맴돌이전류에 관한 설명으로 옳지 않은 것은?

① 맴돌이전류 손실을 줄이기 위하여 전기자 철심을 성층 철심으로 만든다.

② 맴돌이전류가 발생하면 열이 발생하여 기동 전동기의 효율이 떨어진다.

③ 맴돌이전류에 따른 손실을 방지하기 위하여 철심을 얇은 규소강판으로 만든다.

④ 전기자가 회전하면 전기자 철심에는 플레밍의 왼손법칙에 의해 기전력이 유기되고, 맴돌이전류가 발생한다.

전기자가 회전할 때 전기자 철심에는 전자력이 발생한다.

43 점화 스위치에서 점화코일, 계기판, 컨트롤 릴레이 등의 시동과 관련된 전원을 공급하는 단자는?

① ST

② ACC

③ IG2

④ IG1

전원장치에서 IG1과 IG2로 구분되는 이유는 점화 스위치가 START 위치일 때 시동에 필요한 전원 이외의 전원을 차단시켜 시동을 원활하게 하기 위함이다.

44 축전지 점검과 충전작업 시 안전에 관한 사항으로 옳지 않은 것은?

① 축전지 충전 중에는 주입구(벤트 플러그) 마개를 모두 열어 놓아야 한다.

② 축전지 전해액 취급 시 보안경, 고무장갑, 고무 앞치마를 착용하여야 한다.

③ 축전지 충전은 외부와 밀폐된 공간에서 실시하여야 한다.

④ 축전지 충전은 용접 장소 등과 같이 불꽃이 일어나는 장소와 떨어진 곳에서 실시하여야 한다.

축전지 충전 시 가스가 발생하므로 개방된 공간에서 실시하여야 한다.

45 점화장치의 점화회로 점검사항으로 옳지 않은 것은?

① 점화코일 쿨러의 냉각 상태 점검
② 배터리 충전 상태 및 단자 케이블 접속 상태 점검
③ 점화 순서 및 고압 케이블의 접속 상태 점검
④ 메인 및 서브 퓨저블 링크의 단선 유무 점검

46 2m 떨어진 위치에서 측정한 승용자동차의 후방 보행자 안전장치 경고음의 크기는?(단, 자동차규칙에 의한다)

① 60dB(A) 이상 85dB(A) 이하
② 70dB(A) 이상 95dB(A) 이하
③ 80dB(A) 이상 105dB(A) 이하
④ 90dB(A) 이상 115dB(A) 이하

해설
승용자동차와 승합자동차 및 경형·소형의 화물·특수자동차의 후방 보행자 안전장치 경고음의 크기는 60dB(A) 이상 85dB(A) 이하이다.

47 화상으로 수포가 발생되어 응급조치가 필요한 경우 대처방법으로 옳은 것은?

① 화상 연고를 바른 후 수포를 터뜨려 치료한다.
② 응급조치로 수포를 터뜨린 후 구조대를 부른다.
③ 수포를 터뜨린 후 병원으로 후송한다.
④ 수포를 터뜨리지 않고, 소독가제로 덮은 후 의사에게 치료를 받는다.

48 도난경보장치 제어시스템에서 경계 모드로 진입하는 조건으로 옳은 것은?

① 후드 스위치, 트렁크 스위치, 각 도어 스위치가 모두 열려 있고, 각 도어 잠김 스위치도 열려 있을 것
② 후드 스위치, 트렁크 스위치, 각 도어 스위치가 모두 열려 있고, 각 도어 잠김 스위치가 잠겨 있을 것
③ 후드 스위치, 트렁크 스위치, 각 도어 스위치가 모두 닫혀 있고, 각 도어 잠김 스위치가 열려 있을 것
④ 후드 스위치, 트렁크 스위치, 각 도어 스위치가 모두 닫혀 있고, 각 도어 잠김 스위치가 잠겨 있을 것

49 자동차 검사에서 제동력 시험방법의 내용으로 옳지 않은 것은?

① 자동차는 공차 상태로 1인이 승차하여 측정한다.
② 자동차의 바퀴에 이물질이 묻었는지 오염 여부를 점검한다.
③ 자동차의 브레이크 마스터 백 보호를 위하여 시동을 끄고 측정한다.
④ 자동차는 검차기와 수직 방향의 직진 상태로 진입하여야 한다.

해설
진공배력장치를 통한 제동력 검사를 수행하여야 하기 때문에 시동이 걸린 상태에서 제동력을 측정한다.

50 자동차관리법령상 변환빔의 좌, 우 진폭에 대한 기준으로 옳은 것은?(단, 설치높이는 1.0m 이하이다)

① −0.1% ~ −1.0%

② −0.5% ~ −2.5%

③ −1.0% ~ −3.0%

④ −1.5% ~ −2.5%

해설

자동차관리법 시행규칙 [별표 15]
등화장치 검사기준

검사기준		검사방법
변환빔의 진폭은 10m 위치에서 다음 수치 이내일 것		좌·우측 전조등(변환빔)의 컷오프선 및 꼭짓점의 위치를 전조등시험기로 측정하여 컷오프선의 적정 여부 확인
설치높이 ≤ 1.0m	설치높이 > 1.0m	
−0.5% ~ −2.5%	−1.0% ~ −3.0%	

52 하이브리드 자동차의 저전압직류변환장치(LDC)에 대한 설명으로 옳은 것은?

① 하이브리드 구동모터를 제어한다.

② 일반 자동차의 발전기와 같은 역할을 한다.

③ 시동 Off 시 고전압 배터리의 출력을 보조한다.

④ 시동모터 제어를 위해 안정적인 전원을 공급한다.

해설

LDC(Low DC−DC Converter)는 고전압 배터리의 전압을 12V로 변환시키는 장치로, 저전압 배터리를 충전시킨다.

51 친환경자동차의 회생제동시스템에 대한 설명으로 옳지 않은 것은?

① 가속 및 감속이 반복되는 시가지 주행 시 연비 저하를 가져온다.

② 감속 제동 시 소멸되는 운동에너지를 전기에너지로 변환시킨다.

③ 회생제동량은 차량의 속도, 배터리의 충전량 등에 의해서 결정된다.

④ 회생제동시스템 고장 시 제동력에는 문제가 없다.

해설

연비를 향상시키기 위해 정차할 때 엔진을 정지(오토스톱)시키고, 연비가 좋은 영역에서 작동되도록 동력 분배를 제어하며, 회생제동(배터리 충전)을 통해 에너지를 흡수하여 재사용한다.

53 하이브리드 전기자동차의 특징으로 옳지 않은 것은?

① 감속 시 회생제동 기능을 사용하여 고전압 배터리를 충전한다.

② 일반 전장 전원인 DC 12V 배터리 충전을 위해 3상 교류발전기를 사용한다.

③ 엔진과 모터를 이용한 2개의 동력원을 이용하여 주행한다.

④ 고전압 배터리 시스템과 저전압 배터리 시스템을 이용한다.

해설

하이브리드 전기자동차는 일반 전장 전원인 DC 12V 배터리 충전을 위해 LDC(Low DC−DC Converter)를 사용한다.

54 자동차 및 자동차부품의 성능과 기준에 관한 규칙에 따른 고전압 최소 전원 기준으로 옳은 것은?

① AC 220V 또는 DC 400V 이상 전기장치
② AC 120V 또는 DC 120V 이상 전기장치
③ AC 50V 또는 DC 100V 초과 전기장치
④ AC 30V 또는 DC 60V 초과 전기장치

해설
고전원전기장치란 구동축전지, 전력변환장치, 구동전동기, 연료전지 등 자동차의 구동을 목적으로 하는 장치로서 작동전압이 직류 60V 초과 1,500V 이하이거나 교류(실효치를 말한다) 30V 초과 1,000V 이하의 전기장치를 말한다(자동차규칙 제2조).

55 전기자동차의 급속충전에 대한 설명으로 옳은 것은?

① AC 220V의 단상전압을 이용하여 고전압 배터리를 95% 이상 빠르게 충전하는 방법이다.
② 급속충전은 충전효율과 배터리 열화 영향이 적어 배터리 용량의 최대 100%까지 빠르게 충전할 수 있다.
③ 외부에 별도로 설치된 급속충전기를 사용하여 약 DC 450V의 고전압으로 고전압 배터리를 충전하는 방법이다.
④ 차량에 장착된 AC 220V 충전구를 사용하여 완속 충전기 인렛을 통해 충전하여야 한다.

56 전기자동차의 고전압 배터리의 정격용량 대비 방전 가능한 전류량의 백분율은?

① BMS(Battery Management System)
② SOC(State Of Charge)
③ CB(Cell Balancing)
④ SOH(State Of Health)

해설
SOC(State Of Charge)란 고전압 배터리에서 사용 가능한 에너지, 즉 배터리의 정격용량 대비 방전 가능한 전류량의 백분율이다.
(SOC = 잔존 배터리 용량 ÷ 정격용량)

57 고전압 배터리 시스템에서 물리적인 탈거를 통하여 고전압 배터리 내부의 고전압회로 연결을 차단시키는 장치는?

① 전류센서
② 파워릴레이 어셈블리
③ 메인 스위치
④ 고전압 안전 플러그

해설
친환경 자동차의 고전압 배터리 차단작업 시 고전압 안전 플러그(또는 서비스 인터로크 커넥터)를 분리시켜 고전압을 차단한다.

58 산업현장에서 안전을 확보하기 위해 인적 문제와 물적 문제에 대한 실태를 파악하여야 한다. 다음 중 인적 문제에 해당하는 것은?

① 기계 자체의 결함
② 안전교육의 결함
③ 보호구의 결함
④ 작업 환경의 결함

해설
안전교육은 인적 문제에 해당한다.

60 정밀한 기계를 수리할 때 부속품을 안전하게 세척하기 위한 방법은?

① 에어건을 사용한다.
② 와이어 브러시를 사용한다.
③ 걸레로 닦는다.
④ 솔을 사용한다.

59 화재의 분류기준에서 휘발유로 인해 발생한 화재는?

① A급 화재
② B급 화재
③ C급 화재
④ D급 화재

해설
화재의 분류
• A급 화재 : 일반화재(고체 연료성 화재로서 연소 후 재를 남김)
• B급 화재 : 휘발유, 벤젠 등의 유류 화재
• C급 화재 : 전기 화재
• D급 화재 : 금속 화재

01 일반 디젤기관 연료장치에서 여과지식 연료 여과기의 기능은?

① 불순물만 제거한다.
② 불순물과 수분을 제거한다.
③ 수분만 제거한다.
④ 기름 성분만 제거한다.

02 기관의 윤활유 구비조건으로 옳지 않은 것은?

① 인화점 및 발화점이 낮을 것
② 비중이 적당할 것
③ 점성과 온도의 관계가 양호할 것
④ 카본 생성에 대한 저항력이 있을 것

해설
윤활유가 갖추어야 할 조건
• 점도가 적당할 것
• 청정력이 클 것
• 열과 산에 대하여 안정성이 있을 것
• 기포 발생에 대한 저항력이 있을 것
• 카본 생성이 적을 것
• 응고점이 낮을 것
• 비중이 적당할 것
• 인화점 및 발화점이 높을 것

03 전자제어 엔진에 적용되는 산소센서 고장으로 인해 발생되는 주요 현상으로 옳은 것은?

① 점화시기 지연
② 엔진 역화
③ 변속 불능
④ 유해 배출가스 증가

해설
산소센서는 지르코니아 또는 티탄 등을 사용하여 배기가스 중에 산소 농도를 검출하여 ECU에 입력시키면 ECU는 배기가스의 정화를 위해 연료 분사량을 정확한 이론 공연비로 유지시켜 유해 배출가스를 감소시킨다.

04 부동액 교환작업에 대한 설명으로 옳지 않은 것은?

① 여름철 온도를 기준으로 물과 원액을 혼합하여 부동액을 희석한다.
② 냉각계통 냉각수를 완전히 배출시키고 세척제로 냉각장치를 세척한다.
③ 보조탱크의 'FULL'까지 부동액을 보충한다.
④ 부동액이 완전히 채워지기 전까지 엔진을 구동하여 냉각 팬이 정상 가동되는지 확인한다.

해설
부동액은 겨울철 온도를 기준으로 물과 원액을 혼합하여 부동액을 희석하여 사용한다.

05 활성탄 캐니스터(Charcoal Canister)는 무엇을 제어하기 위해 설치되는가?

① CO_2 증발가스
② HC 증발가스
③ NO_X 증발가스
④ CO 증발가스

해설

캐니스터는 엔진의 정지 상태에서 연료탱크 또는 흡기 다기관에서 증발한 연료가스(HC)를 저장한 후 엔진이 작동하면 방출시켜 연소되도록 한다.

06 엔진오일의 유압이 규정 값보다 높아지는 원인이 아닌 것은?

① 유압조절밸브 스프링의 장력이 과다한 경우
② 윤활 라인의 일부 또는 전부가 막힌 경우
③ 오일양이 부족한 경우
④ 엔진 과랭

해설

유압이 높아지는 원인
• 유압조절밸브가 고착되었을 때
• 유압조절밸브 스프링의 장력이 클 때
• 오일의 점도가 높거나 회로가 막혔을 때
• 각 마찰부의 베어링 간극이 작을 때

07 엔진 냉각장치의 누설 점검 시 누설 부위로 틀린 것은?

① 프런트 케이스의 누설
② 워터펌프 개스킷의 누설
③ 수온조절기 개스킷의 누설
④ 라디에이터의 누설

08 실린더 안지름이 91mm, 행정이 95mm인 4기통 디젤엔진의 회전속도가 700rpm일 때 피스톤의 평균속도는?

① 4.4m/s
② 2.2m/s
③ 4.4cm/s
④ 2.2cm/s

해설

피스톤 평균속도 $S = \dfrac{NL}{30}$ 이므로

$$S = \frac{700 \times 0.095}{30} = 2.21\text{m/s}$$

09 EGR 장치에 대한 설명으로 옳지 않은 것은?

① 냉각수가 일정온도 이하에서는 EGR 밸브의 작동이 정지된다.
② 배기가스 중 일부를 연소실로 재순환시키는 장치이다.
③ 연료증발가스(HC) 발생을 억제시키는 장치이다.
④ 질소산화물(NO_X) 발생을 감소시키는 장치이다.

해설

EGR(Exhaust Gas Recirculation)은 배기가스의 일부를 흡기 다기관으로 보내어 연소실로 재순환시켜 연소온도를 낮춤으로써 질소산화물(NO_X) 발생을 감소시키는 장치이다.

10 가솔린 연료의 구비조건으로 옳지 않은 것은?

① 온도에 관계없이 유동성이 좋을 것
② 연소 시 연소속도가 빠를 것
③ 체적 밀도 및 무게가 크고 발열량이 작을 것
④ 옥탄가가 높을 것

해설
가솔린 연료의 구비조건
• 발열량이 클 것
• 불붙는 온도(인화점)가 적당할 것
• 인체에 무해할 것
• 취급이 용이할 것
• 연소 후 탄소 등 유해 화합물을 남기지 말 것
• 온도에 관계없이 유동성이 좋을 것
• 연소속도가 빠르고 자기발화온도가 높을 것

11 기관의 분해 정비를 결정하기 위해 기관을 분해하기 전 점검해야 할 사항으로 옳지 않은 것은?

① 기관 운전 중 이상소음 및 출력 점검
② 실린더 압축압력 점검
③ 기관 오일압력 점검
④ 피스톤 링 갭(Gap) 점검

해설
피스톤 링 갭(Gap) 점검은 기관 오버 홀 후에 측정이 가능하다.

12 공회전 상태가 불안정할 경우 점검사항으로 옳지 않은 것은?

① 공회전 속도제어시스템을 점검한다.
② 스로틀 보디를 점검한다.
③ 삼원 촉매장치의 정화 상태를 점검한다.
④ 흡입공기 누설을 점검한다.

13 디젤엔진의 정지방법에서 인테이크 셔터(Intake Shutter)의 역할에 대한 설명으로 옳은 것은?

① 연료를 차단시킨다.
② 흡입공기를 차단시킨다.
③ 배기가스를 차단시킨다.
④ 압축압력 차단시킨다.

해설
인테이크 셔터(Intake Shutter)는 기관의 실린더 내로 흡입되는 공기를 차단시키는 기구이다.

14 기관의 냉각장치 정비 시 주의사항으로 옳지 않은 것은?

① 냉각 팬이 작동할 수 있으므로 전원을 차단하고 작업한다.
② 수온조절기의 작동 여부는 물을 끓여서 점검한다.
③ 기관이 과열 상태일 때는 라디에이터 캡을 열지 않는다.
④ 하절기에는 냉각수의 순환을 빠르게 하기 위해 증류수만 사용한다.

해설
냉각수는 부동액과 물을 일정 비율로 혼합하여 사용한다.

15 가솔린 기관의 인젝터 점검사항 중 오실로스코프로 측정해야 하는 것은?

① 분사량　　　　② 작동 음

③ 저 항　　　　　④ 분사시간

> **해설**
> 인젝터의 분사시간은 오실로스코프로 측정한다.

16 자동차의 중량을 액슬 하우징에 지지하여 바퀴를 빼지 않고 액슬 축을 빼낼 수 있는 형식은?

① 반부동식

② 전부동식

③ 분리 차축식

④ 3/4 부동식

> **해설**
> **전부동식의 특징**
> • 액슬 축 플랜지가 휠 허브에 볼트로 결합되어 있다.
> • 액슬 축은 외력을 받지 않고 동력만 전달한다.
> • 바퀴를 떼어내지 않고 액슬 축을 분해할 수 있다.

17 주행속도가 100km/h인 자동차의 초당 주행속도는?

① 약 16m/s　　　② 약 23m/s

③ 약 28m/s　　　④ 약 32m/s

> **해설**
> 시속을 초속으로 변환 시 주행속도
> $$100\text{km/h} \times \frac{1,000}{3,600} = 27.78\text{m/s}$$

18 전자제어 동력조향장치의 요구조건이 아닌 것은?

① 고속 직진 시 복원 반력이 감소할 것

② 저속 시 조향휠의 조작력이 작을 것

③ 긴급 조향 시 신속한 조향반응이 보장될 것

④ 직진 안정성과 미세한 조향감각이 보장될 것

> **해설**
> **전자제어 동력조향장치(EPS)의 특징**
> • 차량속도가 고속이 될수록 조향 조작력이 커진다.
> • 긴급 조향 시 신속한 조향반응이 확보되고 직진 안정성과 미세한 조향감각이 있다.
> • 정차 시 및 저속 주행 시 조향 조작력이 작아진다.
> • 엔진 회전수에 따라 조향력을 변화시키는 회전수 감응식과 차속에 따라 조향력을 변화시키는 차속 감응식이 있다.
> • 고속에서 스티어링 휠이 어느 정도 저항감을 지니도록 한다.

19 수동변속기에서 기어 변속이 힘든 경우로 옳지 않은 것은?

① 클러치 자유간극(유격)이 부족할 때

② 싱크로나이저 스프링이 약화된 경우

③ 변속 축 혹은 포크가 마모된 경우

④ 싱크로나이저 링과 기어콘의 접촉이 불량한 경우

> **해설**
> 클러치의 자유간극이 작으면 동력 차단이 잘 되어 변속은 용이하나 접속 시 미끄러짐이 발생할 수 있다.

20 전자제어 현가장치의 관련 내용으로 옳지 않은 것은?

① 급제동 시 노즈 다운 현상을 방지한다.

② 고속 주행 시 차량의 높이를 낮추어 안정성을 확보한다.

③ 제동 시 휠의 노킹현상을 방지하여 안정성을 증대시킨다.

④ 주행조건에 따라 현가장치의 감쇠력을 조절한다.

21 튜브리스 타이어의 장점이 아닌 것은?

① 못 등이 박혀도 공기 누출이 적다.

② 림이 변형되어도 공기 누출의 가능성이 작다.

③ 고속 주행 시에도 발열이 작다.

④ 펑크 수리가 간단하다.

22 공기식 제동장치에 해당하지 않는 부품은?

① 릴레이밸브

② 브레이크밸브

③ 브레이크 체임버

④ 마스터 백

23 유압식 제동장치에서 브레이크 라인 내에 잔압을 두는 목적으로 옳지 않은 것은?

① 베이퍼로크를 방지한다.

② 브레이크 작동을 신속하게 한다.

③ 페이드 현상을 방지한다.

④ 유압회로에 공기가 침입하는 것을 방지한다.

24 다음 그림과 같이 브레이크 장치에서 페달을 40kgf의 힘으로 밟았을 때 푸시로드에 작용하는 힘은?

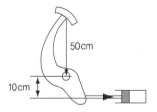

① 100kgf ② 200kgf

③ 250kgf ④ 300kgf

25 하이드로플레이닝 현상을 방지하는 방법이 아닌 것은?

① 러그 패턴의 타이어를 사용한다.
② 타이어의 공기압을 높인다.
③ 트레드의 마모가 작은 타이어를 사용한다.
④ 카프형으로 셰이빙 가공한 것을 사용한다.

해설
하이드로플레이닝 현상 방지법
• 트레드의 마모가 작은 타이어를 사용한다.
• 타이어의 공기압력을 높인다.
• 리브형 패턴의 타이어를 사용한다.
• 트레드 패턴은 카프형으로 셰이빙 가공한 것을 사용한다.
• 주행속도를 감속한다.

26 조향장치의 작동 상태를 점검하기 위한 방법으로 옳지 않은 것은?

① 스티어링 휠 복원 점검
② 조향핸들 자유 유격 점검
③ 스티어링 휠 진동 점검
④ 스티어링 각 점검

27 현가장치에 사용되는 판스프링에서 스팬의 길이 변화를 가능하게 하는 것은?

① 섀 클   ② 스 팬
③ 행 거   ④ U볼트

해설
판스프링의 구조
• 닙(Nip) : 스프링 양끝의 휘어진 부분이다.
• 스팬(Span) : 스프링 아이(Eye)와 아이 중심거리이다.
• 섀클(Shackle) : 스팬의 길이를 변화시키며, 차체에 스프링을 설치하는 부분이다.
• 캠버(Camber) : 스프링의 휨 양이다.

28 주행 시 혹은 제동 시 핸들이 한쪽으로 쏠리는 원인으로 옳지 않은 것은?

① 조행 핸들축의 축 방향 유격이 크다.
② 앞바퀴의 정렬이 불량하다.
③ 좌우 타이어의 공기압력이 같지 않다.
④ 한쪽 브레이크 라이닝 간격 조정이 불량하다.

해설
조향핸들의 축방향 유격은 제동 시 한쪽으로 쏠리는 현상과 거리가 멀다.

29 전자제어 현가장치의 입력센서가 아닌 것은?

① 차속센서
② 조향휠 각속도센서
③ 차고센서
④ 임팩트센서

해설
임팩트센서는 에어백 시스템에서 충격력 감지를 위한 센서이다.

30 디스크 브레이크와 비교한 드럼 브레이크의 특성으로 옳은 것은?

① 페이드 현상이 잘 일어나지 않는다.
② 구조가 간단하다.
③ 브레이크의 편제동현상이 작다.
④ 자기작동효과가 크다.

31 자동차용 AC 발전기의 내부 구조와 가장 밀접한 관계가 있는 것은?

① 슬립링
② 전기자
③ 오버러닝 클러치
④ 정류자

해설
전기자, 오버러닝 클러치, 정류자는 기동전동기의 구성 부품이다.

32 전자제어 점화장치에서 점화시기를 제어하는 순서는?

① 파워 트랜지스터 – ECU – 각종 센서 – 점화코일
② 각종 센서 – ECU – 점화코일 – 파워 트랜지스터
③ 파워 트랜지스터 – 점화코일 – ECU – 각종 센서
④ 각종 센서 – ECU – 파워 트랜지스터 – 점화코일

33 교류발전기에서 직류발전기 컷아웃 릴레이와 같은 역할을 하는 부품은?

① 다이오드
② 로 터
③ 전압조정기
④ 브러시

해설
교류발전기에서 직류발전기의 컷아웃 릴레이와 같이 역류를 방지하는 부품은 다이오드이다.

34 저항을 병렬접속했을 때의 설명으로 옳지 않은 것은?

① 각 저항을 통하여 흐르는 전류의 합은 전원에서 흐르는 전류의 크기와 같다.
② 합성저항은 각 저항의 어느 것보다도 작다.
③ 각 저항에 가해지는 전압의 합은 전원전압과 같다.
④ 어느 저항에서나 동일한 전압이 가해진다.

해설
병렬접속의 특징
• 어느 저항에서나 똑같은 전압이 가해진다.
• 합성저항은 각 저항의 어느 것보다도 작다.
• 병렬접속에서 저항이 감소하는 것은 전류가 나누어져 저항 속을 흐르기 때문이다.
• 각 회로에 흐르는 전류는 다른 회로의 저항에 영향을 받지 않으므로 양끝에 걸리는 전류는 상승한다.
• 매우 큰 저항과 작은 저항을 연결하면 그중에서 큰 저항은 무시된다.

35 자동차용 배터리의 급속충전 시 주의사항으로 옳지 않은 것은?

① 배터리를 자동차에 연결한 채 충전할 경우, 접지 (−) 터미널을 떼어 놓는다.

② 충전 전류는 용량값의 약 2배 정도의 전류로 한다.

③ 될 수 있는 대로 짧은 시간에 실시한다.

④ 충전 중 전해액 온도가 45℃ 이상 되지 않도록 한다.

> **해설**
> **축전지를 급속충전할 때 주의사항**
> • 통풍이 잘되는 곳에서 충전한다.
> • 충전 중인 축전지에 충격을 가하지 않는다.
> • 전해액의 온도가 45℃가 넘지 않도록 한다.
> • 축전지 접지 케이블을 분리한 상태에서 축전지 용량의 50%의 전류로 충전하기 때문에 충전시간은 가능한 한 짧게 하여야 한다.

36 백워닝(후방 경보) 시스템의 기능으로 옳지 않은 것은?

① 차량 후방의 장애물을 감지하여 운전자에게 알려 주는 장치이다.

② 차량 후방의 장애물은 초음파 센서를 이용하여 감지한다.

③ 차량 후방의 장애물 감지 시 브레이크가 작동하여 차속을 감속시킨다.

④ 차량 후방의 장애물 형상에 따라 감지되지 않을 수도 있다.

> **해설**
> 백워닝(후방경보)시스템은 초음파 센서를 이용하여 차량 후방에 존재하는 장애물의 거리에 따라 경보음 패턴이 바뀌며, 장애물의 형상에 따라 인식이 어려운 경우도 있다.

37 가속도(G)센서가 사용되는 전자제어장치는?

① 에어백(SRS) 장치

② 배기장치

③ 정속주행장치

④ 분사장치

> **해설**
> 자동차가 주행 중 충돌이 발생하였을 때 가속도값(G값)이 충격 한계 이상이면 에어백을 전개시켜 운전자의 안전을 보호한다.

38 점화장치에서 DLI(Distributor Less Ignition) 시스템의 장점으로 옳지 않은 것은?

① 점화 진각 폭의 제한이 크다.

② 고전압 에너지 손실이 적다.

③ 점화에너지를 크게 할 수 있다.

④ 내구성이 크고 전파 방해가 작다.

> **해설**
> **DLI 점화장치의 장점**
> • 배전기에서 누전이 없다.
> • 배전기의 로터와 캡 사이의 고전압 에너지 손실이 없다.
> • 배전기 캡에서 발생하는 전파 잡음이 없다.
> • 점화 진각 폭에 제한이 없다.
> • 고전압의 출력이 감소되어도 방전 유효에너지 감소가 없다.
> • 내구성이 크다.
> • 전파 방해가 없어 다른 전자 제어장치에도 유리하다.

39 자동차의 IMS(Integrated Memory System)에 대한 설명으로 옳은 것은?

① 도난을 예방하기 위한 시스템이다.
② 편의장치로서 장거리 운행 시 자동운행시스템이다.
③ 배터리 교환주기를 알려 주는 시스템이다.
④ 스위치 조작으로 설정해 둔 시트 위치로 재생시킨다.

해설
IMS는 운전자가 자신에게 맞는 최적의 시트 위치, 사이드 미러 및 조향핸들의 위치 등을 IMS 컴퓨터에 입력시킬 수 있으며, 다른 운전자가 운전하여 위치가 변경되었을 경우 컴퓨터에 기억시킨 위치로 자동으로 복귀시키는 장치이다.

40 점화장치 구성 부품의 단품 점검사항으로 옳지 않은 것은?

① 점화 플러그는 간극 게이지를 활용하여 중심 전극과 접지 전극 사이의 간극을 측정한다.
② 폐자로 점화코일은 1차 코일과 2차 코일이 각각 별도의 회로로 구성되어 있으므로 개별 저항을 측정한다.
③ 고압 케이블은 멀티테스터를 활용하여 양 단자 간의 저항을 측정한다.
④ 폐자로 점화코일의 1차 코일은 멀티테스터를 활용하여 점화코일 (+)와 (−)단자 간의 저항을 측정한다.

해설
HEI 점화코일(폐자로형 점화코일)의 특징
• 유도작용에 의해 생성되는 자속이 외부로 방출되지 않는다.
• 1차 코일의 굵기를 크게 하여 큰 전류가 통과할 수 있다.
• 1차 코일과 2차 코일은 연결되어 있다.

41 자동차의 발전기가 정상적으로 작동하는지를 확인하기 위한 점검내용으로 옳지 않은 것은?

① 자동차의 시동을 걸기 전후의 배터리 전압을 전압계로 측정하여 비교한다.
② 시동을 건 후 배터리에서 전압을 측정하였을 때 시동 전 배터리 전압과 동일하다면 정상이다.
③ 자동차 시동 후 계기판의 충전 경고등이 소등되는지를 확인한다.
④ 시동 후 발전기의 B단자와 차체 사이의 전압을 측정한다.

해설
시동을 건 후에는 발전기 출력전압으로 측정되어야 한다(13.8~14.8V).

42 점화 플러그의 점검사항으로 옳지 않은 것은?

① 세라믹 절연체의 파손 및 손상 여부
② 단자 손상 여부
③ 중심 전극의 손상 여부
④ 플러그 접지 전극 온도

43 자동차에서 통신시스템을 통해 작동하는 장치로 옳지 않은 것은?

① 보디 컨트롤 모듈(BCM)
② 스마트 키 시스템(PIC)
③ 운전석 도어 모듈(DDM)
④ LED 테일 램프

해설
LED 테일 램프는 브레이크 스위치 작동을 통하여 제어된다.

44 자동차 전조등회로에 대한 설명으로 옳은 것은?

① 전조등의 좌우는 직렬로 연결되어 있다.
② 전조등의 좌우는 병렬로 연결되어 있다.
③ 전조등의 좌우는 직병렬로 연결되어 있다.
④ 전조등 작동 중에는 미등이 소등된다.

해설
전조등회로는 좌우 병렬회로로 연결되어 있어 만약 한쪽이 고장
날 경우 반대쪽 헤드램프는 점등된다.

45 기동전동기에서 오버러닝 클러치의 종류가 아닌
것은?

① 롤러식
② 스프래그식
③ 전기자식
④ 다판 클러치식

해설
기동전동기의 손상을 방지하는 일방향 클러치인 오버러닝 클러치
의 형식은 롤러식, 스프래그식, 다판 클러치식이 있다.

46 자동차 주행 빔 전조등의 발광면을 상측, 하측, 내
측, 외측의 몇 도(°) 이내에서 관측해야 하는가?

① 5
② 10
③ 15
④ 20

해설
자동차 주행 빔 전조등의 발광면은 상측, 하측, 내측, 외측의 5°
이내에서 관측이 가능해야 한다.

47 사이드 슬립 측정 전 준비사항으로 옳지 않은 것은?

① 보닛을 위아래로 눌러 ABS 시스템을 확인한다.
② 타이어의 공기압력이 규정압력인지 확인한다.
③ 바퀴를 잭으로 들고 좌우로 흔들어 엔드 볼 및
링키지를 확인한다.
④ 바퀴를 잭으로 들고 위아래로 흔들어 허브 유격
을 확인한다.

해설
사이드 슬립 시험기 사용 시 주의사항
• 시험기의 운동 부분은 항상 청결하여야 한다.
• 타이어의 공기압력이 규정 압력인지 확인한다.
• 구동부 링키지 및 허브 등의 유격을 점검한다.
• 시험기의 답판 및 타이어에 부착된 수분, 오일, 흙 등을 제거한다.
• 시험기에 대하여 직각으로 서서히 진입시켜야 한다.
• 답판상에서는 브레이크 페달을 밟지 않는다.
• 답판상에서는 조향핸들을 좌우로 틀지 않는다.
• 답판을 통과하는 속도는 5km/h로 직진 상태로 통과하여야 한다.

48 후축에 9,890kgf의 하중이 적용될 때 후축에 4개의
타이어를 장착하였다면 타이어 한 개당 받는 하중은?

① 약 1,473kgf
② 약 2,473kgf
③ 약 2,770kgf
④ 약 3,770kgf

해설
1개당 받는 하중 = 9,890kgf ÷ 4 = 2,472.5kg

49 전동기나 조정기를 청소한 후 점검하여야 할 사항으로 옳지 않은 것은?

① 단자부 주유 상태 여부
② 과열 여부
③ 연결의 견고성 여부
④ 아크 발생 여부

해설
전기단자에 주유는 하지 않는다.

50 리튬 이온 폴리머 2차 전지에 대한 설명으로 옳지 않은 것은?

① 셀당 정격전압은 약 3.75V이다.
② 충전 시 충전 상태가 100%를 넘지 않도록 한다.
③ 충전 상태가 0%이면 배터리 전압은 0V이다.
④ 평상시 배터리 충전 상태는 BMS에 의해 약 55~ 65%로 제어된다.

해설
충전 상태가 0%라도 배터리 전압은 0V가 아니다(약 3.0V 내외이다).

51 하이브리드 및 전기자동차의 고전압 배터리 셀 밸런싱을 제어하는 장치는?

① MCU(Motor Control Unit)
② LDC(Low DC-DC Convertor)
③ HCU(Hybrid Control Unit)
④ BMS(Battery Management System)

해설
BMS는 하이브리드 및 전기자동차의 고전압 배터리를 구성하는 모듈 내 셀 밸런싱 제어를 수행한다.

52 하이브리드 전기자동차에서 모터제어기의 기능으로 옳지 않은 것은?

① 하이브리드 모터제어기는 일반적으로 인버터라고도 한다.
② 하이브리드 통합제어기(HCU)의 명령을 받아 모터의 구동 전류(토크)를 제어한다.
③ 고전압 배터리의 교류 전원을 모터의 작동에 필요한 3상 교류 전원으로 변경시키는 기능을 한다.
④ 감속 및 제동 시 모터를 발전기 역할로 변경시켜 배터리 충전을 위한 에너지 회수 기능을 담당한다.

해설
MCU는 고전압 배터리의 직류 전원을 모터의 작동에 필요한 3상 교류 전원으로 변경시키는 기능을 한다.

53 전기자동차의 구동모터의 로터 위치 및 회전수를 감지하는 장치는?

① 인코더센서
② 액티브센서
③ 리졸버센서
④ 스피드센서

54 하이브리드 전기자동차의 고전압 배터리 (+)전원을 시동 초기에 인버터로 공급하는 구성품은?

① 메인(+) 릴레이
② 프리차저 릴레이
③ 파워(+) 릴레이
④ 세이프티 플러그

해설
프리차저 릴레이(Pre-charger Relay)는 초기 시동 시 인버터 내 커패시터를 충전하기 위하여 (+)메인릴레이보다 먼저 작동하여 전력을 공급하는 역할을 수행한다.

55 자동차에 사용되는 CAN 통신에 대한 설명으로 옳지 않은 것은?(단, CAN-High의 경우이다)

① 표준화된 통신규약을 사용한다.
② CAN 통신의 종단저항은 120Ω을 사용한다.
③ 연결된 모든 네트워크의 모듈은 종단저항이 있다.
④ CAN 통신은 컴퓨터들 사이에 신속한 정보 교환을 목적으로 한다.

해설
종단저항은 연결된 모든 네트워크 주선의 CAN-High선과 CAN-Low선 양단 끝에 있다.

56 연료 전지의 종류 중 고체 고분자 전해질형 연료 전지의 특징으로 옳지 않은 것은?

① 전해질로 고체 산화물(Yttria-Stabilized Zirconia)을 이용한다.
② 공기 중의 산소와 화학반응에 의해 백금의 전극에 전류가 발생한다.
③ 발전 시 열을 발생하지만 물만 배출시키므로 에코자동차라고 한다.
④ 운전온도가 상온에서 80℃까지로 저온에서 작동한다.

해설
고체 고분자 전해질형 연료 전지는 전해질로 고분자 전해질(Polymer Electrolyte)을 이용한다.

57 산업안전보건기준에 관한 규칙에서 정하는 인화성 가스가 아닌 것은?

① 수 소　　　　② 메 탄
③ 에틸렌　　　　④ 산 소

해설
산업안전보건기준에 관한 규칙에서 정하는 인화성 가스는 수소, 아세틸렌, 에틸렌, 메탄, 에탄, 프로판, 부탄 등이 있다.

54 ② 55 ③ 56 ① 57 ④ **정답**

58 자동차 정비작업 시 안전 및 유의사항으로 틀린 것은?

① 기관 운전 시 일산화탄소가 생성되므로 환기장치를 해야 한다.

② 헤드 개스킷이 닿는 표면에는 스크레이퍼로 큰 압력을 가하여 깨끗이 긁어낸다.

③ 점화 플러그 청소 시 보안경을 쓰는 것이 좋다.

④ 기관을 들어낼 때 체인 및 리프팅 브래킷은 무게 중심부에 튼튼히 걸어야 한다.

해설
헤드개스킷이 닿는 표면은 손상이 생기면 안된다.

59 자동차 에어컨 가스 냉매용기의 취급사항으로 옳지 않은 것은?

① 냉매용기는 직사광선이 비치는 곳에 방치하지 않는다.

② 냉매용기에 보호 캡을 항상 씌워 둔다.

③ 냉매가 피부에 접촉되지 않도록 한다.

④ 냉매 충전 시 냉매용기에 완전히 채우도록 한다.

해설
냉매 충전 시 용기 부피의 80%에 해당하는 무게까지만 충전한다.

60 리머가공에 대한 설명으로 옳은 것은?

① 드릴 구멍보다 먼저 작업한다.

② 드릴 구멍보다 더 작게 하는 데 사용한다.

③ 축의 바깥지름 가공작업 시 사용한다.

④ 드릴가공보다 더 정밀도가 높은 가공면을 얻기 위한 가공작업이다.

해설
리머가공은 다중 날 공구로 수행하는 고정밀 홀의 정삭가공으로 드릴가공보다 더 정밀도가 높은 가공면을 얻기 위한 가공작업이다.

01 다음 내연기관에 대한 내용으로 맞는 것은?

① 실린더의 이론적 발생마력을 제동마력이라 한다.
② 6실린더 엔진의 크랭크축의 위상각은 90°이다.
③ 베어링 스프레드는 피스톤 핀 저널에 베어링을 조립 시 밀착되게 끼울 수 있게 한다.
④ DOHC 엔진의 밸브 수는 16개이다.

> **해설**
> 베어링 스프레드는 하우징과의 지름 차이로서 피스톤 핀 저널에 베어링을 조립 시 밀착되게 끼울 수 있게 한다(베어링 크러시는 둘레 차이이다).

02 4사이클 가솔린 엔진에서 최대 폭발압력이 발생되는 시기는 언제인가?

① 배기행정의 끝 부근에서
② 압축행정의 끝 부근에서
③ 피스톤의 TDC 전 약 10~15° 부근에서
④ 동력행정에서 TDC 후 약 10~15°에서

> **해설**
> 엔진에서 최고폭발 압력점은 상사점 후(ATDC) 13~15°이며 이를 맞추기 위해 점화시기를 제어한다.

03 디젤기관에서 과급기를 설치하는 목적이 아닌 것은?

① 엔진의 출력이 증대된다.
② 체적효율이 작아진다.
③ 평균유효압력이 향상된다.
④ 회전력이 증가한다.

> **해설**
> 과급기(터보차저) 설치 목적
> • 엔진출력 증대
> • 평균유효압력 향상
> • 토크 증대
> • 체적효율 증대

04 가솔린기관의 노킹을 방지하는 방법으로 틀린 것은?

① 화염 진행거리를 단축시킨다.
② 자연착화 온도가 높은 연료를 사용한다.
③ 화염전파 속도를 빠르게 하고 와류를 증가시킨다.
④ 냉각수의 온도를 높이고 흡기온도를 높인다.

> **해설**
> 가솔린기관의 노킹 방지법 중 하나는 냉각수 온도를 낮추고 흡기온도를 낮추는 것이다.

05 실린더 배기량이 376.8cc이고 연소실체적이 47.1 cc일 때 기관의 압축비는 얼마인가?

① 7 : 1
② 8 : 1
③ 9 : 1
④ 10 : 1

> **해설**
> $\varepsilon = \dfrac{연소실체적 + 행정체적}{연소실체적}$ 이므로 $\dfrac{47.1 + 376.8}{47.1} = 9$가 된다.
> (실린더 배기량 = 행정체적)

06 전자제어 기관에서 피드백(Feed Back)제어를 하기 위해 설치한 센서는?

① 아이들포지션센서

② 산소(O_2)센서

③ 대기압센서

④ 스로틀포지션센서

해설
산소센서는 연소 후 배출되는 배기가스의 산소농도를 검측하여 연료분사 보정제어를 위한 피드백 신호를 제공한다.

07 제작자동차 등의 안전기준에서 2점식 또는 3점식 안전띠의 골반 부분 부착장치는 몇 kgf의 하중에 10초 이상 견뎌야 하는가?

① 1,270kgf

② 2,270kgf

③ 3,870kgf

④ 5,670kgf

해설
제작자동차 등의 안전기준에서 2점식 또는 3점식 안전띠의 골반 부분 부착장치는 2,270kgf의 하중에 10초 이상 견뎌야 한다.

08 차량 주행 중 급감속 시 스로틀밸브가 급격히 닫히는 것을 방지하여 운전성을 좋게 하는 것은?

① 아이들업 솔레노이드

② 대시 포트

③ 퍼지 컨트롤밸브

④ 연료 차단밸브

해설
대시 포트(Dash Pot)는 스로틀밸브 쪽에 연결되어 가속페달을 놓았을 때 다이어프램 뒤쪽에 작용하는 공기에 의해서 스로틀밸브가 급격히 닫히는 것을 방지하는 장치이다.

09 전자제어 엔진의 연료펌프 내부에 있는 체크밸브(Check Valve)가 하는 역할은?

① 차량이 전복될 때 화재가 발생하는 것을 방지하기 위해 사용된다.

② 연료라인의 과도한 연료압 상승을 방지하기 위한 목적으로 설치되었다.

③ 인젝터에 가해지는 연료의 잔압을 유지시켜 베이퍼로크 현상을 방지한다.

④ 연료라인에 적정 작동압이 상승할 때까지 시간을 지연시킨다.

해설
연료라인의 체크밸브는 연료의 잔압을 유지시켜 베이퍼로크 현상을 방지하고 재시동성을 용이하게 한다.

10 평균 유효압력이 7.5kgf/cm², 행정체적 200cc, 회전수 2,400rpm일 때 4행정 4기통 기관의 지시마력은?

① 14PS   ② 16PS

③ 18PS   ④ 20PS

해설

지시마력을 구하는 식은 $IPS = \dfrac{P_{mi} \times A \times L \times Z \times \frac{N}{2}}{75 \times 60 \times 100}$

(2행정 사이클 엔진 : R, 4행정 사이클 엔진 : $\frac{R}{2}$)이므로

$\dfrac{7.5 \times 200 \times 4 \times \frac{2,400}{2}}{75 \times 60 \times 100} = 16PS$가 된다.

여기서 $A \times L =$ 행정체적이므로 200cc를 그대로 대입하면 된다. 1cc=1cm³

11 삼원촉매 컨버터 장착차량의 2차 공기공급을 하는 목적은?

① 배기 매니폴드 내의 HC와 CO의 산화를 돕는다.
② 공연비를 돕는다.
③ NO_x가 생성되지 않도록 한다.
④ 배기가스의 순환을 돕는다.

해설
삼원촉매 컨버터 장착차량의 2차 공기공급을 하는 목적은 산화작용 시 부족한 산소량을 보충하여 배기 매니폴드 내의 HC와 CO의 산화를 돕기 위해서이다.

12 부특성 흡기온도센서(ATS)에 대한 설명으로 틀린 것은?

① 흡기온도가 낮으면 저항값이 커지고, 흡기온도가 높으면 저항값은 작아진다.
② 흡기온도의 변화에 따라 컴퓨터는 연료분사 시간을 증감시키는 역할을 한다.
③ 흡기온도의 변화에 따라 컴퓨터는 점화시기를 변화시키는 역할을 한다.
④ 흡기온도를 뜨겁게 감지하면 출력전압이 커진다.

해설
흡기온도센서는 부특성 서미스터(NTC)를 적용하며 흡기온도가 낮으면 저항값이 커지고, 흡기온도가 높으면 저항값은 작아지는 특성이 있다. 흡기온도센서는 연료의 보정량 신호로 사용된다.

13 엔진 출력과 최고 회전속도와의 관계에 대한 설명으로 옳은 것은?

① 고회전 시 흡기의 유속이 음속에 달하면 흡기량이 증가되어 출력이 증가한다.
② 동일한 배기량으로 단위 시간당 폭발횟수를 증가시키면 출력은 커진다.
③ 평균 피스톤 속도가 커지면 왕복운동 부분의 관성력이 증대되어 출력이 커진다.
④ 출력을 증대시키려면 행정을 길게 하고 회전 속도를 높이는 것이 유리하다.

해설
동일한 배기량으로 단위 시간당 폭발횟수를 증가시키면 출력은 커진다. 따라서 동일배기량일 경우 2행정 기관의 출력이 4행정 기관보다 높다.

14 실린더헤드의 평면도 점검방법으로 옳은 것은?

① 마이크로미터로 평면도를 측정, 점검한다.
② 곧은 자와 틈새게이지로 측정, 점검한다.
③ 실린더 헤드를 3개 방향으로 측정, 점검한다.
④ 틈새가 0.02mm 이상이면 연삭한다.

해설
실린더헤드의 평면도 점검은 6방향(알루미늄헤드일 경우 7방향)에 대하여 곧은 자와 필러(틈새, 시크니스)게이지를 이용하여 측정한다.

15 전자제어 기관의 연료분사 제어방식 중 점화순서에 따라 순차적으로 분사되는 방식은?

① 동시분사 방식
② 그룹분사 방식
③ 독립분사 방식
④ 간헐분사 방식

해설
전자제어 엔진에서 점화순서에 따라 순차적으로 연료를 분사하는 방식은 동기분사(독립분사) 방식이다.

11 ① 12 ④ 13 ② 14 ② 15 ③ **정답**

16 물이 고여 있는 도로를 주행할 때 하이드로플레이닝 현상을 방지하기 위한 방법으로 틀린 것은?

① 저속 운전을 한다.
② 트레드 마모가 적은 타이어를 사용한다.
③ 타이어 공기압을 낮춘다.
④ 리브형 패턴을 사용한다.

해설
수막현상의 방지법 중 하나는 타이어 공기압을 높이는 것이다.

17 제동장치에서 후륜의 잠김으로 인한 스핀을 방지하기 위해 사용되는 것은?

① 릴리프 밸브
② 컷오프 밸브
③ 프로포셔닝 밸브
④ 솔레노이드 밸브

해설
유압식 제동장치에서 후륜 측에 제동력을 감소시켜 스핀을 방지하기 위해 프로포셔닝 밸브가 사용된다.

18 주행 중 제동 시 좌우 편제동의 원인으로 틀린 것은?

① 드럼의 편 마모
② 휠 실린더 오일 누설
③ 라이닝 접촉 불량, 기름 부착
④ 마스터 실린더의 리턴 구멍 막힘

해설
마스터 실린더의 리턴 구멍이 막히면 편제동의 영향이 아니라 브레이크 작동 후 해제가 잘 되지 않는다.

19 전자제어 제동장치(ABS)의 구성요소가 아닌 것은?

① 휠스피드센서
② 전자제어 유닛
③ 하이드롤릭 컨트롤 유닛
④ 각속도센서

해설
각속도센서는 조향휠의 회전각도와 속도를 계측하는 센서로 전자제어 현가장치 및 자세제어 시스템에 적용되며, ABS 장치의 주요 구성요소는 아니다.

20 자동변속기를 제어하는 TCU(Transaxle Control Unit)에 입력되는 신호가 아닌 것은?

① 인히비터 스위치
② 스로틀포지션센서
③ 엔진 회전수
④ 휠스피드센서

해설
휠스피드센서는 ABS의 구성부품이다.

21 자동차가 주행 중 앞부분에 심한 진동이 생기는 현상인 트램핑(Tramping)의 주된 원인은?

① 적재량 과다
② 토션바 스프링 마멸
③ 내압의 과다
④ 바퀴의 불평형

해설
휠 트램핑은 정적 불평형일 때 발생되며 회전 시 휠의 상하진동을 말한다.

22 조향핸들의 유격이 크게 되는 원인으로 틀린 것은?

① 볼 이음의 마멸
② 타이로드의 휨
③ 조향 너클의 헐거움
④ 앞바퀴 베어링의 마멸

해설

조향핸들의 유격은 핸들이 움직여도 실제 바퀴가 조향되지 않는 영역을 말하며 볼 이음의 마멸, 조향 너클의 유격 과대, 앞바퀴 베어링의 마멸 등의 이유로 유격이 증가할 수 있다. 타이로드가 휘는 것은 유격 증가와 연관성이 없다.

23 유압식 제동장치에서 마스터 실린더의 내경이 2cm, 푸시로드에 100kgf의 힘이 작용할 때 브레이크 파이프에 작용하는 압력은?

① 약 32kgf/cm^2
② 약 25kgf/cm^2
③ 약 10kgf/cm^2
④ 약 2kgf/cm^2

해설

압력 $P(\text{kgf/cm}^2) = \dfrac{F(\text{kgf})}{A(\text{cm}^2)} = \dfrac{\text{작용하는 힘}}{\text{면적}}$ 이므로

$\dfrac{F(\text{kgf})}{\dfrac{\pi d^2}{4}(\text{cm}^2)} = \dfrac{100}{\dfrac{3.14 \times 2^2}{4}} = 31.84\text{kgf/cm}^2$로 약 32kgf/cm^{2}가

된다.

24 전자제어 동력조향장치의 구성 요소 중 차속과 조향각 신호를 기초로 최적상태의 유량을 제어하여 조향휠의 조향력을 적절히 변화시키는 것은?

① 댐퍼제어밸브
② 유량제어밸브
③ 동력실린더밸브
④ 매뉴얼밸브

해설

전자제어 동력조향장치에서 최적상태의 유량을 제어하는 부품은 유량제어밸브이다.

25 자동차의 동력 전달장치에서 슬립이음(Slip Joint)가 있는 이유는?

① 회전력을 직각으로 전달하기 위해서
② 출발을 쉽게 하기 위해서
③ 추진축의 길이 변화를 주기 위해서
④ 추진축의 각도 변화를 주기 위해서

해설

슬립이음은 축의 길이 변화에 대한 보상을 위해 장착되며 자재이음은 각도 변화를 주기 위해 장착된다.

26 십자형 자재이음에 대한 설명 중 틀린 것은?

① 주로 후륜 구동식 자동차의 추진축에 사용된다.
② 십자 축과 두 개의 요크로 구성되어 있다.
③ 롤러베어링을 사이에 두고 축과 요크가 설치되어 있다.
④ 자재이음과 슬립이음 역할을 동시에 하는 형식이다.

해설

십자형 자재이음은 십자 축과 두 개의 요크로 구성되어 각도의 변화를 할 수 있게 하며 주로 후륜 구동식 자동차의 추진축에 사용된다. 자재이음의 종류이며 슬립이음은 별도로 설치한다.

27 차륜 정렬상태에서 캠버가 과도할 때 타이어의 마모 상태는?

① 트레드의 중심부가 마멸
② 트레드의 한쪽 모서리가 마멸
③ 트레드의 전반에 걸쳐 마멸
④ 트레드의 양쪽 모서리가 마멸

해설
과도한 정캠버 또는 부캠버가 발생하면 타이어의 한쪽 면에서 마멸이 심해진다.

28 자동변속기 차량의 토크 컨버터 내부에서 작동유체의 방향을 변환시키며 토크를 증대하기 위한 장치는?

① 스테이터
② 터 빈
③ 오일펌프
④ 유성기어

해설
자동변속기 토크 컨버터 내부에서 오일의 흐름을 바꾸는 장치는 스테이터이다.

29 자동변속기 차량의 토크 컨버터 내부에서 고속회전 시 터빈과 펌프를 기계적으로 직결시켜 슬립을 방지하는 것은?

① 스테이터
② 댐퍼 클러치
③ 일방향 클러치
④ 가이드 링

해설
댐퍼 클러치(토크 컨버터 클러치)는 자동변속기 차량의 토크 컨버터 내부에서 고속회전 시 터빈과 펌프를 기계적으로 직결시켜 동력 손실을 방지한다.

30 동력조향장치에서 오일펌프에 걸리는 부하가 기관 아이들링 안정성에 영향을 미칠 경우 오일펌프 압력 스위치는 어떤 역할을 하는가?

① 유압을 더욱 다운시킨다.
② 부하를 더욱 증가시킨다.
③ 기관 아이들링 회전수를 증가시킨다.
④ 기관 아이들링 회전수를 다운시킨다.

해설
동력조향장치에서 오일펌프에 걸리는 부하가 발생하면 오일펌프 압력 스위치가 작동하여 기관의 회전수를 증가시키는 신호로 사용된다.

31 축전지의 자기 방전율은 온도가 상승하면 어떻게 되는가?

① 일정하다.　　　　② 높아진다.
③ 관계없다.　　　　④ 낮아진다.

해설
축전지의 자기 방전율은 온도가 상승할수록 같이 높아진다.

32 기동전동기의 시동(크랭킹)회로에 대한 내용으로 틀린 것은?

① B 단자까지의 배선은 굵은 것을 사용해야 한다.
② B 단자와 ST 단자를 연결하는 것은 점화 스위치(Key)이다.
③ B 단자와 M 단자를 연결하는 것은 마그넷 스위치(Key)이다.
④ 축전지 접지가 좋지 않더라도 (+)선의 접촉이 좋으면 작동에는 지장이 없다.

해설
기동전동기의 몸체는 차체에 접지되어 있으므로 축전지의 접지가 불량하면 기동전동기의 작동이 불량해진다.

33 전자제어 에어컨 장치(FATC)에서 컨트롤 유닛(컴퓨터)이 제어하지 않는 것은?

① 히터밸브
② 송풍기 속도
③ 컴프레서 클러치
④ 리시버 드라이어

해설
리시버 드라이어는 냉매 내부의 수분 및 이물질 등을 제거하며 전자제어로 제어되지 않는다.

34 자동차용으로 주로 사용되는 발전기는?

① 단상 교류
② Y상 직류
③ 3상 교류
④ 3상 직류

해설
자동차는 일반적으로 타여자식 3상 교류발전기를 적용한다.

35 다음 중 가속도(G)센서가 사용되는 전자제어 장치는?

① 에어백(SRS)장치
② 차선유지장치
③ 정속주행장치
④ 후측방감지장치

해설
에어백장치는 가속도센서 및 임팩트센서가 내장되어 충격 및 전복 사고 시 에어백 전개신호로 사용된다.

36 점화장치에서 파워 트랜지스터에 대한 설명으로 틀린 것은?

① 베이스 신호는 ECU에서 받는다.
② 점화코일 1차전류를 단속한다.
③ 이미터 단자는 접지되어 있다.
④ 컬렉터 단자는 점화 2차코일과 연결되어 있다.

해설
점화장치에서 파워 트랜지스터는 1차코일에서 흘러나온 기전력이 컬렉터 단자로 들어오며 ECU에 의해 베이스단자의 전류를 단속하고 이미터 단자가 접지되어 있다.

37 반도체 소자 중 사이리스터(SCR)의 단자에 해당하지 않는 것은?

① 애노드(Anode)
② 게이트(Gate)
③ 캐소드(Cathode)
④ 컬렉터(Collector)

해설
사이리스터는 일반적으로 단방향 3단자를 사용하는데 (+)쪽을 애노드, (−)쪽을 캐소드, 제어단자를 게이트라 부른다.

38 2Ω, 3Ω, 6Ω의 저항을 병렬로 연결하여 12V의 전압을 가하면 흐르는 전류는?

① 1A   ② 3A
③ 6A   ④ 12A

해설
병렬합성저항 $R_T = \dfrac{1}{\dfrac{1}{R_1} + \dfrac{1}{R_2} + ... + \dfrac{1}{R_n}}$ 과 같이 산출하므로

$\dfrac{1}{\dfrac{1}{2} + \dfrac{1}{3} + \dfrac{1}{6}} = 1\,\Omega$ 이 된다.

이때 12V의 전압이 가해졌을 때 흐르는 전류는 옴의 법칙으로 구할 수 있다. 따라서 $I = \dfrac{E}{R}$ 이므로 $\dfrac{12}{1} = 12$A 가 흐른다.

33 ④　34 ③　35 ①　36 ④　37 ④　38 ④　**정답**

39 논리소자 중 입력신호 모두가 1일 때에만 출력이 1로 되는 회로는?

① NOT(논리부정)

② AND(논리곱)

③ NAND(논리곱 부정)

④ NOR(논리합 부정)

해설
논리곱(AND)은 모든 입력신호가 1일 경우에만 1로 출력되며, 어느 하나라도 0으로 입력되면 0으로 출력된다.

40 자동차용 배터리의 급속 충전 시 주의사항으로 틀린 것은?

① 배터리를 자동차에 연결한 채 충전할 경우, 접지 (-) 터미널을 떼어 놓을 것

② 충전 전류는 용량 값의 약 2배 정도의 전류로 할 것

③ 될 수 있는 대로 짧은 시간에 실시할 것

④ 충전 중 전해액 온도가 45℃ 이상 되지 않도록 할 것

해설
자동차 배터리 급속 충전은 축전지 용량의 1/2의 전류로 단시간(15~20분)에 충전하는 방법을 말한다.

41 다음 그림과 같은 자동차 전원장치에서 IG1과 IG2로 구분된 이유로 옳은 것은?

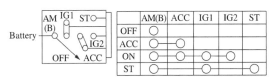

① 점화 스위치의 ON/OFF에 관계없이 배터리와 연결을 유지하기 위해

② START 시에도 와이퍼회로, 전조등회로 등에 전원을 공급하기 위해

③ 점화 스위치가 ST일 때만 점화코일, 연료펌프 회로 등에 전원을 공급하기 위해

④ START 시 시동에 필요한 전원 이외의 전원을 차단하여 시동을 원활하게 하기 위해

해설
IG1과 IG2를 구분하는 가장 중요한 이유는 START 시 기동전동기의 소모전류가 매우 커 다른 전장품들의 전원을 일시 차단하여 시동성능을 원활하게 하기 위해서이다.

42 자동차 전기장치에서 "임의의 한 점으로 유입된 전류의 총합은 유출한 전류의 총합과 같다."는 현상을 설명한 것은?

① 앙페르의 법칙

② 키르히호프의 제1법칙

③ 뉴턴의 제1법칙

④ 렌츠의 법칙

해설
키르히호프의 제1법칙은 전류의 법칙이라고 하며 전하가 접합점에서 저절로 생기거나 없어지지 않는다는 전하량 보존 법칙에 근거를 두고 있다.

43 다음 중 교류발전기의 특징이 아닌 것은?

① 저속에서의 충전 성능이 좋다.

② 속도 변동에 따른 적응 범위가 넓다.

③ 다이오드를 사용하므로 정류 특성이 좋다.

④ 스테이터 코일이 로터 안쪽에 설치되어 있기 때문에 방열성이 좋다.

해설

교류발전기의 장점은 저속 충전성능이 우수하고, 속도 변동에 따른 전압 변동폭이 작으며 다이오드를 이용한 정류 특성이 우수한 장점이 있다.

44 퓨즈에 관한 설명으로 맞는 것은?

① 퓨즈는 정격전류가 흐르면 회로를 차단하는 역할을 한다.

② 퓨즈는 과대 전류가 흐르면 회로를 차단하는 역할을 한다.

③ 퓨즈는 용량이 클수록 정격전류가 낮아진다.

④ 용량이 작은 퓨즈는 용량을 조정하여 사용한다.

해설

납＋주석(아연)을 주성분으로 구성된 퓨즈는 회로에 직렬로 연결되며 과전류가 흐를 경우 발생열에 따라 스스로 끊어져 전류를 차단하여 회로를 보호하는 기능을 한다.

45 자동차의 레인센서 와이퍼 제어장치에 대한 설명 중 옳은 것은?

① 엔진오일의 양을 감지하여 운전자에게 자동으로 알려주는 센서이다.

② 자동차의 와셔액 양을 감지하여 와이퍼 작동 시 와셔액을 자동조절하는 장치이다.

③ 앞창 유리 상단의 강우량을 감지하여 자동으로 와이퍼 속도를 제어하는 센서이다.

④ 온도에 따라서 와이퍼 조작 시 와이퍼 속도를 제어하는 장치이다.

해설

레인센서 와이퍼시스템은 앞창 유리 상단의 강우량을 감지하여 자동으로 와이퍼 속도를 제어하는 시스템이다.

46 하이브리드 자동차의 컨버터(Converter)와 인버터(Inverter)의 특성 표현으로 옳은 것은?

① 컨버터(Converter) : AC에서 DC로 변환, 인버터(Inverter) : DC에서 AC로 변환

② 컨버터(Converter) : DC에서 AC로 변환, 인버터(Inverter) : AC에서 DC로 변환

③ 컨버터(Converter) : AC에서 AC로 승압, 인버터(Inverter) : DC에서 DC로 승압

④ 컨버터(Converter) : DC에서 DC로 승압, 인버터(Inverter) : AC에서 AC로 승압

해설

일반적으로 컨버터(Converter)는 AC를 DC로 변환하는 장치이고, 인버터(Inverter)는 DC를 AC로 변환하는 장치이다.

47 Ni-Cd 배터리에서 일부만 방전된 상태에서 다시 충전하게 되면 추가로 충전한 용량 이상의 전기를 사용할 수 없게 되는 현상은?

① 스웰링 현상
② 배부름 현상
③ 메모리 효과
④ 설페이션 현상

해설
Ni극을 이용한 알칼리계 2차전지에서 단시간 사용하고 충전한 경우, 사용 도중에 충전하는 것을 반복하면 방전전압이 낮아지고 방전용량이 공칭용량보다 짧아지는 현상이다.

48 전기자동차에서 고전압 배터리 제어기(Battery Management System)의 역할을 설명한 것으로 틀린 것은?

① 충전상태(SOC) 제어
② 파워(출력) 제한
③ 냉각/히팅 제어
④ 저전압 릴레이 제어

해설
BMS는 배터리 매니지먼트 시스템으로 배터리의 SOC 제어, 파워 제한, 냉각/히팅 제어, 셀 밸런싱 제어 등 배터리 시스템을 관리한다.

49 전기자동차의 고전압 차단작업 수행을 위해서 고전압을 해제하는 장치는?

① 전류센서
② 고전압 안전플러그(서비스 인터로크)
③ 메인릴레이
④ 대용량 퓨즈

해설
친환경 자동차의 고전압 배터리 차단작업 시 고전압 안전플러그 또는 서비스 인터로크 커넥터를 분리시켜 고전압을 차단한다.

50 전기자동차의 고전압 배터리 관리 시스템에서 셀 밸런싱 제어의 목적으로 맞는 것은?

① 배터리의 적정온도 유지
② 상황별 입출력 에너지 제한
③ 배터리 수명 및 에너지 효율 증대
④ 고전압 계통 고장에 의한 안전사고 예방

해설
BMS는 셀 간 기전력을 일정하게 유지하기 위한 셀 밸런싱 제어를 수행하며 셀 밸런싱을 통하여 배터리 셀의 수명 및 전기에너지 효율성을 증대시킬 수 있다.

51 퓨즈와 릴레이를 대체하며 단선, 단락에 따른 전류값을 감지함으로써 필요시 회로를 차단하는 것은?

① BCM(Body Control Module)
② CAN(Controller Area Network)
③ LIN(Local Interconnect Network)
④ IPS(Intelligent Power Switching device)

해설
IPS는 퓨즈와 릴레이를 대체하며 회로에 흐르는 전류값을 측정함으로써 회로를 차단하거나 회로의 고장진단을 수행하는 장치이다.

52 직류(DC) 전동기와 교류(AC) 전동기를 비교한 내용이다. 틀린 것은?

① 직류 전동기는 구조가 복잡하나 교류 전동기는 비교적 간단하다.

② 직류 전동기는 고속회전이 어려우나 교류 전동기는 쉽다.

③ 저속회전은 직류 전동기와 교류 전동기 모두 쉽다.

④ 직류 전동기는 회전속도 변화가 적으나 교류 전동기는 크다.

해설
직류 전동기는 회전속도 변화가 크나 교류 전동기는 적다.

53 하이브리드 자동차에서 모터 제어기의 기능으로 틀린 것은?

① 하이브리드 모터 제어기는 인버터라고도 한다.

② 하이브리드 통합 제어기의 명령을 받아 모터의 구동 전류를 제어한다.

③ 고전압 배터리의 교류 전원을 모터의 작동에 필요한 3상 직류 전원으로 변경하는 기능을 한다.

④ 배터리 충전을 위한 에너지 회수기능을 담당한다.

해설
하이브리드 자동차의 모터 제어기(MCU)는 인버터라고도 하며 하이브리드 통합 제어기의 명령을 받아 모터의 구동 전류를 제어하고 회생제동 시 배터리 충전을 위한 에너지 회수기능을 담당한다. 또한 고전압 배터리의 직류 전원을 모터의 작동에 필요한 3상 교류 전원으로 변경하는 기능을 한다.

54 다음은 연료 전지 자동차에 대한 설명이다. 틀린 것은?

① 에너지원으로 순수 수소나 개질 수소를 이용하여 전력을 발생시킨다.

② 연료 전지 자동차에서 배출되는 배출가스의 양이 내연기관의 자동차보다 많다.

③ 일종의 대체 에너지를 사용한 전기 자동차이다.

④ 전기 자동차의 주요 공해원은 축전지를 충전하는 데 필요한 전기를 생산하기 위해 발생하는 발전소에서의 공해이다.

해설
연료 전지 자동차는 수소와 산소의 결합에서 발생하는 전기에너지를 이용하여 전기모터의 동력을 발생시키는 구조로, 결합과정에서 생성되는 수증기만이 배출되며 내연기관에서 배출되는 유해배출물질과 같은 배출물질은 없다.

55 가상 엔진 사운드 시스템(VESS)에 관련한 설명으로 거리가 먼 것은?

① 전기차 모드에서 저속주행 시 보행자가 차량을 인지하기 위한 시스템이다.

② 차량 실외에 장착되어 조건에 따라 일정한 사운드를 방출한다.

③ 차량주변 보행자의 주의환기로 사고 방지를 위한 장치이다.

④ 자동차 속도 약 30km/h 이상부터 작동한다.

해설
가상 엔진 사운드 시스템(Virtual Engine Sound System)은 하이브리드 자동차나 전기 자동차에 부착하는 보행자를 위한 시스템으로 차량 외부(전방)에 장착되며 저속주행 또는 후진할 때 보행자가 자동차의 존재를 인지할 수 있도록 특정 사운드를 내는 스피커 시스템이다. 주행속도 0~25km/h의 저속 영역에서 작동한다.

52 ④ 53 ③ 54 ② 55 ④ **정답**

56 색에 맞는 안전표시가 잘못 짝지어진 것은?

① 녹색 – 안전, 피난, 보호 표시

② 노란색 – 주의, 경고 표시

③ 청색 – 지시, 수리 중, 유도 표시

④ 자주색 – 안전지도 표시

해설

안전표시
- 녹색 – 안전, 구급(안전에 직접 관련된 설비와 구급용 치료 설비를 식별하기 위해 표시)
- 노란색 – 주의(충돌, 추락, 전도 및 기타 유사 사고의 방지를 위해 물리적 위험성을 표시)
- 청색 – 조심, 금지(수리, 조절 및 검사 중인 기타 장비의 작동을 방지하기 위해 표시)
- 자주색 – 방사능(방사능의 위험을 경고하기 위해 표시)

57 보호구는 반드시 한국 산업안전공단으로부터 보호구 검정을 받아야 한다. 검정을 받지 않아도 되는 것은?

① 안전모   ② 방한복

③ 안전장갑   ④ 보안경

해설

안전모, 안전장갑, 보안경 등은 보호구 검정을 받아야 한다.

58 강산, 알칼리 등의 액체를 취급할 때 다음 중 가장 적합한 복장은?

① 가죽으로 만든 옷

② 면직으로 만든 옷

③ 나일론으로 만든 옷

④ 고무로 만든 옷

해설

강산, 알칼리 등의 액체를 취급할 때에는 화학적 성분으로 인한 부식이나 변형이 적은 고무재질의 앞치마(작업복) 등을 착용해야 한다.

59 냉각시스템의 제어장치를 점검, 정비할 때 설명으로 틀린 것은?

① 냉각팬 단품 점검 시 손으로 만지지 않는다.

② 전자제어 유닛에는 직접 12V를 연결한다.

③ 기관이 정상 온도일 때 각 부품을 점검한다.

④ 각 부품은 점화스위치 Off 상태에서 축전지 (−) 케이블을 탈거한 후 정비한다.

해설

전자제어 유닛에 직접적으로 전원을 연결하지 않는다.

60 브레이크에 페이드 현상이 일어났을 때에 운전자가 취할 응급처치로 가장 적합한 것은?

① 자동차의 속도를 조금 올려준다.

② 자동차를 세우고 열이 식도록 한다.

③ 브레이크를 자주 밟아 열을 발생시킨다.

④ 주차 브레이크를 대신 사용한다.

해설

브레이크 장치에서 열경화 현상(페이드)이 발생하였을 때에는 자동차를 세우고 열이 식도록 한다.

01 전자제어 가솔린 분사장치의 연료펌프에서 체크밸브의 역할은?

① 잔압유지와 재시동성을 용이하게 한다.
② 연료 압력의 맥동을 감소시킨다.
③ 연료가 막혔을 때 압력을 조절한다.
④ 연료를 분사한다.

해설
연료장치에서 체크밸브는 연료라인의 잔압유지와 이를 통한 재시동성의 향상을 위해 장착된다.

02 다음 내연기관에 대한 내용으로 맞는 것은?

① 실린더의 이론적 발생마력을 제동마력이라 한다.
② 6실린더 엔진의 크랭크축의 위상각은 90°이다.
③ 베어링 스프레드는 피스톤 핀 저널에 베어링을 조립 시 밀착되게 끼울 수 있게 한다.
④ DOHC 엔진의 밸브 수는 16개이다.

해설
베어링 스프레드는 하우징과의 지름 차이로서 피스톤 핀 저널에 베어링을 조립 시 밀착되게 끼울 수 있게 한다(베어링 크러시는 둘레 차이이다).

03 행정이 100mm이고 회전수가 1,500rpm인 4행정 사이클 가솔린 엔진의 피스톤 평균속도는?

① 5m/s
② 15m/s
③ 20m/s
④ 50m/s

해설
피스톤 평균속도 $V_p = \dfrac{L \times N}{30}$ 이므로

$\dfrac{0.1 \times 1,500}{30} = 5$m/s이다.

04 신품 방열기의 용량이 3.0L이고, 사용 중인 방열기의 용량이 2.4L일 때 코어 막힘률은?

① 55%
② 30%
③ 25%
④ 20%

해설
라디에이터 코어 막힘률 $= \dfrac{\text{신품용량} - \text{구품용량}}{\text{신품용량}} \times 100\%$

$= \dfrac{3 - 2.4}{3} \times 100 = 20\%$

05 배기가스 재순환장치(EGR)의 설명으로 틀린 것은?

① 가속성능의 향상을 위해 급가속 시에는 차단된다.
② 동력 행정 시 연소온도가 낮아지게 된다.
③ 질소산화물(NO_X)의 양은 현저하게 증가한다.
④ 탄화수소와 일산화탄소량은 저감되지 않는다.

해설
EGR 장치는 배기가스를 다시 흡기로 유입시켜 연소실의 온도를 낮추어 질소산화물(NO_X)의 발생을 억제한다.

1 ① 2 ③ 3 ① 4 ④ 5 ③ **정답**

06 1PS로 1시간 동안 하는 일량을 열량 단위로 표시하면?

① 약 432.7kcal

② 약 532.5kcal

③ 약 632.3kcal

④ 약 732.2kcal

해설

$1PS = 75kg \cdot m/s = 75 \times 9.8N \cdot m/s$

$\quad = 75 \times 9.8J/s$

$\quad = 75 \times 9.8 \times 0.239cal/s$

$\quad = 75 \times 9.8 \times 0.239 \times \dfrac{cal}{s} \times \dfrac{3,600s}{1h} \times \dfrac{1kcal}{1,000cal}$

$\quad = 75 \times 9.8 \times 0.239 \times 3,600 \times 0.001kcal/h$

$\quad = 632.3kcal/h$

07 기관정비 작업 시 피스톤링의 이음 간극을 측정할 때 측정도구로 가장 알맞은 것은?

① 마이크로미터

② 버니어캘리퍼스

③ 시크니스게이지

④ 다이얼게이지

해설

피스톤 간극 및 링이음 간극 등은 시크니스(필러)게이지를 이용하여 측정한다.

08 공기량 검출센서 중 초음파를 이용하는 센서는?

① 핫 필름식 에어플로센서

② 카르만 와류식 에어플로센서

③ 댐핑 체임버를 이용한 에어플로센서

④ MAP을 이용한 에어플로센서

해설

에어플로센서 중 카르만 와류식 공기유량 측정센서는 공기흡입 시 기둥에서 발생하는 와류의 증감을 초음파로 검출하여 ECU로 보낸다.

09 기관의 체적효율이 떨어지는 원인과 관계있는 것은?

① 흡입공기가 열을 받았을 때

② 과급기를 설치할 때

③ 흡입공기를 냉각할 때

④ 배기밸브보다 흡기밸브가 클 때

해설

체적효율은 흡입공기가 뜨거울 때 감소된다.

10 디젤 기관의 연료 세탄가와 관계없는 것은?

① 세탄가는 기관성능에 크게 영향을 준다.

② 옥탄가가 낮은 디젤 연료일수록 세탄가는 높다.

③ 세탄가가 높으면 착화지연시간을 단축시킨다.

④ 세탄가는 세탄과 알파 메틸나프탈렌의 혼합액으로 세탄의 함량에 따라서 다르다.

해설

옥탄가는 휘발유의 안티 노크성(내폭성)을 나타내는 수치로 세탄가와는 상관없다.

11 배기계통에 설치되어 있는 지르코니아 산소센서(O_2 Sensor)가 배기가스 내에 포함된 산소의 농도를 검출하는 방법은?

① 기전력의 변화
② 저항력의 변화
③ 산화력의 변화
④ 전자력의 변화

해설
지르코니아 산소센서는 대기 중 산소농도와 배기가스 중 산소농도 차이에 의해 기전력이 발생하여 ECU로 전송한다.

12 LP가스 용기 내의 압력을 일정하게 유지시켜 폭발 등의 위험을 방지하는 역할을 하는 것은?

① 안전밸브
② 과류방지밸브
③ 긴급 차단밸브
④ 과충전 방지밸브

해설
LPG의 안전밸브는 봄베 바깥쪽의 충전밸브와 일체로 조립되어 봄베 내 압력을 항상 일정하게 유지한다. 안전밸브는 항상 스프링의 장력에 의해 닫혀 있지만 봄베 내 압력이 상승하여 20.8~24.8 kgf/cm² 이상이 되면 밸브가 열려 대기 중에 방출된다. 또한 봄베 내 압력이 18.6~18.8kgf/cm²가 되면 밸브가 닫혀 LPG의 방출이 중단되므로 봄베 내 압력을 항상 일정하게 유지하여 폭발의 위험을 미연에 방지한다.

13 전자제어 연료분사 장치에 사용되는 크랭크각(Crank Angle)센서의 기능은?

① 엔진 회전수 및 크랭크축의 위치를 검출한다.
② 엔진 부하의 크기를 검출한다.
③ 캠축의 위치를 검출한다.
④ 1번 실린더가 압축 상사점에 있는 상태를 검출한다.

해설
크랭크각(Crank Angle)센서는 엔진 회전수 및 크랭크축의 위치를 검출하고 기본 연료 분사량 결정에 중요한 신호이다.

14 블로 다운 현상에 대한 설명으로 옳은 것은?

① 밸브와 밸브시트 사이에서 가스가 누출되는 현상
② 압축행정 시 피스톤과 실린더 사이에서 공기가 누출되는 현상
③ 피스톤이 상사점 근방에서 흡배기밸브가 동시에 열려 배기잔류가스를 배출시키는 현상
④ 배기행정 초기에 배기밸브가 열려 배기가스 자체의 압력에 의하여 배기가스가 배출되는 현상

해설
블로 다운 현상은 배기행정 초기에 배기밸브가 열려 배기가스 자체의 압력에 의하여 배기가스가 배출되는 현상을 말한다.

11 ① 12 ① 13 ① 14 ④ **정답**

15 가솔린 기관의 노킹 방지책이 아닌 것은?

① 고 옥탄가의 연료를 사용한다.

② 동일 압축비에서 혼합기의 온도를 낮추는 연소실 형상을 사용한다.

③ 화염전파 속도가 빠른 연료를 사용한다.

④ 화염전파 거리를 길게 하는 연소실 형상을 사용한다.

해설

가솔린 노킹 방지법
- 고옥탄가의 가솔린(내폭성이 큰 가솔린)을 사용한다.
- 점화시기를 늦춘다.
- 혼합비를 농후하게 한다.
- 압축비, 혼합가스 및 냉각수 온도를 낮춘다.
- 화염전파 속도를 빠르게 한다.
- 혼합가스에 와류를 증대시킨다.
- 연소실에 카본이 퇴적된 경우에는 카본을 제거한다.
- 화염전파 거리를 짧게 한다.

16 전자제어 현가장치(ECS)에서 각 쇽업소버에 장착되어 컨트롤 로드를 회전시켜 오일 통로가 변환되어 Hard나 Soft로 감쇠력을 제어하는 것은?

① ECS 지시 패널

② 액추에이터

③ 스위칭 로드

④ 차고센서

해설

전자제어 현가장치에서 오일의 오리피스 통로 면적을 조절하여 쇽업소버의 감쇠력을 조절하는 장치는 액추에이터이며 모터드라이브 형식, 피에조 형식, 연속가변형 액추에이터 방식 등이 있다.

17 물이 고여 있는 도로주행 시 하이드로플레이닝 현상을 방지하기 위한 방법으로 틀린 것은?

① 저속 운전을 한다.

② 트레드 마모가 적은 타이어를 사용한다.

③ 타이어 공기압을 낮춘다.

④ 리브형 패턴을 사용한다.

해설

수막현상의 방지법 중 하나는 타이어 공기압을 높이는 것이다.

18 유압식 브레이크 원리는 어디에 근거를 두고 응용한 것인가?

① 브레이크액의 높은 비등점

② 브레이크액의 높은 흡습성

③ 밀폐된 액체의 일부에 작용하는 압력은 모든 방향에 동일하게 작용한다.

④ 브레이크액은 작용하는 압력을 분산시킨다.

해설

유압식 브레이크의 원리는 파스칼의 원리를 적용한 것으로 폐회로 내에 작용하는 압력은 모든 방향으로 동일하게 작용한다.

19 자동차가 선회할 때 차체의 좌우 진동을 억제하고 롤링을 감소시키는 것은?

① 스태빌라이저

② 겹판 스프링

③ 타이로드

④ 킹 핀

해설

차체의 좌우 진동(롤링)을 감소시키는 부품은 스태빌라이저이다.

20 전자제어 자동변속기의 변속을 위한 가장 기본적인 정보에 속하지 않는 것은?

① 변속기 오일 온도

② 변속 레버 위치

③ 엔진 부하(스로틀 개도)

④ 차량속도

해설

전자제어 자동변속기의 변속을 위한 기본적인 정보는 스로틀 개도, 차량속도, 변속 레버의 위치이다.

21 조향장치에서 많이 사용되는 조향기어의 종류가 아닌 것은?

① 래크-피니언(Rack and Pinion) 형식

② 웜-섹터 롤러(Worm and Sector Roller) 형식

③ 롤러-베어링(Roller and Bearing) 형식

④ 볼-너트(Ball and Nut) 형식

해설

일반적으로 자동차에서 많이 채택되는 조향 기어장치는 래크와 피니언형, 웜 섹터형, 볼 너트형을 주로 적용한다.

22 자동변속기 차량에서 토크 컨버터의 성능을 나타낸 사항이 아닌 것은?

① 속도비

② 클러치비

③ 전달 효율

④ 토크비

해설

토크 컨버터의 성능을 나타내는 인자는 속도비, 토크비, 전달 효율로 나타낸다.

23 자동변속기에서 일정한 차속으로 주행 중 스로틀 밸브 개도를 갑자기 증가시키면 시프트다운(감속 변속)되어 큰 구동력을 얻을 수 있는 것은?

① 스 톨

② 킥 다운

③ 킥 업

④ 리프트 풋업

해설

킥 다운은 자동변속기 차량에서 일정한 속도로 달리는 중에 앞지르기 등으로 급가속을 하고 싶을 때 가속페달을 힘껏 밟아 기어를 한단 밑으로 내려 구동력을 확보하는 것을 말한다.

24 주행 중 타이어의 열 상승에 가장 영향을 적게 미치는 것은?

① 주행속도 증가

② 하중의 증가

③ 공기압의 증가

④ 주행거리 증가(장거리 주행)

해설

타이어는 장거리 주행 시, 공기압 저하 시, 하중 증가 및 속도 증가에 따라 발열량이 증가한다.

25 제동 배력 장치에서 브레이크를 밟았을 때 하이드로 백 내의 작동 설명으로 틀린 것은?

① 공기밸브는 닫힌다.

② 진공밸브는 닫힌다.

③ 동력 피스톤이 하이드롤릭 실린더 쪽으로 움직인다.

④ 동력 피스톤 앞쪽은 진공상태이다.

해설

제동 배력 장치에서 브레이크를 밟았을 때 하이드로 백 내의 진공밸브는 닫히고 공기밸브는 열려 마스터 실린더의 피스톤을 강하게 압착시키며 강한 제동력을 발생시킨다.

26 조향장치가 갖추어야 할 구비조건으로 틀린 것은?

① 조향 조작이 주행 중의 충격에 영향을 받지 않을 것

② 조작하기 쉽고 방향 전환이 원활하게 행하여질 것

③ 선회 시 저항이 적고 선회 후 복원성이 좋을 것

④ 조향핸들의 회전과 바퀴 선회의 차가 클 것

해설

조향핸들의 회전과 바퀴 선회의 차가 크면 조향이 어렵다.

27 전자제어 제동장치(ABS)에서 ECU 신호계통, 유압계통 이상 발생 시 솔레노이드 밸브 전원공급 릴레이 "Off" 함과 동시에 제어 출력신호를 정지하는 기능은?

① 연산 기능   ② 최초점검 기능

③ 페일세이프 기능   ④ 입·출력신호 기능

해설

전자제어 제동장치(ABS)에서 고장 발생 시 전원공급 릴레이 "Off" 함과 동시에 제어 출력신호를 정지하여 일반 유압식 브레이크로 작동할 수 있도록 제어하는 기능을 페일세이프 기능이라 한다.

28 수동변속기 차량에서 클러치가 미끄러지는 원인은?

① 클러치 페달 자유간극 과다

② 클러치 스프링의 장력 약화

③ 릴리스 베어링 파손

④ 유압라인 공기 혼입

해설

클러치 스프링의 장력이 약화되면 압력판을 통해 디스크를 플라이휠에 압착시키는 압착력이 저하되어 디스크의 미끄러짐 현상이 발생한다.

29 기관의 최고출력이 70PS, 4,800rpm인 자동차가 최고출력을 낼 때의 총감속비가 4.8 : 1이라면 뒤차축의 액슬축은 몇 rpm인가?

① 336rpm

② 1,000rpm

③ 1,250rpm

④ 1,500rpm

해설

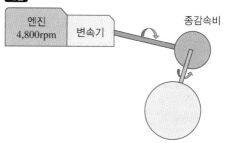

총감속비는 변속비 × 종감속비이며
액슬축(바퀴)의 회전수 = 엔진(rpm)/총감속비이므로
4,800/4.8 = 1,000rpm이 된다.

30 전자제어 자동변속기 차량에서 스로틀포지션센서의 출력이 60% 정도 밖에 나오지 않을 때 나타나는 현상으로 가장 적당한 것은?

① 킥 다운 불량

② 오버 드라이브가 안 된다.

③ 3속에서 4속 변속이 안 된다.

④ 전체적으로 기어 변속이 안 된다.

해설
전자제어 자동변속기 차량에서 스로틀포지션센서는 킥 다운 신호로 사용된다.

31 반도체 소자 중 광센서가 아닌 것은?

① 발광 다이오드

② 포토 트랜지스터

③ Cds-광전소자

④ 노크센서

해설
노크센서는 광전소자가 아닌 압전소자로서 엔진의 진동을 감지하여 노크발생 유무를 엔진 ECU에 전달한다.

32 전조등 광원의 광도가 20,000cd이며 거리가 20m일 때 조도는?

① 50lx

② 100lx

③ 150lx

④ 200lx

해설
조도 산출식은 $E(\text{lx}) = \dfrac{I}{r^2}$ 이므로 $\dfrac{20,000}{(20)^2} = 50\text{lx}$이다.

33 자동차의 경음기에서 음질 불량의 원인으로 가장 거리가 먼 것은?

① 다이어프램의 균열이 발생하였다.

② 전류 및 스위치 접촉이 불량하다.

③ 가동판 및 코어의 헐거운 현상이 있다.

④ 경음기 스위치 쪽 배선이 접지되었다.

해설
경음기 스위치 쪽 배선이 접지되면 경음기 작동이 되지 않는다.

34 자동차 에어컨에서 고압의 액체 냉매를 저압의 냉매로 바꾸어 주는 부품은?

① 압축기

② 팽창밸브

③ 컴프레서

④ 리퀴드 탱크

해설
냉방사이클에서 고압의 액체 냉매를 감압하여 저압의 기체로 만들어 냉매의 온도를 낮추는 기능을 가지는 부품은 팽창밸브이다.

35 전자제어 기관의 점화장치에서 1차전류를 단속하는 부품은?

① 다이오드

② 점화스위치

③ 파워 트랜지스터

④ 컨트롤 릴레이

해설
전자제어식 점화장치에서 점화 1차코일의 전류 단속은 파워 트랜지스터가 한다.

36 반도체에서 사이리스터의 구성부가 아닌 것은?

① 캐소드

② 게이트

③ 애노드

④ 컬렉터

해설

사이리스터는 애노드, 캐소드, 게이트로 구성되며 트랜지스터는 이미터, 베이스, 컬렉터로 구성된다.

37 PTC서미스터에서 온도와 저항값의 변화 관계가 맞는 것은?

① 온도 증가와 저항값은 관련이 없다.

② 온도 증가에 따라 저항값이 감소한다.

③ 온도 증가에 따라 저항값이 증가한다.

④ 온도 증가에 따라 저항값이 증가, 감소를 반복한다.

해설

정특성 서미스터(PTC)는 일반 도체가 가지는 성질이며 온도 증가에 따라 저항값이 증가한다.

38 자동차 등화장치에서 12V 축전지에 30W의 전구를 사용하였다면 저항은?

① 4.8Ω

② 5.4Ω

③ 6.3Ω

④ 7.6Ω

해설

전력을 구하는 공식은 $P(W) = E \cdot I = I^2 \cdot R = \dfrac{E^2}{R}$ 이므로

$\dfrac{12^2}{R} = 30$ 이고 $R = 4.8\,\Omega$ 이 된다.

39 몇 개의 저항을 병렬접속했을 때의 설명으로 옳지 않은 것은?

① 각 저항을 통하여 흐르는 전류의 합은 전원에서 흐르는 전류의 크기와 같다.

② 합성저항은 각 저항의 어느 것보다도 작다.

③ 각 저항에 가해지는 전압의 합은 전원 전압과 같다.

④ 어느 저항에서나 동일한 전압이 가해진다.

해설

병렬접속은 모든 저항을 두 단자에 공통으로 연결하는 것으로서 전류를 이용할 때 연결한다. 병렬접속의 성질은 다음과 같다.

• 총저항은 그 회로에 사용하는 가장 작은 저항값보다 적다.

• 각 회로에 흐르는 전류는 다른 회로의 저항에 영향을 받지 않으므로 양끝에 걸리는 전류는 상승한다.

• 각 회로에 동일한 전압이 공급된다.

• 축전지를 병렬연결할 때 전압은 1개 때와 같으나 용량은 개수의 배가 된다.

• 월등히 큰 저항과 연결하면 그중 큰 저항은 무시된다.

40 와셔 연동 와이퍼에 대한 설명으로 틀린 것은?

① 와셔액의 분사와 같이 와이퍼가 작동한다.

② 연료 절약에 효과적이다.

③ 전면 유리에 묻은 이물질 제거하고 운전자의 시야확보를 위한 편의장치이다.

④ 와이퍼 스위치를 별도로 작동하여야 하는 불편을 해소할 수 있다.

해설

와셔 연동 와이퍼는 유리에 묻은 이물질을 제거하고 운전자의 시야확보를 위한 편의장치이다. 와셔액의 분사와 동시에 와이퍼가 작동하는 회로로 구성되며 와이퍼 스위치를 별도로 작동하여야 하는 불편을 덜어 준다.

41 기동전동기의 시험과 관계없는 것은?

① 저항 시험

② 회전력 시험

③ 고부하 시험

④ 무부하 시험

해설

기동전동기의 시험 항목으로 저항 시험, 회전력 시험, 무부하 시험이 있다.

42 콘덴서에 저장되는 정전용량을 설명한 것으로 틀린 것은?

① 가해지는 전압에 정비례한다.

② 금속판 사이의 거리에 반비례한다.

③ 상대하는 금속판의 면적에 반비례한다.

④ 금속판 사이 절연체의 절연도에 정비례한다.

해설

콘덴서의 정전용량

• 금속판 사이 절연체의 절연도에 정비례한다.

• 가해지는 전압에 정비례한다.

• 상대하는 금속판의 면적에 정비례한다.

• 상대하는 금속판 사이의 거리에 반비례한다.

43 계기판의 엔진 회전계가 작동하지 않는 결함의 원인에 해당하는 것은?

① VSS(Vehicle Speed Sensor) 결함

② CPS(Crankshaft Position Sensor) 결함

③ MAP(Manifold Absolute Pressure Sensor) 결함

④ CTS(Coolant Temperature Sensor) 결함

해설

CPS(Crankshaft Position Sensor)는 엔진회전속도 검출 및 피스톤 위치 신호로 사용된다.

44 사이드미러(후사경) 열선 타이머 제어 시 입·출력 요소가 아닌 것은?

① 전조등 스위치 신호

② IG 스위치 신호

③ 열선 스위치 신호

④ 열선 릴레이 신호

해설

사이드미러(후사경) 열선 타이머 제어 시 IG 스위치 신호, 열선 스위치 신호, 열선 릴레이 신호 등의 입출력 신호가 포함된다.

45 발전기 출력이 낮고 축전지 전압이 낮을 때의 원인이 아닌 것은?

① 충전 회로에 높은 저항이 걸려있을 때

② 발전기 조정전압이 낮을 때

③ 다이오드가 단락 및 단선이 되었을 때

④ 축전지 터미널에 접촉이 불량할 때

해설

축전지 터미널의 접촉 불량일 경우 배터리 충전이 잘 이루어지지 않으며 초기시동 시 기동전동기의 전력공급에 문제가 발생할 수 있다.

46 전기자동차의 PRA(Power Relay Assembly) 내부에서 초기 시동 시 (+)메인릴레이 작동 전에 먼저 작동하여 인버터 내부의 커패시터에 전원을 공급하는 부품은 어느 것인가?

① 고전압 배터리(High Voltage Battery)

② 전류센서(Current Sensor)

③ 안전 플러그(Safety Plug)

④ 프리차저 릴레이(Pre-charger Relay)

해설

프리차저 릴레이(Pre-charger Relay)는 초기 시동 시 인버터 내 커패시터를 충전하기 위하여 (+)메인릴레이보다 먼저 작동하여 전력을 공급하는 역할을 수행한다.

41 ③ 42 ③ 43 ② 44 ① 45 ④ 46 ④ **정답**

47 영구자석 동기 전동기(Permanent Magnet Synchronous Motor)에 대한 설명 중 틀린 것은?

① 비동기 전동기와 비교해서 효율이 높다.
② 에너지 밀도가 높은 영구자석을 사용한다.
③ 대용량의 브러시와 정류자를 사용하여야 한다.
④ 전자 스위칭 회로를 이용하여 특성에 맞게 전동기를 제어한다.

해설
영구자석 동기 전동기는 에너지 밀도가 높은 영구자석을 사용하며, 고속 전자스위칭 회로를 이용하여 특성에 맞게 전동기를 제어하고, 비동기 전동기에 비해 효율이 높다.

48 전기자동차의 모터 컨트롤 유닛(MCU) 취급 시 유의사항이 아닌 것은?

① 충격이 가해지지 않도록 주의한다.
② 맨손으로 만지거나 전기 케이블을 임의로 탈착하지 않는다.
③ 시동 키 2단(IG ON) 또는 엔진 시동 상태에서는 만지지 않는다.
④ 컨트롤 유닛이 자기보정을 하기 때문에 AC 3상 케이블의 각 상간 연결의 방향을 신경 쓸 필요가 없다.

해설
모터 컨트롤 유닛과 모터의 연결에서 U, V, W 3상의 케이블의 정확한 연결을 확인해야 한다.

49 전기자동차의 모터위치 센서인 리졸버 보정작업을 할 때 주의사항에 해당하지 않는 것은?

① 리졸버 보정과정 후 장비의 발광다이오드(LED)가 ON과 OFF를 반복하면 정상이다.
② 전동기 컨트롤 유닛(MCU)을 교환한 경우에는 반드시 보정작업을 하여야 한다.
③ 전동기를 동력전달 계통에서 탈착하였다가 다시 장착한 경우에는 리졸버 값을 보정하여야 한다.
④ 리어 플레이트(Rear Plate)를 동력전달 계통에서 분해하였다가 다시 장착한 경우에는 리졸버 값을 보정하여야 한다.

해설
장비의 LED가 반복되어 점등되면 리졸버 보정작업에 문제가 발생한 경우이다.

50 도어 로크 제어(Door Lock Control)에 대한 설명으로 옳은 것은?

① 점화스위치 ON 상태에서만 도어를 Unlock으로 제어한다.
② 점화스위치를 OFF로 하면 모든 도어 중 하나라도 로크 상태일 경우 전 도어를 로크(Lock)시킨다.
③ 도어 로크 상태에서 주행 중 충돌 시 에어 백 ECU로부터 에어백 전개신호를 입력받아 모든 도어를 Unlock시킨다.
④ 도어 Unlock 상태에서 주행 중 차량 충돌 시 충돌 센서로부터 충돌정보를 입력받아 승객의 안전을 위해 모든 도어를 잠김(lock)으로 한다.

해설
도어 로크 제어는 주행 중 약 40km/h 이상이 되면 모든 도어를 로크(Lock)시키고 점화스위치를 OFF로 하면 모든 도어를 언로크(Unlock)시킨다. 또 도어 로크 상태에서 주행 중 충돌 시 에어백 ECU로부터 에어백 전개신호를 입력받아 모든 도어를 Unlock시킨다.

51 전기 자동차에서 고전압 배터리의 완속충전 전력 변환을 수행하는 장치는?

① MCU(Motor Control Unit)
② LDC(Low DC-DC Convertor)
③ OBC(On-Board Charger)
④ BMS(Battery Management System)

해설
OBC(On-Board Charger)는 교류 220V를 직류 고전압으로 변환하여 전기자동차의 고전압 배터리를 충전시킨다.

52 BMS(Battery Management System)의 제어기능으로 틀린 것은?

① 고전압 배터리를 구성하는 모듈 내 셀 밸런싱 제어를 수행한다.
② 고전압 배터리의 냉각 및 히팅제어 기능을 수행한다.
③ 고전압 배터리 온도 및 상태 등에 따라 출력을 제한하는 역할을 수행한다.
④ 12V 보조배터리의 충전과 전장, 편의시스템의 전력공급을 위해 고전압 직류를 저전압 직류로 변환하여 공급한다.

해설
12V 보조배터리의 충전과 전장, 편의시스템의 전력공급을 위해 고전압 직류를 저전압 직류로 변환하는 장치는 LDC(Low DC-DC Convertor)이다.

53 구동토크 증대를 위하여 일반적으로 적용하고 있는 전기자동차 구동 모터의 형식은 무엇인가?

① 유도전동기(비동기기)
② 동기전동기(동기기)
③ BLDC 전동기
④ 스위치 릴럭턴스 모터(SRM)

해설
전기자동차에서 구동토크 및 효율증가를 위하여 일반적으로 영구자석 매입형 3상 교류 동기전동기형식을 주로 적용하고 있다.

54 하이브리드 자동차 고전압 배터리 충전상태(SOC)의 일반적인 제한영역은?

① 20~80%   ② 55~86%
③ 86~110%   ④ 110~140%

해설
하이브리드 자동차에서 고전압 배터리 충전상태(SOC)의 일반적인 제한영역은 20~80%이다.

55 과열된 기관에 냉각수를 보충하려 한다. 다음 중 가장 안전한 방법은?

① 기관 공전상태에서 잠시 후 캡을 열고 물을 보충한다.
② 기관을 가속시키면서 물을 보충한다.
③ 자동차를 서행하면서 물을 보충한다.
④ 기관 시동을 끄고 완전히 냉각시킨 후 물을 보충한다.

해설
과열된 기관에 냉각수를 보충하여야 하는 경우 가장 안전한 방법은 기관의 시동을 끄고 완전히 냉각시킨 후 물을 보충하여야 한다.

56 기관에서 크랭크축의 휨 측정 시 가장 적합한 것은?

① 스프링 저울과 V블록
② 다이얼게이지와 V블록
③ 마이크로미터와 다이얼게이지
④ 버니어캘리퍼스와 곧은 자

해설
크랭크축의 휨을 측정할 때에는 V블록에 크랭크축을 올려놓고 중앙의 저널에 다이얼게이지를 설치한다. 크랭크축을 서서히 1회 전시켜 휨 값을 읽는다. 이때 휨 값은 측정값의 1/2이다.

57 기계시설의 배치 시 안전 유의사항으로 틀린 것은?

① 회전부분(기어, 벨트, 체인) 등은 위험하므로 반드시 커버를 씌워둔다.
② 발전기, 아크 용접기, 엔진 등 소음이 발생하는 기계는 한곳에 모아서 배치한다.
③ 작업장의 통로는 근로자가 안전하게 다닐 수 있도록 정리정돈을 한다.
④ 작업장의 바닥이 미끄러워 보행에 지장을 주지 않도록 한다.

해설
발전기, 아크 용접기, 엔진 등 소음, 진동이 발생하는 기계는 분산하여 배치한다.

58 고압가스 종류별 용기의 도색으로 틀린 것은?

① 산소 – 녹색
② 아세틸렌 – 노란색
③ 액화암모니아 – 흰색
④ 수소 – 갈색

해설
고압가스 용기의 색
• 아세틸렌 : 황색(노란색)
• 산소 : 녹색(공업용), 백색(의료용)
• 아르곤 : 회색
• 수소 : 주황색
• 이산화탄소 : 청색
• 질소 : 회색, 의료용(흑색)
• 액화암모니아 : 백색(흰색)

59 전기용접 작업 시 주의사항으로 틀린 것은?

① 피부가 노출되지 않도록 한다.
② 슬래그 제거 시에는 보안경을 착용한다.
③ 가열된 용접봉 홀더는 물에 넣어 냉각시킨다.
④ 우천(雨天)에서는 옥외 작업을 금한다.

해설
가열된 용접봉 홀더를 물에 넣어 냉각시켜서는 안 된다.

60 감전사고 방지책과 관계가 먼 것은?

① 고압의 전류가 흐르는 부분은 표시하여 주의를 준다.
② 전기작업을 할 때는 절연용 보호구를 착용한다.
③ 정전일 때에는 제일 먼저 퓨즈를 검사한다.
④ 스위치의 개폐는 오른손으로 하고 물기가 있는 손으로 전기장치나 기구에 손을 대지 않는다.

해설
정전일 경우 제일 먼저 스위치를 끄고(전원을 차단) 점검한다.

교육은 우리 자신의 무지를 점차 발견해 가는 과정이다.

– 윌 듀란트 –

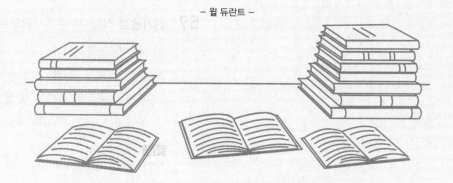

교육이란 사람이 학교에서 배운 것을 잊어버린 후에 남은 것을 말한다.

– 알버트 아인슈타인 –

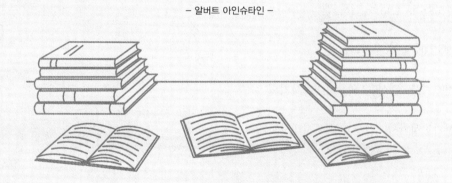

참 / 고 / 문 / 헌

- 그린전동자동차기사 필기 한권으로 끝내기, 함성훈 외, 시대고시기획

- 자동차정비기능사 필기, 신용식, 시대고시기획

- 전기기능사 초스피드 끝내기, 황동호 외, 시대고시기획

- 전기자동차, 정용욱 외, GS인터비전

- 패스 자동차정비기능사, 김연수 외, 골든벨

- 합격 자동차정비기능사, 김규성 외, 학진북스

- 5일완성 자동차정비기능사, 시대고시기획

- AUTO CHASSIS, 김명윤, 골든벨

- AUTO ENGINE, 김종우, 골든벨

- Win-Q 전기기사, 김상훈 외, 시대고시기획

- Win-Q 전기공사기사, 김상훈 외, 시대고시기획

Win-Q 자동차정비기능사 필기

개정9판1쇄 발행	2025년 01월 10일 (인쇄 2024년 08월 12일)	
초 판 발 행	2016년 05월 10일 (인쇄 2016년 04월 08일)	
발 행 인	박영일	
책 임 편 집	이해욱	
편 저	함성훈 · 국창호 · 기시우 · 염광욱	
편 집 진 행	윤진영 · 김경숙	
표 지 디 자 인	권은경 · 길전홍선	
편 집 디 자 인	정경일 · 이현진	
발 행 처	(주)시대고시기획	
출 판 등 록	제10-1521호	
주 소	서울시 마포구 큰우물로 75 [도화동 538 성지 B/D] 9F	
전 화	1600-3600	
팩 스	02-701-8823	
홈 페 이 지	www.sdedu.co.kr	

I S B N	979-11-383-7648-8(13550)
정 가	23,000원

윙크
Win Qualification의 약자로서 자격증 도전에 승리하다의 의미를 갖는 시대에듀 자격서 브랜드입니다.
시대에듀
Win-
단기 합격을 위한 완전 학습서
시리즈
기술자격증 도전에
승리하다!
자격증 취득에 승리할 수 있도록
Win-Q시리즈가 완벽하게 준비하였습니다.
빨간키
핵심요약집으로 시험 전 최종점검
핵심이론
시험에 나오는 핵심만 쉽게 설명
빈출문제
꼭 알아야 할 내용을 다시 한번 풀이
기출문제
시험에 자주 나오는 문제유형 확인
NAVER 카페
대자격시대 – 기술자격 학습카페
cafe.naver.com/sidaestudy / 응시료 지원이벤트

자동차 관련 시리즈

R / O / A / D / M / A / P

Win-Q 자동차정비 기능사 필기

- 한눈에 보는 핵심이론 + 빈출문제
- 최근 기출복원문제 및 해설 수록
- 시험장에서 보는 빨간키 수록
- 별판 / 628p / 23,000원

Win-Q 건설기계정비 기능사 필기

- 한눈에 보는 핵심이론 + 빈출문제
- 최근 기출복원문제 및 해설 수록
- 시험장에서 보는 빨간키 수록
- 별판 / 630p / 26,000원

도로교통사고감정사 한권으로 끝내기

- 학점은행제 10학점, 경찰공무원 가산점 인정
- 1 · 2차 최근 기출문제 수록
- 시험장에서 보는 빨간키 수록
- 4×6배판 / 1,048p / 35,000원

그린전동자동차기사 필기 한권으로 끝내기

- 최신 출제경향에 맞춘 핵심이론 정리
- 과목별 적중예상문제 수록
- 최근 기출복원문제 및 해설 수록
- 4×6배판 / 1,168p / 38,000원

교통 / 건설기계 / 운전자격 시리즈

건설기계운전기능사

지게차운전기능사 필기 가장 빠른 합격 ·· 별판 / 14,000원

유튜브 무료 특강이 있는 Win-Q 지게차운전기능사 필기 ················· 별판 / 13,000원

답만 외우는 지게차운전기능사 필기 CBT기출문제+모의고사 14회 ········· 4×6배판 / 13,000원

답만 외우는 굴착기운전기능사 필기 CBT기출문제+모의고사 14회 ········· 4×6배판 / 14,000원

답만 외우는 기중기운전기능사 필기 CBT기출문제+모의고사 14회 ········· 4×6배판 / 14,000원

답만 외우는 로더운전기능사 필기 CBT기출문제+모의고사 14회 ·········· 4×6배판 / 14,000원

답만 외우는 롤러운전기능사 필기 CBT기출문제+모의고사 14회 ·········· 4×6배판 / 14,000원

답만 외우는 천공기운전기능사 필기 CBT기출문제+모의고사 14회 ········· 4×6배판 / 15,000원

도로자격 / 교통안전관리자

Final 총정리 기능강사 · 기능검정원 기출예상문제 ·························· 8절 / 21,000원

버스운전자격시험 문제지 ·· 8절 / 13,000원

5일 완성 화물운송종사자격 ··· 8절 / 13,000원

도로교통사고감정사 한권으로 끝내기 ·· 4×6배판 / 35,000원

도로교통안전관리자 한권으로 끝내기 ·· 4×6배판 / 36,000원

철도교통안전관리자 한권으로 끝내기 ·· 4×6배판 / 35,000원

운전면허

답만 외우는 운전면허 필기시험 가장 빠른 합격 1종 · 2종 공통(8절) ········ 8절 / 10,000원

답만 외우는 운전면허 합격공식 1종 · 2종 공통 ···························· 별판 / 12,000원

※ 도서의 이미지와 가격은 변동될 수 있습니다.